中文CorelDRAW X3基础与案例教程

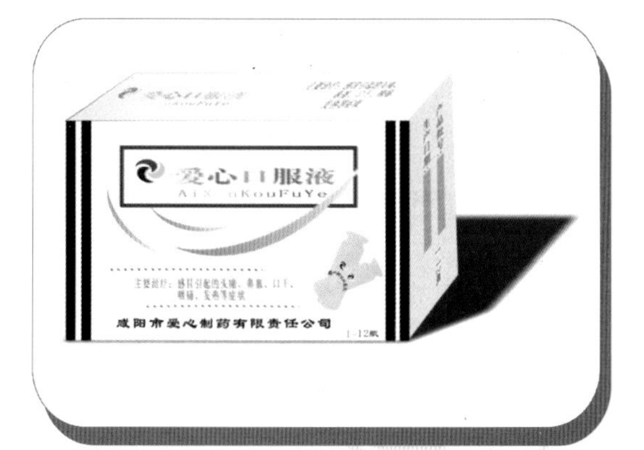

药品包装

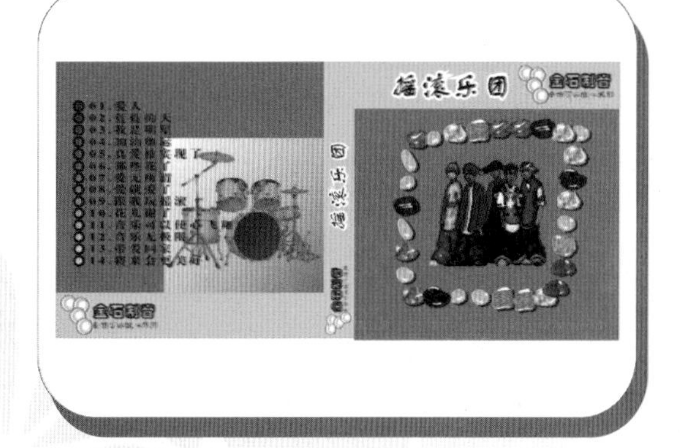

CD包装盒

牛奶包装盒

名片设计

中文 CorelDRAW X3 基础与案例教程

实例·欣赏

户外伞 1

户外伞 2

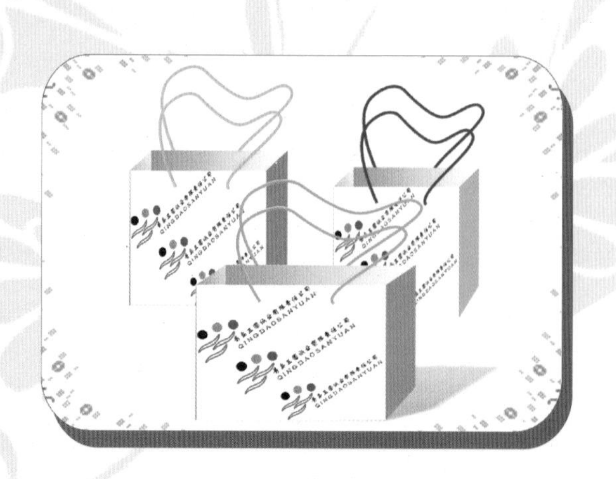

手提袋

掌上电脑宣传页

房地产广告宣传页

汽车宣传广告

实例 · 欣赏

时尚购物城

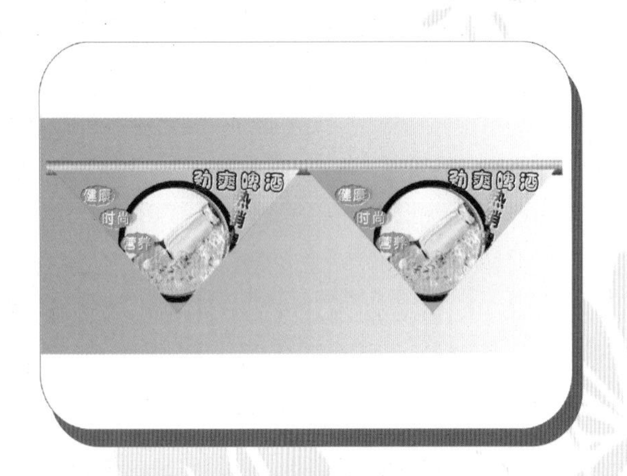

悬挂式POP广告

手机POP广告

中文 CorelDRAW X3 基础与案例教程

张军安 编

西北工業大學出版社

【内容简介】本书为计算机基础与案例系列教材之一，主要内容包括 CorelDRAW X3 概述、入门、绘制线条、绘制形体、线条与图形的编辑、对象轮廓线与填充、对象的操作技法、对象的修整与交互式特效、文本的输入与编辑、应用特殊效果、位图处理。书中配有生动典型的实例，每章后还附有练习题，使读者在学习和使用 CorelDRAW X3 创作时更加得心应手，做到学以致用。

本书图文并茂，内容翔实，练习丰富，既可作为各大中专院校及社会培训班的教材使用，同时也非常适合电脑爱好者自学参考。

图书在版编目（CIP）数据

中文 CorelDRAW X3 基础与案例教程 / 张军安编. —西安：西北工业大学出版社，2008.12
ISBN 978-7-5612-2491-5

Ⅰ. 中…　Ⅱ. 张…　Ⅲ. 图形软件，CorelDRAW X3—教材　Ⅳ. TP391.41

中国版本图书馆 CIP 数据核字（2008）第 189094 号

出版发行：西北工业大学出版社
通信地址：西安市友谊西路 127 号　　邮编：710072
电　　话：（029）88493844　88491757
网　　址：www.nwpup.com
电子邮箱：computer@nwpup.com
印 刷 者：陕西兴平报社印刷厂
印　　张：20　彩插 4
字　　数：530 千字
开　　本：787 mm×1 092 mm　1/16
版　　次：2008 年 12 月第 1 版　　2008 年 12 月第 1 次印刷
定　　价：35.00 元

前 言

首先，感谢您在茫茫书海中翻阅此书！

对于任何知识的学习，最终都要达到学以致用的目的，尤其是计算机常用软件的学习效果，更能在日常工作中得以体现。相信大多数读者都常常会有这样的感觉，那就是尽管反复学习某个软件的基础知识，可是在实际操作中仍然不知所措；尽管有了很好的想法和创意，却不能用学过的软件知识得以顺利的实现。存在这种情况的原因就是某些书籍对计算机软件的讲解仅仅停留在表面上，并没有对其进行综合和实践的指导，虽然书中也附有很多精美的实例，但是有的是实用性不强，没有针对行业的需求；有的是步骤不完整，使读者难以独自操作完成；有的是仅仅针对单个实例进行讲解，没有分门别类进行总结分析。综上所述，我们在对本书的设计上力求避免以上诸多问题，努力做到实用、好用、耐用。

本书内容

CorelDRAW 是 Corel 公司出品的图像绘制与编辑软件，是目前使用较普遍的矢量图形绘制及图像处理软件之一，它不但广泛地应用于绘图和美术创作领域，还被常用在专业图形设计、广告创作、书刊排版、名片设计等应用中。本书是一本优秀的平面制作与广告设计教程，书中实例均来自于作者的设计和教学实践，用户可紧密结合工作需要，切实提高 CorelDRAW 绘图能力。

本书共 16 章。其中前 12 章主要介绍 CorelDRAW X3 的基础知识和基本操作，使读者初步掌握 CorelDRAW X3 应用的相关知识。第 13 ~ 16 章列举了几个有代表性的行业实例，通过理论联系实际学习，希望读者能够举一反三、学以致用，进一步巩固前面所学的知识。

本书特色

中文版本，易教易学：本书选取市场上最普遍、最易掌握的应用软件的中文版本，突出“易教学、上手快”的特点。

从零开始，结构清晰，内容丰富：本书以培养计算机技能型人才为目的，采用“基础知识+案例训练”的编写模式，从零开始、循序渐进、由浅入深。内容系统、全面，难点分散，将知识点融入到每个实例中，便于读者学习掌握。

以培养职业技能为核心，以工作实践为主线：本书从自学与教学的角度出发，将精简的理论与丰富实用的经典行业范例相结合，注重计算机软件实际操作能力的提高，将教学、训练、应用三者有机结合，在此基础上使读者增强其就业竞争力。

读者对象

- 大中专院校师生
- 电脑培训学校师生
- 相关专业人员
- 电脑爱好者

我们的目标是：令初学者茅塞顿开，入门者突飞猛进！其实，学电脑，并不难，一书在手，尽在掌握，快快开始行动吧！

编　者

目 录

第1章 走进 CorelDRAW X3

第2章 CorelDRAW X3 入门

第3章 绘制线条

第4章 绘制形体

第5章 编辑线条与图形

第6章 对象的轮廓线与填充

第7章 对象的操作技法

第8章 对象的修整与交互式特效

第9章 文本的输入与编辑

第10章 应用特殊效果

第11章 位图处理

第12章 打印输出

第13章 商品包装设计

第14章 企业VI设计

第15章 宣传广告设计

第16章 POP广告

第 1 章

走进 CorelDRAW X3

学习导航

CorelDRAW X3 是一款矢量图形设计软件，使用 CorelDRAW X3 可以轻松地进行封面设计、广告设计、矢量图绘制以及商标设计等，同时还可对位图创建三维效果、艺术效果以及模糊效果等。本章主要介绍 CorelDRAW X3 的启动与退出、工作界面、相关概念及其发展与组成等一些基本知识。

学习要点

- CorelDRAW X3 的启动
- 工作界面的介绍
- CorelDRAW X3 的新增功能
- 软件的相关概念
- CorelDRAW X3 的退出

1.1 CorelDRAW X3 的启动

在 CorelDRAW X3 中，如果要进行各种图形的绘制与编辑，应先启动其应用程序。CorelDRAW X3 的安装与其他应用软件的安装大体相同，这里就不再介绍了。安装完成后，就可以启动 CorelDRAW X3 应用软件。其启动方法主要有两种：

（1）如果在桌面上创建了 CorelDRAW X3 软件的快捷方式，可以双击桌面上的图标进行启动。

（2）选择开始→所有程序(P)→CorelDRAW Graphics Suite X3→CorelDRAW X3命令也可启动。

启动 CorelDRAW X3 后，弹出CorelDRAW X3界面，在此界面中提供了 6 个图标，单击任意一个图标，都可以快速进入 CorelDRAW X3 的操作界面进行工作。单击该界面中相应的图标可快速地进行新建或打开文件等操作。如图 1.1.1 所示是启动 CorelDRAW X3 的过程。

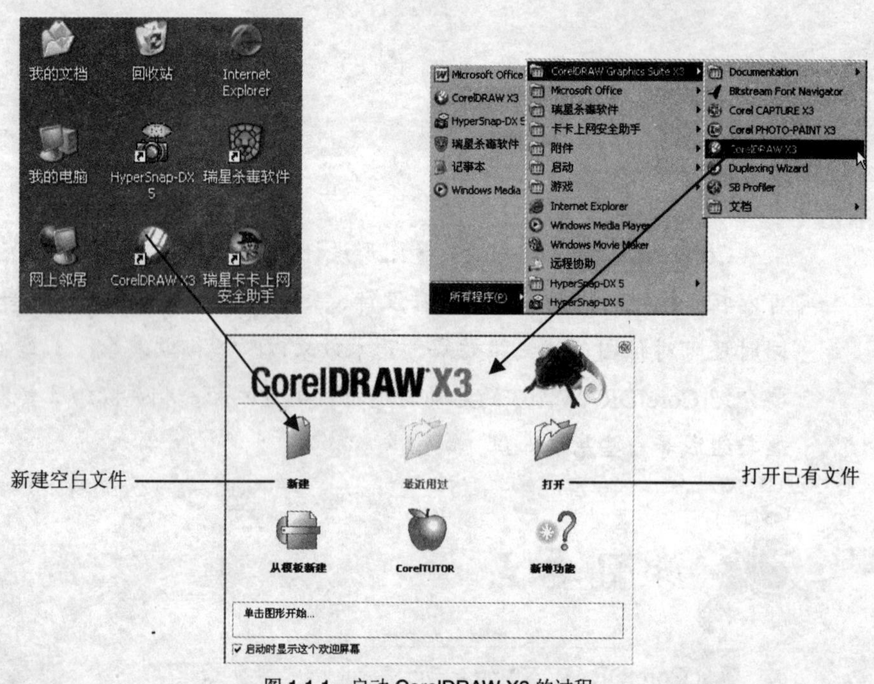

图 1.1.1 启动 CorelDRAW X3 的过程

注意 如果取消选中CorelDRAW X3窗口左下角的☑启动时显示这个欢迎屏幕复选框，则再次进入 CorelDRAW X3 软件时将不会弹出此窗口；否则，下一次进入 CorelDRAW X3 软件时还会出现此窗口。

1.2 工作界面的介绍

启动 CorelDRAW X3 后，将鼠标移至CorelDRAW X3界面中的新建图标上单击，即可进入 CorelDRAW X3 的工作界面，并自动新建一个空白的绘图页面，如图 1.2.1 所示。从图中可以看出，CorelDRAW X3 的工作界面与其他应用软件相似，都由标题栏、菜单栏、工具箱、工作区、属性栏、工具栏、绘图页面、调色板、辅助线以及状态栏等部分组成。

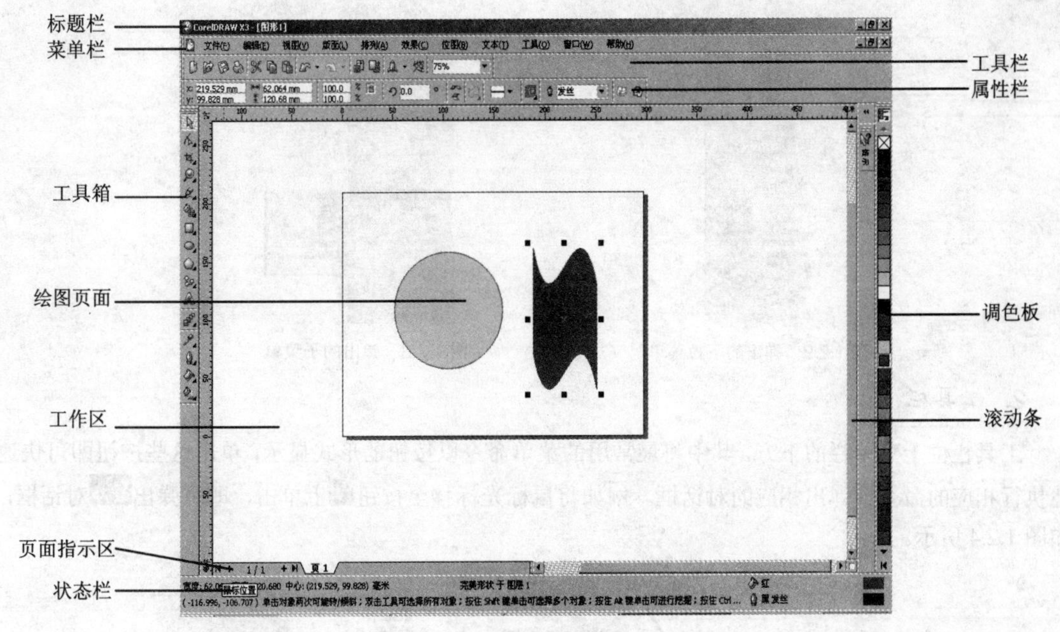

图 1.2.1　CorelDRAW X3 的工作界面

1.2.1　标题栏与状态栏的作用

标题栏位于 CorelDRAW X3 程序窗口的顶部，其左侧显示软件名称及当前文件名，右侧是关闭窗口、放大窗口以及缩小窗口等几个按钮。将鼠标移至标题栏左侧的图标上单击，可弹出一个快捷菜单，通过从中选择相应的命令可对 CorelDRAW 程序窗口进行移动、最小化、最大化等操作。

状态栏位于窗口的最底部，用来显示工作区中所选对象的各项资料（包括色彩、大小、工具种类与位置等）。

1.2.2　菜单栏与工具栏的使用

菜单栏与工具栏都位于标题栏的下方，它们的状态不会因所选择对象的不同而改变。

1. 菜单栏

菜单栏由一系列的菜单命令组成，用于完成文件保存、对象编辑以及对象查看等操作。在每个菜单下又有若干个子菜单，每一个菜单项都代表了一系列的命令，可直接执行这些命令或打开相应的对话框。使用菜单栏的具体操作如下：

（1）将光标移至菜单栏上单击，此时即可弹出下拉菜单，如在位图(B)菜单上单击可弹出位图下拉菜单，如图 1.2.2 所示。

（2）将光标移至下拉菜单中需要执行的命令上，单击鼠标可执行该命令。

（3）如果菜单命令后有…符号，表示选择该菜单命令后将弹出一个对话框，在其中用户可以进行参数设置；如果菜单命令后有▶符号，则表示移动光标至该菜单命令后将弹出其子菜单，如图 1.2.3 所示。

（4）如果弹出下拉菜单后不需要执行菜单命令操作，可在工作界面的空白处（工作区或绘图区）单击，即可关闭弹出的下拉菜单。

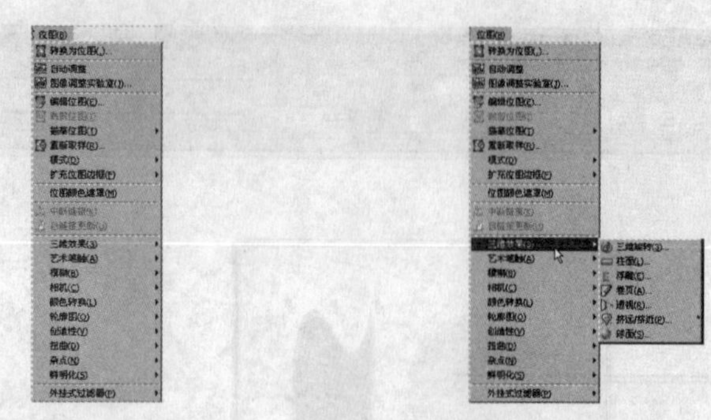

图 1.2.2 弹出的下拉菜单　　图 1.2.3 弹出的子菜单

2. 工具栏

工具栏位于菜单栏的下方，其中将最常用的菜单命令以按钮的形式显示，单击这些按钮即可快速地执行相应的命令或弹出相应的对话框。例如将鼠标光标移至按钮上单击，即可弹出导入对话框，如图 1.2.4 所示。

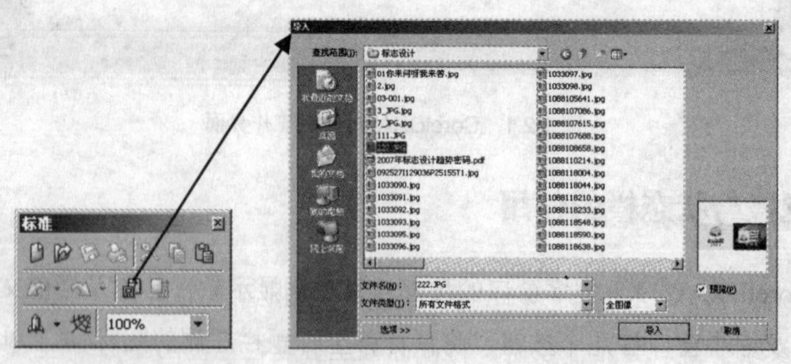

图 1.2.4 通过工具栏打开“导入”对话框

1.2.3 工具箱与属性栏的使用

默认设置下工具箱位于 CorelDRAW 工作界面的左侧，也可以将其设置作为浮动的形式，其中的工具主要用来绘制与编辑图形对象。若要绘制一个椭圆对象，可将光标移至工具箱中的按钮上单击，然后在绘图区中拖动光标即可绘制一个椭圆对象，如图 1.2.5 所示。

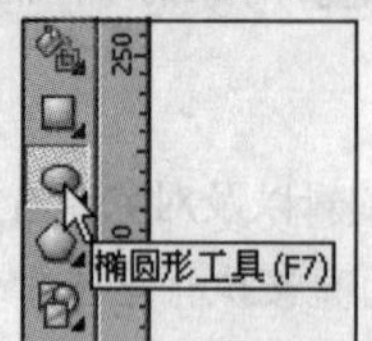

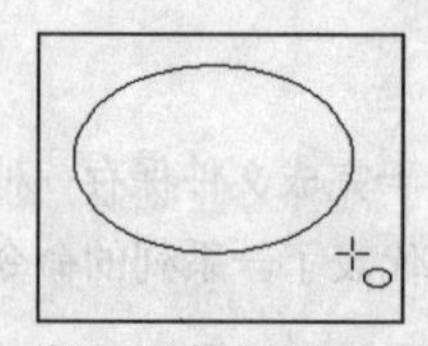

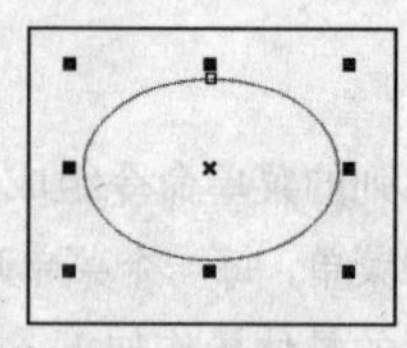

图 1.2.5 使用工具箱中的椭圆工具绘制椭圆

绘制好椭圆对象后，在属性栏中将会显示出椭圆对象的属性，如椭圆的坐标位置、对象大小以及缩小等属性，如图 1.2.6 所示。

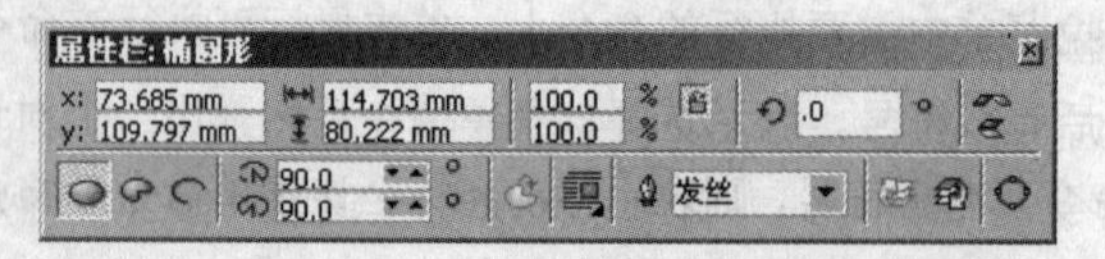

图 1.2.6 椭圆形工具属性栏

在工具箱中，有些按钮右下角有三角符号，表示这是一个工具组，在该按钮上按住鼠标左键不放，可打开与该工具相关的工具组。例如将鼠标移至按钮上单击右下角的三角符号，即可打开其工具

组，如图1.2.7所示。移动鼠标至所需的工具按钮上，如按钮，单击鼠标可切换至相应的工具状态下，如图1.2.8所示。

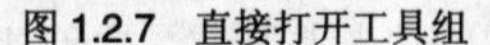

图1.2.7 直接打开工具组

图1.2.8 切换工具

1.2.4 使用调色板与泊坞窗

默认设置下调色板位于工作界面的右侧，由许多色块组成，通过选择调色板中的颜色可快速地为指定的对象填充颜色或轮廓色。下面通过一个小实例来讲解调色板的使用方法。

（1）单击工具箱中的“椭圆形工具”按钮，在绘图区中按住鼠标左键拖动至适当位置后，松开鼠标，即可绘制出一个椭圆形对象，如图1.2.9所示。

（2）将鼠标光标移至调色板中的红色色块上单击，即可将椭圆形填充为红色，如图1.2.10所示。

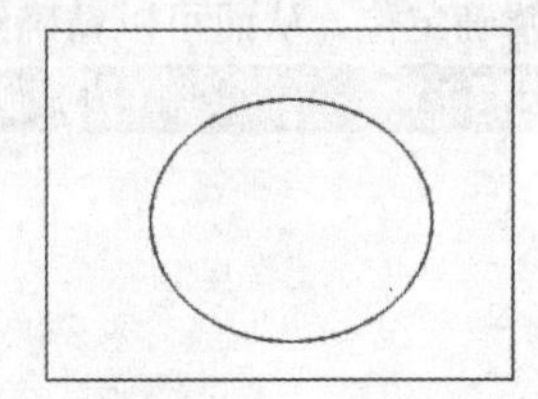

图1.2.9 绘制椭圆形

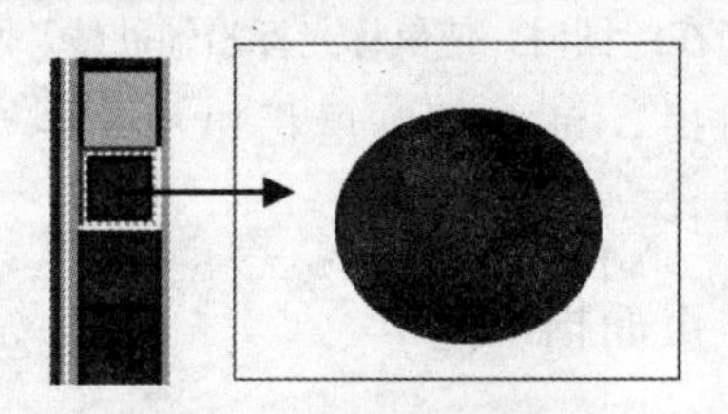

图1.2.10 为椭圆形填充颜色

CorelDRAW X3中的泊坞窗是一个总称，类似于Photoshop中的浮动面板，常用的泊坞窗有对象属性泊坞窗、视图管理泊坞窗、变形泊坞窗以及透镜泊坞窗等。

默认设置下泊坞窗都是关闭的，通常在需要使用时才打开，例如要打开造形泊坞窗，可选择菜单栏中的窗口(W)→泊坞窗(D)→造形(P)命令，如图1.2.11所示。

在泊坞窗右上角单击“向上滚动泊坞窗”按钮，可最小化泊坞窗，此时按钮变为“向下滚动泊坞窗”按钮，单击此按钮可展开泊坞窗。单击泊坞窗右上角的按钮，可关闭泊坞窗。

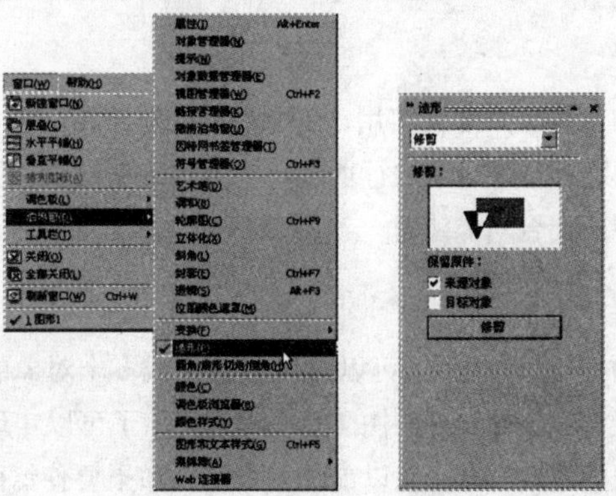

图1.2.11 打开造型泊坞窗的过程

1.2.5 工作区与绘图区的区别

在绘制对象的过程中，用户可以发现在工作区与绘图区中都可以绘制图形，但实际上，绘图区就是指设置的页面区域，即可以被打印出来的区域，而工作区只能作为一个临时绘制对象的地方，对象不能被打印出来。

1.2.6 应用辅助功能

标尺有两种形式，即水平标尺与垂直标尺，可用于显示各对象的尺寸以及在绘图区中的位置，要打开或关闭标尺，可选择菜单栏中的 视图(V) → 标尺(R) 命令。

辅助线分为横向、竖向与倾斜 3 种类型，用于辅助确定对象的位置与形状。要创建辅助线，只须单击标尺并向工作区中拖动即可。创建辅助线后，可以对其进行移动或旋转等操作；要删除辅助线，可在选中辅助线的状态下按 Delete 键进行删除。网格是工作界面上均匀的小方格，可用于辅助确定对象的位置或尺寸，要显示或关闭网格，可选择菜单栏中的 视图(V) → 网格(G) 命令。

网格与辅助线在打印输出时不会被打印出来。

捕捉是指在绘图时，使鼠标光标沿辅助线、网格或对象精确定位，从而可以精确绘制图形。要关闭或打开捕捉，可选择菜单栏中的 视图(V) → 贴齐网格(P) Ctrl+Y / 贴齐辅助线(U) / 贴齐对象(J) Alt+Z 命令。

1.2.7 页面指示区

页面指示区位于工作区的左下角，用于显示 CorelDRAW 文件所包含的页面数，并可在各页面之间进行切换以及增加或删除页面等操作。

1.3 CorelDRAW X3 的新增功能

CorelDRAW X3 与以前的版本相比，除了具有更加人性化的窗口视图外，还增加了许多新的功能，现对这套组件的新特性进行介绍。

1. 新增的裁剪工具

CorelDRAW X3 新增的裁剪工具非常实用，使用它可以对绘图区中的任何一个对象进行裁剪，但它不同于精确剪裁功能。如果对多个对象进行剪裁，使用精确剪裁功能必须先群组多个对象，而新增的裁剪工具可以对绘图区中的混合对象进行一次性裁剪。

2. 新增的智能填充工具

CorelDRAW X3 新增的智能填充工具，可以对任意两个或多个对象的重叠区域以及任何封闭的对象进行填色。智能填充功能类似 Illustrator 中的实时填充，除了可以实现填充以外，还可以快速从两个或多个相重叠的对象中间创建新对象，在以前的版本里，如果要使这两上对象相交，只能先同时选择这两个对象，或者在属性栏选择相交命令。

3. 增强的轮廓图工具

CorelDRAW X3 增强的轮廓图工具可以快速、方便地优化目标对象的轮廓线，能够动态地减少轮廓图形的节点，矢量图节点越少，路径就越光滑，矢量图是以数学函数方式来记录图形的形状与色彩的，节点越少，运算速度就越快，要记录的图形形状信息就越少，存盘时占用的空间也会相应的减少。

4. 增强的文本适配路径功能

增强的文本适配路径功能更加人性化，更易于操作，用户可以自由拖动文本，调整其与路径的偏移距离。

5. 增强的文本功能

对文本的处理，Corel 公司一直做得非常出色，CorelDRAW X3 又增加了很多重要的改进，如首字下沉的改进，增强的制表符与项目符号，使文本适合文本框等，在 CorelDRAW X3 中可以很容易地选择、编辑和格式化文本。

6. 新增的描摹位图功能

描摹位图功能是 CorelDRAW X3 新增的功能，也是该版本的一个亮点。使用该功能可以非常方便的把位图矢量化，在矢量化的同时，还有很多参数可以选择，如要转换的图片类型、要转换的色彩模式或专色等。

7. 新增的复杂星形工具

复杂星形工具在原星形的基础上进行了改进，可以通过调节属性栏中的参数，得到不同复杂程度与外形的星形对象。

8. 创建边界功能

CorelDRAW X3 新增的创建边界功能可以快速地从选取的单个、多个或群组的对象上创建他们的外轮廓。

9. 新增的步长和重复功能

使用新增的步长和重复功能，可以非常方便地复制图像，在复制的同时，可以调整复制对象的水平与垂直偏移距离以及复制数量。

10. 图形调整实验室

在位图菜单中新增了自动调节与图像调整实验室功能，使用它们可以非常方便地调整位图的色彩平衡与对比度。

11. 新的提示泊坞窗

新的提示泊坞窗使初学者学习起来更加容易，每当执行一个操作时，它会识别执行状态，及时显示出相关提示和技巧，提供有益的帮助，使用户可以更加快捷地完成设计任务。

12. 新增的斜角功能

新增的斜角功能包含了两种类型：一种是柔化边缘，另一种是浮雕。使用此功能的前提是图形必须是填色的。另外，该功能不能应用于对象的轮廓上。当图形使用斜角功能后，还可以使用交互式封套工具与交互式变形工具对其进行处理，而不能使用交互式阴影工具、透明工具等。

1.4　软件的相关概念

在学习 CorelDRAW X3 之前，用户有必要了解一下运用 CorelDRAW X3 绘制图形时涉及的一些基本概念，这样在学习 CorelDRAW X3 的过程中有利于更好地掌握其功能。

1.4.1 矢量图与位图的区分

电脑中的图片有多种格式，如 PSD，JPEG，BMP，CDR，AI 与 TIFF 等，但根据图片的特性，可以将其分为矢量图与位图两种类型。

1. 矢量图

矢量图又称向量图，是用直线和曲线来描述的图形，这些图形的元素可以是点、线、弧线、矩形、多边形或圆形，它们是由数学公式计算获得，而不是像素点。这些公式中包括矢量图图形所在的坐标位置、大小、轮廓色以及颜色填充等信息，由于这种保存图形信息的方法与分辨率无关，所以当放大或缩小图形时，只需要在相应数值上乘以放大的倍数或除以缩小的倍数即可，而不会影响图形的清晰度，其边缘很平滑，也不会产生颜色块，如图 1.4.1 所示。

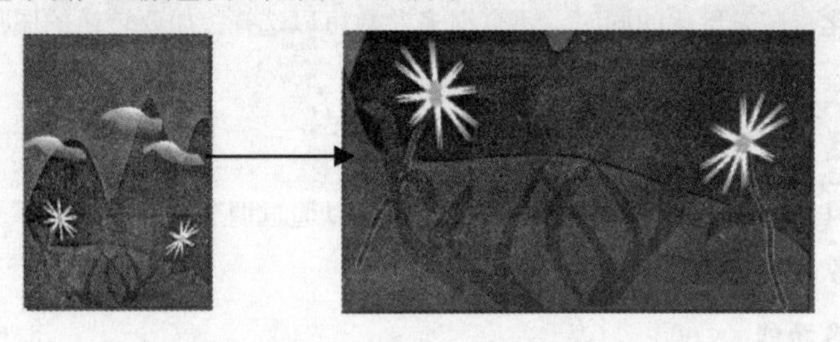

图 1.4.1 矢量图放大后的效果

2. 位图图像

位图又称点阵图，由多个不同颜色的点组成，每一个点为一个像素。与矢量图相比，位图图像更容易模拟照片的真实效果。由于位图图像中每个像素点都记录着一个色彩信息，因此位图图像色彩绚丽，能体现出现实生活中的绝大多数色彩。由于每个像素点的色彩信息都需要单独记录，因此位图图像占用的空间也是比较大的，对于要求不太高的位图图像，可以将它们压缩，使其所占空间变小。

位图的大小和质量取决于图像中像素点的多少，通常来说，每平方英寸的面积上所含像素点越多，颜色之间的混合也越平滑，同时文件也越大。如图 1.4.2 所示为位图放大后的效果。

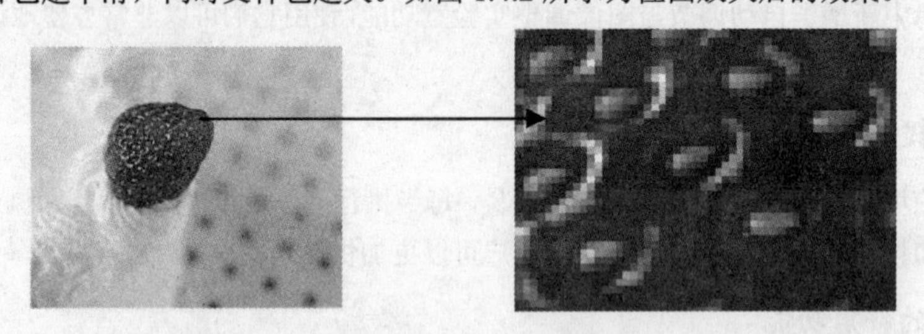

图 1.4.2 位图放大后的效果

1.4.2 图片文件常用的存储格式

图片文件主要有矢量图和位图两种类型，在图片格式中可通过图片文件的扩展名来区别，而文件格式也需要以扩展名进行区别，下面详细介绍几种常用的图片文件存储格式。

1. BMP 格式

BMP 格式文件的扩展名为.bmp，它是 Windows 操作系统下标准的位图格式。它可用非压缩格式

存储图像数据，并且支持多种图形图像软件的存储，但文件比较大，而且此格式不支持 Alpha 通道。

2. TIFF 格式

TIFF 格式即标志图像文件格式，是在 Macintosh 机上开发的一种图像文件格式，其扩展名有.tif 和.tiff 两种，它支持 Alpha 通道，同时也支持压缩。

3. JPEG 格式

JPEG 格式文件的扩展名有.jpg 和.jpeg 两种，它是 24 位的图像文件格式，也是一种高效率的压缩格式，通过损失极少的分辨率，将图像减少至原大小的 10%。使用该格式的文件与 BMP 格式的文件在效果上相差不大，但文件却小得多。同样，大多数图形图像处理软件与其他软件都支持此格式。

4. GIF 格式

GIF 格式文件的扩展名为.gif，是位图格式的一种，与 JPEG 格式和 BMP 格式的文件相比，GIF 格式最大的特点是可以支持动画效果，也就是说，图片是可以动态变化的，而且该格式的文件非常小，被广泛应用于网络传输。

5. PSD 格式

PSD 格式是 Photoshop 标准的图像格式，其最大的优点是支持图层和多通道的操作，并且支持透明背景，即 Alpha 通道。其文件较大，目前在 CorelDRAW X3 中可以支持该位图格式。

6. CDR 格式

CDR 格式是图形处理软件 CorelDRAW 所生成的文件格式，也是矢量图中常见的文件格式之一，它支持压缩，其最大的优点是文件较小。

7. AI 格式

AI 格式是 Illustrator 软件的标准文件格式，它与 CDR 格式一样，也是最常见的矢量文件格式之一，可以方便地导入到 CorelDRAW 中进行编辑。

8. FH*格式

FH*格式是图形处理软件 FreeHand 标准的文件格式，也是较常见的矢量图文件格式之一。与其他图片文件格式不同的是，其扩展名随版本的升级而改变。

9. DXF 格式

DXF 格式是三维模型设计软件 AutoCAD 提供的一种矢量图文件格式，其优点是文件体积小，绘制图形的尺寸、角度等数据都很精确，是工业设计、建筑设计与建模的首选文件格式。

1.4.3 CorelDRAW 中的色彩模式

CorelDRAW X3 应用程序支持多种色彩，如 CMYK，RGB，HSB，HLS 等，其中常用的有 RGB 与 CMYK 模式。这两种色彩模式是 CorelDRAW 中表示颜色的必选途径，而每种色彩模式都有自己表示颜色的方法。比如 RGB 色彩模式是通过色彩的红、绿、蓝这 3 种颜色组件构成点，从理论上讲，RGB 颜色可以生成肉眼所能看到的任何颜色。

1.4.4 光源色与印刷色

在 CorelDRAW 中所使用的 CMYK 色彩模式是通常的打印与印刷系统常用的模式，即由青色、品红、黄色与黑色 4 种颜色组成。它通过色彩对光源的反射效果来表示颜色。

1.4.5 位图的分辨率

对位图图像来说，分辨率就是指每平方英寸中像素点数量的多少，单位为 dpi。位图的分辨率和位图图像的清晰度与画面质量有着密切的关系，当图片尺寸确定，分辨率越高，则图像的清晰度也就越高，画质也越好。相反，分辨率较低时，图像的清晰度就会下降。

位图分辨率越高，存储图像时所占用的磁盘空间也越大。

1.5 CorelDRAW X3 的退出

退出 CorelDRAW X3 也很简单，主要有两种方法，一种是选择菜单栏中的 文件(F) → 退出(X) 命令，另一种是单击标题栏右侧的按钮 ×。如果绘制了图形对象或对打开的图形编辑后还未保存，此时会弹出一个提示框，询问是否保存图形。单击按钮 否(N)，不保存图形文件直接退出；单击按钮 是(Y)，保存图形文件并退出；单击按钮 取消，不保存图形并可继续编辑。

1.6 操作实例——绘制葫芦

1. 操作目的

（1）掌握 CorelDRAW X3 安装与启动的方法。

（2）了解 CorelDRAW X3 的工作界面。

（3）掌握绘图工具的使用。

（4）了解填充命令的方法。

2. 操作内容

利用矩形工具和椭圆形工具，绘制一个简单的图形，并使用调色板对图形填充颜色。

3. 操作步骤

（1）在菜单栏中选择 文件(F) → 新建(N) 命令，新建一个文件。

（2）在属性栏中设置纸张的类型为“A4”，单击属性栏中的“纵向”按钮，设置纸张方向为纵向，如图 1.6.1 所示。

（3）单击工具箱中的“椭圆形工具”按钮，在绘图页面中绘制一个椭圆，如图 1.6.2 所示。

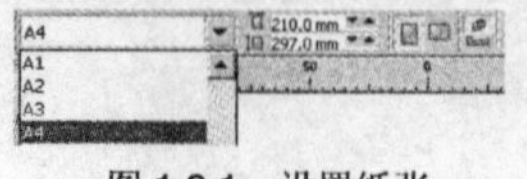

图 1.6.1 设置纸张

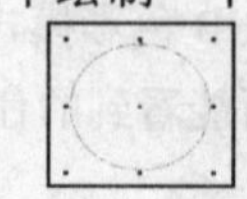

图 1.6.2 绘制椭圆

（4）单击工具箱中的“挑选工具”按钮，在该图形对象上单击鼠标，选中该图形对象。

（5）在调色板中的红色色块上单击鼠标左键，将该图形对象的内部填充为红色，其效果如图 1.6.3 所示。

（6）保持该图形对象为选中状态，在调色板上方的按钮上单击鼠标右键，将图形对象的边框去掉，如图 1.6.4 所示。

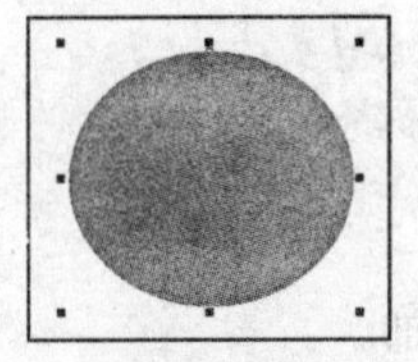

图 1.6.3　填充颜色

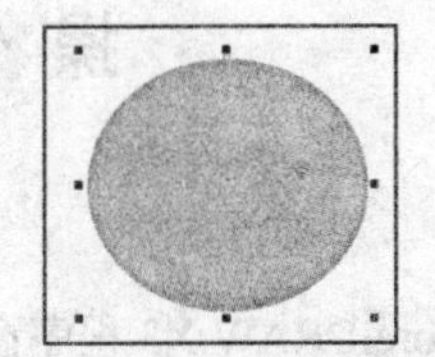

图 1.6.4　去掉边框后的效果

（7）使用同样的方法绘制出另外一个椭圆，填充颜色为红色，去掉边框，如图 1.6.5 所示。

（8）保持该图形对象为选中状态，按住“Shift”键的同时拖动图形对象的调节点，将其缩放至如图 1.6.6 所示的大小。

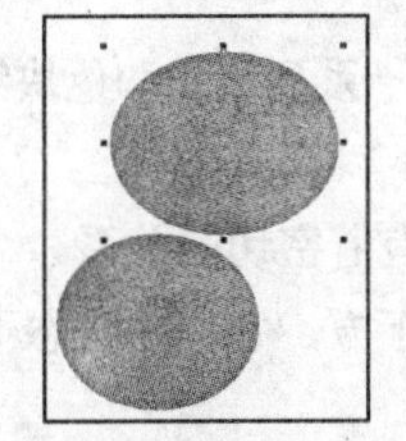

图 1.6.5　绘制椭圆并填充

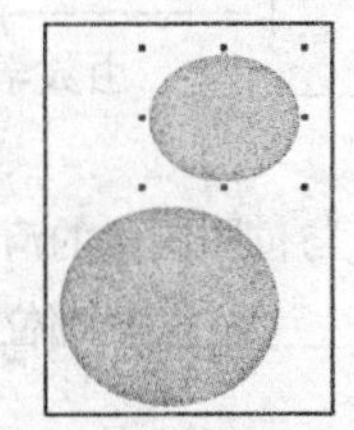

图 1.6.6　调节图形对象的大小

（9）单击工具箱中的“挑选工具”按钮，在该图形对象上单击鼠标不放并将其拖动至如图 1.6.7 所示的位置。

（10）单击工具箱中的“矩形工具”按钮，在绘图页面中绘制出如图 1.6.8 所示的矩形。

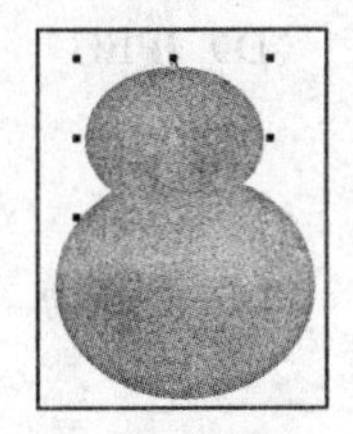

图 1.6.7　移动图形对象

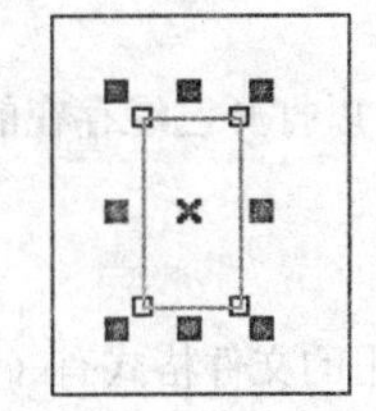

图 1.6.8　绘制矩形

（11）使用与步骤（5）和（6）相同的方法，将其填充为红色，并去掉边框，得到如图 1.6.9 所示的效果。

（12）使用与步骤（8）和（9）相同的方法，调整该图形对象的大小和位置，得到如图 1.6.10 所示的最终效果。

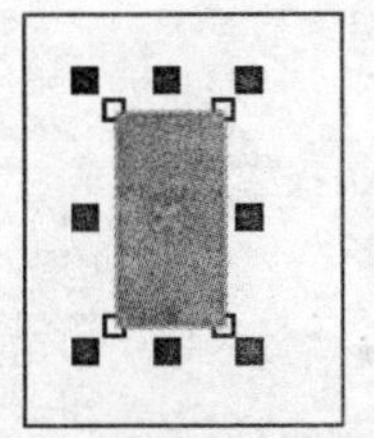

图 1.6.9　填充颜色并去掉边框

图 1.6.10　绘制葫芦效果图

本章小结

通过本章的学习，可以使用户了解并掌握 CorelDRAW X3 启动、退出的方法，熟悉工作界面以及软件的相关概念。为深入学习 CorelDRAW X3 奠定基础。

操作练习

一、填空题

1. ＿＿＿＿＿位于 CorelDRAW X3 程序窗口的顶部。

2. ＿＿＿＿＿栏与＿＿＿＿＿栏都位于标题栏的下方，它们的状态不会因所选择对象的不同而改变。

3. ＿＿＿＿＿格式是图形设计软件 CorelDRAW 所生成的文件格式。

4. CorelDRAW X3 是一个＿＿＿＿＿＿绘制软件。

5. 矢量图也称为＿＿＿＿＿＿，由数学方式描述的一系列线条和色块组成，它在计算机中是以一系列的数值表示的。

6. 位图的＿＿＿＿＿与位图图像的清晰度和画质有着密切的关系。

7. ＿＿＿＿＿栏与＿＿＿＿＿栏都位于标题栏的下方，它们的状态不会因所选择对象的不同而改变。

二、选择题

1.（ ）格式是 CorclDRAW 的专用格式。

(A) PSD	(B) FIF
(C) CDR	(D) JPEG

2. 以下（ ）命令可以打开已经存在的图形文件。

(A) 新建	(B) 打开
(C) 保存	(D) 另存为

3. CorelDRAW 中可用的文件格式有（ ）。

(A) GIF 格式	(B) PSD 格式
(C) JPEG 格式	(D) CDR 格式

三、简答题

1. 如何区别工作区与绘图区？
2. CorelDRAW X3 的菜单栏由哪几类菜单组成？
3. 新增的智能填充工具的功能是什么？
4. 矢量图与位图的区别是什么？
5. 简述 CorelDRAW X3 的新增功能。

四、上机操作

1. 启动 CorelDRAW X3，并打开已有的 CDR 格式的文件。
2. 尝试将一个文件以不同的格式保存。

第 2 章

CorelDRAW X3 入门

学习导航

本章将主要学习 CorelDRAW X3 的文件操作、页面设置、显示方式以及辅助工具的设置，最后将对泊坞窗进行简要的介绍。

学习要点

- 文件基础操作
- 页面的基本设置
- CorelDRAW 的显示模式
- 设置辅助参数
- 使用泊坞窗

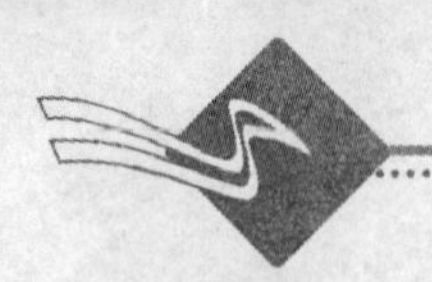

2.1 文件基础操作

在 CorelDRAW X3 中文件的基本操作包括新建、保存、打开已存文件以及关闭文件，这也是 CorelDRAW X3 的基本操作，下面将具体介绍。

2.1.1 新建文件

在启动 CorelDRAW X3 后，便会自动创建一个新的图形文件。如果在进入 CorelDRAW 后或已经在 CorelDRAW X3 工作界面中完成了图形文件编辑，需要再次建立一个新图形文件时，则可以选择菜单栏中的 文件(F) → 新建(N) 命令，或单击工具栏中的“新建”按钮，如图 2.1.1 所示，即可创建一个空白的图形文件。

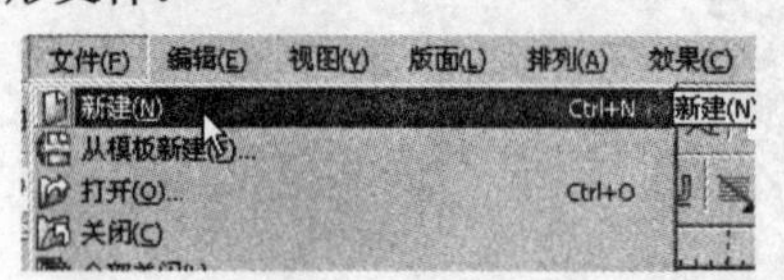

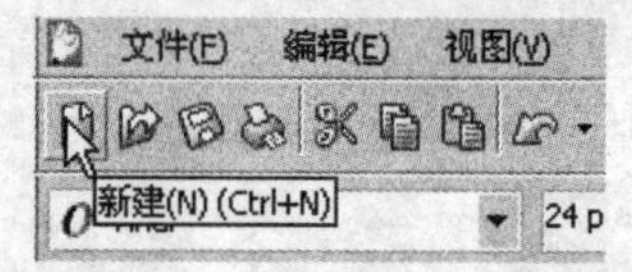

图 2.1.1 新建文件的两种方法

2.1.2 打开已有文件的方法

要打开一个已经存在的 CorelDRAW 文件，有如下 3 种方法：

（1）启动 CorelDRAW X3 后，在弹出的 CorelDRAW X3 界面中单击打开图标。

（2）选择菜单栏中的 文件(F) → 打开(O)... 命令。

（3）在工具栏中单击“打开”按钮。

不管使用哪一种打开方式，系统都会弹出打开绘图对话框，如图 2.1.2 所示。从中选择需要打开的文件，然后单击 打开 按钮，即可打开已有的文件。

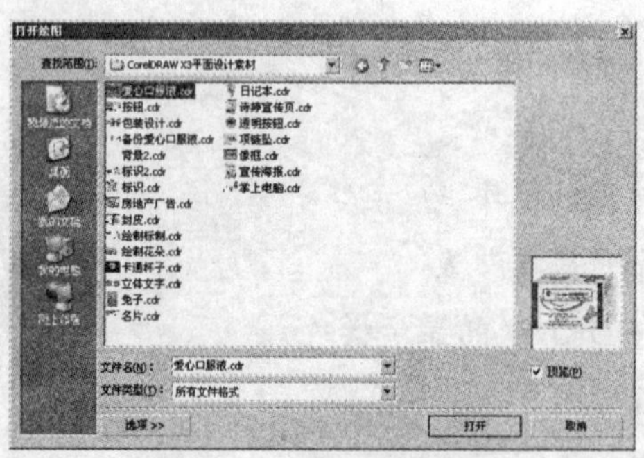

图 2.1.2 “打开绘图”对话框

如果要在打开绘图对话框中同时选择多个连续的文件，可在选择文件时按住 Shift 键依次单击多个连续的文件；如果要在打开绘图对话框中同时选择多个不连续的文件，可在选择文件时按住 Ctrl 键选择不连续的文件即可。

提示

如果用户要打开的图形文件是最近打开过的，则可直接在 文件(F) 菜单中的下方选择需要打开的文件名即可打开该文件。

2.1.3 文件的保存

在 CorelDRAW X3 中绘制图形时，应随时保存图形对象，而以何种方式进行保存，这将直接影响文件以后的使用。

1. 手动保存

要手动保存文件，可选择菜单栏中的 文件(F) → 保存(S)... 命令，或单击工具栏中的“保存”按钮，弹出保存绘图对话框，如图 2.1.3 所示。

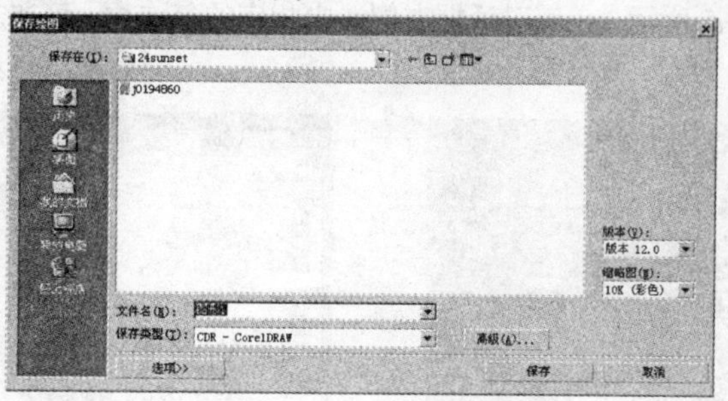

图 2.1.3 “保存绘图”对话框

在保存在(I):下拉列表中可选择保存的位置。

在版本(V):下拉列表中可选择保存文件的版本，此处一般保持默认设置，也就是保存为 CorelDRAW X3 版本。

在文件名(N):下拉列表框中输入保存的文件名称。

在保存类型(T):下拉列表中选择文件保存的格式，一般保存为 CorelDRAW 格式，以方便下次打开图形进行编辑与修改，设置完成后，单击 保存 按钮，即可将图形文件进行保存。

对于已经保存的文件，如果再次将其打开并进行修改后，选择菜单栏中的 文件(F) → 保存(S)... 命令或单击工具栏中的“保存”按钮，则不会再弹出保存绘图对话框。

2. 自动保存

在 CorelDRAW X3 中还提供了自动保存文件的功能，也就是说，在绘图的过程中，每隔一段时间，CorelDRAW 即会自动进行文件保存。

要启用自动保存功能，其具体操作方法如下：

(1) 选择菜单栏中的 工具(O) → 选项(O)... 命令，弹出选项对话框，在该对话框左侧的工作区列表中选择保存选项，此时可在对话框右侧显示相关参数，如图 2.1.4 所示。

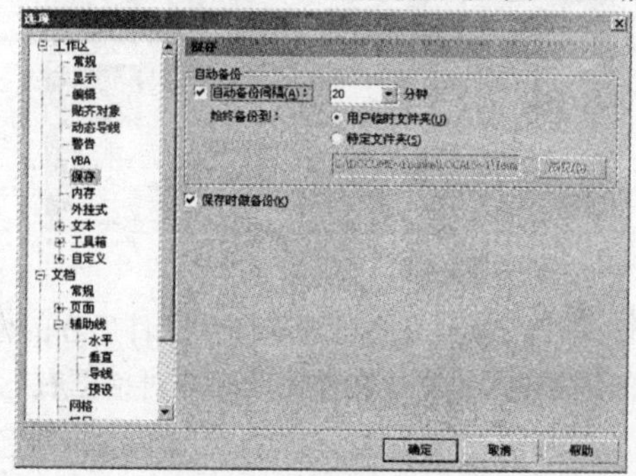

图 2.1.4 “选项”对话框

（2）选中 自动备份间隔(A): 复选框，表示自动保存功能已经启用，在 20 分钟 下拉列表中显示自动保存间隔的时间，可从中选择间隔时间或直接输入，此处默认为 20，即每隔 20 分钟自动保存一次。

（3）单击 确定 按钮，关闭 选项 对话框。

2.1.4 查看文件信息

如果需要查看所绘制图形的文件信息，可选择菜单栏中的 文件(F) → 文档信息(M)... 命令，弹出 文档信息 对话框，如图 2.1.5 所示，在该对话框右侧选中相应的复选框，可在左侧的信息窗口中显示所选的信息内容。

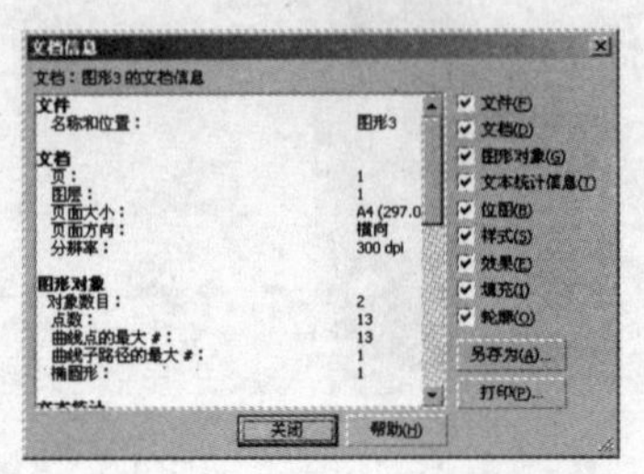

图 2.1.5 查看文档信息

如果需要将所选文件信息保存为一个文本文件，以便以后使用，可单击对话框中的 另存为(A)... 按钮，要打印文件信息，可单击 打印(P)... 按钮。

2.1.5 导入与导出文件

在绘图过程中，有时需要从外部导入非 CorelDRAW 格式的图片，或将 CorelDRAW 格式的图片导出为其他图片格式，这就需要用到 CorelDRAW 的导入与导出功能，下面详细介绍。

1. 导入文件

将外部图片导入到 CorelDRAW 中的操作方法如下：

（1）选择菜单栏中的 文件(F) → 导入(I)... 命令，或单击工具栏中的“导入”按钮，弹出 导入 对话框，如图 2.1.6 所示。

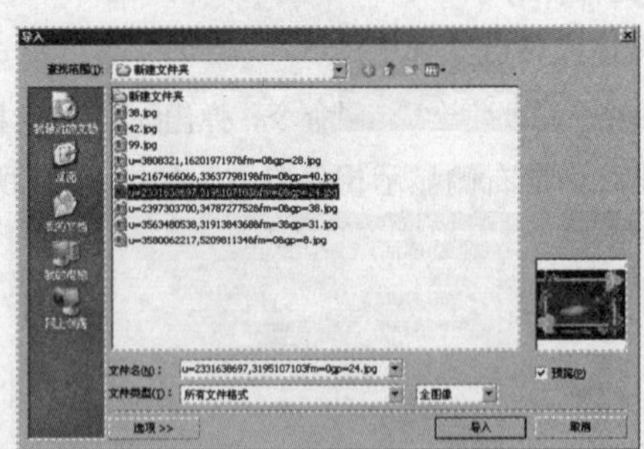

图 2.1.6 “导入”对话框

（2）在该对话框中的 查找范围(I): 下拉列表中可选择图片文件所在的位置。

（3）找到图片文件后，单击要导入的图片文件，此时在对话框右下方的预览框中可预览到图片效果。

（4）单击 导入 按钮，此时鼠标光标在绘图区中显示为如图 2.1.7 所示的状态，根据提示可单击、拖动鼠标或按回车键导入图片，此处通过单击鼠标来导入所选的图片，如图 2.1.8 所示。

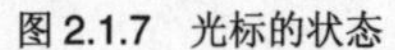

图 2.1.7　光标的状态

图 2.1.8　导入的图片

导入图片时，鼠标光标下方的提示信息说明有 3 种导入图片的方法，其具体的含义分别为：采用单击鼠标的方法导入图片时，图片可保持原始大小，且鼠标单击处为图片左上角所在的位置；采用拖动鼠标的方法导入图片时，根据拖动出矩形框的大小重新设置图片的大小，即按住鼠标处为图片左上角所在的位置，释放鼠标处为图片右下角所在的位置；通过按回车键导入图片时，图片将保持原始大小并且自动与绘图区居中对齐。

2. 导出文件

导出功能可以将在 CorelDRAW 中绘制的图形导出为其他类型的图片，如 JPEG，AI，TIFF 等文件格式。

要导出图形，可选择菜单栏中的 文件(F) → 导出(E)... 命令，弹出 导出 对话框，如图 2.1.9 所示。

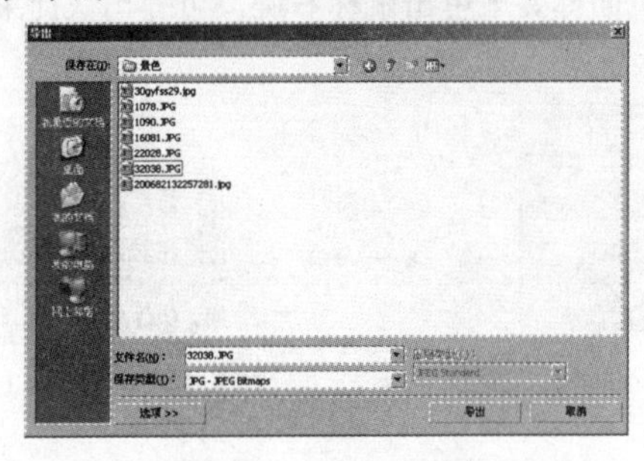

图 2.1.9　“导出”对话框

在 保存在(I): 下拉列表中选择导出文件的保存路径，即存放位置。

在 文件名(N): 下拉列表框中输入导出的文件名称。

在 保存类型(T): 下拉列表中选择所需的图片格式。

单击 导出 按钮，就可以将图形导出为所选的图片格式。

2.1.6　关闭文件

文件的关闭就是将当前正在编辑的文件关闭，而不是退出 CorelDRAW 应用程序。

要关闭当前的绘图文件，可选择菜单栏中的 文件(F) → 关闭(C) 命令，或单击菜单栏右侧的“关闭”按钮 ×。如果未对文件做修改，则会直接关闭文件；如果对文件做了修改而尚未保存，将会弹出一个提示框，询问是否保存文件，单击 是(Y) 按钮保存文件，单击 否(N) 按钮关闭文件而不保存，单击 取消 按钮，可重新返回到编辑状态。

2.2　页面的基本设置

CorelDRAW 中的页面是指绘图区，在打印时，只有页面中的图形对象才能被打印出来，而页面

外（工作区）的图形对象不会被打印。一般在绘图之前，都需要对页面进行各种设置，包括插入、删除、重命名以及设置页面大小与方向等。

2.2.1 插入与删除页面

在绘图过程中，可以在同一文档中添加多个空白页面、删除某个多余的页面等操作，下面介绍其操作方法。

1. 插入页面

要在当前文档中插入新页面，其具体操作方法如下：

（1）选择菜单栏中的 版面(L) → 插入页(I)... 命令，弹出 插入页面 对话框，如图 2.2.1 所示。

（2）在 插入(I) 输入框中可设置插入页面的数量，并通过选中 前面(B) 或 后面(A) 单选按钮，来确定插入页面的位置，即放置在指定对象的前面或后面。

（3）选中 纵向(P) 或 横向(L) 单选按钮，可设置插入页面的放置方式。

（4）单击 纸张(R): 下拉列表框，可从弹出的下拉列表中选择插入页面的纸张类型，如选择 自定义 选项，可在 宽度(W): 与 高度(E): 输入框中输入数值进行设置。

（5）设置完成后，单击 确定 按钮，即可在当前文档中插入页面。

在页面指示区中的某一个页面标签上单击鼠标右键，可弹出快捷菜单，如图 2.2.2 所示，从中选择相应的命令也可插入页面。

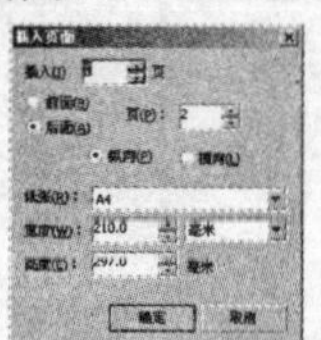

图 2.2.1 “插入页面”对话框

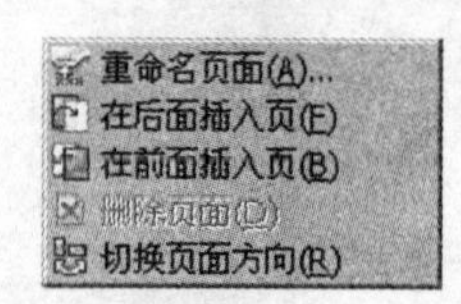

图 2.2.2 页面指示区快捷菜单

2. 删除页面

要删除多余的页面，可选择菜单栏中的 版面(L) → 删除页面(D)... 命令，弹出 删除页面 对话框，在 删除页面(D): 输入框中可输入要删除的页面序号，如果要删除连续的页面，可选中 通到页面(T): 复选框，在其后面的输入框中输入要删除的页面范围，然后单击 确定 按钮，即可删除。

2.2.2 为页面重命名

当插入较多的页面后，为了方便对其进行管理，可为页面重命名，如彩页、扉页等。

要为页面重新命名，可先选择要命名的页面，然后选择菜单栏中的 版面(L) → 重命名页面(A)... 命令，弹出 重命名页面 对话框，如图 2.2.3 所示，在 页名: 输入框中输入名称，此处输入“扉页”，然后单击 确定 按钮，即可将当前页面命名为“扉页”，在页面左下方的页面指示区中可以查看页面命名的效果，如图 2.2.4 所示。

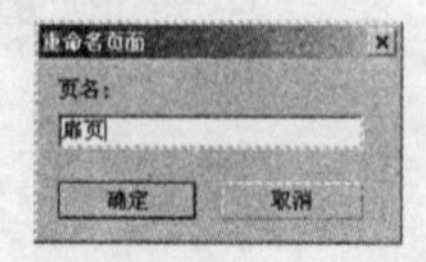

图 2.2.3 “重命名页面”对话框

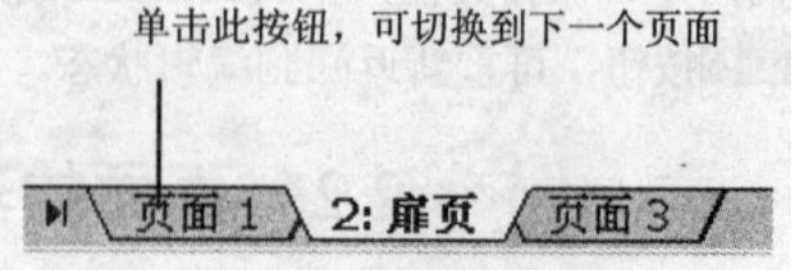

图 2.2.4 查看命名后的效果

2.2.3 转换页面与切换页面方向

在 CorelDRAW X3 中，当一个文档中包含多个页面时，其页面指示区中显示的页面无法显示，此时可以通过转换页面功能在不同页面之间进行切换，同时，也可对同一文档中的不同页面设置不同的方向。

1. 转换页面

要从某一页面转换到所需的页面，可选择菜单栏中的 版面(L) → 转到某页(G)... 命令，弹出 定位页面 对话框。

在 定位页面(G): 输入框中输入数值，可设置要定位的页面，然后单击 确定 按钮，即可转换到定位页面。

2. 切换页面方向

切换页面方向就是将页面以纵向或横向放置，可通过选择菜单栏中的 版面(L) → 切换页面方向(R) 命令，在纵向与横向之间切换页面。但切换页面方向后，页面上的内容并不会随着页面方向的改变而发生变化，如图 2.2.5 所示。

图 2.2.5 切换页面方向

提示 在挑选工具属性栏中单击“纵向”按钮或或“横向”按钮，也可切换页面方向。

2.2.4 设置页面大小

在 CorelDRAW X3 中，页面大小可以通过两种方法进行设置，一种是通过属性栏设置，另一种是在“选项”对话框中设置。

1. 在属性栏中设置

当在绘图区中没有选择任何对象时，其属性栏显示页面的信息，默认的页面为纵向的 A4，即长为 210 mm，高为 297 mm，如图 2.2.6 所示。在属性栏中设置页面大小的具体操作方法如下：

（1）在标准工具栏中单击“新建”按钮新建一个页面，或在挑选工具状态下取消对象的选择。

（2）在属性栏中单击纸张类型/大小下拉列表框 A4 ，可从弹出的下拉列表中选择纸张的类型，如选择 A3 选项，页面将自动改为 A3 纸张的大小，如图 2.2.7 所示，此时纸张宽度与高度输入框 210.0 mm 297.0 mm 中的数值也随着选择纸张的变化而变化。

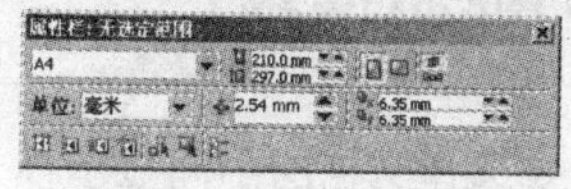

图 2.2.6 属性栏中的页面信息

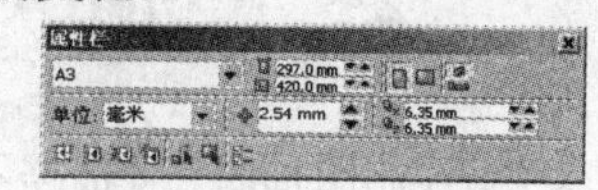

图 2.2.7 选择 A3 纸张

（3）因此，通过直接在属性栏中的纸张宽度与高度输入框 210.0 mm 297.0 mm 中输入数值，也可以自定义页面大小。

2. 在“选项”对话框中设置

选择菜单栏中的 版面(L) → 页面设置(P)... 命令，弹出 选项 对话框，如图 2.2.8 所示。在此对话框中选中 普通纸(N) 单选按钮，然后在 宽度 与 高度 输入框中输入数值可定义页面的大小。此外用户还可以设置其他参数，如页面的方向、纸张类型等。

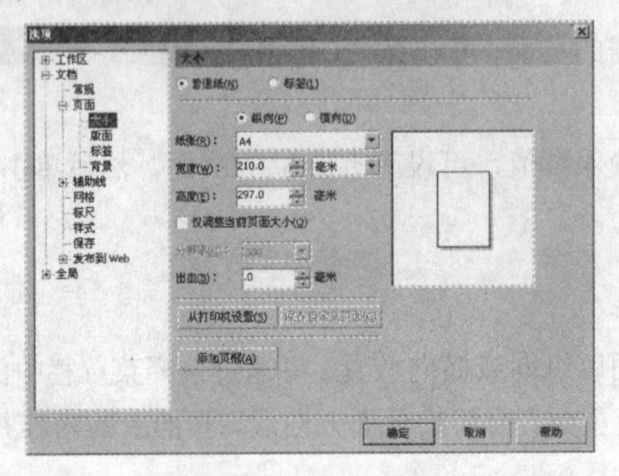

图 2.2.8 “选项”对话框中的页面大小选项

2.2.5 设置页面背景

在设置好页面大小后，也可以设置页面背景，即以纯色作为背景，或从外部导入图片作为背景。设置页面背景的具体操作如下：

（1）选择菜单栏中的 版面(L) → 页面背景(B)... 命令，弹出 选项 对话框。

（2）选中 纯色(S) 单选按钮，在其后面单击 下拉按钮，可从弹出的调色板中选择所需的背景颜色，如图 2.2.9 所示。

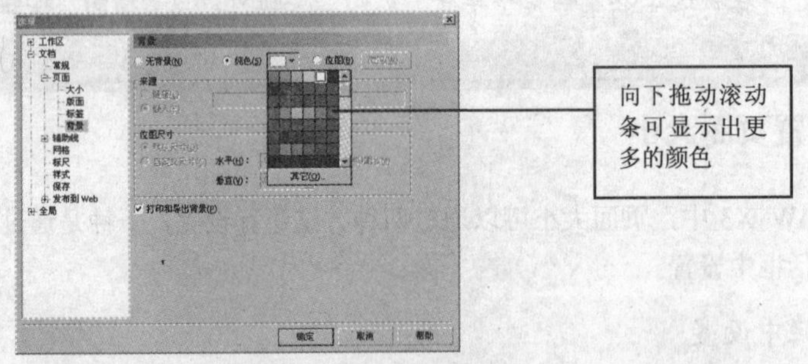

图 2.2.9 设置页面背景

（3）如果选中 位图(B) 单选按钮，在其后面单击 浏览(W)... 按钮，弹出 导入 对话框，在此对话框中选择所需的图片后，单击 导入 按钮导入图片。

（4）在 位图尺寸 选项区中选中 自定义尺寸(C) 单选按钮，然后在 水平(H)： 与 垂直(V)： 输入框中设置页面背景的大小，完成后，单击 确定 按钮，可为页面设置背景。

2.3 CorelDRAW 的显示模式

在 CorelDRAW X3 中绘制图形时，可根据不同的需要选择文档的不同显示模式，也可对文档进行预览、缩放与平移视图显示，如果同时打开了多个文档窗口，还可以调整各文档窗口的排列方式。

2.3.1　不同显示模式的特点

为了提高工作效率，在 CorelDRAW X3 中提供了多种显示模式，如简单线框、线框、草稿、正常与增强模式，默认设置下为增强模式。不过，这些显示模式只是改变图形显示的速度，对打印结果没有影响。要在这些显示模式之间进行切换，可在 视图(V) 菜单下选择相应的命令。

简单线框模式：在此显示模式下，所有的矢量图只显示轮廓，而渐变、立体、均匀填充与渐变填充等效果都被隐藏，位图以灰度显示，但可更方便、快捷地选择对象，其效果如图 2.3.1 所示。

线框模式：此显示模式下显示的结果与简单线框模式类似，但可显示出所有变形对象（渐变、立体化、轮廓效果）所生成的中间图形，如图 2.3.2 所示。

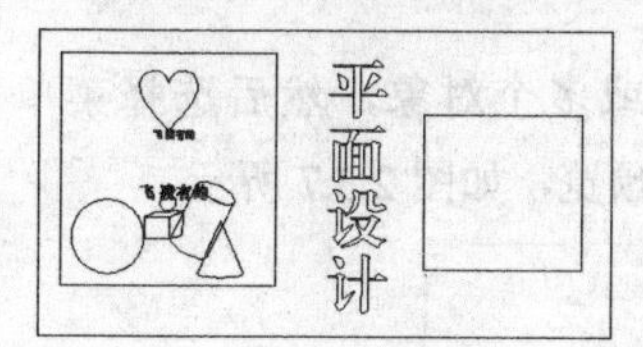

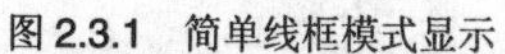

图 2.3.1　简单线框模式显示

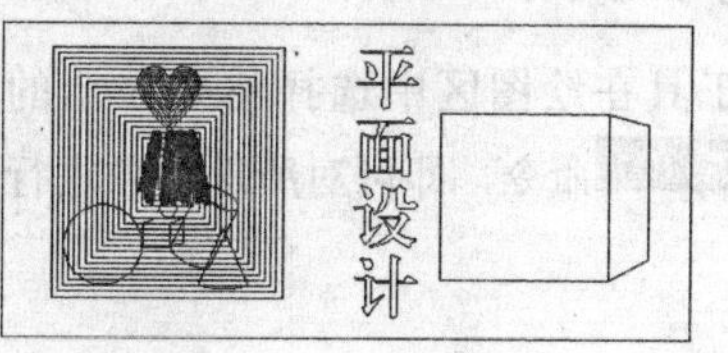

图 2.3.2　线框模式显示

草稿模式：在此显示模式下，绘图区中的所有图形均以低分辨率显示，可显示标准填充，渐变填充则用起始颜色和终止颜色的调和来显示，如果需要快速刷新，并要掌握画面的基本色调，就可以使用此模式显示，其效果如图 2.3.3 所示。

正常模式：在此显示模式下，绘图区中的所有图形均以正常的显示模式来显示，但位图将以高分辨率显示，如图 2.3.4 所示。

图 2.3.3　草稿模式显示

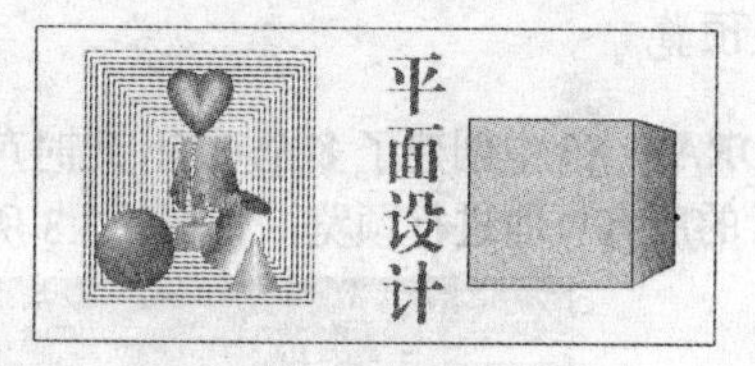

图 2.3.4　正常模式显示

增强模式：在此显示模式下，采用高分辨率显示所有对象，使其达到最佳的显示效果，如图 2.3.5 所示。但该模式对计算机性能要求很高，因此，如果计算机的内存太小，显示速度将会明显降低。

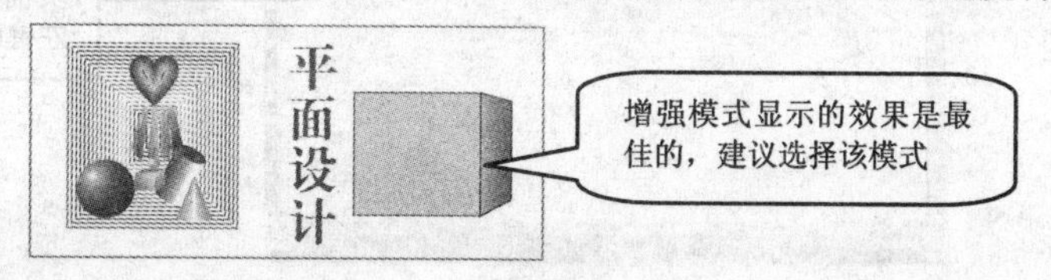

图 2.3.5　增强模式显示

2.3.2　预览显示

在 CorelDRAW X3 中绘制的图形，可以使用 3 种预览方式进行预览，即全屏方式预览、仅对选定区域中的对象进行预览以及分页预览。

1. 全屏预览

选择菜单栏中的 视图(V) → 全屏预览(F) 命令，或按 F9 键，CorelDRAW X3 可将屏幕上的工具箱、菜单栏、工具栏以及其他窗口隐藏起来，只以绘图区充满整个屏幕，这样可以使图形的细节显示得更

清晰，显示效果如图 2.3.6 所示。

图 2.3.6 全屏预览

2. 只预览选定对象

使用挑选工具在绘图区中选择将要显示的一个或多个对象，然后选择菜单栏中的 视图(V) → 只预览选定的对象(O) 命令，即可对所选对象进行全屏预览，如图 2.3.7 所示。

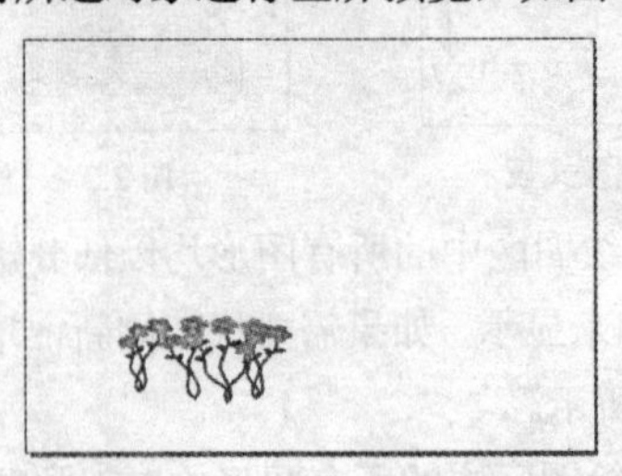

图 2.3.7 只预览选定对象

3. 分页预览

在 CorelDRAW X3 中创建了多个页面，此时可选择菜单栏中的 视图(V) → 页面排序器视图(A) 命令，对文件中包含的所有页面进行预览，如图 2.3.8 所示。

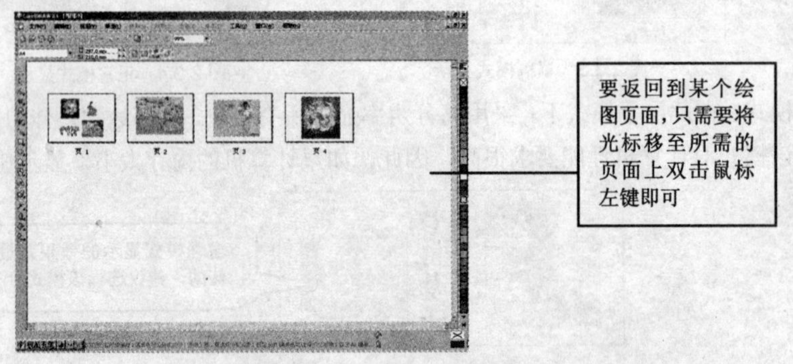

图 2.3.8 分页预览

在分页预览显示状态下，如果希望返回到正常显示状态，可使用挑选工具选择某一页面，此时所选的页面周围会显示一个深蓝色的外框，然后再次选择 视图(V) → ✓ 页面排序器视图(A) 命令，取消其前面的“√”符号，即可返回到所选页面的正常显示状态。

2.3.3 缩放与手形

在 CorelDRAW X3 中绘制图形时，根据需要可缩放或平移绘图页面。单击工具箱中的“缩放工具”按钮右下角的小三角形，可显示出其工具组，即缩放工具与手形工具。

1. 使用缩放工具

在绘图的过程中，经常需要将绘图页面放大或缩小显示，以便查看对象的绘图结构，使用缩放工具可以控制图形的显示。

选择缩放工具后，将鼠标光标移至绘图区中，光标显示为形状，此时在绘图区中单击，即可以单击处为中心放大图形；如果需要放大某个区域，可在绘图区中需要放大的区域按住鼠标左键并拖动，释放鼠标后，该区域将被放大；如果需要缩小显示画面，可在绘图区中单击鼠标右键，或按住 Shift 键的同时在页面中单击，即可以单击处为中心缩小显示图形。

此外，也可以借助缩放工具属性栏来改变图形的显示，缩放工具属性栏如图 2.3.9 所示。

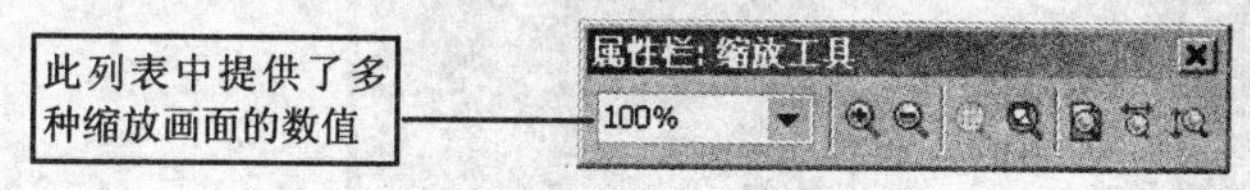

图 2.3.9 缩放工具属性栏

在属性栏中的缩放级别下拉列表100%中，可以选择不同的数值来缩放页面。

单击“放大”按钮或“缩小”按钮，可以逐步放大或缩小当前页面。

单击“缩放全部对象”按钮，可以快速地将文件中的所有对象全部呈现在一个视图窗口中。

单击“按页面显示”按钮，可在工作窗口中完整显示页面，即以 100%显示。

单击“按页面宽度显示”按钮，可按页宽调整显示页面。

单击“按页高显示”按钮，可按页高调整显示页面。

2. 使用手形工具

在 CorelDRAW 中，当页面显示超出当前工作区时，想要观察页面的其他部分，可单击缩放工具组中的“手形工具”按钮，将鼠标光标移至工作区中，按住鼠标左键拖动，即可移动页面显示区域。

2.3.4 窗口操作

绘制图形时，有时为了观察一个文档的不同页面，或同一页面的不同部分，或同时观察两个文档窗口中的对象，可执行切换窗口或排列窗口的操作。

1. 切换窗口

在 CorelDRAW X3 中，如果要在多个打开的文件窗口中切换显示，可在窗口(W)菜单中选择相应的文件名称，即可实现切换，如图 2.3.10 所示。

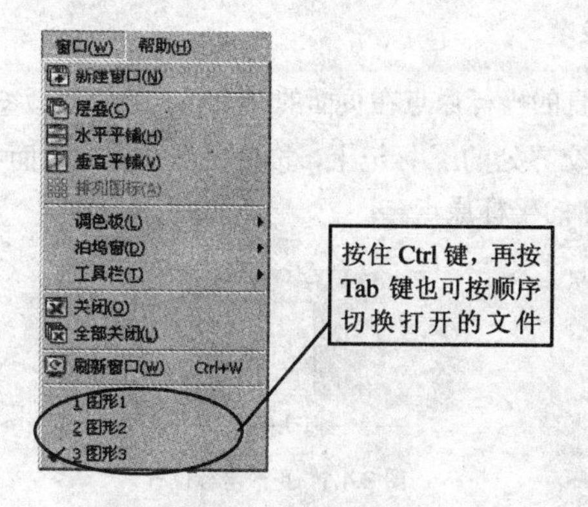

图 2.3.10 通过命令切换窗口

2. 排列窗口

在打开多个文件窗口时，为了提高工作效率，并方便比较不同文件窗口中的对象，可将多个文件窗口进行排列，包括层叠排列、水平平铺排列、垂直平铺排列以及按图标排列等。

如果要将多个文件窗口按顺序层叠在一起，可选择菜单栏中的 窗口(W) → 层叠(C) 命令，如图 2.3.11 所示，通过单击窗口的标题栏，可切换该窗口为当前窗口。

图 2.3.11 以层叠方式排列窗口

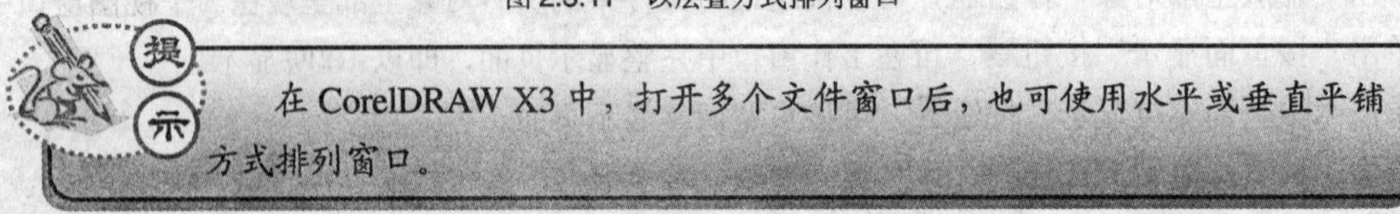

在 CorelDRAW X3 中，打开多个文件窗口后，也可使用水平或垂直平铺方式排列窗口。

2.4 设置辅助参数

在 CorelDRAW X3 中，用于辅助绘制对象的工具包括标尺、网格与辅助线，使用它们可以使对象按指定的直线精确对齐。

2.4.1 设置标尺

在 CorelDRAW 工作界面上，按默认设置都会显示标尺，如果未显示标尺，可选择菜单栏中的 视图(V) → 标尺(R) 命令，将其显示。可以将标尺看成一个由水平标尺与垂直标尺组成的坐标系统，其中水平标尺位于页面上方，而垂直标尺位于页面左侧，当鼠标光标在绘图区与工作区中移动时，光标的位置将被映射到水平与垂直标尺上，并以虚线的方式在标尺上显示，通过它可以了解当前光标所在页面的位置。

1. 改变坐标原点的位置

默认情况下，水平与垂直的坐标原点在页面的左上角，如果要改变原点的位置，只须将鼠标移至水平标尺与垂直标尺左上角交界处的标记上，按住鼠标左键向页面中拖动，在适当位置松开鼠标，如图 2.4.1 所示，即可设置新的坐标原点。

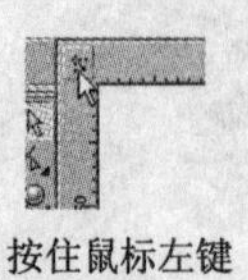

按住鼠标左键

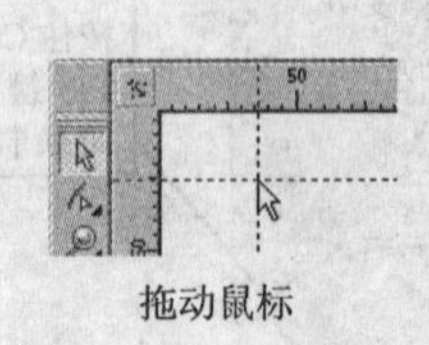

拖动鼠标

释放鼠标

图 2.4.1 更改坐标位置

当要恢复坐标原点到初始位置时，可将鼠标光标移至水平标尺与垂直标尺左上角交界处的标记处，双击鼠标左键即可恢复默认坐标原点。

2. 设置标尺单位

默认设置下标尺的单位为毫米，如果要重新设置标尺的单位，可在标尺上双击鼠标左键，弹出如图 2.4.2 所示的选项对话框。

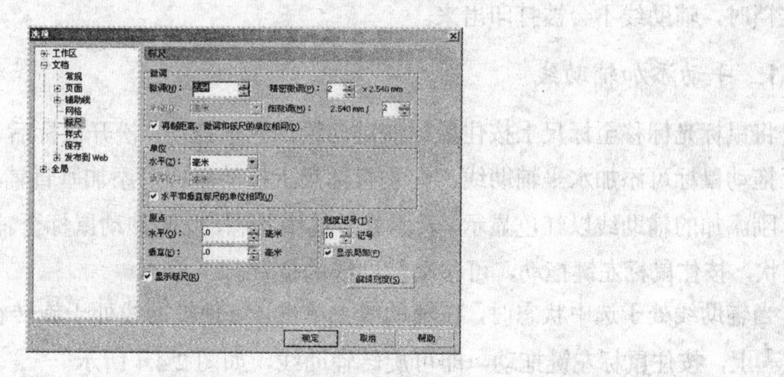

图 2.4.2 “选项”对话框

在单位选项区中的水平(Z):下拉列表中可选择标尺的单位，此处设置为“毫米”，然后单击确定按钮即可。

此外，在该对话框中，单击编辑刻度(S)...按钮，可弹出绘图比例对话框，根据实际需要可以设置各种缩放比例。

2.4.2 设置网格

显示网格后，页面中将显示纵横交错的方格，通过网格可精确指定对象的位置。要显示网格，可选择菜单栏中的视图(V)→网格(G)命令。

网格的间距可根据需要调整，在标尺上单击鼠标右键，从弹出的快捷菜单中选择网格设置(D)...命令，弹出选项对话框，如图 2.4.3 所示。

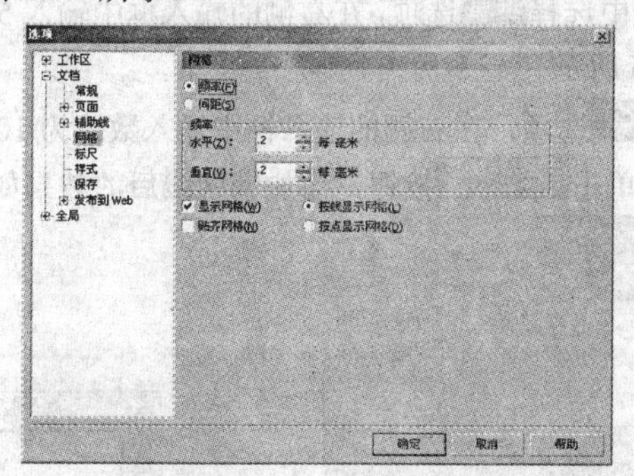

图 2.4.3 “选项”对话框

选中⊙频率(F)单选按钮，在频率选项区中的水平(Z):与垂直(V):输入框中可设置网格的频率，数值越小，则网格的间距越大；若选中⊙间距(S)单选按钮，在间隔选项区中的水平(Z):与垂直(V):输入框中可直接设置网格间距，单击确定按钮确定设置。

如果需要在绘制图形时对齐网格，可选择菜单栏中的视图(V)→贴齐网格(P) Ctrl+Y命令，此时当移动图形至网格线时，系统会自动对齐网格线。

2.4.3 设置辅助线

辅助线是绘图时所使用的有效辅助工具，可用于多个对象高度与宽度的对比或对齐，以及水平或垂直移动对象时的快速定位。

在绘图区中，可以任意调整辅助线，例如将其调整为倾斜、水平或垂直以协助对齐对象，但在打印文档时，辅助线不会被打印出来。

1. 手动添加辅助线

将鼠标光标移至标尺上按住鼠标左键向绘图区中拖动，松开鼠标后，即可添加辅助线。在水平标尺上拖动鼠标可添加水平辅助线，在垂直标尺上拖动鼠标可添加垂直辅助线。

刚添加的辅助线以红色显示，表示处于选中状态，此时移动鼠标至辅助线上，鼠标光标变为↔或↕形状，按住鼠标左键拖动，可移动辅助线的位置。

当辅助线处于选中状态时，在辅助线上单击，可使辅助线处于旋转状态，移动鼠标至两端的旋转符号上，按住鼠标左键拖动，即可旋转辅助线，如图 2.4.4 所示。

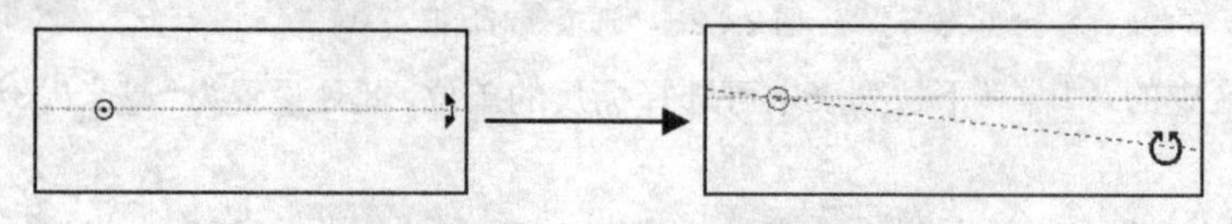

图 2.4.4 旋转辅助线

若要隐藏辅助线，可选择菜单栏中的视图(V)→辅助线(I)命令即可将其隐藏，如果再次选择此命令，则会显示辅助线。要删除辅助线，可先选中辅助线，然后按 Delete 键即可。

2. 精确添加辅助线

如果要在绘图区中创建精确辅助线，如在水平标尺 100 mm 处添加一条垂直辅助线，在垂直标尺 50 mm 处添加一条水平辅助线，其具体的操作方法如下：

（1）在标尺上单击鼠标右键，从弹出的快捷菜单中选择辅助线设置(G)...命令，弹出选项对话框。

（2）在该对话框左侧列表中选择垂直选项，在右侧的输入框中输入 50 mm，单击添加(A)按钮，可添加垂直辅助线，如图 2.4.5 所示。

（3）在对话框左侧选择水平选项，在右侧的输入框中输入数值为 100 mm，单击添加(A)按钮即可添加水平辅助线，完成后单击确定按钮，添加辅助线后的效果如图 2.4.6 所示。

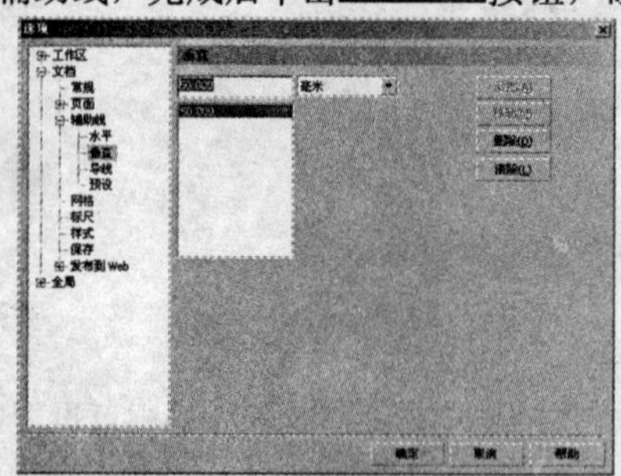

图 2.4.5 精确设置垂直辅助线

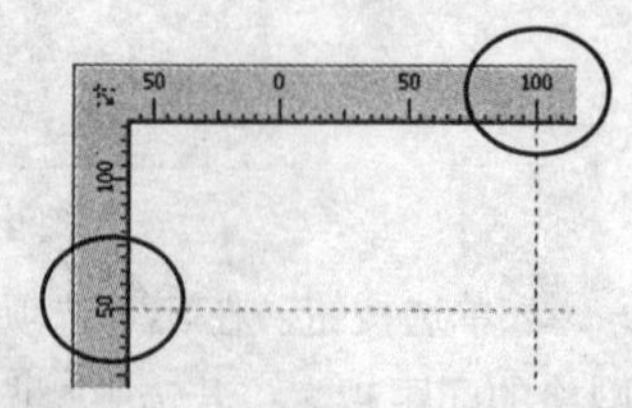

图 2.4.6 添加辅助线后的效果

注意

在显示标尺的情况下，才能创建辅助线。

2.4.4　使用对齐功能

显示网格或添加辅助线后，在移动或绘制对象时若没有对齐功能，可选择菜单栏中的 视图(V) → 贴齐网格(P) Ctrl+Y 与 贴齐辅助线(U) 命令，启动网格对齐功能与辅助线对齐功能。

如果要将如图2.4.7所示的动物对象最上方与植物对象最下方对齐，其具体操作如下：

（1）将鼠标光标移至水平标尺上，按住鼠标左键拖动，至植物对象下方时，松开鼠标创建一条水平辅助线。

（2）使用挑选工具选择动物对象，按住鼠标左键向下拖动，当该对象上方靠近辅助线时，系统会自动吸引对象，使其与最上方的辅助线对齐，松开鼠标，效果如图2.4.8所示。

图2.4.7　原对象

图2.4.8　使用辅助线对齐对象

2.5　使用泊坞窗

在CorelDRAW X3中包含了多种泊坞窗，泊坞窗就是包括各种操作按钮、列表与菜单的操作面板，使用泊坞窗可以方便用户操作。下面将主要对对象管理器、对象数据管理器以及图形、文字泊坞窗的功能进行介绍。

2.5.1　对象管理器

选择菜单栏中的 工具(O) → 对象管理器(N) 命令，或选择菜单栏中的 窗口(W) → 泊坞窗(D) → 对象管理器(N) 命令，即可打开 对象管理器 泊坞窗，在此泊坞窗中显示了当前绘图区中对象的图层页面的组织等信息。

使用对象管理器泊坞窗可以通过移动、复制、创建、删除以及隐藏来控制绘图区中图形对象的重叠方式，同时也可对图形对象进行编辑，其具体的使用方法如下：

（1）打开一个包含多个图形对象的文档，如图2.5.1所示。

（2）选择菜单栏中的 工具(O) → 对象管理器(N) 命令，打开 对象管理器 泊坞窗，在此泊坞窗中可显示出文档中所有图形对象的信息，如图2.5.2所示。

图2.5.1　打开的文档

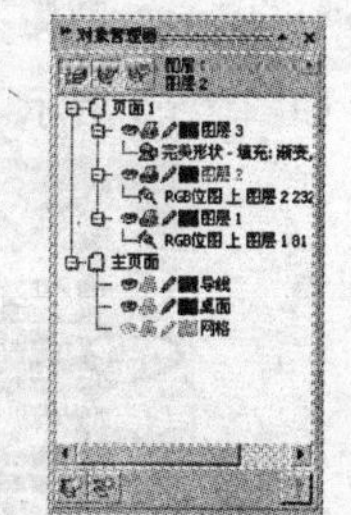

图2.5.2　“对象管理器”泊坞窗

（3）在 对象管理器 泊坞窗的右上角单击按钮▶，在弹出的菜单中选择 新建图层(N) 命令，即可创建一个新的图层，并显示在泊坞窗列表中，如图2.5.3所示。此外，在泊坞窗底部单击“新建图层”

按钮，也可创建一个新图层。

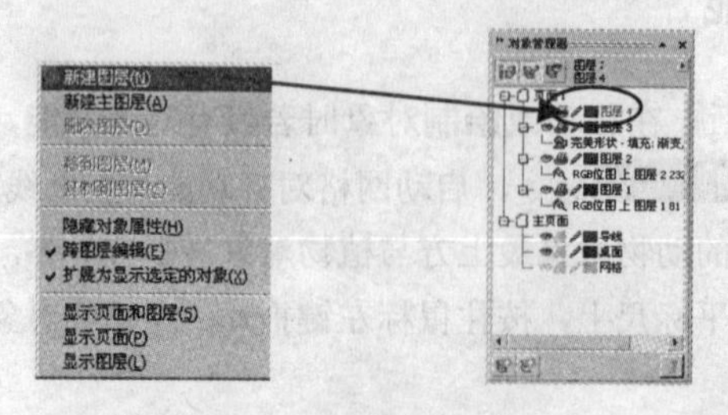

图 2.5.3 新建图层

（4）如果要删除泊坞窗中的任意一个图层，只须先在列表中选中将要删除的图层，然后在弹出的菜单中选择删除(D)命令，或在泊坞窗底部单击“删除”按钮即可。

（5）在泊坞窗列表中的每个图层前都显示着几个图标，其功能介绍如下：

1）单击图标，可隐藏或显示图层，当该图标显示为灰色时，则表示此图层是不可见的。

2）单击图标，表示在打印输出时是否可打印该图层。在默认情况下，网格与辅助线为不可打印，因此其前面的打印图标显示为灰色，单击该图标使其可用，就可以打印网格和辅助线了。

3）单击图标，表示是否可编辑该图层，当此图标显示为灰色时，表示该图层中的任何对象均不可编辑，这样可防止意外修改或移动图层中的对象。

4）铅笔图标后面的色块为图层的颜色，双击该色块可在显示的颜色列表中设置图层的颜色。

5）另外，在对象管理器泊坞窗中，当前工作图层名称呈现红色状态。

（6）如需要改变对象在图层内或图层间的层叠顺序，可使用鼠标拖动的方式来调整层叠顺序。如将鼠标移至如图 2.5.2 所示的图层 3 上单击，并按住鼠标左键将其拖至图层 2 之下，松开鼠标，即可改变图层的层叠顺序，如图 2.5.4 所示。

图 2.5.4 移动对象顺序

（7）选中某个图层中的对象，并在对象管理器泊坞窗右上角单击按钮，在弹出的菜单中选择复制到图层(C)...命令，当光标变成形状时，将光标移至要复制到的图层上单击，即可将所选对象复制到指定的图层中，如图 2.5.5 所示。

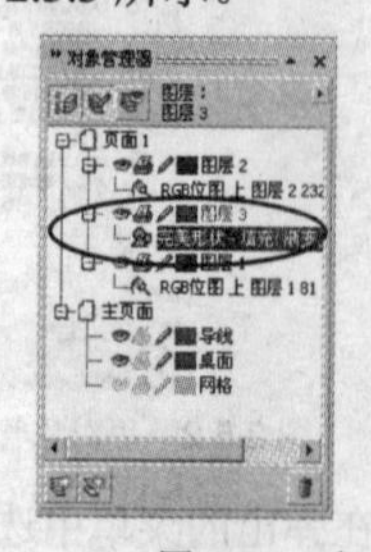

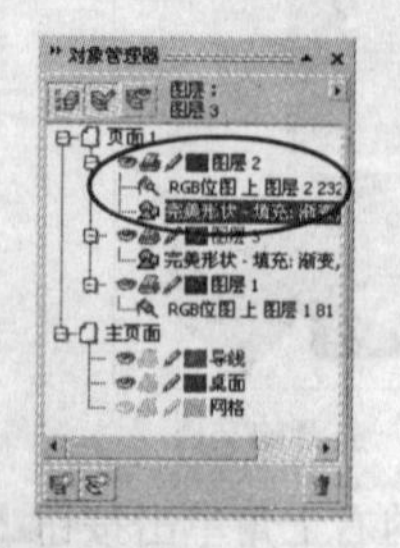

图 2.5.5 复制对象到指定图层

（8）单击“显示对象属性”按钮，此时在泊坞窗中可显示出对象的相关属性。

（9）单击泊坞窗中的“跨图层编辑”按钮，可以同时在多个图层中进行编辑，此时泊坞窗中的所有图层中的对象都可选。如果不使用此功能，则只能编辑当前被选中图层中的对象。

（10）在“对象管理器”泊坞窗的右上角单击按钮，在弹出的菜单中选择显示页面和图层(S)命令，可显示出文档中所包含的页面与所有图层；如果在弹出的菜单中选择显示页面(P)命令，将显示文档中所包含的页面；若选择显示图层(L)命令，则显示所有的图层。

当在泊坞窗中选中一个对象时，将对应地选中了页面中的该对象，用此方法可快速地选择对象，并特别适用于重叠在一起的各对象的选择。

2.5.2 对象数据管理器

选择菜单栏中的工具(O)→对象数据管理器(E)命令，或选择菜单栏中的窗口(W)→泊坞窗(D)→对象数据管理器(E)命令，即可打开对象数据泊坞窗，使用此泊坞窗可以为所选的对象或群组的对象附加一些信息，如数字、数据、时间以及文本等，这样有利于对象的管理。具体的操作方法如下：

（1）在对象数据泊坞窗中单击“打开电子表格”按钮，可打开对象数据管理器窗口，在其中可以输入或编辑对象，创建对象信息，如图2.5.6所示。

1）通过选择文件(E)菜单中的相关命令，可设置页面、打印文件以及关闭对象数据管理器窗口。

2）选择编辑(E)菜单中的命令，可撤销或重复数据表中的操作，如剪切、复制、粘贴与删除单元内容。

3）通过选择域选项(O)菜单中的相关命令，可完成一些特殊的操作。

4）选择首选项(P)菜单中相应的命令，可显示群组区域或突出显示顶层对象的输入数据。

（2）关闭对象数据管理器窗口，返回到对象数据泊坞窗中，单击“打开域编辑器”按钮，可弹出对象数据域编辑器对话框，如图2.5.7所示。

1）单击新建域按钮，可增加新域；单击添加选定的域按钮，可添加选取的域；单击删除域按钮，可删除域。

2）在添加域到选项区中可设置域的添加范围。

3）单击更改...按钮，可弹出格式定义对话框，如图2.5.8所示，通过此对话框，可对所选择的域进行格式定义。

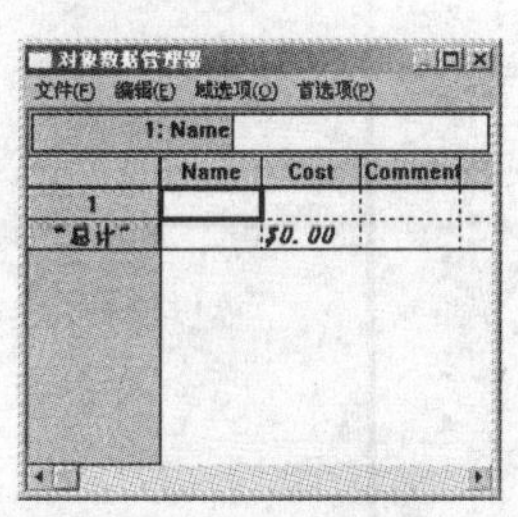

图2.5.6 对象数据管理器窗口

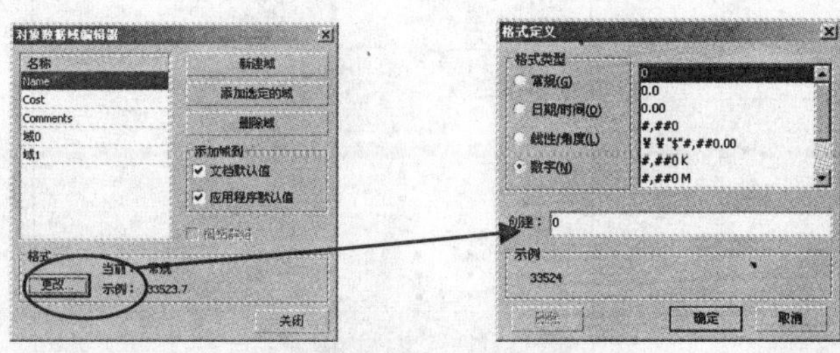

图2.5.7 “对象数据域编辑器”对话框　　图2.5.8 “格式定义”对话框

（3）当在对象数据泊坞窗中添加了新的域后，可以通过单击对象数据泊坞窗中的“清除域”按钮或“清除所有域”按钮，来清除泊坞窗中的域。

（4）如果在对象数据泊坞窗中单击“复制数据从”按钮，可以复制其他指定对象数据到所选对象中。

2.6 操作实例——绘制杯子

1. 操作目的

（1）了解贝塞尔工具、椭圆形工具和焊接命令的用法。

（2）掌握 CorelDRAW 辅助线的用法。

2. 操作内容

使用辅助线、贝塞尔工具、椭圆工具绘制简单的图形。

3. 操作步骤

（1）在菜单栏中选择 文件(F) → 新建(N) 命令，新建一个文件。

（2）在属性栏中设置纸张的类型为“A4”，单击属性栏中的“纵向”按钮，设置纸张方向为纵向。

（3）确定标尺刻度显示为默认值，绘图页面左边界的标尺刻度为 0。

（4）在标尺上单击鼠标并向绘图窗口拖动鼠标至标尺刻度的 100 处，松开鼠标可得到如图 2.6.1 所示的辅助线。

（5）单击工具箱中的“椭圆形工具”按钮，在绘图页面中绘制一个椭圆，使用方向键，将该椭圆的圆心定在辅助线上，如图 2.6.2 所示。

图 2.6.1 创建辅助线

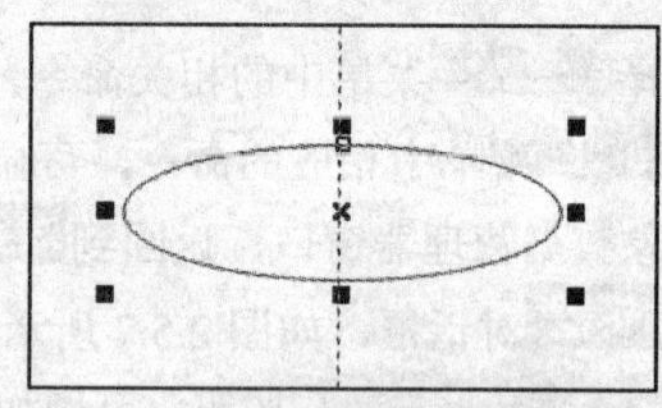

图 2.6.2 绘制椭圆并移动

（6）重复步骤（5），再绘制一个椭圆且圆心也定在辅助线上，调整其位置和大小如图 2.6.3 所示的效果。

（7）单击工具箱中的“贝塞尔工具”按钮，在图像中绘制如图 2.6.4 所示的梯形。

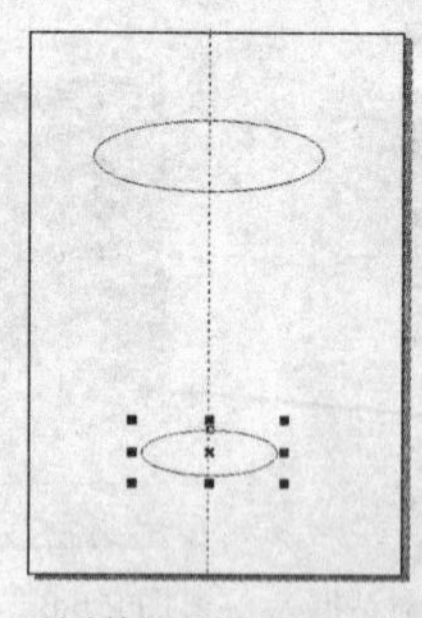

图 2.6.3 绘制椭圆并调整其位置和大小

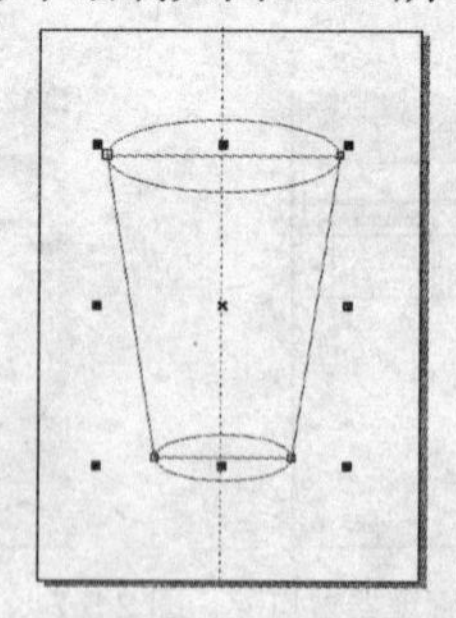

图 2.6.4 绘制梯形

（8）单击工具箱中的“挑选工具”按钮，选中最大的椭圆，按“Ctrl+C”键，将其复制到剪贴板。

（9）单击工具箱中的“挑选工具”按钮，按住“Shift”键的同时在这 3 个图形上单击鼠标，将其选中，其效果如图 2.6.5 所示。

（10）选择 排列(A) → 造形(P) → 造形(P) 命令，可得到如图 2.6.6 所示的效果。

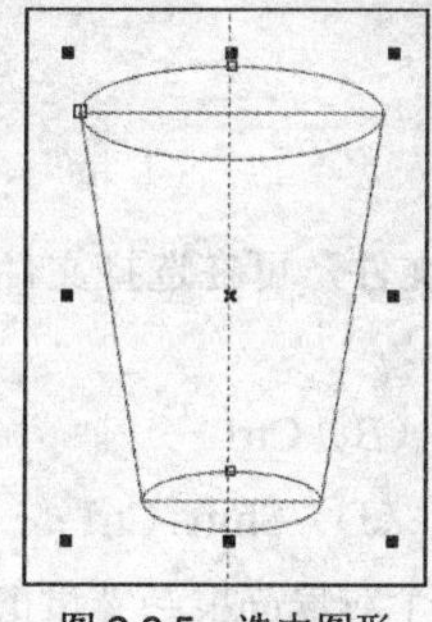

图 2.6.5　选中图形

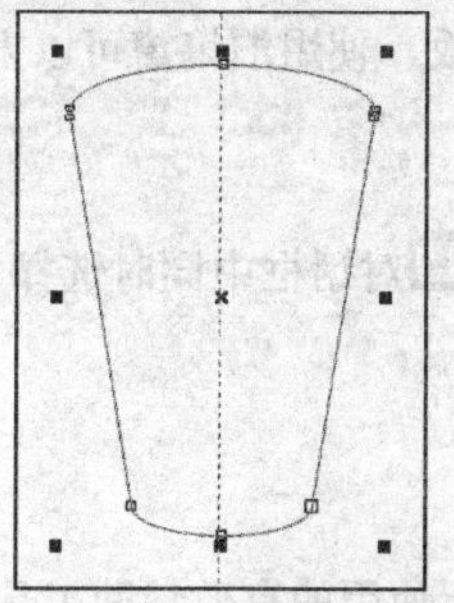

图 2.6.6　焊接图形

（11）按“Ctrl＋V”键，将剪贴板中的图形粘贴至该图形中，可得到如图 2.6.7 所示的效果。

（12）删除辅助线，其最终效果如图 2.6.8 所示。

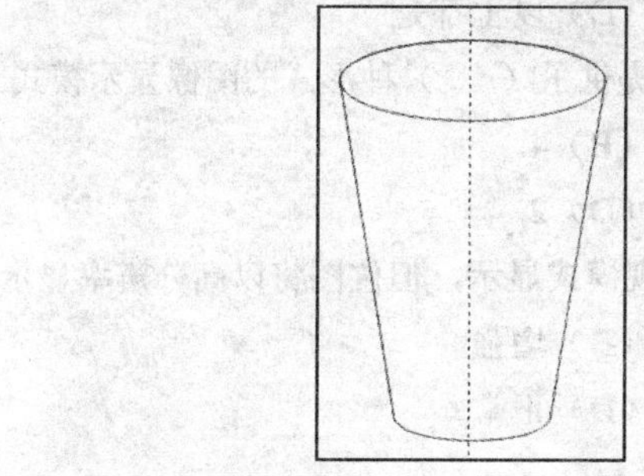

图 2.6.7　粘贴图形后的效果

图 2.6.8　效果图

本章小结

本章主要介绍了在 CorelDRAW X3 中文件的基本操作、页面的设置、绘图的显示、辅助功能的设置以及泊坞窗的使用方法。通过本章的学习，可以使用户了解并掌握 CorelDRAW X3 的入门知识，并为以后的学习打下良好的基础。

操作练习

一、填空题

1. 新建文件、保存文件、打开已存文件以及关闭文件，都属于 CorelDRAW X3 中的文件________操作。

2. 在 CorelDRAW X3 中可以为页面设置背景，即以__________作为背景，或以__________作为背景。

3. 在__________显示模式下，所有的矢量图形只显示对象的轮廓，其渐变、立体、均匀填充和渐变填充等效果都被隐藏，位图全部显示为灰度图。

4. 进入 CorelDRAW X3 之后，要展开工作，必须先__________文件或__________文件。

5. 预览文件时，用户可以选择__________、__________、__________共三种预览模式。

6. 退出预览模式的键盘快捷键是__________。

7. 单击“缩放工具”按钮，按住_______键单击图像，可以缩小图像的显示比例。

8. 在 CorelDRAW X3 中包含了多种泊坞窗，泊坞窗就是包括各种____________、____________与____________的操作面板，使用泊坞窗可以方便用户操作。

二、选择题

1. 如果要在打开绘图对话框中同时选择多个连续的文件，可在选择文件时按住（　）键依次单击多个连续的文件。

（A）Shift　　（B）Ctrl

（C）Alt　　（D）Shift+Ctrl

2.（　）是绘图时所使用的有效辅助工具，可用于多个对象高度与宽度的对比或对齐，以及水平或垂直移动对象时的快速定位。

（A）辅助线　　（B）网格

（C）标尺　　（D）以上都是

3. 在 CorelDRAW X3 中，为了提高工作效率，系统提供了（　）种形式的图像显示模式。

（A）5　　（B）4

（C）3　　（D）2

4. 在（　）显示模式下，页面中的所有对象均以常规模式显示，但位图将以高分辨率显示。

（A）草稿　　（B）增强

（C）线框　　（D）正常

三、简答题

1. 如何在 CorelDRAW X3 中打开一个已存的文件？

2. 在 CorelDRAW X3 中如何使用自动保存文件功能来保存文件？

四、上机操作

1. 新建一个图形文件，练习使用导入功能在页面中导入一幅位图。

2. 在绘图区中绘制多个重叠的图形对象，练习使用对象编辑器泊坞窗调整图形对象的重叠次序。

3. 新建一个图形文件，利用精确添加辅助线功能，练习在水平标尺 200 mm 处添加一条垂直辅助线。

4. 启动 CorelDRAW X3，在页面中绘制图形，练习使用页面的 5 种显示模式分别显示页面。

第3章 绘制线条

学习导航

在 CorelDRAW X3 中所绘制的图形是由各种线条、矩形、多边形、圆形以及一些基本的图形组成的，本章主要介绍线条的绘制技巧以及所用工具的设置方法。

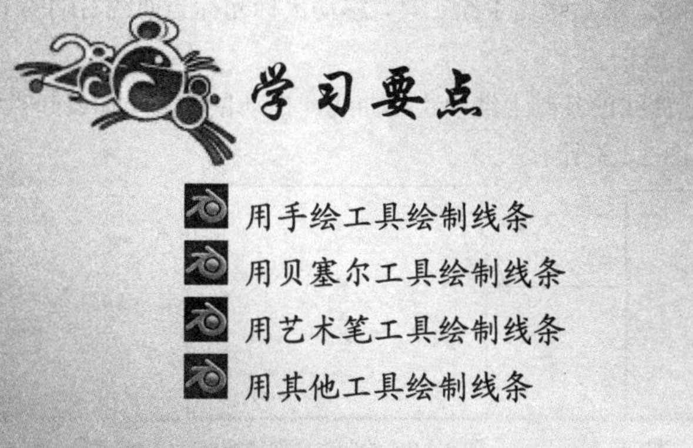

学习要点

- 用手绘工具绘制线条
- 用贝塞尔工具绘制线条
- 用艺术笔工具绘制线条
- 用其他工具绘制线条

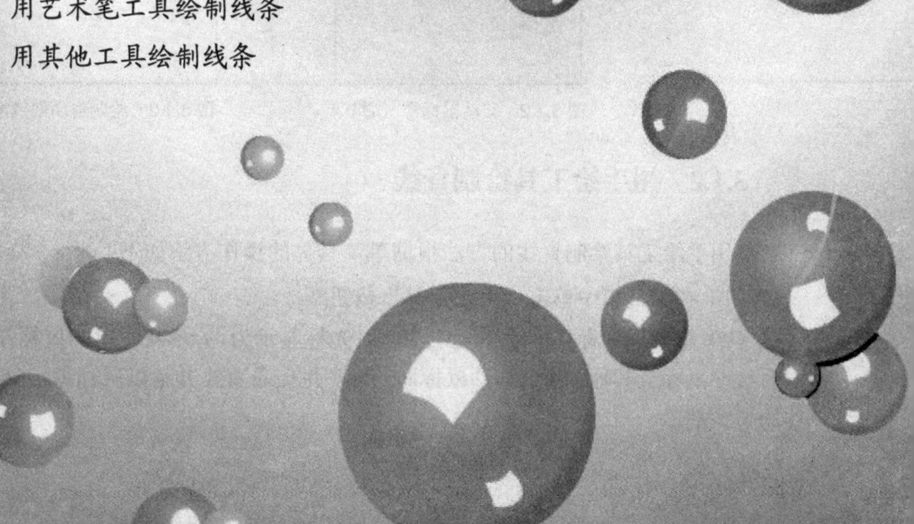

3.1 用手绘工具绘制线条

在 CorelDRAW X3 中可以绘制各种各样的线条，如直线、曲线及折线等。使用手绘工具不但可以绘制出直线、连续的折线与曲线，而且还可以绘制出封闭图形。

3.1.1 用手绘工具绘制曲线

在绘图区中，要使用手绘工具绘制曲线，其具体的操作方法如下：

（1）在工具箱中单击“手绘工具”按钮。

（2）移动鼠标光标至绘图区中，按住鼠标左键并随意拖动，沿拖动的路线将显示曲线的形状，松开鼠标，绘图区上会出现一条任意形状的曲线，如图 3.1.1 所示。

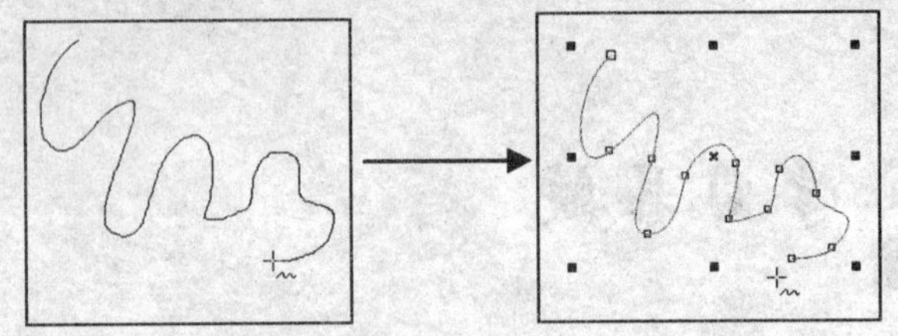

图 3.1.1 使用手绘工具绘制曲线

提示 使用手绘工具绘制曲线后按住鼠标左键不放，并同时按住 Shift 键，再沿之前所绘曲线路径返回，则可将绘制曲线时经过的路径清除。

使用手绘工具绘制好曲线后，将鼠标移至其他位置按住鼠标左键拖动即可绘制出第二条曲线。若要在已经绘制好的曲线上接着拖动鼠标绘制曲线，其具体的操作方法如下：

（1）使用挑选工具选择绘制好的曲线，然后单击手绘工具，移动鼠标光标至曲线右端的节点上，此时鼠标光标显示为形状，如图 3.1.2 所示。

（2）按住鼠标左键并拖动可在所选曲线的基础上继续绘制曲线，拖动鼠标直至曲线起点处，松开鼠标，即可绘制一个封闭的图形，如图 3.1.3 所示。

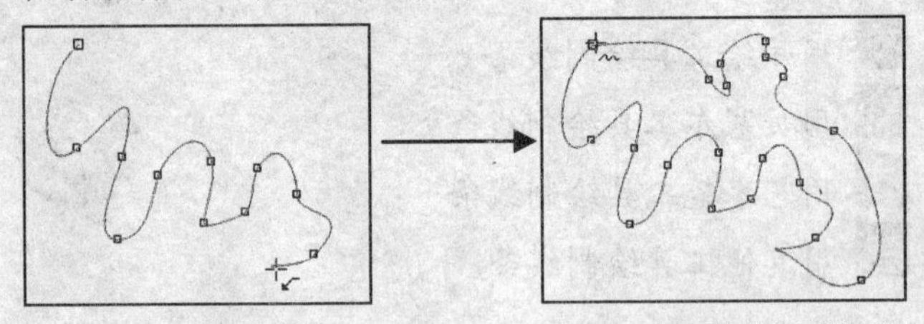

图 3.1.2 移动鼠标至右端节点　　图 3.1.3 绘制封闭曲线图形

3.1.2 用手绘工具绘制直线

使用手绘工具绘制直线的方法很简单，具体的操作方法如下：

（1）在工具箱中单击“手绘工具”按钮。

（2）将鼠标光标移至绘图区中，此时光标显示为形状，单击鼠标左键确定直线的起点位置，然后移动鼠标至其他位置。移动鼠标时，可产生一条直线并且以鼠标单击处为转轴，跟随鼠标光标而移动另一端。

（3）再次单击鼠标确定直线的另一端点，即可绘制出一条直线，如图 3.1.4 所示。

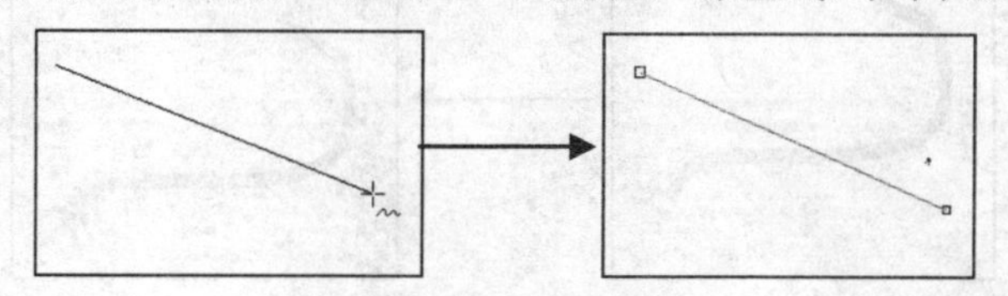

图 3.1.4　绘制直线

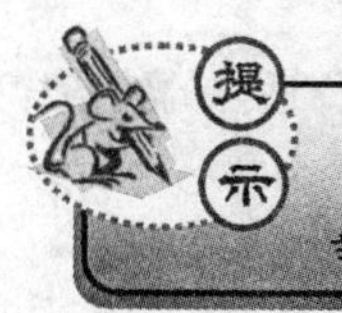

提示　确定直线的起点位置后，按住 Ctrl 键的同时拖动鼠标，可绘制水平或垂直的直线，也可以 15° 角为增量绘制直线。

3.1.3　用手绘工具绘制折线

使用手绘工具也可绘制折线，其具体的操作方法如下：

（1）在工具箱中单击“手绘工具”按钮，将鼠标移至绘图区中单击鼠标左键确定起点位置，移动鼠标至其他位置双击鼠标左键，确定第二个节点。

（2）拖动鼠标至其他位置单击，即可绘制折线，如图 3.1.5 所示。

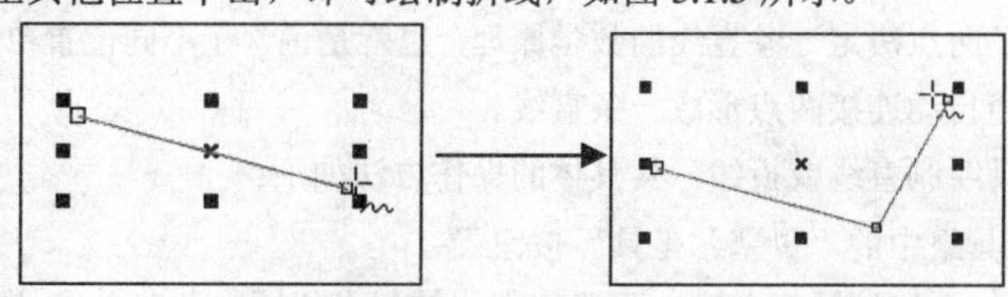

图 3.1.5　绘制折线

（3）如果要在折线的基础上绘制封闭的图形，可使用手绘工具，将其移至折线末端的节点，此时鼠标光标显示为形状，在末端节点上单击并拖动鼠标光标至起点处单击，即可形成一个封闭的图形，如图 3.1.6 所示。

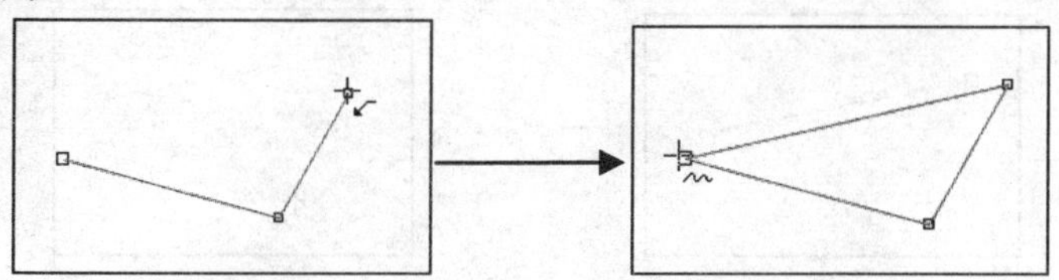

图 3.1.6　绘制封闭的图形

3.1.4　手绘工具属性设置

使用手绘工具绘制曲线或直线后，也可通过其属性栏中相关的参数设置来改变线条的形状，手绘工具属性栏显示如图 3.1.7 所示。

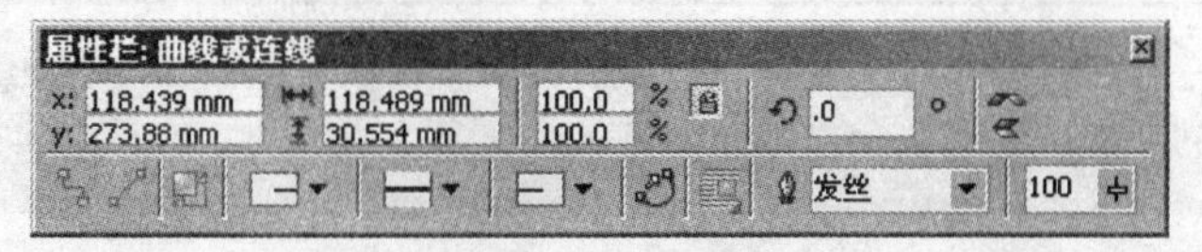

图 3.1.7　手绘工具属性栏

在属性栏中单击“自动闭合曲线”按钮，可自动闭合使用手绘工具绘制的曲线与折线。

通过单击起始箭头选择器与终止箭头选择器右侧的下拉按钮，可从弹出的下拉列表中为线条设置适当的箭头样式，如图 3.1.8 所示。

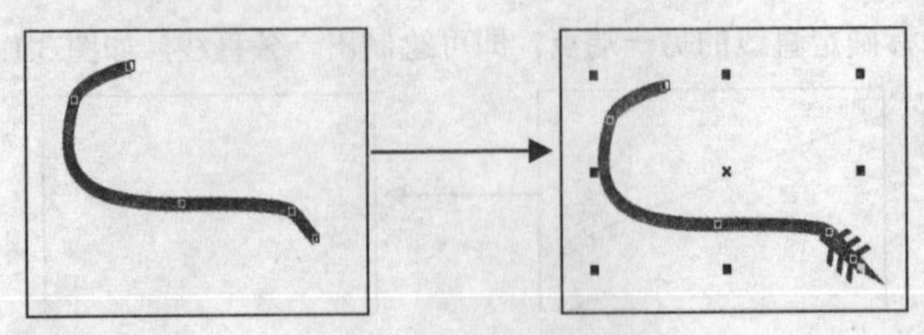

图 3.1.8　为线条设置箭头样式

在轮廓样式选择器下拉列表与轮廓宽度下拉列表中，可选择适当的线条样式与线条宽度。

3.2　用贝塞尔工具绘制线条

贝塞尔工具是专门用于绘制曲线的工具，同时也可以绘制直线与折线。与手绘工具相比，使用贝塞尔工具绘制曲线可以有效地对其进行控制。

3.2.1　用贝塞尔工具绘制直线与折线

贝塞尔工具采用了两点决定一条直线的数学原理，也就是说，在不同位置单击鼠标，指定直线两端所在的位置，系统会自动连接两点形成一条直线。

要使用贝塞尔工具绘制直线或折线，其具体的操作方法如下：

（1）单击手绘工具组中的“贝塞尔工具”按钮。

（2）移动鼠标光标至绘图区中单击，可确定直线的起点位置，此时单击处将显示一黑色小矩形块，移动鼠标至绘图区中的其他位置单击，可指定直线另一点，即可绘制一条直线，如图 3.2.1 所示。

（3）再移动鼠标，在其他位置单击鼠标接着绘制直线，此时可形成一条折线，如图 3.2.2 所示。

（4）继续移动鼠标并单击，可继续绘制折线，直至起点处单击，即可绘制一个封闭的图形。

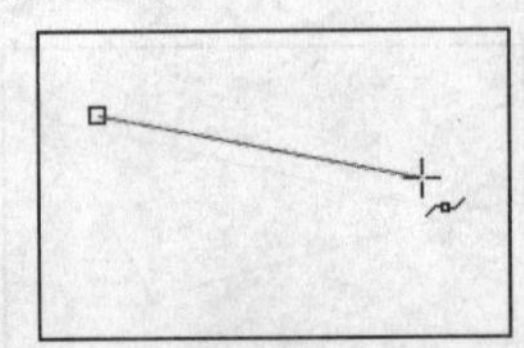

图 3.2.1　使用贝塞尔工具绘制直线

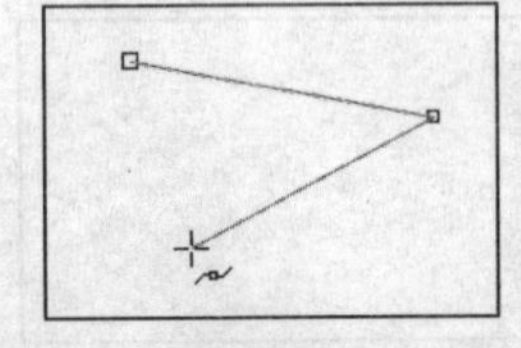

图 3.2.2　使用贝塞尔工具绘制折线

贝塞尔工具与手绘工具不同，使用手绘工具绘制好一条直线后，在绘图区中的其他位置拖动鼠标即可绘制另一条直线，而使用贝塞尔工具绘制好一条直线后，移动鼠标可绘制连续直线并形成折线。如果要使用贝塞尔工具绘制不连续的多段直线，可在绘制好一条直线后，单击工具箱中的挑选工具，然后再单击贝塞尔工具，在绘图区中的其他位置单击鼠标即可绘制第二条直线。

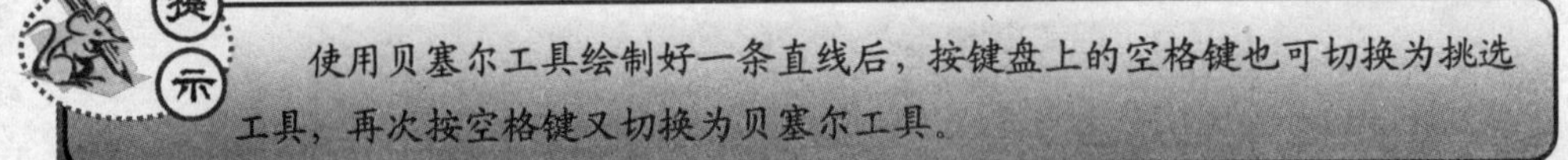

使用贝塞尔工具绘制好一条直线后，按键盘上的空格键也可切换为挑选工具，再次按空格键又切换为贝塞尔工具。

3.2.2　用贝塞尔工具绘制曲线

要使用贝塞尔工具绘制曲线，其具体的操作方法如下：

（1）在工具箱中单击“贝塞尔工具”按钮，移动鼠标至绘图区中单击，再移动鼠标至其他位

置并按住鼠标左键拖动，此时将显示出一条带有两个节点和一个控制点的蓝色虚线调节杆。

（2）松开鼠标后，即可产生第一段曲线，移动鼠标至其他位置再次单击并按住鼠标左键拖动，在适当位置松开鼠标，即可绘制第二段曲线，如图 3.2.3 所示。

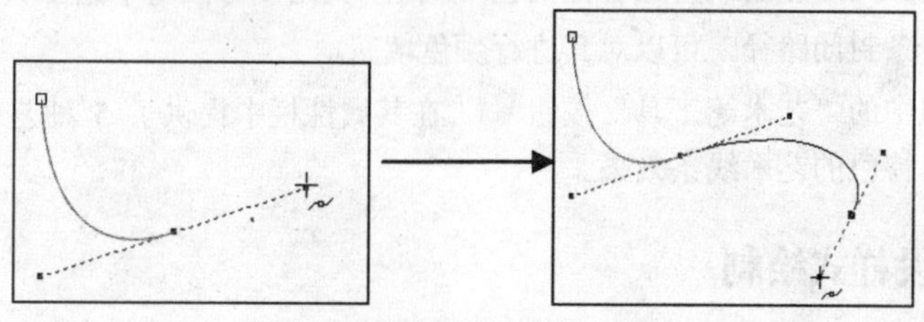

图 3.2.3 使用贝塞尔工具绘制曲线

（3）再移动鼠标至其他位置，单击并按住鼠标左键拖动可继续绘制曲线。

若使用鼠标单击蓝色虚线调节杆任意一端的控制点，可得到一条等于调节杆一半长度的直线。

使用贝塞尔工具也可同时绘制直线与曲线，其具体的操作方法如下：

（1）根据使用贝塞尔工具绘制曲线的方法绘制第一段曲线。

（2）移动鼠标至其他位置单击确定第三个节点，可绘制第二段曲线。

（3）再移动鼠标至其他位置单击，即可形成一条直线，如图 3.2.4 所示。

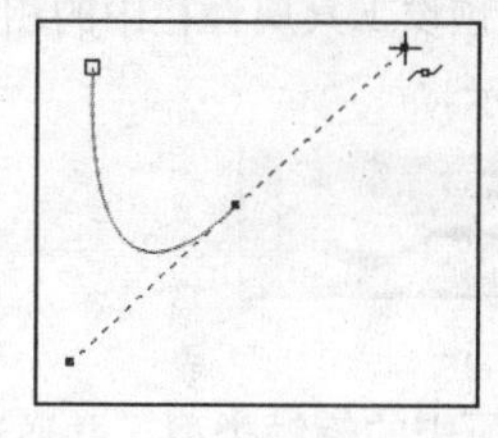

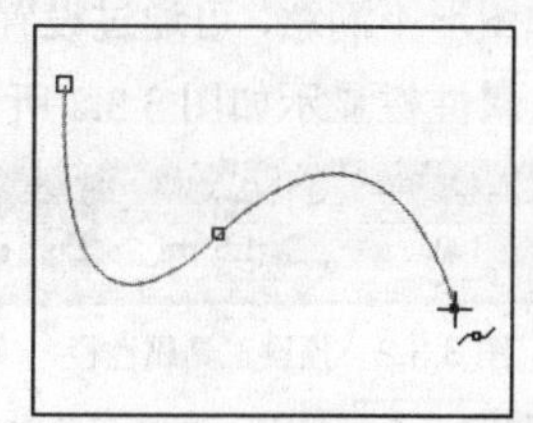

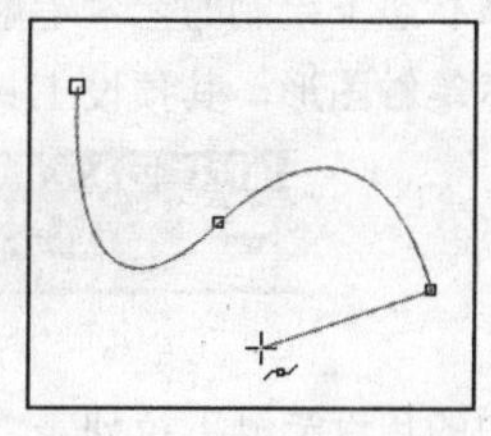

图 3.2.4 使用贝塞尔工具绘制曲线与直线

从上述绘制曲线与直线的方法可以看出，尽管对第三个节点只是单击鼠标而未拖动，但所绘制的线条仍是曲线，这是因为在确定第二个节点的位置时拖动了鼠标，也就是说，第二个节点上的控制柄同时控制了第一段与第二段曲线的弯曲方向与弯曲程度。若要使用贝塞尔工具精确地绘制第一段为曲线，第二段为直线的线条，其具体的操作方法如下：

（1）根据绘制曲线的方法绘制出第一段曲线。

（2）移动鼠标至第二个节点上双击，然后移动鼠标至绘图区中的其他位置单击，即可绘制第二段线条为直线，如图 3.2.5 所示。

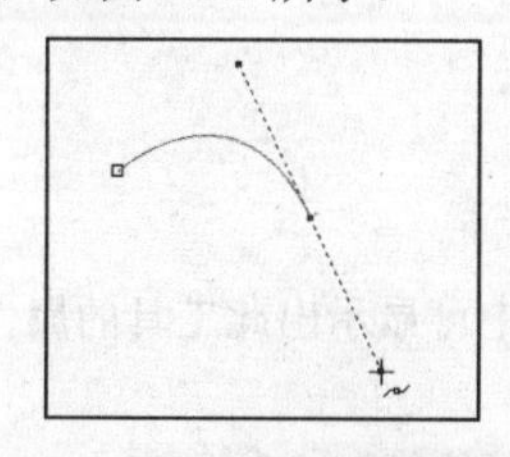

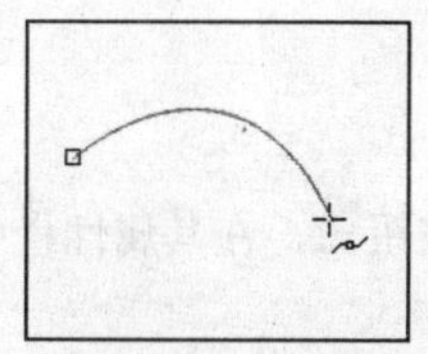

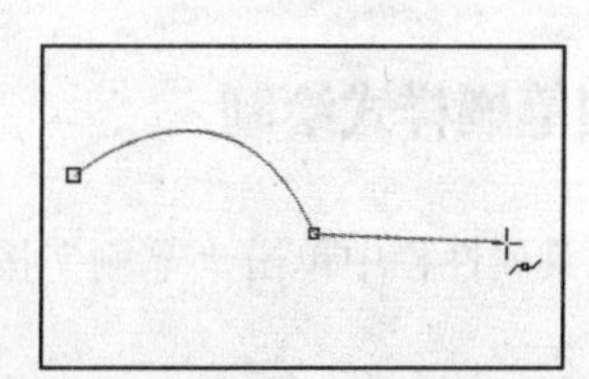

图 3.2.5 绘制第一段为曲线第二段为直线的线条

如要绘制封闭图形，只须将曲线绘制完成后，单击该曲线的起始节点，即可将曲线的首尾连接起来形成一个封闭图形。

3.3　用艺术笔工具绘制线条

通过使用艺术笔工具可以绘制各式各样的艺术线条，其绘制方法与手绘工具绘制曲线相似，但艺术笔工具绘制的是一条封闭路径，可以对其进行颜色填充。

单击手绘工具组中的“艺术笔工具”按钮，在其属性栏中提供了 5 种艺术笔工具，选择这些工具可以绘制出别具特色的艺术线条效果。

3.3.1　用预设样式绘制

使用预设样式笔触可以绘制出多种预设的线条。其具体的绘制方法如下：

（1）单击工具箱中的“艺术笔工具”按钮，并在其属性栏中单击“预设”按钮。

（2）移动鼠标光标至绘图区中，按住鼠标左键并拖动，松开鼠标后即可绘制默认状态下的预设笔触图形，如图 3.3.1 所示。

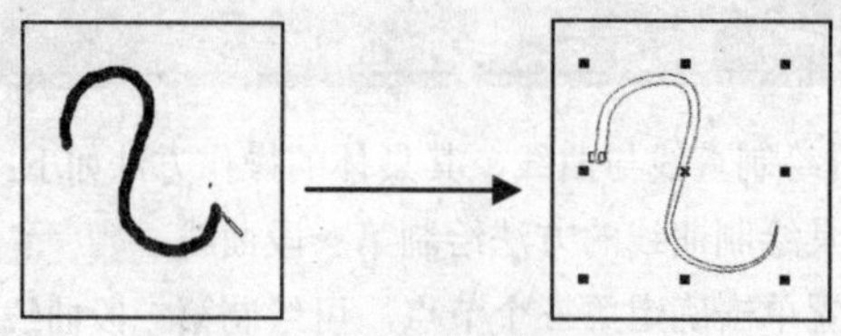

图 3.3.1　绘制预设艺术笔触图形

如果对默认状态下绘制的艺术笔触图形不满意，可通过设置预设工具属性栏中的相关参数，以绘制出理想的艺术笔触图形，其预设工具属性栏显示如图 3.3.2 所示。

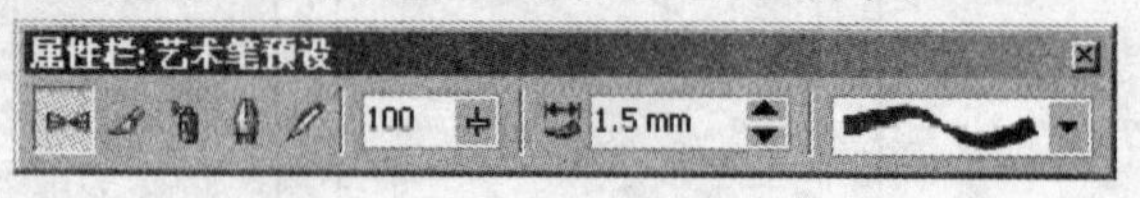

图 3.3.2　预设工具属性栏

在属性栏中的预设笔触下拉列表中，可以选择所需的笔触类型，并通过设置手绘平滑输入框100与艺术媒体工具宽度输入框5.5 mm中的数值，可设置所绘艺术笔触图形的平滑度与宽度，如图 3.3.3 所示。

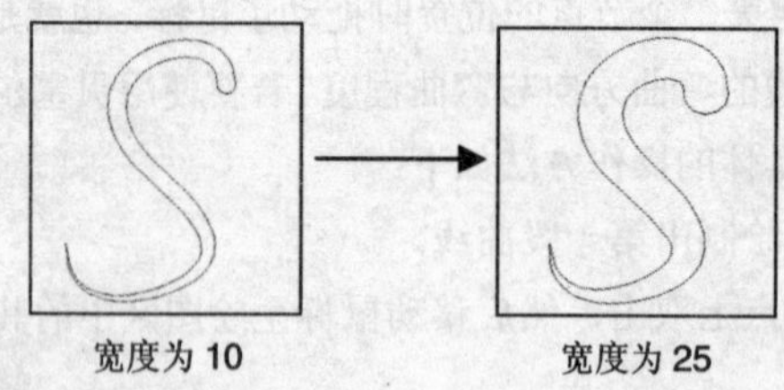

图 3.3.3　改变艺术笔触宽度

3.3.2　用笔刷样式绘制

在艺术笔工具属性栏中单击“笔刷”按钮，在其属性栏中可显示出此工具的属性设置，如图 3.3.4 所示。

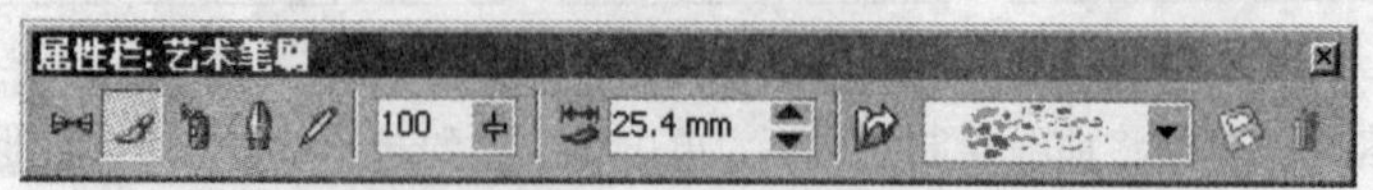

图 3.3.4　笔刷工具属性栏

在属性栏中单击笔触下拉列表框，可从弹出的下拉列表中选择所需的画笔笔触类型，然后在绘图区中按住鼠标左键拖动，松开鼠标后，即可绘制出所选的笔刷笔触图形，如图3.3.5所示。

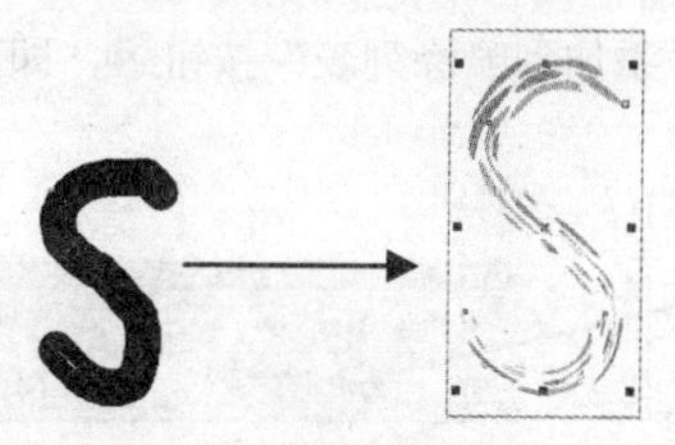

图3.3.5 绘制笔刷笔触图形

在属性栏中的艺术媒体工具宽度输入框10.0 mm中输入数值，可设置所绘图形的笔触宽度。

此外，在工具箱中选择某种绘图工具（矩形、椭圆、多边形），先在绘图区中拖动鼠标绘制出一条路径，然后在艺术笔工具属性栏中单击“笔刷”按钮，并在笔触下拉列表中选择一种笔触图形，则所选的图形将自动适配所绘制的路径，如图3.3.6所示。

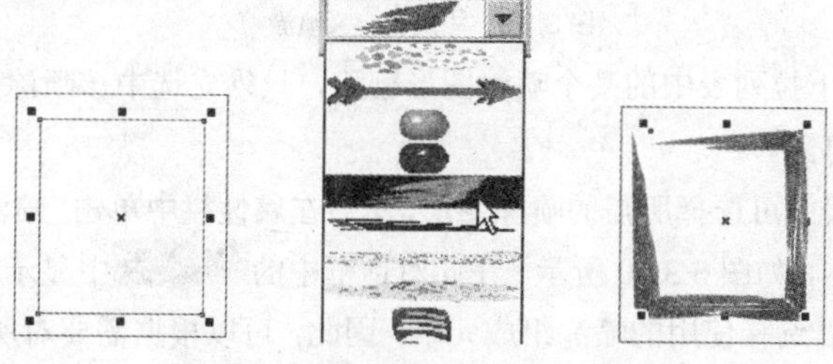

图3.3.6 使所选笔触图形适配路径

如果对使用笔刷工具绘制出的图形比较满意，可在选择该图形后，单击属性栏中的“保存艺术笔触”按钮，进行保存；如要删除笔触列表中某个保存的笔触图形，只须先选中该图形，然后单击属性栏中的“删除”按钮即可。

3.3.3 用喷涂样式绘制

在艺术笔工具属性栏中单击“喷罐”按钮，可以绘制出许多艺术喷涂笔触图形，其具体的绘制方法如下：

（1）单击“喷罐”按钮，将鼠标光标移至绘图区中，按住鼠标左键并拖动，松开鼠标后，即可看到所绘制的喷涂图形，如图3.3.7所示。

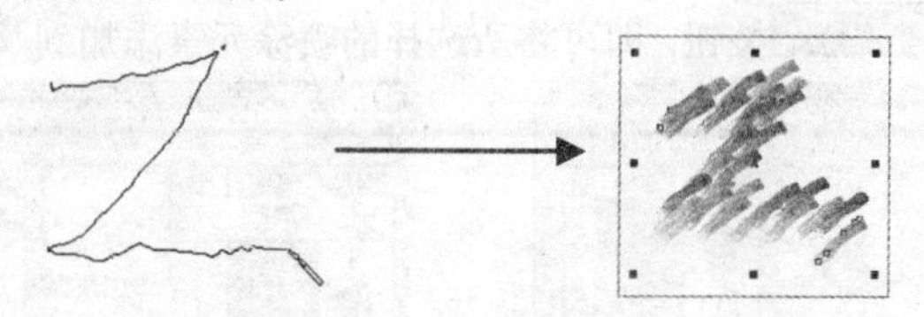

图3.3.7 绘制喷涂图形

（2）如果对绘制的图形不满意，可通过喷涂工具属性栏来设置相应的参数，再进行绘制，其喷涂工具属性栏显示如图3.3.8所示。

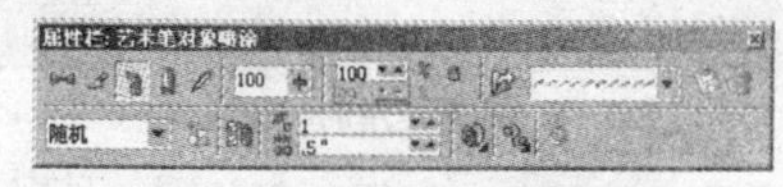

图3.3.8 喷涂工具属性栏

（3）在喷涂下拉列表中，可选择适当的喷涂图形，如果没有所需的喷涂图形，也可以自定义喷涂图形并将其添加到列表中。此时，只需要先在绘图区中绘制出所需的喷涂图形或导入喷涂图形，将其选中，然后在喷涂下拉列表中选择新喷涂列表选项，并将鼠标移至所绘制的喷涂图形上单击，再单击喷涂属性栏中的“添加到喷涂列表”按钮，即可将自己绘制的喷涂图形添加到列表中，如图 3.3.9 所示。

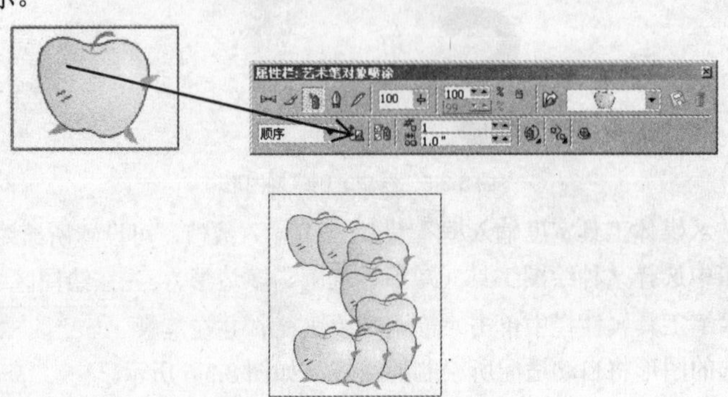

图 3.3.9 添加自定义喷涂

（4）如果要将喷涂下拉列表中的某个喷涂图形删除，只须先选中该喷涂图形，然后在属性栏中单击“删除”按钮即可。

（5）在喷涂下拉列表中可选择所需的喷涂图形，然后在属性栏中单击“喷涂列表对话框”按钮，可弹出创建播放列表对话框，如图 3.3.10 所示。在此对话框中的喷涂列表中显示着所选喷涂类型的组成元素，在播放列表中显示着选择使用的喷涂组成元素，因此，可以根据需要对所选喷涂图形进行筛选。要筛选喷涂元素，其操作方法如下：

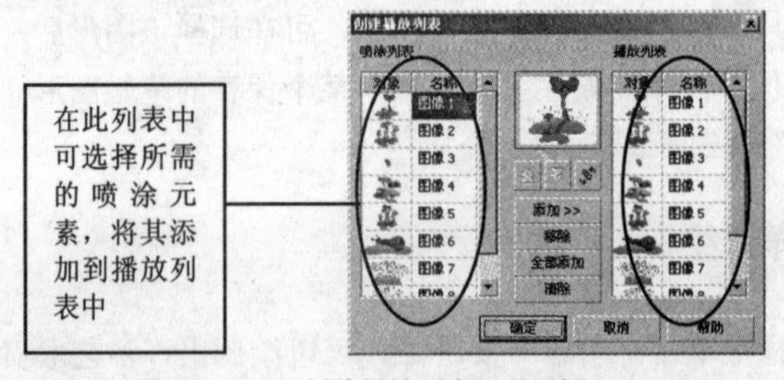

图 3.3.10 “创建播放列表”对话框

1）如果需要使用所选喷涂类型的某些元素，应先将播放列表中的组成元素全部选中，然后单击移除按钮，可将列表中的喷涂元素全部清除。将鼠标移至喷涂列表中按住 Ctrl 键选择所要使用的某些喷涂元素，再单击全部添加按钮，即可将所选择的喷涂元素添加到播放列表，如图 3.3.11 所示。

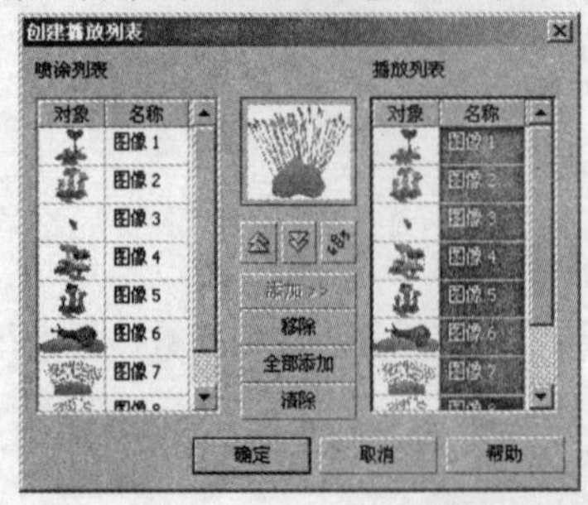

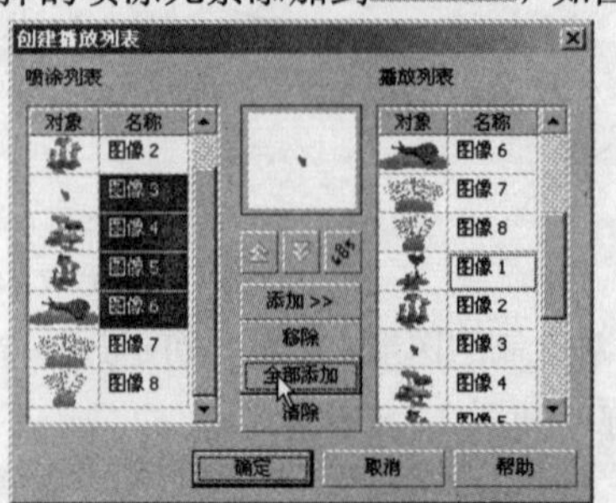

图 3.3.11 选择使用的喷涂元素

2）在创建播放列表对话框中单击全部添加按钮，可将喷涂列表中的所有喷涂元素全部添加到

播放列表中；单击 清除 按钮，可将播放列表中的所有的喷涂元素全部删除；单击“翻转”按钮，可将播放列表中的喷涂元素顺序颠倒；在播放列表中选择某个喷涂元素，然后单击“向上”按钮或“向下”按钮，可以移动播放列表中所选喷涂元素的位置。

3）在创建播放列表对话框中设置好需要使用的喷涂元素，并调整好顺序后，单击 确定 按钮，即可通过拖动鼠标来绘制经过筛选的喷涂。

（6）在属性栏中的选择喷涂顺序随机下拉列表中，可为绘制的喷涂选择适当的排列顺序，如图 3.3.12 所示。

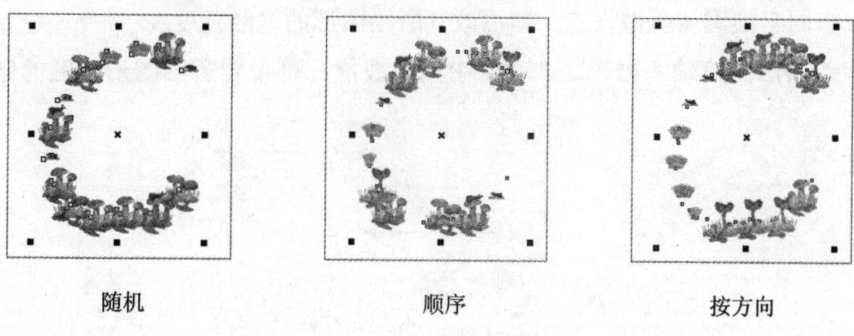

随机　　顺序　　按方向

图 3.3.12　调整喷涂的顺序

（7）在属性栏中的喷涂颜料或间距输入框中输入数值，可设置所绘喷涂的疏密程度，其上面的输入框用于设置所选喷涂在垂直方向上的疏密程度；而下面的输入框用于设置所选喷涂在水平方向上的疏密程度。

（8）如果要旋转所绘制的喷涂图形，可单击属性栏中的“旋转”按钮，打开旋转值面板，如图 3.3.13 所示，在角输入框中输入数值，可设置喷涂的倾斜角度；选中使用增量复选框，可在增加输入框中设置喷涂所要增加的旋转角度；在旋转选项区中可以选择喷涂旋转的参照物，如果选中基于路径单选按钮，所选喷涂将相对于绘制的路径设置旋转角度；若选中基于页面单选按钮，所选喷涂可相对于页面设置旋转角度。

（9）在属性栏中单击“偏移”按钮，可弹出如图 3.3.14 所示的面板，在此面板中可设置喷涂与路径的偏移量。选中使用偏移:复选框，可在偏移输入框中设置喷涂与绘制路径的偏移量；在偏移方向下拉列表中可选择喷涂的偏移方向，包括随机、替换、左部与右部。

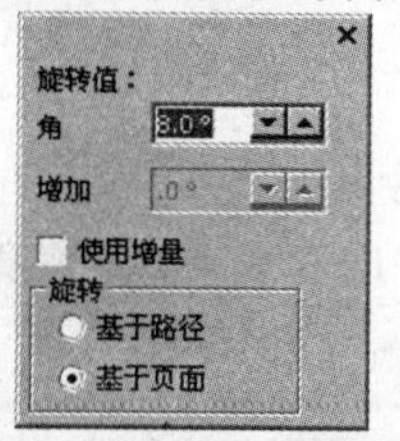

图 3.3.13　设置旋转值

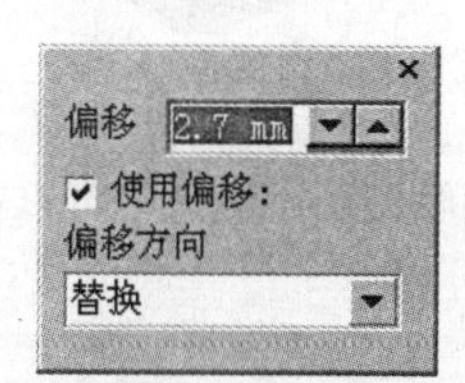

图 3.3.14　设置偏移

3.3.4　用书法样式绘制

使用书法工具可以绘制出类似于用书法笔描过的图形效果。要使用书法工具绘制艺术笔触效果，其具体的操作方法如下：

（1）在艺术笔工具属性栏中单击“书法”按钮。

（2）将鼠标光标移至绘图区中，按住鼠标左键并拖动，即可绘制出书法笔触图形，如图 3.3.15 所示。

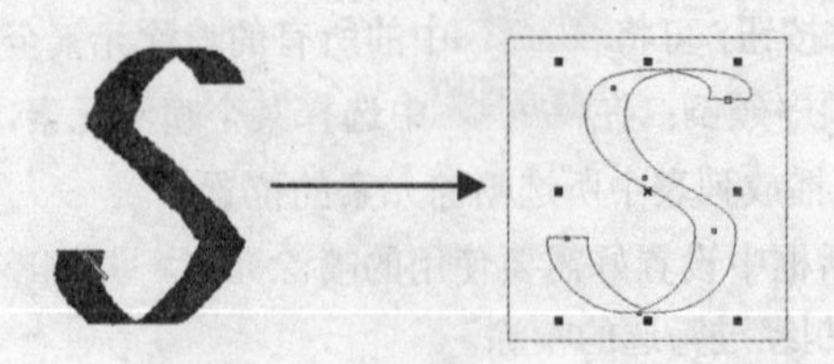

图 3.3.15　绘制书法笔触图形

如需调整所绘图形的笔触宽度，可在属性栏中的艺术笔工具宽度输入框 7.5 mm 中输入数值，单击所选图形，或按回车键确认所做设置，即可改变所绘图形的笔触宽度。

在属性栏中的书法角度输入框 .0 ° 中输入数值，可设置所绘图形笔触的倾斜角度，如图 3.3.16 所示。

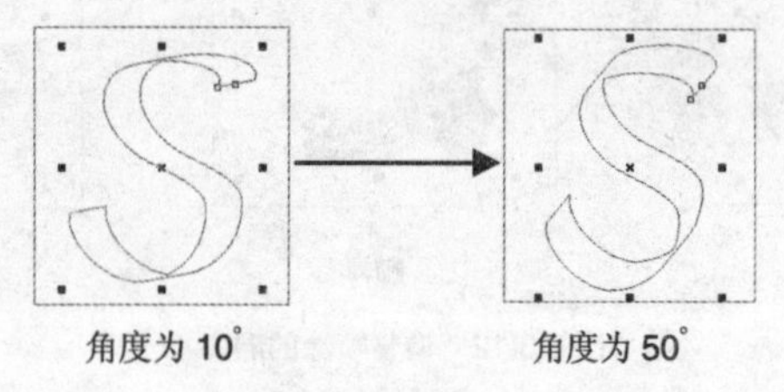

图 3.3.16　设置倾斜角度的书法图形

3.3.5　用压力样式绘制

使用压力工具可以绘制出具有感压效果的艺术图形，其具体的使用方法如下：

（1）在艺术笔工具属性栏中单击“压力”按钮。

（2）将鼠标移至绘图区中，按住鼠标左键随意拖动，松开鼠标后，即可绘制出压力笔触图形，如图 3.3.17 所示。

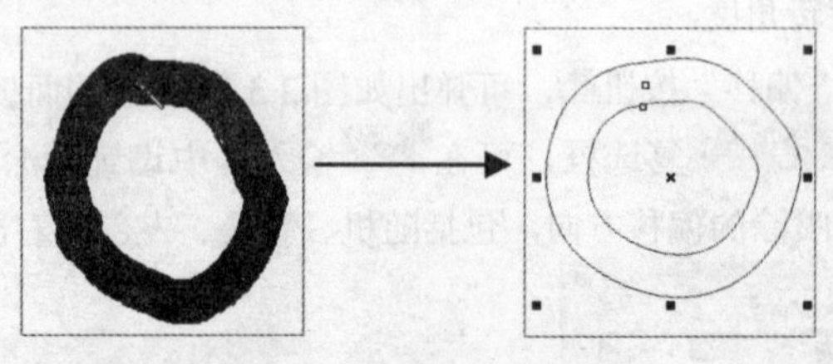

图 3.3.17　绘制压力笔触图形

如果对绘制的压力笔触图形不满意，可以在属性栏中的艺术笔工具宽度输入框 8.0 mm 中输入数值，来重新设置笔触宽度。

3.4　用其他工具绘制线条

在 CorelDRAW X3 中绘制线条，除了前几节讲过的工具外，还可以使用钢笔工具、折线工具、3 点曲线工具以及交互式连线工具等进行绘制。

3.4.1　用钢笔工具绘制线条

用钢笔工具可以绘制曲线与直线，在使用时与手绘工具相似，但比手绘工具多增了贝塞尔工具的性质，它虽然具有贝塞尔工具的性质，但它的绘制精度没有贝塞尔工具的高。

1. 绘制直线与折线

钢笔工具绘制直线与手绘工具绘制直线时完全一样，要使用钢笔工具绘制直线与折线，其具体操作如下：

（1）在手绘工具组中单击“钢笔工具”按钮。

（2）将光标移至绘图区中，单击鼠标左键确定直线起点，移动鼠标至其他位置时，可发现有一条直线跟随鼠标光标移动，双击鼠标左键可绘制出一条直线。

（3）要在直线基础上绘制折线，可移动鼠标至直线的终点处单击，然后移动鼠标至其他位置后单击，继续移动鼠标并单击，可绘制连续的折线。

（4）如果需要使折线形成封闭的图形，可将鼠标移至起点处单击，便可绘制出封闭的图形，如图 3.4.1 所示。

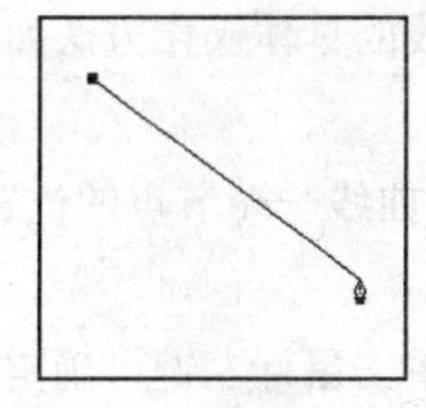 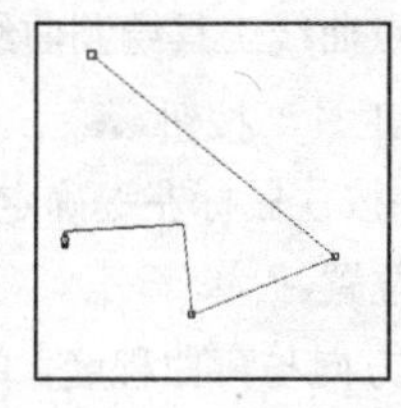 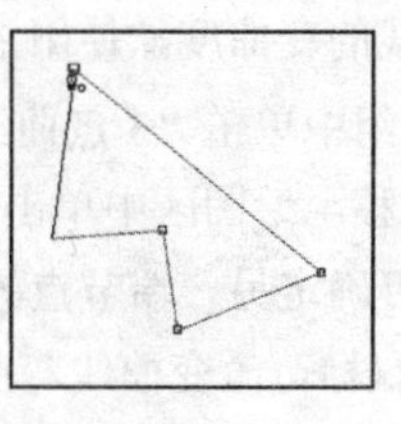

图 3.4.1　使用钢笔工具绘制直线、折线以及封闭图形

2. 绘制曲线

用钢笔工具绘制曲线的方法与使用贝塞尔工具绘制曲线的方法相同，使用钢笔工具绘制曲线的操作方法如下：

（1）在手绘工具组中单击“钢笔工具”按钮。

（2）将鼠标移至绘图区中单击确定第一个节点位置，然后移动鼠标至其他位置单击并按住鼠标左键拖动，即可产生一段曲线。

（3）继续移动光标至其他位置单击并按住鼠标左键拖动，可连续绘制曲线。

（4）如果要结束曲线的绘制，则可在确定最后一个节点时双击鼠标左键即可，如图 3.4.2 所示。

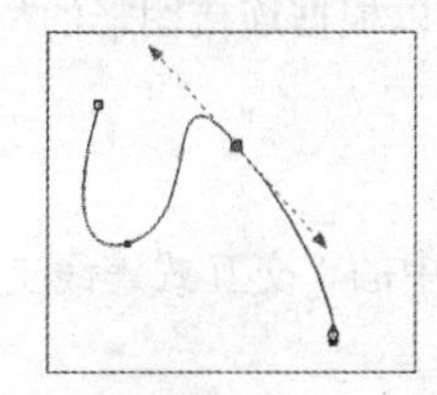 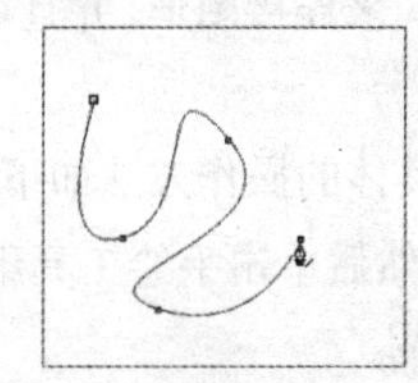 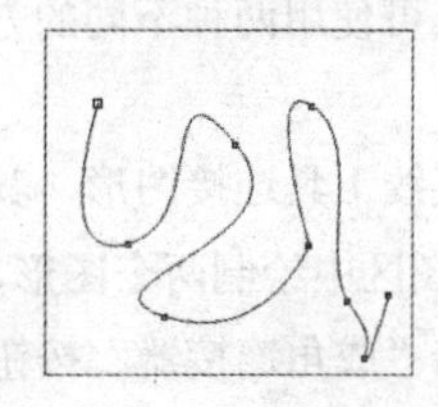

图 3.4.2　使用钢笔工具绘制曲线

3.4.2　折线工具绘制

使用折线工具可以随心所欲地绘制各种线条与封闭图形，它结合了手绘工具的所有功能，并可在绘制曲线后接着绘制直线。使用多点线工具绘制线条的具体操作方法如下：

（1）单击手绘工具组中的“折线工具”按钮。

（2）在绘图区中单击确定一个点，并按住鼠标左键拖动，即可生成曲线路径。

（3）需要绘制直线时只须松开鼠标，单击并拖动，便可产生直线，如图 3.4.3 所示。

（4）按回车键可结束线条的绘制。

（5）如果要绘制封闭的不规则图形，只须将最后一个点移至起始点上单击，即可形成封闭的图形，如图 3.4.4 所示。

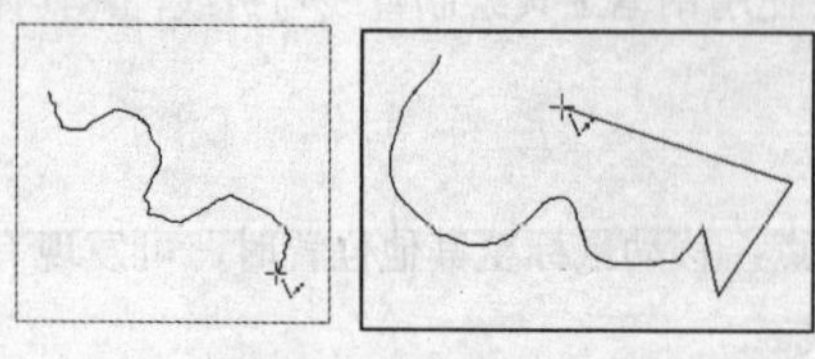

图 3.4.3　绘制曲线与直线

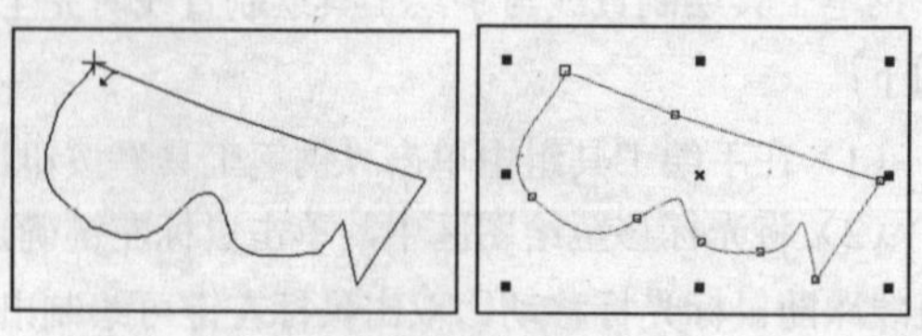

图 3.4.4　封闭图形

3.4.3　用 3 点曲线工具绘制

使用 3 点曲线工具可以通过 3 点绘制出一条曲线，其中先绘制指定两节点作为曲线的端点，然后通过第 3 点来确定曲线的变曲度。使用 3 点曲线工具绘制曲线的具体操作方法如下：

（1）在手绘工具组中单击“3 点曲线工具”按钮。

（2）将鼠标光标移至绘图区中单击并按住鼠标左键确定曲线一端节点的位置，拖动鼠标至其他位置后，松开鼠标，可确定另一端节点的位置。

（3）同时，移动鼠标可改变曲线弯曲方向与弯曲程度，单击鼠标左键可确定曲线的方向与曲度，如图 3.4.5 所示。

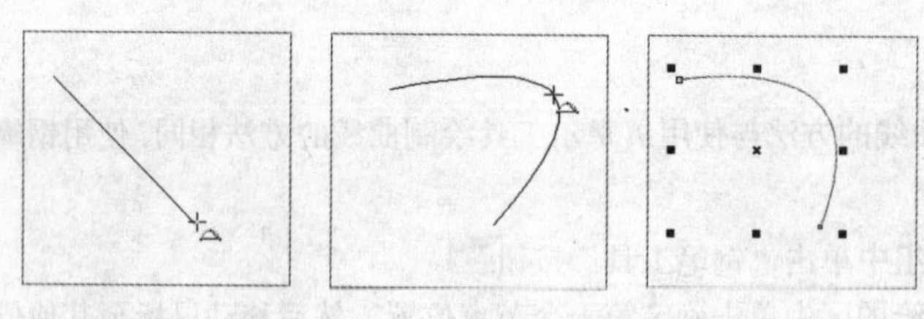

图 3.4.5　使用 3 点曲线工具绘制曲线

3.4.4　用交互式连线工具绘制

交互式连线工具可使用两种不同的方式来连接图形，并且可以根据连接图形的位置自动调整连接线的折点情况。

要使用交互式连线工具连接图形，其具体的操作方法如下：

（1）首先在绘图区中绘制两个图形，然后单击手绘工具组中的“交互式连线工具”按钮，在此工具属性栏中单击“成角连接器”按钮。

（2）将鼠标光标移至绘制的任意一个图形对象的适当位置单击，并按住鼠标拖动至另一个对象上，松开鼠标后，即可将两个对象连接起来，如图 3.4.6 所示。

（3）如果要在对象之间使用直线连接，可在交互式连接工具属性栏中单击“直线连接器”按钮，移动鼠标至其中一个图形对象上按住鼠标左键拖动至另一个对象上，即可将其连接起来，如图 3.4.7 所示。

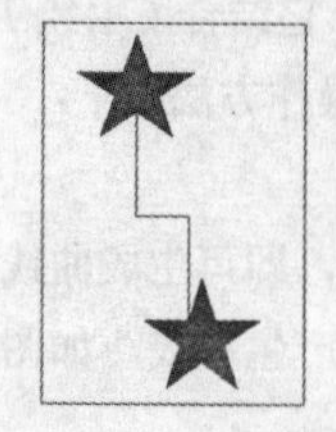

图 3.4.6　使用成角连接方式

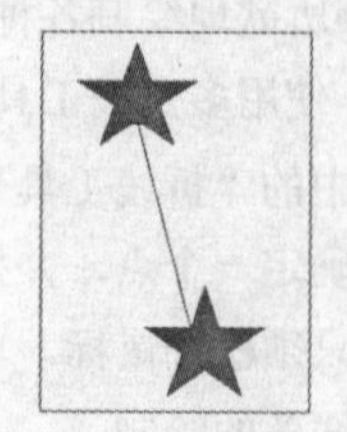

图 3.4.7　使用直线连接方式

使用交互式连线工具连接对象后，当移动相互连接中的其中一个对象时，连接线也会随之变换，如图 3.4.8 所示。

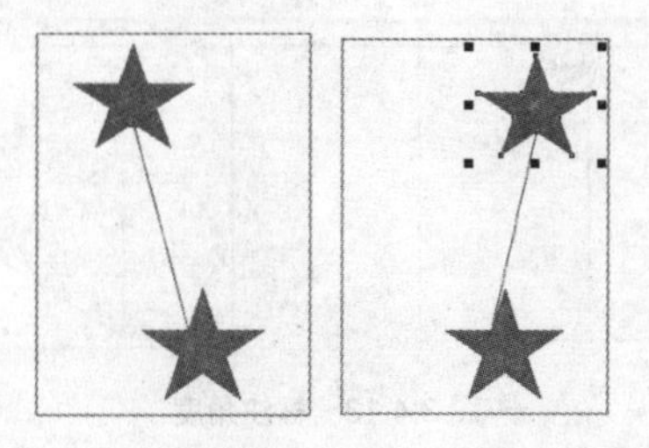

图 3.4.8　移动连接后的对象

如果要删除连接线，可使用挑选工具选择连接线，然后按 Delete 键即可。

3.4.5　使用度量工具

使用度量工具可以标注对象的长宽尺寸以及相关的距离或位置等。

单击手绘工具组中的“度量工具”按钮，并在其属性栏中单击“垂直尺度工具”按钮，移动鼠标光标至图形高度的起始点单击，再移动鼠标至终点，单击鼠标，然后拖动标注尺寸的线条到适当位置，再单击鼠标，即可完成图形对象的标注，如图 3.4.9 所示。

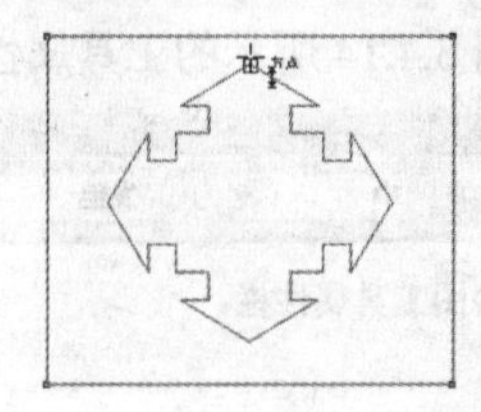

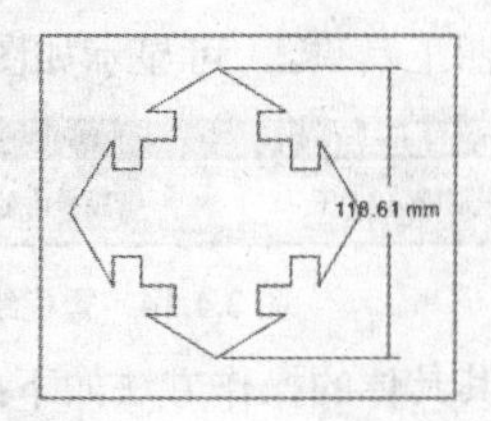

图 3.4.9　标注图形的高度

在属性栏中单击“水平尺度工具”按钮，用标注图形垂直高度的方法，标注图形的宽度，如图 3.4.10 所示。

在属性栏中单击“倾斜尺度工具”按钮，对图形进行倾斜标注，其效果如图 3.4.11 所示。

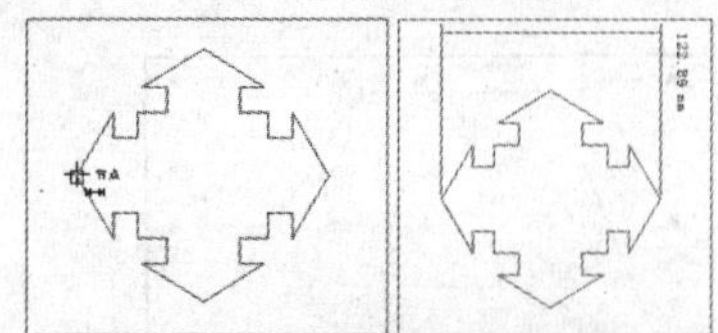

图 3.4.10　标注图形的宽度

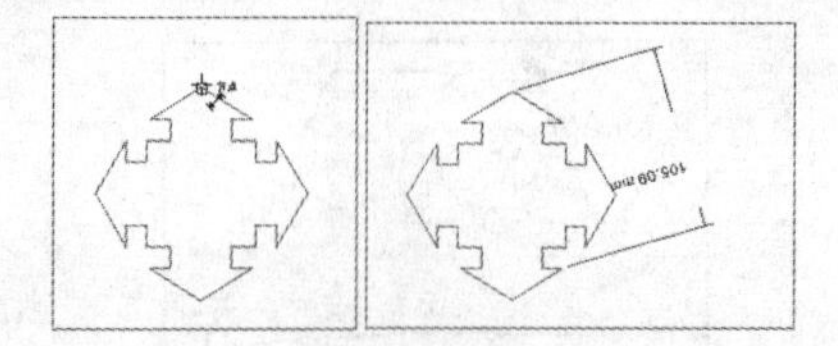

图 3.4.11　倾斜标注

在度量工具属性栏中单击“标注工具”按钮，在要标注的点处单击，再移动鼠标单击，再次移动并单击时将出现一个闪烁的文字光标，此时，可使用键盘输入文字，即可产生一条引线标注，如图 3.4.12 所示。

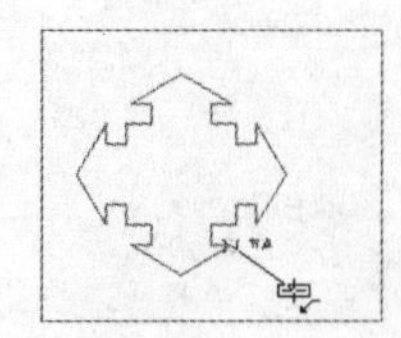

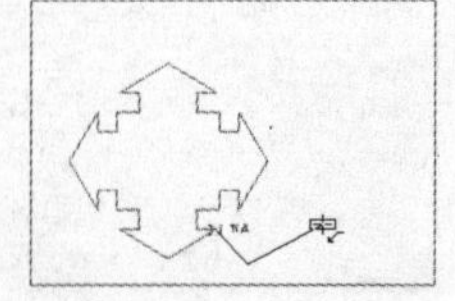

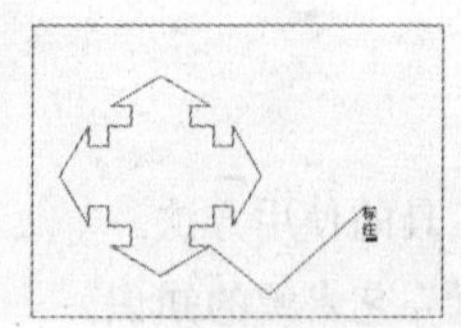

图 3.4.12　使用引线标注

在度量工具属性栏中单击“角度量工具”按钮，将鼠标移至图形中需要度量的顶点上单击，然后移动鼠标在该角的任意一边上单击鼠标，确定角的起始点，再移动鼠标到角的另一边上单击确定角的终点，最后拖动鼠标到适当的位置单击，即可得到标注结果，如图 3.4.13 所示。

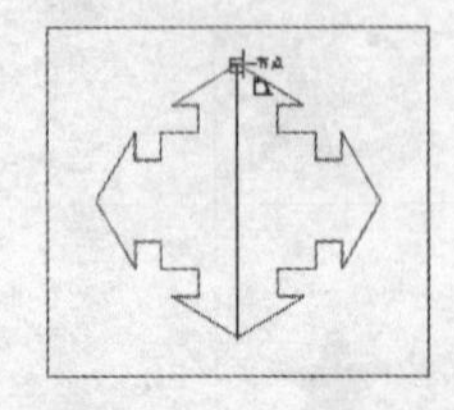 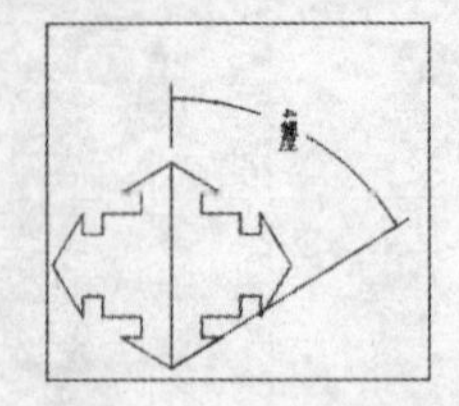

图 3.4.13　标注角度

此外，单击度量工具属性栏中的度量样式下拉列表框十进制，可从弹出的下拉列表中选择适当的标注类型；单击度量精度下拉列表框0.00，可从弹出的下拉列表中选择适当的标注精确度；单击尺寸单位下拉列表框mm，可从弹出的下拉列表中选择适当的长度单位或角度单位；单击“显示尺度单位”按钮，可在标注时显示或隐藏标注的单位。

3.4.6　使用智能绘图工具

使用智能绘图工具进行绘图时，可以将徒手绘制的手稿痕迹智能化地自动转换成相似的基本图形或者曲线，比如圆形、椭圆形、矩形、星形、正方形、菱形、多边形、直线、梯形、线条等。

在工具箱中单击智能绘图工具，可显示如图 3.4.14 所示的工具属性栏。

图 3.4.14　智能绘图工具属性栏

要使用智能绘图工具，其具体的操作方法如下：

（1）在工具箱中单击智能绘图工具，在其属性栏中设置“形状识别等级”与“智能平滑等级”两项分别为最高。

（2）在绘图区中随意徒手绘制出一个类似梯形的四边图形，如图 3.4.15 所示，完成绘制后，CorelDRAW 会自动将其转换成近似的梯形图形，效果如图 3.4.16 所示。

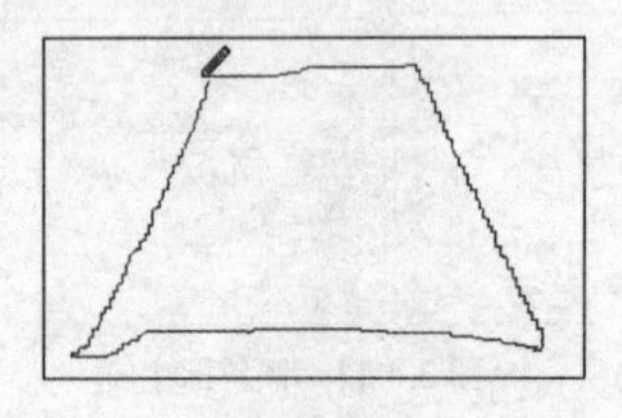

图 3.4.15　徒手绘制的形状

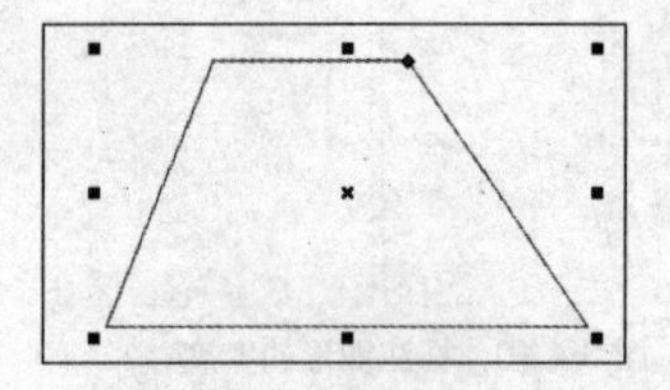

图 3.4.16　智能绘图工具自动转换的结果

3.5　操作实例——制作爱心

1. 操作目的

（1）掌握手绘工具的使用方法。

（2）巩固“喷罐”艺术笔的知识。

（3）了解书法艺术笔的使用方法。

2. 操作内容

利用艺术笔工具绘制一个简单的图形。

3. 操作步骤

（1）新建一个图形文件，单击工具箱中的“手绘工具”按钮，将光标移至绘图区中按住鼠标左键并拖动，可绘制如图 3.5.1 所示的封闭曲线图形。

（2）使用挑选工具选择绘制的图形，单击手绘工具组中的“艺术笔工具”按钮，在其属性栏中单击“喷罐”按钮，然后在属性栏中的喷涂文件列表中选择适当的喷涂样式，设置属性栏中的其他参数如图 3.5.2 所示。

图 3.5.1　使用手绘工具绘制封闭曲线图形

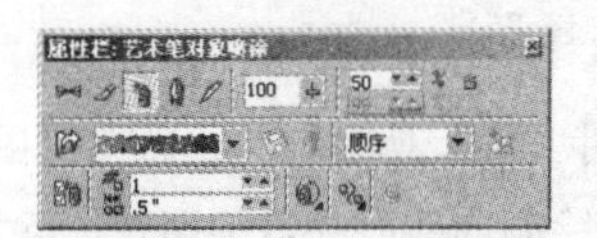

图 3.5.2　喷涂艺术笔属性栏

（3）此时，即可将所做的设置应用于所选的曲线图形上，如图 3.5.3 所示。

（4）在艺术笔工具属性栏中单击“书法”按钮，在其属性栏中设置参数如图 3.5.4 所示。

图 3.5.3　应用喷涂艺术笔后的效果

图 3.5.4　书法艺术笔属性栏

（5）在绘图区中拖动鼠标绘制“爱”字的书法效果，如图 3.5.5 所示。

（6）使用挑选工具选择“爱”字，在调色板中单击红色色块，可将其填充为红色，最终的书法作品绘制完成，如图 3.5.6 所示。

图 3.5.5　绘制“爱”字书法效果

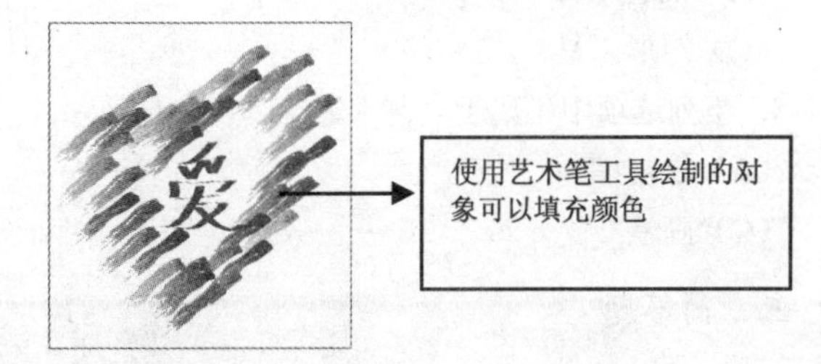

图 3.5.6　绘制书法作品效果

本 章 小 结

本章主要讲解了在 CorelDRAW X3 中各种线条的绘制方法，可使用工具箱中的手绘工具、贝塞尔工具、艺术笔工具以及钢笔工具等进行绘制，并可通过设置各种工具属性栏中的相关参数绘制出别具特色的艺术线条。通过本章的学习，用户可以学习到在 CorelDRAW X3 中如何绘制线条，因此应该熟练使用各种绘制工具以绘制出各种复杂线条。

操 作 练 习

一、填空题

1. 贝塞尔工具是专门用于绘制__________的工具，同时也可以绘制直线与折线。

2. 在艺术笔工具属性栏中提供了__________种艺术笔触工具。

3. 手绘工具可随意绘制__________、__________和闭合图形。

4. 艺术笔工具属性栏中提供了__________种艺术笔触工具。

5. 使用__________可以标注对象的长宽尺寸以及相关的距离或位置等。

6. __________可使用两种不同的方式来连接图形，并且可以根据连接图形的位置自动调整连接线的折点情况。

二、选择题

1. 使用手绘工具绘制曲线后按住鼠标左键不放，并同时按住（ ）键，再沿之前所绘曲线路径返回，则可将绘制曲线时经过的路径清除。

（A）Ctrl　　（B）Alt

（C）Shift+Ctrl　　（D）Shift

2. 用手绘工具在绘图区中确定直线的起点位置后，按住（ ）键的同时拖动鼠标，可绘制水平或垂直的直线。

（A）Shift+Ctrl　　（B）Alt

（C）Ctrl　　（D）Shift

3. 艺术笔工具有（ ）模式的笔触。

（A）画笔　　（B）压力

（C）书法　　（D）喷罐

4. 使用（ ）绘制好一条直线后，按键盘上的空格键也可切换为挑选工具，再次按空格键又切换为（ ）。

（A）挑选工具　　（B）形状工具

（C）矩形工具　　（D）贝塞尔工具

5. 下列选项中不属于“艺术笔工具”的是（ ）。

（A）橡皮擦　　（B）预设

（C）画笔　　（D）喷灌

三、简答题

1. 简述如何使用书法工具绘制艺术笔触效果？

2. 简述如何使用贝塞尔工具绘制曲线？

四、上机操作

1. 新建一个图形文件，在绘图区中绘制两个或两个以上的基本图形，练习使用交互式连线工具将它们连接起来。

2. 新建一个图形文件，练习使用手绘工具、贝塞尔工具、艺术笔工具在绘图区中分别绘制曲线、直线以及艺术线条。

第4章 绘制形体

学习导航

在 CorelDRAW X3 中，可以方便、快速地绘制出多种基本的形体，例如矩形、椭圆、多边形、星形以及螺旋形等，同时也可使用智慧型绘图工具绘制图形，并智能地自动识别出许多形状，例如圆形、矩形以及平行四边形等。本章主要讲述这些基本图形的绘制方法与技巧。

学习要点

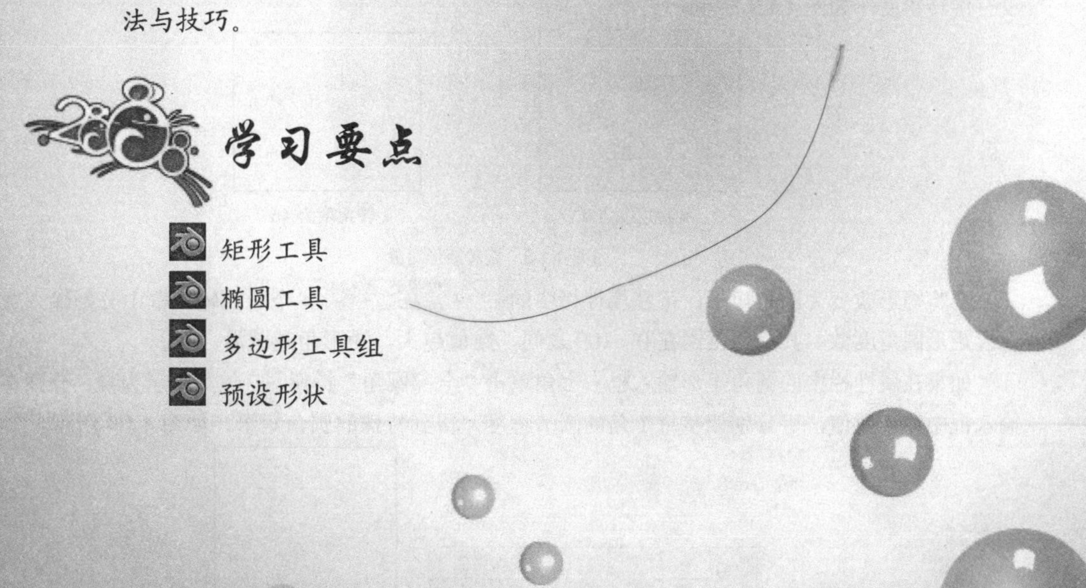

- 矩形工具
- 椭圆工具
- 多边形工具组
- 预设形状

4.1 矩 形 工 具

在实际工作与日常生活中，经常会遇到一些矩形物体，如门窗、书本等。在 CorelDRAW X3 中提供了矩形工具，使用该工具可以绘制出矩形、圆角矩形以及正方形等图形。

在 CorelDRAW X3 中，可以使用两种工具绘制矩形，即矩形工具和 3 点矩形工具。

4.1.1 绘制矩形

1. 用矩形工具绘制矩形

使用矩形工具可以在页面中绘制出任意比例的矩形、正方形以及圆角矩形，如图 4.1.1 所示。

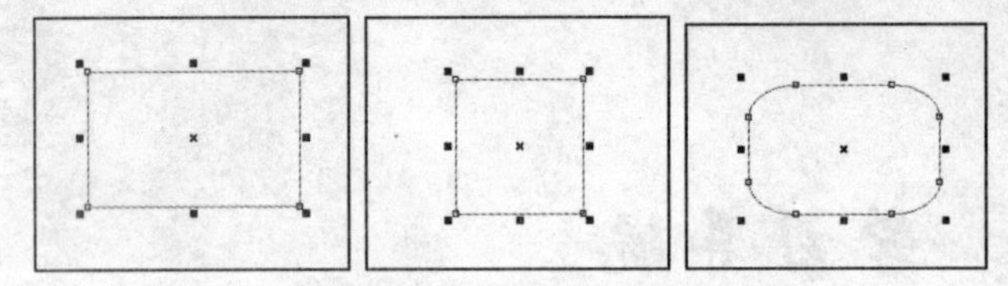

图 4.1.1 使用矩形工具绘制图形

单击工具箱中的“矩形工具”按钮，其属性栏如图 4.1.2 所示。

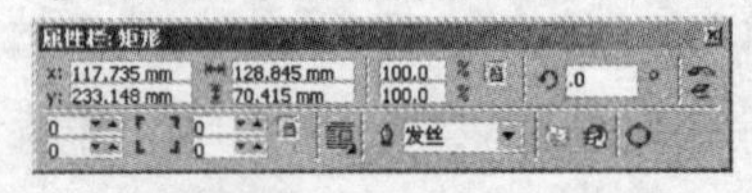

图 4.1.2 矩形工具属性栏

在旋转角度输入框中输入数值，可改变矩形对象的旋转角度，当数值为 0 时，矩形对象没有旋转角度，如图 4.1.3 所示。

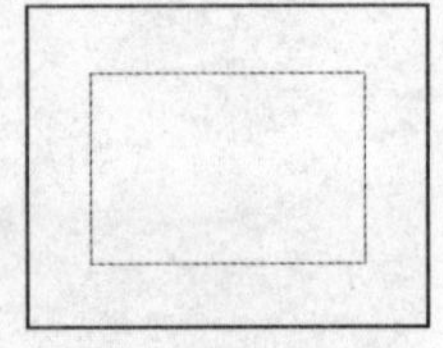

旋转角度为 0°

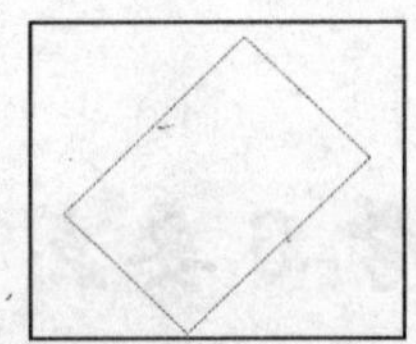

旋转角度为 45°

图 4.1.3 旋转矩形对象

要将矩形改变为圆角矩形，可在属性栏中的 4 个角的输入框中分别输入数值来设置矩形圆角度数。其取值范围在 0～100 之间，数值越大，矩形角越圆滑。

如果在属性栏中的圆角矩形输入框右上角单击“全部圆角”按钮，使其显示为，分别在每个输入框中输入数值，可分别调整每个角的圆滑程度，得到特殊的圆角矩形，如图 4.1.4 所示。

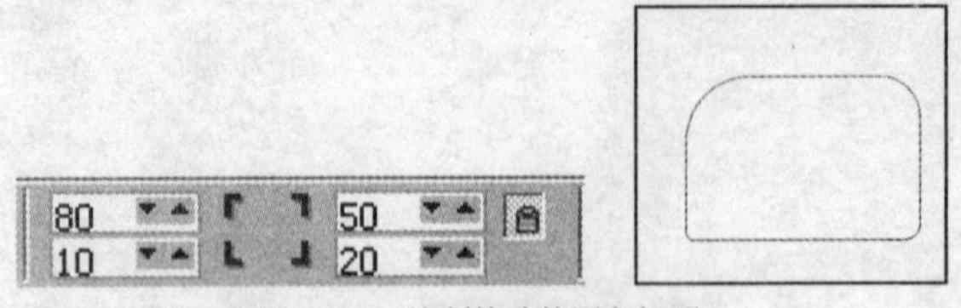

图 4.1.4 绘制特殊的圆角矩形

2. 用 3 点矩形工具绘制矩形

使用 3 点矩形工具，可以通过确定 3 点的位置绘制矩形。单击工具箱中的“3 点矩形工具”按钮

，其属性栏如图 4.1.5 所示。

与矩形工具类似，也可设置属性栏中的各项参数来改变 3 点矩形的形状。

单击工具箱中的“3 点矩形工具”按钮，在绘图区中单击鼠标左键并拖动，可确定任意方向的线段作为矩形的一条边，再拖动鼠标，直至得到所需的形状与大小后单击鼠标，即可创建一个任意起始或倾斜角度的矩形，如图 4.1.6 所示。

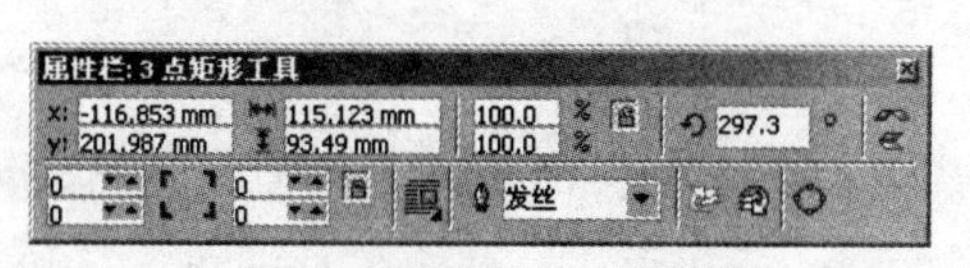

图 4.1.5　3 点矩形工具属性栏

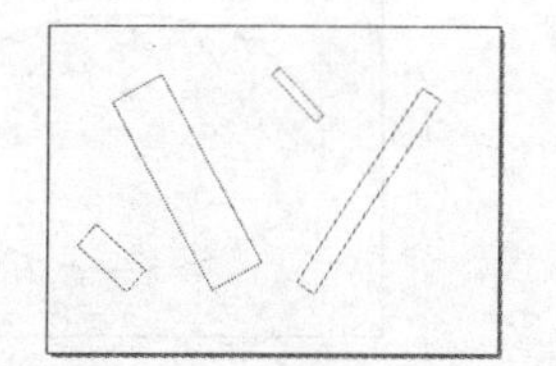

图 4.1.6　使用 3 点矩形工具绘制矩形

4.1.2　绘制正方形

正方形是特殊的矩形，因此可以使用矩形工具与 3 点矩形工具进行绘制。

要使用矩形工具绘制正方形，可在按住 Ctrl 键的同时拖动鼠标进行绘制，也可在矩形工具属性栏中的对象大小输入框 123.148 mm 68.259 mm 中设置矩形高度与宽度的值。

要使用 3 点矩形工具绘制正方形，其具体的操作方法如下：

（1）根据使用 3 点矩形工具绘制矩形的方法，先在绘图区中绘制正方形的一条边。

（2）按住 Ctrl 键的同时移动鼠标至边的任意一侧，释放鼠标后即可绘制正方形，如图 4.1.7 所示。

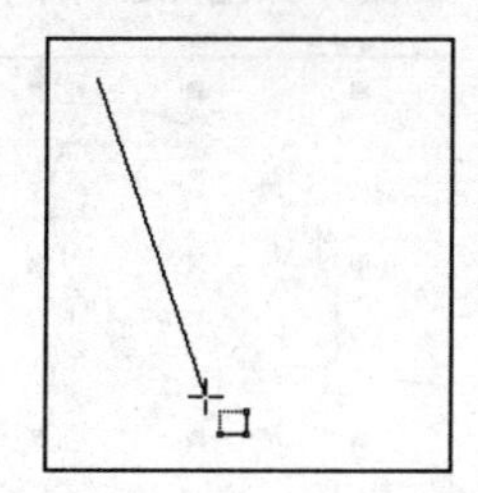
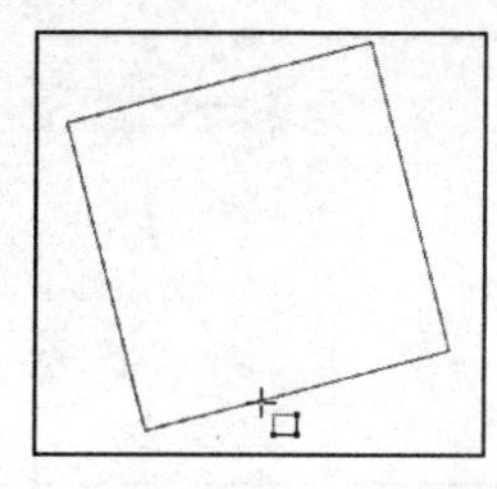
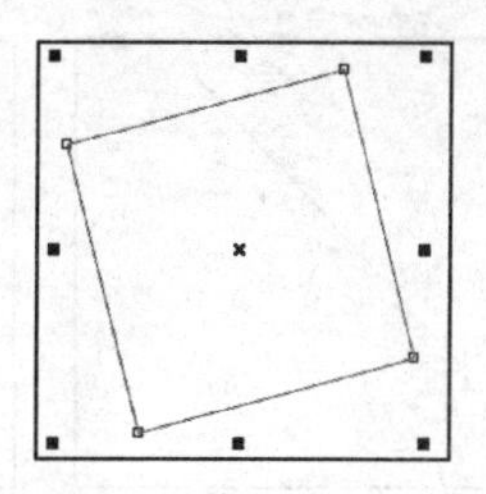

图 4.1.7　使用 3 点矩形工具绘制正方形

4.2　椭圆形工具

使用椭圆形工具可以绘制不同大小的椭圆、正圆、弧形以及饼形。其具体的绘制方法与矩形的绘制方法基本相同。

4.2.1　椭圆的绘制

要绘制椭圆，可以通过两种方法来完成，即使用椭圆形工具绘制和使用 3 点椭圆形工具绘制。

1. 用椭圆形工具绘制椭圆

椭圆形工具是一种用于绘制椭圆和圆形的工具，它的使用方法跟其他绘图工具类似。

椭圆形工具可以利用拖动的方式绘制出椭圆形，其绘制方法与绘制矩形是一样的。在工具箱中选择椭圆形工具按钮后，即会出现如图 4.2.1 所示的属性栏，保持默认设置，将鼠标移至绘图区，按住左键向对角拖动，如图 4.2.2 所示，最后松开左键即可得到如图 4.2.3 所示的椭圆形。

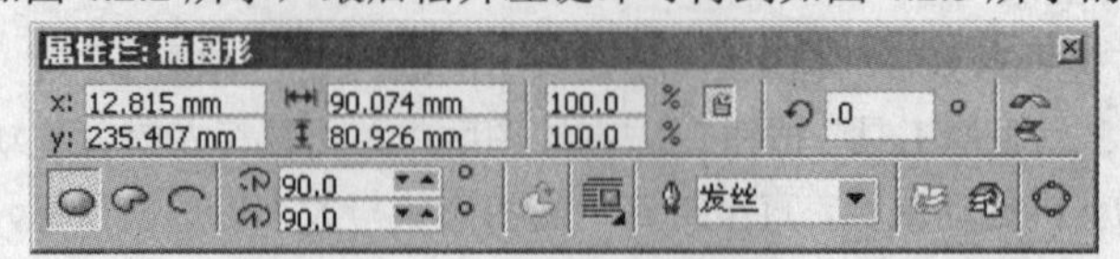

图 4.2.1　椭圆形工具属性栏

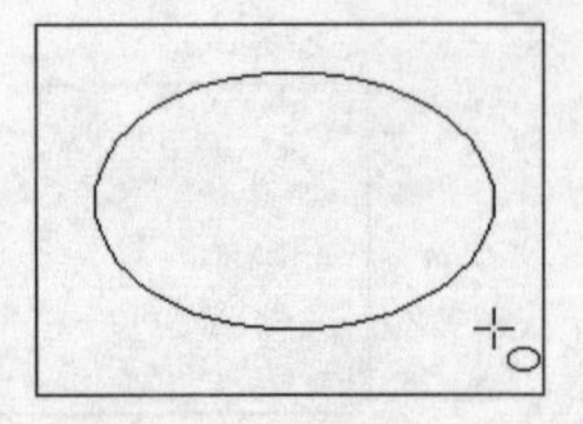

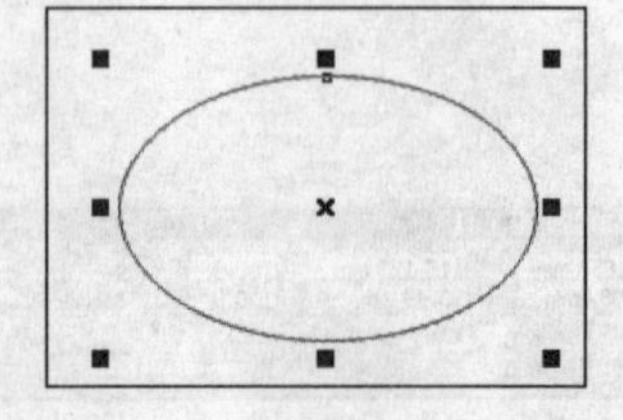

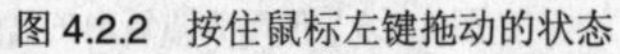

图 4.2.2　按住鼠标左键拖动的状态　　　图 4.2.3　松开鼠标左键后产生的椭圆

完成椭圆的绘制后，可通过属性栏进行位置、大小与缩放比例的调整，其相关属性与矩形相同。

2. 用 3 点椭圆形工具绘制椭圆

3 点椭圆形工具通过拖动鼠标来确定椭圆的一个轴的长度和方向，然后在轴的任意一侧单击鼠标，确定另一个轴的长度。

要使用 3 点椭圆形工具绘制椭圆，其具体的操作方法如下：

（1）单击椭圆形工具组中的“3 点椭圆形工具”按钮。

（2）将鼠标光标移至绘图区中，按住鼠标左键拖动可绘制出一条线段作为椭圆的轴线，松开鼠标后移动鼠标光标至线段一侧，在适当位置单击鼠标，即可绘制椭圆，如图 4.2.4 所示。

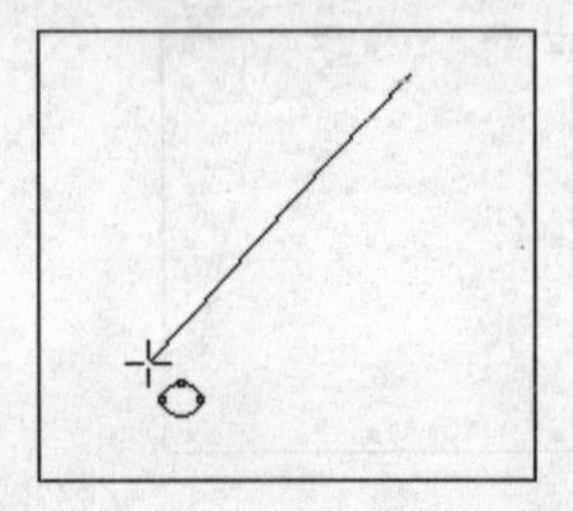

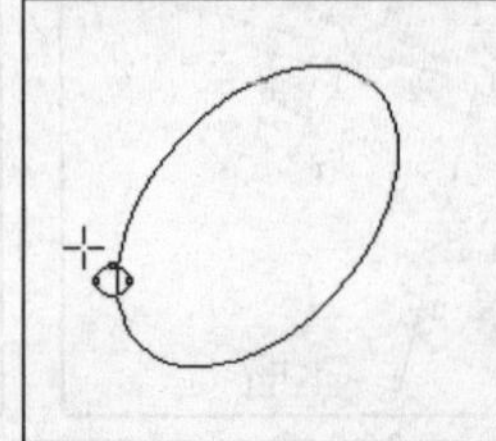

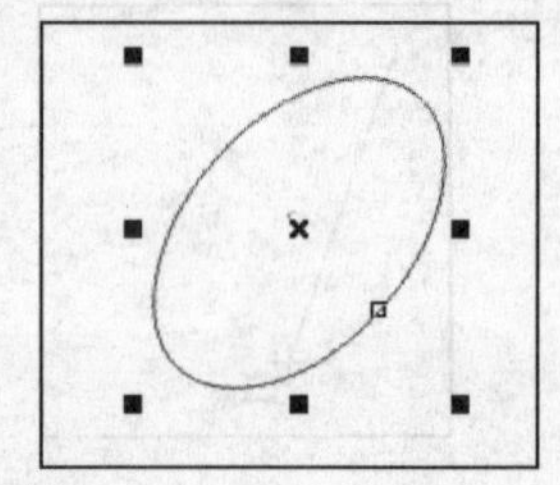

图 4.2.4　使用 3 点椭圆形工具绘制椭圆

4.2.2　圆的绘制

绘制圆的方法与绘制正方形的方法相同，只需要在选择椭圆形工具后，按住 Ctrl 键的同时在绘图区中拖动鼠标进行绘制，松开鼠标后即可得到一个圆，如图 4.2.5 所示。

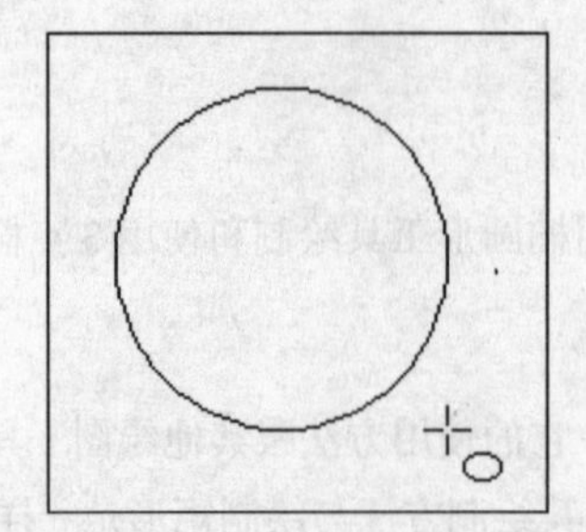

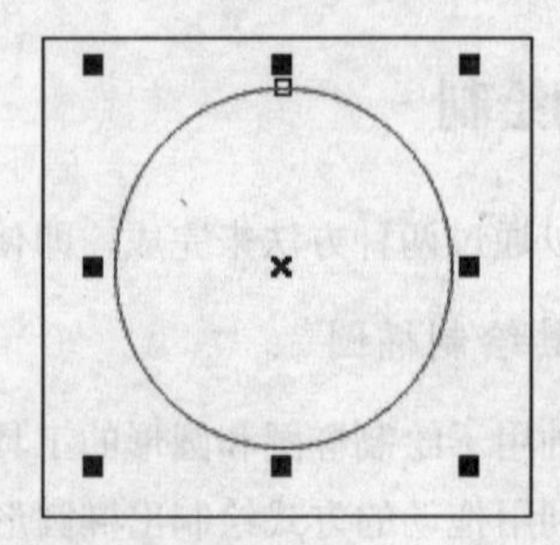

图 4.2.5　绘制圆

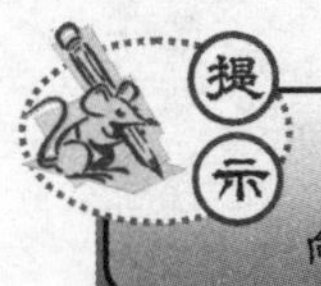

在拖动鼠标绘制时，如果按住 Ctrl+Shift 键，则可以绘制出以起点为中心向外等比例扩展的正圆。

4.2.3 饼形与弧形的绘制

使用椭圆工具与 3 点椭圆工具可以快速地绘制一些特殊的图形，如饼形与弧形。

1. 绘制饼形

饼形实际是指不完整的椭圆。要绘制饼形，其具体的操作方法如下：

（1）单击工具箱中的“椭圆工具”按钮或“3 点椭圆工具”按钮，在属性栏中单击“饼形”按钮。

（2）在起始和结束角度输入框中输入数值，以设置饼形的弧度，此处分别输入数值 20 和 150。

（3）将鼠标光标移至绘图区中按住鼠标左键拖动，至适当位置后松开鼠标即可绘制饼形，如图 4.2.6 所示。

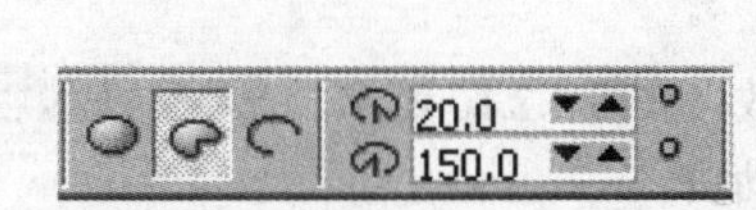

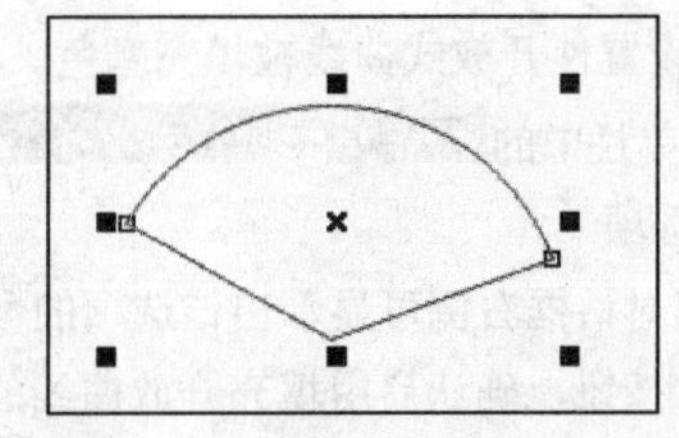

图 4.2.6 绘制饼形

如果对绘制的饼形不满意，可在选择饼形的状态下，在属性栏中的起始和结束角度输入框中重新调整数值。

绘制好饼形后，在属性栏中单击“确定饼形或弧形的方向”按钮，可将所绘制的图形反方向替换，也就是说，将得到所绘制饼形的另外一部分，如图 4.2.7 所示。

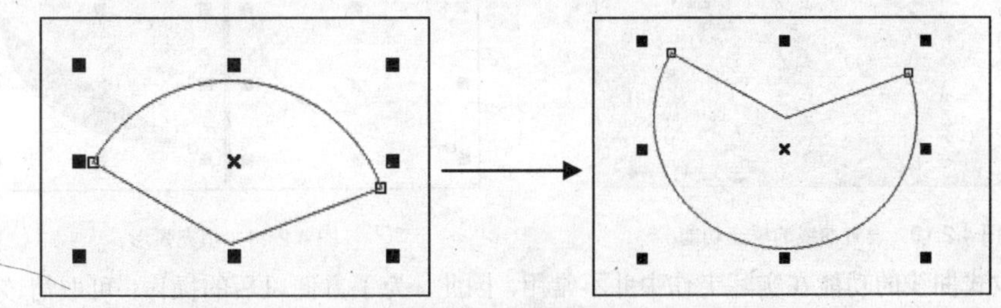

图 4.2.7 反方向替换绘制的饼形

2. 绘制弧形

弧形与饼形不同，它是没有轴线的。在选择椭圆形或 3 点椭圆形工具后，在其属性栏中单击“弧形”按钮，即可进行弧形的绘制，其具体的操作方法如下：

（1）单击工具箱中的“椭圆形工具”按钮，并在属性栏中单击“弧形”按钮。

（2）在属性栏中的起始和结束角度输入框中输入数值，以设置弧形的弧度，然后将鼠标移至绘图区中，按住鼠标左键拖动，至适当位置后松开鼠标，即可绘制出弧形，如图 4.2.8 所示。

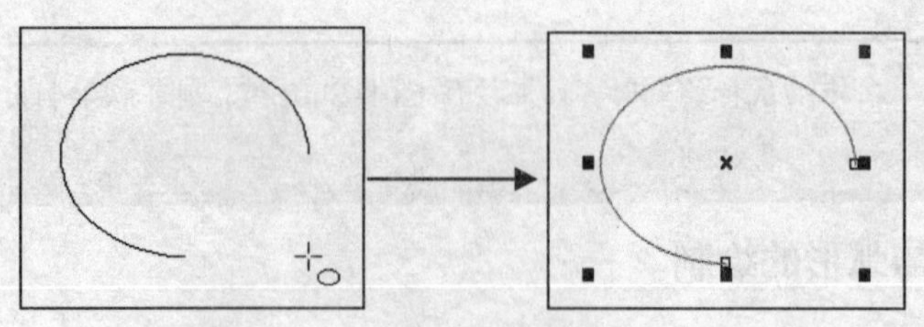

图 4.2.8　绘制弧形

绘制好弧形后，在属性栏中单击“确定饼形或弧形的方向”按钮，也可将所绘制的图形反方向替换，如图 4.2.9 所示。

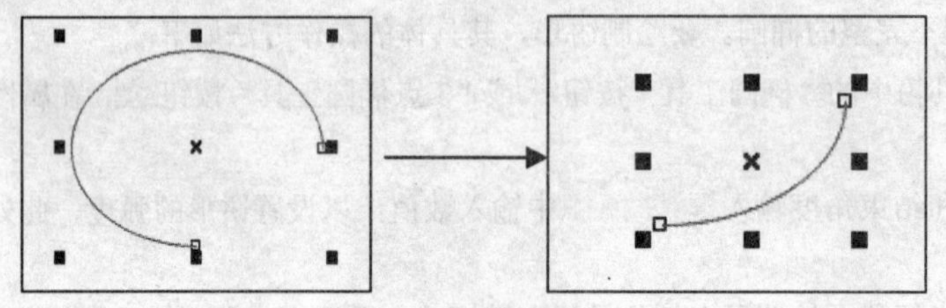

图 4.2.9　反方向替换弧形

从某种角度来说，弧形是开放式的曲线而不属于形体，默认设置下开放曲线是不能进行填充的，但可以通过更改设置使开放式曲线被填充颜色。其具体的操作方法如下：

（1）选择菜单栏中的 工具(O) → 选项(O)... 命令，弹出 选项 对话框，在对话框左侧展开的 文档 列表中选择 常规 选项。

（2）此时在对话框右侧可显示出该选项的参数，如图 4.2.10 所示，选中 填充开放式曲线(F) 复选框，单击 确定 按钮，确认启用填充开放曲线的功能。

（3）在调色板中单击任意一个颜色块，可填充弧形，如图 4.2.11 所示。

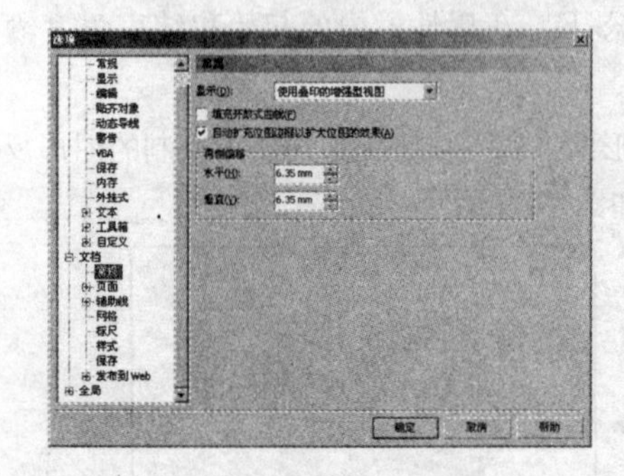

图 4.2.10　设置曲线的填充功能

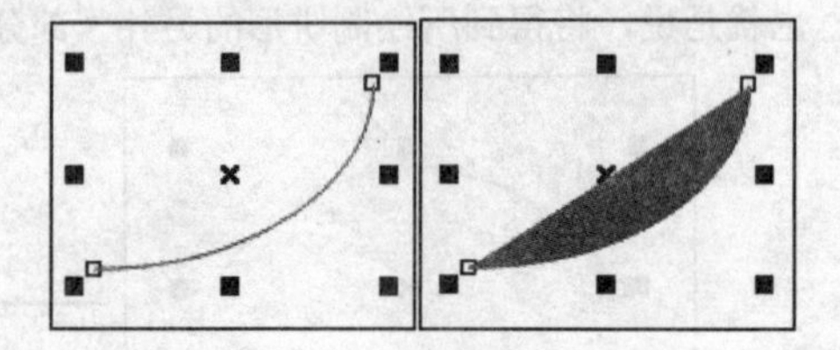

图 4.2.11　填充弧形

填充开放式曲线的功能在实际工作中并不常用，因此，为了方便以后的操作，可取消该复选框的选中状态。

4.3　多边形工具组

4.3.1　多边形工具

使用多边形工具可以绘制多边形、正方形。

单击工具箱中的“多边形工具”按钮，在页面中拖动鼠标，可绘制默认值的多边形，如图 4.3.1

所示。单击“多边形工具”按钮，其属性栏如图 4.3.2 所示。

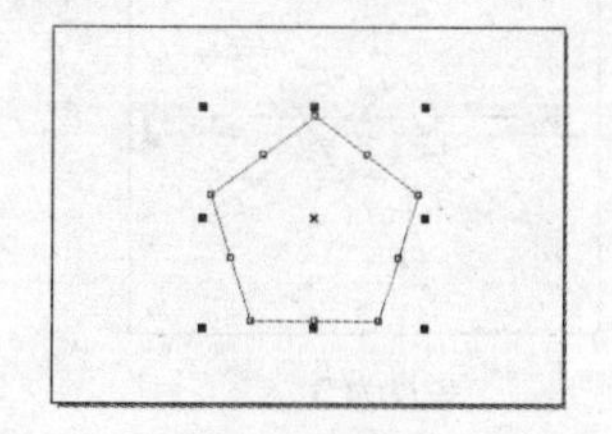

图 4.3.1 绘制多边形

图 4.3.2 多边形工具属性栏

在多边形端点数输入框中输入数值，可设置多边形的边数，其取值范围在 3～500 之间，绘制的多边形如图 4.3.3 所示。

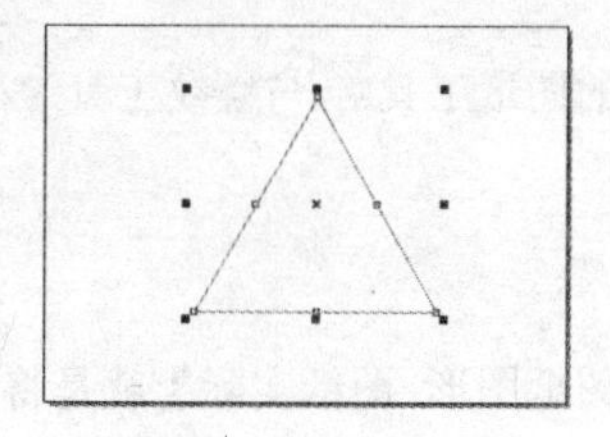

端点数为 3 的多边形

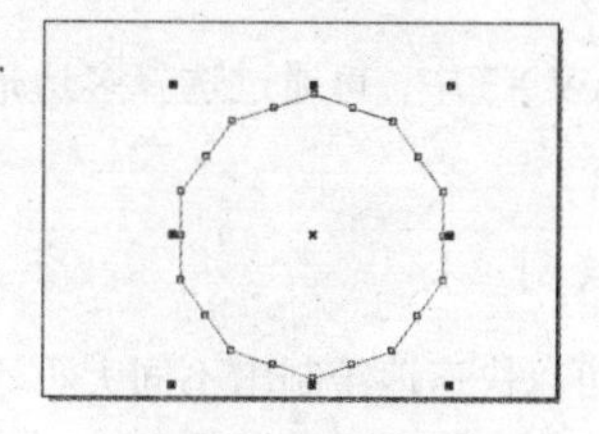

端点数为 10 的多边形

图 4.3.3 改变多边形的边数

4.3.2 星形工具

用星形工具可以快速地绘制出星形，其具体的操作方法如下：

（1）在工具箱中单击“星形工具”按钮。

（2）在属性栏中的多边形端点数输入框中可设置交叉星形的边数，此处输入 5。

（3）在绘图区中按住鼠标左键拖动，即可绘制出五角星，如图 4.3.4 所示。

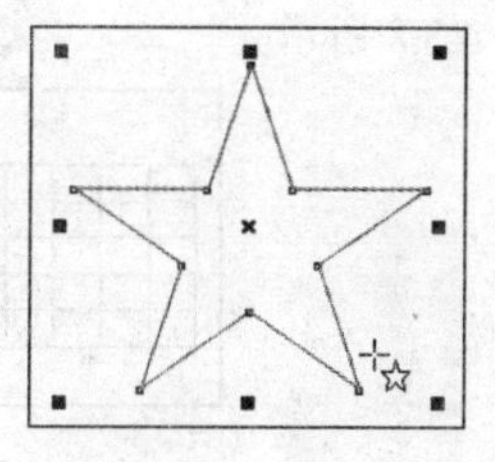

图 4.3.4 绘制星形

4.3.3 复杂星形工具

使用复杂星形工具可绘制复杂星形图形，只需要在属性栏中单击“复杂星形工具”按钮，在图像中拖动鼠标，即可绘制复杂的星形图形，如图 4.3.5 所示。

在复杂星形工具属性栏中微调框中输入数值，来改变复杂星形的边数，如图 4.3.6 所示。

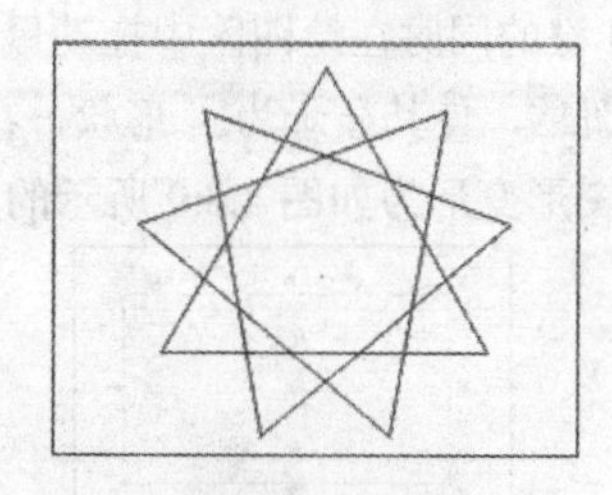

图 4.3.5 绘制复杂星形

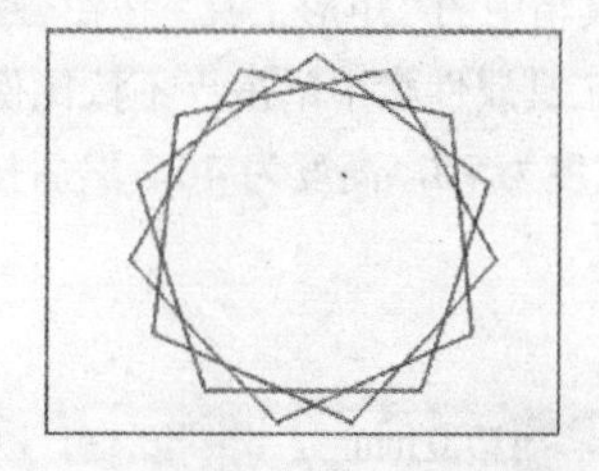

图 4.3.6 改变复杂星形的边数

在复杂星形工具属性栏中微调框中输入数值，来改变复杂星形的锐度，如图 4.3.7 所示的锐度为 1 和 3 时的复杂星形的效果。

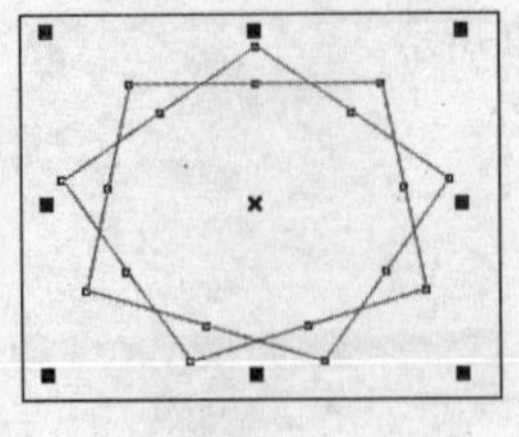

锐度为 1　　　　锐度为 3

图 4.3.7　更改复杂星形的锐度

4.3.4　图纸工具

在 CorelDRAW X3 中，可通过选择多边形工具组中的图纸工具与螺纹工具来绘制图纸与螺纹形。

1. 图纸的绘制

用图纸工具可以快速地绘制出不同大小不同行列的图纸图形。图纸实际上就是将多个矩形进行连续排列，中间不留空隙。

要绘制图纸图形，其具体的操作方法如下：

（1）单击多边形工具组中的“图纸工具”按钮。

（2）在属性栏中的图纸行和列数输入框中输入数值后，在绘图区中拖动鼠标绘制图纸，如图 4.3.8 所示。

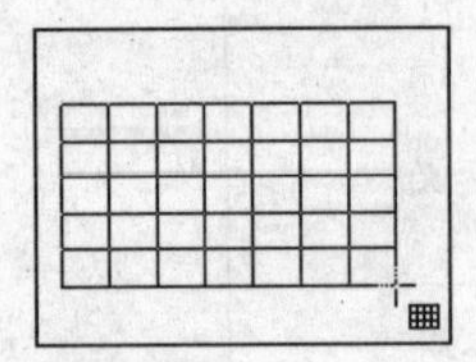

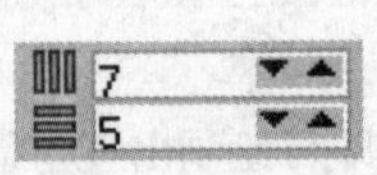

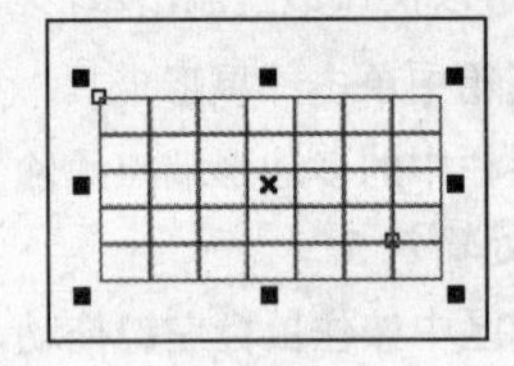

图 4.3.8　绘制图纸

2. 绘制正方形的图纸

正方形图纸是指图纸中的每个小格子均为正方形。若按住 Ctrl 键的同时使用图纸工具拖动鼠标绘制图纸图形，则所绘制出的图纸图形的外形为正方形，而其中的每一个小格子却不一定是正方形，但在实际工作中最常用的是正方形图纸。例如，需要绘制一个 4 行 7 列的正方形图纸图形，其具体的操作方法如下：

（1）单击工具箱中的“矩形工具”按钮，按住 Ctrl 键的同时在绘图区中拖动鼠标绘制正方形。

（2）在矩形工具属性栏中单击“不按比例缩放”按钮，使其显示为形状，在对象的大小输入框中分别设置宽度为 70，高度为 40，然后按回车键，图形变形为如图 4.3.9 所示的形状。

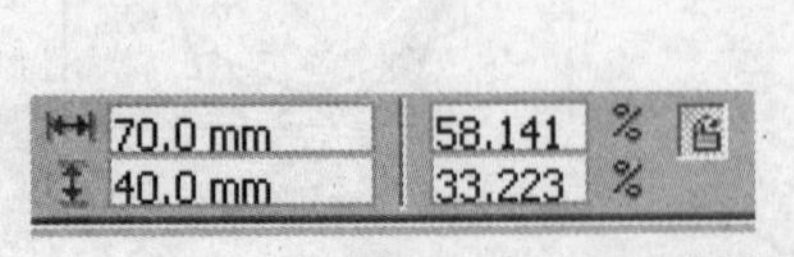

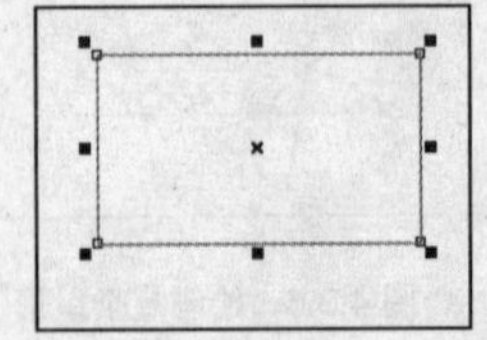

图 4.3.9　设置矩形大小

（3）单击工具箱中的“图纸工具”按钮，在属性栏中的图纸行和列数输入框中输入数值 7 和 4，按回车键。

（4）将鼠标光标移至矩形的左上角处，按住鼠标左键拖动至矩形的右下角后松开鼠标，即可绘制出正方形图形，如图 4.3.10 所示。

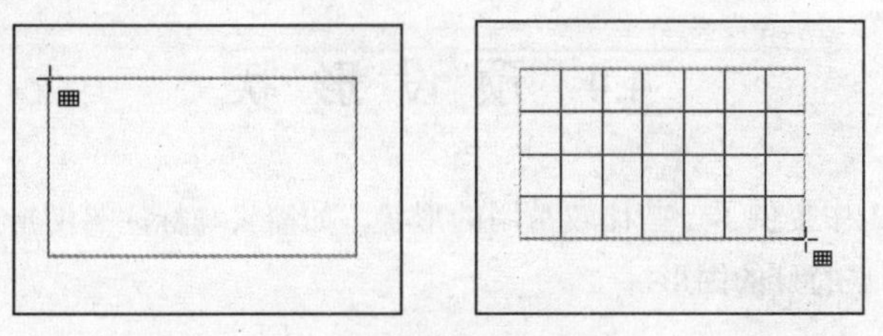

图 4.3.10 绘制正方形图纸

（5）使用工具箱中的挑选工具移动图纸图形，然后选择矩形对象并将其删除。

4.3.5 螺纹工具

从某种角度来讲，使用螺纹工具绘制的图形属于线，但在 CorelDRAW X3 中，将它与多边形工具与图纸工具放在同一个工具组中，这是由于螺纹绘制的方法与多边形和图纸的绘制方法相似。

使用螺纹工具可以绘制两种不同的螺纹形，即对称式螺纹与对数式螺纹。

1. 绘制对称式螺纹

对称式螺纹是由许多圈曲线环绕形成的，且每一圈螺纹的间距都是相等的。

要绘制对称式螺纹，其具体的操作方法如下：

（1）单击工具箱中的“螺纹工具”按钮，在属性栏中单击“对称式螺纹”按钮。

（2）在属性栏中的螺纹回圈输入框中设置螺纹的圈数，然后在绘图区中按住鼠标左键拖动，即可绘制出对称式螺纹，如图 4.3.11 所示。

图 4.3.11 绘制对称式螺纹

2. 绘制对数式螺纹

对数式螺纹与对称式螺纹相同，都是由许多圈的曲线环绕形成的，但对数式螺纹的间距可以等量增加。要使用螺纹工具绘制对数式螺纹，其具体的操作方法如下：

（1）单击工具箱中的“螺纹工具”按钮，在属性栏中单击“对数式螺纹”按钮。

（2）在属性栏中的螺纹回圈输入框中设置螺纹的圈数，在绘图区中拖动鼠标绘制对数式螺纹，如图 4.3.12 所示。

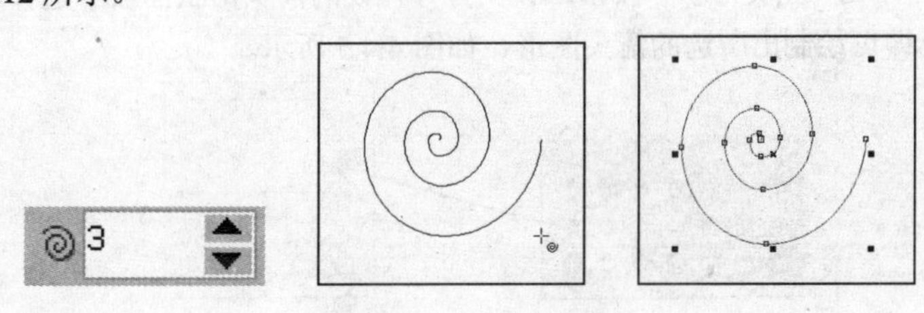

图 4.3.12 绘制对数式螺纹

此外，在螺纹工具属性栏中的螺纹扩展参数输入框 100 中输入数值，可设置螺纹间距的大小。

4.4 预 设 形 状

在 CorelDRAW X3 中提供了一些比较常用的形状，如箭头与标注等图形，通过选择这些形状可以非常方便地绘制出一些特殊的图形。

4.4.1 基本形状的绘制

使用基本形状工具可以绘制出各种基本的图形。单击工具箱中的“基本形状”按钮，其属性栏显示如图 4.4.1 所示。

图 4.4.1 基本形状属性栏

在属性栏中单击“完美形状”按钮，可弹出预设的基本形状面板，如图 4.4.2 所示。

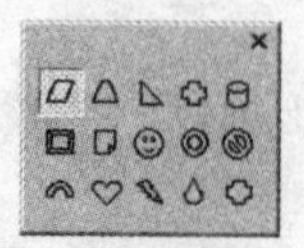

图 4.4.2 预设的基本形状面板

从中选择任意一种形状，在绘图区中拖动光标，即可绘制出所选的图形，如图 4.4.3 所示。

在属性栏中单击轮廓样式选择器下拉列表框，可弹出轮廓样式选择器下拉列表，在此列表中可选择轮廓线的样式，如图 4.4.4 所示。

图 4.4.3 绘制基本形状

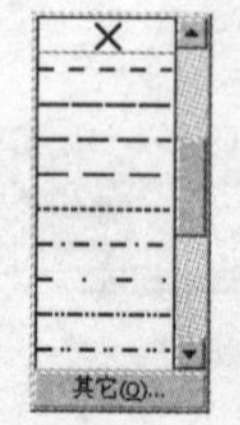

图 4.4.4 轮廓样式选择器下拉列表

4.4.2 箭头形状的绘制

在 CorelDRAW X3 中提供了多种箭头类型，要绘制这些箭头形状，其具体的操作方法如下：

（1）单击基本形状工具组中的“箭头形状”按钮。

（2）在属性栏中单击“完美形状”按钮，在打开预设的箭头形状面板中选择所需的箭头形状，在绘图区中拖动鼠标即可绘制出所选的箭头图形，如图 4.4.5 所示。

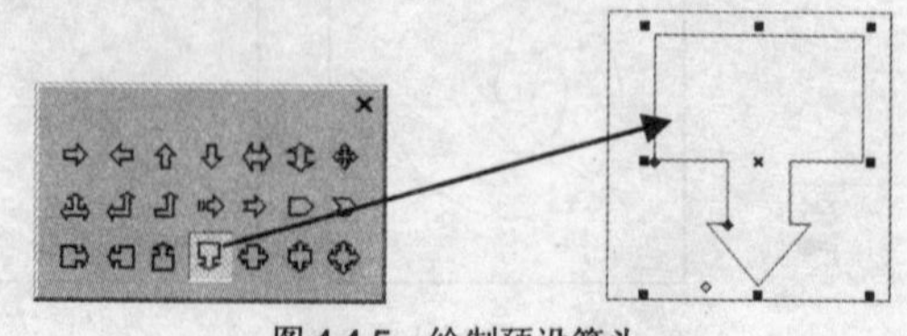

图 4.4.5 绘制预设箭头

4.4.3 流程图形状的绘制

在 CorelDRAW X3 中提供了流程图工具，使用它可以绘制出多种常见的数据流程图、信息系统的业务流程图等。

要绘制流程图，其具体的操作方法如下：

（1）在基本形状工具组中单击“流程图形状”按钮。

（2）在属性栏中单击“完美形状”按钮，可打开如图 4.4.6 左图所示的流程图面板。

（3）从中选择一种形状，在绘图区中按住鼠标左键拖动，即可绘制出所选的流程图形状，如图 4.4.6 右图所示。

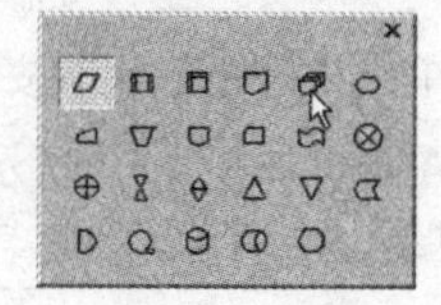

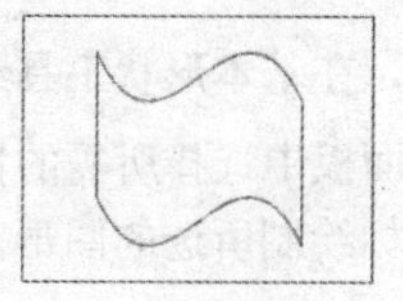

图 4.4.6 绘制流程图

4.4.4 标题形状的绘制

单击工具箱中的“标题形状”按钮，在属性栏中单击“完美形状”按钮，可弹出如图 4.4.7 所示预设的标题形状面板。

从中选择任意一种形状，在绘图区中拖动光标，可绘制出所选的标题形状图形，如图 4.4.8 所示。

图 4.4.7 预设的标题形状面板

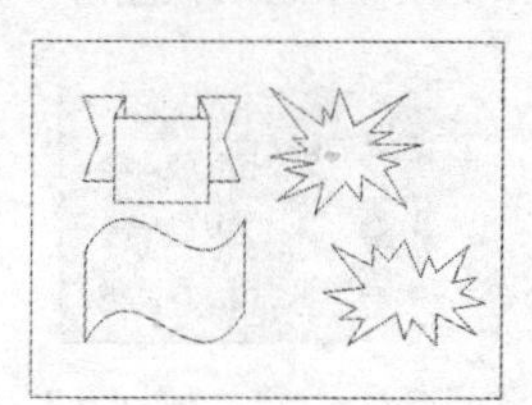

图 4.4.8 绘制标题形状

4.4.5 标注形状的绘制

标注经常用于做进一步的补充说明，例如绘制了一幅风景画，可以在风景画上绘制标注图形，并且在标注图形中添加相关的文字信息。在 CorelDRAW X3 中提供了多种标注图形，要绘制标注图形，其具体的操作方法如下：

（1）在基本形状工具组中单击“标注形状”按钮。

（2）在属性栏中单击“完美形状”按钮，可打开完美形状面板，从中选择所需的标注形状，然后在绘图区中拖动鼠标进行绘制，至适当大小后松开鼠标，如图 4.4.9 所示。

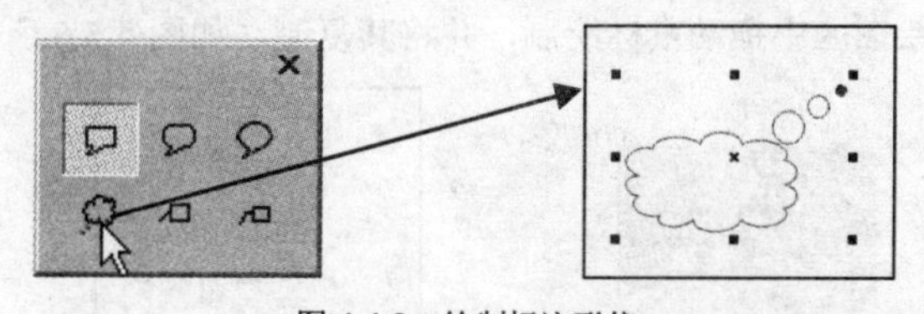

图 4.4.9 绘制标注形状

4.5 操作实例——绘制流程图

1. 操作目的

（1）掌握基本形状工具组的使用方法。

（2）了解制作流程图的步骤。

2. 操作内容

利用基本形状工具组中的各个工具制作一个简单的流程图。

3. 操作步骤

（1）新建一个图形文件，在基本形状工具组中单击“标题形状”按钮，在属性栏中单击“完美形状”按钮，从打开的面板中选择所需的标题图形，如图 4.5.1 所示。

（2）在绘图区中拖动鼠标绘制所选的图形，如图 4.5.2 所示。

图 4.5.1　选择标题形状图形

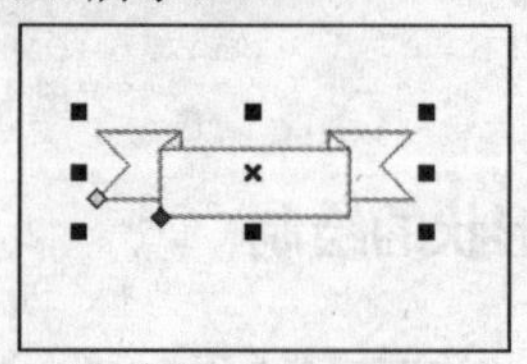

图 4.5.2　绘制的标题图形

（3）单击工具箱中的“基本形状”按钮，在属性栏中单击“完美形状”按钮，从打开的面板中选择所需的图形，在绘图区中绘制该图形，如图 4.5.3 所示。

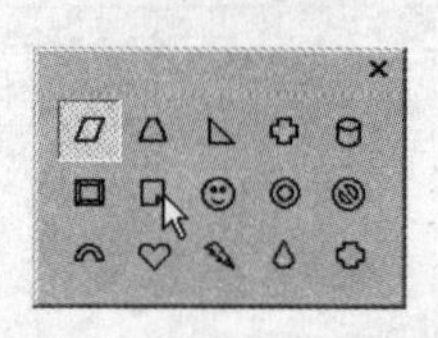

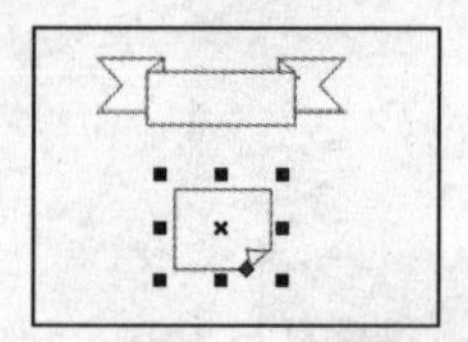

图 4.5.3　绘制基本形状

（4）在基本形状工具组中单击“流程图形状”按钮，并在属性栏中单击“完美形状”按钮，从打开的面板中选择所需的图形，在绘图区中进行绘制，如图 4.5.4 所示，按住 Ctrl 键的同时使用挑选工具将绘制的流程图形状向右水平拖动，至适当位置后单击鼠标右键，可复制图形，如图 4.5.5 所示。

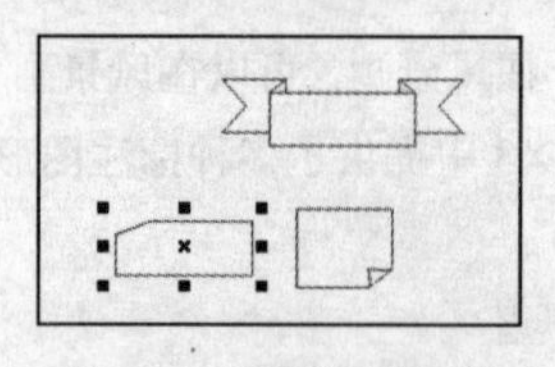

图 4.5.4　绘制流程图形状

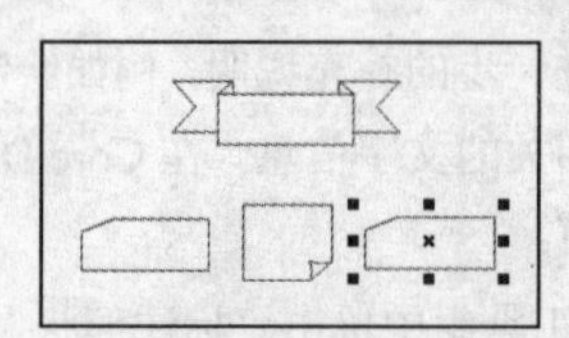

图 4.5.5　移动并复制图形

（5）单击工具箱中的“基本形状”按钮，在属性栏中单击“完美形状”按钮，在打开的面板中选择需要的图形，在绘图区中拖动鼠标绘制，并将其复制，如图 4.5.6 所示。

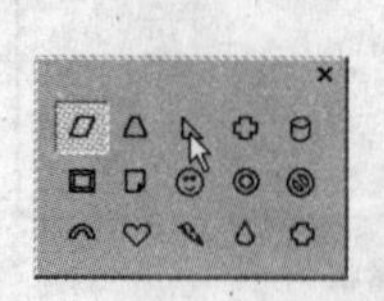

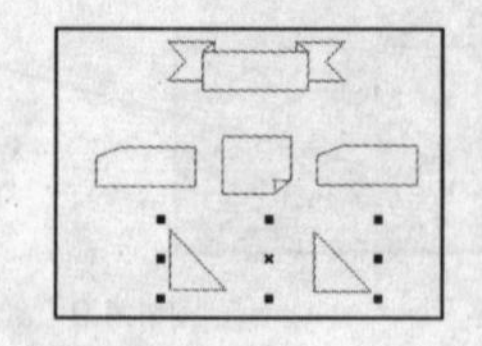

图 4.5.6　绘制基本形状图形

（6）继续单击工具箱中的“基本形状”按钮，在属性栏中单击“完美形状”按钮，在打开的面板中选择需要的图形，在绘图区中拖动鼠标进行绘制，并将其复制一份，如图4.5.7所示。

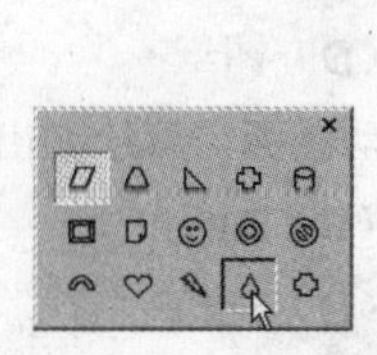

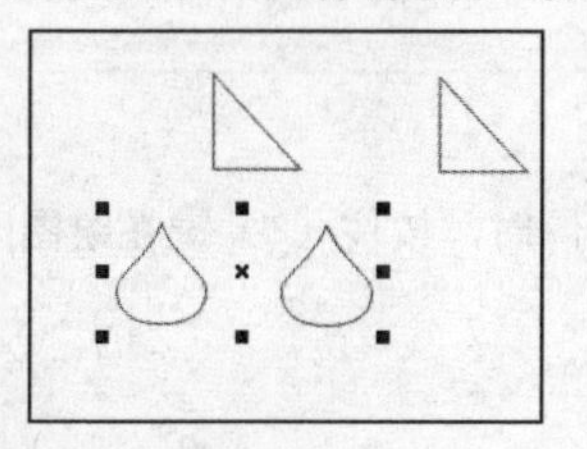

图4.5.7 绘制其他类型的图形

（7）单击工具箱中的“交互式连线工具”按钮，将绘制的图形连接起来，如图4.5.8所示。

（8）单击工具箱中的“文本工具”按钮，分别在基本图形中输入相应的文字，最终的流程图效果如图4.5.9所示。

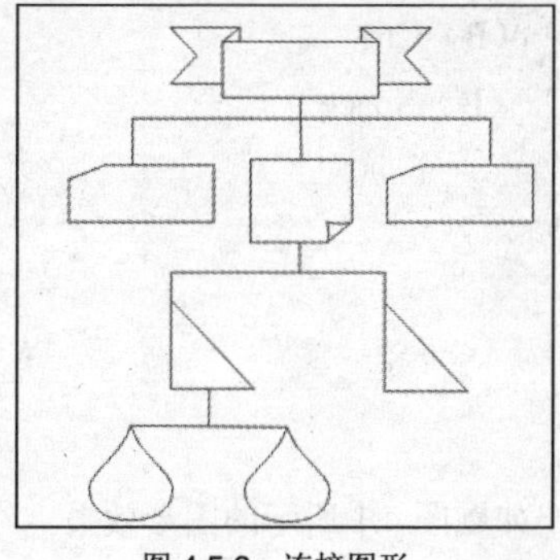

图4.5.8 连接图形

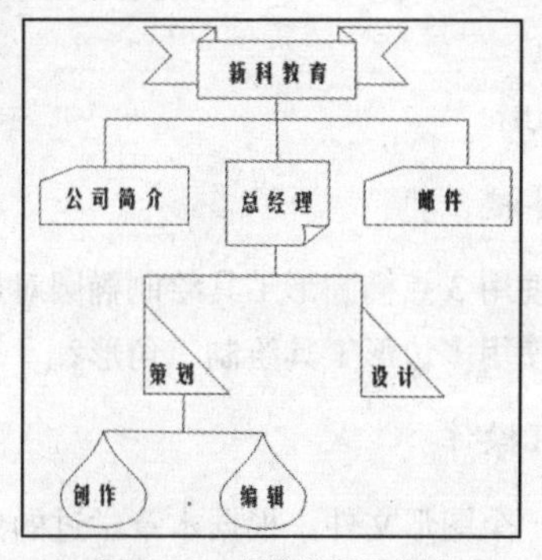

图4.5.9 最终流程图效果

本章小结

本章主要介绍了在CorelDRAW X3中各种常用基本图形的绘制方法，如矩形、椭圆形、多边形、星形以及其他预设的形状图形等。通过本章的学习，用户应掌握各种基本图形的绘制方法，并且能够熟练地使用这些基本绘图工具绘制出比较特殊形状的图形。

操作练习

一、填空题

1. 使用矩形工具组中的矩形工具和3点矩形工具可绘制出矩形、__________和正方形。

2. 使用椭圆形工具组中的椭圆形工具和3点椭圆形工具可绘制出椭圆、圆、饼形和____________。

3. 预设形状工具组中的图形有基本形状、箭头形状、流程图形状、__________、__________。

4. 使用螺纹工具可以绘制两种不同的螺纹形，即__________螺纹与__________螺纹。

5. 在绘制多边形之前，按住__________键再拖动可以绘出正多边形，而同时按下__________快捷键，则可以从拖动之点往外绘制正多边形。

二、选择题

1. 要使用矩形工具绘制正方形，可按住（ ）键的同时拖动鼠标进行绘制。

（A）Ctrl　　　　（B）Alt

（C）Shift+Ctrl　　（D）Shift

2．使用（ ）工具绘制出的图形是由一系列以行与列排列的矩形组成的。

（A）矩形　　（B）基本形状

（C）边形　　（D）图纸

3．在绘制多边形的同时，按住（ ）键在绘图区中拖动鼠标，可绘制出正多边形。

（A）Ctrl　　（B）Alt

（C）Shift+Ctrl　　（D）Shift

4．以下（ ）不属于默认的图形工具。

（A）基本形状　　（B）箭头形状

（C）流程图形状　　（D）图纸工具

5．按下（ ）不放，可以从鼠标按下处开始向外绘制图形对象。

（A）Alt　　（B）Ctrl

（C）Shift　　（D）Space

三、简答题

1．如何使用 3 点椭圆形工具绘制椭圆对象？

2．如何使用多边形工具绘制三角形？

四、上机操作

1．新建一个图形文件，根据本章学过的知识绘制出如题图 4.1 所示的图形效果。

题图 4.1

2．练习使用绘图工具绘制各种图形，例如矩形、星形、饼形和笑脸等。

第 5 章

编辑线条与图形

学习导航

在 CorelDRAW X3 中，可以通过形状工具、刻刀工具以及橡皮擦工具等对绘制的线条与图形进行调整。本章主要介绍利用这些工具调整线条与图形形状的方法。

学习要点

- 形状工具组
- 裁剪工具组

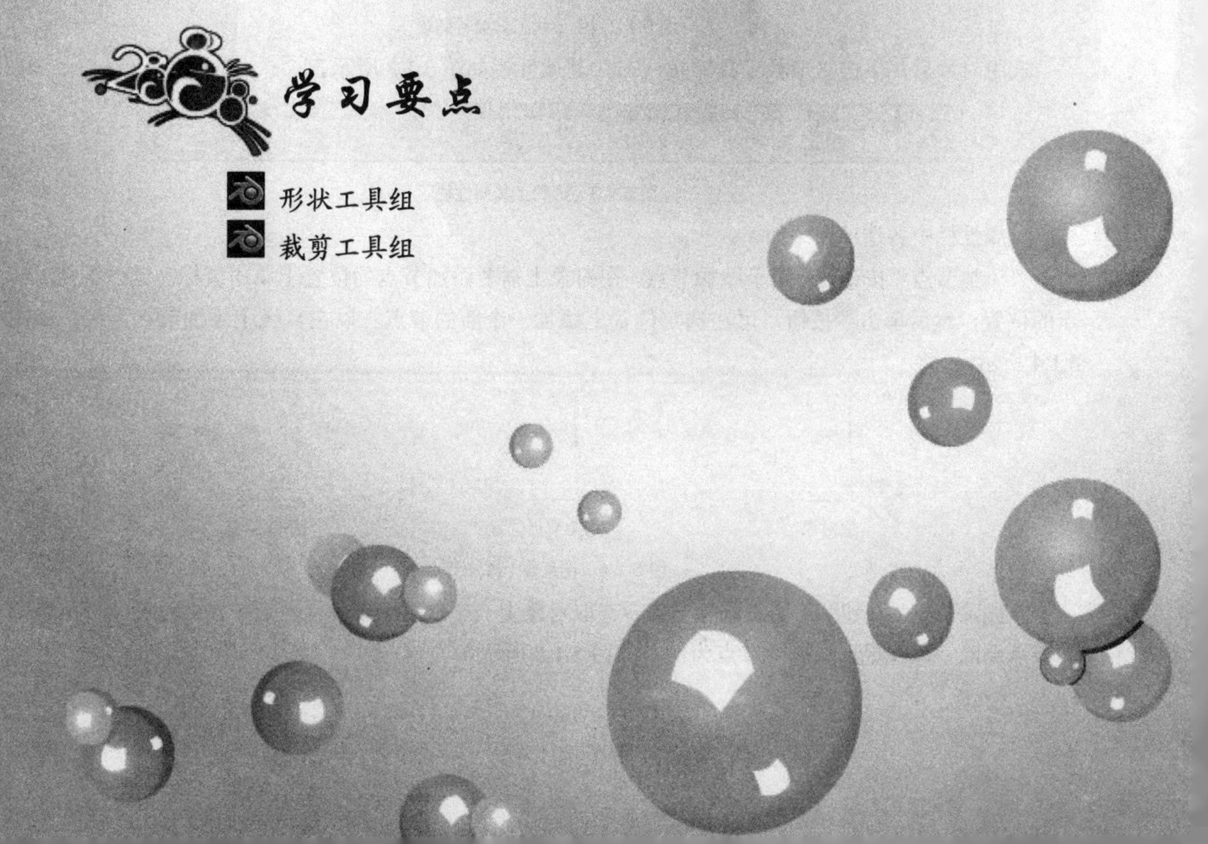

5.1 形状工具组

CorelDRAW X3 中提供了一系列用于对象变形编辑的工具，利用这些工具，用户可以灵活地编辑与修改对象，以满足设计需要。这一节主要介绍形状工具组各个功能和操作方法。如图 5.1.1 所示。

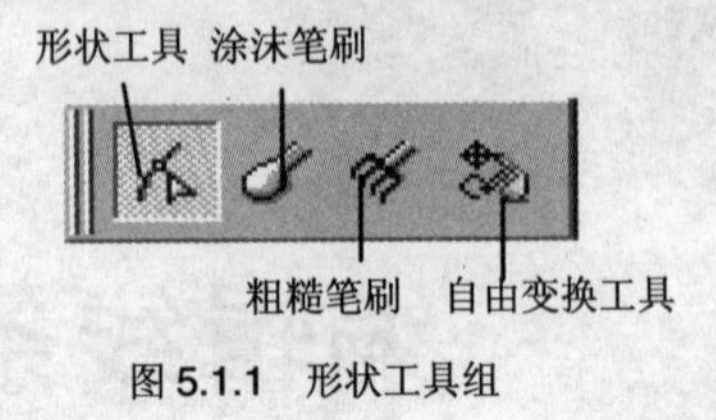

图 5.1.1　形状工具组

5.1.1 形状工具

形状工具用来编辑对象的节点，它是 CorelDRAW 中的一个常用工具，可以用于不封闭的图形对象编辑，也可以用于封闭的图形对象编辑，这是因为封闭的对象也是含有节点的，但在有些情况下需要将其转换为曲线，才能对节点进行编辑。如图 5.1.2 所示，在椭圆形转换为曲线之前，只能用形状工具来改变它的形状，而转换为曲线之后，可对其进行各种添加、删除节点及改变节点属性的操作。

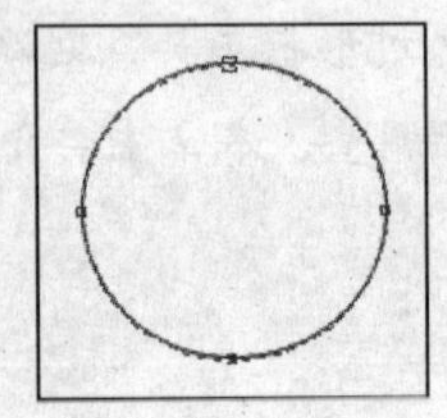

转换为曲线之前

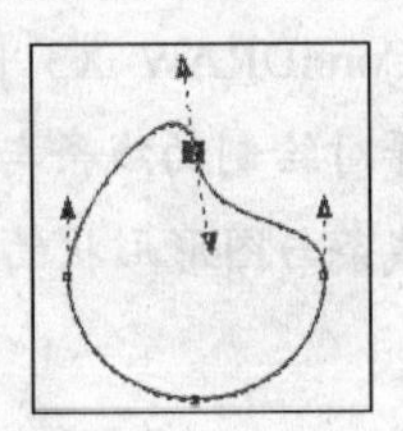

转换为曲线之后

图 5.1.2　用形状工具编辑椭圆

选中对象后，单击“形状工具”按钮，其属性栏如图 5.1.3 所示。

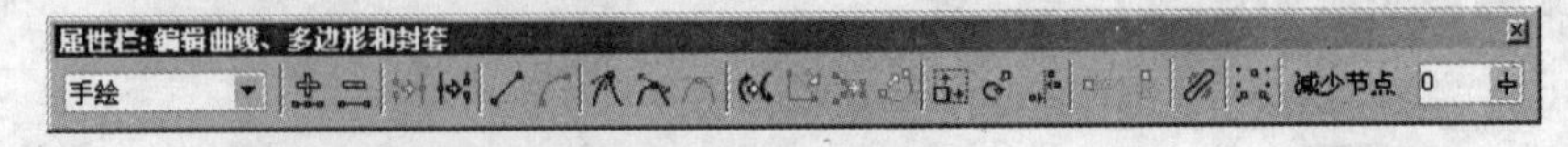

图 5.1.3　形状工具属性栏

该属性栏中各选项介绍如下：

“添加节点”按钮：用于添加节点。在对象上需要添加节点的位置上单击鼠标左键，定义出节点的位置，然后单击按钮，可在选定位置上添加一个新的节点。以在直线上添加节点为例，如图 5.1.4 所示。

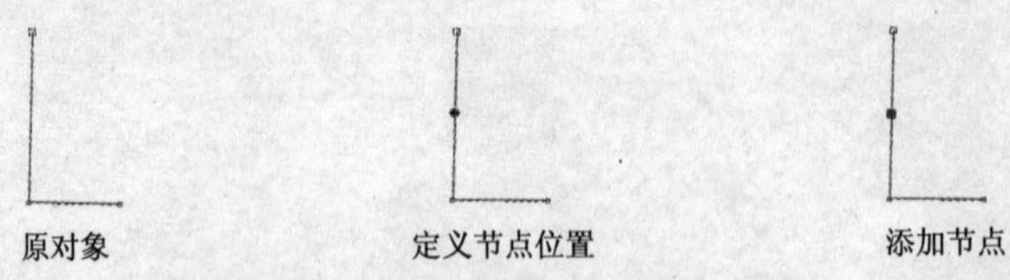

图 5.1.4　在直线上添加节点

“删除节点”按钮：用于删除节点。选取对象上一个或多个节点，然后单击按钮，可将选取的节点删除。以在星形上删除节点为例，如图 5.1.5 所示。

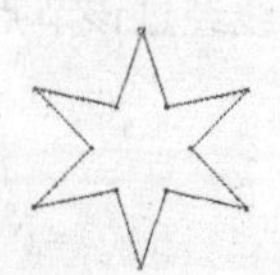
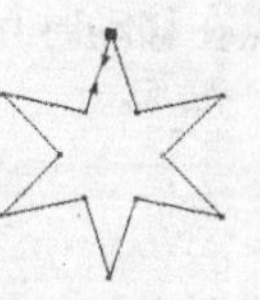

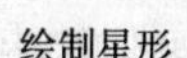

绘制星形　　将其转换为曲线　　选取节点　　删除节点

图 5.1.5　在星形上删除节点

删除节点时，也可在对象上选取一个或多个节点后，按 Delete 键进行删除，或者通过双击节点进行删除。

“连接两个节点”按钮：用于开放曲线的连接。选取曲线的始点和终点，然后单击按钮，始点和终点即会合为一点，如图 5.1.6 所示。

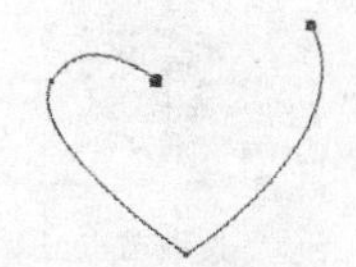

绘制开放曲线　　选取曲线的始点和终点　　封闭曲线

图 5.1.6　开放曲线的连接

“分割两个节点”按钮：用于分割闭合路径中的节点。选取闭合路径中需分割开的节点，然后单击按钮，闭合路径即会变为开放路径，被选取的节点变为两个节点，如图 5.1.7 所示。

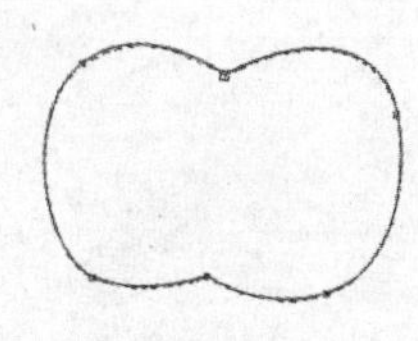
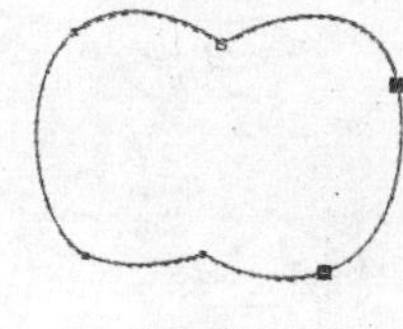
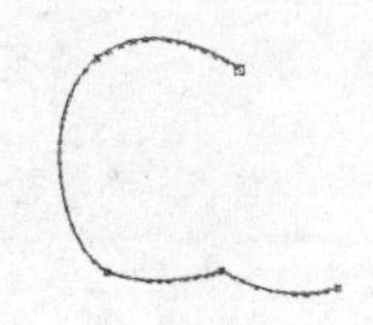

绘制闭合路径　　选取节点　　分割节点

图 5.1.7　分割闭合路径中的节点

“转换曲线为直线”按钮：用于将曲线转换为直线。选取曲线中的任意节点，然后单击按钮，曲线即会转换为直线，如图 5.1.8 所示。

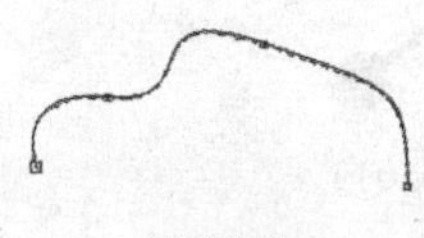
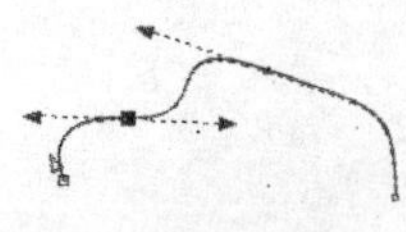
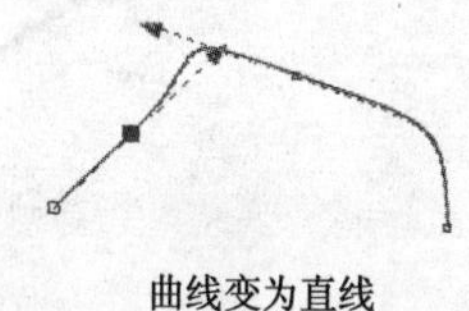

绘制曲线　　选取节点　　曲线变为直线

图 5.1.8　将曲线转换为直线

“转换直线为曲线”按钮：用于将直线转换为曲线。选取直线中的任意节点(除始点和终点外)，然后单击按钮，直线即会转换为曲线，如图 5.1.9 所示。

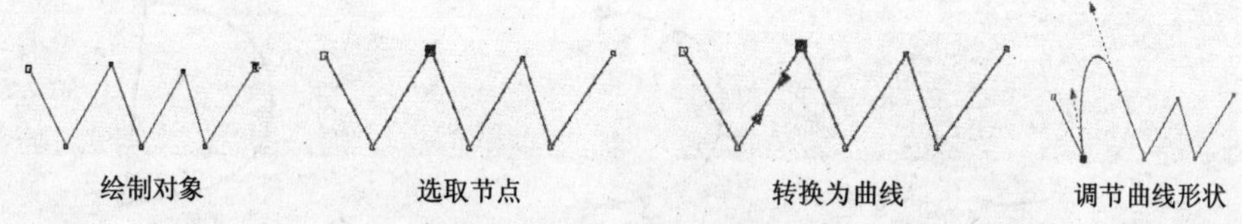

绘制对象　　选取节点　　转换为曲线　　调节曲线形状

图 5.1.9　将直线转换为曲线

“尖突节点”按钮：用于使节点变换成尖突节点。选取节点后单击按钮，调节节点两侧的控制点，由于该节点两侧的控制点在移动时互不关联，曲线经过该节点时会产生锐利的角度曲折，如图 5.1.10 所示。

绘制曲线

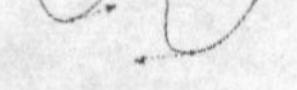

选取节点

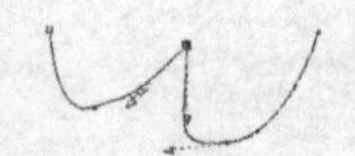

调节节点两侧的控制点

图 5.1.10　使节点变换成尖突节点

“平滑节点”按钮：用于使节点变换成平滑节点。在曲线上选取节点，然后单击按钮，当调节该节点一侧的控制点时，另一侧的控制点会同时向反方向移动，这种节点会以平滑的方式和相邻的线段连接，如图 5.1.11 所示。

绘制曲线

选取节点

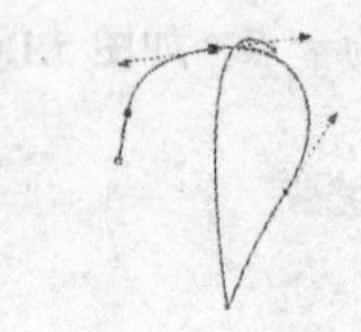

调节节点两侧的控制点

图 5.1.11　使节点变换成平滑节点

“对称节点”按钮：用于使节点变换成对称节点。“对称节点”按钮只有在所选节点为曲线状态时可用。其使用方法同平滑节点按钮相同，不同的是当调节该节点一侧的控制点时，另一侧的控制点会同时向反方向做等量的移动，这种节点会在两端产生相同的曲线弧度，如图 5.1.12 所示。

平滑节点

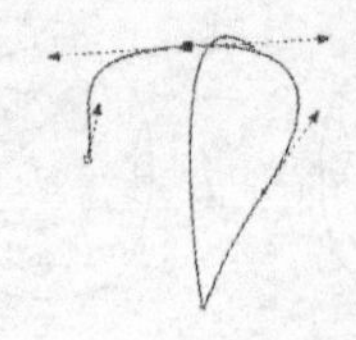

使平滑节点变换成对称节点

图 5.1.12　使节点变换成对称节点

“反转曲线方向”按钮：用于转换开放直线或曲线中的始点和终点，如图 5.1.13 所示。

绘制直线

反转曲线方向

图 5.1.13　转换直线始点和终点

“延长曲线使之闭合”按钮：用于使开放直线或曲线转换为闭合直线或曲线。选取开放直线或曲线中的始点和终点，然后单击按钮，可在两节点之间添加一条直线，使开放的图形对象转换为闭合的图形对象，如图 5.1.14 所示。

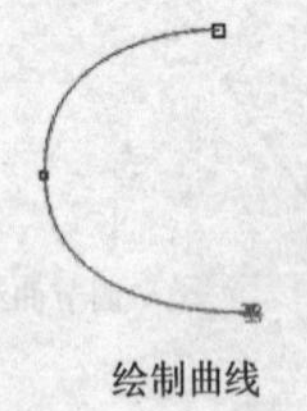

绘制曲线

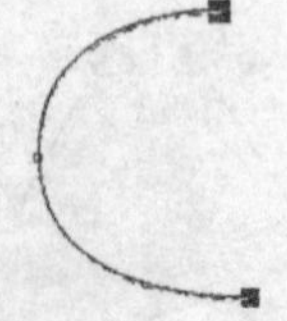

选取始点和终点

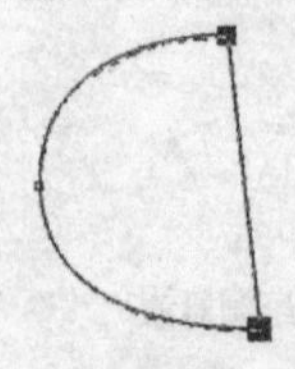

闭合曲线

图 5.1.14　使开放曲线转换为闭合曲线

“提取子路径”按钮：用于将一条开放曲线分离成两条独立的曲线。选取一条开放曲线中的节点（除始点和终点外），单击按钮将之分离成两个节点，然后单击按钮，可将这条曲线分离成两条独立的曲线，如图 5.1.15 所示。

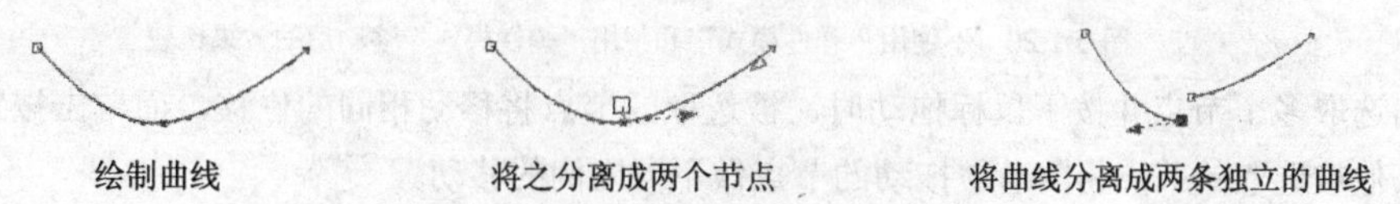

图 5.1.15　将一条开放曲线分离成两条独立的曲线

“自动闭合曲线”按钮：用于将开放曲线转换为闭合曲线。选取一条开放曲线，然后单击按钮，在曲线的始点和终点间会自动生成一条直线使开放曲线转换成为闭合曲线，如图 5.1.16 所示。

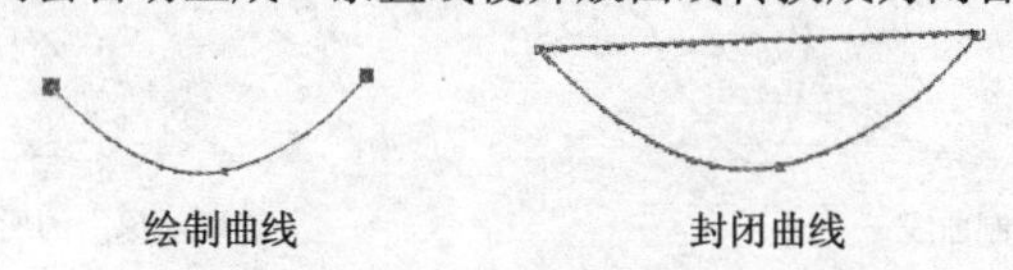

图 5.1.16　将开放曲线转换为闭合曲线

“伸长和缩短节点连线”按钮：用于调整节点之间的连线。选中节点，然后单击按钮，此时所选节点周围会出现 8 个控制点，如图 5.1.17 所示，通过拖动控制点可以延伸或者缩短节点之间的连线。

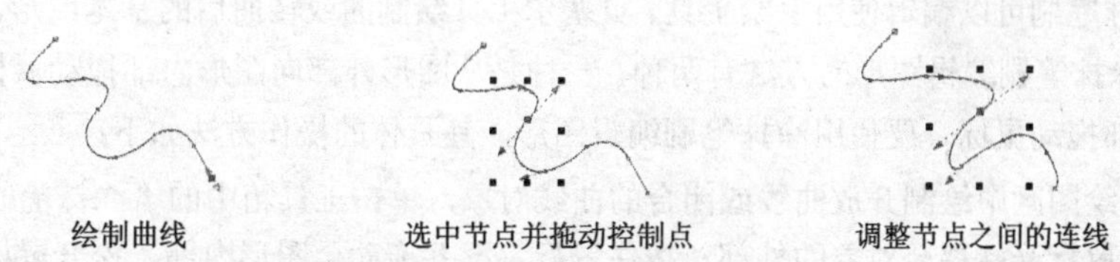

图 5.1.17　调整节点之间的连线

“旋转和倾斜节点连线”按钮：用于旋转和倾斜节点之间的连线。选中节点，然后单击按钮，此时所选节点周围会出现 8 个旋转（倾斜）控制点，使用鼠标拖动旋转（倾斜）控制点进行旋转（倾斜）即可旋转（倾斜）节点连线，如图 5.1.18 所示。

图 5.1.18　旋转节点之间的连线

“对齐节点”按钮：用于在水平或垂直方向上对齐节点。选取两个或两个以上节点，单击按钮，这些节点即会按水平或垂直方向进行排列，如图 5.1.19 所示。

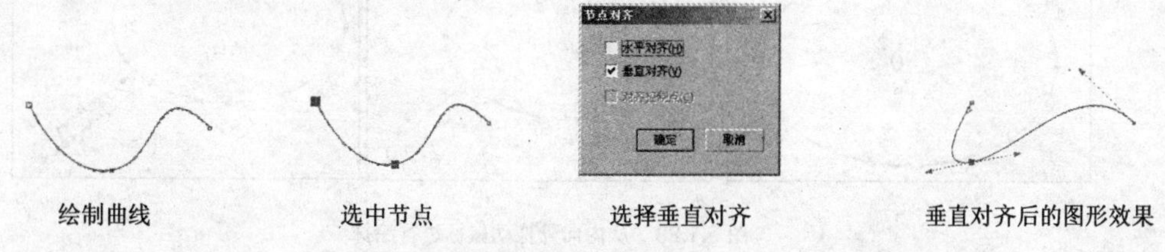

图 5.1.19　在垂直方向上对齐节点

“弹性模式”按钮：用于移动多个节点时，调节不同节点的移动比例，如图 5.1.20 所示为不使用“弹性模式”和使用“弹性模式”移动后的效果比较。

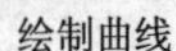
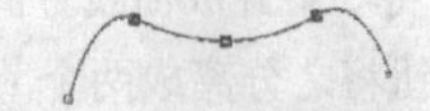

绘制曲线　　选取节点　　不使用“弹性模式”的移动效果　　使用“弹性模式”的移动效果

图 5.1.20　不使用“弹性模式”和使用“弹性模式”移动后的效果比较

当选取多个节点并按下鼠标拖动时，被选取的节点将移动相同的位移，而单击按钮后移动节点，其他被选取的节点将随着被拖动的节点做不同比例的移动。

“选择全部节点”按钮：用于选取所选对象上的所有节点。选中一个对象，单击按钮，这时对象上的所有节点都被选中了，如图 5.1.21 所示。

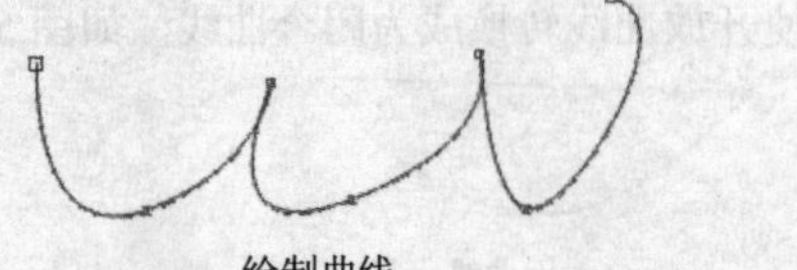
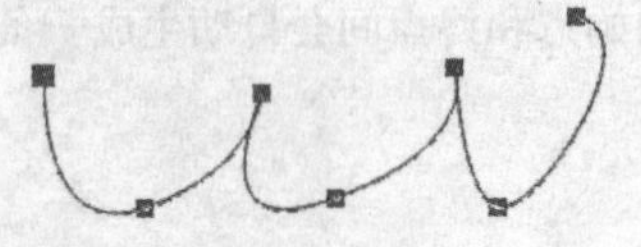

绘制曲线　　选取对象上的所有节点

图 5.1.21　选取所选对象上的所有节点

5.1.2　涂抹笔刷

使用涂抹笔刷可以编辑使用手绘工具、贝塞尔工具绘制的或转曲后的基本图形，它只适用于曲线对象。使用涂抹笔刷编辑图形的方法有两种，一种是从图形外部向图形内部拖动鼠标，另一种是从图形内部向外部拖动鼠标。要使用涂抹笔刷编辑图形，其具体的操作方法如下：

（1）在绘图区中绘制开放曲线或闭合的曲线对象，单击工具箱中的“涂抹笔刷工具”按钮。

（2）将鼠标光标移至对象的外部，按住鼠标左键并拖动至图形内部，松开鼠标，涂抹效果如图 5.1.22 所示。

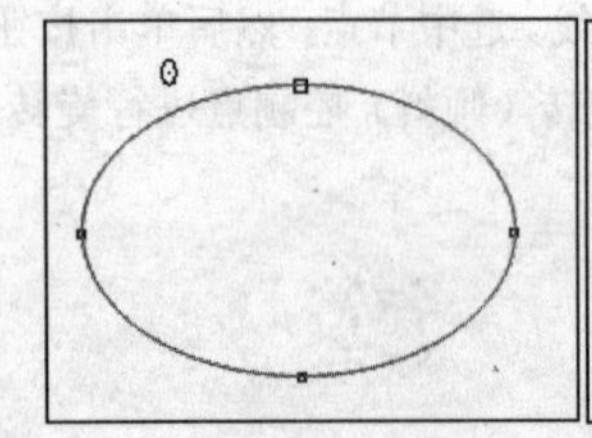
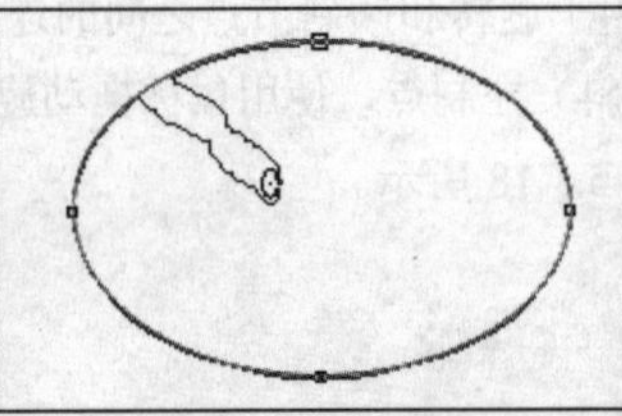
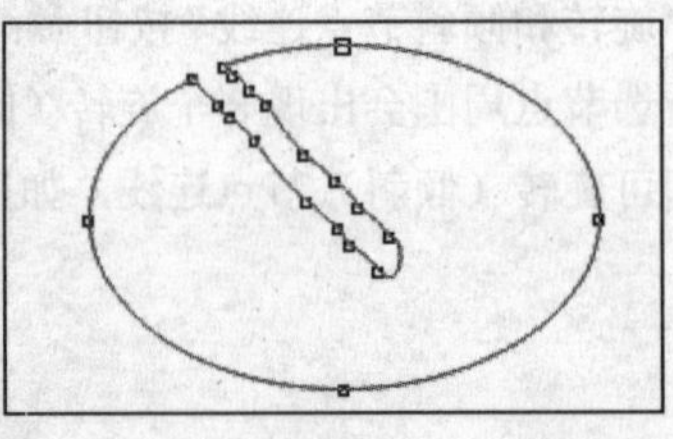

图 5.1.22　从外向内拖动鼠标进行涂抹

（3）也可将鼠标光标移至对象的内部，并按住鼠标左键向对象外部拖动鼠标，涂抹效果如图 5.1.23 所示。

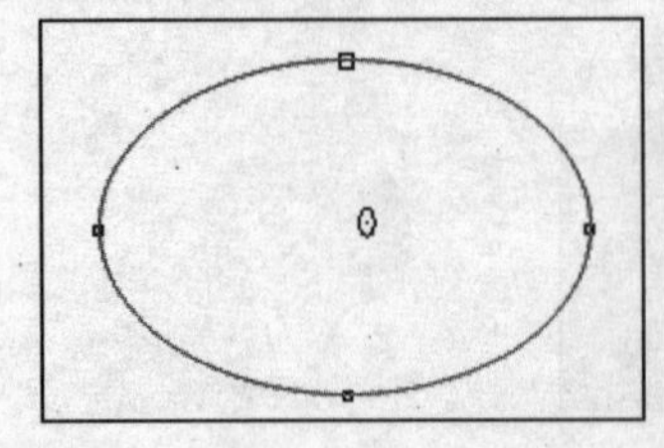
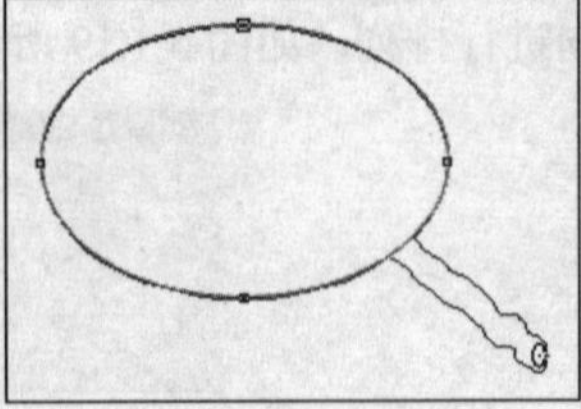
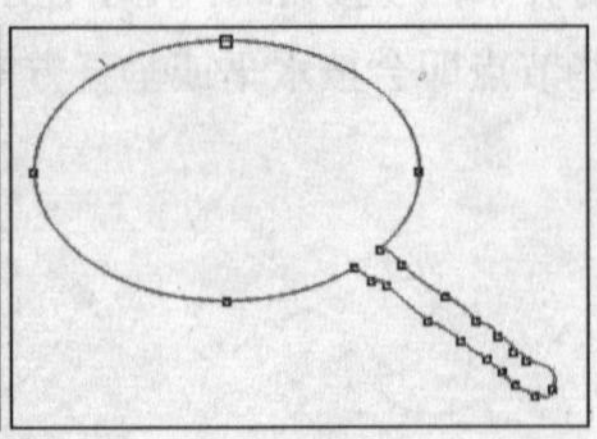

图 5.1.23　从内向外拖动鼠标进行涂抹

5.1.3　粗糙笔刷

粗糙笔刷是一种多变的扭曲变形工具，它可用来改变矢量图形对象中曲线的平滑度，从而产生

粗糙的变形效果，其属性栏如图 5.1.24 所示。

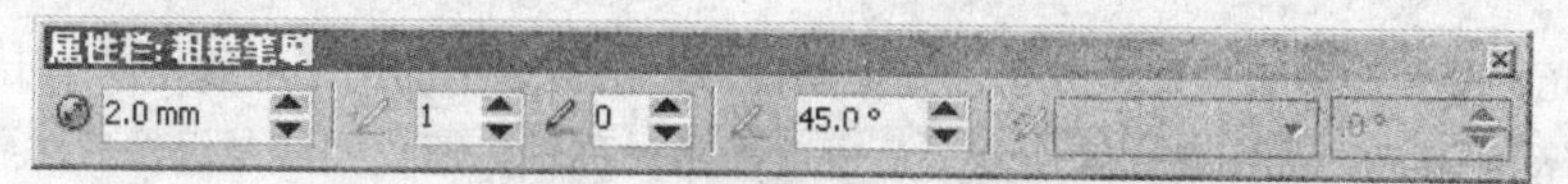

图 5.1.24 粗糙笔刷工具属性栏

粗糙笔刷的使用方法如下：

（1）使用挑选工具选中需要处理的图形对象，然后从工具箱中的形状工具组中选择粗糙笔刷工具。

（2）将光标移至图形对象上，此时鼠标光标变成了形状，在矢量图形的轮廓线上单击鼠标并拖动，即可将其曲线粗糙化，如图 5.1.25 所示。

图 5.1.25 使用粗糙笔刷工具后的效果

当涂抹笔刷和粗糙笔刷应用于规则形状的矢量图形（矩形、椭圆和基本形状）时，会弹出“转换为曲线”对话框，提示用户：“涂抹笔刷和粗糙笔刷仅用于曲线对象，是否让 CorelDRAW 自动将其转化成可编辑的对象？”，此时可单击 确定 按钮或者用户可先按快捷键“Ctrl+Q”键将其转换成曲线后再应用这两个变形工具。

5.1.4 自由变换工具

选中须变形的对象，单击工具箱中的“自由变换工具”按钮，打开如图 5.1.26 所示的自由变换工具属性栏。

图 5.1.26 自由变换工具属性栏

该属性栏中各选项介绍如下：

“自由旋转工具”按钮：用于旋转对象。其使用方法如下：

（1）用挑选工具选中对象，然后选择自由变换工具，并单击其属性栏中的“自由旋转工具”按钮。

（2）将光标移至绘图页中的某处单击并拖动鼠标，则被选中的图形对象将以单击处为参考点，随着鼠标的移动而旋转，如图 5.1.27 所示。

图 5.1.27 使用“自由旋转工具”后的效果

“自由角度镜像工具”按钮：用于将对象移动到它的映像位置。其使用方法如下：

（1）用挑选工具选中对象，然后选择自由变换工具，并单击其属性栏中的“自由角度镜像工具”按钮。

（2）将光标移至绘图页中的某处单击并拖动鼠标，则被选中的图形对象将以单击处为中心点，随着鼠标的移动而移动，如图 5.1.28 所示，蓝色虚线是对称轴，蓝色实线是镜像后对象的位置。

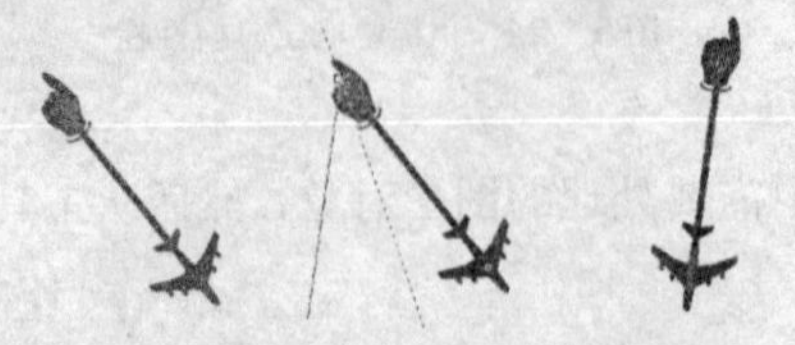

图 5.1.28　使用自由角度镜像工具后的效果

“自由调节工具”按钮：用于调节对象的尺寸大小。其使用方法如下：

（1）用挑选工具选中对象，然后选择自由变换工具，并单击其属性栏中的“自由调节工具”按钮。

（2）将光标移至绘图页中的某处单击并移动鼠标，则会出现用以显示调节后对象大小的蓝色线框，当其显示的大小合适时释放鼠标即可得到调节后的图形效果，如图 5.1.29 所示。

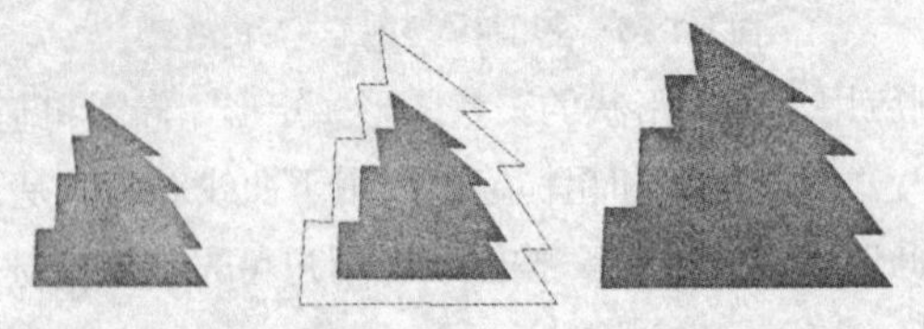

图 5.1.29　使用自由调节工具后的效果

“自由扭曲工具”按钮：用于将所选对象沿不同方向进行倾斜。其使用方法如下：

（1）用挑选工具选中对象，然后选择自由变换工具，并单击其属性栏中的“自由扭曲工具”按钮。

（2）将光标移至绘图页中的某处单击并拖动鼠标，则会出现用以显示调节后对象形状的蓝色线框，当其显示的形状合适时释放鼠标即可得到调节后的图形效果，如图 5.1.30 所示。

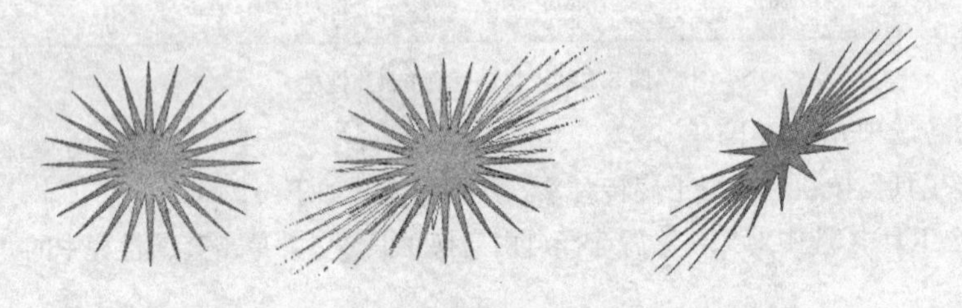

图 5.1.30　使用自由扭曲工具后的效果

5.2　裁剪工具组

裁剪工具组也是用于对象变形编辑的工具，利用这些工具，用户可以灵活地编辑与修改对象，以满足设计需要。如图 5.2.1 所示。

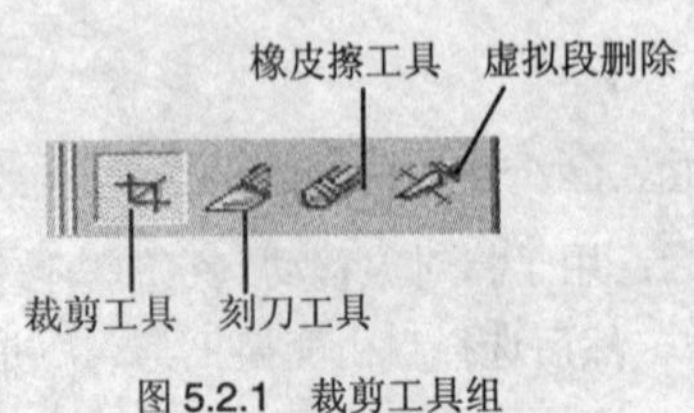

图 5.2.1　裁剪工具组

5.2.1　裁剪工具

用挑选工具选中需要裁剪的对象，单击工具箱中的“裁剪工具”按钮，在所选择的对象上拖动鼠标，根据拖动出裁剪框的大小重新设置图片的大小，双击鼠标完成图像的裁剪。

也可通过设置裁剪工具的属性栏设置精确裁剪对象的大小，如图 5.2.2 所示。

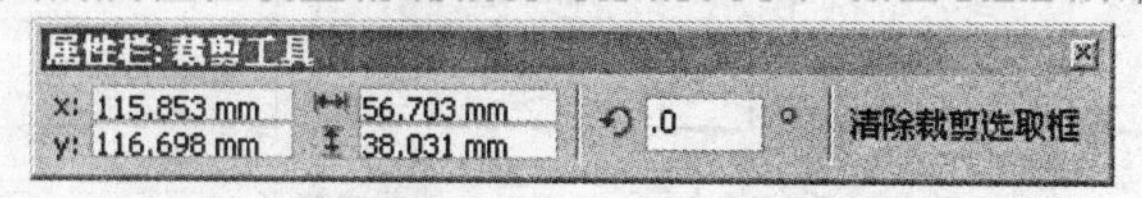

图 5.2.2　裁剪工具属性栏

微调框：用于设置裁剪框的位置。

微调框：用于设置裁剪框的大小。

微调框：用于设置裁剪框的旋转角度。

5.2.2　刻刀工具

使用刻刀工具可以调整矢量图的形状，也可调整位图的形状。此工具可以将一个对象分割成两个对象或将开放曲线分割成两段曲线，从而制作出一些特殊的图形效果。

单击裁剪工具组中的“刻刀工具”按钮，在属性栏中提供了两种操作对象按钮，即“成为一个对象”按钮和“剪切时自动闭合”按钮。单击“成为一个对象”按钮，表示剪切后还是一个图形对象，一个图形被分成两个路径；单击“剪切时自动闭合”按钮，表示剪切后成为两个独立的对象。

1. 调整线条

编辑线条不仅可以使用形状工具，而且还可以使用刻刀工具，用刻刀工具可以将一条曲线分割成两段曲线，也可将曲线任意两节点间的线段由曲变直。

要使用刻刀工具将一条开放曲线分割成两段曲线，其具体的操作方法如下：

（1）绘制一条曲线后，单击裁剪工具组中的“刻刀工具”按钮，并在属性栏中单击“成为一个对象”按钮。

（2）将鼠标光标移至曲线的任意一个节点上，此时鼠标光标显示为形状，表示已经对准曲线，单击鼠标左键，即可剪切曲线。

（3）使用挑选工具移动剪切的曲线，就会发现曲线已经分成两半了，如图 5.2.3 所示。

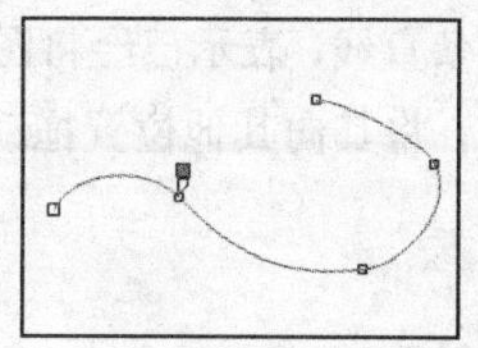

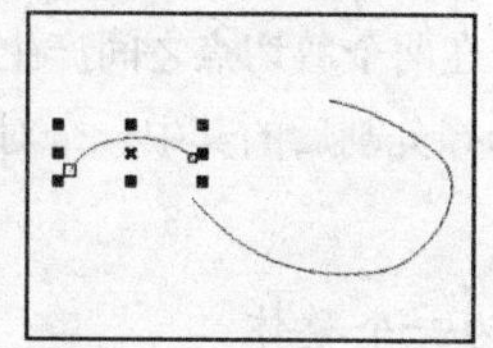

图 5.2.3　分割曲线

用形状工具可以将相邻的两个节点间的曲线变为直线，而使用刻刀工具可以将任意两个节点间的曲线变为直线。其具体的操作方法如下：

（1）绘制一条曲线后，单击裁剪工具组中的“刻刀工具”按钮，并在属性栏中单击“剪切时自动闭合”按钮。

（2）将鼠标光标移至曲线的任意一个节点上，此时鼠标光标变为形状，表示已经对准曲线，

单击鼠标左键并移动鼠标至曲线上的另一位置的节点处，使光标变为形状时，单击鼠标左键，即可将曲线变为直线，如图 5.2.4 所示。

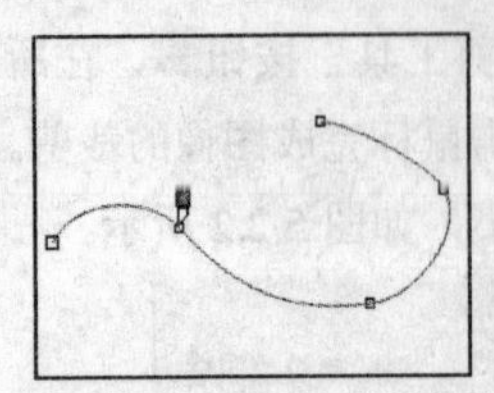
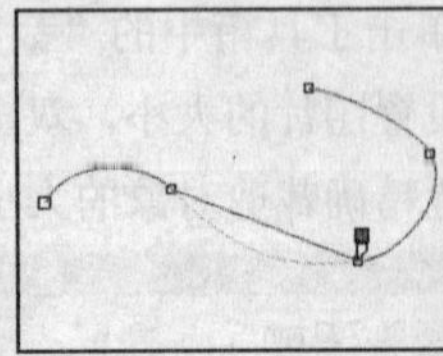
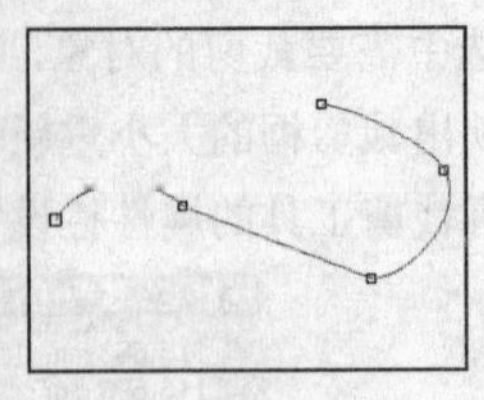

图 5.2.4　用刻刀工具使曲线变直

2. 调整形体

使用刻刀工具可以将图形剪切成开放的曲线，也可将一个图形对象分割成两个图形对象。

如果要将图形对象变成开放的曲线，除了使用形状工具外，还可以使用刻刀工具来完成，其具体的操作方法如下：

（1）使用多边形工具在绘图区中绘制一个五边形。

（2）单击工具箱中的“刻刀工具”按钮，并在属性栏中单击“成为一个对象”按钮。

（3）将鼠标光标移至五边形图形的任意一个节点单击，此时实质上已经将图形剪切为开放的曲线了，但从图中无法看出有什么变化，只是节点变大了一些。

（4）为了观察分割的结果，可使用形状工具选择分割的节点，按住鼠标左键拖动，松开鼠标，其分割后的效果如图 5.2.5 所示。

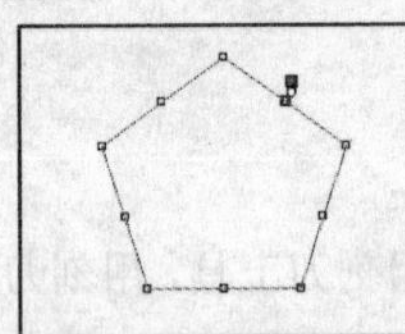
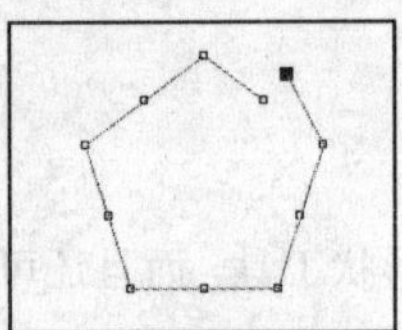

图 5.2.5　剪切图形为开放曲线

3. 将图形分割成两个独立的图形

要将一个图形分割成两个相互独立的图形，其具体的操作方法如下：

（1）使用基本形状工具在绘图区中绘制需要分割的图形。

（2）单击工具箱中的“刻刀工具”按钮，并在属性栏中单击“剪切时自动闭合”按钮。

（3）将鼠标光标移至图形对象的任意一处，当光标显示为形状时单击鼠标左键，再移动鼠标至图形的另一位置单击，可在两个剪切点之间产生一条直线，表示已经将图形分割成两个独立的图形了，此时可使用挑选工具选择分割后的其中一个对象，将其向其他位置拖动，即可清晰地看到分割后的效果。

4. 使图形分割后仍为一个整体

使用刻刀工具可以将一个图形分割成两个闭合的图形，其具体的操作方法如下：

（1）绘制基本图形后，单击工具箱中的“刻刀工具”按钮，并在属性栏中分别单击“成为一个对象”按钮与“剪切时自动闭合”按钮。

（2）将鼠标光标移至图形上的任意一处单击，再移动鼠标至图形的另一位置单击，此时，在这两个剪切点之间产生一条直线，连接两者。为了观察分割后的效果，可使用挑选工具移动分割后的图形，可以发现分割后的图形是合并的，如图 5.2.6 所示。

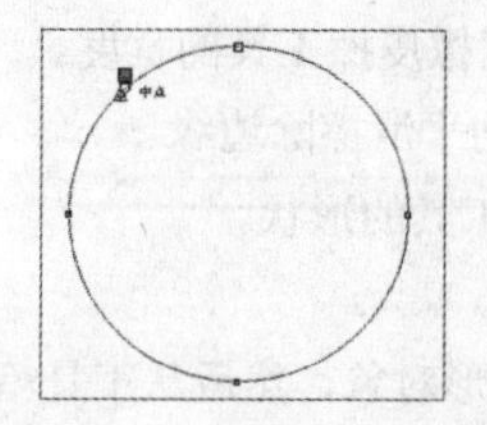

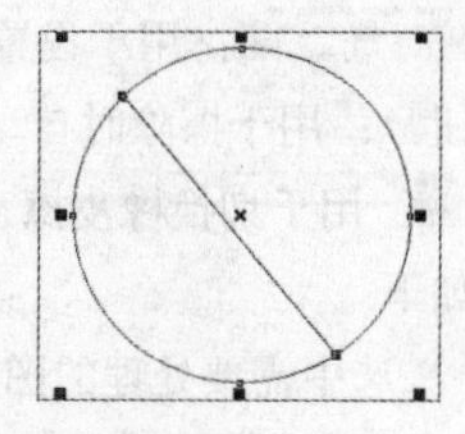

图5.2.6 分割图形为闭合图形

提示

选择菜单栏中的 排列(A) → 拆分 命令，可将分割后且合并的图形拆分为独立的图形对象。

5. 调整位图

刻刀工具不但可以对矢量图进行处理，还可以对位图进行剪切处理。

要使用刻刀工具处理位图，其具体的操作方法如下：

（1）先导入一幅位图，然后单击工具箱中的“刻刀工具”按钮，并在属性栏中单击“剪切时自动闭合”按钮。

（2）将鼠标光标移至位图轮廓的任意一处，当光标显示为形状时单击鼠标左键，再移动光标至位图轮廓的其他位置单击，此时可沿着刻刀形成一条直线，将位图刻成两个部分，使用挑选工具选择剪切后的位图，即可单独移动，如图5.2.7所示。

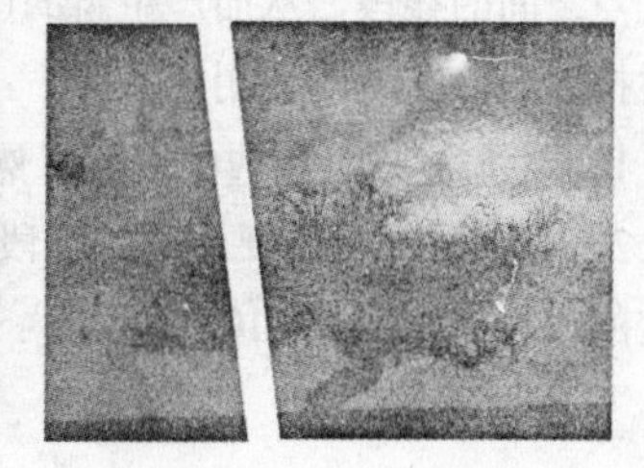

图5.2.7 使用刻刀工具剪切位图

提示

使用刻刀工具将位图分成两部分后，并不表示彻底破坏了原来的位图，如果需要恢复到原位图状态，只需要使用形状工具选择位图，此时位图上出现控制节点，将鼠标移至某一个节点上，按住鼠标左键拖动，原来被刻刀剪切的部分就会恢复。

5.2.3 橡皮擦工具

橡皮擦工具可以用来改变、分割选定的对象或路径。使用橡皮擦工具在对象上拖动，可以擦除对象的一部分，而且对象中被破坏的路径会自动被封闭。图形对象在处理前后其属性不变。橡皮擦工具的属性栏如图5.2.8所示。

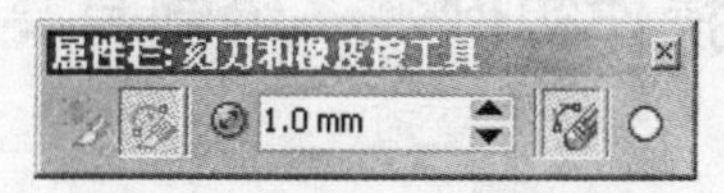

图5.2.8 橡皮擦工具属性栏

该属性栏中各选项介绍如下：

“橡皮擦厚度”微调框：用于设置橡皮擦工具的宽度。

“擦除时自动减少”按钮：用于擦除时自动平滑擦除边缘。

“圆形/方形”选择按钮：用于切换橡皮擦工具的形状。

橡皮擦工具的使用方法如下：

（1）使用“挑选工具”选中需要处理的图形对象，然后从工具箱中的裁剪工具组中选择橡皮擦工具。

（2）将光标移至图形对象上，此时鼠标光标变成了圆形，单击鼠标左键并拖动，即可擦除拖动路径上的图形，如图 5.2.9 所示。

 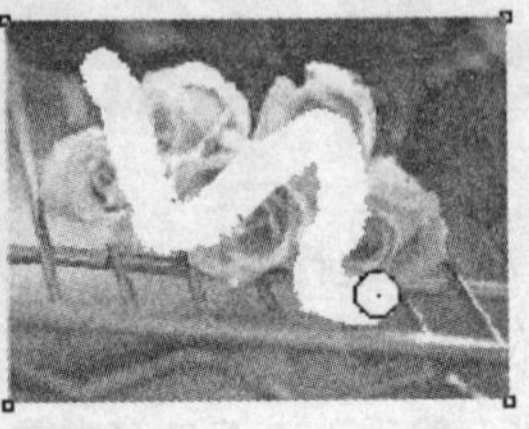

图 5.2.9　用橡皮擦工具擦除位图

5.2.4　虚拟段删除

虚拟段删除工具是 CorelDRAW X3 新增的一个对象裁剪编辑工具，它可以删除相交对象中两个交叉点之间的线段，从而产生新的图形效果。

虚拟段删除工具的使用方法如下：

（1）用挑选工具选中对象，然后选择虚拟段删除工具。

（2）移动鼠标至需要删除的线段处，此时虚拟段删除工具的图标会竖立起来，单击鼠标即可删除选定的线段，如图 5.2.10 所示。

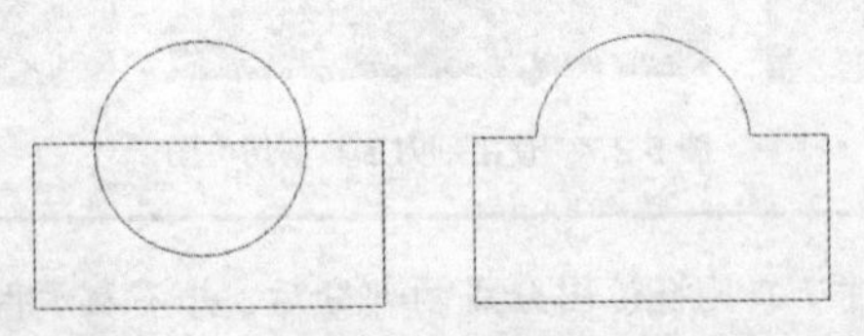

图 5.2.10　使用删除虚设工具后的效果

（3）如果想要同时删除多个虚设线，可拖动鼠标在这些线段附近绘制出一个范围选取虚线框，然后释放鼠标即可，如图 5.2.11 所示。

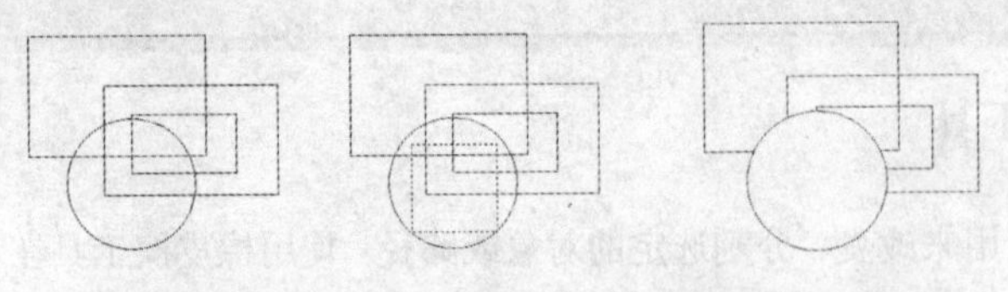

图 5.2.11　使用删除虚设线工具同时删除多个虚设线后的效果

5.3　操作实例——绘制月亮娃娃

1. 操作目的

（1）掌握“形状工具”的使用。

（2）了解“贝塞尔工具”的使用。

2. 操作内容

利用形状工具、贝塞尔工具绘制一个简单的图形。

3. 操作步骤

（1）新建一个图形文件，单击工具箱中的贝塞尔工具，在绘制图页面中绘制如图 5.3.1 所示的封闭图形。

（2）单击工具箱中的形状工具，调整封闭图形，并填充为黄色，如图 5.3.2 所示。

图 5.3.1　绘制封闭图形

图 5.3.2　调整图形的形状并进行填充

（3）单击工具箱中的椭圆工具，在绘图区中绘制椭圆对象，并稍加倾斜，如图 5.3.3 所示。

（4）在调色板中单击白色色块，将椭圆填充为白色，并将其镜像复制，排放在右侧，如图 5.3.4 所示。

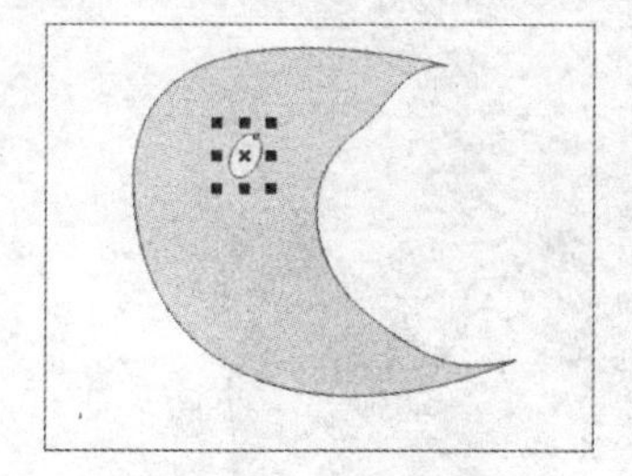

图 5.3.3　绘制椭圆并倾斜

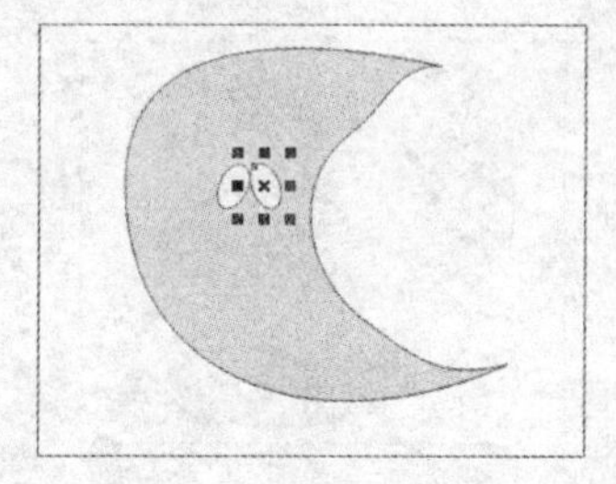

图 5.3.4　复制对象并镜像

（5）单击工具箱中的手绘工具，在绘图区中拖动鼠标，绘制娃娃的眼珠，如图 5.3.5 所示。

（6）单击工具箱中的贝塞尔工具，在绘图区中拖动鼠标绘制一条直线，如图 5.3.6 所示。

图 5.3.5　绘制眼珠图形

图 5.3.6　绘制直线

（7）单击工具箱中的形状工具，单击直线的节点后，在其属性栏中单击“转换直线为曲线”按钮，将直线转换为曲线，然后用鼠标拖动线条上的控制柄调整线条的曲度，如图 5.3.7 所示。

（8）用鼠标拖动调整后的线条，至适当位置后单击鼠标左键可复制该线条，但原位置的线条仍保留，在挑选工具属性栏中单击“镜像”按钮，将复制的线条水平镜像，效果如图 5.3.8 所示。

图 5.3.7 调整线条的曲度

图 5.3.8 复制并水平镜像线条

（9）单击工具箱中的贝塞尔工具，在绘图区中绘制如图 5.3.9 所示的图形。

（10）单击工具箱中的形状工具，调整其形状如图 5.3.10 所示。

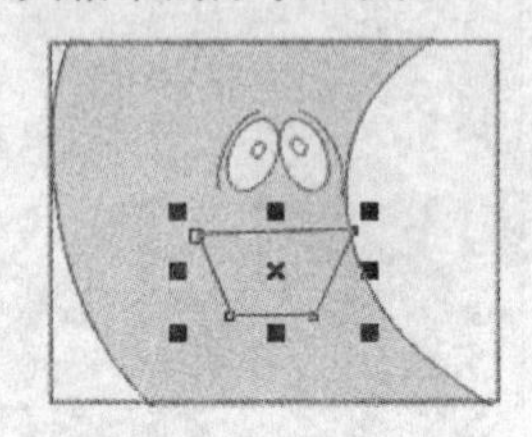

图 5.3.9 绘制图形

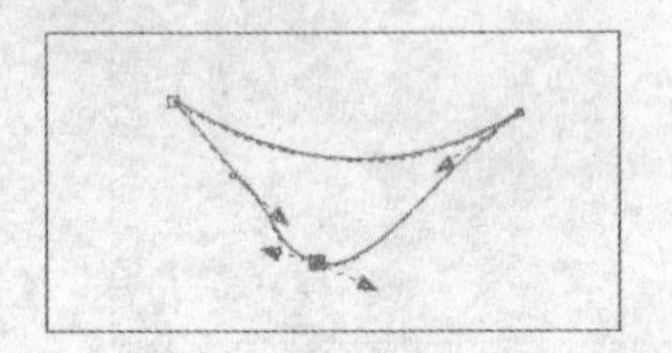

图 5.3.10 调整图形的形状

（11）使用挑选工具选择调整后的图形，在调色板中单击淡蓝色色块，填充图形为淡蓝色，效果如图 5.3.11 所示。

（12）单击工具箱中的手绘工具，在绘图区中拖动鼠标绘制如图 5.3.12 所示的图形。

图 5.3.11 填充图形

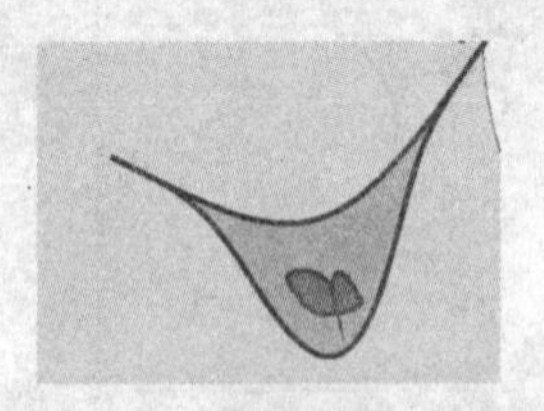

图 5.3.12 绘制图形

（13）使用手绘工具在绘图区中绘制出其他线条对象，如图 5.3.13 所示。

（14）使用挑选工具框选绘制好的月亮娃娃图形，并改变其轮廓线的宽度，如图 5.3.14 所示。

图 5.3.13 绘制其他线条

图 5.3.14 更改轮廓

（15）单击工具箱中的星形工具，绘制一个五角星图形，如图 5.3.15 所示。

（16）按 Ctrl+Q 键将改变形状后的星形转换为曲线，单击工具箱中的形状工具，框选星形对象的所有节点，在其属性栏中单击“转换直线为曲线”按钮，转换直线为曲线。

（17）使用形状工具单击需要调整的节点，此时，对应的一条边上会显示控制柄，用鼠标拖动控制柄，可调整星形对象的形状，如图 5.3.16 所示。

图 5.3.15 绘制的五角星图形

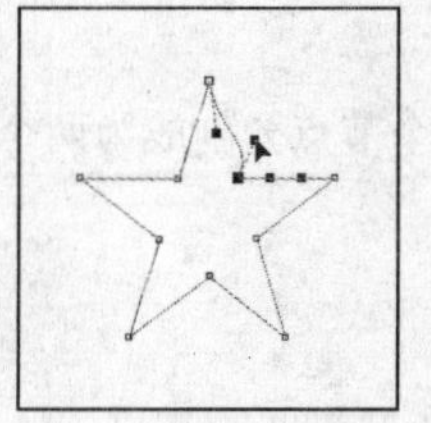

图 5.3.16 调整星形的形状

（18）根据步骤（17）的操作，分别使用形状工具选择其他节点并调整其控制柄，将星形的形状调整为如图 5.3.17 所示的效果。

（19）在调色板中单击黄色色块，将调整后的星形对象填充为黄色，如图 5.3.18 所示。

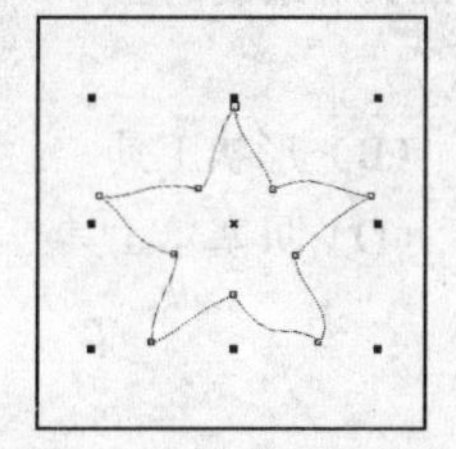

图 5.3.17 调整星形形状后的效果

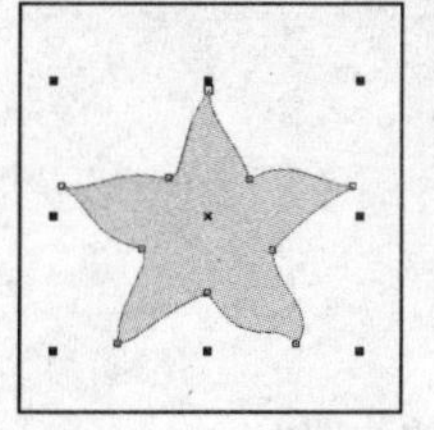

图 5.3.18 填充星形

（20）复制几个星形，并调整星形的位置，最终效果如图 5.3.19 所示。

图 5.3.19 最终效果图

本 章 小 结

本章主要讲述了 CorelDRAW X3 中各种线条与基本图形的编辑方法，主要可以通过形状工具、刻刀工具以及橡皮擦工具等进行编辑。通过本章的学习，可以使用户掌握这些工具的作用以及使用方法，从而绘制出比较特殊的图形。

操 作 练 习

一、填空题

1. ＿＿＿＿＿工具主要用于改变线条以及各种图形对象的形状。

2. 对于曲线来说，节点的类型可分为＿＿＿＿＿、＿＿＿＿＿和＿＿＿＿＿。

3. 使用＿＿＿＿＿工具可以切割路径、矢量图形以及位图图像，它可以将所选对象拆分为两部分或更多的部分，为用户编辑图形提供方便。

4. 使用＿＿＿＿＿工具可以将一条曲线分成两段曲线。

5. 线条上的节点可以随意移动，通过移动节点可以改变线条的＿＿＿＿＿和＿＿＿＿＿。

二、选择题

1.（ ）是指将一个节点分割成为两个节点，使一条完整的线条成为两条断开的线条，但它们仍是一个整体。

（A）分割　　（B）删除

（C）连接　　（D）断开

2.（ ）工具主要用于擦除对象上不需要的部分。

（A）涂抹笔刷　　（B）粗糙笔刷

（C）橡皮擦　　（D）刻刀

3. 使用工具箱中的矩形工具、椭圆工具以及多边形工具等绘制的图形，都可以直接使用（ ）调整其形状。

（A）挑选工具　　（B）形状工具

（C）矩形工具　　（D）贝塞尔工具

三、简答题

1. 如何改变节点的位置？

2. 如何使用刻刀工具将一条曲线分割成两段曲线？

3. CorelDRAW X3 向用户提供了哪 4 种绘制直线、曲线的方法？

4. 如何在曲线上添加节点？

5. 如何使用刻刀工具将一段开放的曲线分割成两段曲线？

四、上机操作

新建一个图形文件，在绘图区中拖动鼠标绘制如题图 5.1 所示的椭圆，并将其调整成为如题图 5.2 所示的心形形状。

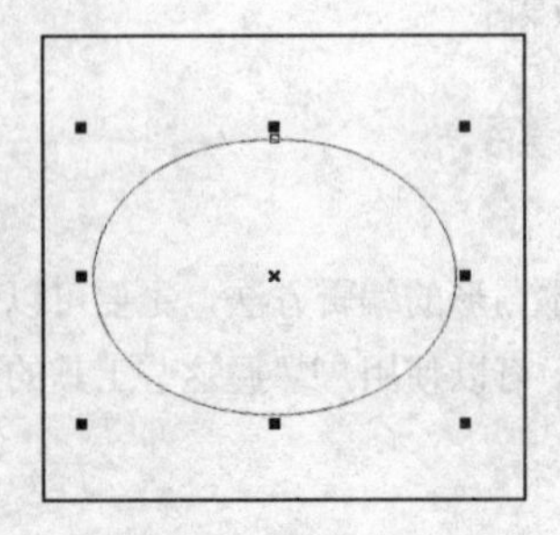

题图 5.1　绘制椭圆

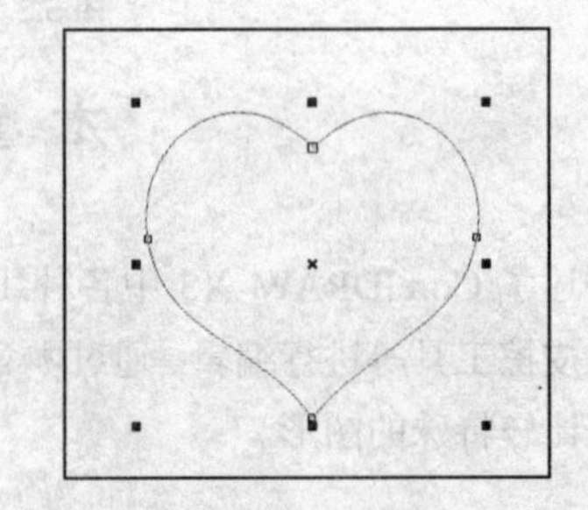

题图 5.2　调整椭圆为心形

第 6 章

对象的轮廓线与填充

学习导航

在 CorelDRAW X3 中，要绘制出一幅好的作品，除了要有好的构图外，还需要对其进行颜色的搭配与轮廓的设置。本章主要讲解图形对象轮廓线的设置与颜色的填充方法。

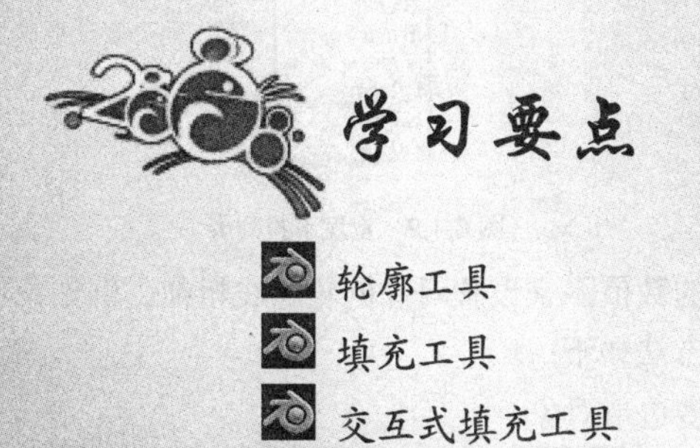

学习要点

- 轮廓工具
- 填充工具
- 交互式填充工具
- 对象的其他填充方式
- 设置调色板

6.1 轮 廓 工 具

轮廓是指对象边缘的线条，对图形对象的轮廓线可设置其宽度、样式、颜色、笔尖角度和无轮廓，在 CorclDRAW X3 中提供了轮廓工具组，使用该工具组中的工具可对图形对象的轮廓线进行精确的设置。

对象的轮廓属性包括轮廓线的粗细、轮廓样式、轮廓颜色以及轮廓转角、线条端头以及书法形状等，通过设置对象轮廓属性可美化对象的外观。

1. 设置轮廓线粗细

在绘图区中绘制的线条与图形，其轮廓线都比较细，因此可通过"轮廓笔"对话框来设置轮廓线的粗细程度。

单击工具箱中的轮廓工具，从打开的工具组中单击轮廓画笔对话框，弹出轮廓笔对话框，如图 6.1.1 所示。

单击宽度(W):下边的发丝下拉列表框，可弹出如图 6.1.2 所示的下拉列表，从中选择相应的数值，可设置所选图形对象的轮廓线粗细。在此下拉列表框右侧的毫米下拉列表中可为轮廓线设置单位。

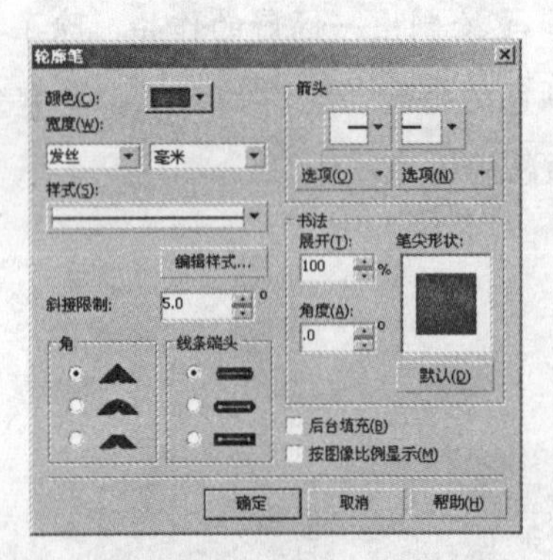

图 6.1.1 "轮廓笔"对话框

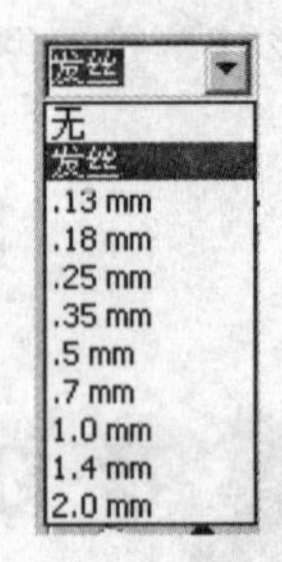

图 6.1.2 宽度下拉列表

也可直接在宽度(W):下边的下拉列表中输入相应的数值，来设置对象的轮廓线粗细。例如，可将所选对象的轮廓线宽度设置为 4 mm，其具体的操作方法如下：

（1）使用多边形工具在绘图区中拖动鼠标绘制多边形对象。

（2）在轮廓工具组中单击轮廓画笔对话框，弹出轮廓笔对话框，在毫米下拉列表中选择毫米，在宽度(W):下拉列表框中选择2.0 mm，单击确定按钮，改变对象轮廓线粗细后的效果如图 6.1.3 所示。

图 6.1.3 设置轮廓线宽度

2. 设置轮廓线的样式

轮廓线的样式分为实线与虚线，在 CorelDRAW X3 中提供了多种虚线样式，也可以根据需要自己编辑所需的虚线样式。

要为对象设置轮廓线的样式，可在轮廓笔对话框中的样式(S):下拉列表中选择所需的轮廓线的样式，单击确定按钮，可改变对象的轮廓线样式，如图 6.1.4 所示。

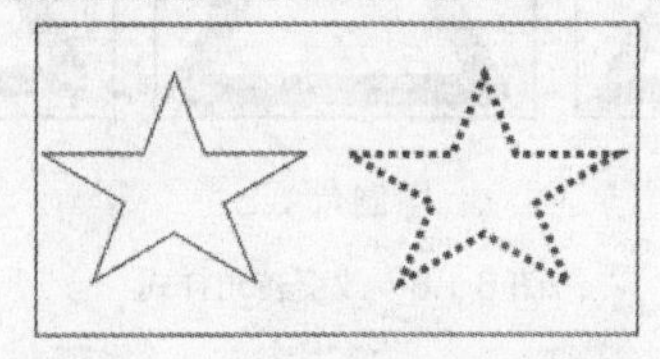

图 6.1.4　设置对象轮廓线的样式

如果在样式(S):下拉列表中没有找到满意的样式，此时就可以自己编辑一种新的轮廓线样式并应用于对象上，要编辑新的轮廓线样式，其具体的操作方法如下：

（1）在轮廓工具组中单击“轮廓笔对话框”按钮，弹出轮廓笔对话框。

（2）在此对话框中单击编辑样式...按钮，弹出编辑线条样式对话框，如图 6.1.5 所示。

图 6.1.5　“编辑线条样式”对话框

（3）用鼠标拖动对话框中的滑块，可调整线条样式的端点，然后单击其中的白色小方格使其变为黑色小方格，即可编辑线条样式，如图 6.1.6 所示。

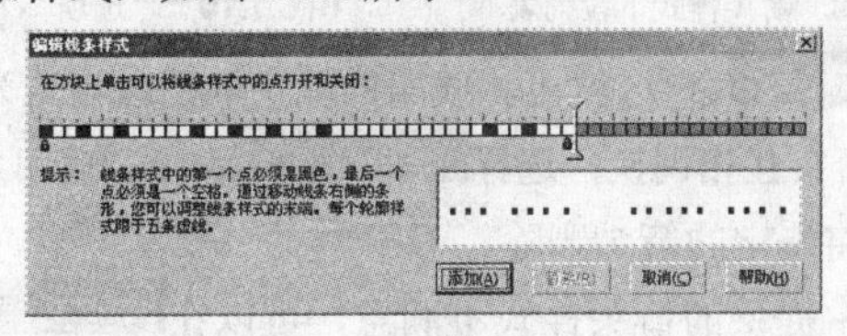

图 6.1.6　编辑线条样式

（4）编辑完成后，单击添加(A)按钮，可将编辑好的线条样式添加到轮廓笔对话框中的样式(S):下拉列表中，在此下拉列表中的最下面即可显示所编辑的样式。选择该样式，单击确定按钮，即可将该样式应用于所选的对象上，如图 6.1.7 所示。

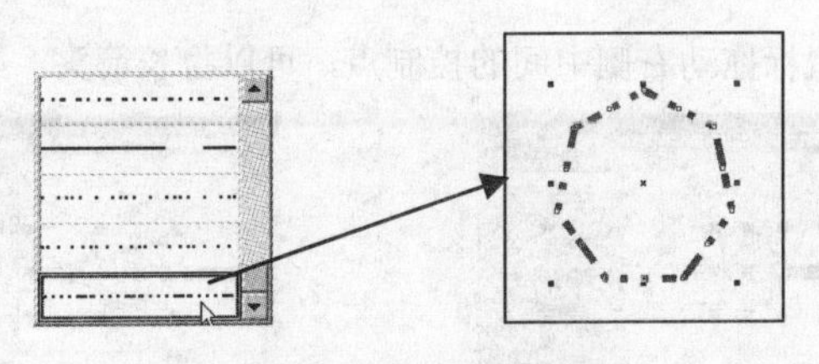

图 6.1.7　为对象应用编辑的样式

3. 设置转角样式

在“轮廓笔”对话框中也可设置对象的转角样式，即锐角、圆角或梯形角，其具体设置方法如下：

（1）使用多边形工具在绘图区中绘制一个三角形。

（2）为了便于查看效果，可将三角形的轮廓线宽度设置为 6 mm。

（3）在轮廓笔对话框中的角选项区选中相应的单选按钮，可改变对象的转角样式，如图 6.1.8 所示。

图 6.1.8　改变转角样式

4. 编辑箭头

CorelDRAW X3 提供了丰富的箭头与各种插图符号，使用它们可使图形对象更加完善。在轮廓笔对话框中有两个设置箭头的下拉列表，其左侧的列表中可设置线条开始处的箭头，右侧的列表中可设置线条结束处的箭头。

在轮廓笔对话框中的箭头选项区中单击下拉按钮或，可弹出预设的箭头下拉列表，如图 6.1.9 所示，从中可选择箭头样式。在轮廓笔对话框中单击选项(O)按钮，弹出的下拉菜单如图 6.1.10 所示。

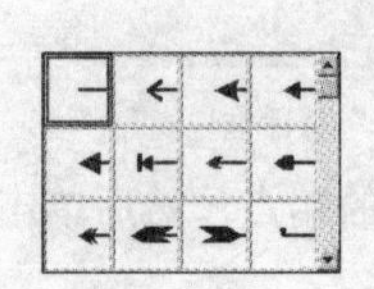

图 6.1.9　箭头样式下拉列表

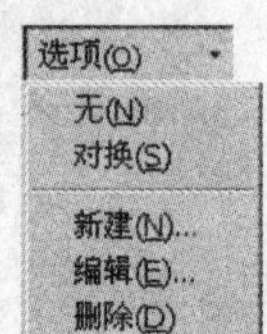

图 6.1.10　“选项”下拉菜单

选择下拉菜单中的无(N)命令，就可将线条的端头取消或设置为常规模式；选择对换(S)命令，就可将线条两端头的箭头互相调换；选择编辑(E)...命令，就可对选定的箭头进行修改编辑；选择删除(D)命令，就可将选定的箭头删除。

如果对箭头下拉列表框中提供的箭头样式不满意，可以在轮廓笔对话框中自己设计一个新箭头。其创建方法如下：

（1）在轮廓笔对话框中单击下拉按钮，从弹出的下拉列表中选择一种预设的箭头样式。

（2）单击选项(O)按钮，从弹出的下拉菜单中选择编辑(E)...命令，弹出编辑箭头尖对话框，如图 6.1.11 所示。

（3）在此对话框中用鼠标拖动右侧中间的控制点，可以拉长箭头，如图 6.1.12 所示。

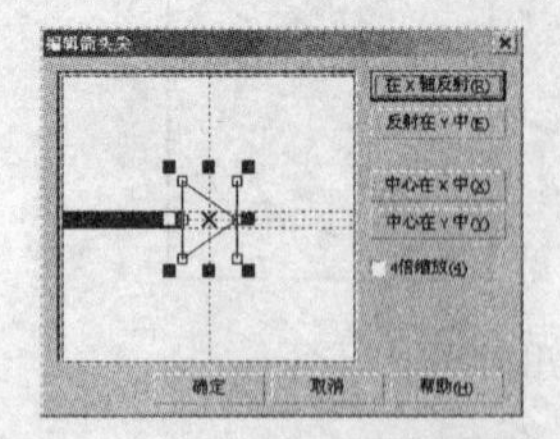

图 6.1.11　“编辑箭头尖”对话框

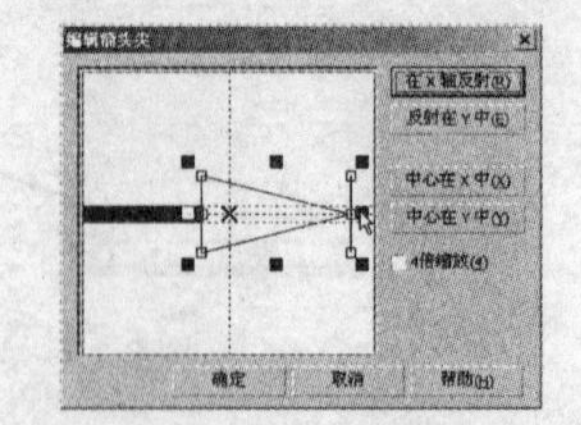

图 6.1.12　改变箭头长度

（4）沿垂直方向拖动控制点，可改变箭头的宽度，如图 6.1.13 所示，这时的箭头在 X，Y 轴并不对称。

（5）此时，在编辑箭头尖对话框中单击按钮中心在 X 中(X)与中心在 Y 中(Y)，箭头即可对称，如图

6.1.14 所示。

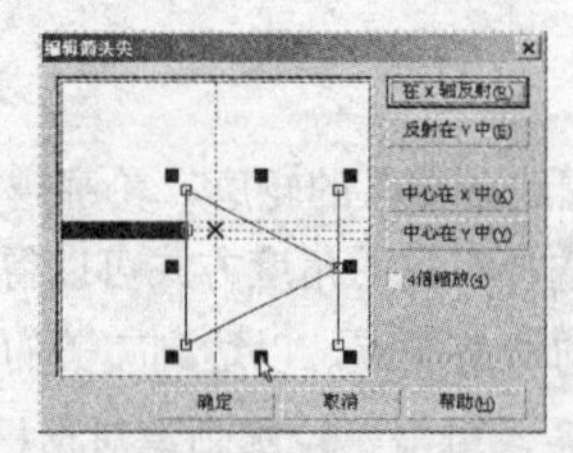

图 6.1.13　改变箭头宽度

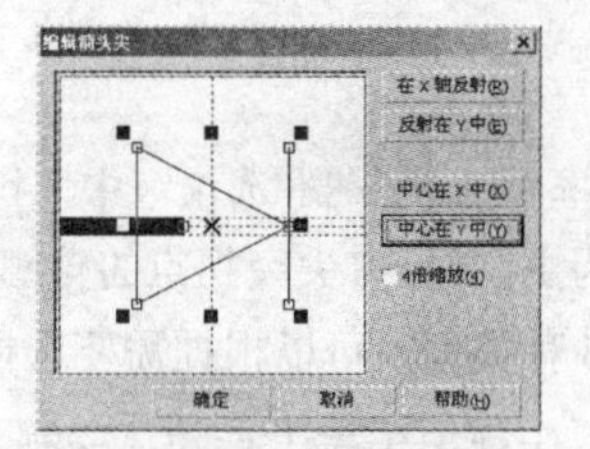

图 6.1.14　对称箭头

（6）在编辑箭头尖对话框中单击按钮反射在 X 中(R)，可将箭头水平翻转，如图 6.1.15 所示。

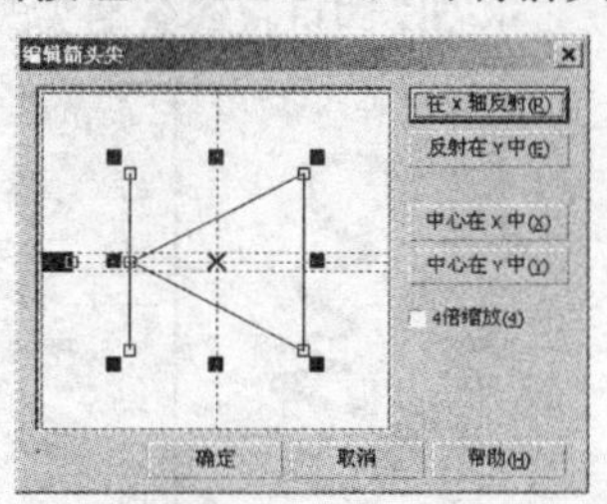

图 6.1.15　水平翻转

（7）选中4倍缩放(4)复选框，可以将箭头放大 4 倍，取消此选项即可恢复原来的大小。此选项可用于编辑较小的箭头。

（8）编辑完箭头形状后，单击按钮确定，即可使编辑的箭头替换原有的箭头而被保存在箭头下拉列表中。

5. 设置对象的书法轮廓

创建对象的书法轮廓效果，其具体的操作方法如下：

（1）使用手绘工具在绘图区中拖动鼠标绘制曲线对象。

（2）在轮廓工具组中单击“轮廓笔对话框”按钮，弹出轮廓笔对话框，设置轮廓线的宽度为 3，在书法选项区中的笔尖形状:设置框中按住鼠标左键拖动，即可调整对象的书法轮廓，此时对应的展开(T):与角度(A):输入框中的数值也会随之改变，完成设置后，单击确定按钮，效果如图 6.1.16 所示。

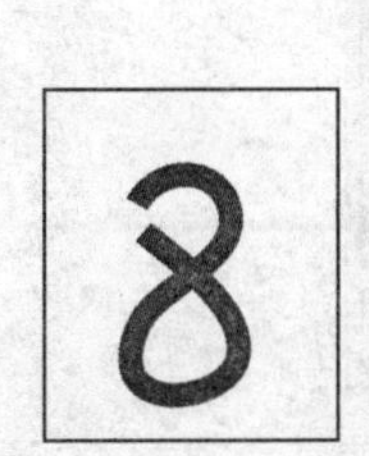

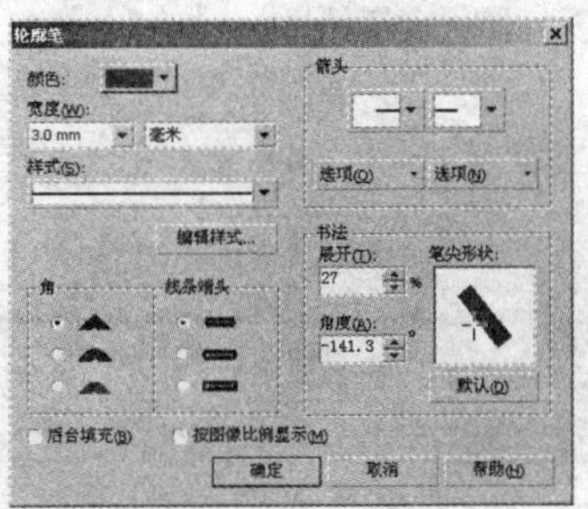

图 6.1.16　设置对象的书法效果

6. 后台填充

在轮廓笔对话框中有一个后台填充(B)复选框，可用来处理文本的轮廓填充。如果选中后台填充(B)复选框，即以轮廓线为准向外扩展；如果不选中此复选框，则填充轮廓线时，轮廓的颜色会侵占填充的区域，轮廓线越粗，此选项就越不能被忽视。也就是说，当选中后台填充(B)复选框时，轮廓线只占其宽度的一半，另一半被填充的颜色覆盖。

7. 线条端头

在轮廓笔对话框中的线条端头选项区中，可以设置线条端头的轮廓，轮廓越宽效果越明显。

对于一条以线为主，并且有尖突拐点的轮廓来说，选择不同的角度方式可以得到不同风格的图形。线条端点也提供了 3 种类型，可以根据需要选择不同的线条端点，以达到完美的设计效果。

例如，在绘图区中使用手绘工具随意绘制一段线条，单击“轮廓画笔对话框”按钮，在弹出的轮廓笔对话框中设置宽度为 8.0 mm，在线条端头选项区中分别选中、与 3 个单选按钮，单击确定按钮，即可将线条端头改变为所选的样式，如图 6.1.17 所示。

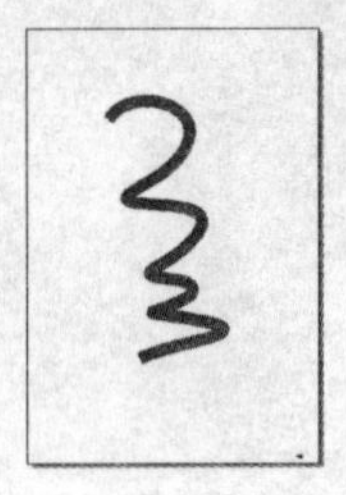

线条端头为直头

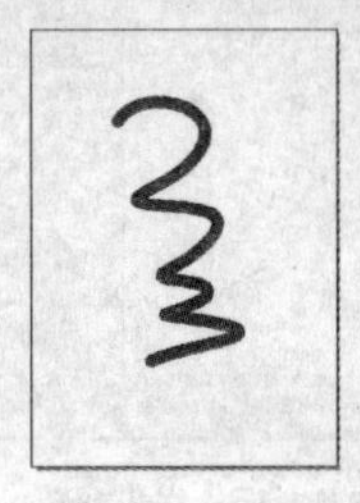

线条端头为圆头

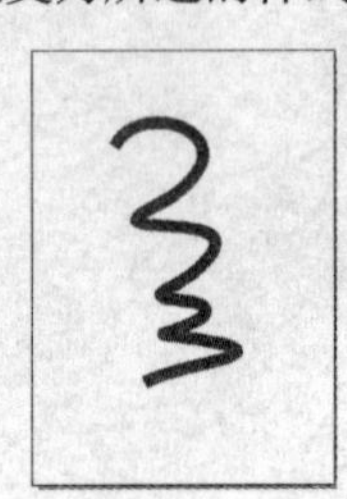

线条端头为平头

图 6.1.17　改变线条端头

8. 设置轮廓线颜色

对象轮廓线颜色的填充方法有多种，一种是在选择对象后，在调色板中单击鼠标右键即可设置对象的轮廓颜色；另一种是将鼠标移至调色板色块上按住鼠标左键将其拖至需要填充的对象的轮廓线上，然后松开鼠标即可。但这两种方法只能使用调色板中的颜色，如果要精确设置对象轮廓线的颜色，则应通过“轮廓色”对话框或颜色泊坞窗来设置。

（1）使用“轮廓色”对话框。单击轮廓工具组中的轮廓颜色对话框，可弹出轮廓色对话框，如图 6.1.18 所示。通过在此对话框中选择模型、混和器与调色板选项卡，可在相应的选项中对所选对象的轮廓颜色进行精确设置。

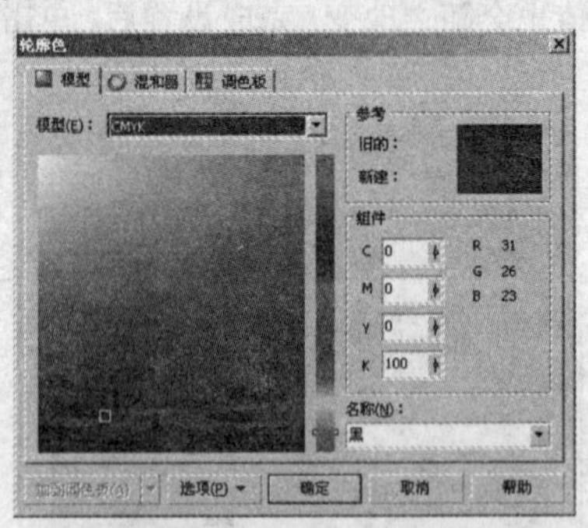

图 6.1.18　“轮廓色”对话框

（2）使用颜色泊坞窗。单击轮廓工具组中的“颜色泊坞窗”按钮，可打开颜色泊坞窗，在此泊坞窗中也可精确设置轮廓线的颜色。分别单击泊坞窗中的“显示颜色滑块”按钮、“显示颜色查看器”按钮或“显示调色板”按钮，可使颜色泊坞窗以 3 种形式显示，如图 6.1.19 所示。

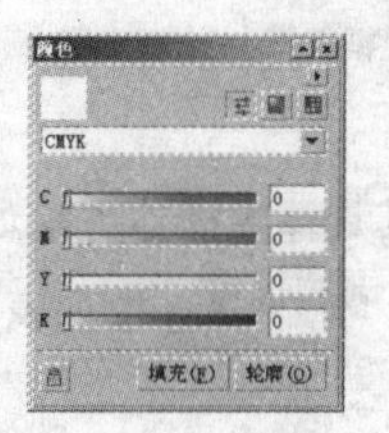

显示颜色滑块

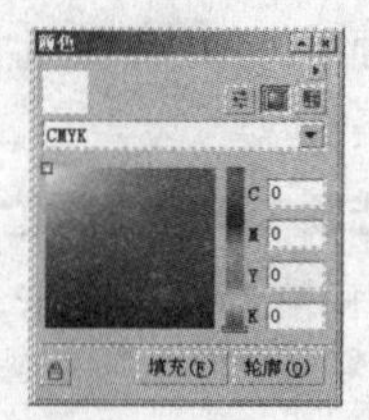

显示颜色查看器

显示调色板

图 6.1.19 颜色泊坞窗

9. 清除轮廓线

由于 CorelDRAW 绘图时默认显示轮廓线，但有些情况下，用户并不要求所绘图形显示轮廓线，所以需要将原有的轮廓线清除。消除轮廓线的方法很简单击，只须选择需要清除轮廓线的对象，在工具箱中单击无轮廓即可。

在调色板中的上单击鼠标右键也可清除对象的轮廓。

6.2 填充工具

在 CorelDRAW X3 中提供了多种填充方式，通过单击填充工具组中的相关按钮，可弹出相应的对话框，从中设置所需的颜色，即可为所选的对象填充颜色。

6.2.1 对象的单色填充

单色填充又称均匀填充，它只为对象填充一种颜色，如黄色、红色、黑色、蓝色等，它是一种最简单的填充方式。

1. 通过调色板均匀填充对象

在 CorelDRAW X3 中的工作窗口右侧的调色板是多个纯色的集合，如果色盘未打开，可以选择菜单栏中的 窗口(W) → 调色板(L) → 默认 RGB 调色板(R) 命令，即可打开调色板。

通过使用挑选工具选择需要填充颜色的对象，然后单击右侧调色板中的色彩方块，即可将所选颜色应用到对象上。此外，在所选的颜色上按住鼠标左键不放，可弹出其近似色。

2. 通过填充对话框均匀填充

单击工具箱中的“填充工具”按钮右下角的小三角形，可弹出隐藏的工具组，其中包括多种填充工具，如图 6.2.1 所示。

单击填充工具组中的填充对话框，可弹出均匀填充对话框，如图 6.2.2 所示。

图 6.2.1 填充工具组

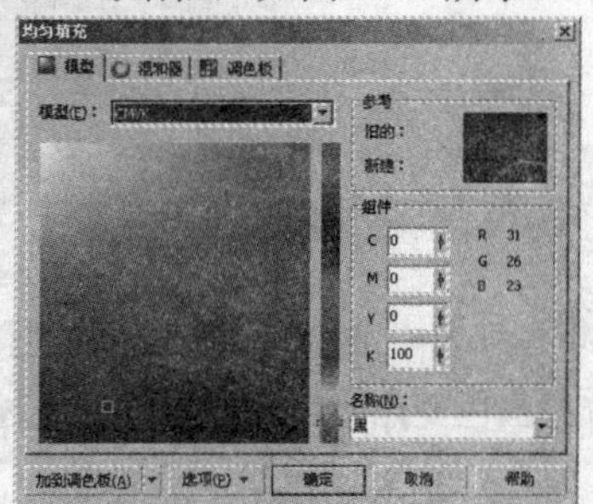

图 6.2.2 “标准填充”对话框

在此对话框中包含了 3 个不同的选项卡，即模型、混和器与调色板选项卡，这与“轮廓色”对话框是相同的。

（1）“模型”选项卡。要使用模型选项卡来设置颜色，其具体的操作方法如下：

在均匀填充对话框中默认情况下打开模型选项卡，在模型(E):下拉列表中可选择一种颜色模式，如图 6.2.3 所示。

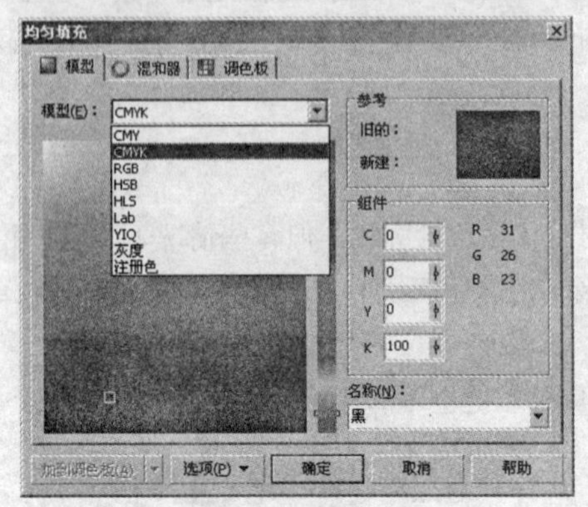

图 6.2.3 选择颜色模型

将鼠标移至选择颜色窗口中，拖动鼠标并单击可选择一种颜色，当在颜色窗口中选择好颜色后，在参考选项区中可显示出所选颜色与原颜色的对比，在组件选项区中可显示出所选颜色的具体数值，也可直接输入数值，得到所需的颜色。

在名称(N):下拉列表中可选择系统预设的颜色名称，此时会在对话框中显示出所选颜色的相关信息。

当在某些色彩模式（如 RGB）下选择颜色时，某些颜色会超出 CMYK 四色印刷油墨的色域范围而使其无法正确印刷，为了避免这些问题，系统提供了色谱报警功能，如在均匀填充对话框中单击选项(P)▼按钮，从弹出的下拉菜单中选择色谱报警(G)命令，就会在对话框中显示出超出 CMYK 色域范围的色彩区域。

（2）“混和器”选项卡。要使用混和器选项卡为所选的对象设置填充颜色，其具体操作方法如下：

在均匀填充对话框中选择混和器选项卡，可显示出相应的参数，如图 6.2.4 所示。

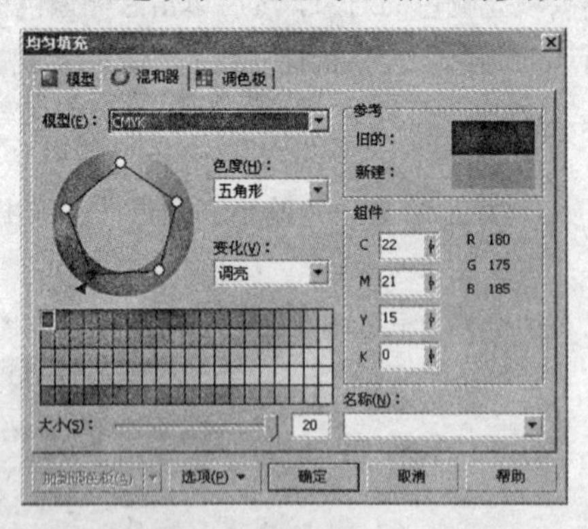

图 6.2.4 “混和器”选项卡

在模型(E):下拉列表中可选择一种颜色类型；在色度(H):下拉列表中可选择一种色相；在变化(V):下拉列表中可选择颜色变化的趋向；还可以通过调节大小(S):滑块或输入相应的数值来设置颜色列表中色块的多少。

（3）“调色板”选项卡。要使用混和器选项卡为所选的对象设置填充颜色，其具体操作方法如下：在均匀填充对话框中打开调色板选项卡，可显示出该选项的参数，如图 6.2.5 所示。

在调色板(P):下拉列表中提供了多种印刷工业中常见的标准调色板，从中可以选择一种所需的调色板，然后在名称(N):下拉列表中可选择一种颜色的名称，此时可在颜色窗口中显示出该颜色。

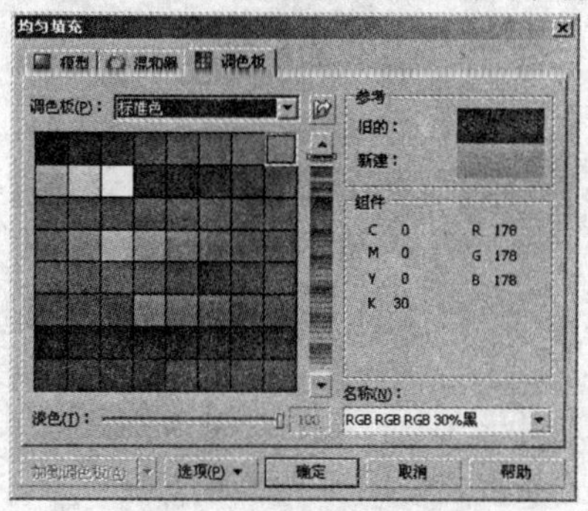

图 6.2.5 调色板选项卡

单击选项(P)按钮，从弹出的下拉菜单中可以选择值 1命令，在其子菜单中可选择所需的颜色模式，作为组件选项区中第一列的颜色参数；选择值 2子菜单颜色模式，可作为组件选项区中第二列的颜色参数，设置完成后，单击确定(O)按钮，即可将设置的颜色应用于所选的对象上。

3. 通过颜色泊坞窗均匀填充

均匀填充与轮廓色的填充相似，可以通过颜色泊坞窗来进行均匀填充。先使用挑选工具选择要填充的对象，然后在填充工具组中单击“颜色泊坞窗”按钮，可打开颜色泊坞窗，如图 6.3.6 所示。

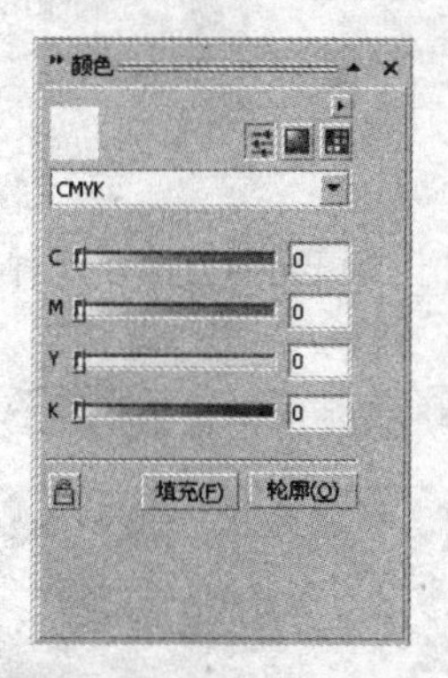

图 6.2.6 “颜色”泊坞窗

在此泊坞窗中拖动色带上的滑块，可选择需要填充的大致色彩范围；在色彩选择区中拖动选择色彩小方框，可精确地选择需要的颜色；最后单击填充(F)按钮，即可完成均匀填充。

6.2.2 对象的渐变填充

渐变填充可以为对象填充多种颜色之间的渐变效果，使对象产生立体感。在 CorelDRAW X3 中提供了多种渐变填充的方式，如线性、射线、圆锥以及方形。在绘图的过程中可以根据需要进行设置。

1. 设置渐变填充的类型

要为对象填充渐变颜色，首先要设置渐变填充的类型，其具体的设置方法如下：

（1）在绘图区中选择需要填充的对象。

（2）在填充工具组中单击“渐变填充对话框”按钮，弹出渐变填充对话框，如图 6.2.7 所示。

（3）在类型(T):下拉列表中可选择填充的类型有线性、射线、圆锥与方角 4 种。线性填充是以直线的方式进行渐变；射线是以圆形的方式进行渐变，一般可用于产生球体的效果；圆锥是以圆锥的方式进行渐变；方角是以正方形的方式进行渐变，这 4 种渐变类型的效果如图 6.2.8 所示。

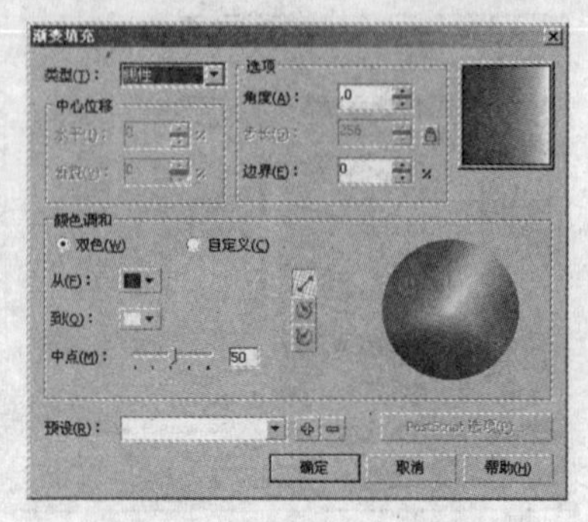

图 6.2.7 “渐变填充”对话框

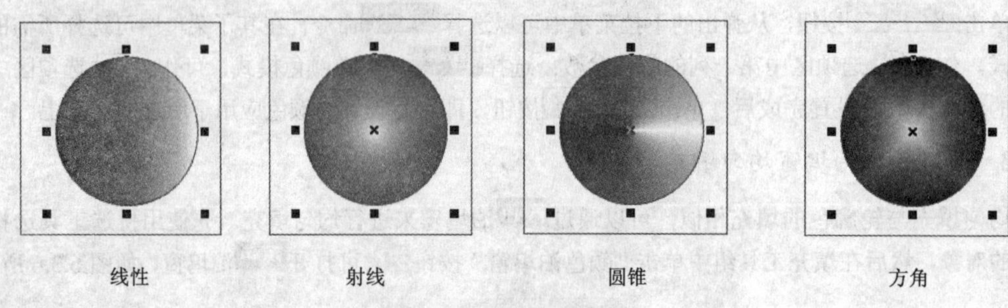

图 6.2.8 渐变类型

2. 编辑渐变颜色

在 CorelDRAW X3 中提供了两种渐变填充的方法，一种是双色填充，一种是自定义颜色填充。首先对双色填充的方法进行介绍。

（1）在渐变填充对话框中的颜色调和选项区中选中 双色(W) 单选按钮，如图 6.2.9 所示。

图 6.2.9 颜色调和选项区

（2）单击从(F):右侧的下拉按钮，可从打开的调色板中选择起始颜色，此时可在渐变填充对话框右上角的渐变预览框中看到效果，如图 6.2.10 所示。

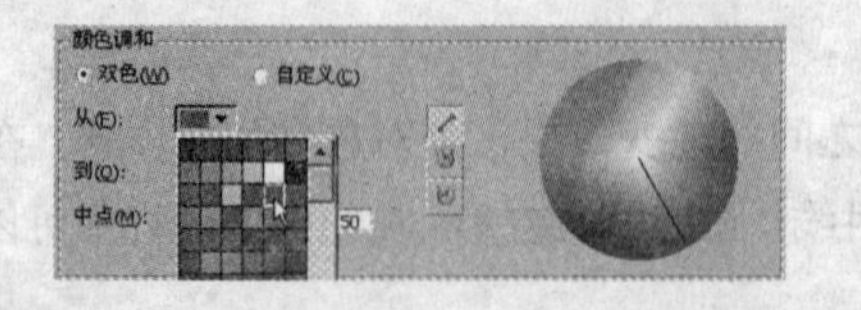

图 6.2.10 选择起始颜色并进行预览

（3）完成颜色的选择后，可看到在颜色轮中所选的起始到终止颜色中间出现一条直线，如图 6.2.11 所示。

（4）在颜色轮左侧提供了 3 种渐变的方向，单击“逆时针”按钮，效果如图 6.2.12 所示，将产生一种由多种颜色参与的渐变。

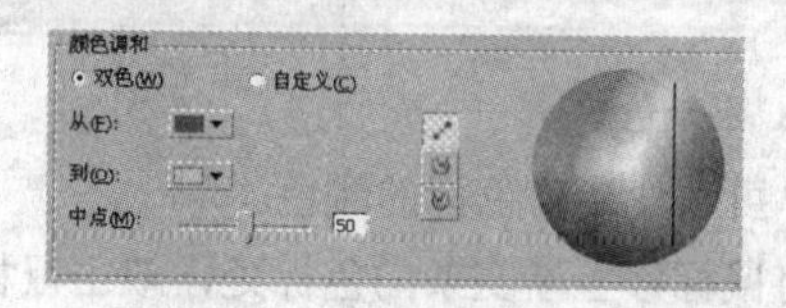

图 6.2.11　改变起始和终止颜色

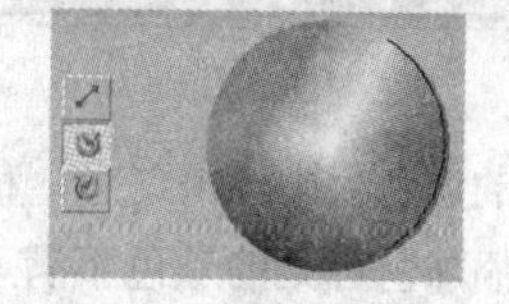

图 6.2.12　改变颜色渐变方向

（5）如果单击“顺时针”按钮，可产生由颜色轮中所选的起始颜色沿顺时针方向直达终止颜色所经过的颜色变化。

（6）调整中点(M):滑块或直接输入数值，可设置渐变颜色的中心位置。

3. 自定义渐变颜色

在 CorelDRAW X3 中，如果要自定义渐变颜色，其具体的操作方法如下：

（1）在渐变填充对话框中的颜色调和选项区中选中 自定义(C) 单选按钮，此时该选项区变为如图 6.2.13 所示的状态。

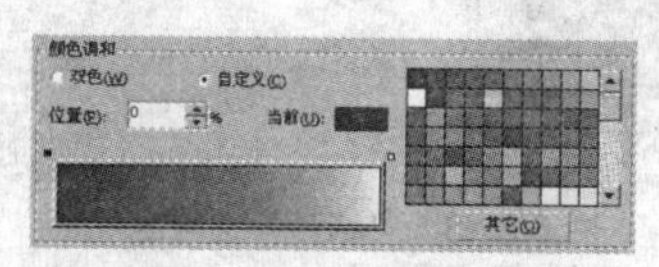

图 6.2.13　颜色调和选项区

（2）在渐变条上方显示着两个小方框色标，黑色表示处于选中状态，即可以改变该位置的颜色，此时只需要在右侧的调色板中单击某种颜色，选中的黑色小方框所对应位置的颜色将变为黄色，如图 6.2.14 所示。

（3）将鼠标移至渐变条上方的白色小方框上单击，即可使其处于选中状态，然后在右侧的调色板中选择相应的颜色可改变终止颜色。

（4）在渐变条上的任意位置双击鼠标左键，可添加一个色标，如图 6.2.15 所示。

图 6.2.14　改变所选小方框处的颜色

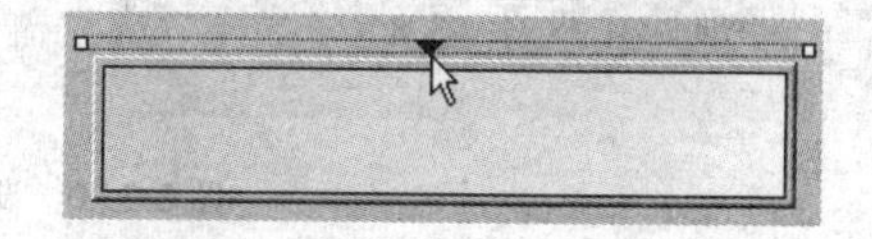

图 6.2.15　添加色标

（5）在对话框右侧的调色板中选择相应的颜色，可改变渐变条中添加色标处的颜色，如图 6.2.16 所示。

（6）在位置(P):输入框中输入数值，可移动当前所选色标的位置，数值为 0 时，在最左侧，数值为 100 时，在最右侧，如图 6.2.17 所示。

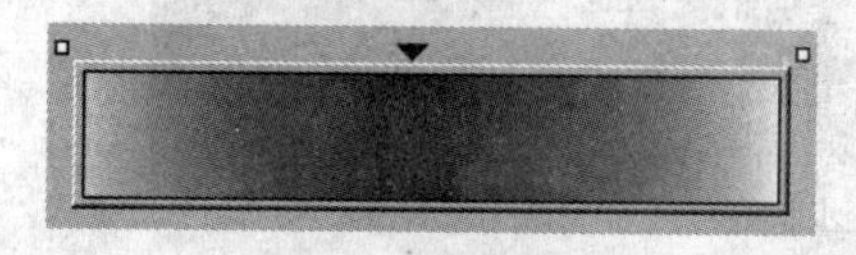

图 6.2.16　设置新色标颜色

图 6.2.17　改变色标的位置

（7）将鼠标移至渐变条上双击，可继续添加色标，此时在当前(U):右侧的颜色框中显示的是当前色标的颜色，直接用鼠标拖动渐变条上的色标，可改变当前颜色在颜色混和器中的位置，如图 6.2.18 所示。

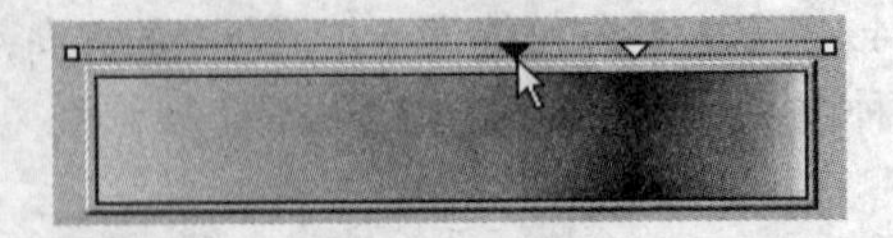

图 6.2.18 拖动色标

（8）在右侧的调色板中单击任意一种颜色，可改变当前色标的颜色。

（9）如果对添加色标处的颜色不满意，可将鼠标移至渐变条的色标处，双击鼠标左键即可删除该色标。

4. 设置渐变的其他选项

在渐变填充对话框中的选项选项区中可设置渐变的角度、步长以及边界填充。其具体的操作步骤如下：

（1）在角度(A):输入框中输入数值，可设置渐变填充的旋转角度，输入正值时，沿逆时针方向旋转；输入负值时，沿顺时针方向旋转，如图 6.2.19 所示。

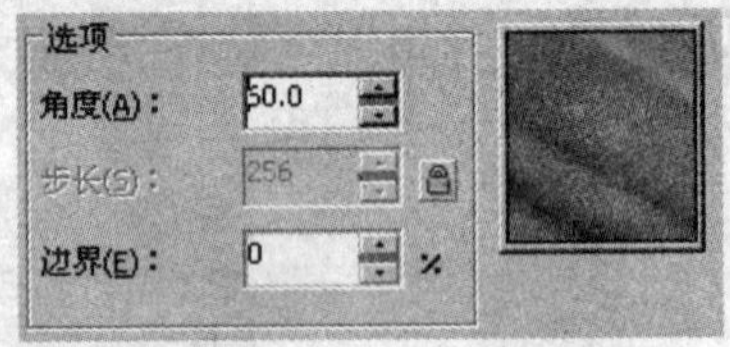

图 6.2.19 “选项”选项区

（2）也可用鼠标拖动的方式来改变渐变填充的旋转角度，将鼠标移至预览框中时，鼠标会变为“十”字形，按住鼠标左键拖动即可。

（3）在边界(E):输入框中输入数值，可控制渐变色两边颜色的宽度，其取值范围在 0～49 之间，数值越小，两边颜色的宽度越小，如图 6.2.20 所示。

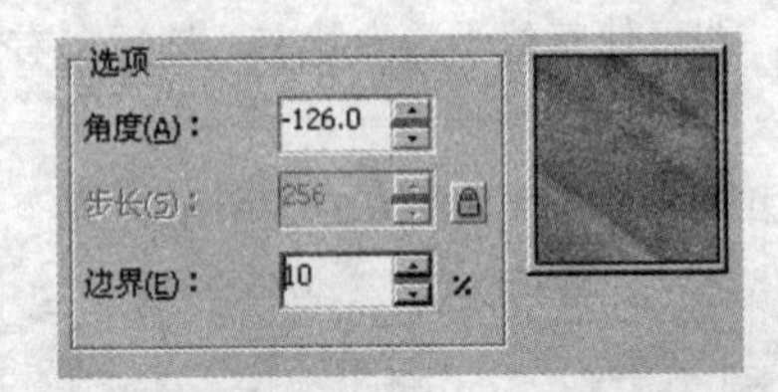

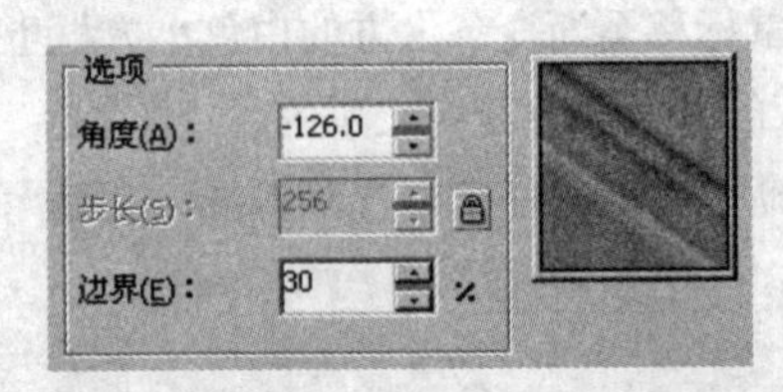

图 6.2.20 设置边界填充

（4）单击步长(S):右侧的按钮，可激活该输入框，在此输入框中输入数值，可设置渐变填充的层次，即颜色的过渡，输入数值越大，颜色过渡越平滑；输入数值越小，则颜色过渡越不平滑，如图 6.2.21 所示。

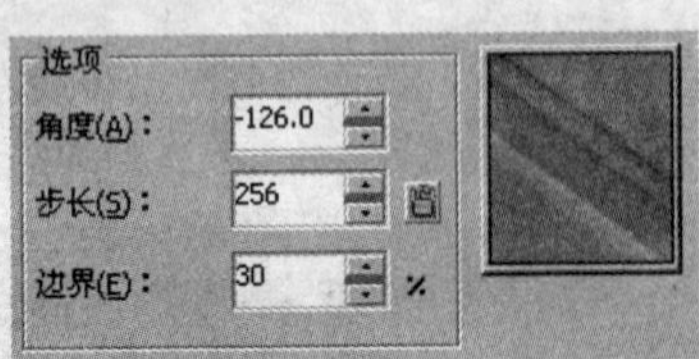

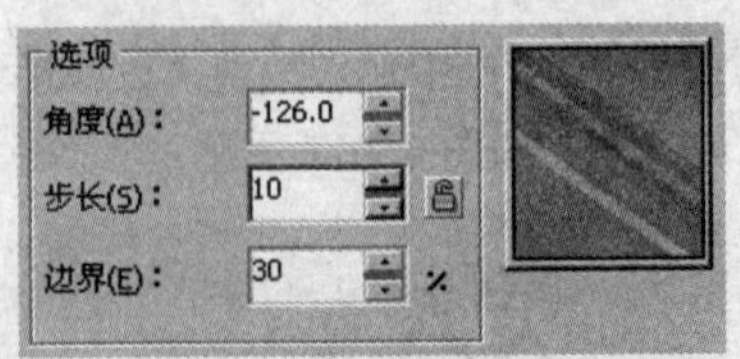

图 6.2.21 设置渐变步长值

5. 选择预设渐变样式

在 CorelDRAW X3 中提供了多种预设的渐变颜色，并且确定了旋转类型、旋转角度以及中心位置，可以根据需要进行选择。要选择预设渐变样式，其具体的操作方法如下：

（1）在渐变填充对话框中单击预设(R):下拉列表框。

（2）可从弹出的下拉列表中选择预设的渐变填充颜色，例如选择“镀金”选项，可在对话框中显示出该选项的相关参数，如图 6.2.22 所示。

（3）选择好预设渐变填充后，还可对其进行修改，如改变其类型、中心位移、角度以及边界等参数。设置好参数后，单击 确定 按钮，填充对象后的效果如图 6.2.23 所示。

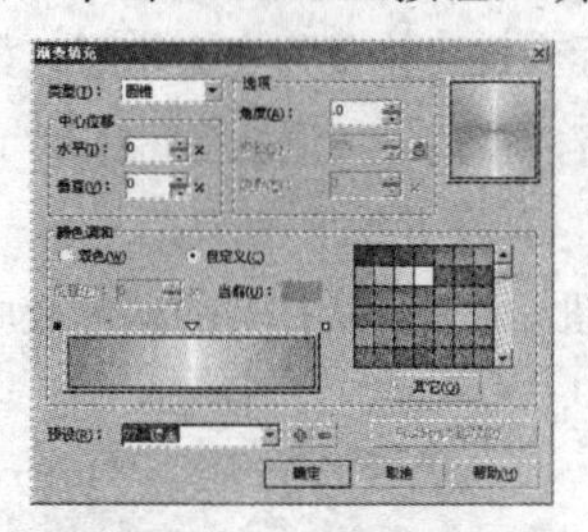

图 6.2.22　选择预设的渐变颜色

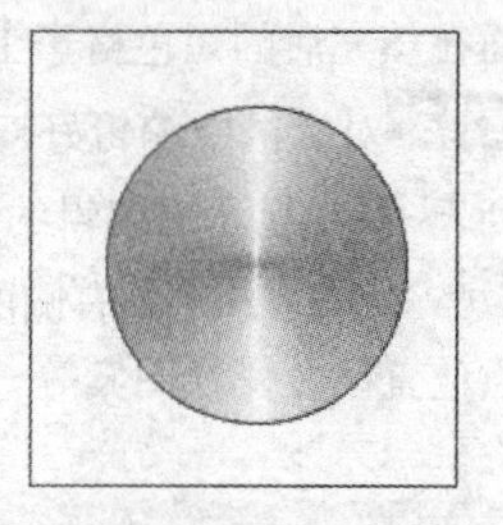

图 6.2.23　为对象填充渐变效果

6.2.3　对象的图样填充

在 CorelDRAW X3 中，除了为对象进行标准填充与渐变填充外，还可以进行图案填充。图案填充包括双色、全色以及位图填充。

1. 双色填充

双色填充将使用两种颜色的图样效果进行填充。

单击填充工具组中的“图样填充对话框”按钮，弹出图样填充对话框，选中双色(C)单选按钮，如图 6.2.24 所示。在对话框中单击图案下拉按钮，可从打开的面板中选择预设的图案，如图 6.2.25 所示。

单击前部(F):与后部(K):右侧的按钮，可从打开的调色板中选择所需的颜色。

在原点选项区中可设置填充中点所在的坐标位置；在大小选项区中，可设置图案的大小；在变换选项区中可设置图样的倾斜角度和旋转角度；在行或列位移选项区中可设置在行或列上错位的百分比。

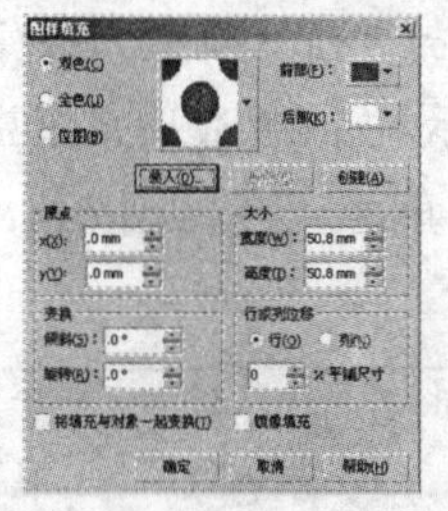

图 6.2.24　“图样填充”对话框

图 6.2.25　选择预设的双色图样

设置好数值后，单击 确定 按钮，可填充所选的对象，如图 6.2.26 所示。

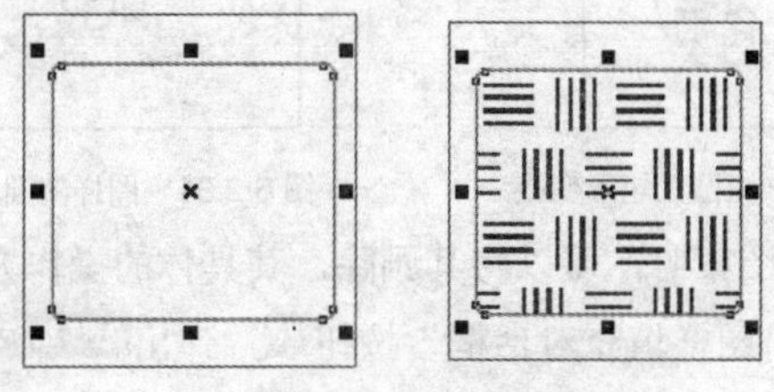

图 6.2.26　填充双色图样

如果对预设的双色图样不满意，可以自定义双色图样，其具体的操作方法如下：

（1）在绘图区中选择需要填充双色图案的对象。

（2）单击填充工具组中的“图样填充对话框”按钮，弹出图样填充对话框。

（3）在对话框中选中双色(C)单选按钮后，单击创建(A)...按钮，可弹出双色图案编辑器对话框，在此对话框中可根据需要绘制图案效果。将鼠标移至此对话框中的空白格子上，单击或拖动鼠标可使格子被填充为黑色，而在填充后的黑色格子上单击鼠标右键可恢复为空白格子，如图 6.2.27 所示。

（4）在双色图案编辑器对话框中编辑好双色图案后，单击确定按钮，可返回到图样填充对话框，并在图案下拉列表中显示出编辑的图案效果，如图 6.2.28 所示。

（5）也可单击前部(F)：与后部(K)：右侧的下拉按钮，从打开的调色板中选择所需的颜色，也可设置其大小、原点位置以及变换图案等。

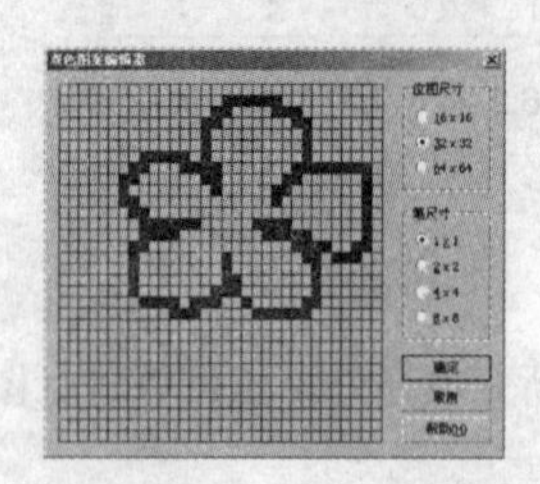

图 6.2.27　编辑双色图案

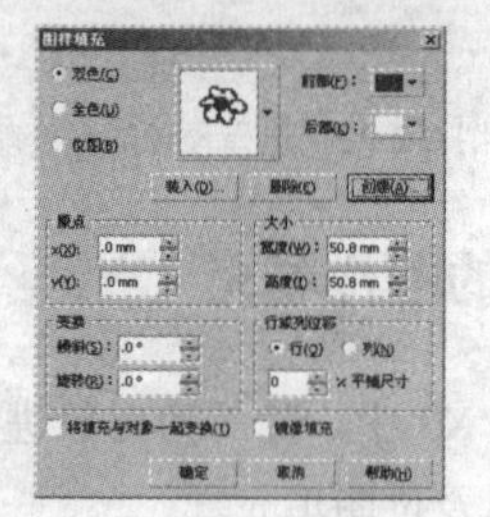

图 6.2.28　显示编辑的图案效果

（6）单击确定按钮，可将所编辑的图案应用于所选的对象上，如图 6.2.29 所示。

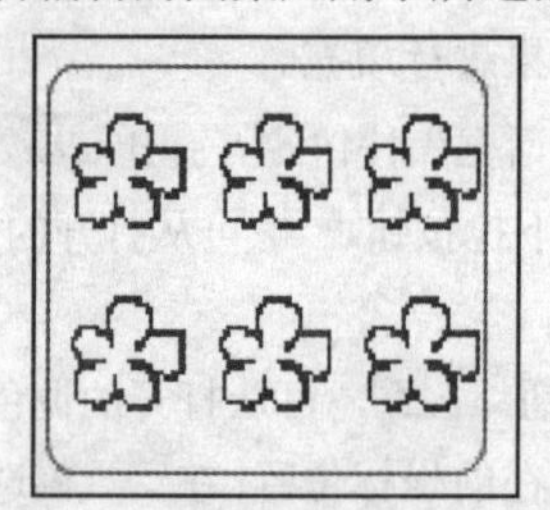

图 6.2.29　填充自定义的双色图案

在对圆角矩形填充双色图案后，当对圆角方形进行旋转、缩放与倾斜等操作时，可发现填充后的双色图案并不会随圆角方形的变换而变换，如图 6.2.30 所示。如果要使图案随圆角方形一起变换，可在图样填充对话框中选中将填充与对象一起变换(T)复选框，单击确定按钮，再次变换圆角矩形，则填充的双色图案就会随之变换，如图 6.2.31 所示。

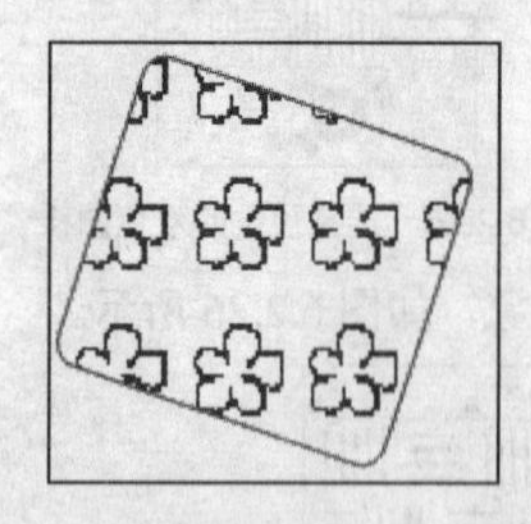

图 6.2.30　图样未随圆角矩形变换

图 6.2.31　图样随圆角矩形变换

如果不需要自己编辑的双色图案时，可以将其删除，其具体的操作方法如下：

（1）单击填充工具组中的“图样填充对话框”按钮，弹出图样填充对话框。

（2）单击图案下拉按钮，从打开的面板中选择自定义图样，单击删除(E)按钮，可弹出

删除双色图样提示框，如图 6.2.32 所示，单击确定按钮即可删除所选的图案。

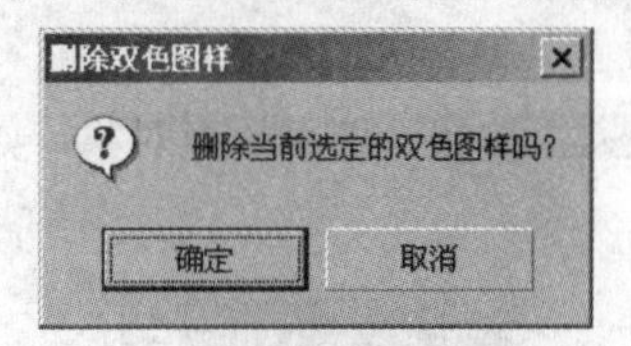

图 6.2.32　“删除双色图样”提示框

2. 全色填充

全色填充可以是矢量图案也可以是位图图案，全色填充可保留图案完整的颜色信息，因而色彩比较丰富。在 CorelDRAW X3 中预设了许多全色填充图案，可以根据需要选择使用。

在图样填充对话框中选中全色(U)单选按钮，可在对话框中显示出该选项参数，如图 6.2.33 所示。

在该对话框中单击图案填充下拉按钮，可打开预设的全色图案面板，如图 6.2.34 所示。从中选择所需的预设图案后，在对话框中设置图案的大小、原点位置以及倾斜或旋转等，设置好参数后，单击确定按钮，即可为对象进行全色填充，如图 6.2.35 所示。

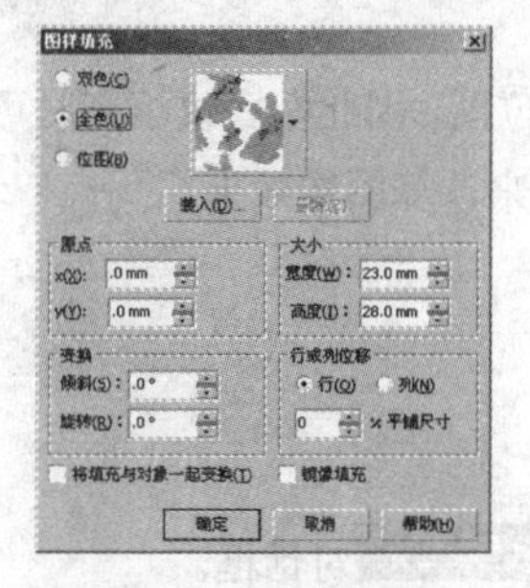

图 6.2.33　全色选项

图 6.2.34　全色图案面板

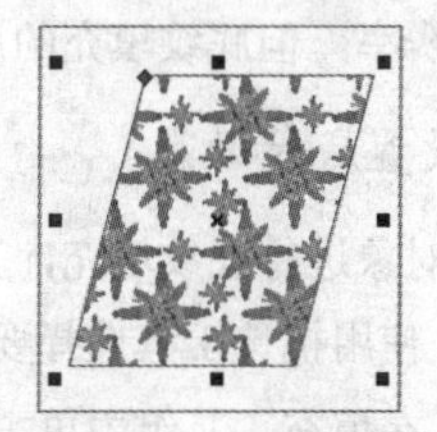

图 6.2.35　全色填充

在该对话框中单击装入(L)...按钮，可弹出导入对话框，从中选择一幅位图，单击导入按钮，返回到图样填充对话框，即可将图案导入到图样填充下拉列表中，单击确定按钮，可填充所选的对象，效果如图 6.2.36 所示。

图 6.2.36　导入位图并为对象进行全色填充

3. 位图填充

位图填充是使用预设的或从外部导入的位图对对象进行填充，它与全色填充不同的是，位图填充只能使用位图进行填充，而不能使用矢量图填充。

要使用位图填充对象，其具体的操作方法如下：

（1）在绘图区中选择需要进行位图填充的对象。

（2）单击填充工具组中的“图样填充对话框”按钮，弹出图样填充对话框，从中选中位图(B)单选按钮，此时对话框显示如图 6.2.37 所示。

（3）在对话框中单击图案填充下拉按钮，可打开预设的位图填充面板，如图 6.2.38 所示，从中选择所需的图案，并在对话框中设置其他相关的参数。

（4）设置好数值后，单击确定按钮，即可填充对象，如图 6.2.39 所示。

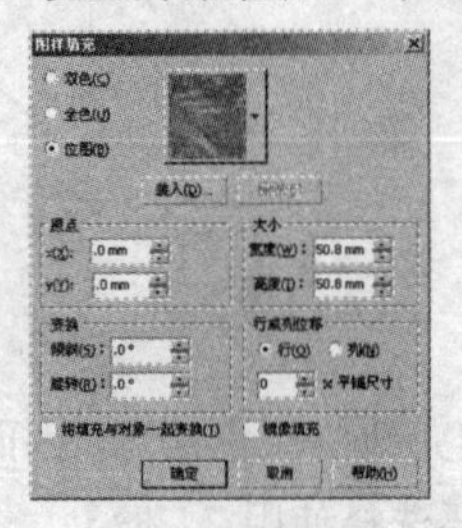
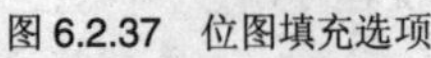

图 6.2.37　位图填充选项

图 6.2.38　位图填充面板

图 6.2.39　为对象进行位图填充

（5）也可在图样填充对话框中单击装入(D)...按钮，在弹出的导入对话框中选择位图图像，并将其填充到对象中。

6.2.4　对象的底纹填充

底纹填充是为对象填充天然材料的外观效果，此填充的效果是位图，因此在底纹填充时可以设置底纹的分辨率，但底纹填充的原理与矢量图一样，以数字与函数式来计算图像效果。

1. 设置底纹效果

要为对象进行底纹填充，其具体的操作方法如下：

（1）使用挑选工具选择要填充底纹的对象。

（2）在填充工具组中单击“底纹填充对话框”按钮，弹出底纹填充对话框。

（3）在底纹库(L):下拉列表中选择一种底纹库，然后在底纹列表(T):中选择一种底纹，选择后该底纹将显示在底纹列表下面的预览框中。

（4）多次单击预览(V)按钮，所选的底纹将会在预览框中随机产生变化。

（5）设置完成后，单击确定按钮，可为对象填充底纹效果，如图 6.2.40 所示。

图 6.2.40　底纹填充效果

2. 设置底纹分辨率

在底纹填充对话框中选择好底纹后，单击选项(O)...按钮，弹出底纹选项对话框，如图 6.2.41 所示，利用此对话框可设置所选底纹的分辨率与平铺尺寸。

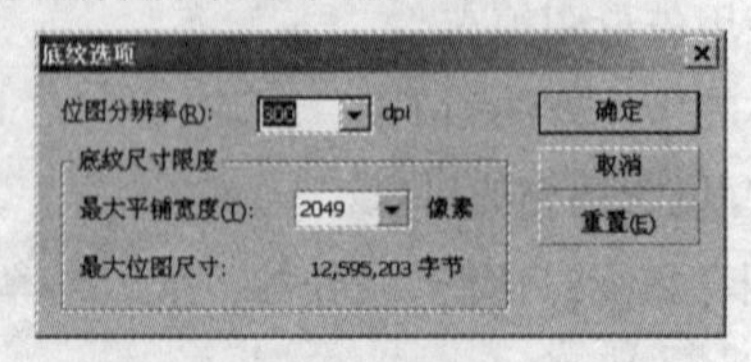

图 6.2.41　“底纹选项”对话框

在位图分辨率(R):输入框中可输入所需的分辨率，分辨率越高，图像越平滑；分辨率越低，图像越粗糙，单击确定按钮即可。

6.2.5　PostScript 纹理填充

PostScript 填充是由 PostScript 语言编写出来的一种底纹。PostScript 填充的操作方法是选中要填充的对象，在工具箱的填充工具组中单击“PostScript 填充”按钮，弹出如图 6.2.42 所示的PostScript 底纹对话框。在此对话框中可以通过设置生成的 PostScript 底纹的参数，得到不同的底纹效果。如图 6.2.43 所示是 PostScript 底纹填充的效果。

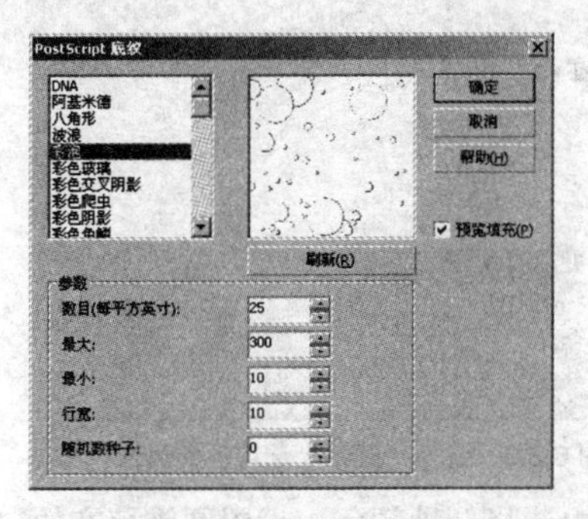

图 6.2.42　“PostScript 底纹”对话框

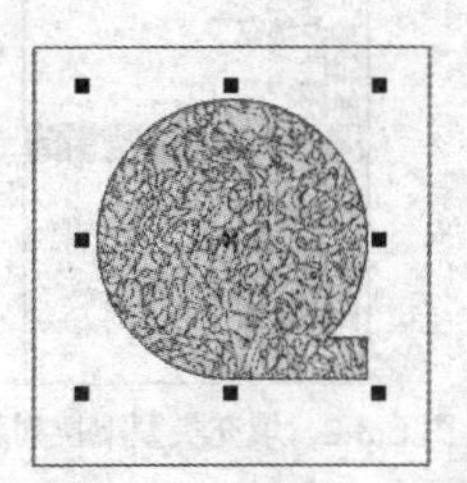

图 6.2.43　PostScript 底纹填充的效果

6.2.6　智能填充工具

智能填充工具可以帮助用户填充封闭区域和在重叠对象中间创建新对象。填充对象时，智能填充工具不但允许用户填充封闭的对象，也可以对任意两个或多个对象的重叠区域进行填色，该功能无论是对从事动漫创作、矢量绘画、服装设计还是 VI 设计的工作者来说，无疑都是一个惊喜，如图 6.2.44 所示。

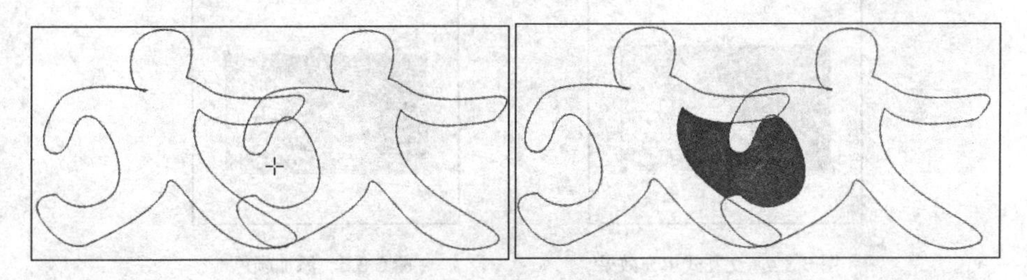

图 6.2.44　智能填充工具填充图像

6.3　交互式填充工具

在 CorelDRAW X3 中提供了两种交互式填充工具，即交互式填充工具与交互式网状填充工具，使用这两种填充工具可以对所选对象进行特殊填充。

6.3.1　交互式填充工具

使用交互式填充工具可以对所选对象进行均匀填充、渐变填充、图样填充、底纹填充以及

PostScript 填充等操作，因此使填充变得简单直观。

要使用交互式填充工具填充对象，其具体的操作方法如下：

（1）在绘图区中选择需要填充的对象，单击工具箱中的“交互式填充工具”按钮，此时可显示出该工具的属性栏，如图 6.3.1 所示。

图 6.3.1　交互式填充工具属性栏

（2）在属性栏中单击填充类型下拉列表框，可弹出如图 6.3.2 所示的下拉列表，在此下拉列表中选择一种填充类型。

（3）如果选择圆锥选项，此时属性栏如图 6.3.3 所示。

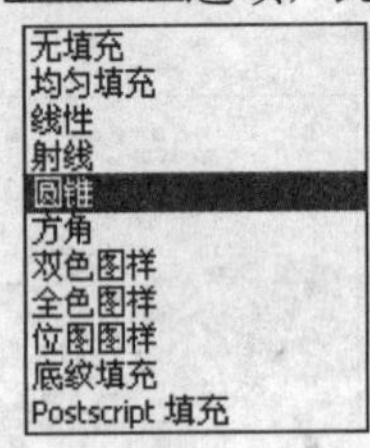

图 6.3.2　填充类型下拉列表　　图 6.3.3　选择“圆锥”选项后的属性栏

1）单击下拉按钮，可从打开的调色板中选择一种颜色，设置圆锥填充的起点颜色。

2）单击下拉按钮，可从打开的调色板中选择一种颜色，设置圆锥填充的终点颜色。

3）在喷泉式填充中心点输入框中输入数值，可设置改变渐变颜色的分布状态。

4）在喷泉式填充角输入框中输入数值，可设置圆锥渐变填充的角度。

（4）设置好参数后，按回车键即可应用交互式填充，效果如图 6.3.4 所示。

（5）使用鼠标也可将调色板中的颜色拖至交互式填充对象的虚线上，松开鼠标后，即可将所选的颜色添加到对象中，如图 6.3.5 所示。

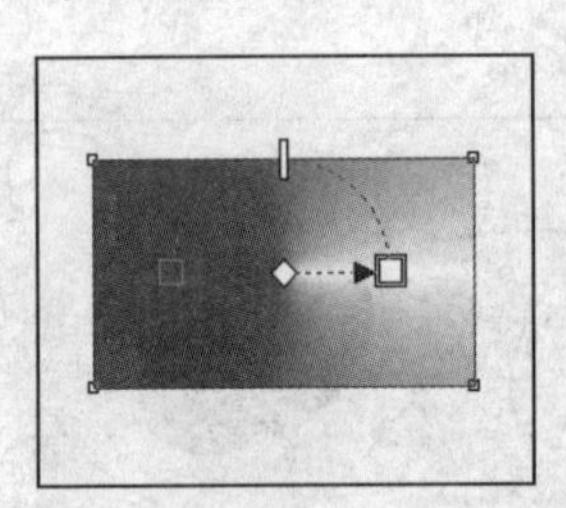

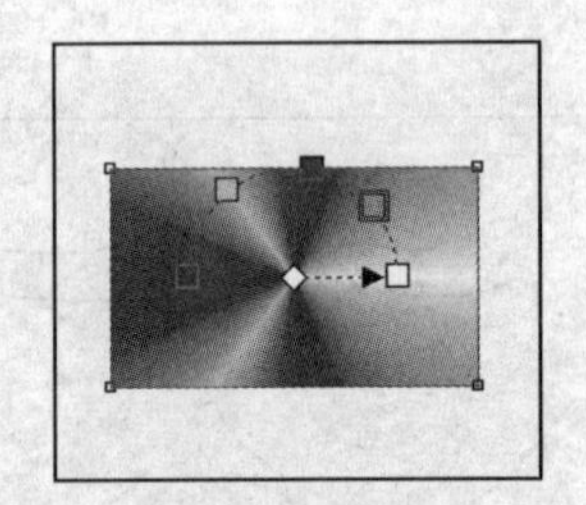

图 6.3.4　交互式填充效果　　图 6.3.5　添加颜色

6.3.2　交互式网状填充工具

使用交互式网状填充工具可以更容易地对图形对象进行变形和多样色彩的填充，从而突破均匀填充与渐变填充的限制，达到一种新的填充效果。

使用交互式网状填充工具填充对象，其具体的操作方法如下：

（1）使用基本绘图工具在绘图区中绘制一个图形对象。

（2）在交互式填充工具组中单击“交互式网状填充工具”按钮，此时可在绘制的图形对象上显示网格，如图 6.3.6 所示。

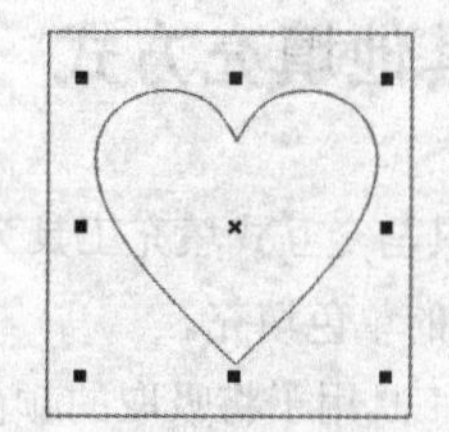

图 6.3.6　使用交互式网状填充工具填充对象

（3）在交互式网状工具属性栏中的网格大小输入框中输入数值，可设置网格的列数与行数，此处输入列数为 3，行数为 5，按回车键确认，如图 6.3.7 所示。

（4）将鼠标光标移至图形对象上的任意一个网格中单击，即可选中该网格，如图 6.3.8 所示。

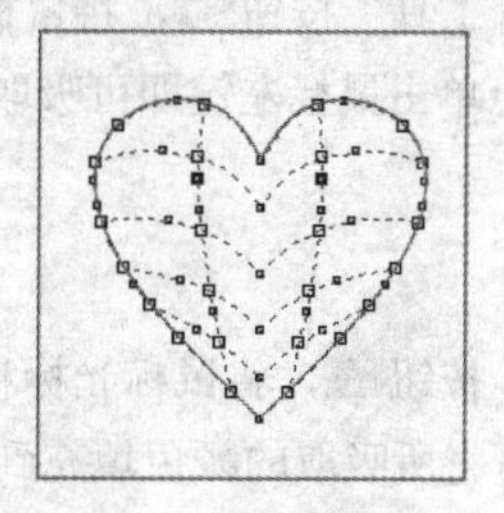

图 6.3.7　设置网格列数与行数

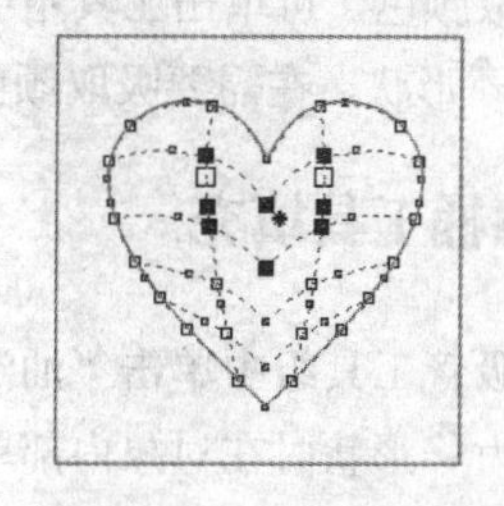

图 6.3.8　选中网格

（5）在调色板中单击任意一种颜色色块，可将其填充到选中的网格中，并可以看到填充效果是以网格为中心向外分散进行填充的，效果如图 6.3.9 所示。

（6）如果需要进行精确的填充，可将鼠标移至对象网格上的任意一个节点上单击，选择该节点，此时可显示出与编辑曲线相同的控制柄，调整控制柄，并在调色板中单击相应的颜色色块，可围绕该节点向外分散填充，如图 6.3.10 所示。

图 6.3.9　交互式网状填充效果

图 6.3.10　交互式网状的精确填充

（7）用鼠标拖动网格上的节点，可改变填充区域的颜色，如图 6.3.11 所示。

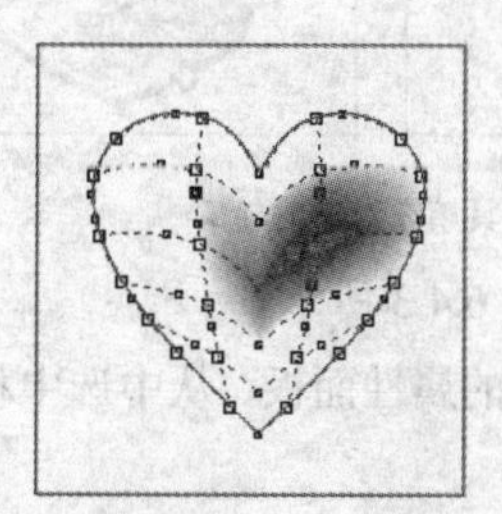

图 6.3.11　改变填充区域颜色

提示

通过交互式网状工具属性栏中的其他属性可对网格上的节点进行相应的编辑。

6.4 对象的其他填充方式

在 CorelDRAW X3 中，除了可以使用填充工具与交互式填充工具为对象填充色彩外，还可以使用吸管工具与油漆桶工具对图形对象进行快速方便的单色填充。

吸管工具用于吸取指定对象的颜色，而油漆桶工具用于将吸取的颜色填充到指定的对象中，这两种工具需要配合使用。

6.4.1 用吸管工具吸取颜色

要用吸管工具吸取颜色，可单击工具箱中的“吸管工具”按钮，将鼠标光标移至绘图区中，此时鼠标光标显示为形状，在需要吸取颜色的对象上单击鼠标左键即可吸取颜色。

6.4.2 用油漆桶工具填充

吸取颜色后，在吸管工具组中单击“油漆桶工具”按钮，将鼠标光标移至需要填充颜色的对象上，当鼠标光标变为形状时在对象内部单击，即可将所吸取的颜色填充到该对象中，如图 6.4.1 所示。

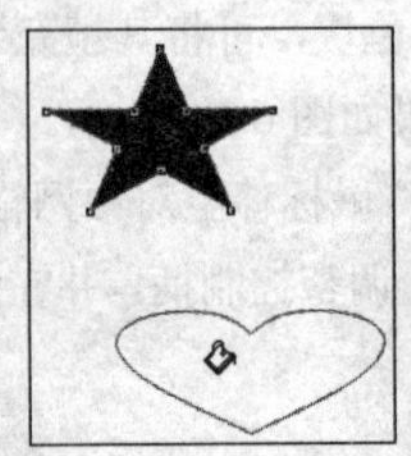

图 6.4.1　使用吸管与油漆桶工具填充对象

使用吸管工具吸取的颜色包括对象的填充颜色与轮廓线颜色，因此在使用油漆桶工具填充颜色时，也可将填充对象的轮廓线颜色应用到需要填充的对象上，如图 6.4.2 所示。

图 6.4.2　使用吸管与油漆桶工具填充对象的轮廓

选择吸管工具或油漆桶工具后，其属性栏显示如图 6.4.3 所示。

在属性栏中单击属性按钮，可打开如图 6.4.4 所示的属性面板，从中选中相应的复选框，可为对象进行相应的填充。

图 6.4.3　吸管工具与油漆桶工具属性栏

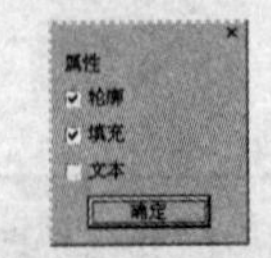

图 6.4.4　属性面板

6.5　设置调色板

在 CorelDRAW X3 中，调色板是由一系列的纯色组合而成的，可用于设置对象的填充与轮廓颜色。在绘图的过程中，为了方便操作，可打开调色板使其显示在工作界面的右侧。

6.5.1　调色板的选择

选择菜单栏中的 窗口(W) → 调色板(L) 命令，可弹出其子菜单，如图 6.5.1 所示，在此菜单中可以根据需要选择不同的调色板。

在此菜单中选择一个调色板命令后，会在该命令前显示 “√” 符号，并且所选调色板出现在绘图区中，再次选择该调色板命令，即可关闭该调色板。

如果不需要使用调色板，可选择菜单栏中的 窗口(W) → 调色板(L) → 无(N) 命令，即可将 CorelDRAW 工作界面中所有打开的调色板关闭。

此外，也可将已经保存过的调色板载入并进行使用，只须选择菜单栏中的 窗口(W) → 调色板(L) → 打开调色板(O)... 命令，弹出 打开调色板 对话框，如图 6.5.2 所示，从中选择所需的调色板，然后单击 打开(O) 按钮，即可载入所选的调色板到工作界面中。

图 6.5.1　调色板子菜单

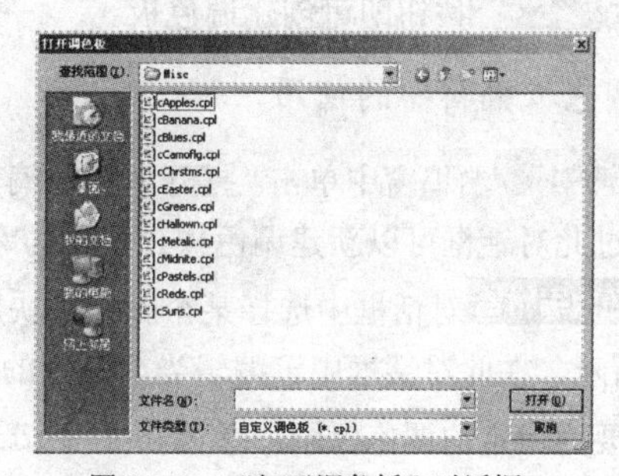

图 6.5.2　“打开调色板”对话框

6.5.2　调色板浏览器的使用

通过调色板浏览器可以新建、打开以及编辑调色板。选择菜单栏中的 窗口(W) → 调色板(L) → 调色板浏览器(B) 命令，打开 调色板浏览器 泊坞窗，如图 6.5.3 所示。

1. 打开调色板

在 调色板浏览器 泊坞窗中提供了多种可供选择使用的调色板，只须选中所需的调色板前面的复选框，即可使该调色板显示在工作界面中，或单击此泊坞窗右上角的“打开”按钮，从弹出的 打开调色板 对话框中选择需要打开的调色板。

2. 创建空白调色板

在 调色板浏览器 泊坞窗中单击“创建一个新的空白调色板”按钮，弹出 保存调色板为 对话框，如图 6.5.4 所示。

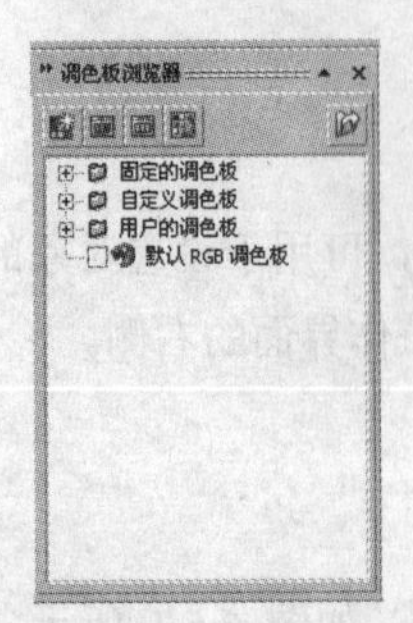

图 6.5.3 “调色板浏览器”泊坞窗

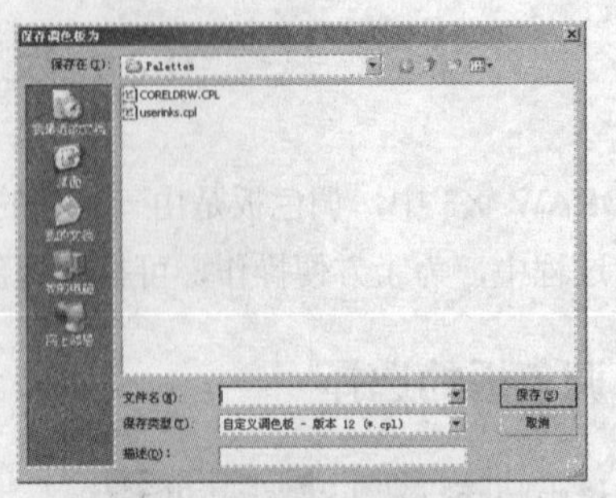

图 6.5.4 “保存调色板为”对话框

在文件名(N):输入框中可设置所要创建的调色板名称，单击保存(S)按钮，即可创建一个空白调色板。

3. 用所选对象创建调色板

要在选择对象的范围内创建调色板，只须先选择一个或多个对象，然后在调色板浏览器泊坞窗中单击“使用选定的对象创建一个新调色板”按钮，弹出保存调色板为对话框，从中设置新建调色板的文件名称，单击保存(S)按钮，即可根据所选对象的颜色范围创建调色板。

4. 通过文档创建调色板

除上述创建调色板的方法外，还可以通过打开的文档新建调色板。打开文档后，单击调色板浏览器泊坞窗中的“使用文档创建一个新调色板”按钮，在弹出的保存调色板为对话框中输入调色板的名称，单击保存(S)按钮即可创建调色板。

5. 调色板编辑器的使用

在调色板浏览器泊坞窗中单击“打开调色板编辑器”按钮，将弹出调色板编辑器对话框，如图 6.5.5 所示，通过此对话框可以新建调色板，也可为新建的调色板添加颜色。

在调色板编辑器对话框中选择某个颜色色块后，单击编辑颜色(E)按钮，弹出选择颜色对话框，如图 6.5.6 所示，在此对话框中可编辑当前所选的颜色，设置完成后，单击确定按钮即可替换颜色。

如果要为指定的调色板添加颜色，可单击添加颜色(A)按钮，弹出选择颜色对话框，从中设置所需的颜色，然后单击加到调色板(A)按钮，即可将设置好的颜色添加到调色板中。

在调色板编辑器对话框中单击将颜色排序(S)按钮，可弹出如图 6.5.7 所示的下拉菜单，在此菜单中选择相应的命令，可对调色板中的颜色设置排列方式。

如果要删除调色板中的某个颜色色块，单击删除颜色(D)按钮即可。单击重置调色板(R)按钮，可以恢复到默认的调色板状态。

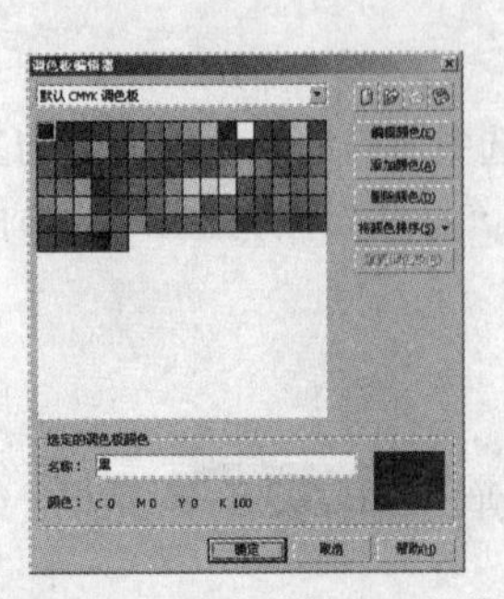

图 6.5.5 “调色板编辑器”对话框

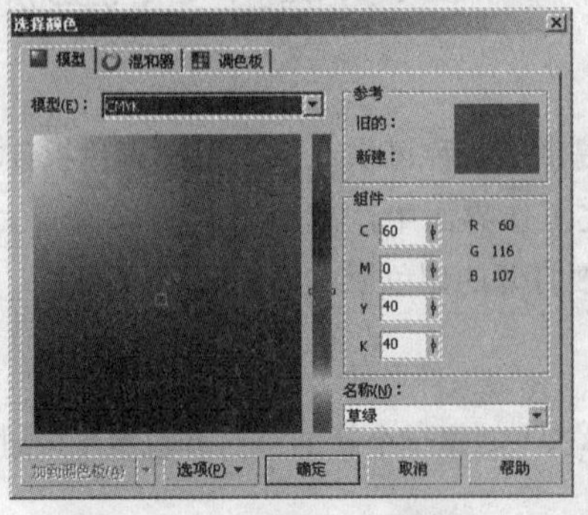

图 6.5.6 “选择颜色”对话框

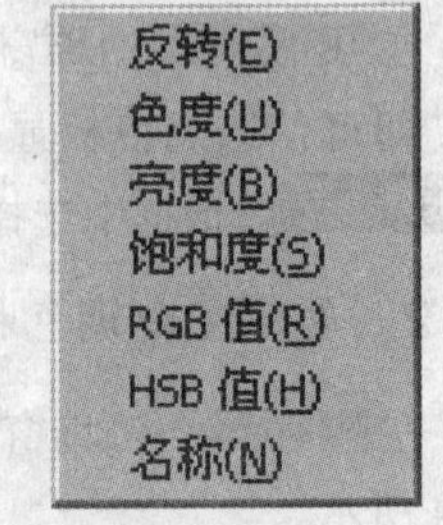

图 6.5.7 “将颜色排序”下拉菜单

6.6　操作实例——一箭穿心

1. 操作目的

（1）掌握轮廓笔的使用。

（2）掌握填充工具的使用。

（3）了解图层的顺序。

2. 操作内容

利用基本形状工具、手绘工具、轮廓笔、填充工具等制作一个简单的一箭穿心图形。

3. 操作步骤

（1）选择工具箱中的基本形状工具，绘制心形图形，如图6.6.1所示。

（2）选中心形，再选择工具箱中的渐变填充对话框，弹出渐变填充对话框。在类型(T):中选择射线选项，选中颜色调和区中的双色(W)单选按钮，设置颜色从红色到白色的渐变，其他参数设置如图6.6.2所示，设置完成后，单击确定按钮，效果如图6.6.3所示。

图6.6.1　绘制心形

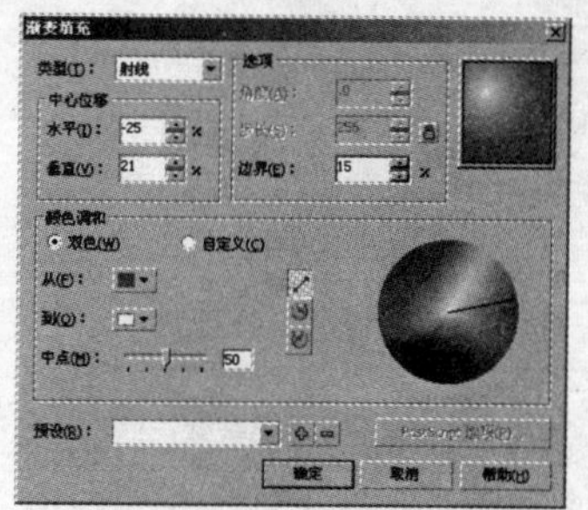

图6.6.2　“渐变填充”对话框

（3）选中填充的心形，再单击轮廓工具组中的“无轮廓”按钮，去除轮廓，效果如图6.6.4所示。

图6.6.3　填充效果

图6.6.4　去除轮廓后的效果

（4）复制心形并调整位置，效果如图6.6.5所示。

（5）选择工具箱中的手绘工具绘制一条直线，如图6.6.6所示。

图6.6.5　复制图形

图6.6.6　绘制直线

（6）选中直线，再选择工具箱中的轮廓画笔工具，弹出如图 6.6.7 所示的轮廓笔对话框。

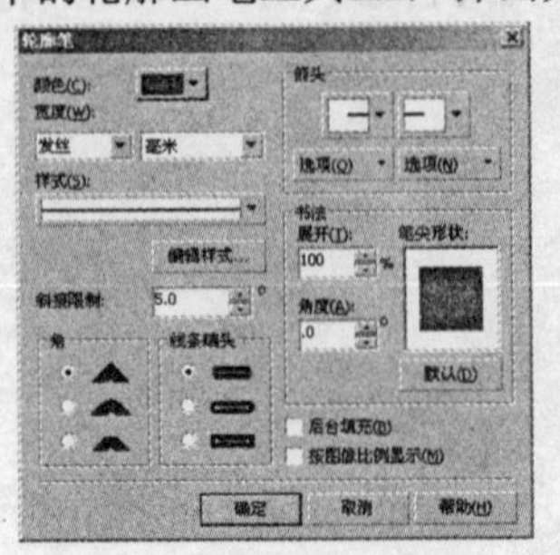

图 6.6.7 “轮廓笔”对话框

（7）设置对话框中的参数值，设置点的宽度为6.0 pt，在箭头选区中设置所需箭头和箭尾的样式，其他参数设置如图 6.6.8 所示，设置完成后，单击确定按钮，效果如图 6.6.9 所示。

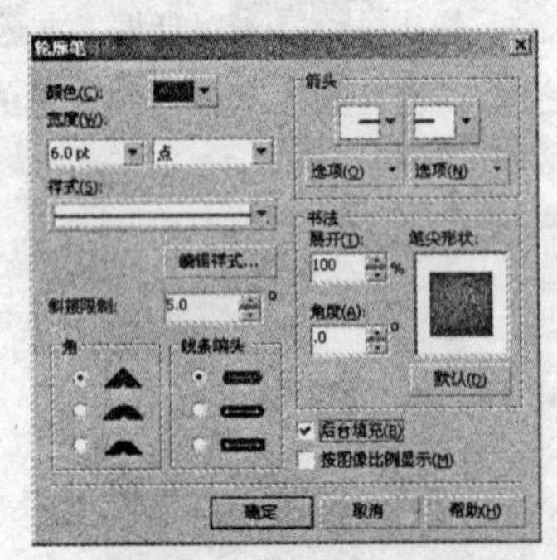

图 6.6.8 设置轮廓笔参数

图 6.6.9 编辑线条后的效果

（8）使用工具箱中的形状工具编辑线条，在线条的中心双击，添加一个节点，再单击属性栏中的“分割曲线”按钮，将线条分割，如图 6.6.10 所示。

（9）选择排列(A)→折分 曲线 在 图层 1(B) Ctrl+K命令，折分线条，选中左边的线条，再选择工具箱中的轮廓画笔工具，在弹出的轮廓笔对话框中，在箭头选区中设置所需箭头和箭尾的样式，效果如图 6.6.11 所示。

图 6.6.10 分割线条后的效果

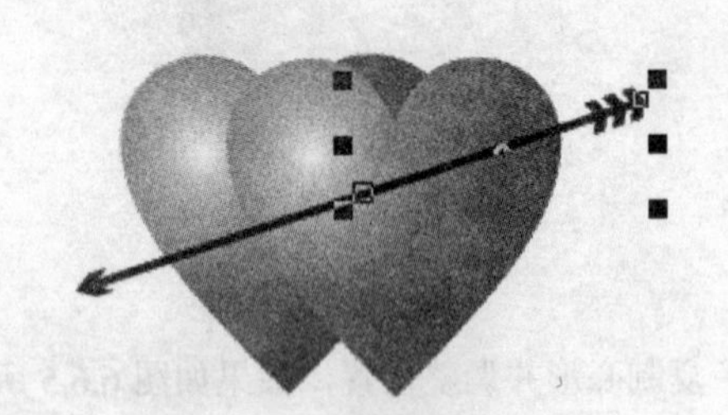

图 6.6.11 设置箭头样式后的效果

（10）选中左侧的箭头，再选择排列(A)→顺序(O)→到图层后面(A) Shift+PgDn命令，将其放置在最后部，效果如图 6.6.12 所示。

（11）选中箭头图形，将其填充为青色，选中图中所有图形，单击属性栏中的“群组”按钮，最终效果如图 6.6.13 所示。

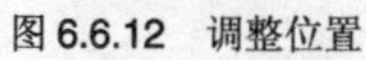

图 6.6.12　调整位置

图 6.6.13　最终效果图

本 章 小 结

本章主要讲述了 CorelDRAW X3 中对象轮廓线与填充的设置方法，通过本章的学习，可以使用户掌握并灵活运用它们创建出色彩丰富的图形效果。

操 作 练 习

一、填空题

1. 在 RGB 颜色模型中，R 代表__________，G 代表__________，B 代表__________。

2. 对某个图形进行线性渐变填充，可以使用__________或__________。

3. __________填充又称为单色填充、均匀填充，它只为对象填充单一的颜色。

4. 在 CorelDRAW X3 中渐变填充的方式有__________、__________、__________与__________。

5. 在“图样填充”对话框中，CorelDRAW X3 为用户提供了 3 种图案：__________、__________和__________。

6. 在“调色板编辑器”对话框中选择颜色时，若按住__________键的同时，依次单击两个不连续的颜色色块，可同时选择两个颜色色块之间连续的多个颜色；若按住__________键的同时，依次单击不同的颜色色块，可选择不连续的多个颜色。

7. __________是一种专用于印刷工具的色彩模式。

8. 想设置两种以上的颜色的渐变填充，需应用__________设置。

9. 为图形填充渐变颜色之后，可利用__________对渐变效果的方向和范围进行调整。

10. 为图形填充了渐变或图案、纹理效果后，若想再对这些填充效果进行外观编辑时，可使用__________工具。

11. __________工具可以帮助用户填充封闭区域和在重叠对象中间创建新对象。

二、选择题

1.（ ）填充可以通过双色、全色或位图的方式对图形进行填充。

（A）底纹　　　　（B）标准

（C）图案　　　　（D）纹理

2. 在 CorelDRAW X3 中，提供了（ ）种交互式填充方式。

（A）1　　　　（B）2

（C）3　　　　（D）4

3．工具箱中的图标表示的是（ ）。

（A）自然笔工具　（B）吸管工具

（C）填充工具　（D）轮廓画笔工具

4．下面（ ）是 CorelDRAW 默认的色彩模式。

（A）RGB　（B）Lab

（C）CMYK　（D）灰度

5．图案填充不提供（ ）图案类型。

（A）双色　（B）PostScriPt 底纹

（C）全色　（D）位图

6．渐变填充包含（ ）种填充类型。

（A）3　（B）1

（C）2　（D）4

三、简答题

1．如何为对象设置轮廓线的样式？

2．如何移动绘图窗口中的调色板？

四、上机操作

新建一个图形文件，在绘图区中绘制星形对象，设置其轮廓线宽度为 2 mm，并练习使用各种填充工具对其进行填充。

对象的操作技法

学习导航

在 CorelDRAW X3 中，对象的操作包括对象的选择、移动、删除、变换、对齐、群组、结合和排列等，本章主要介绍这些操作的方法与技巧。

学习要点

- 选取对象的方法
- 复制与删除对象
- 对象的变换操作
- 对象的对齐与分布
- 调整对象的顺序
- 群组与结合对象
- 锁定与转换对象
- 查找与替换功能

7.1　选取对象的方法

在 CorelDRAW X3 中，要对一个对象进行各种编辑操作，必须先选择该对象，其选取方法有多种，可以根据不同的需要使用不同的方法进行选择。

7.1.1　使用挑选工具

工具箱中的挑选工具是使用频率最高的工具，它可以实现对对象的选取操作。

使用挑选工具对对象进行选取有以下几种方法：

（1）直接选取：单击工具箱中的“挑选工具”，将其移动到所要选取的对象上单击鼠标即可。

（2）多个对象的选取：单击工具箱中的“挑选工具”，将其移动到所要选取的对象上按住 Shift 键的同时用鼠标依次单击各个对象，可同时选取多个对象。

用挑选工具在图像周围拖出一个矩形框，也可以实现对多个对象的选取，如图 7.1.1 所示。

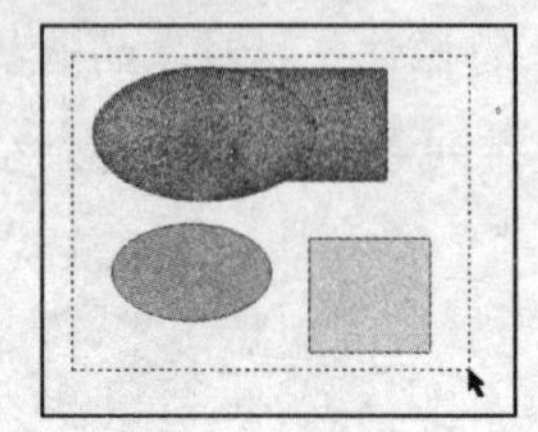
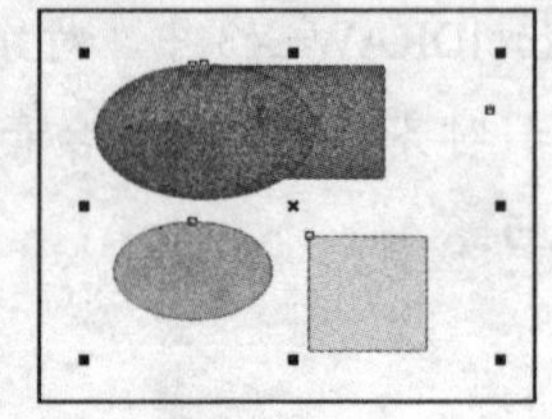

图 7.1.1　选取多个对象

（3）选取层中的对象：使用挑选工具，按住 Alt 键的同时单击所要选择的对象即可，如图 7.1.2 所示。

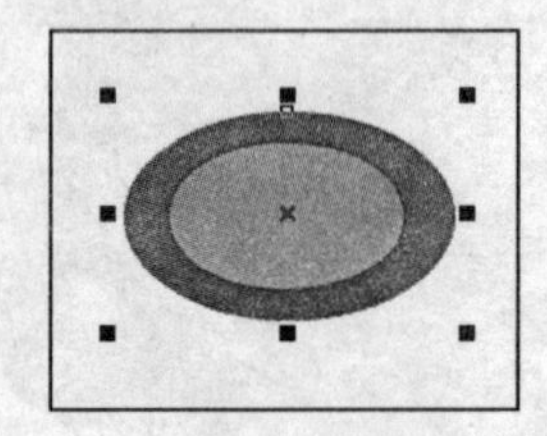
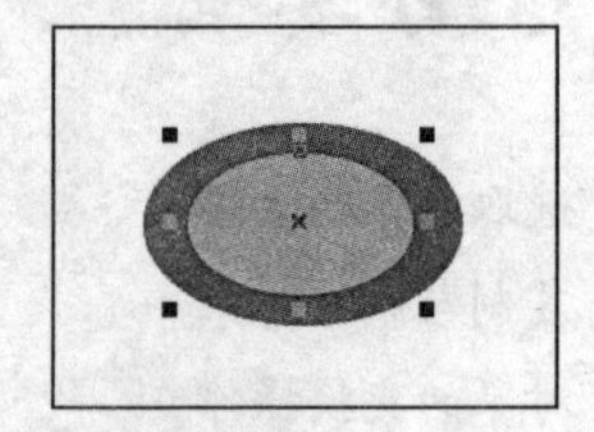

图 7.1.2　选取层中的对象

（4）选取群组中的对象：使用挑选工具，按住 Ctrl 键的同时单击所要选择的群组中的对象即可，此时对象周围的控制点变为小原点，如图 7.1.3 所示。

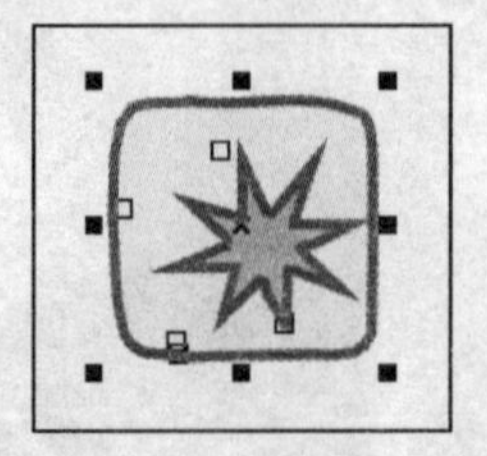
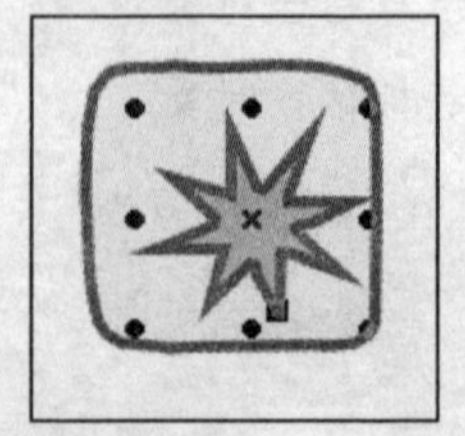

图 7.1.3　选取群组中的对象

7.1.2　使用菜单中的命令

选择菜单栏中的 编辑(E) → 全选(A) 命令，弹出其子菜单，如图 7.1.4 所示，在此菜单中选择所需的命令，可将当前文档中的所有对象、文字、辅助线或节点全部选取。

对象(O)
文本(T)
辅助线(G)
节点(N)

图 7.1.4　“全选”子菜单

选择 对象(O) 命令，可选择除锁定对象外的所有图形、位图以及文本对象。

选择 文本(T) 命令，可选择所有文本，即美术字与段落文本对象。

选择 辅助线(G) 命令，可选择所有辅助线。

选择 节点(N) 命令，选择的对象为线条或美术字时，即选择对象的所有节点。

7.1.3　创建对象时选取

当使用椭圆工具、多边形工具以及其他一些基本的绘图工具绘制对象时，系统会自动将所绘对象选择，此时即可直接对对象进行缩放、旋转以及移动等操作。

7.1.4　取消选择

在 CorelDRAW X3 中，选择了对象后，如果要取消对象的选取状态，只须将鼠标光标移至绘图区中的空白区域单击鼠标左键即可。

7.1.5　新建图形的选取

使用绘图软件创建完成图形后，系统将默认该图形为选中状态，在此状态下用户可直接对该图形进行移动、旋转、缩放等操作。

7.2　复制与删除对象

在绘图区中绘制好图形对象后，可以通过复制来减少对象的重复操作，也可通过删除功能将绘图区中不需要的图形对象删除。

7.2.1　复制、剪切与粘贴对象

在 CorelDRAW X3 中，经常需要将复制、剪切与粘贴命令结合使用，从而制作出图形对象的副本。

1. 复制命令

要复制所选的对象，可选择菜单栏中的 编辑(E) → 复制(C) 命令复制对象；或在工具栏中单击“复制”按钮复制对象；也可通过移动鼠标并单击鼠标右键复制对象；或通过按数字小键盘上的“+”键复制对象。

2. 剪切命令

如果要将对象复制到剪贴板上并且从原位置清除对象，可选择菜单栏中的 编辑(E) → 剪切(T) 命令，或在工具栏中单击“剪切”按钮即可。

3. 粘贴命令

选择菜单栏中的编辑(E)→粘贴(P)命令，或在工具栏中单击“粘贴”按钮，即可将剪贴板中的对象粘贴到绘图区中，且复制的对象重叠在原对象的正上方。

7.2.2 再制对象

使用再制命令不仅可以复制对象，还可复制对象的旋转、移动以及缩放等属性。

再制的对象与原对象之间有一个较小的位移，也就是说，再制的对象不直接出现在原对象的初始位置，而是距初始位置有一个指定的水平与垂直偏移。要再制对象，可使用挑选工具选择对象后，选择菜单栏中的编辑(E)→再制(D)命令，或按 Ctrl+D 键，即可将所选的对象再制一个副本，如图 7.2.1 所示。

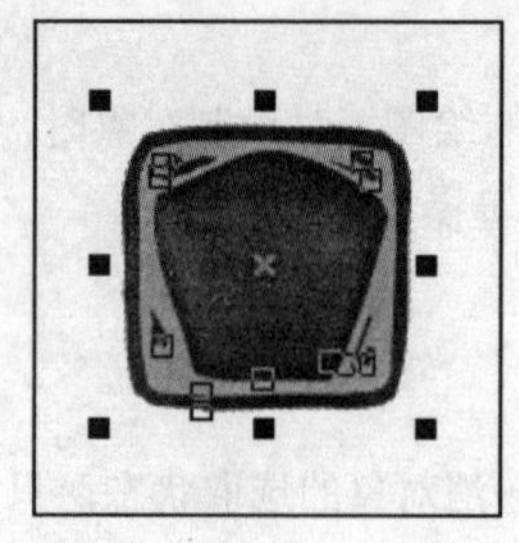
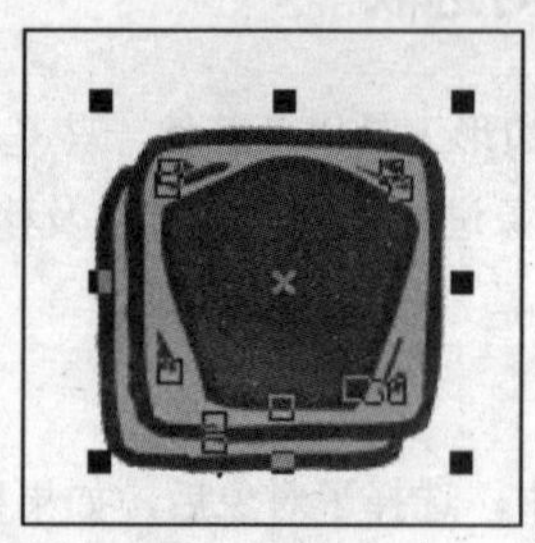

图 7.2.1 再制对象

如果要通过再制命令制作同心的图形对象，其具体的操作方法如下：

（1）单击工具箱中的椭圆工具，在绘图区中绘制一个椭圆，如图 7.2.2 所示。

（2）按小键盘中的“＋”键复制一个椭圆形，将鼠标光标移至椭圆右上角的控制点上，按住 Shift 键的同时拖动光标至适当位置后，松开鼠标，即可将复制的椭圆形向中心缩小，如图 7.2.3 所示。

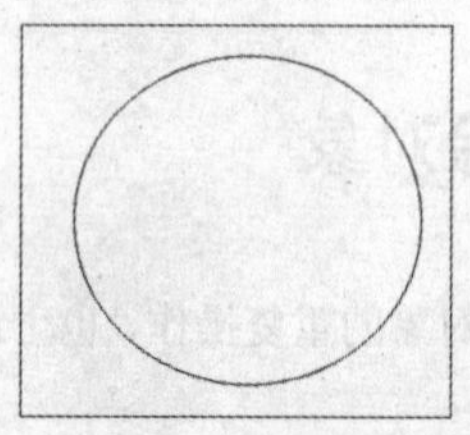

图 7.2.2 绘制椭圆形

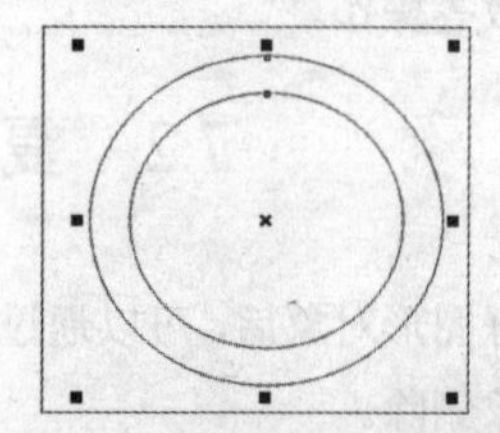

图 7.2.3 复制并缩小椭圆形

（3）选择菜单栏中的编辑(E)→再制(D)命令，再制一个椭圆形，并且该图形将向中心缩小，如图 7.2.4 所示，反复执行几次再制操作后，即可制作出多个同心椭圆形，如图 7.2.5 所示。

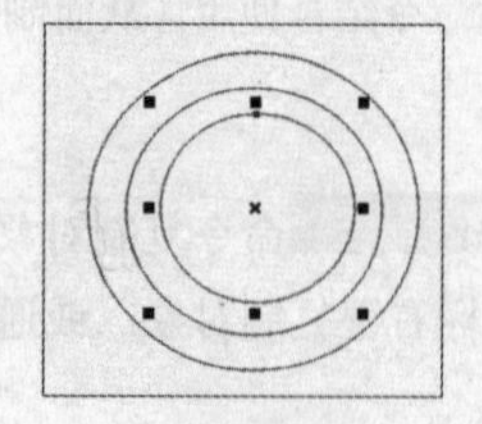

图 7.2.4 再制对象

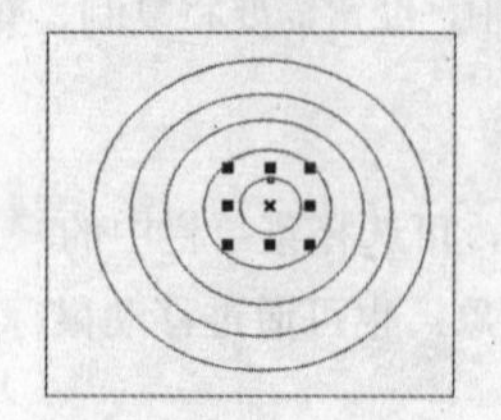

图 7.2.5 制作的同心椭圆形

7.2.3 复制对象属性

复制对象属性是将对象的属性复制到其他对象中，其方法如下：

（1）选中需要获取属性的对象，如图 7.2.6 所示。

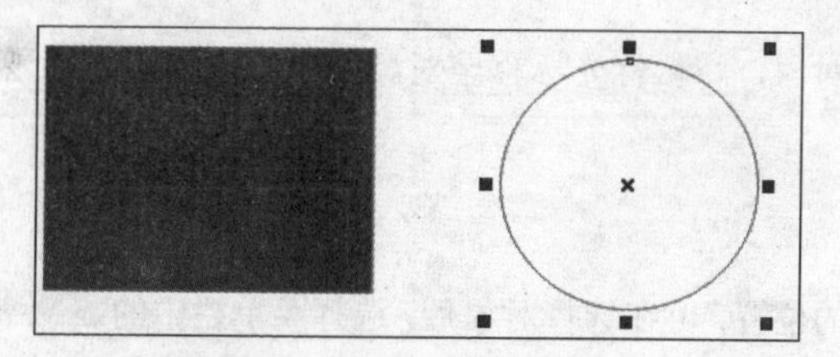

图 7.2.6　选择对象

（2）选择 编辑(E) → 复制属性自(M)... 命令，弹出 复制属性 对话框，如图 7.2.7 所示。

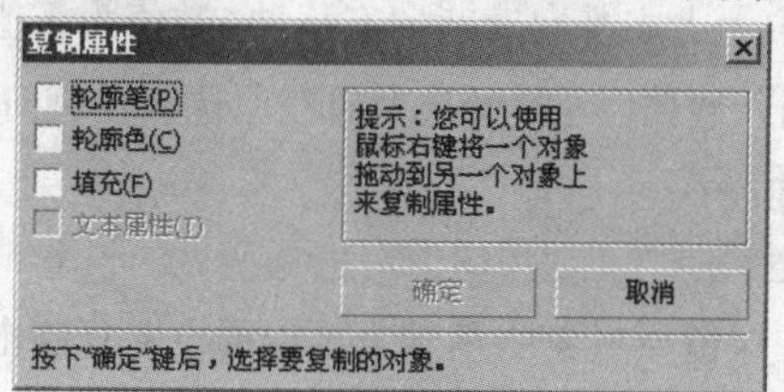

图 7.2.7　“复制属性”对话框

（3）在 复制属性 对话框中可通过选中 轮廓笔(P)、轮廓色(C)、填充(F) 或 文本属性(T) 复选框来设置所需要复制对象的属性，以此选中 填充(F) 复选框。

（4）单击 确定 按钮，当鼠标光标呈➡形状时，将其移动到其他对象上单击鼠标即可将单击对象的属性应用到所选对象上，如图 7.2.8 所示。

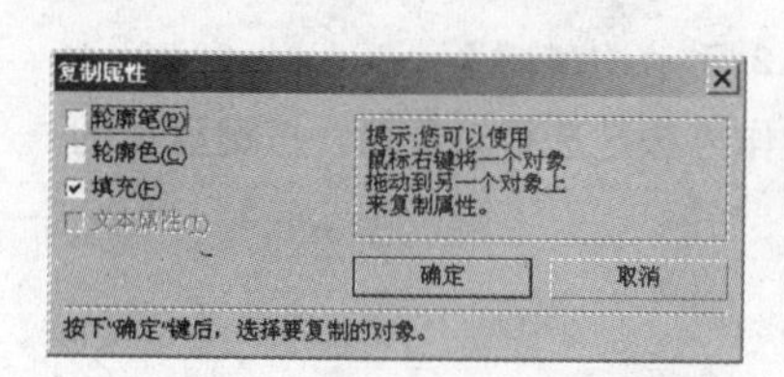

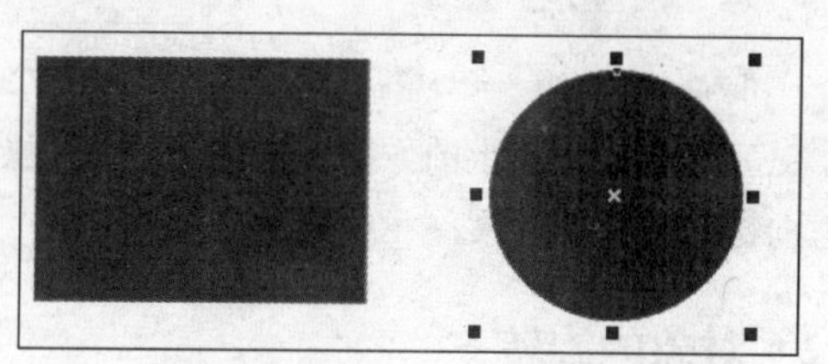

图 7.2.8　复制对象属性

7.2.4　删除对象

在绘制图形的过程中，可以将绘图区中不需要的对象删除，从而保持页面整齐。

要删除对象，可在选择某个对象后，选择菜单栏中的 编辑(E) → 删除(L) 命令，或按 Delete 键即可。

7.3　对象的变换操作

在 CorelDRAW X3 中，对象的变换操作主要包括移动、旋转、缩放、镜像、调整对象的尺寸、倾斜对象，通过这些操作可以使对象产生出更多的效果。

7.3.1　移动对象的位置

在编辑图形对象的过程中，如果需要移动对象的位置，可通过两种方法来完成，即直接使用鼠标移动对象或通过变换泊坞窗精确地移动对象。

1. 用鼠标移动对象

可先选择需要移动的对象，将鼠标光标移至对象的中心位置，光标显示为✥形状，按住鼠标左键拖动，即可移动对象。

2. 精确移动对象

如果要精确移动对象的位置，可在选择对象后，选择菜单栏中的 排列(A)→变换(F)→位置(P) 命令，打开 变换 泊坞窗，如图 7.3.1 所示。

选中 ☑相对位置 复选框，将以当前对象所在位置为标准进行变换，在 水平： 输入框中输入数值，所选对象即在变换中心所处的位置上水平向左或向右移动。数值为正值时，向右移动；数值为负值时，向左移动。在 垂直： 输入框中输入数值，可使所选对象在原位置垂直向上或向下移动，数值为正值时，向上移动；数值为负值时，向下移动。

设置完成后，单击 应用 按钮，可根据所做的设置精确地移动所选的对象；如单击 应用到再制 按钮，将在保留原对象的基础上再根据设置复制出一个对象，如图 7.3.2 所示。

图 7.3.1 “变换”泊坞窗

图 7.3.2 移动并复制对象

此外，还可以通过键盘上的方向键来移动对象，操作方法是选择对象后，按键盘上的→，←，↑或↓4 个方向键即可移动对象。

7.3.2 对象的旋转

要旋转对象，其方法有两种：一种是使用鼠标旋转；另一种是通过设置数值对其进行精确旋转。

1. 使用鼠标旋转对象

使用工具箱中的挑选工具，将鼠标移至对象上双击鼠标左键，此时对象周围将显示出 8 个双方向箭头，并在中心位置显示一个小圆圈，即对象的旋转中心，如图 7.3.3 所示。

将鼠标光标移至对象四角的任意一个旋转符号↖上，此时鼠标光标显示为↻形状，按住鼠标左键并沿顺时针或逆时针方向拖动，即可使对象绕着旋转中心进行旋转，如图 7.3.4 所示。

也可先改变旋转中心的位置，然后再旋转对象，这就会使对象围绕新的旋转中心进行旋转，如图 7.3.5 所示。

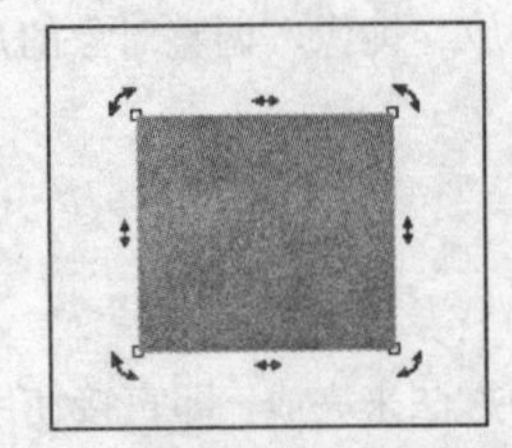

图7.3.3 使对象处于旋转状态

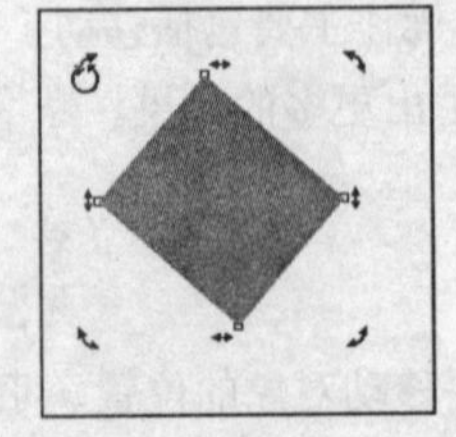

图7.3.4 旋转对象

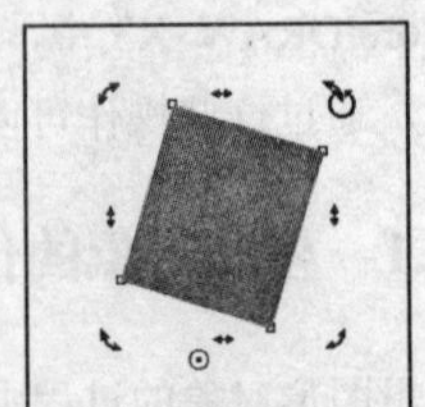

图7.3.5 调整旋转中心位置后再旋转对象

2. 使用“变换”泊坞窗精确旋转对象

在页面中选择所要旋转的对象，然后选择 排列(A) → 变换(F) → 旋转(R) 命令，可打开 变换 泊坞窗。在 角度：0 度 输入框中输入数值，可设置所选对象的旋转角度；在 水平：217.475 mm 与 垂直：133.694 mm 输入框中输入数值，可设置水平与垂直方向的数值来决定对象的旋转中心；选中 ☑ 相对中心 复选框，可在下方的指示器中选择旋转中心的相对位置。

设置好参数后，单击 应用 按钮，即可按所设置的值旋转对象，如图 7.3.6 所示。

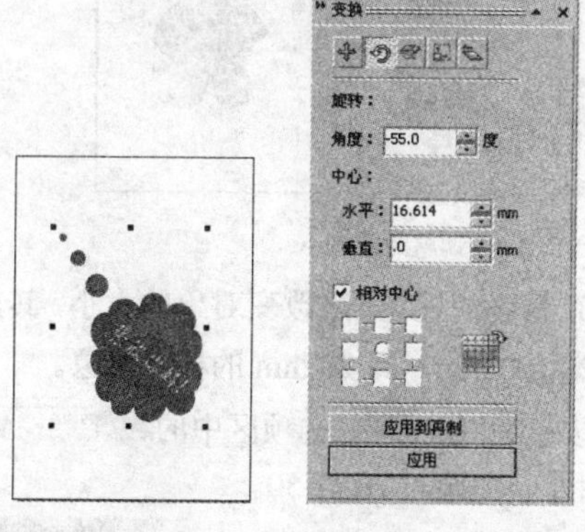

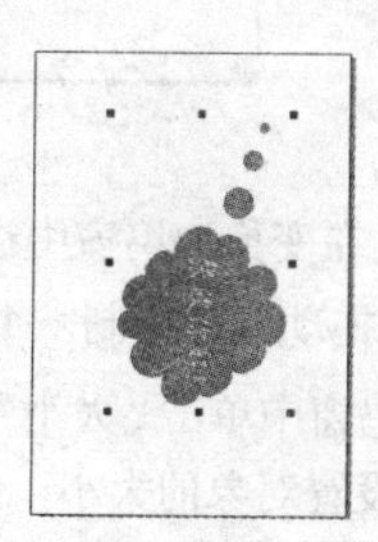

图 7.3.6 旋转对象

如果单击 应用到再制 按钮，系统将在保留原对象的状态下，再复制出一个对象，并将所做设置应用于复制的对象。

7.3.3 缩放和镜像对象

如果需要将对象进行缩放或镜像操作，可在 变换 泊坞窗中单击“缩放和镜像”按钮，可在此泊坞窗中显示出相应的参数。

在 缩放： 下方的 水平：70.0 % 与 垂直：100.0 % 输入框中输入数值，可设置对象在水平与垂直方向上的缩放比例；若选中 ☑ 不按比例 复选框，表示可以将对象进行不成比例的缩放设置；在对象缩放指示器中可以选择对象缩放的方向。

在 镜像： 下方单击“水平镜像”按钮，可将所选对象进行水平镜像；单击“垂直镜像”按钮，可将所选对象进行垂直镜像。

设置好参数后，单击 应用 按钮，即可缩放与镜像所选对象，如图 7.3.7 所示。

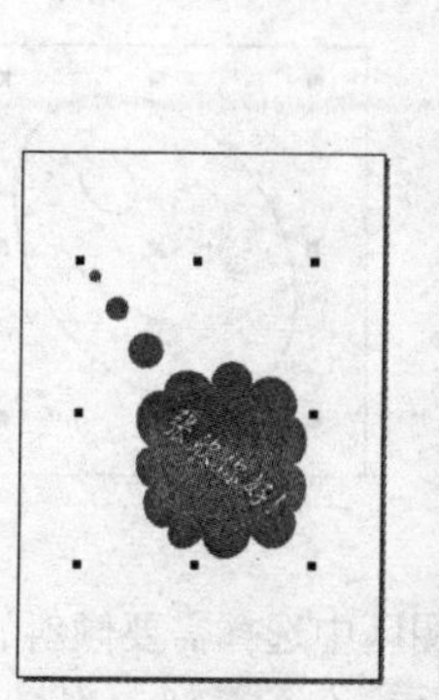

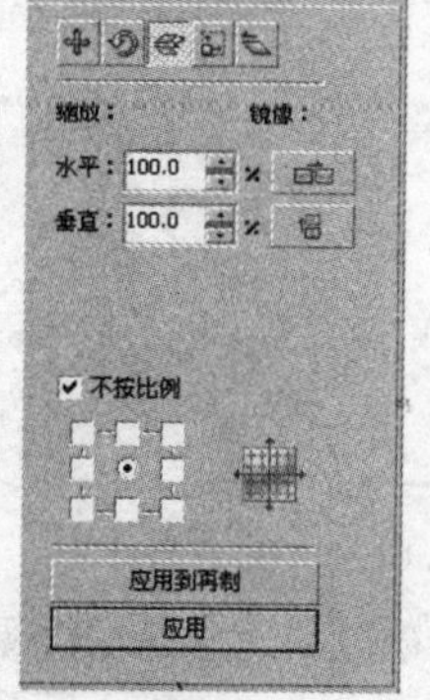

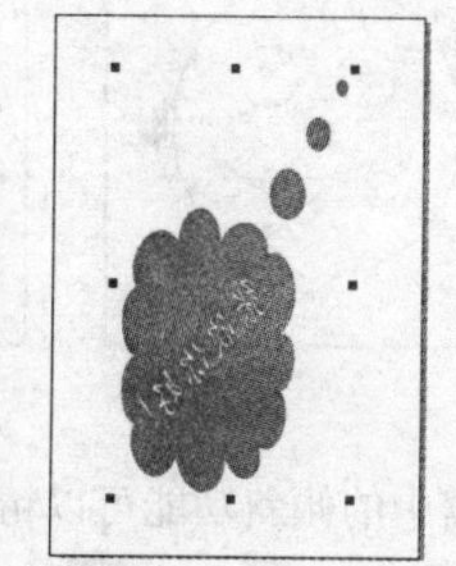

图 7.3.7 缩放与镜像对象

7.3.4 调整对象的尺寸

尺寸是指对象的大小，要调整对象的大小，可在选择对象后，将鼠标光标移至对象任意一个角的控制点上，此时鼠标光标变为↗形状，按住鼠标左键拖动即可，如图 7.3.8 所示。

图 7.3.8 调整对象大小

此外，还可以通过在变换泊坞窗中进行精确的设置，来改变对象的大小，其具体的操作方法如下：

（1）在绘图区中拖动鼠标绘制一个宽 100 mm，高 20 mm 的椭圆对象。

（2）在 变换 泊坞窗中单击“大小”按钮，在 大小: 选项区中的 水平: 79.459 mm 与 垂直: 75.045 mm 输入框中输入数值，可设置对象的大小，此处分别输入 70 与 50。

（3）单击 应用 按钮，可变换对象大小，单击 应用到再制 按钮，可保留原对象的大小与位置，并将所做设置应用到复制的对象上，如图 7.3.9 所示。

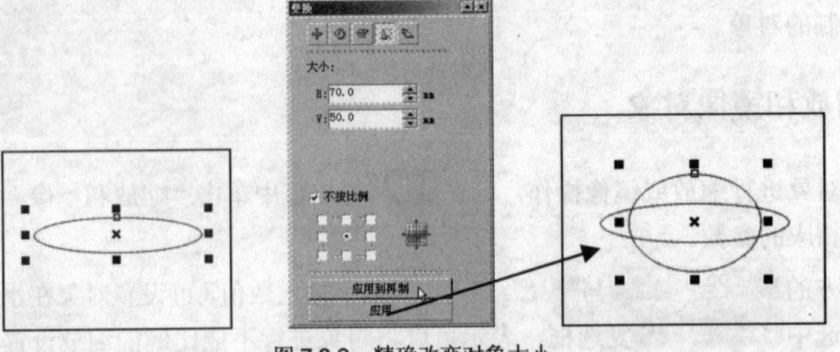

图 7.3.9 精确改变对象大小

7.3.5 倾斜对象

当对象处于旋转状态时，即显示出 8 个双向箭头，将鼠标光标移至对象 4 条边的双向箭头↔上，当鼠标光标变为⇅形状时，按住鼠标左键拖动即可使对象倾斜，如图 7.3.10 所示。

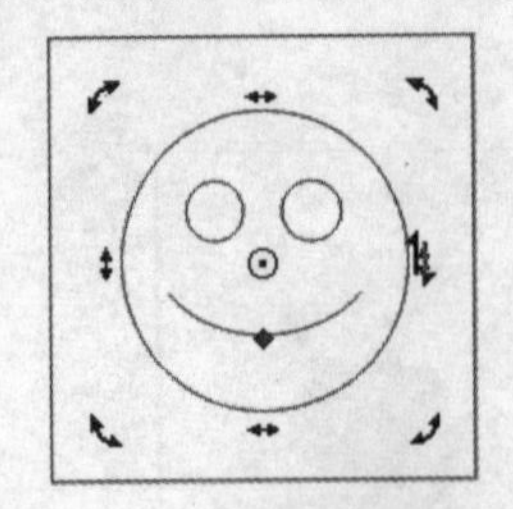

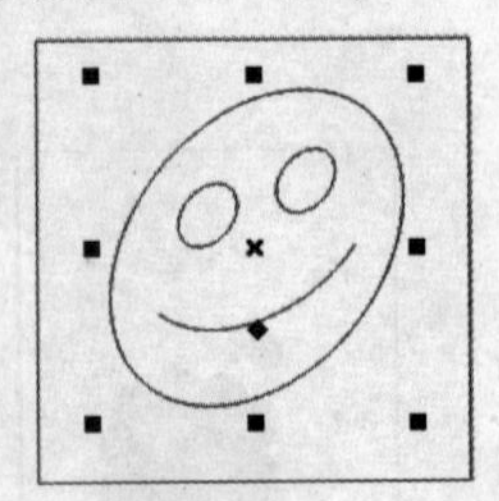

图 7.3.10 倾斜对象

通过变换泊坞窗中的倾斜功能可以精确倾斜对象，在绘图区中选择需要倾斜的对象后，在 变换 泊坞窗中单击“倾斜”按钮，在 倾斜: 选项区中的 水平: 15.0 度 与 垂直: 30.0 度 输入框中输入数值，可设置倾斜的角度，单击 应用 或 应用到再制 按钮，可精确倾斜对象。

7.4　对象的对齐与分布

在 CorelDRAW X3 中绘制好图形后，可以使用对齐或分布功能将对象有序地进行排列。

7.4.1　对齐对象

对齐对象的方法如下：

（1）选中绘图页面中所要对齐的对象。

（2）选择 排列(A) → 对齐和分布(A) 命令，在弹出的子菜单中选择对齐的方式，如图 7.4.1 所示。

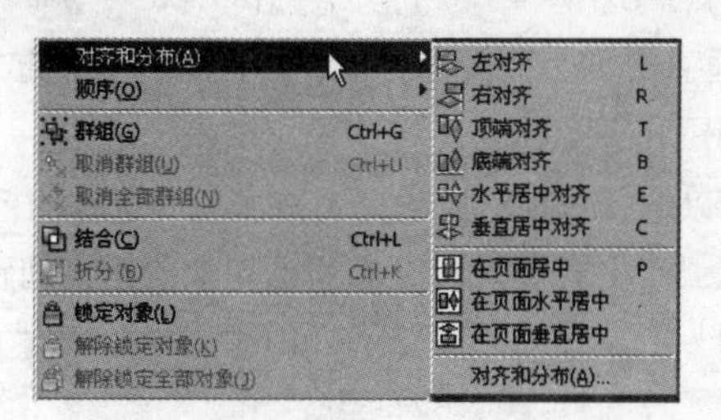

图 7.4.1　对齐和分布子菜单

也可以在对齐和分布子菜单中选择 对齐和分布(A)... 命令，弹出 对齐与分布 对话框，如图 7.4.2 所示。

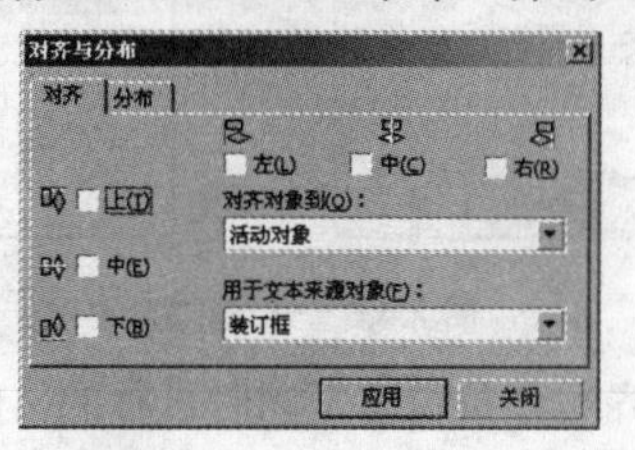

图 7.4.2　“对齐与分布”对话框

在对话框中选择对齐的方式，该对话框中提供了 6 种对齐方式，水平方向有左、中和右 3 种；垂直方向上有上、中、下 3 种。在 对齐对象到(O)： 下拉列表中选择对齐的参照标准。

（3）设置完成之后，单击 应用 按钮即可，如图 7.4.3 所示。

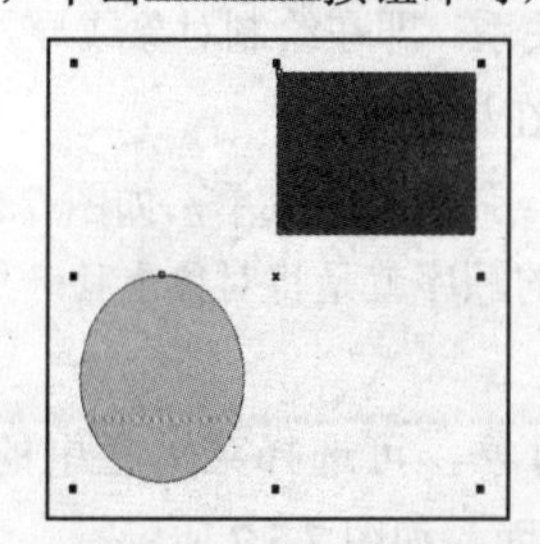
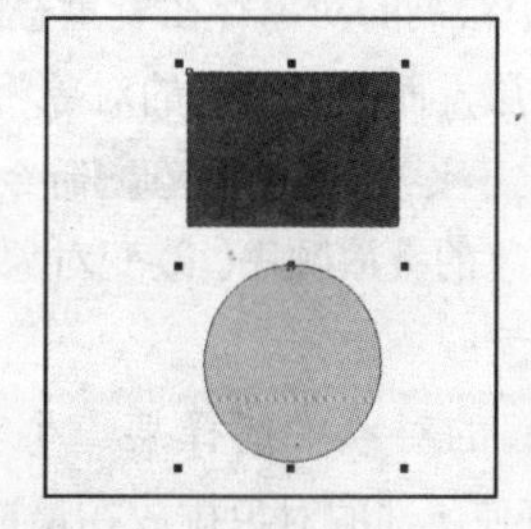

图 7.4.3　对齐效果

7.4.2　分布对象

使用分布功能，可以使两个或多个对象在水平或垂直方向上根据所做设置均匀地分布。

分布对象具体的操作方法如下：

（1）单击工具箱中的挑选工具，在绘图区中选择需要对齐的两个或多个对象，如图 7.4.4 所示。

（2）选择菜单栏中的 排列(A) → 对齐和分布(A) → 对齐和分布(A)... 命令，弹出 对齐与分布 对话框，选择分布选项卡，如图 7.4.5 所示。

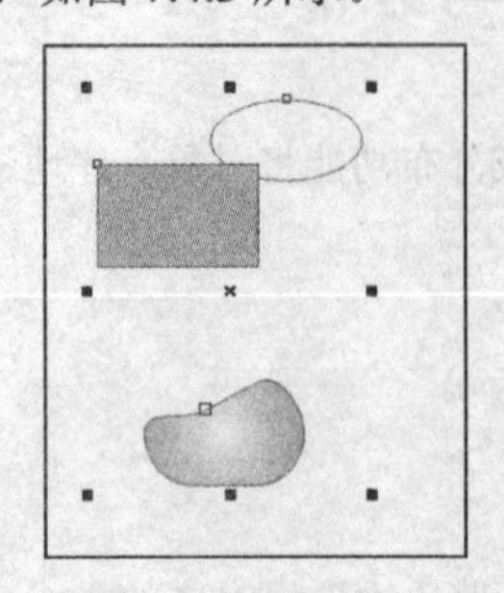

图 7.4.4 选择的对象

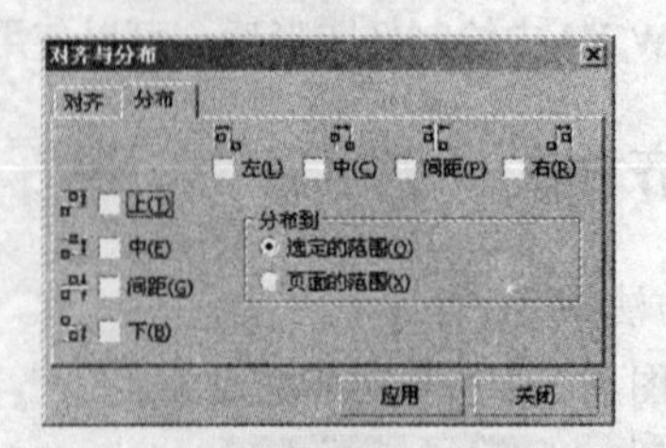

图 7.4.5 “分布”选项卡

（3）设置对象在水平或垂直方向上的分布方式，其中水平分布方式分为左、中、间距与右 4 种；垂直分布方式分为上、中、间距和下 4 种。

（4）在分布到选项区中可以选择一种对象的分布范围，即选定的范围或页面范围。

（5）设置完毕后，单击应用按钮，可分布所选对象的垂直间距相等，如图 7.4.6 所示。

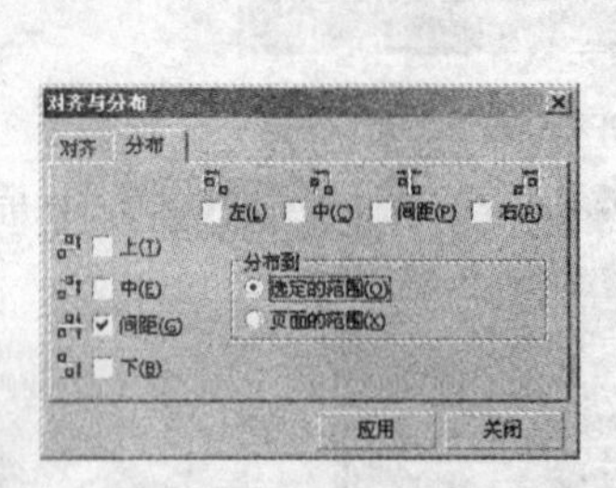

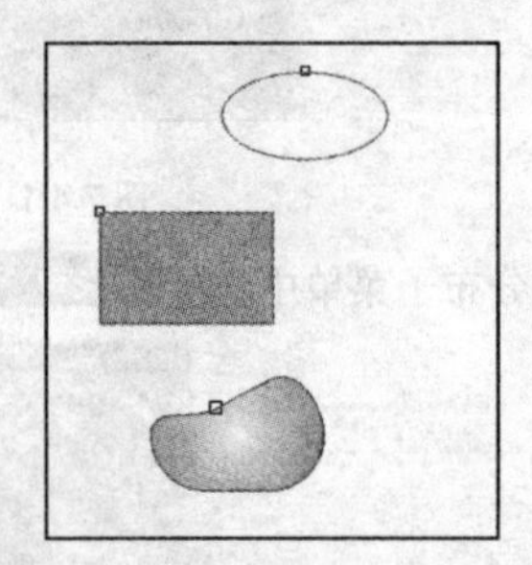

图 7.4.6 分布对象

在实际绘图过程中，对象的对齐与分布经常是同时进行的，此时就需要在对齐与分布对话框中同时对对象进行对齐与分布设置。

7.5 调整对象的顺序

在 CorelDRAW X3 中绘制的对象存在着重叠关系，即在绘制对象或导入对象时，最后绘制的对象或导入的对象将在最上层，而最先绘制的对象将在最底层。

通过选择菜单栏中的排列(A)→顺序(O)命令，弹出其子菜单，如图 7.5.1 所示，从中选择相应的命令可以轻松地调整对象的叠放顺序。改变对象的顺序就是将对象上移一层、下移一层或移到最顶层或最底层。

要在多个重叠在一起的对象中选择某一个对象，可选择菜单栏中的排列(A)→顺序(O)→到页面前面(F)命令，即可使所选的对象排放在最前面，如图 7.5.2 所示。

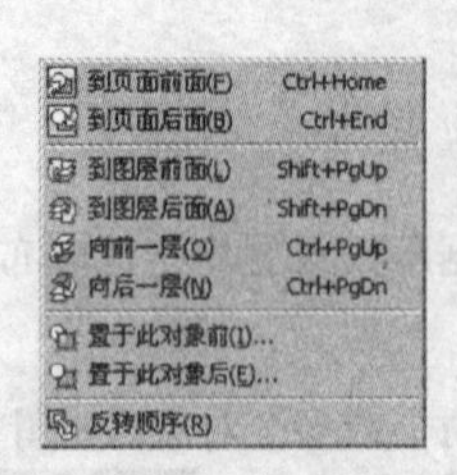

图 7.5.1 “顺序”子菜单

图 7.5.2 将所选对象排放在最前面

在多个重叠在一起的对象中选择某一个对象，然后选择菜单栏中的 排列(A) → 顺序(O) → 到页面后面(B) 命令，即可将所选的图形对象排放在所有对象的最后面，如图 7.5.3 所示。

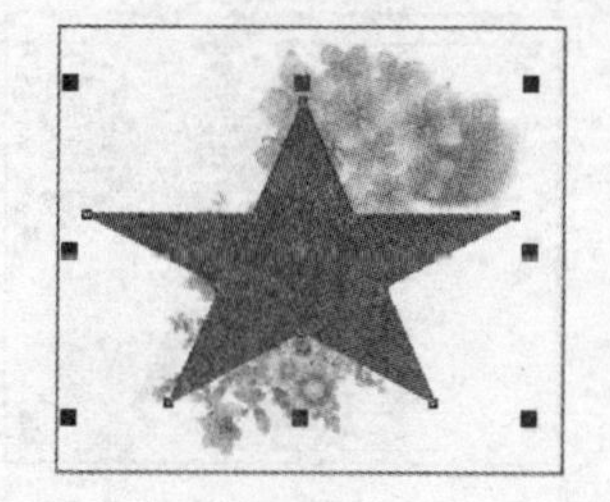
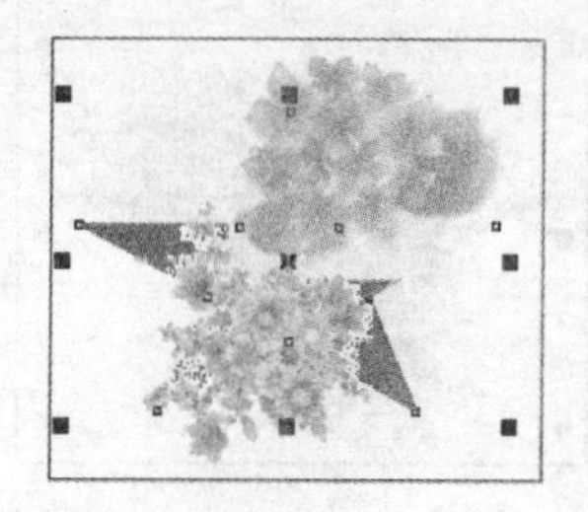

图 7.5.3 将所选对象排放在最后面

选择多个重叠在一起的对象中的某一个对象后，选择菜单栏中的 排列(A) → 顺序(O) → 到图层前面(L) 命令，可将所选的对象图层中的顺序向前移动一层，如图 7.5.4 所示。

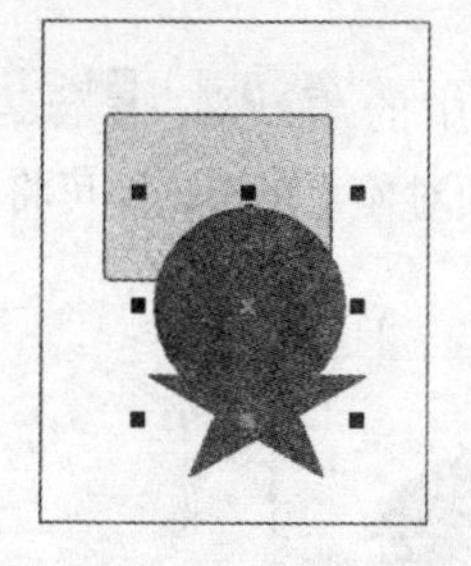
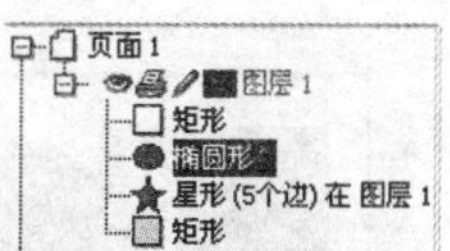

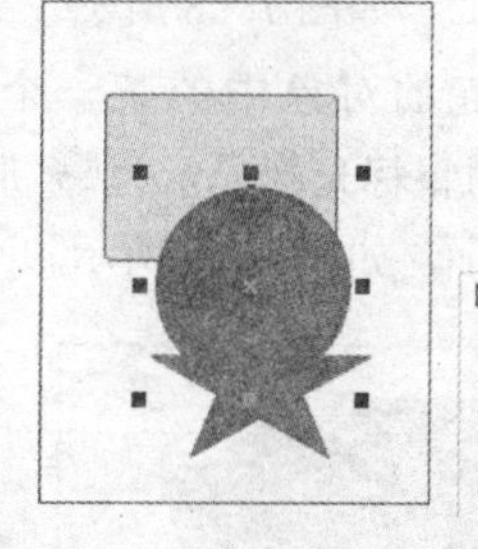
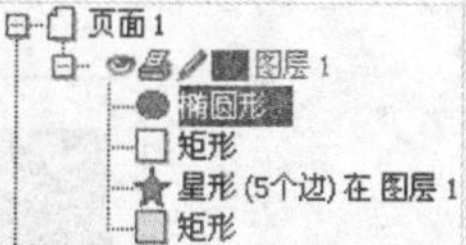

图 7.5.4 到图层前面

选择多个重叠在一起的对象中的某一个对象后，选择菜单栏中的 排列(A) → 顺序(O) → 到图层后面(A) 命令，可将所选的对象图层中的顺序向后移动一层，如图 7.5.5 所示。

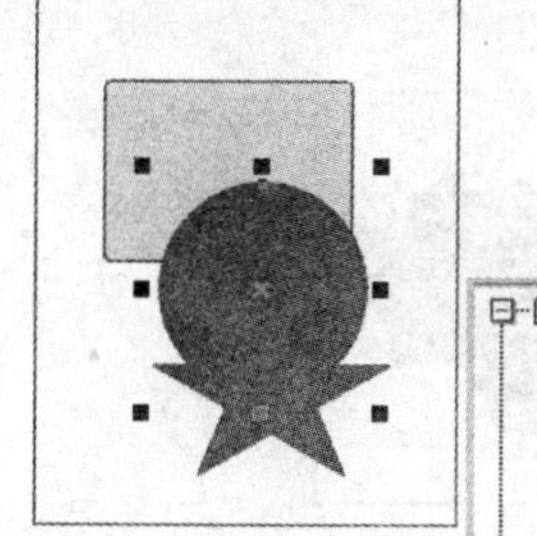
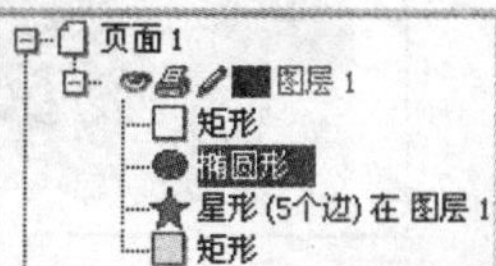

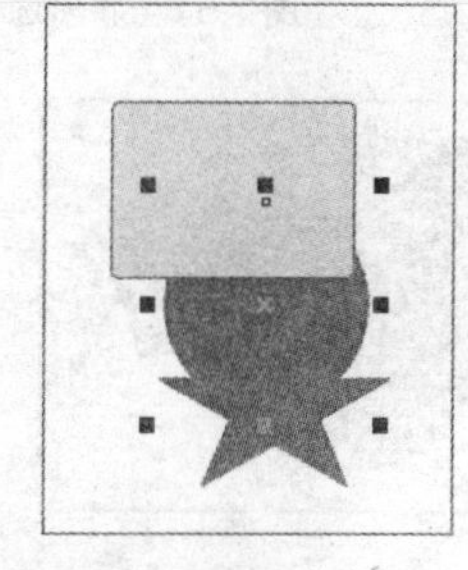
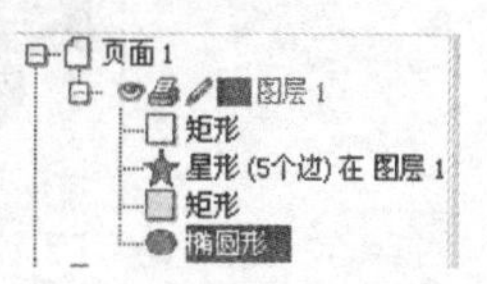

图 7.5.5 到图层后面

选择多个重叠在一起的对象中的某一个对象后，选择菜单栏中的 排列(A) → 顺序(O) → 向前一层(O) 命令，即可将所选的对象向前移动一层，如图 7.5.6 所示。

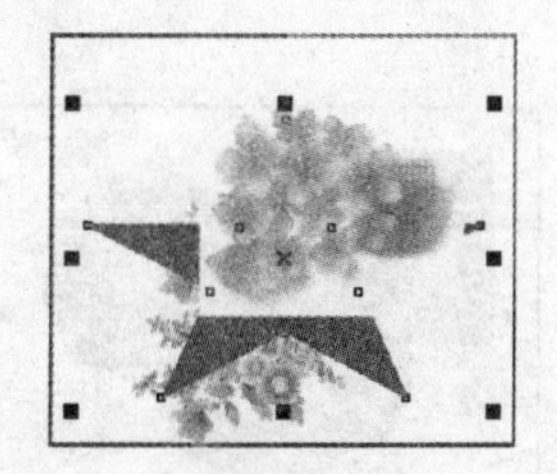

图 7.5.6 将所选对象向前移动一层

选择多个重叠在一起的对象中的某一个对象后，选择菜单栏中的 排列(A) → 顺序(O) →

向后一层(N)命令，即可将所选的对象向后移动一层，如图 7.5.7 所示。

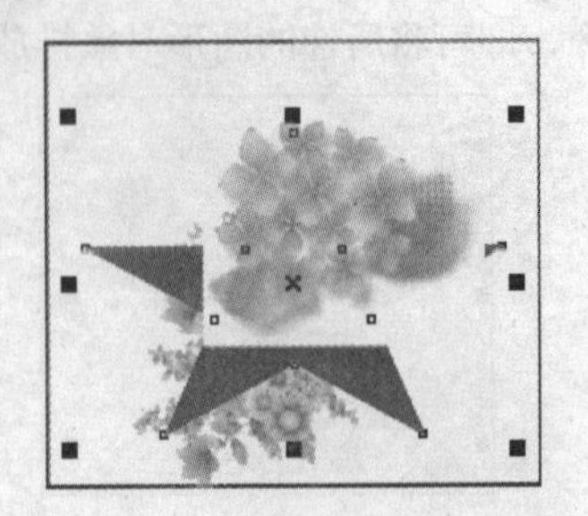

图 7.5.7 将所选对象向后移动一层

选择多个重叠在一起的对象中的某一个对象后，选择菜单栏中的 排列(A) → 顺序(O) → 置于此对象前(I)... 命令，此时鼠标光标显示为➡形状，将光标移至指定的对象上单击，即可将所选的对象排放在指定对象的前面，如图 7.5.8 所示。

选择多个重叠在一起的对象中的某一个对象后，选择菜单栏中的 排列(A) → 顺序(O) → 置于此对象后(E)... 命令，此时鼠标光标显示为➡形状，将光标移至指定的对象上单击，即可将所选的对象排放在指定对象的后面，如图 7.5.9 所示。

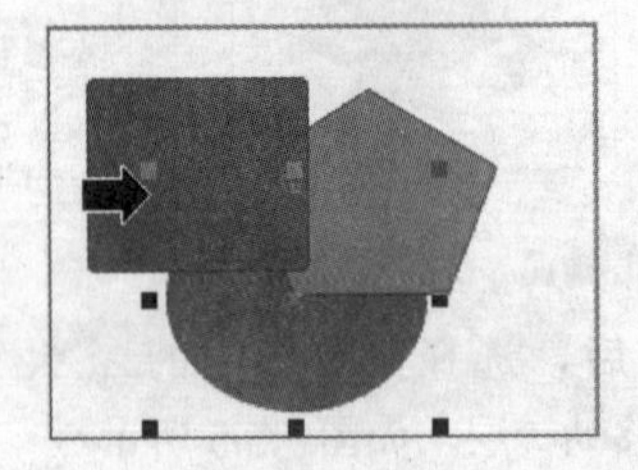
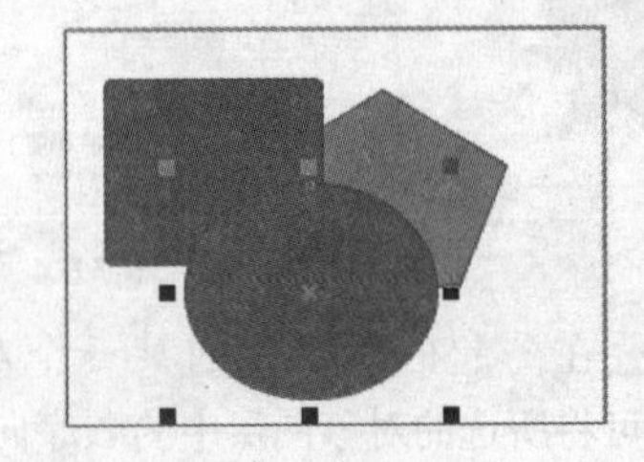

图 7.5.8 将所选对象排放在指定对象之前

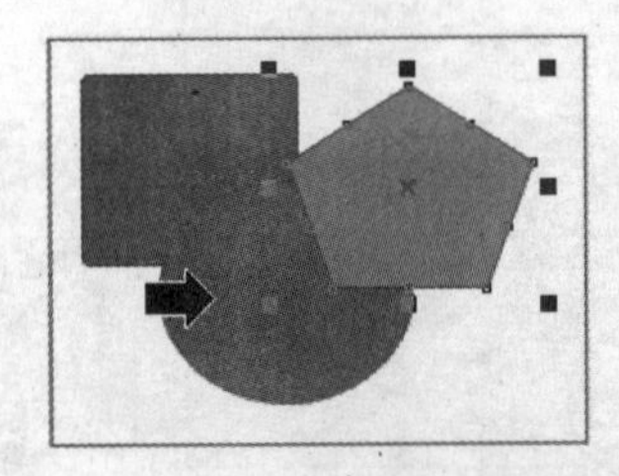
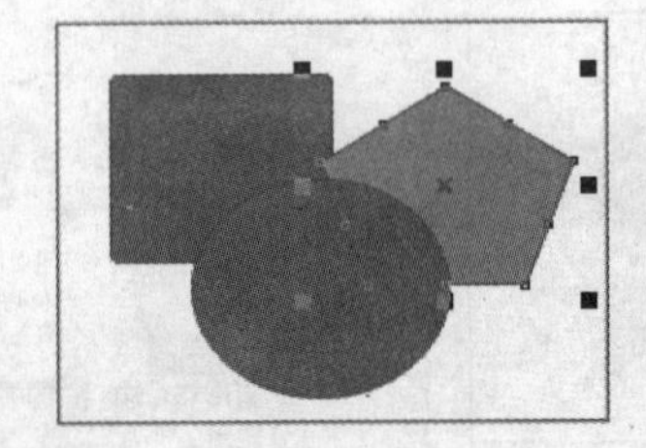

图 7.5.9 将所选对象排放在指定对象之后

如果要将重叠在一起的全部对象按照相反的顺序排列，操作很简单，只需要使用挑选工具框选重叠在一起的全部对象，然后选择菜单栏中的 排列(A) → 顺序(O) → 反转顺序(R) 命令即可，如图 7.5.10 所示。

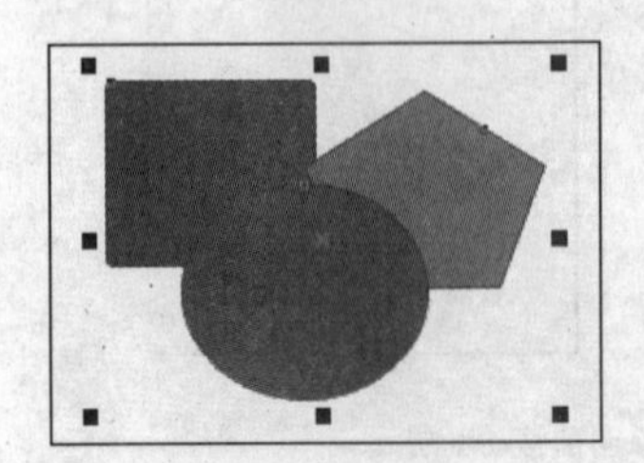
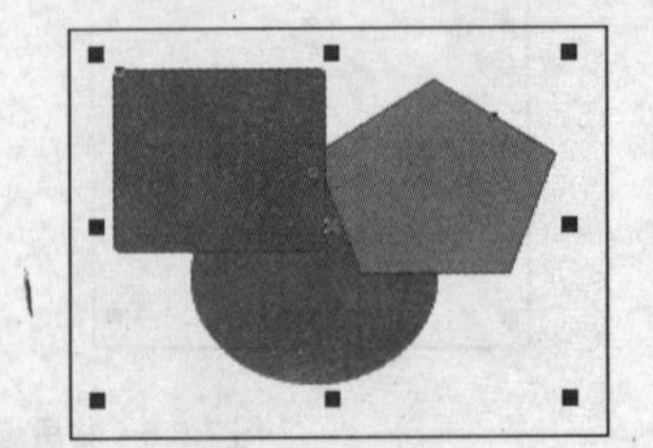

图 7.5.10 将重叠对象按相反顺序排序

7.6　群组与结合对象

在 CorelDRAW X3 中，可以将多个独立的对象进行群组或结合，使其变为一个整体对象。这样不仅便于操作，还可以制作出特殊的效果。

7.6.1　群组对象

群组是指把所有选中的对象捆绑在一起，从而形成一个整体。群组中对象的各个属性都不发生改变，对群组中的对象可同时进行移动或填充等操作。

1. 群组对象

群组对象的方法如下：

（1）选中所有需要群组的对象。

（2）选择 排列(A) → 群组(G) 命令即可。

对于多个群组对象，可再次进行群组。

2. 在群组中添加或移出对象

在群组中添加或移出对象的方法如下：

（1）选择 窗口(W) → 泊坞窗(D) → 对象管理器(N) 命令，打开 对象管理器 泊坞窗，如图 7.6.1 所示。

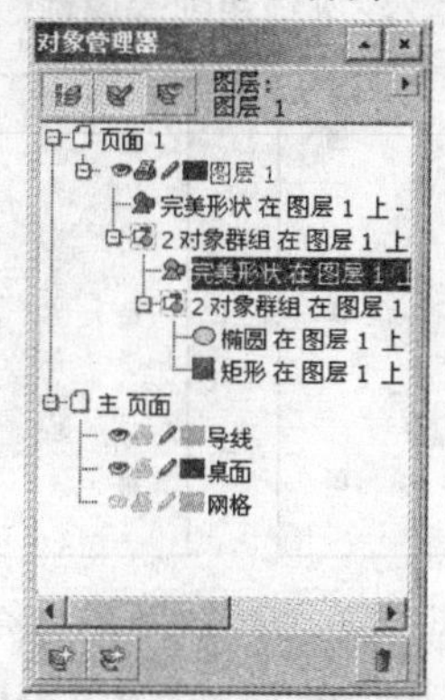

图 7.6.1　“对象管理器”泊坞窗

（2）单击“显示对象属性”按钮。

（3）若要将对象添加到群组可单击要添加的对象名称，将其拖动到所要加入到的群组中松开鼠标即可实现将对象添加入群组的操作。

（4）若要将对象从群组中分离可单击群组中要分离的对象名称，将其拖到该群组之外即可。

7.6.2　取消群组

取消群组有两种情况：一种是取消合并的群组，若该群组中有多个群组则只能取消一层的群组；另一种是将所有层中的所有群组取消，使其分离为一个个独立的对象。

取消群组的方法如下：

（1）选中所要取消的群组。

（2）选择 排列(A) → 取消组合(U) 命令即可。

取消所有群组的方法如下：

（1）选中所要取消的群组。

（2）选择 排列(A) → 取消全部组合(N) 命令即可。

7.6.3 对象的结合

结合对象是指将不同的对象结合在一起，使其成为一个全新的对象。结合与群组看似相似，但实际不同，群组是将所有的对象捆绑在一起，各个对象的属性不变，而结合则是将各个对象合并在一起，而对象之间的相对位置不发生变换，所有对象的属性变为统一属性。

结合对象主要应用于以下两种情况：

（1）如果文件中的节点和曲线过多，可以通过将其结合以减小节点和曲线的数量，从而节省存储空间并加快绘制的速度。

（2）将多个对象结合为一个对象，可使用节点编辑器对其进行编辑。

结合对象的方法如下：

（1）选中所要结合的所有对象。

（2）选择 排列(A) → 结合(C) 命令或单击属性栏上的“结合”按钮即可。

按照结合后生成效果的不同可分为以下 3 种情况：

（1）单击挑选工具，将需要结合的对象进行框选，再执行结合命令，则最后生成的新对象保留位于最底层对象的内部颜色、轮廓色、轮廓线粗细等属性，如图 7.6.2 所示。

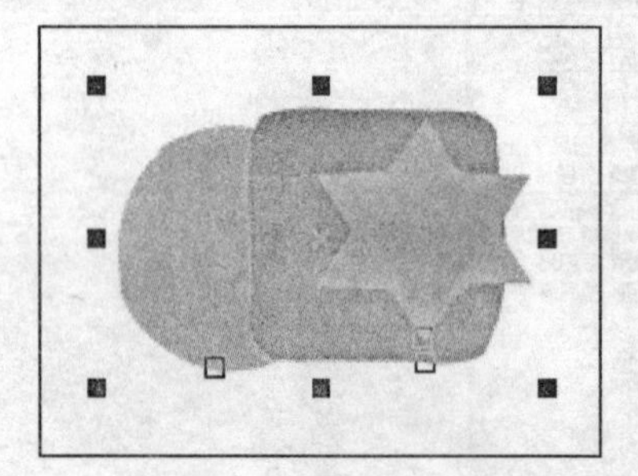
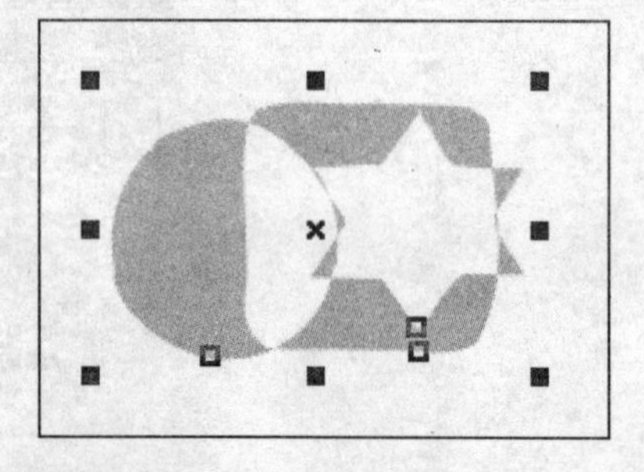

图 7.6.2　将框选对象进行结合

（2）单击挑选工具，按住 Shift 键的同时单击各个对象，将所需的对象逐个进行选取，则生成的新对象保留最后选取的对象的内部颜色、轮廓色、轮廓线粗细等属性，如图 7.6.3 所示。

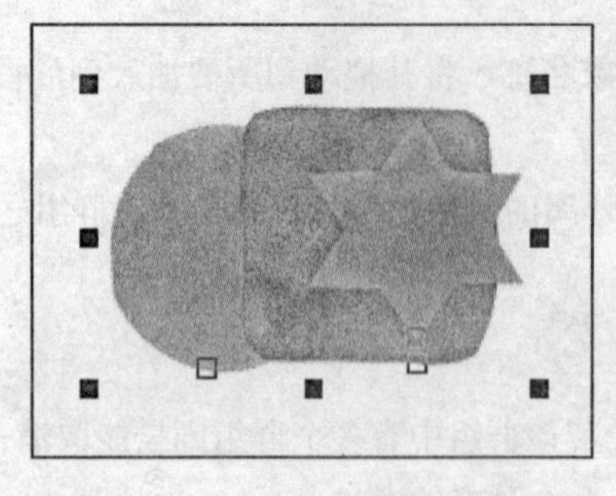
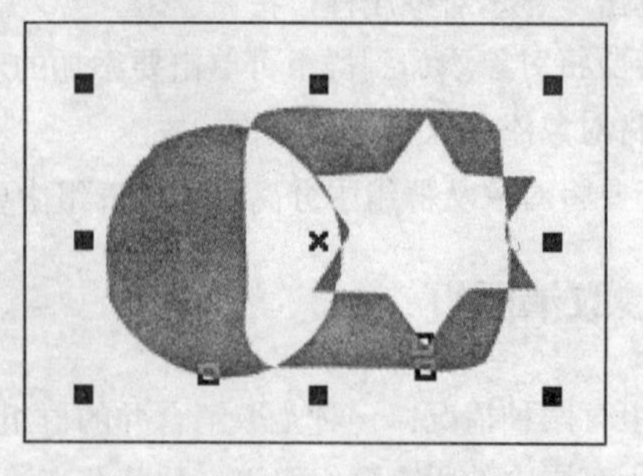

图 7.6.3　将逐个选取的对象进行结合

（3）将线条与封闭对象进行结合，则生成新对象中的线条具有封闭对象的属性，如图 7.6.4 所示。

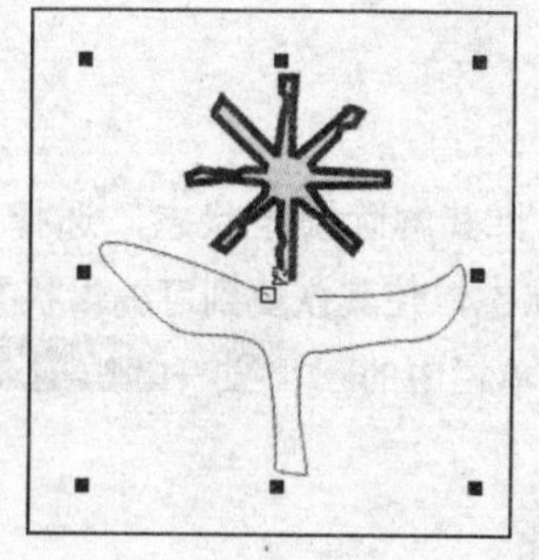
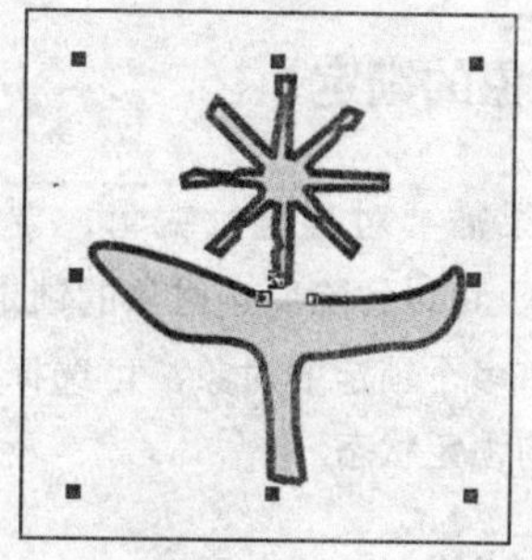

图 7.6.4　将线条与封闭对象进行结合

7.6.4　对象的拆分

对于已结合的对象，可将其拆分为结合前的状态。拆分的方法如下：

（1）选中所要拆分的对象整体。

（2）选择 排列(A) → 拆分 命令或单击属性栏上的“拆分”按钮即可，如图 7.6.5 所示。

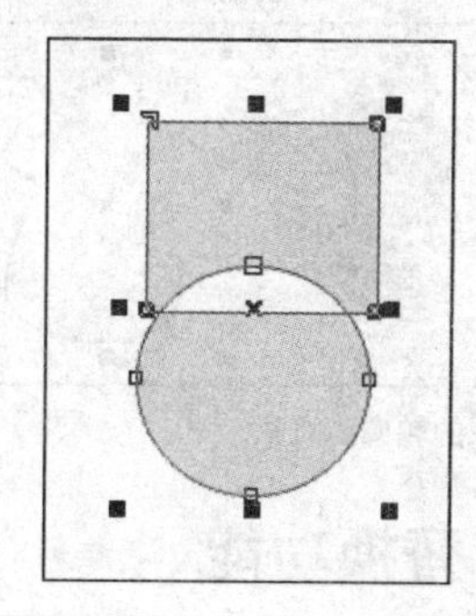
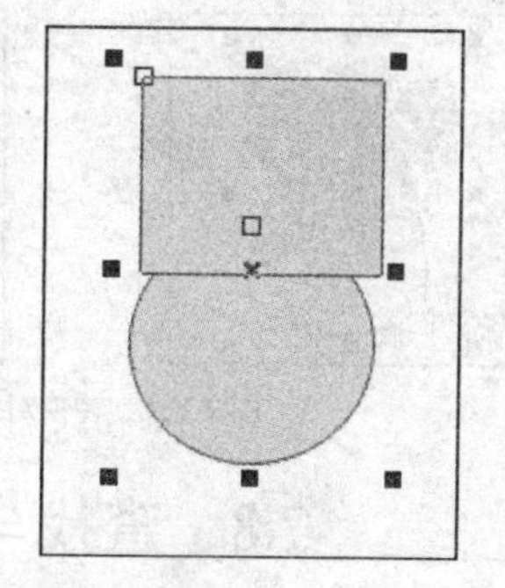

图 7.6.5　拆分对象效果

注意　群组和结合操作要在两个或两个以上对象间进行。

7.7　锁定与转换对象

在 CorelDRAW X3 中提供了锁定对象功能，使用该功能可以将所选的对象锁定，以免发生变化，当编辑完后，即可将其解除锁定。此外，还可以根据需要将对象的轮廓线转换为单独对象，并且进行编辑，从而快速地制作出一些特殊的对象效果。

7.7.1　对象的锁定

在进行创作时，对于已编辑完成的对象不需要再进行编辑操作，可以将其锁定，锁定的对象可以是一个或多个对象，也可以是群组的对象。

锁定的方法如下：

（1）选中所要锁定的对象。

（2）选择 排列(A) → 锁定对象(L) 命令，当该对象四周出现🔒标记时，则表示该对象已被锁定。

7.7.2 解除对象的锁定

锁定对象后，如果需要对其进行编辑，要先将其解除锁定状态，选择菜单栏中的 排列(A) → 解除锁定对象(K) 命令，可以解除所选对象的锁定状态，使其恢复到可编辑状态。

如果在绘图区中有多个锁定的对象，可选择菜单栏中的 排列(A) → 解除锁定全部对象(J) 命令，即可一次解除所有对象的锁定状态。

7.7.3 对象的转换

在 CorelDRAW X3 中，除了可以将对象转换为曲线，还可以将对象的轮廓分离出来，转换为单独的轮廓线对象。

要将对象的轮廓转换为对象，可在选择对象后，选择菜单栏中的 排列(A) → 将轮廓转换为对象(E) 命令，即可将所选的图形对象的轮廓分离出来，为了观察效果，可使用挑选工具将分离后的轮廓线从原对象中移动出来，如图 7.7.1 所示。

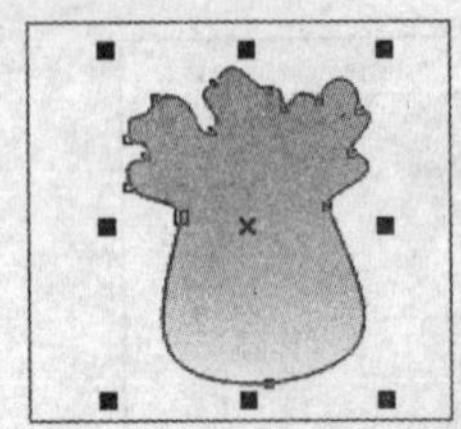
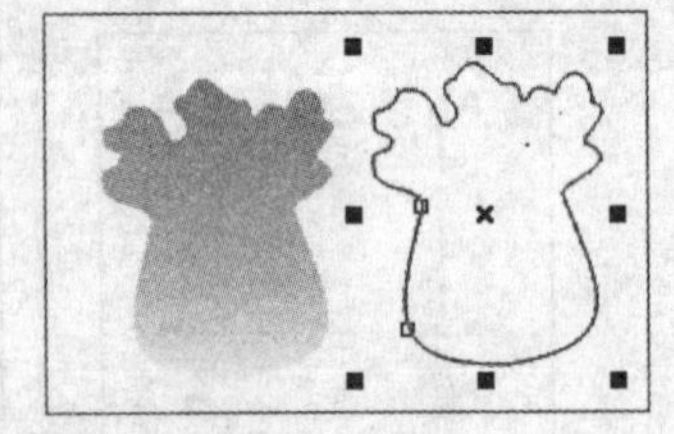

图 7.7.1 转换对象的轮廓为对象

7.8 查找与替换功能

选择菜单栏中的 编辑(E) → 查找和替换(F) 命令，弹出其子菜单，如图 7.8.1 所示，根据需要从中选择相应的命令可对其进行查找或替换。

7.8.1 对象的查找

绘制作品时，如果需要查找符合某些特性的对象，可选择 编辑(E) → 查找和替换(F) → 查找对象(O)... 命令完成。

要在绘图区中查找对象，其具体的操作步骤如下：

（1）打开需要查找的图形文件中的某个绘图页面，如图 7.8.2 所示。

查找对象(O)...
替换对象(R)...
查找文本(F)...
替换文本(A)...
最近的搜索

图 7.8.1 “查找和替换”子菜单

图 7.8.2 需要查找的绘图页面

（2）选择菜单栏中的 编辑(E) → 查找和替换(F) → 查找对象(O)... 命令，将弹出 查找向导 对话框，

如果只查找当前所打开图形文件中的对象，可选中 ⊙ 开始新的搜索(B) 单选按钮，如图 7.8.3 所示。

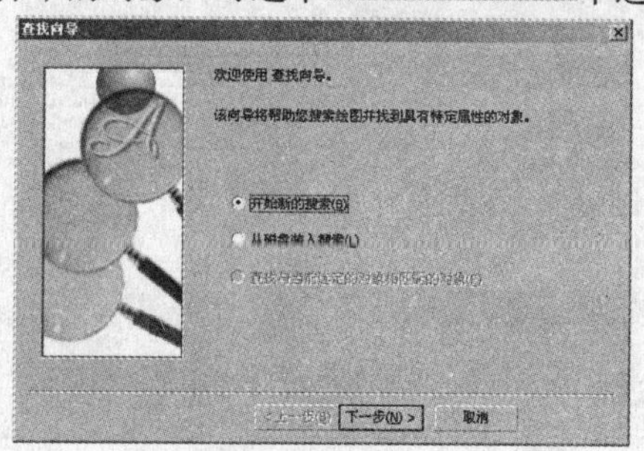

图 7.8.3　“查找向导”对话框

（3）单击 下一步(N) > 按钮，进入下一个**查找向导**对话框，如图 7.8.4 所示，在此对话框中包含 4 个选项卡，可设置需要查找的对象属性。

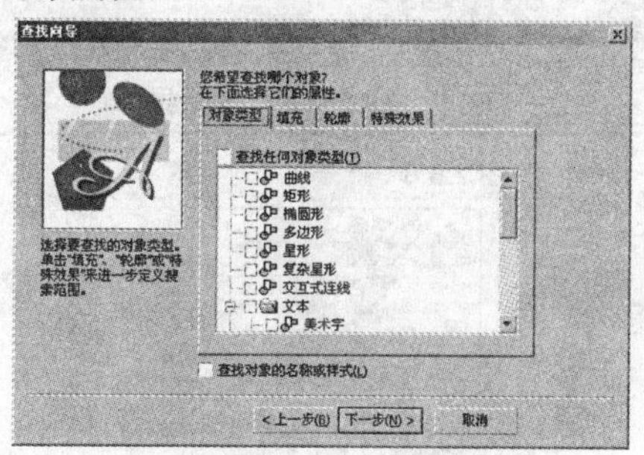

图 7.8.4　设置对象属性

1）在 对象类型 选项卡中可设置将要查找的对象类型，此处选中 ☑ 曲线 复选框，表示要查找图形对象中的曲线对象。

2）在 填充 选项卡中可设置查找对象所使用的填充颜色。

3）在 轮廓 选项卡中可设置查找对象所具有的轮廓特征。

4）在 特殊效果 选项卡中可设置查找对象所具有的特殊效果。

5）选中 ☑ 查找对象的名称或样式(L) 复选框，可以根据对象的名称或具有的样式来查找。

（4）设置完参数后，单击 下一步(N) > 按钮，进入下一个**查找向导**对话框，如图 7.8.5 所示。在此对话框中的 指定属性(S) 矩形... 列表中显示了将要查找的对象；在 查找内容(W)： 列表中显示了查找对象所满足的条件；如果要更精确地设置查找对象，可单击 指定属性(S) 曲线... 按钮，从弹出的**指定的曲线**对话框中对查找对象做更为精确的设置，如图 7.8.6 所示。

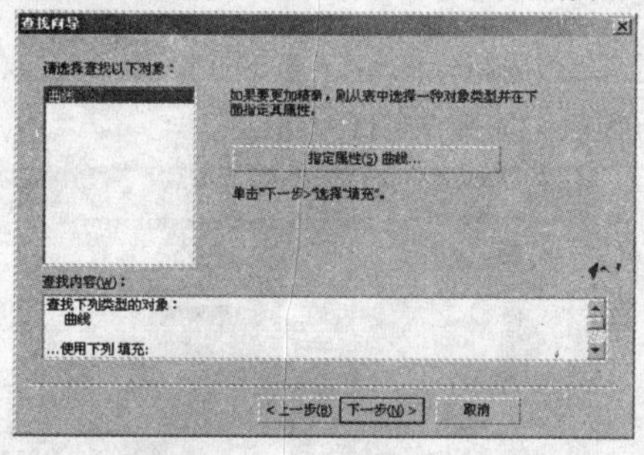

图 7.8.5　显示查找对象

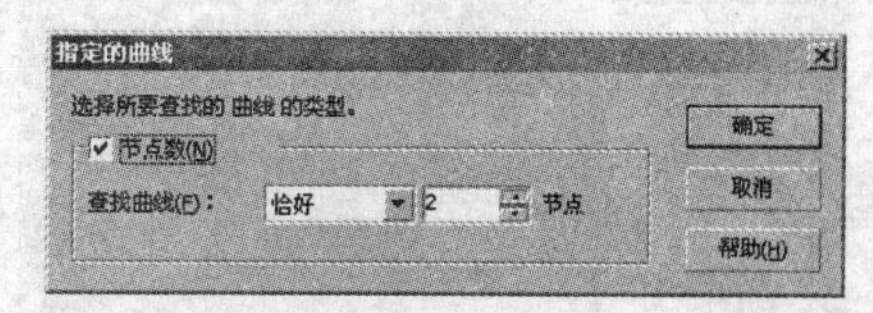

图 7.8.6　设置查找对象属性

（5）当在步骤（3）的 对象类型 选项卡中选择了对象后，单击 下一步(N) > 按钮，弹出下一个**查找向导**对话框，在该对话框中显示出了查找对象满足的属性，如图 7.8.7 所示。

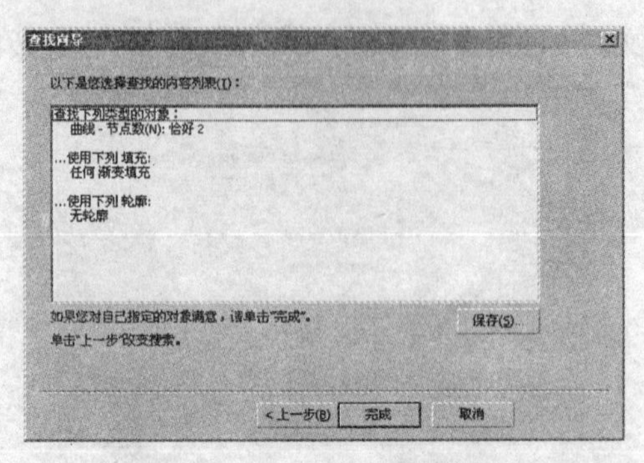

图 7.8.7　显示查找对象满足的属性

（6）单击 完成 按钮，将显示如图 7.8.8 所示的 查找 对话框，此时如果查找到满足条件的对象，则该对象会处于选中状态，如图 7.8.9 所示。

图 7.8.8　“查找”对话框

图 7.8.9　查找对象的结果

7.8.2　对象的替换

在当前打开的文档中，如果要寻找并更改拥有适当属性的对象，可通过选择菜单栏中的 编辑(E) → 查找和替换(F) → 替换对象(R)... 命令来完成。

要替换对象，其具体的操作方法如下：

（1）选择菜单栏中的 编辑(E) → 查找和替换(F) → 替换对象(R)... 命令，弹出 替换向导 对话框，如图 7.8.10 所示。在此对话框中有 4 种替换属性特征可供选择，如替换颜色、替换颜色模型或调色板、替换轮廓笔属性以及替换文本属性；当选中 只应用于当前选定的对象(A) 复选框时，则只能对当前选中的对象属性进行替换。

（2）此处选中 替换颜色(C) 单选按钮，单击 下一步(N) > 按钮，即可弹出下一个 替换向导 对话框，在此对话框中可选择要查找的颜色和您想用来替换的颜色，如图 7.8.11 所示。

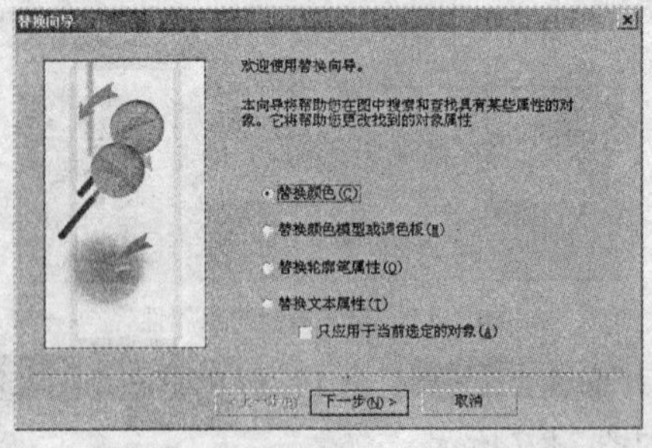

图 7.8.10　“替换向导”对话框

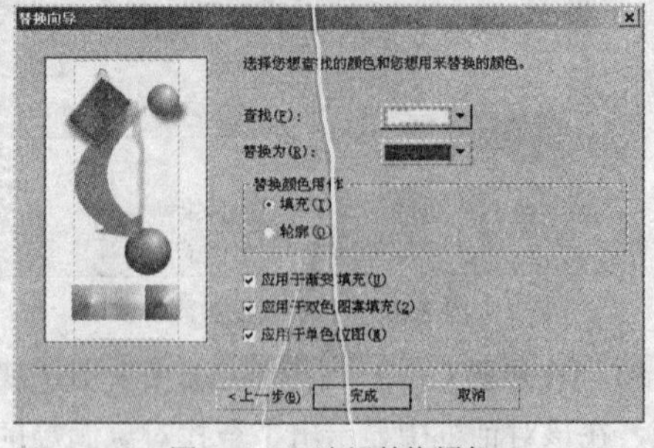

图 7.8.11　选择替换颜色

（3）单击 完成 按钮，即可弹出 查找并替换 对话框，单击 替换(R) 按钮即可完成替换操作；如要替换相同属性的对象有多个，可单击 全部替换(L) 按钮，一次性替换所有符合替换条件的对象的颜色。

7.9 操作实例——绘制日记本

1. 操作目的

（1）掌握变换工具的使用。

（2）掌握对齐和分布命令的使用方法。

2. 操作内容

利用矩形命令、变换命令等制作一个日记本。

3. 操作步骤

（1）新建一个A4的图形文件，单击工具箱中的矩形工具，在绘图区中创建一个矩形对象，按Ctrl+C键复制该对象，再按Ctrl+V键粘贴矩形对象。

（2）选择粘贴的矩形对象，选择 排列(A)→变换(F)→位置(P) 命令，可打开 变换 泊坞窗，设置参数如图7.9.1所示。

（3）单击 应用到再制 按钮，应用变换泊坞窗后的效果如图7.9.2所示。

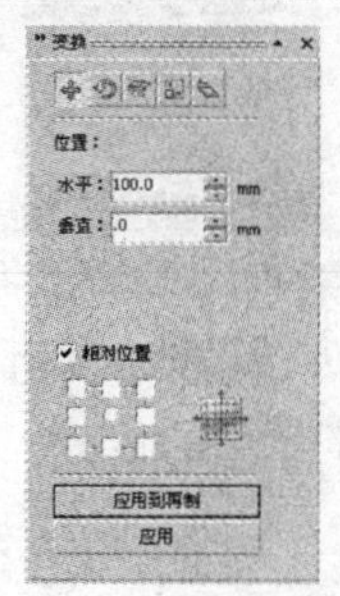

图7.9.1 “位置”泊坞窗

图7.9.2 应用变换泊坞窗

（4）选择绘图区中两个矩形对象，单击工具箱中的“渐变填充对话框”按钮，为其填充颜色为（C:20，M:0，Y:0，K:20）到白色的渐变效果，设置属性如图7.9.3所示，填充效果如图7.9.4所示。

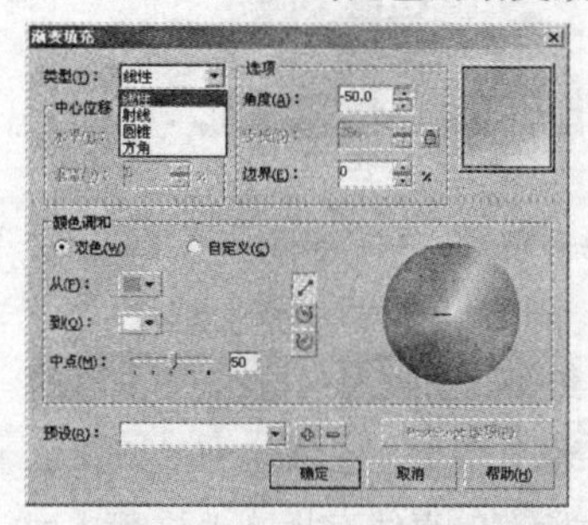

图7.9.3 “渐变填充”对话框

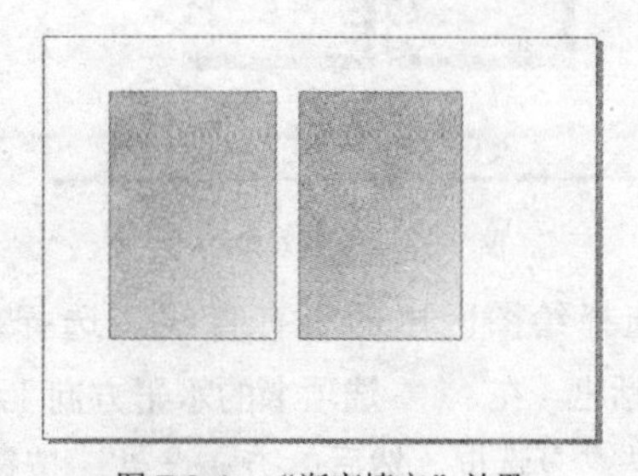

图7.9.4 “渐变填充”效果

（5）用挑选工具选择两个矩形对象，复制并移动矩形位置，如图7.9.5所示。

（6）用挑选工具选择所有矩形，单击工具箱中的“交互式调和工具”按钮，为矩形添加交互式调和效果，如图7.9.6所示。

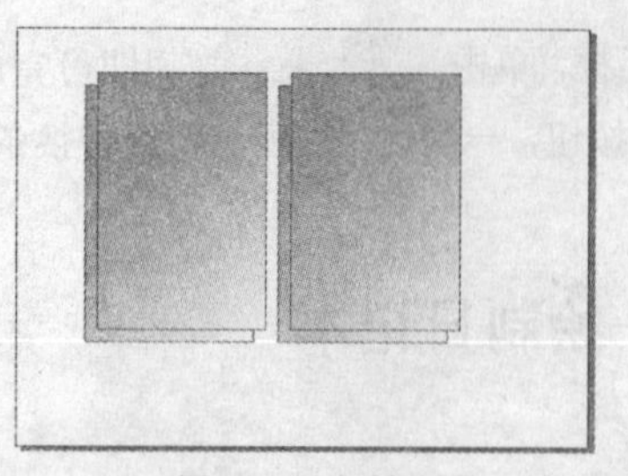

图 7.9.5　复制矩形

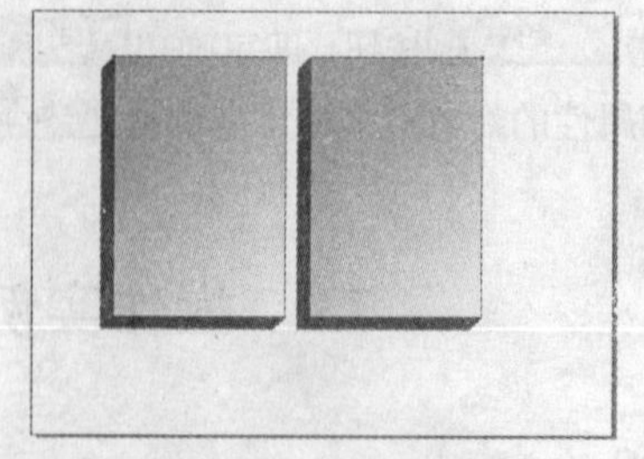

图 7.9.6　添加交互式调和效果

（7）单击工具箱中的“椭圆形工具”按钮，按住 Ctrl 键的同时在绘图区中绘制两个相等的圆对象，交在水平方向上对齐。

（8）在椭圆工具属性栏中单击“弧形”按钮，在绘图区中拖动鼠标绘制弧形，并在起始与终止角度输入框中输入数值，设置圆弧对象的起始和终止角度，再分别改变两个圆与圆弧对象的轮廓属性，如图 7.9.7 所示。

（9）使用挑选工具选择两个圆与圆弧对象，按 Ctrl+G 键将它们群组在一起，然后选择菜单中的排列(A)→变换(F)→位置(P)命令，可打开变换泊坞窗，设置参数如图 7.9.8 所示。

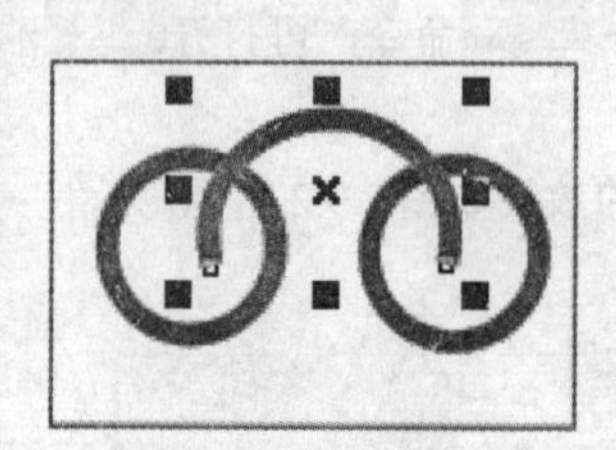

图 7.9.7　绘制圆形与圆弧对象并改变其轮廓线

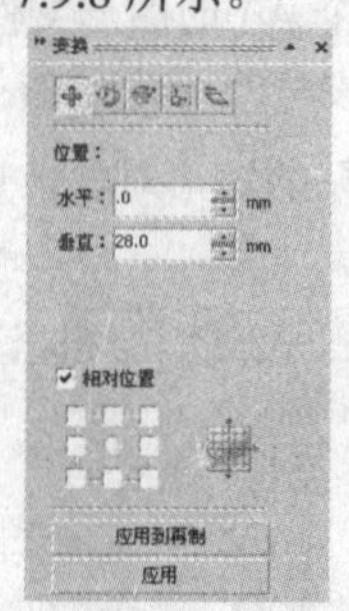

图 7.9.8　“变换”泊坞窗

（10）单击应用到再制按钮多次，可按所设置的参数复制对象，如图 7.9.9 所示。

（11）单击工具箱中的手绘工具，在矩形对象上绘制直线，并将其复制多个，效果如图 7.9.10 所示。

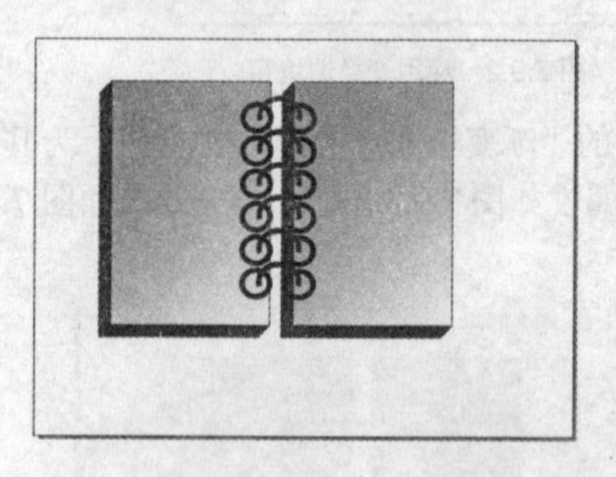

图 7.9.9　复制对象

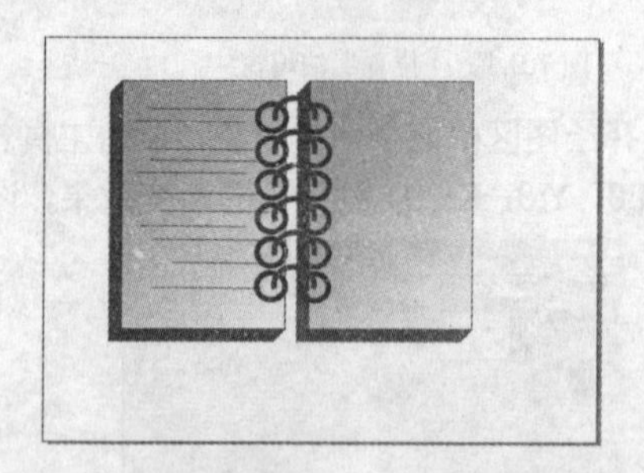

图 7.9.10　绘制直线并复制

（12）选择绘图区中的所有直线，选择排列(A)→对齐和分布(A)→对齐和分布(A)命令，弹出对齐与分布对话框，在对齐选项卡的水平方向上选中左(L)复选框；选择分布选项卡，并在垂直方向上选中间距(P)复选框，然后单击应用按钮，即可使所有的直线有规则地进行排列，如图一个控制点将图片放大，将其移至椭圆对象上，如图 7.9.11 所示。

（13）将所有的直线群组在一起，进行复制，并将复制的对象移至右边的矩形对象中，然后选中两上矩形对象顶部的直线对象，将其轮廓宽度设置为 1.3 mm，得到如图 7.9.12 所示的最终效果。

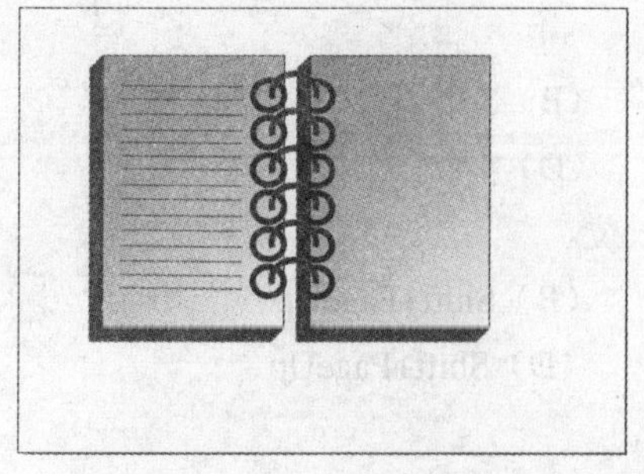

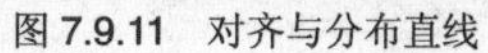

图7.9.11　对齐与分布直线

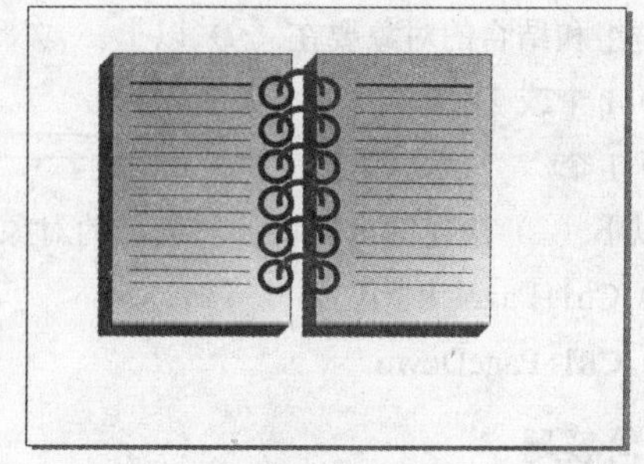

图7.9.12　效果图

本 章 小 结

本章主要介绍了CorelDRAW X3中对象的各种操作方法，如选取对象、复制与删除对象、对象的变换、对象的对齐与分布、对象的顺序、群组与结合对象以及锁定对象等操作。通过本章的学习，用户应熟练掌握对象的各种操作技法，并能有序地排列、对齐或分布多个图形对象，制作出多种图形效果。

操 作 练 习

一、填空题

1. ________工具用于选择一个或多个需要编辑的对象。
2. 使用________命令不仅可以复制对象，还可复制对象的旋转、移动以及缩放等属性。
3. 移动的方法有两种：一种使用鼠标进行移动；另一种使用________进行移动。
4. 旋转的方法有两种：一种使用________进行旋转；另一种使用泊坞窗进行旋转。
5. 图形的对齐分为________和________两个方面。
6. 锁定对象后原来的黑色控制方块将变成________图形，这时图形将不能做任何修改。
7. 使用________功能可以在保持多个对象水平或垂直间距不变的同时使其对齐。
8. 使用________泊坞窗可以方便地组织和管理对象，按下______快捷键即可快速将其打开。
9. 使用________命令，可以同时创建多个副本对象，其快捷键为________。

二、选择题

1. 使用（ ）命令可以将对象复制到剪贴板上，并将对象从原位置清除。

（A）再制　　（B）复制

（C）剪切　　（D）粘贴

2. 使用（ ）功能可以使多个对象融合在一起，成为一个全新形状的对象，并且不再具有原有对象的属性。

（A）群组　　（B）结合

（C）锁定　　（D）拆分

3. 用（ ）命令可以将对象复制到剪贴板上，并将对象从原位置清除。

（A）对齐和属性　　（B）对齐和分布

（C）对齐　　（D）分布

4．群组和结合的对象要在（ ）以上。

（A）1 个或 2 个　　（B）3 个

（C）1 个　　（D）4 个

5．以下（ ）快捷键可以将目前选择的对象前移一位。

（A）Ctrl+PageUP　　（B）Shift+PageUp

（C）Ctrl+PageDown　　（D）Shift+PageUp

三、简答题

1．如何使用鼠标旋转对象？

2．群组和结合有什么区别？

四、上机操作

1．新建一个图形文件，使用基本绘图工具在绘图区中绘制两个或多个重叠在一起的图形对象，练习结合功能将其进行结合，并练习排列其前后位置。

2．利用对齐与分布功能，将题图 7.1 所示的两个对象排列为如题图 7.2 所示的效果。

题图 7.1

题图 7.2

对象的修整与交互式特效

在 CorelDRAW X3 中，通过使用修整功能与各种交互式工具，可以为图形添加特殊的效果，本章将学习这些功能的使用技巧。

学习要点

- 对象的修整
- 应用交互式特效

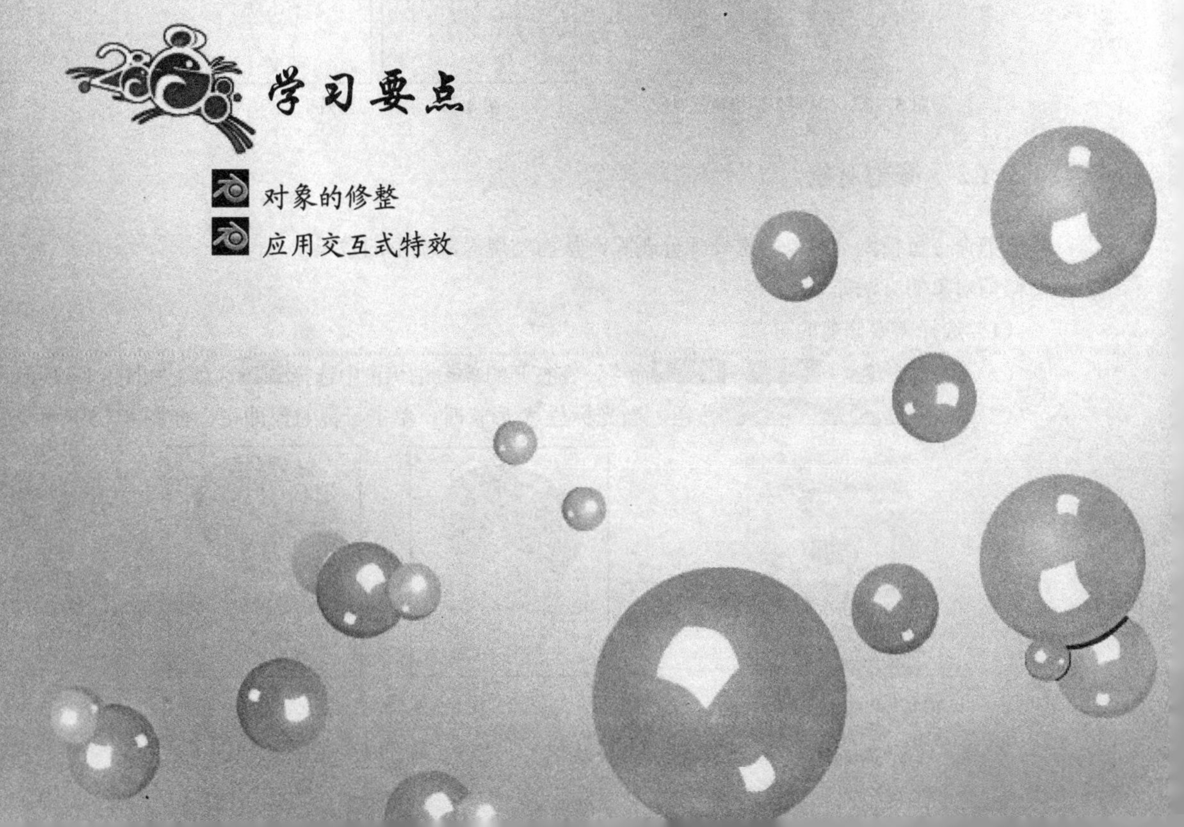

8.1 对象的修整

在绘制图形对象时，如果需要将两个图形进行焊接或用一个图形修剪另一个图形对象，就需要使用 CorelDRAW X3 提供的修整功能，来帮助完成这些操作，从而得到特殊的图形效果。

选择菜单栏中的 排列(A) → 造形(P) 命令，弹出其子菜单，如图 8.1.1 所示，从中选择相应的命令可以对对象进行修整操作。

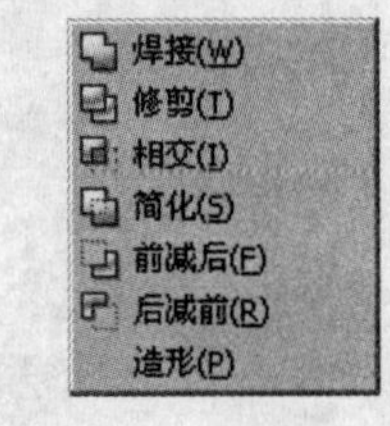

图 8.1.1 “造形”子菜单

8.1.1 焊接对象

焊接命令可使两个或多个对象结合在一起，从而形成一个新的对象，焊接的对象可以是重叠的也可以是不重叠的。

焊接对象的方法如下：

（1）选择需要焊接的对象。

（2）选择 排列(A) → 造形(P) → 造形(P) 命令，在打开的 造形 泊坞窗中选择 焊接，如图 8.1.2 所示。

（3）选择一个对象作为来源对象，然后单击 焊接到 按钮，再选择一个对象作为焊接的目标对象单击即可。

（4）如果两个对象的内部填充不一样，在焊接之后，内部填充会跟焊接的目标对象保持一致。

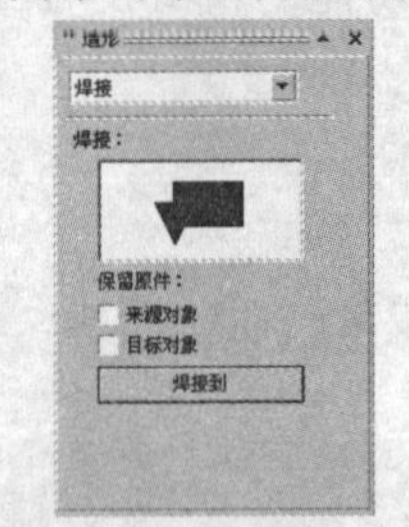

图 8.1.2 “造形”泊坞窗

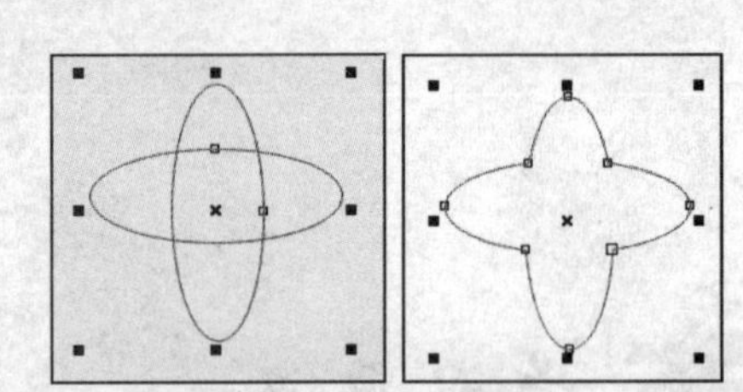

图 8.1.3 焊接对象效果

8.1.2 修剪对象

修剪命令可使两个对象的重叠部分删除，从而实现对象变形的效果。

修剪对象的方法如下：

（1）选择需要修剪的对象。

（2）选择 排列(A) → 造形(P) → 造形(P) 命令，在打开的 造形 泊坞窗中选择 修剪 选项，如图 8.1.4 所示。

（3）单击 修剪 按钮，当光标呈形状时，单击目标对象即可，如图 8.1.5 所示。

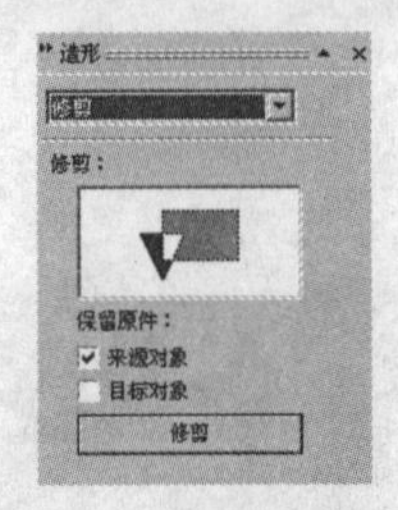

图 8.1.4 “造形”泊坞窗

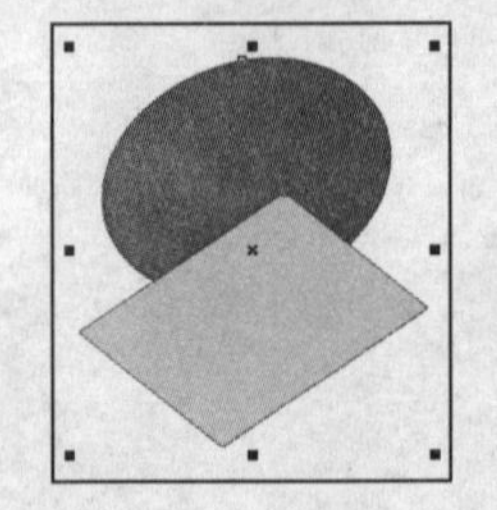

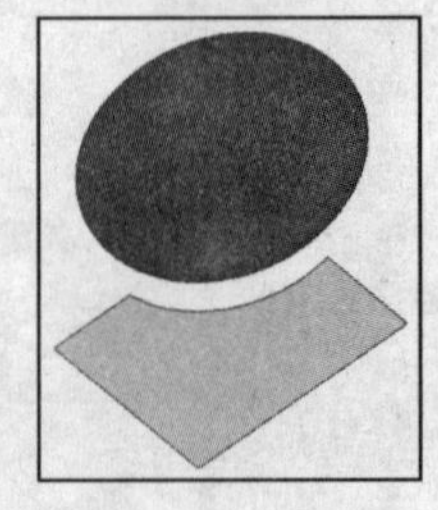

图 8.1.5 修剪效果

8.1.3　相交对象

相交对象是将两个或多个对象的重叠区域创建为一个新的对象，新对象形状的复杂程度取决于重叠区域的形状。

要相交对象，其具体的操作方法如下：

（1）使用椭圆工具在绘图区中绘制椭圆，并将其旋转复制，使用挑选工具选择旋转复制的多个对象，按 Ctrl+G 键将其群组为一个整体对象，再使用椭圆工具在绘图区中绘制一个圆对象，选择该对象。

（2）在 造形 泊坞窗的 焊接 下拉列表中选择 相交 选项，单击 相交 按钮，将鼠标光标移至群组后的对象上，此时鼠标光标显示为形状，在该对象上单击，即可生成对象相交区域的图形，如图 8.1.6 所示。

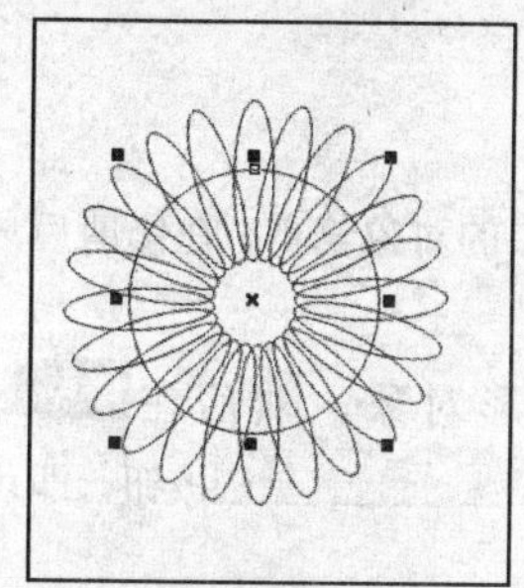

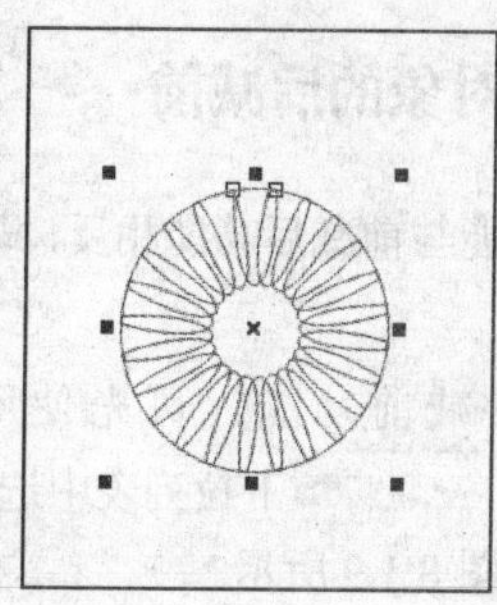

图 8.1.6　相交对象

8.1.4　对象的简化

对象的简化与对象的修剪类似，使用简化功能可以将两个或多个对象的重叠区域修剪，但它是按绘制图形的先后顺序进行的，即用后面绘制的图形剪去先前绘制的图形。

使用对象的简化功能，其具体的操作方法如下：

（1）使用基本绘图工具在绘图区中绘制如图 8.1.7 左图所示的图形对象。

（2）使用挑选工具框选绘制的图形对象，在 造形 泊坞窗的 焊接 下拉列表中选择 简化 选项，单击 应用 按钮，即可简化对象，执行此操作后看不出图形对象的任何变化，为了观察其效果，可使用挑选工具将各个对象移动一定的距离，如图 8.1.7 右图所示。

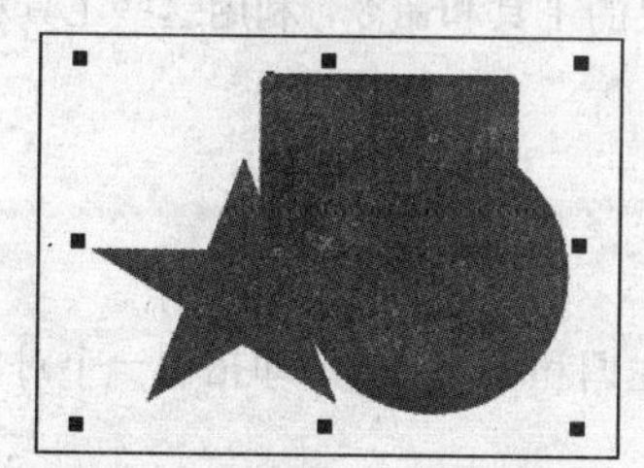

图 8.1.7　简化对象

8.1.5　对象的前减后

前减后功能与对象的简化功能相似，不同的是执行前减后操作后，最顶层的对象将被其下面几层对象修剪，在修剪后只保留修剪生成的对象。

选择要修剪的多个对象，然后在造形泊坞窗的焊接下拉列表中选择前减后选项，单击应用按钮，即可执行前减后操作，效果如图 8.1.8 所示。

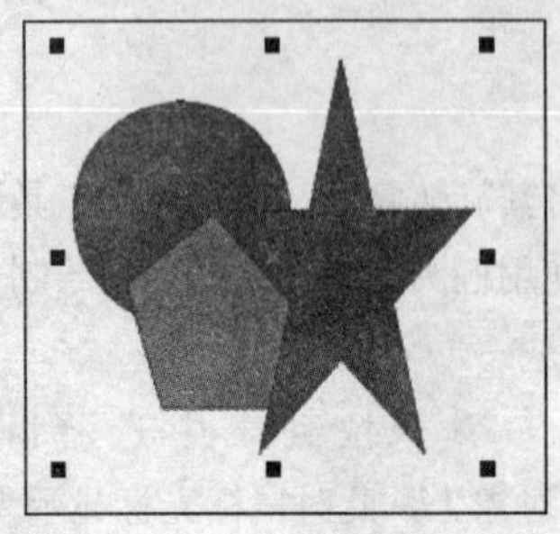
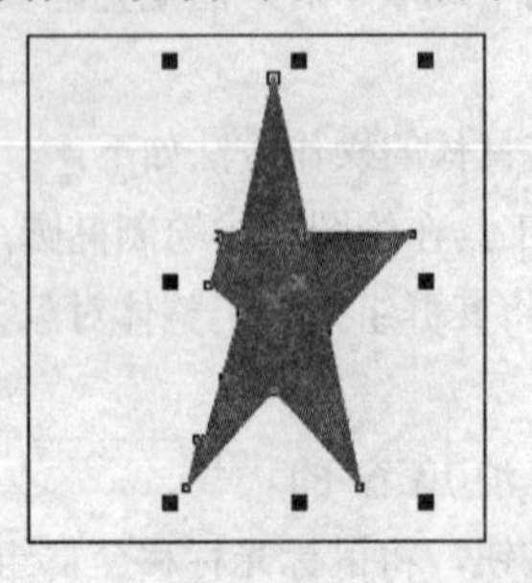

图 8.1.8 执行前减后操作的效果

8.1.6 对象的后减前

后减前功能与前减后功能相反，即最底层的对象被上面几层的对象修剪，在修剪后只保留修剪生成的对象。

要使用后减前功能，可先使用挑选工具框选多个图形对象，然后在修整泊坞窗中的焊接下拉列表中选择后减前选项，单击应用按钮，即可执行后减前操作，效果如图 8.1.9 所示。

图 8.1.9 执行后减前操作的效果

8.2 应用交互式特效

CorelDRAW X3 提供了一系列用于制作特殊效果的工具和命令，利用这些工具和命令，用户可以制作出各种各样的图形效果。

8.2.1 交互式调和效果

交互式调和效果是两个或多个对象之间逐步产生调和化的叠影，即指由一个对象的形状、轮廓色与填充颜色过渡到另一个对象。

要为图形制作交互式调和效果，其具体的操作方法如下：

（1）在绘图区中绘制一个椭圆与一个多边形对象，并将其进行填充。

（2）单击工具箱中的“交互式调和工具”按钮，将鼠标光标移至星形对象上，按住鼠标左键并拖动至心形上，松开鼠标，即可将两个对象进行直接调和，效果如图 8.2.1 所示。

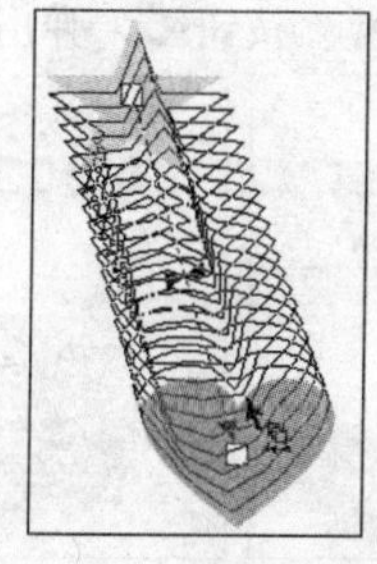
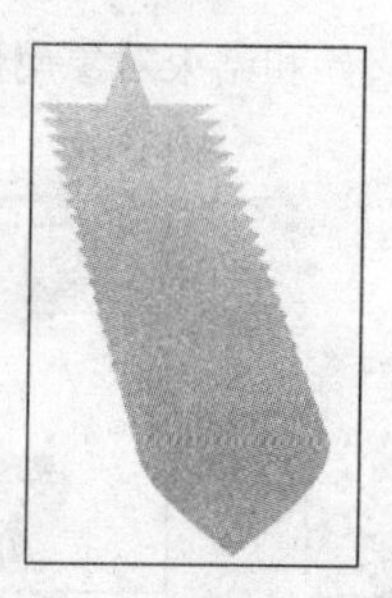

图 8.2.1　直接调和效果

使图形产生调和效果后，其属性栏显示如图 8.2.2 所示。

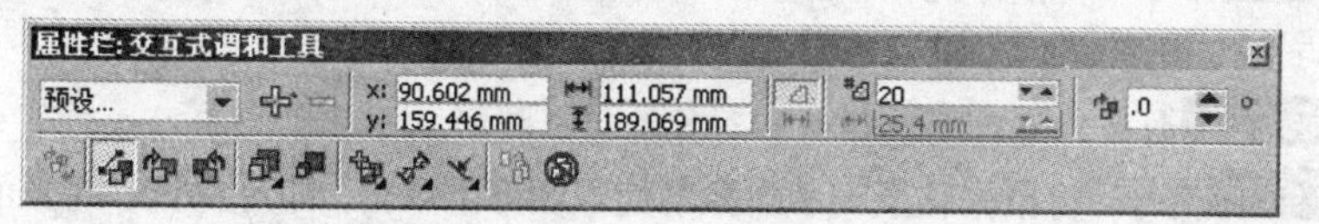

图 8.2.2　交互式调和工具属性栏

在属性栏中的步长输入框 5 中输入数值，可设置调和对象之间的中间图形数量，步长值越大，中间的对象就越多，如图 8.2.3 所示。

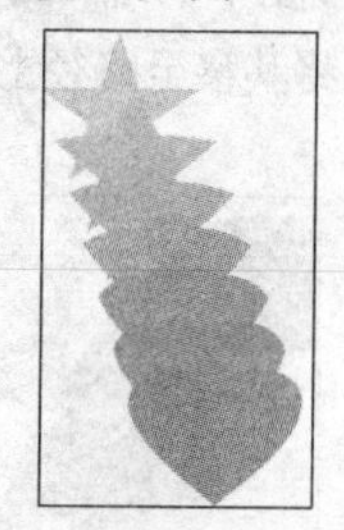

步长值为 5

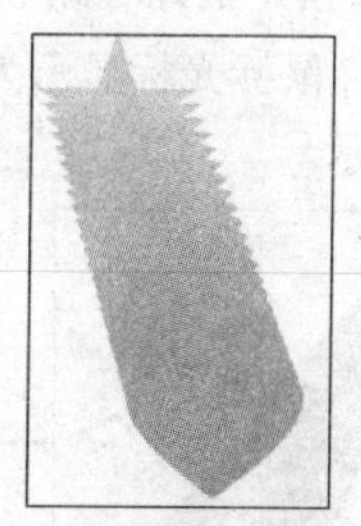

步长值为 20

图 8.2.3　不同的步长值产生的调和效果

在调和方向输入框 .0 中输入数值，可设置中间生成图形在调和过程中的旋转角度，如图 8.2.4 所示。

设置调和方向后，可将交互式调和工具属性栏中的"环绕调和"按钮激活，单击此按钮，可使调和对象中间生成一种弧形旋转调和效果，如图 8.2.5 所示。

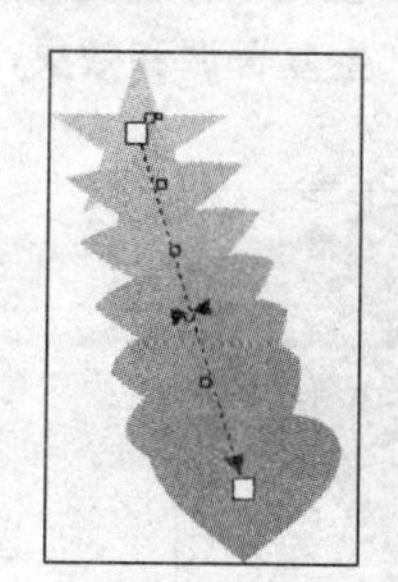

图 8.2.4　不同的调和方向产生的调和效果

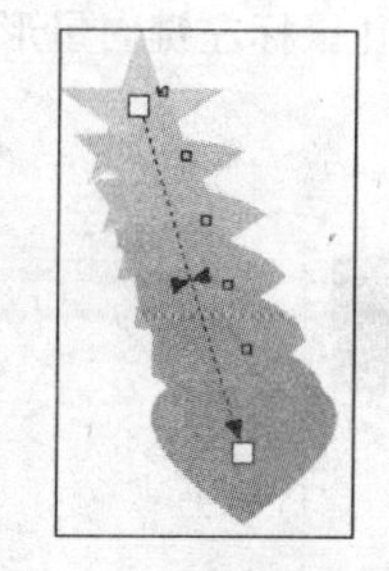

图 8.2.5　环绕调和效果

在属性栏中还提供了 3 种类型的交互式调和顺序，即直接调和、顺时针调和和逆时针调和，使用不同的类型，可使调和过程中的图形色彩产生不同的变化。

在属性栏中单击"对象和颜色加速"按钮，打开如图 8.2.6 所示的加速面板，通过在此面板中调节 对象: 与 颜色: 滑块，可调整调和对象中的中间对象的分布与颜色渐变分布，如图 8.2.7 所示。

在属性栏中单击“起始和结束对象属性”按钮，弹出其下拉菜单，如图 8.2.8 所示。

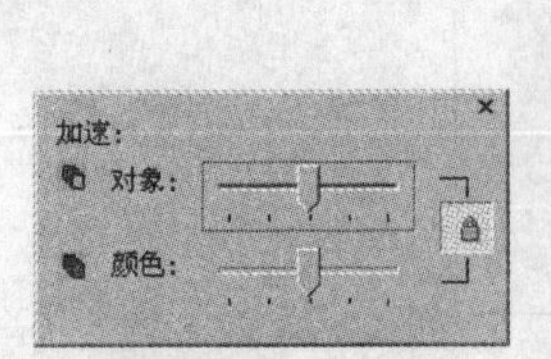

图 8.2.6 加速面板

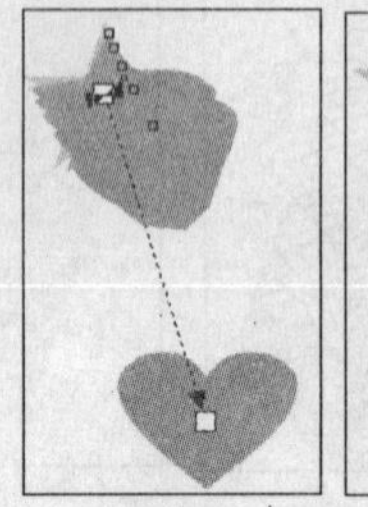

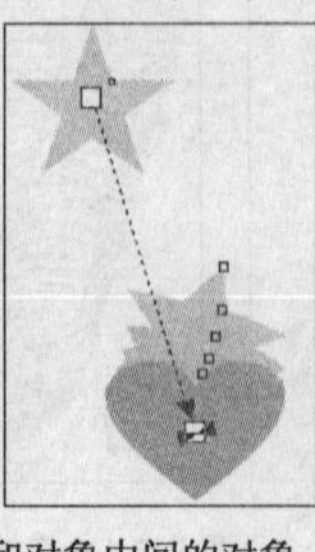

图 8.2.7 加速调和对象中间的对象

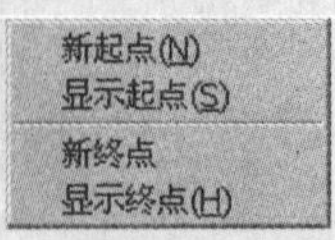

图 8.2.8 起始和结尾对象属性下拉菜单

选择新起点(N)命令，将鼠标光标移至调和对象的终点图形上单击，即可将调和对象的终点变为调和对象的起点。

选择显示起点(S)命令，可自动选择调和对象的起点图形。

选择新终点命令，将鼠标移至调和对象的起点图形上单击，即可将调和对象的起点变为调和对象的终点。

选择显示终点(H)命令，可自动选中调和对象的终点图形。

如果要将调和对象沿一条指定的路径调和，可在属性栏中单击“路径属性”按钮，从弹出的下拉菜单中选择新路径命令，鼠标光标显示为形状，将其移至路径上单击，即可使调和效果应用于指定的路径，如图 8.2.9 所示。

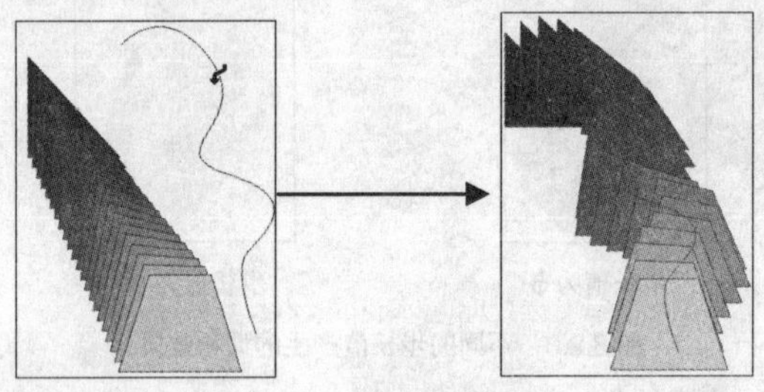

图 8.2.9 沿指定路径调和

在 CorelDRAW X3 中也可以创建两个以上对象的复合调和效果，其具体的操作方法如下：

（1）在绘图区中绘制 3 个图形对象，如图 8.2.10 所示。

（2）单击工具箱中的交互式调和工具，将鼠标光标移至心形对象上，按住鼠标左键拖至矩形对象上，再从矩形对象上按住鼠标左键向星形对象上拖动，松开鼠标即可产生复合调和效果，如图 8.2.11 所示。

图 8.2.10 绘制的 3 个图形

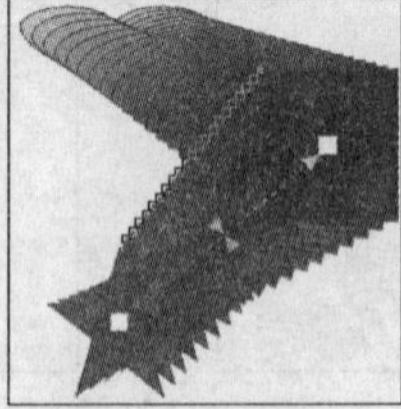

图 8.2.11 复合调和效果

使图形对象产生交互式调和效果后，可以移动调和对象的位置，即移动调和对象起点与终点的对象，方法是在选择调和对象后，在调和对象的原对象上按住鼠标左键拖动即可，例如将如图 8.2.11 所示调和效果中的星形拖动至绘图区中的其他位置，即可相应地改变调和对象的位置，如图 8.2.12 所示。

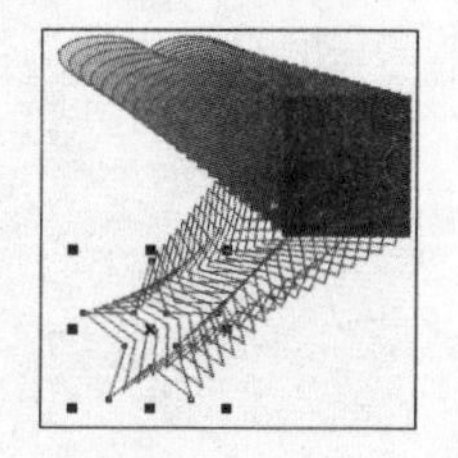
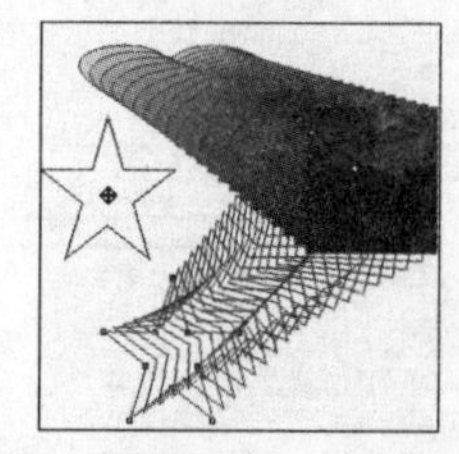
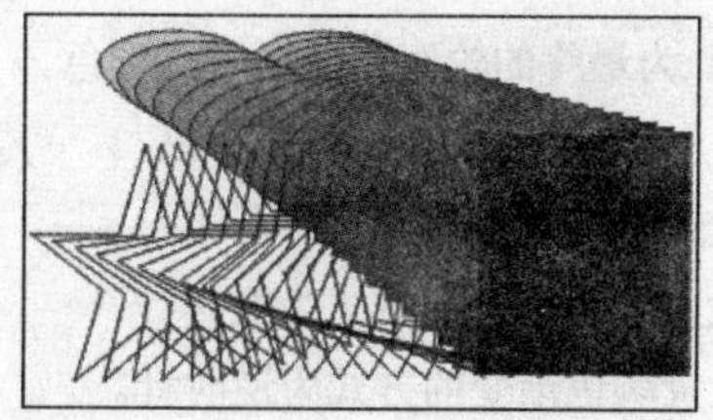

图 8.2.12　改变调和对象的位置

在交互式调和工具属性栏中单击[预设...]下拉列表框，可从弹出的下拉列表中选择预设的调和样式，如图 8.2.13 所示。

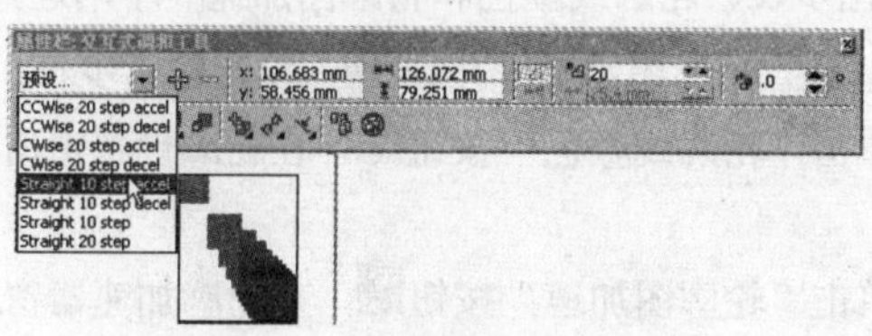

图 8.2.13　预设的调和样式下拉列表

> **提示**　如果要将一个调和效果应用于其他调和对象上，只须选择要复制属性的调和对象，再单击属性栏中的“复制调和属性”按钮，并将鼠标光标移至需要应用的调和对象上单击，即可将该调和属性应用到所选的调和对象上。

8.2.2　交互式轮廓图效果

交互式轮廓图工具又称为交互式轮廓线工具，它可以是给对象添加一层轮廓，且在对象边界内外添加一系列的同心线，其效果就像地图中的等高线一样。在对艺术字应用交互式轮廓图效果时，可以产生许多生动的效果。

在交互式效果展开工具栏中单击“交互式轮廓图工具”按钮，选中要应用轮廓图效果的对象，当光标的形状变为时，按住鼠标左键拖动鼠标就可以产生轮廓效果了。

通过其属性栏可以改变它的设置，如图 8.2.14 所示。

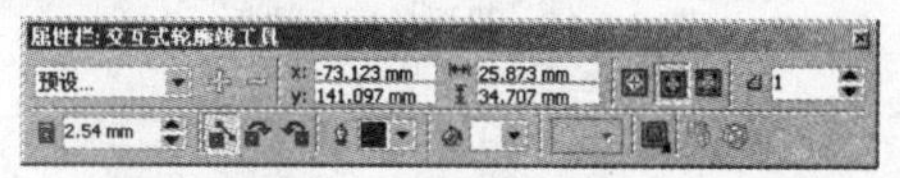

图 8.2.14　“交互式轮廓线工具”属性栏

对上述属性栏的各项内容说明如下：

[预设...]：从该下拉列表中选择需要的效果。

[+]：表示添加预设。

[x: .0 mm / y: .0 mm]：设置原点的位置；[59.042 mm / 79.368 mm]：设置对象的宽度和高度。

[按钮]：轮廓向中心变化。

[按钮]：轮廓向内变化，最后轮廓图不一定在图形的中心。

[按钮]：轮廓向外变化。

[1]：设置渐变的层数，数值越大层数越多。

[2.54 mm]：设置轮廓之间的距离，数值越大效果越明显。

：为最终的轮廓图边框填充颜色。

：为最终的轮廓图填充颜色。

：设置颜色渐变的方式为直线。

：设置颜色渐变的方式为顺时针。

：设置颜色渐变的方式为逆时针。

：清除轮廓图。

用挑选工具选定对象，选择菜单中的效果(C)→轮廓图(C) Ctrl+F9命令，弹出轮廓图泊坞窗，在此泊坞窗中共包含了轮廓图步长、轮廓线颜色和轮廓图加速 3 个单选按钮。

（1）轮廓图步长：单击“轮廓图步长”按钮，设定轮廓步长，效果如图 8.2.15 所示。

（2）轮廓线颜色：单击“轮廓线颜色”按钮，在轮廓设置窗口中设置轮廓颜色，效果如图 8.2.16 所示。

（3）轮廓加速器：单击“轮廓图加速”按钮，在轮廓加速器窗口中设定对象加速或颜色加速，效果如图 8.2.17 所示。

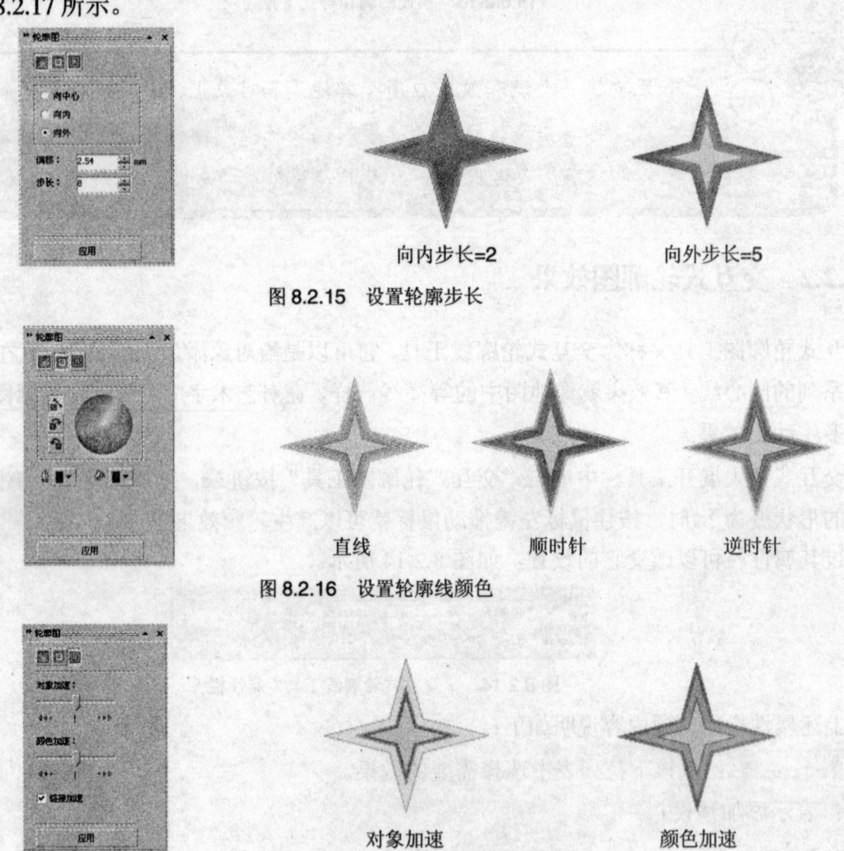

图 8.2.15 设置轮廓步长

图 8.2.16 设置轮廓线颜色

图 8.2.17 对象加速和颜色加速

8.2.3 交互式变形效果

使用交互式变形工具可以为对象创建 3 种变形效果，即推拉、拉链以及扭曲变形，从而可得到更复杂的图形对象效果。

1. 推拉变形

交互式推拉变形是通过推与拉两种变形方向来创建变形效果，推是将图形对象的节点推离变形的中心；拉是将图形对象的节点拉近变形的中心。

要为对象创建推拉变形效果，其具体的操作方法如下：

（1）使用多边形工具在绘图区中拖动鼠标创建一个四边形对象。

（2）单击工具箱中的“交互式变形工具”按钮，在属性栏中单击“推拉变形”按钮。

（3）将鼠标光标移至多边形上，鼠标光标显示为形状，按住鼠标左键水平向右拖动，此时多边形各节点被推离变形中心，松开鼠标即创建推的变形效果。

（4）在属性栏中的推拉失真振幅输入框中输入数值为 60，此时节点向变形中心靠近，即表示为拉操作，如图 8.2.18 所示。

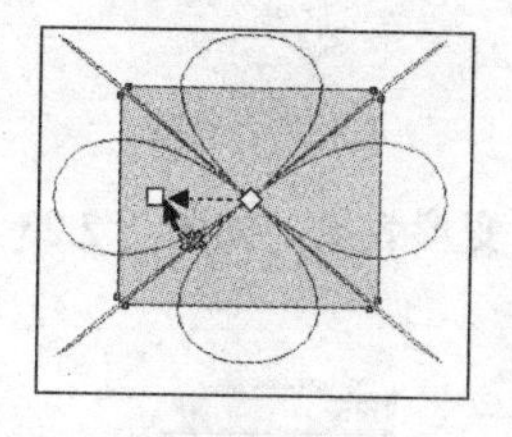

推拉的状态

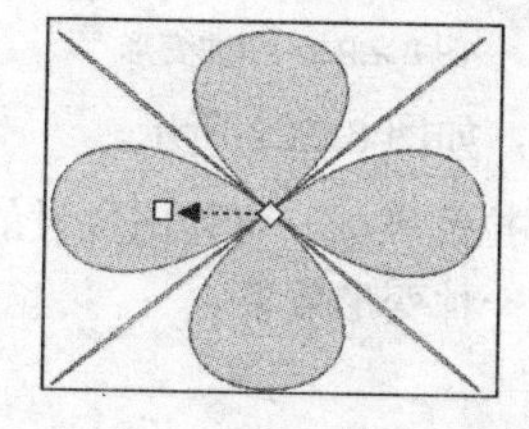

推的变形效果

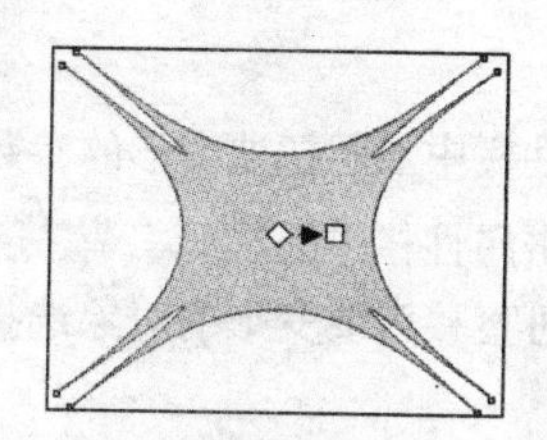

拉的变形效果

图 8.2.18　创建推拉变形效果

2. 拉链变形

拉链变形可以使图形对象产生锯齿变形效果。它与推拉变形的操作一样，只需要在对象上按住鼠标左键向外拖动即可使对象产生拉链变形效果。要对对象应用拉链变形效果，其具体的操作方法如下：

（1）使用心形工具在绘图区中拖动鼠标绘制心形对象。

（2）单击工具箱中的“交互式变形工具”按钮，并在属性栏中单击“拉链变形”按钮。

（3）将鼠标移至椭圆对象上，按住鼠标左键拖动，即可创建对象的拉链变形效果，如图 8.2.19 所示。

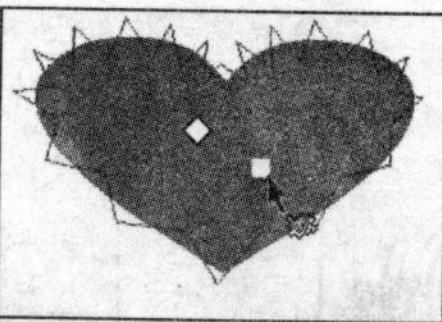

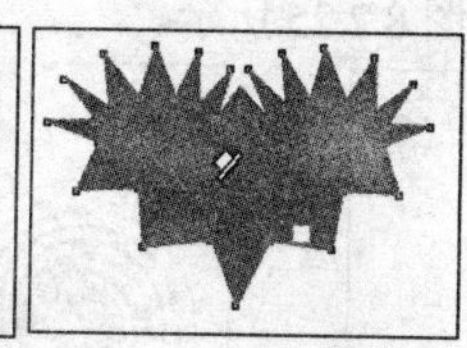

图 8.2.19　拉链变形效果

在属性栏中的拉链失真振幅输入框中输入数值，可设置拉链变形产生的波峰频率。

在属性栏中的拉链失真频率输入框中输入数值，可设置所产生的波峰数量。

在属性栏中通过单击“随机变形”按钮、“平滑变形”按钮以及“局部变形”按钮，可以使图形对象产生不同的变形效果，如图 8.2.20 所示。

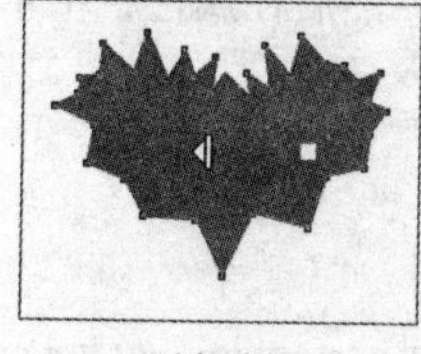

随机变形

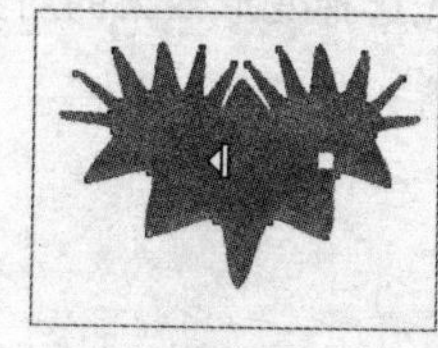

平滑变形

局部变形

图 8.2.20　拉链变形的其他效果

3. 扭曲变形

使用扭曲变形工具可以制作对象的扭曲效果，从而使对象呈现出类似于旋涡的效果。

在绘图区中选择要进行扭曲变形的图形，然后在交互式变形工具属性栏中单击“扭曲变形”按钮，将鼠标光标移至图形上，按住鼠标左键并拖动，即可使图形按一定方向旋转从而改变图形，如图 8.2.21 所示。

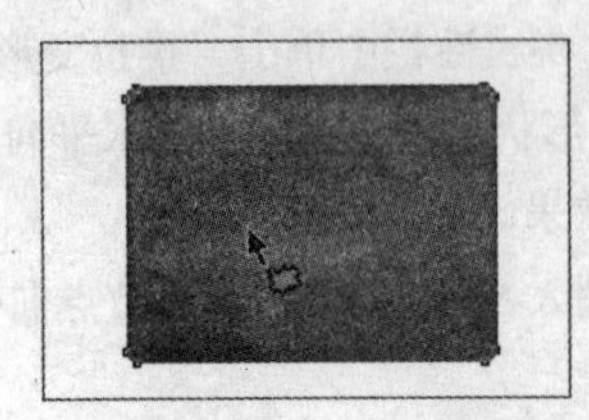
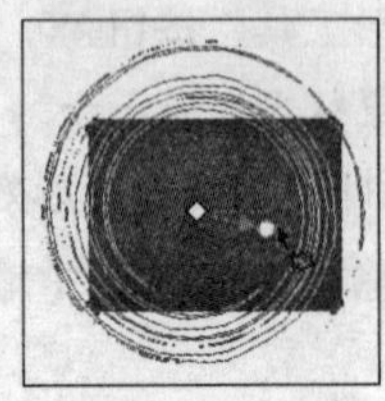
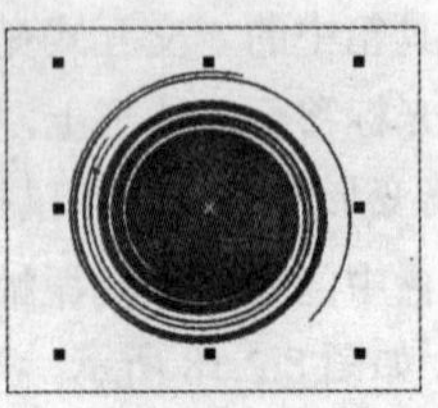

图 8.2.21 扭曲变形

此时属性栏中显示扭曲变形的参数，如图 8.2.22 所示。

直接单击属性栏中的 预设... 下拉列表框，可弹出预设的变形效果，如图 8.2.23 所示。在此下拉列表中可直接为要变形的对象选择一种变形效果。

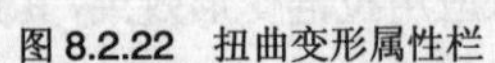

图 8.2.22 扭曲变形属性栏

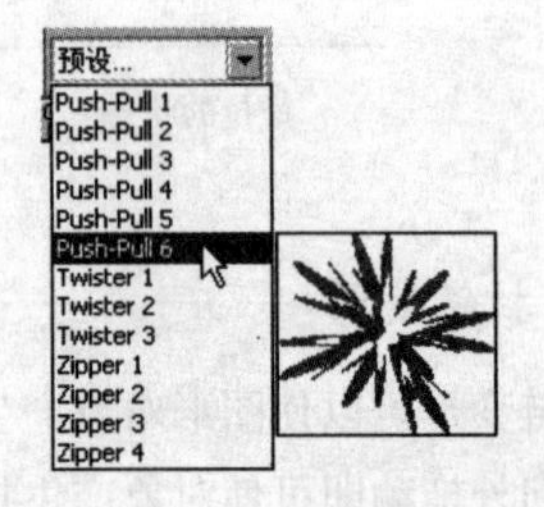

图 8.2.23 “预设”的下拉列表

在属性栏中的完全旋转输入框 0 中输入数值，可设置所选扭曲对象的旋转圈数，如图 8.2.24 所示。

在属性栏中的附加角度输入框 104 中输入数值，可设置所选扭曲对象在原来旋转基础上旋转的角度，其效果如图 8.2.25 所示。

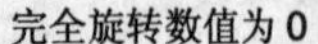

完全旋转数值为 0

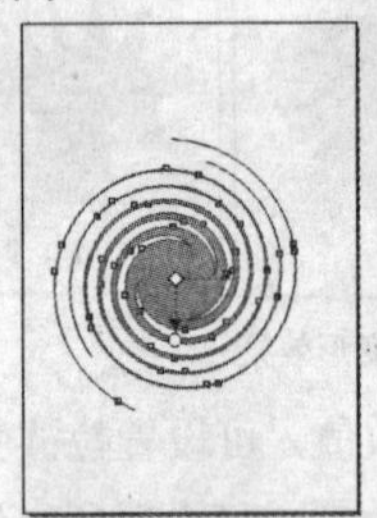

完全旋转数值为 2

图 8.2.24 设置完全旋转后的变形效果

原旋转角度 38

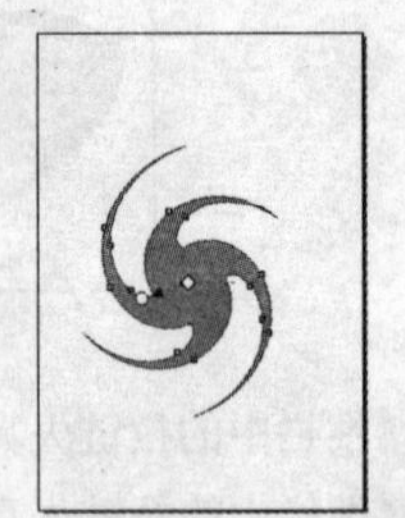

附加角度 200

图 8.2.25 设置附加角度后的变形效果

如果需要将添加的变形效果清除，可先选择变形效果的对象，然后在属性栏中单击“清除变形”按钮即可。

8.2.4 交互式阴影效果

使用交互式阴影工具可以为对象添加阴影，从而可增加对象的逼真程度。阴影可应用于单独的图形对象、群组的图形对象以及位图对象中。

1. 为对象添加阴影

要为对象添加阴影效果，可先选择需要添加阴影的对象，然后在交互式工具组中单击“交互式阴影工具”按钮，将鼠标光标移至对象上，按住鼠标左键拖动，即可为对象添加阴影效果，如图 8.2.26 所示。

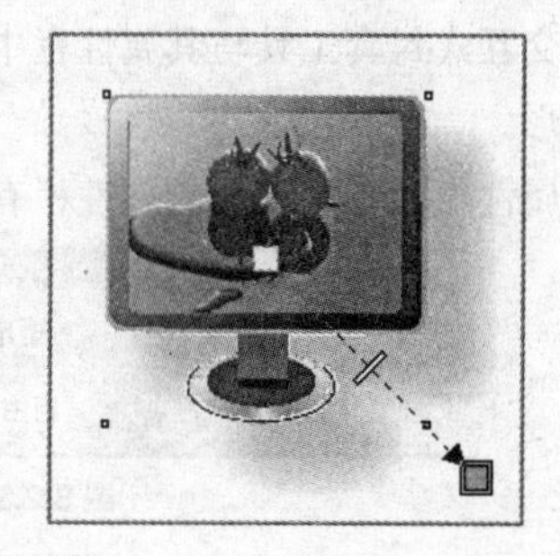

图 8.2.26 添加阴影效果

2. 编辑对象的阴影

通过交互式阴影工具属性栏可对添加的阴影效果进行编辑，其具体的操作方法如下：

（1）在阴影不透明度输入框中输入数值，可改变阴影的不透明度，此处输入 100。

（2）在阴影羽化输入框中输入数值，可设置阴影边缘的清晰程度，此处输入50，可以使阴影边缘变得模糊。

（3）单击“阴影羽化方向”按钮，可打开设置羽化方向面板，从中选择“向外”选项，可将羽化的方向设置为向外，如图 8.2.27 所示。

（4）在属性栏中单击阴影颜色下拉按钮，可从打开的调色板中选择淡蓝色，编辑对象阴影后的效果如图 8.2.28 所示。

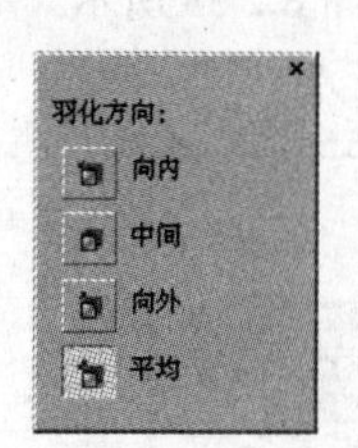

图 8.2.27 设置羽化方向

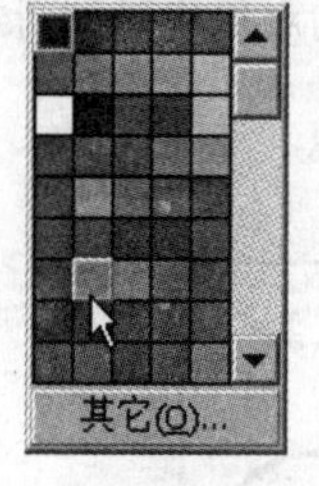

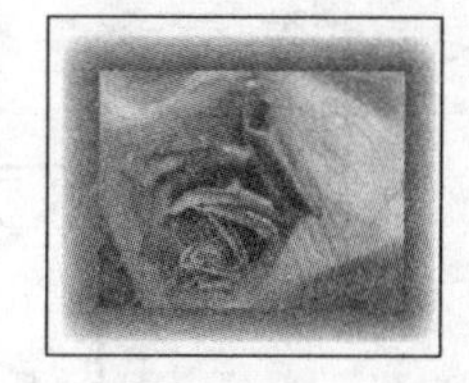

图 8.2.28 设置阴影颜色及其效果

3. 阴影透视类型

在交互式阴影工具属性栏中单击下拉列表框，可从弹出的下拉列表中选择一些预设的阴影类型，当移动鼠标光标至每一选项时，右侧将显示出该阴影类型的预览框，如图 8.2.29 所示。

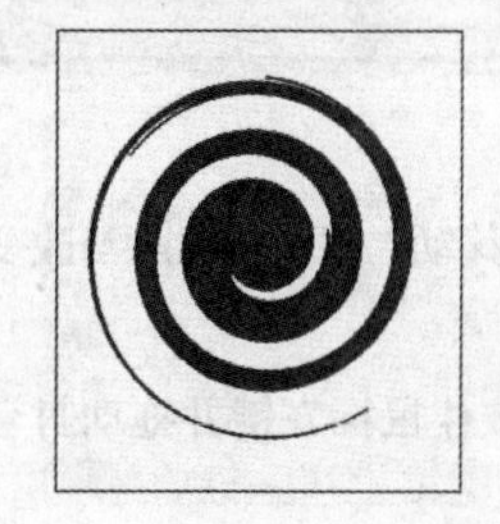

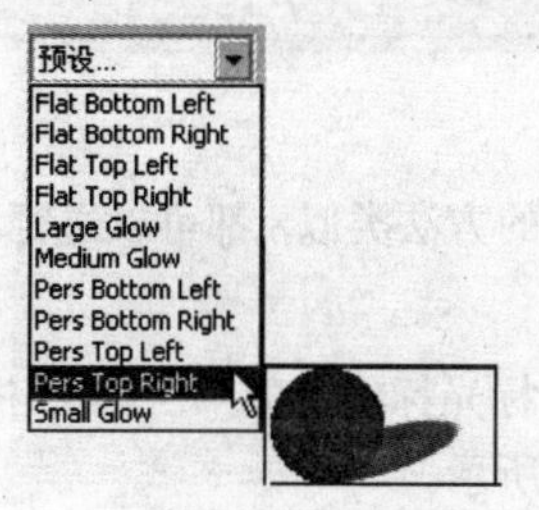

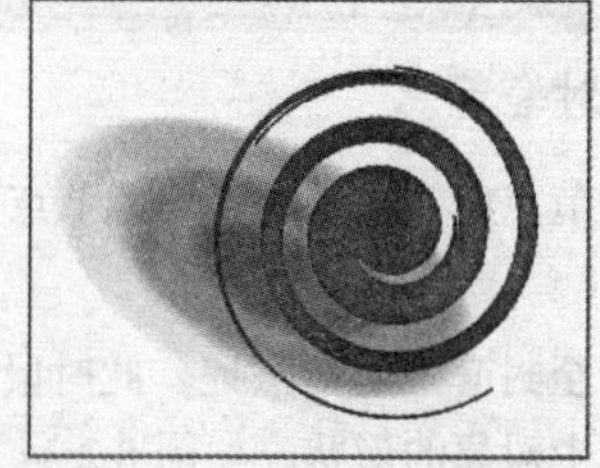

图 8.2.29 阴影类型

8.2.5 交互式封套效果

交互式封套工具可通过调整封套的形状来改变图形的外形，也可用鼠标移动封套上的节点来改变图形的形状。封套工具常常用于同时改变对象多个节点的性质，例如位置的变化、受力大小的变化等。使用工具箱中的交互式封套工具与其属性栏中的各种选项，可以很方便地对封套进行编辑，从而制作出各种形状的图形。

封套工具的属性栏和形状工具的属性栏有很多相同的选项，如图 8.2.30 所示。

图 8.2.30 封套工具属性栏

1. 添加封套

在页面中选择需要添加封套效果的对象，在工具箱中单击“交互式封套工具”按钮，此时被选择的对象就会自动添加一个由节点控制的矩形封套，如图 8.2.31 所示。

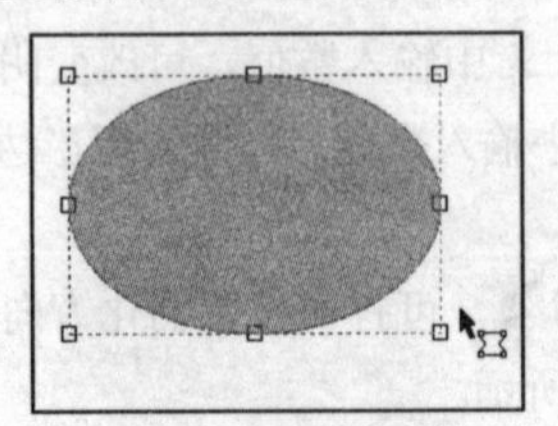

图 8.2.31 添加封套

单击属性栏中的 预设... 下拉列表框，可从弹出的下拉列表中选择预设的封套，如图 8.2.32 所示。选择了一个预设封套后，原来的对象将受到新封套的约束，如图 8.2.33 所示。

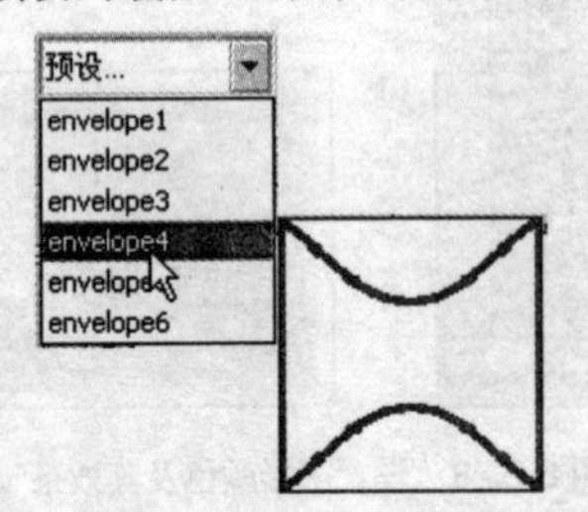

图 8.2.32 预设下拉列表

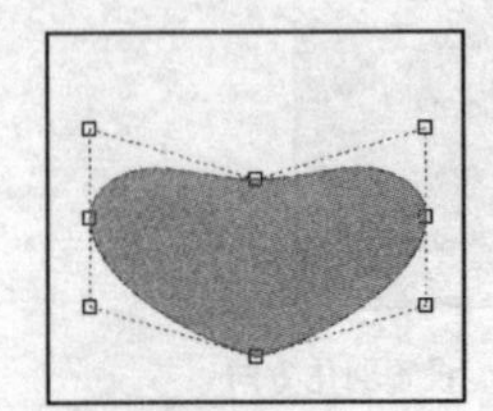

图 8.2.33 选择预设封套后的效果

按 Ctrl+F7 键就可以打开封套泊坞窗，在此泊坞窗中的所有选项设置与封套工具属性栏中的设置相同。

2. 编辑封套节点

编辑封套节点的方法与编辑曲线节点的方法类似，都可以进行移动、添加、删除与改变节点的属性等操作。

将鼠标移至封套上的节点处，此时鼠标光标将变成形状，按住鼠标左键并拖动封套的节点，即可改变封套中对象的形状，如图 8.2.34 所示。

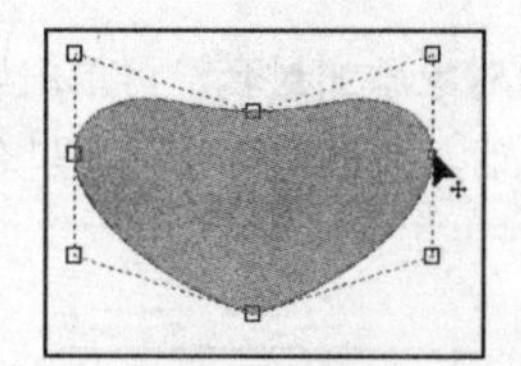

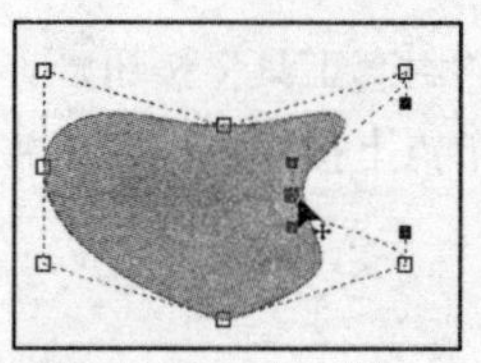

图 8.2.34　调节封套节点

封套的节点与曲线的节点一样，可以在任何位置增加一个节点，也可以删除某一个节点。节点还有直线节点与曲线节点之分，可通过属性栏中的“转换曲线为直线”按钮与“转换直线为曲线”按钮，来实现曲线与直线的相互转换。

改变节点的尖突、平滑与对称属性，可以调节曲线节点的控制点。用鼠标拖动曲线节点的控制点，可以改变封套内部对象受力的大小，从而改变图形的形状。

3. 封套的工作模式

在交互式封套工具属性栏中提供了 4 种封套模式，即封套的直线模式、封套的单弧模式、封套的双弧模式和封套的非强制模式，可以在这 4 种模式下编辑封套的节点。

（1）直线模式。为对象添加封套变形后，单击其属性栏中的“封套的直线模式”按钮，用鼠标调节封套点扭曲对象时，将会以直线进行扭曲，如图 8.2.35 所示。

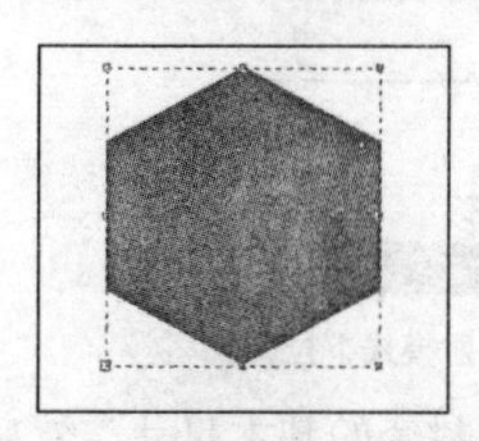

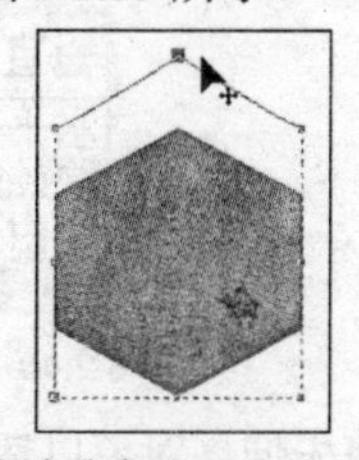

图 8.2.35　将对象进行直线变形

按住 Ctrl 键的同时，单击封套上的节点并拖动，可使与其相对应的节点也向相同的方向移动，如图 8.2.36 所示；按住 Shift 键的同时，单击封套上的节点并拖动，可使与其相对应的节点向相反方向移动，如图 8.2.37 所示。

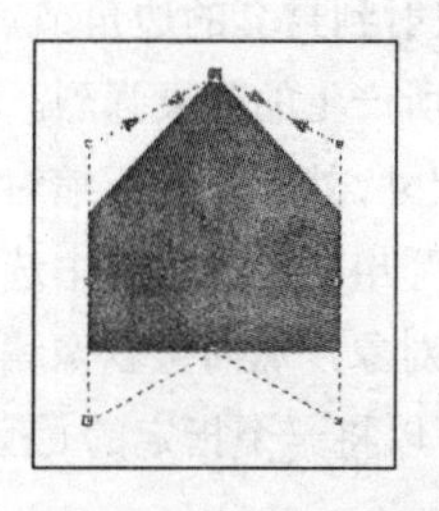

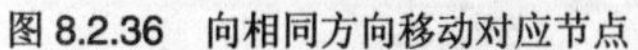

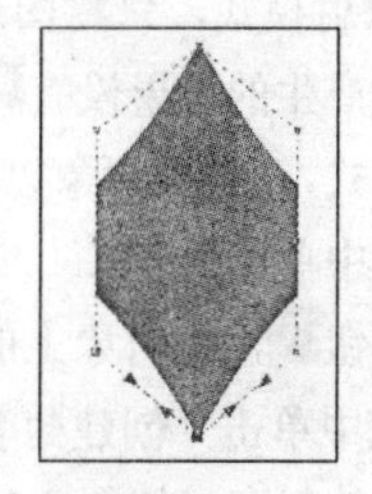

图 8.2.36　向相同方向移动对应节点　　　图 8.2.37　向相反方向移动对应节点

（2）单弧模式。进行封套变形后，单击“封套的单弧模式”按钮，用鼠标调节封套节点扭曲对象时，将会以单一弧度扭曲，如图 8.2.38 所示。

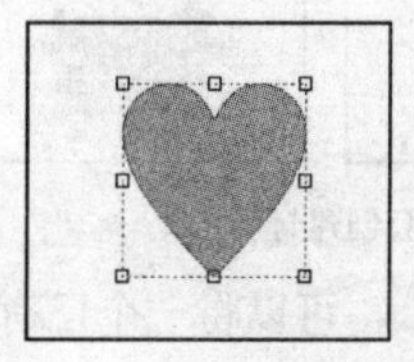

图 8.2.38　封套的单弧模式

（3）双弧模式。单击“封套工具”按钮，为对象添加封套，再单击属性栏中的“封套的双弧模式”按钮，在封套的节点上按住鼠标左键并拖动，即可为对象添加封套的双弧形状，效果如图 8.2.39 所示。

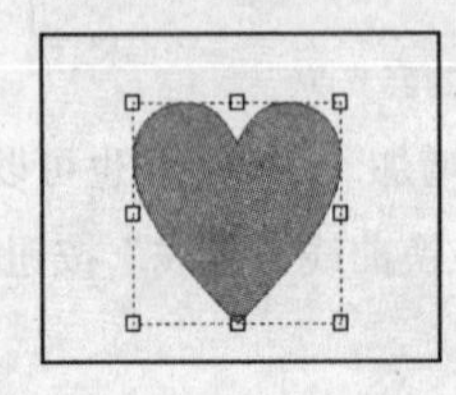
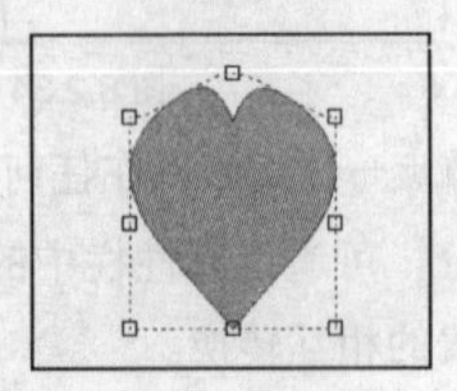

图 8.2.39　封套的双弧模式

（4）非强制模式。单击“封套工具”按钮，为对象添加封套效果，再单击属性栏中的“封套的非强制模式”按钮，在封套的节点上按住鼠标左键并拖动，可以不受任何约束地进行对象节点的扭曲。

4. 编辑封套节点

在交互式工具属性栏中单击自由变形下拉列表框，可弹出如图 8.2.40 所示的下拉列表。

图 8.2.40　映射模式下拉列表

选择水平映射模式，可先伸展对象以适合封套的基本尺寸，然后水平压缩对象以适合封套的形状。

选择原始的映射模式，先将图形边角的控制点映射到封套的边角节点上，然后再将其他节点沿图形的边缘线性映射。

选择自由变形映射模式，只将图形边角的控制点映射到封套的边角节点上，其他节点都被忽略。自由变形映射模式产生的效果没有原始的映射模式所产生的效果强烈。

选择垂直映射模式，可伸展对象以适合封套的基本尺寸，然后垂直压缩对象以适合封套的形状。

在封套工具属性栏中单击自由变形下拉列表框，从弹出的下拉列表中选择合适的映射模式后，单击“转换为曲线”按钮，将对象上的封套转换为曲线对象，从而可以像编辑曲线一样编辑它。

在封套工具属性栏中单击“创建封套自”按钮，可以将一个指定的封套形状复制到当前的封套图形中，建立一个新的封套，如图 8.2.41 所示。

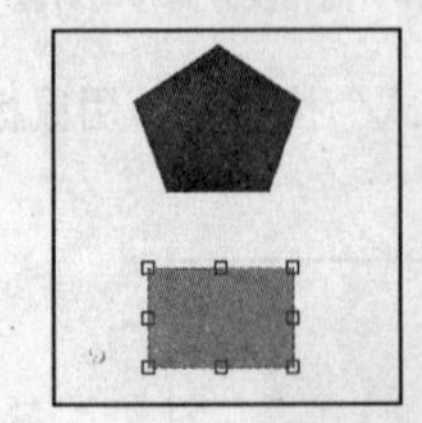
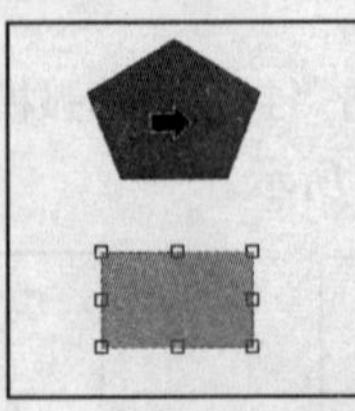
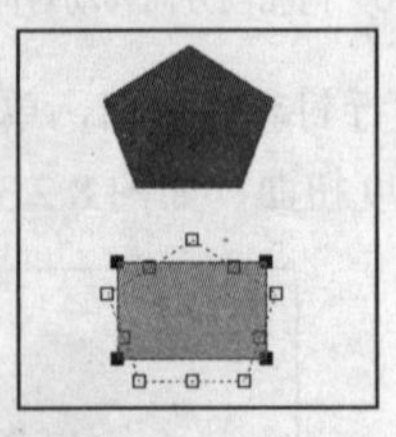

图 8.2.41　从指定的封套创建封套

在封套工具属性栏中单击“复制封套属性”按钮，可以将一个已有封套图形的属性复制到另一个图形中。

8.2.6　交互式立体化效果

交互式立体化工具可以快速地使对象产生三维立体效果。立体效果可以应用于单独的图形对象或群组对象，而不能应用于位图图像。

1. 创建立体效果

在交互式工具组中单击“交互式立体化工具”按钮，在所选的图形对象上按住鼠标左键拖动，可使对象产生立体化效果，如图 8.2.42 所示。

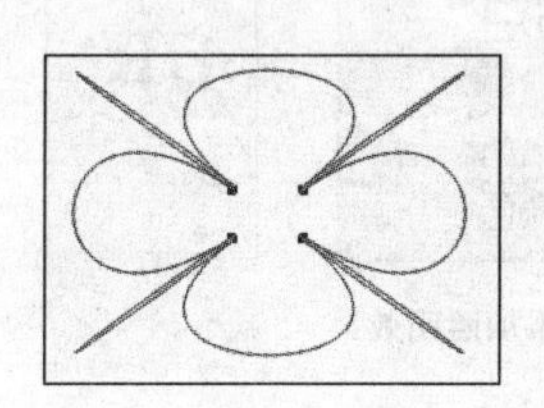

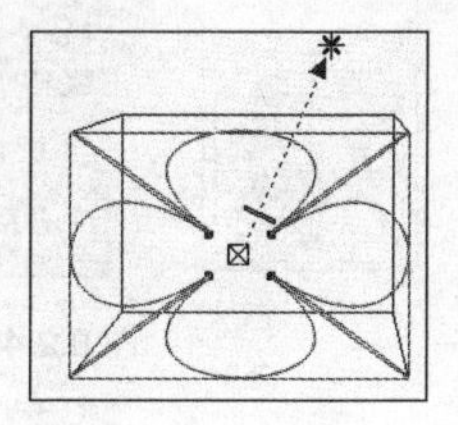

图 8.2.42　创建立体效果

2. 设置立体化深度和类型

创建了立体化效果后，还可以设置立体化深度与类型，在 CorelDRAW X3 中提供了 6 种立体化类型，可以根据需要进行选择。

要设置立体化效果的类型与深度，其具体的操作方法如下：

（1）选择对象后，在工具箱中单击“交互式立体化工具”按钮，并在属性栏中单击立体化类型下拉按钮，可弹出如图 8.2.43 所示的立体化类型下拉列表，从中选择一种类型，如选择第 3 种。

（2）在属性栏中的深度输入框 20 中输入数值，可设置立体化效果的深度，此处输入 40，对象的立体化效果如图 8.2.44 所示。

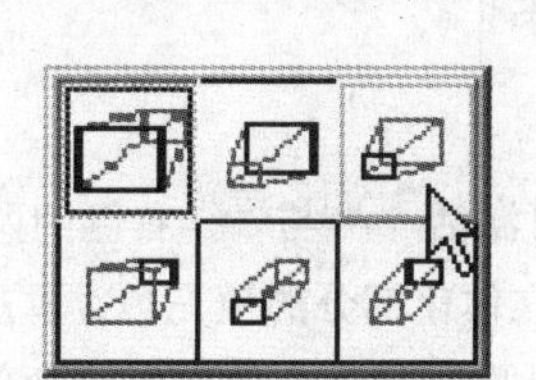

图 8.2.43　立体化类型下拉列表

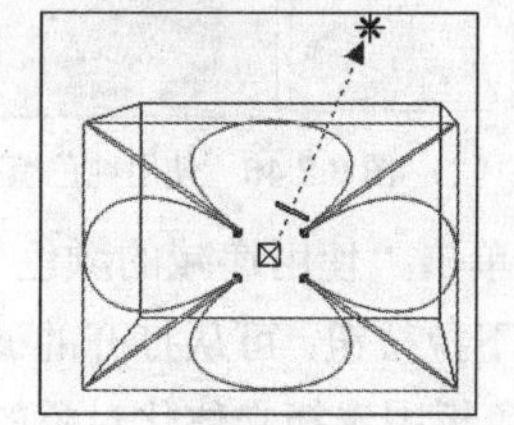

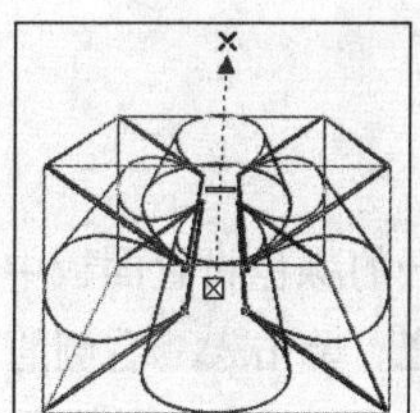

图 8.2.44　设置类型与深度效果

3. 设置立体化的灭点

立体化的灭点是指立体透视的透视消失点，设置立体化灭点的具体操作方法如下：

（1）在工具箱中单击“交互式立体化工具”按钮，并在属性栏中单击立体化类型下拉按钮，从弹出的下拉列表中选择一种立体化类型。

（2）在属性栏中的灭点属性下拉列表 锁到对象上的灭点 中，可选择灭点的属性。

1）从中选择 锁到对象上的灭点 选项，即可将灭点锁定到物体上，灭点会随物体的移动而移动。

2）选择 锁到页上的灭点 选项，可将灭点锁定到页面上，灭点不会随物体的移动而移动，物体移动，立体效果也随之变化。

3）选择 复制灭点，自... 选项，可在立体化物体之间复制灭点。

4）选择 共享灭点 选项，即可使多个立体化物体有共同的灭点。

4. 立体化的照明效果设置

通过设置照明效果可以加强对象的立体化效果。选择对象后，在交互式立体化工具属性栏中单击“照明”按钮，可打开设置照明面板，从中单击“光源 1”按钮，可添加第一盏灯，在光线强度预览框中将第一盏灯移至下方；单击“光源 2”按钮，可添加第二盏灯，在光线强度预览框中将第二盏灯移至右下角，可制作出立体化光源效果，如图 8.2.45 所示。

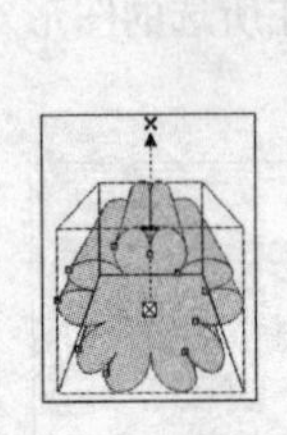
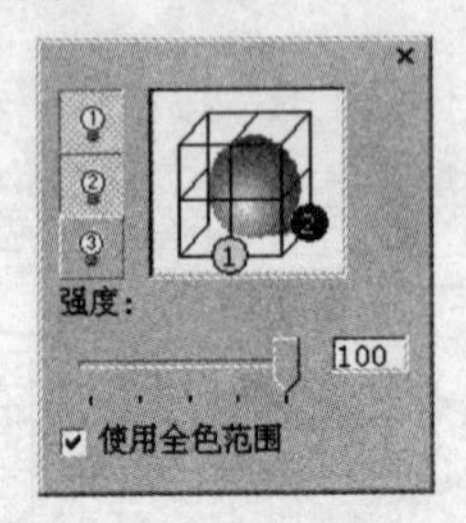

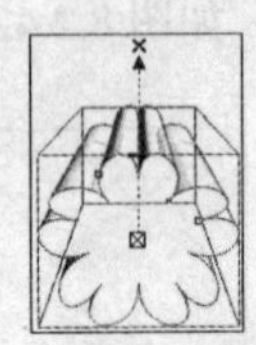

图 8.2.45 添加照明效果

5. 设置立体化对象的颜色

在交互式立体化工具属性栏中单击“颜色”按钮，可打开设置颜色面板，从中可设置立体化对象的颜色。

单击“使用纯色”按钮，可激活第一个选择颜色下拉按钮，单击此下拉按钮，可从打开的调色板中为立体化选择填充色，如图 8.2.46 所示。

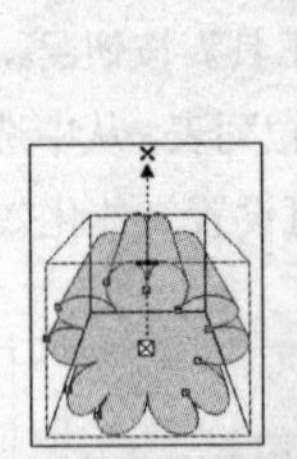
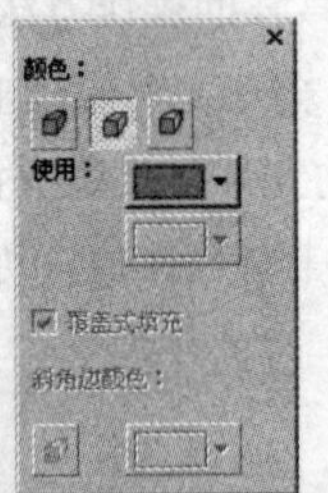

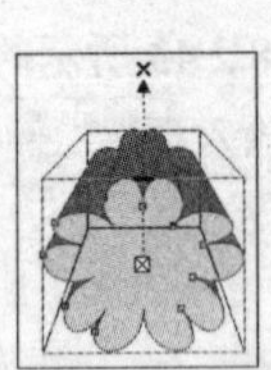

图 8.2.46 使用纯色填充立体化对象

在打开的颜色设置面板中单击“使用递减的颜色”按钮，可激活从：与到：右侧的两个下拉按钮，单击从：右侧的下拉按钮，可从打开的调色板中选择立体化部分的填充色；单击到：右侧的下拉按钮，可从打开的调色板中选择立体化对象的阴影颜色，从而制作出立体化的渐变效果，如图 8.2.47 所示。

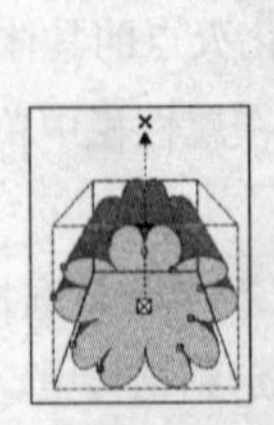
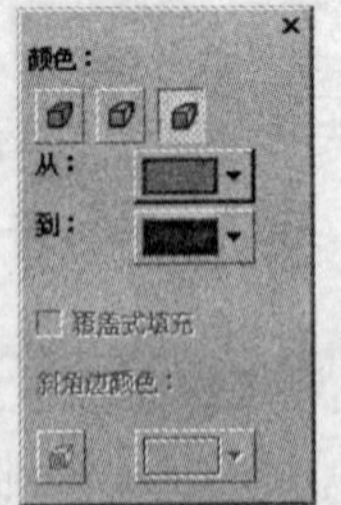

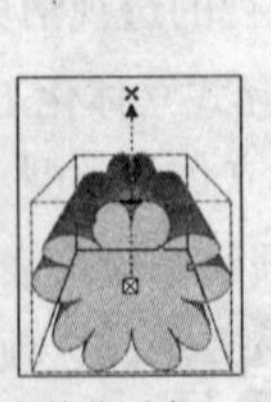

图 8.2.47 使用递减的颜色填充立体化对象

8.2.7 交互式透明效果

使用交互式透明工具可以使对象透明，制作出标准、渐变、图样以及底纹透明效果，以产生像隔

着玻璃看图形的效果。

要使对象透明，其具体的操作方法如下：

（1）在绘图区中创建需要融合在一起的两个对象。

（2）使用挑选工具选择对象，单击工具箱中的“交互式透明工具”按钮，在属性栏中的透明度类型下拉列表无中选择线性选项，再在其属性栏中设置其他的参数，为对象应用线性透明效果，如图 8.2.48 所示。

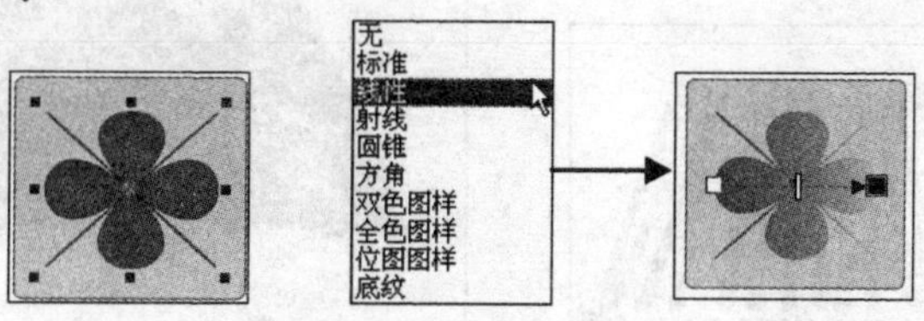

图 8.2.48　应用线性透明类型

8.3　操作实例——制作立体化文字

1. 操作目的

（1）掌握交互式立体化工具的使用。

（2）掌握交互式阴影工具的使用。

2. 操作内容

利用交互式立体化工具、交互式封套工具制作立体文字。

3. 操作步骤

（1）选择菜单栏中的文件(F)→新建(N)命令，新建一个页面。

（2）单击工具箱中的“文本工具”按钮，在属性栏中设置参数，如图 8.3.1 所示，然后在页面中输入文字，如图 8.3.2 所示。

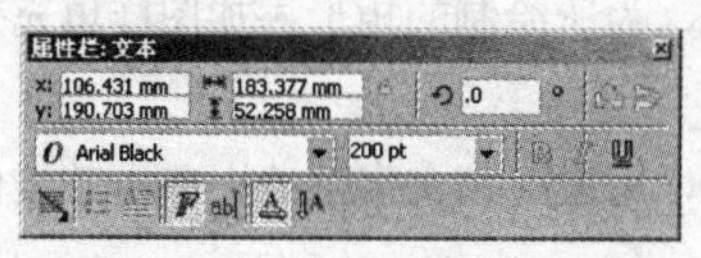

图 8.3.1　文本工具属性栏

图 8.3.2　输入文字

（3）使用挑选工具选择文字，再在工具箱中的填充工具组中单击“渐变填充对话框”按钮，设置参数如图 8.3.3 所示。单击确定按钮，填充渐变效果如图 8.3.4 所示。

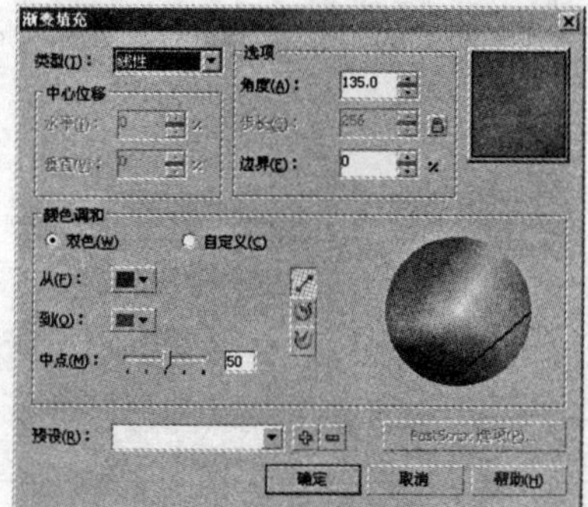

图 8.3.3　“渐变填充”对话框

图 8.3.4　填充渐变效果

（4）选择菜单栏中的 效果(C) → 添加透视(P) 命令，则对象周围会出现透视变形框。按 Ctrl+Shift 键的同时用鼠标拖动变形框上的任意一个控制点，即可调整对象的形状，效果如图 8.3.5 所示。

（5）单击工具箱中的“交互式立体化工具”按钮，用鼠标在文字对象上单击并按住鼠标左键拖动，即可为对象添加立体化效果，如图 8.3.6 所示。

图 8.3.5 调整对象的形状

图 8.3.6 为文字添加立体化效果

（6）在属性栏中单击“颜色”按钮，在弹出的颜色选项面板中设置 从: 颜色的 RGB 值为（175，45，100），到: 颜色为黑色，此时的文字对象效果如图 8.3.7 所示。

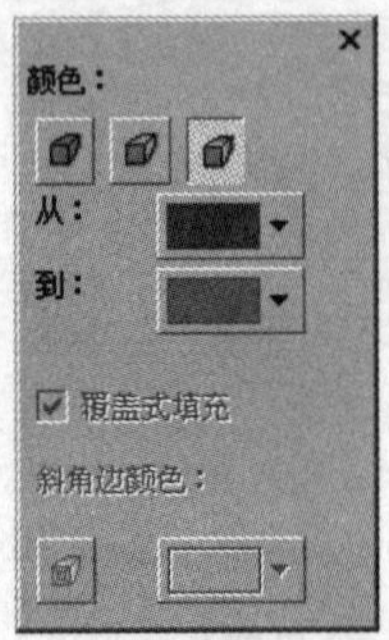

图 8.3.7 设置立体化的颜色

（7）双击工具箱中的“矩形工具”按钮，绘制一个和页面同等大小的矩形，做为背景。

（8）单击工具箱中的“图样填充对话框”按钮，为所绘制的矩形添加图样填充效果，设置参数如图 8.3.8 所示。

（9）单击工具箱中的“交互式阴影工具”按钮，用鼠标在文字对象上单击并按住鼠标左键拖动，即可为对象添加阴影效果，最终如图 8.3.9 所示。

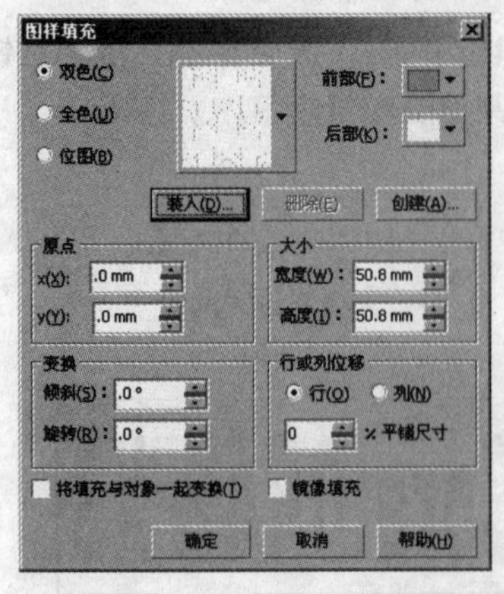

图 8.3.8 “图样填充”对话框

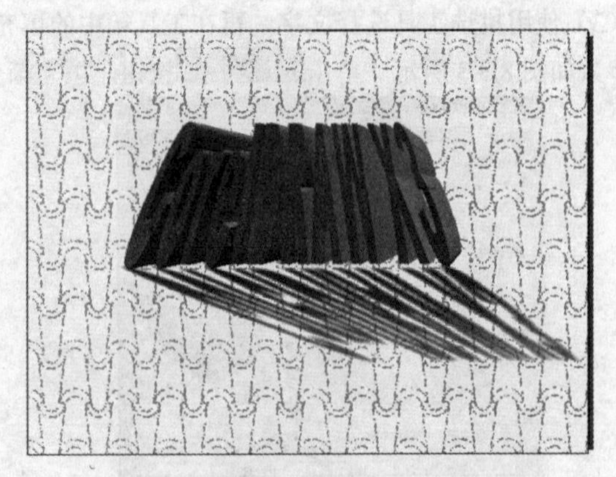

图 8.3.9 效果图

本章小结

本章详细介绍了 CorelDRAW X3 中对象的修整功能，包括对象的焊接、修剪以及相交等方法，最后还介绍了交互式特效的应用技巧。通过本章的学习，用户应该能够运用修整功能制作出多种特殊的图形形状，并可以熟练地使用交互式特效为对象添加特殊效果。

操作练习

一、填空题

1. 在绘制图形对象时，如果需要将两个图形进行焊接或用一个图形对象修剪另一个图形对象，需要使用 CorelDRAW X3 提供的__________功能。

2. 使用交互式变形工具可以对对象创建 3 种变形效果，即__________、__________和__________。

3. 在 CorelDRAW X3 中提供了 4 种封套的模式，即__________、__________、__________和__________。

4. 交互式调和工具组包括______、______、______、______、______、______和______7 种交互式特效工具。

5. 交互式调和工具可以用来创建对象之间的______、______、______及______的过渡效果。

6. 创建交互式透明效果时，用户可以选择透明度应用范围，既可以将透明度应用到对象的内部填充上，也可以将透明度应用到对象的__________。

7. 曲线调和效果就是两个对象之间产生的调和对象沿着__________路径渐变。

8. 当使用交互式立体工具对物体添加光源时，用户最多可以为其添加__________个照明效果。

9. 对于调和效果，要选择的新起始对象必须在结束对象之__________，否则不会成为起始对象。

二、选择题

1. （ ）对象是将两个或多个对象的重叠区域创建为一个新的对象。

（A）修剪　　（B）相交
（C）前减后　　（D）焊接

2. 在 CorelDRAW X3 中提供了（ ）种交互式工具。

（A）5　　（B）6
（C）7　　（D）8

3. 使用交互式变形工具可实现（ ）效果。

（A）拉链变形　　（B）自由变形
（C）扭曲变形　　（D）推拉变形

4. 不可以将交互式阴影效果应用到以下（ ）对象上。

（A）群组对象　　（B）合并对象
（C）修剪对象　　（D）链接的群

5. 在 CorelDRAW 中能进行调和的对象有（ ）。

（A）群组对象　　（B）艺术笔对象
（C）位图　　（D）网络填充对象

三、简答题

1．为对象添加立体化效果后，如何设置其立体化的颜色为渐变色？

2．交互式变形工具中包括哪几种变形方式？

3．交互式透明工具为用户提供了哪几种填充方式？

四、上机操作

1．新建一个图形文件，在绘图区中绘制如题图 8.1 所示的花效果。

题图 8.1　绘制花效果

2．绘制矩形，对其执行变形操作，将其变形为如题图 8.2 所示的花朵。

题图 8.2　花朵

第 9 章 文本的输入与编辑

学习导航

在 CorelDRAW X3 中，文本是具有特殊属性的图形对象。通过使用 CorelDRAW 提供的文本编辑功能可以方便地编辑处理文本。本章主要介绍文本的创建、文本的格式设置以及如何编辑特殊的文本效果。

学习要点

- 输入文本
- 文本格式设置
- 文本的特殊编辑

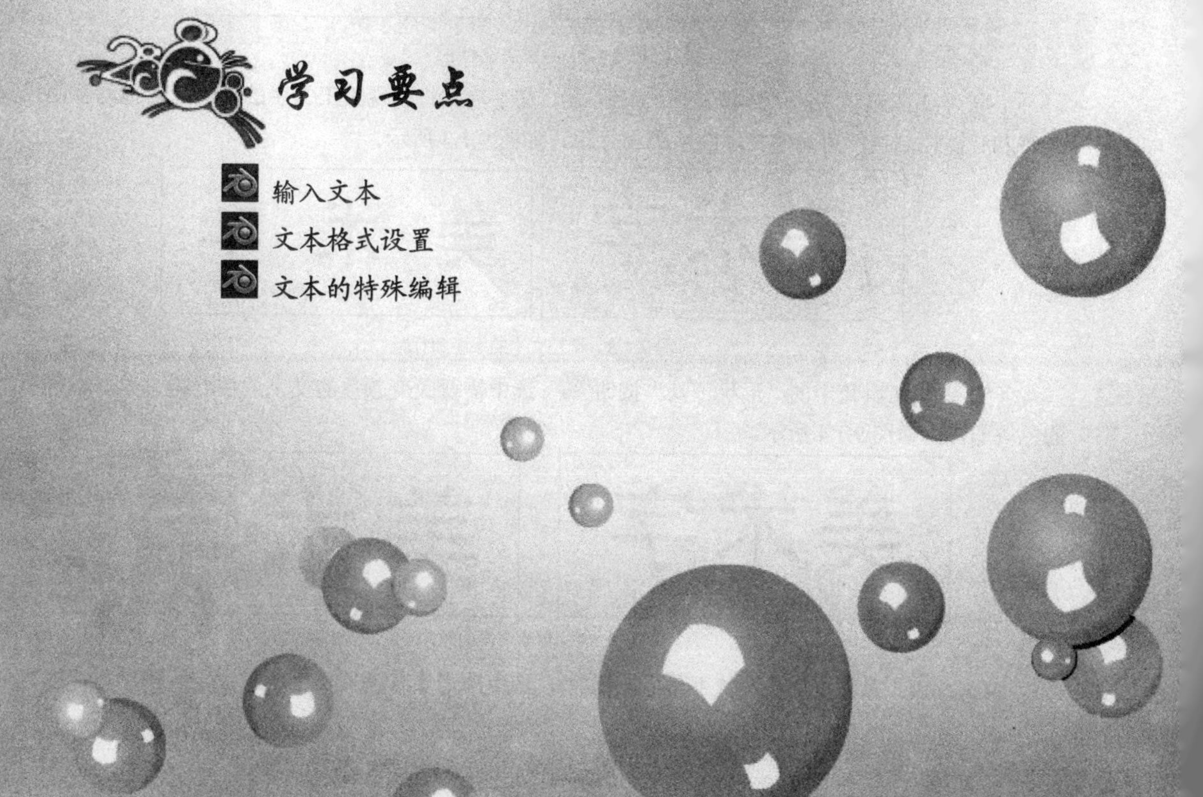

9.1 输 入 文 本

在 CorelDRAW X3 中，输入的文本可分为美术字文本和段落文本两大类，它们之间可以互相转换。美术字文本是指单个文字对象，段落文本是大块区域的文本，对其进行编辑可通过 CorelDRAW X3 编辑和排版功能来实现。

9.1.1 美术字文本

输入美术字文本的方法如下：

（1）单击工具箱中的“文本工具”按钮。

（2）在需要输入文字的位置单击鼠标输入文字即可，如图 9.1.1 所示。

图 9.1.1 输入文本

（3）单击工具箱中的“挑选工具”按钮，选中该文字，在字体大小列表和字体列表中设置文本的字号和字体，如图 9.1.2 所示。

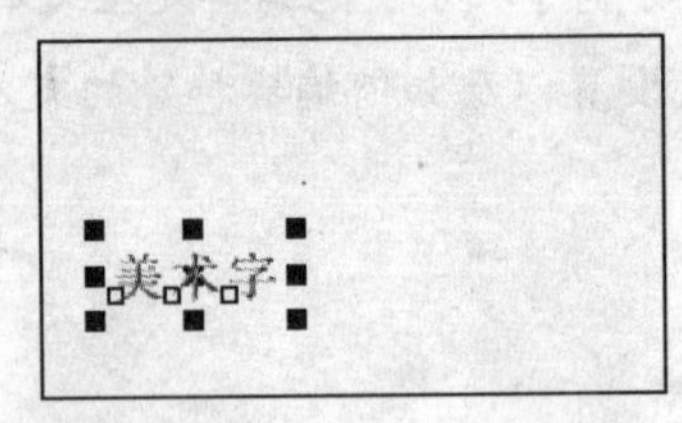

图 9.1.2 设置字号和字体

（4）单击工具箱中的“形状工具”按钮，文字周围将出现美工文字的控制点，拖动字距控制点和行高控制点可调整文本的字距和行距，如图 9.1.3 所示。

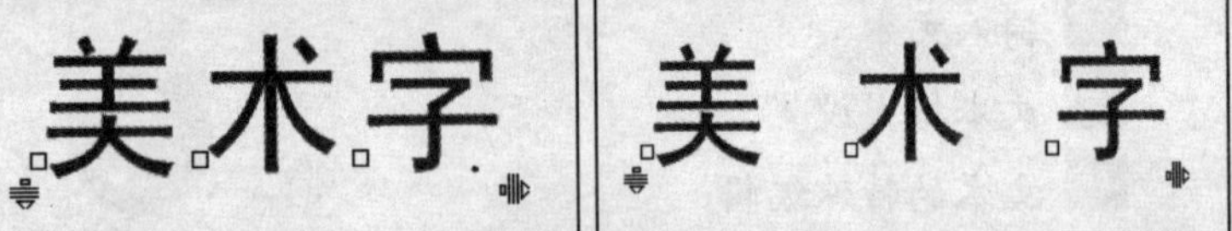

图 9.1.3 调整文本的字距和行距

（5）单击工具箱中的“形状工具”按钮，选中需要改变颜色的文字的控制点，单击调色板中的色块即可，如图 9.1.4 所示。

图 9.1.4 更改文本的颜色

（6）单击工具箱中的“形状工具”按钮，选中所需要移动的文字的控制点，拖动鼠标即可移

动该文字，如图 9.1.5 所示。

（7）单击工具箱中的“形状工具”按钮，选中所需要旋转的文字的控制点，在其属性栏中的旋转角度数值框中输入数值即可实现旋转操作，如图 9.1.6 所示。

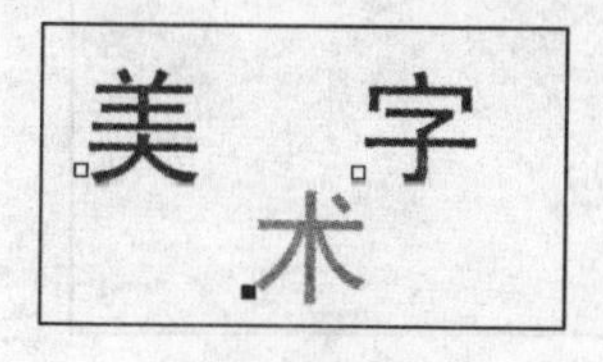

图 9.1.5　移动文本

图 9.1.6　旋转文本

（8）选中需要转换为段落文本的美术字文本，选择 文本(T) → 转换到段落文本(V) 命令即可，如图 9.1.7 所示。

图 9.1.7　将美术文本转换为段落文本

9.1.2 段落文本

输入段落文本的方法如下：

（1）单击工具箱中的“文本工具”按钮。

（2）在需要输入文字的位置，拖曳出一个矩形框，松开鼠标即可在该框中输入文字，如图 9.1.8 所示。

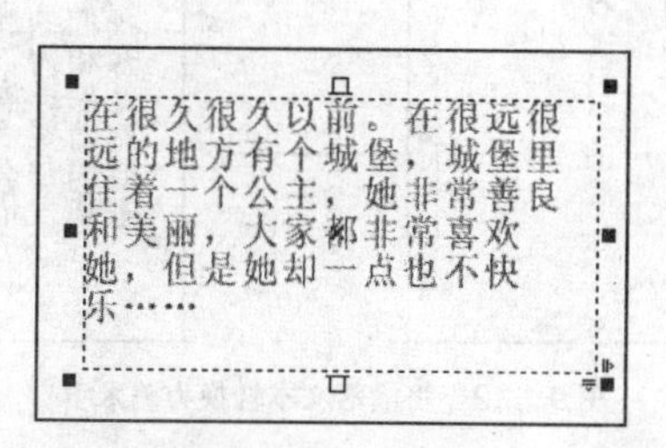

图 9.1.8　段落文本

（3）鼠标拖动框架上方或下方的控制点可调整框架的大小，如图 9.1.9 所示。

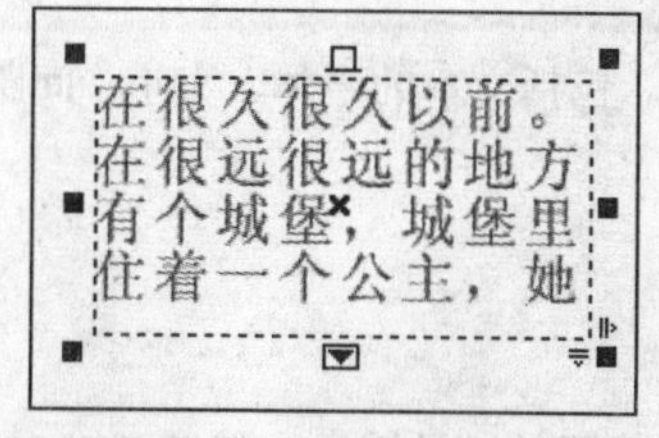

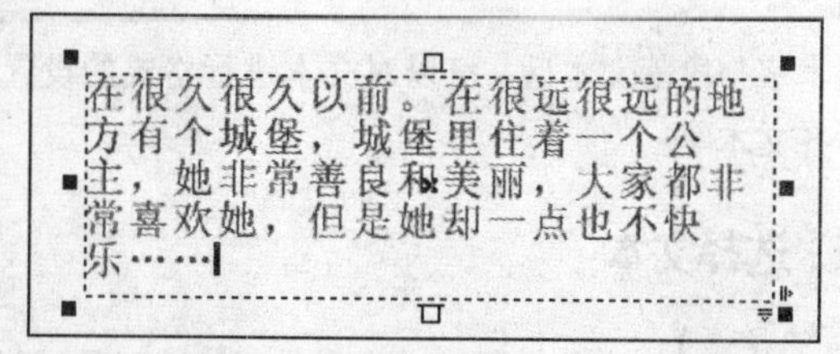

图 9.1.9　调整框架大小

（4）若框架太小而无法显示全部的文本时，可将该框架中无法显示的文本放置在另一个框架中，单击框架下方的控制点，当光标呈形状时，在其他合适的位置拖出一个矩形框，可将文本中显示不完全的部分显示在新框架中，如图 9.1.10 所示。

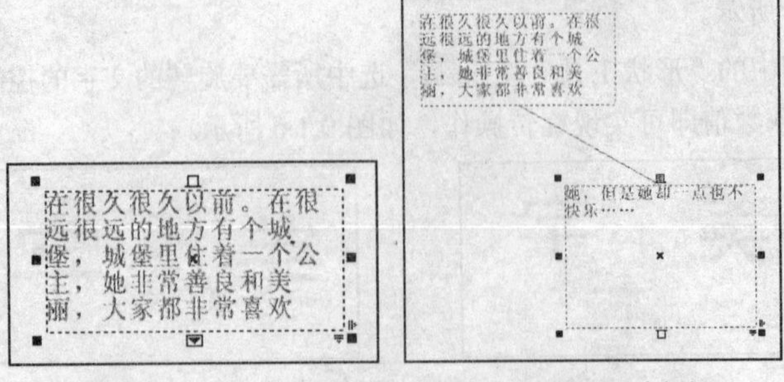

图 9.1.10　将框架中的无法显示的文本放置在另一个框架

（5）选中所要转换的段落文本，选择 文本(T) → 转换为美术字 命令即可，如图 9.1.11 所示。

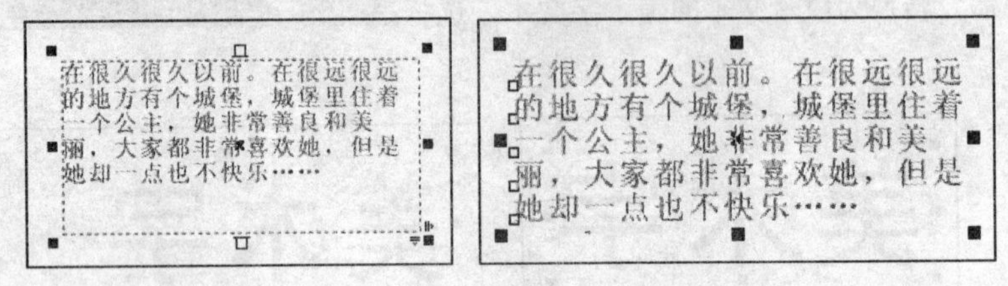

图 9.1.11　段落文本转换为美术字文本

9.1.3　文本的转换

美术字文本与段落文本的特性不同，但可以相互转换。如果要将段落文本转换为美术字文本，可在选择段落文本后，选择菜单栏中的 文本(T) → 转换为美术字 命令，即可将段落文本转换为美术字文本，如图 9.1.12 所示；要将美术字文本转换为段落文本，可在选择美术字后，选择菜单栏中的 文本(T) → 转换到段落文本(V) 命令即可。

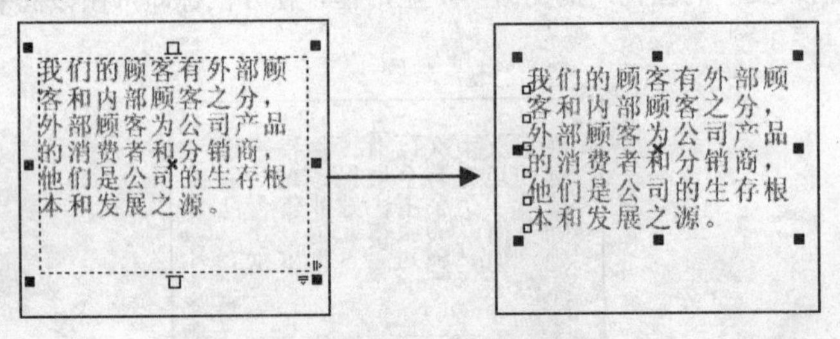

图 9.1.12　将段落文本转换为美术字

9.2　文本格式设置

输入美术字与段落文本后，可以对文本进行格式的设置，包括文本的字体、大小、间距、上标或下标以及对齐文本等。

9.2.1　选择文本

在 CorelDRAW X3 中可以通过文本工具、挑选工具、形状工具以及键盘上的 Tab 键来选择文本。

使用文本工具选择文本的方式有两种，即选择整个文本，或根据需要选择部分文本。选择部分文本时，只需在所要选择的文本处按住鼠标左键拖动至要选择文本的结束处即可，被选择的文本呈现灰色状态，如图 9.2.1 所示。

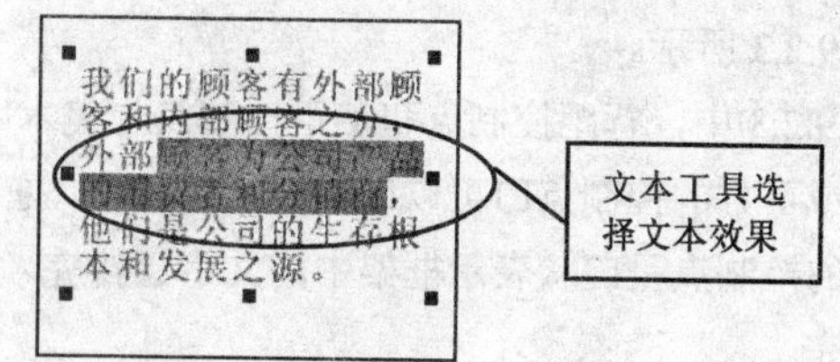

图 9.2.1　使用文本工具选择部分文本

使用形状工具在文本上单击即可选择文本，此时在每一个字符的左下方将出现一个空心的点，用鼠标单击空心点将会使其变成黑色，表示该字符被选中，这个空心点就是字符的节点。

使用挑选工具在美术字或段落文本上单击，即可选择文本，但使用此工具只能选择整个文本，而不能对部分文本进行选择。

9.2.2　设置文本字体与字号

设置美术字文本与段落文本的字体与字号的方法相同，通过文本工具属性栏可以进行设置。

1. 设置文本字体

文字的字体可以在输入文字前设置，也可以在输入文字后设置。在输入文字后设置文本字体的具体操作方法如下：

（1）使用挑选工具选择需要改变字体的文本。

（2）在属性栏中的字体下拉列表 宋体 中，可以选择一种字体，此时即可改变所选文本的字体，如图 9.2.2 所示。

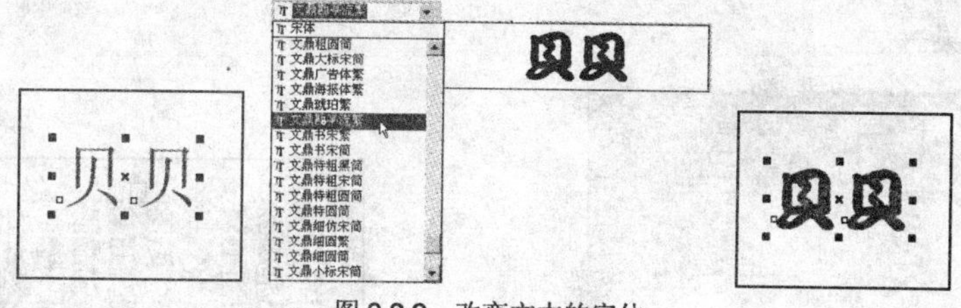

图 9.2.2　改变文本的字体

2. 设置文本字号

要设置文本的字号，可在输入文本的状态下或在选择文本时，在属性栏中的字号下拉列表 24 中选择所需的字号，或直接在此下拉列表中输入字号，然后按回车键确认。

文字处于选中状态时，将鼠标移至其四角的任意一个控制点上，按住鼠标左键拖动，也可以改变文字的大小。

9.2.3　段落文本的编辑

段落文本的编辑，如字体设置、应用粗斜体、排列对齐、添加下画线等都与美术字文本编辑是相同的。因此这里只介绍专用于段落文本编辑的一些选项。

（1）调整段落文本的框架。为了让文本框架在宣传页中的宽度、高度及位置适合，就需要对段落文本的框架进行调整。其调整方法如下：

选择工具箱中的挑选工具，用鼠标光标在段落文本上单击一下，就会显示出框架的范围和控制

点，如图 9.2.3 所示。

在图 9.2.3 中，行距控制点和字距控制点与美术字文本编辑中的用法是一样的；拖动框架上方的控制点□或下方的控制点□可以调整框架的长度，拖动其他控制点可调整框架的宽度和大小；文本框下方正中的控制点呈□状表示框架中的文字已排完，文本框下方正中的控制点呈 ▣ 状表示框架中的文字未排完。

（2）框架间文字的连接。若文字在一个框架中未排完，还需要在第二个框架中续排，而且当调整框架的大小时，文字会自动地调整以保持续排，这时就需要进行框架间文字的连接。其方法是选择挑选工具，单击文本框架下方正中的 ▣ 控制点，这时光标变成了横格纸形状，在绘图页中的适当位置单击鼠标左键并拖出一个矩形，释放鼠标后就会出现另一个文本框架，在第一个框架中未显示完的文字在这个框架中被显示，如图 9.2.4 所示。如果文字在这个框架中仍未被显示完，还可以继续拖动出下一个框架来显示。

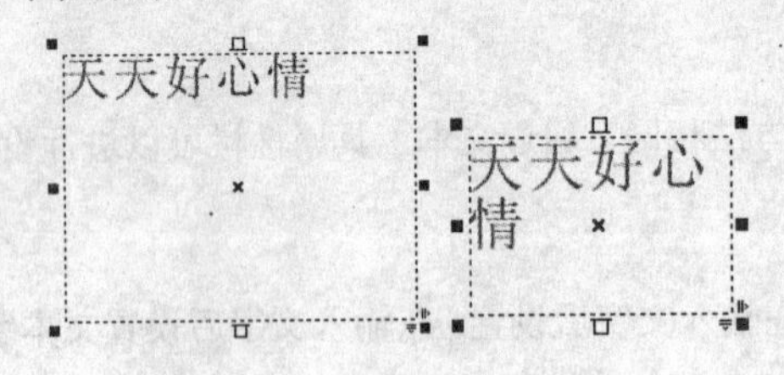

图 9.2.3 段落文本框的编辑

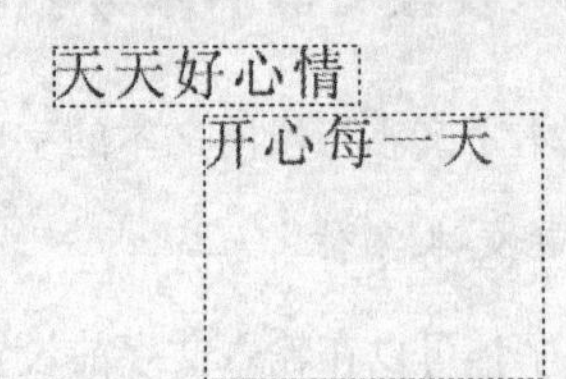

图 9.2.4 框架间文字的连接

（3）在“编辑文本”对话框中进行段落文本的编辑。单击“编辑文本”按钮或按快捷键“Ctrl+Shift+T”，即可打开如图 9.2.5 所示编辑文本对话框。

“编辑文本”对话框将文本工具属性栏的属性设置集合于一体。如图 9.2.6 所示是段落文本应用了各项设置后的效果。

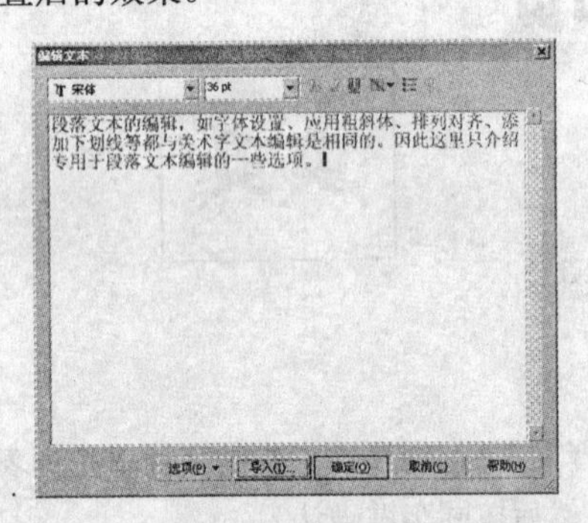

图 9.2.5 “编辑文本”对话框

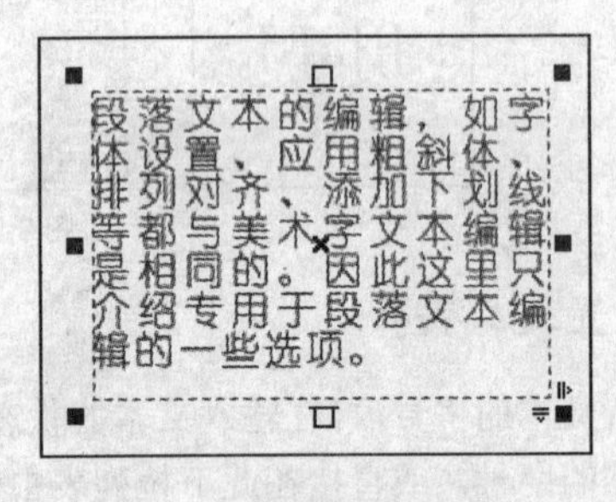

图 9.2.6 在“编辑文本”对话框中对段落文本进行设置后的效果

（4）选择菜单栏中的 文本(T) → 字符格式化(F) 命令，打开 字符格式化 泊坞窗，在其中显示着设置字符的相关选项参数，如图 9.2.7 所示。

在 宋体 下拉列表中可设置文本的字体。

在 24.0 pt 输入框中输入数值，可设置文本字体的大小。

在 脚本: 下拉列表框 全部语言 中可设置文本的属性，如亚洲、拉丁文、中东文等。

在 字符效果 列表框中提供了 5 种可设置字符属性的选项，如图 9.2.8 所示。从中可选择相应的线型，对文本对象进行下画线、删除线以及上画线等设置。

单击 下划线 、删除线 和 上划线 右侧的下拉列表框，可弹出其选项，如图 9.2.9 所示。从中可选择相应的线型，对文本对象进行下画线、删除线以及上画线等设置。

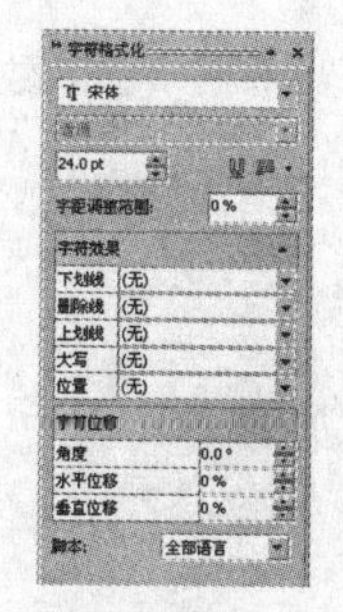

图 9.2.7　“字符格式化文本”对话框

图 9.2.8　字符效果列表框

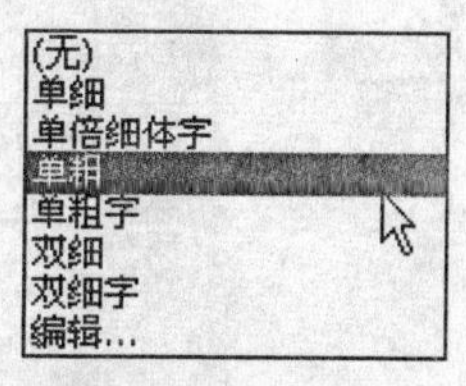

图 9.2.9　下画线下拉列表

单击大写右侧的下拉列表框，可弹出如图 9.2.10 所示的下拉列表，从中选择相应的选项可设置字母大小写。

单击位置右侧的下拉列表框，可弹出如图 9.2.11 所示的下拉列表，从中可选择相应的选项来设置所选文本的上下标，如图 9.2.12 所示。

图 9.2.10　大写下拉列表

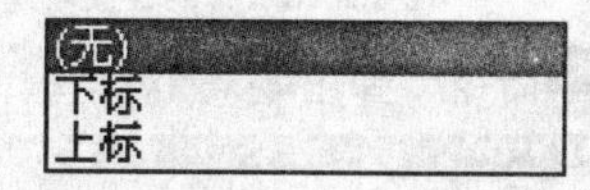

图 9.2.11　位置下拉列表

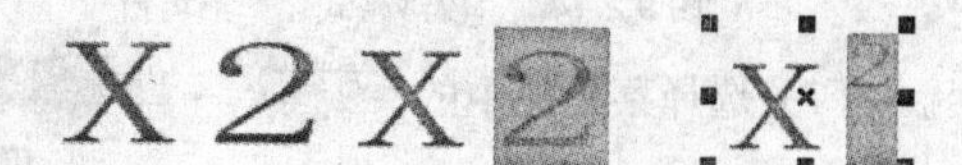

图 9.2.12　设置文字的位置

在字符位移下拉列表中可设置字符的角度、水平与垂直偏移的方向。在角度输入框中输入正数，可使字符逆时针旋转，输入负数，可使字符顺时针旋转；在水平位移输入框中输入正数，字符向右移动，输入负数，字符向左移动；在垂直位移输入框中输入正数，字符向上移动，输入负数则使字符向下移动，效果如图 9.2.13 所示。

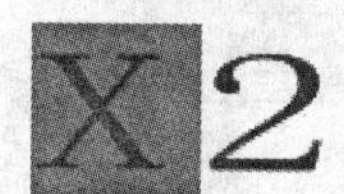

选择的字符

旋转 30°

水平位移 20%

垂直位移 40%

图 9.2.13　字符位移

（5）选择菜单栏中的文本(T)→段落格式化(P)命令，打开段落格式化泊坞窗，如图 9.2.14 所示。

在对齐下拉列表中可以选择文字的对齐方式。单击水平右侧的下拉列表框，从弹出的下拉列表中选择相应的选项来设置段落文本在水平方向上的对齐方式；单击垂直右侧的下拉列表框，从弹出的电子邮件的下拉列表中选择相应的选项来设置段落文本在垂直方向上的对齐方式。

在间距列表框中可以更改所选段落、整个段落文本框或美术字对象中的字符和字间距，也可以更改段落文本中段前或段后的间距，还可以调整所选字符之间的距离。

在缩进量列表框中可设置段落文本框与框内文本的距离。可以设置缩进的对象包括整个段落、段落的首行以及除段落首行外的其他各行（即悬挂式缩进）。也可以设置从文本框的右侧缩进。

在文本方向列表框中可以设置文本的排列方向。

（6）选择菜单栏中的文本(T)→制表位(B)...命令，弹出制表位设置对话框，如图 9.2.15 所示。

在制表位位置(T):输入框中输入数值，单击添加(A)按钮，可插入一个制表位。如果要删除某个制表位，可先选中要删除的制表位后单击移除(R)按钮；如果要删除所选段落中所有的制表位，则可单击全部移除(E)按钮。单击前导符选项(L)...按钮，可弹出前导符设置对话框，如图 9.2.16 所示。在字符(C):右侧单

击 · 下拉列表框，可从弹出的下拉列表中选择填充制表位的字符；在间距(S):输入框中输入数值可设置制表位填充字符之间的空隙。

图 9.2.14 “段落格式化”泊坞窗

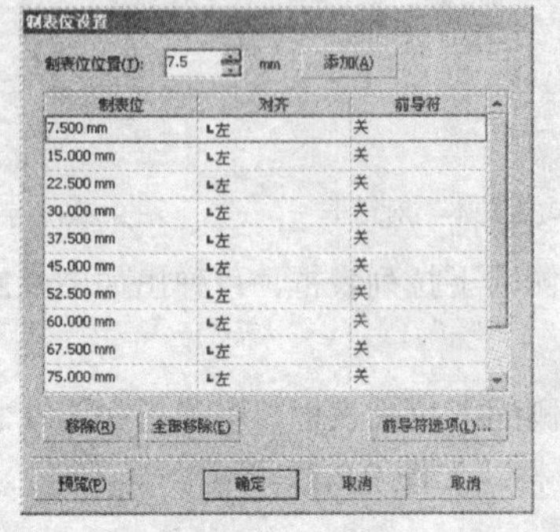

图 9.2.15 “制表位设置”对话框

（7）选择菜单栏中的 文本(T) → 栏(O)... 命令，弹出栏设置对话框，如图 9.2.17 所示。

图 9.2.16 “导前符设置”对话框

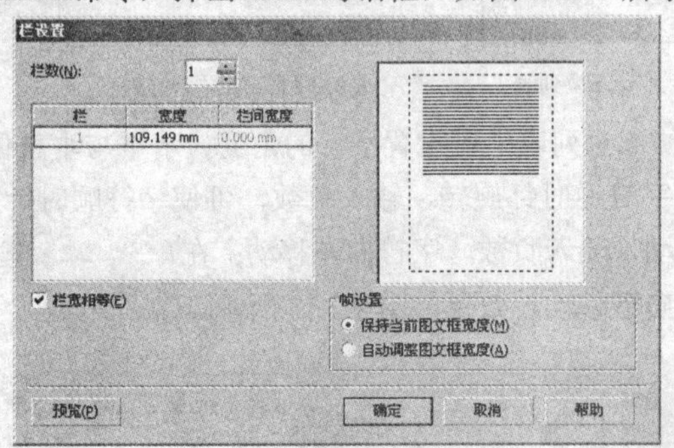

图 9.2.17 “栏设置”对话框

在栏数(N):输入框中输入数值，可设置分栏的数目。

在栏设置对话框中也可对栏号、栏的宽度以及栏与栏之间的宽度进行设置，如选中栏宽相等(E)复选框，可为所选文本创建栏宽和栏间距离相等的栏；也可根据需要选中保持当前图文框宽度(M)或自动调整图文框宽度(A)单选按钮，来设置段落文本框的宽度。

（8）选择菜单栏中的 文本(T) → 项目符号(U)... 命令，弹出项目符号对话框，如图 9.2.18 所示。

在外观选项区中的字体(F):与符号(S):下拉列表中可选择需要的项目符号的类型与符号；在大小(I):输入框中输入数值，可设置项目符号的大小；在基线位移(B):输入框中输入数值，可设置项目符号从基线位移的距离。在间距选项区中可设置项目符号和文本之间或文字框之间的距离。

（9）选择菜单栏中的 文本(T) → 首字下沉(D)... 命令，弹出首字下沉对话框，如图 9.2.19 所示。

图 9.2.18 “项目符号”对话框

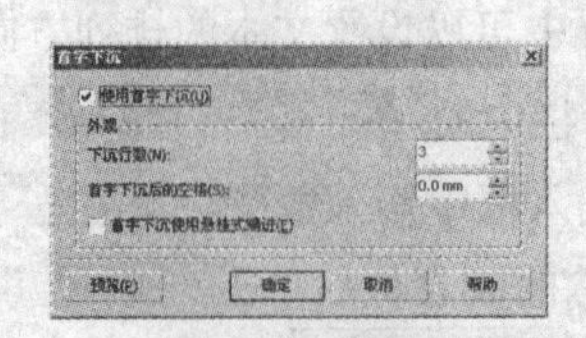

图 9.2.19 “规则”选项卡

在外观选项区中的下沉行数(N):输入框中输入数值，可设置首字下沉的行数，如图 9.2.20 所示。

在首字下沉后的空格(S):输入框中输入数值，可设置首字与文本正文之间的距离。选中☑首字下沉使用悬挂式缩进(E)复选框，可设置首字偏离文本正文，如图 9.2.21 所示。

原段落文字　　首字下沉格式　　悬挂式缩进格式

图 9.2.20　设置段医治格式

（10）选择菜单栏中的文本(T)→断行规则(K)...命令，弹出亚洲断行规则对话框，如图 9.2.21 所示。

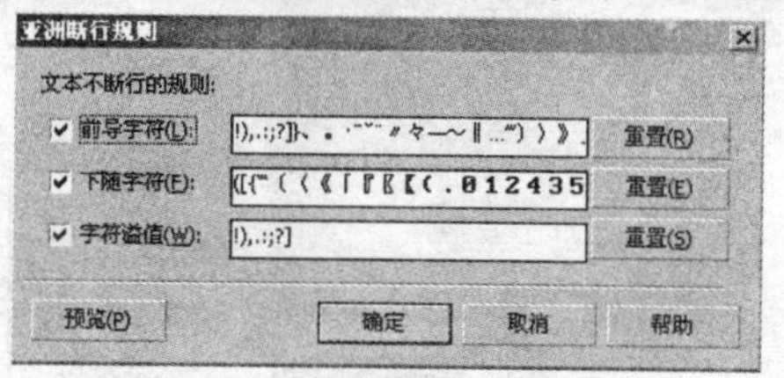

图 9.2.21　“亚洲断行规则”对话框

在亚洲断行规则对话框中可以根据需要对选择的段落文本的字符进行编辑。设置完成后，单击确定按钮，即可改变段落文本的字符。

9.2.3　对齐文本

在 CorelDRAW X3 中文本的对齐包括无、左、居中、右、全部对齐、强制调整。要对齐文本，其具体的操作方法如下：

（1）使用挑选工具选择文本对象，如图 9.2.22 所示。

（2）在属性栏中单击“水平对齐”按钮，可打开如图 9.2.23 所示的设置文本对齐方式的面板。

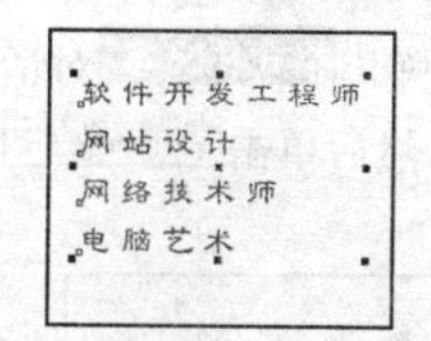

图 9.2.22　选择文本对象

图 9.2.23　设置文本对齐方式的面板

（3）在此面板中选择相应的选项，可使所选的文本对齐，例如选择居中或强制全部选项，可使所选的文本居中对齐或两端完全对齐，如图 9.2.24 所示。

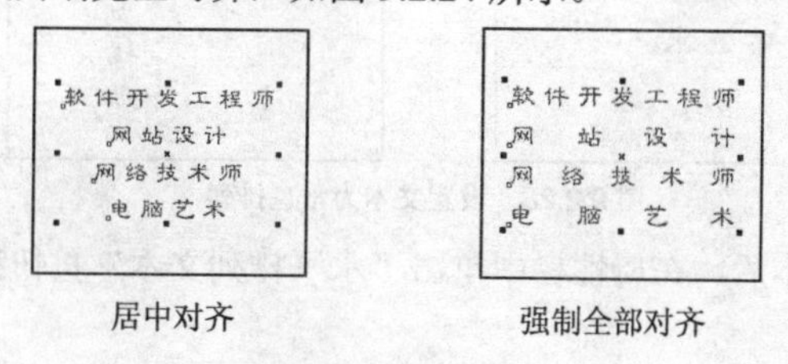

居中对齐　　强制全部对齐

图 9.2.24　对齐文本

9.2.4 设置文本上标与下标

通过格式化文本对话框可以设置文本的位置，即设置上标或下标。使用文本工具选取文本后，在格式化文本对话框中的位置(P):下拉列表中可选择上标或下标选项来进行设置。如要在绘图区中创建 xy^2，其具体的操作方法如下：

（1）单击工具箱中的“文本工具”按钮，在绘图区中单击并输入 xy2，将鼠标光标移至 2 前，按住鼠标左键拖至 2 后，即可选择 2，如图 9.2.25 所示。

（2）选择菜单栏中的文本(T)→字符格式化(F)命令，弹出字符格式化泊坞窗，在对话框中选择字符效果选项卡，单击位置下拉列表框，可从弹出的下拉列表中选择上标选项，如图 9.2.26 所示。

（3）单击确定按钮，即可将所选的文本设置为上标，如图 9.2.27 所示。

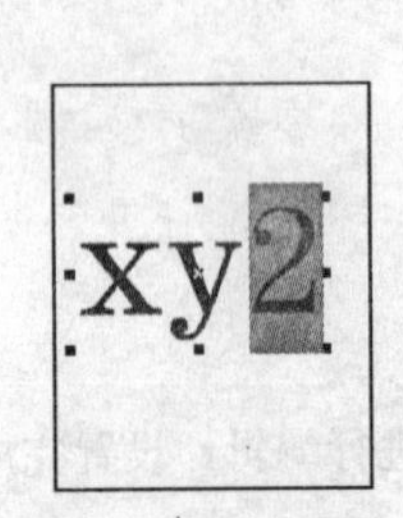

图 9.2.25 选择“2”

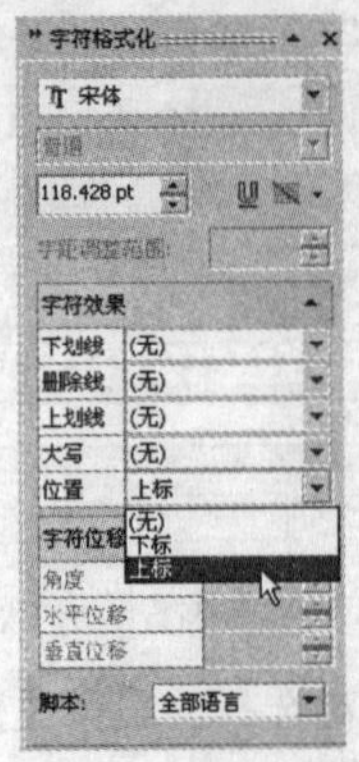

图 9.2.26 选择“上标”选项

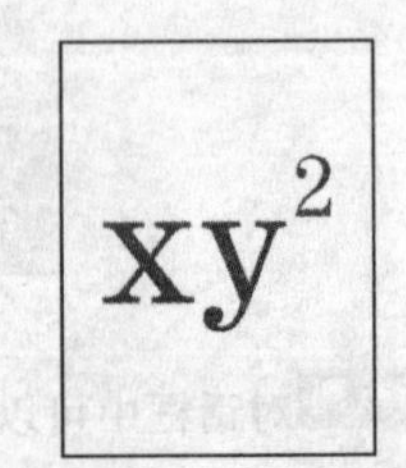

图 9.2.27 设置上标效果

9.2.5 设置文本的排列方向

默认设置下，输入的美术字文本与段落文本都是以水平方向排列的。如果要将文本的排列方向设置为垂直排列，可在选择文本对象后，通过格式化文本对话框的段落选项卡中的文本方向选项区设置。

要改变美术字文本的排列方向为垂直排列，其具体操作方法如下：

（1）使用挑选工具选择美术字对象。

（2）选择菜单栏中的文本(T)→文本格式(E)...命令，弹出格式化文本对话框，选择段落选项卡，在文本方向选项区中的方向(O):下拉列表中选择垂直选项，然后单击确定按钮，即可改变文本方向，如图 9.2.28 所示。

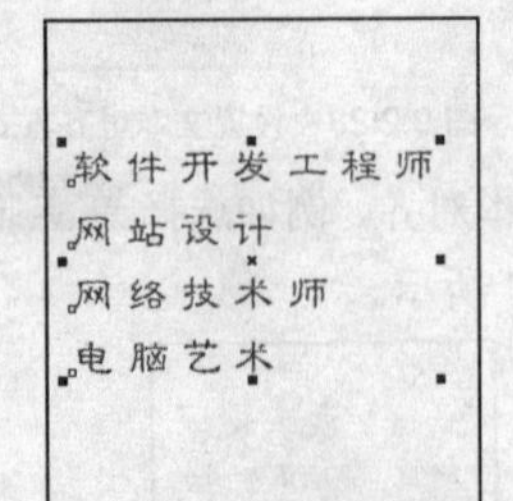

图 9.2.28 设置文本为垂直排列

在使用挑选工具选择文本后，在属性栏中单击“水平排列文本”按钮和“垂直排列文本”按钮，可快速设置文本方向。

9.2.6　插入字符

在文本中可以插入相关的符号，以增强文本效果，这些符号其实是预先设计的曲线对象，既可以当字符在文本中编辑使用，也可以当图片装饰使用。

将符号添加到文本中，其具体的操作方法如下：

（1）在工具箱中单击“文本工具”按钮，在文本中需要添加符号的位置单击鼠标左键，可出现插入符号，如图 9.2.29 所示。

（2）选择菜单栏中的 文本(T) → 插入符号字符(H) Ctrl+F11 命令，可打开 插入字符 泊坞窗，从中可选择需要的符号。

（3）选择符号后，单击 插入(I) 按钮，即可添加符号到文本中，如图 9.2.30 所示。

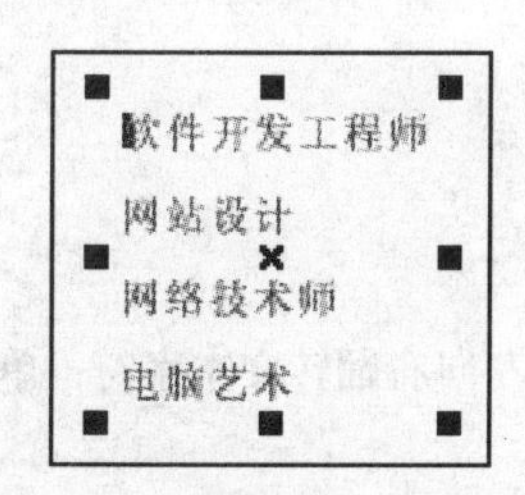

图 9.2.29　插入光标

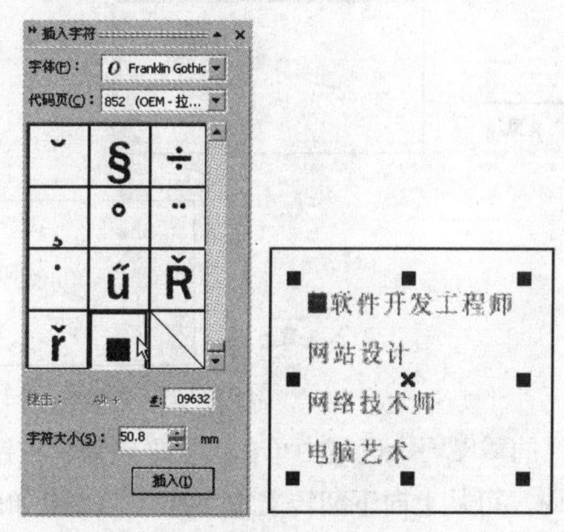

图 9.2.30　将所选的符号添加到文本中

9.3　文本的特殊编辑

在 CorelDRAW X3 中可对文本进行一些特殊编辑，如使文本适配路径、填入框架和环绕图形等。

9.3.1　文本适配路径

文本适合路径也就是将文本沿路径变化。路径可以是线条、矩形、椭圆、曲线等形状，也可以利用属性栏中的参数来调整输入后的文本形状和方向。

使用文本工具在绘图区中输入一行美术字，使用贝塞尔工具在绘图区中随意绘制一条曲线，再使用挑选工具选择输入的美术字与绘制的曲线路径，如图 9.3.1 所示。

选择菜单栏中的 文本(T) → 使文本适合路径(T) 命令，此时选择的文本将填放到选中的路径上，如图 9.3.2 所示。

将文本填入路径后，其相应的属性栏显示如图 9.3.3 所示。

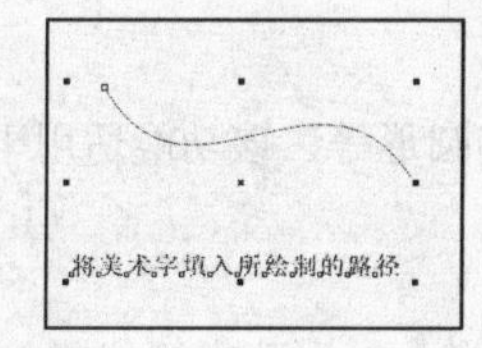

图 9.3.1　选择文本与曲线路径

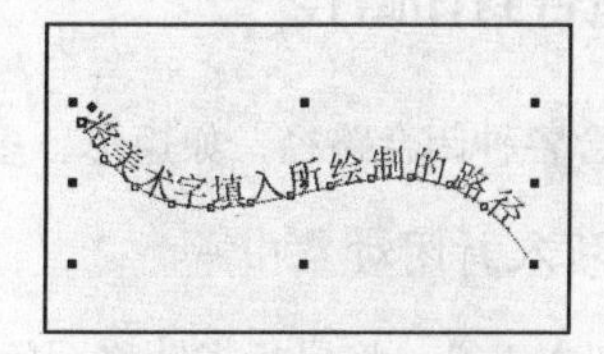

图 9.3.2　将文字填入路径

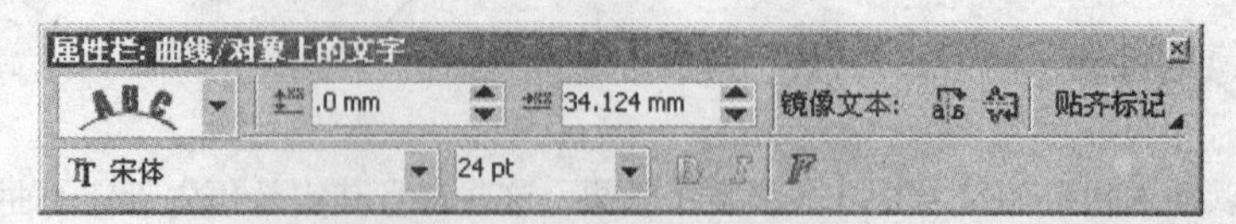

图 9.3.3 曲线/对象上的文字属性栏

单击文字方向下拉列表框 ，可从弹出的下拉列表中选择文本对象在路径上的方向，如图 9.3.4 所示。

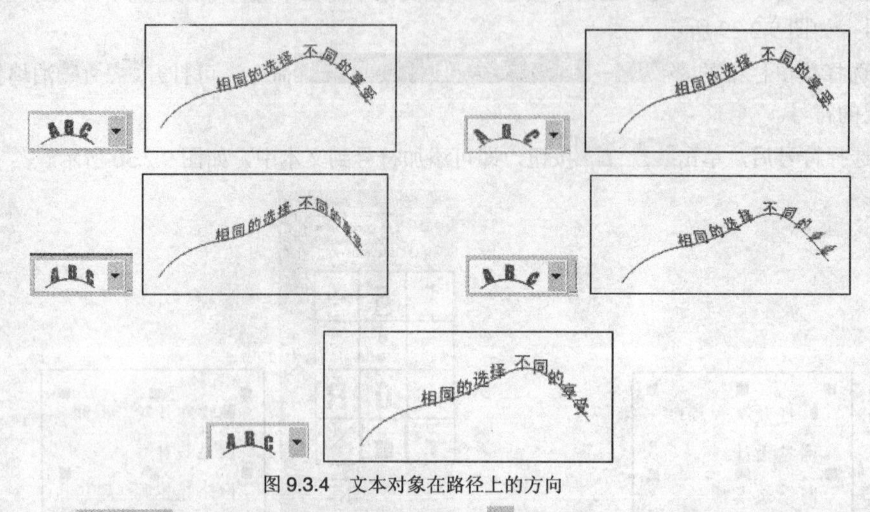

图 9.3.4 文本对象在路径上的方向

在属性栏的镜像文本:区域中单击"水平镜像"按钮，可以从左向右翻转文本字符；单击"垂直镜像"按钮，可从上向下翻转文本字符，其效果如图 9.3.5 所示。

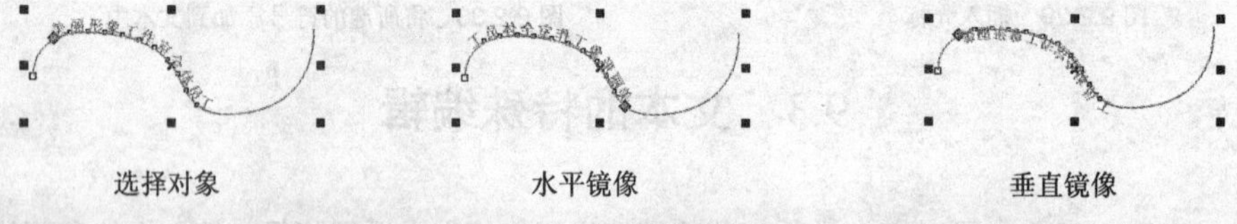

图 9.3.5 镜像适合路径的文本

CorelDRAW X3 将适合路径的文本视为一个对象，如果不需要使文本成为路径的一部分，也可以将文本与路径分离，且分离后的文本将保持它所适合于路径时的形状。使用挑选工具选择路径和适合的文本，选择菜单栏中的排列(A)→拆分命令，即可拆分文本与路径，分离后就可以使用挑选工具将文字移开，如图 9.3.6 所示。

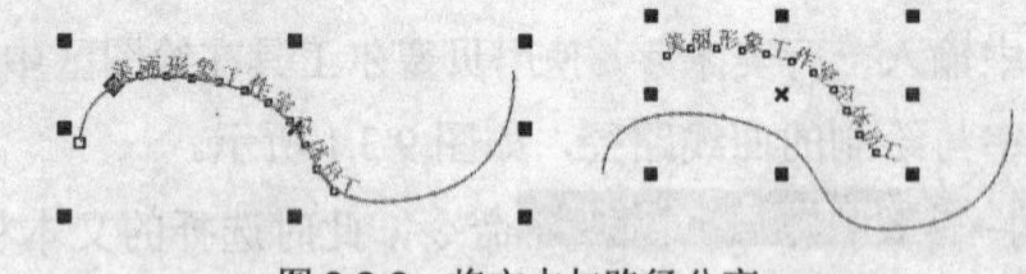

图 9.3.6 将文本与路径分离

9.3.2 文本适合封闭路径

用户可使文本适合各种闭合路径，如矩形、多边形、椭圆形等，该功能适用于段落文本。

1. 直接将文本填入封闭对象中

选取工具箱中的文本工具，将鼠标指针移至闭合曲线图形上靠近节点的位置，当鼠标指针呈图

9.3.7 所示的形状时，单击鼠标左键确定插入点，并在属性栏中设置文本的字体和字号，然后在封闭的路径中输入文字即可，如图 9.3.8 所示。

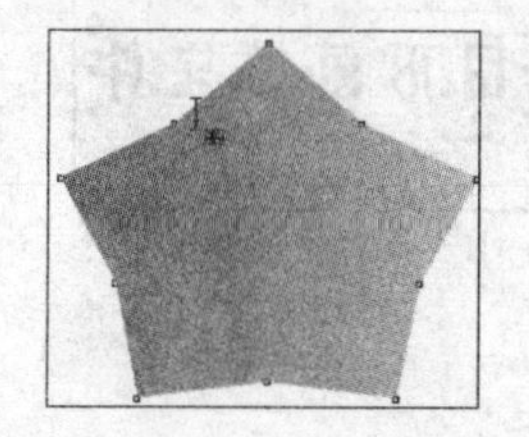

图 9.3.7　鼠标指针形状

图 9.3.8　使文本适合框架

2. 用鼠标将文本填入到封闭对象中

选取工具箱中的文本工具，在绘图页面中输入一段段落文本，如图 9.3.9 所示，在段落文本上按住鼠标右键，拖动段落文本至曲线图形上，此时鼠标指针呈图 9.3.10 所示的形状，释放鼠标，在弹出的快捷菜单中选择“内置文本”选项，即可将文字填入到闭合路径中，如图 9.3.11 所示。

举重是一项与人类历史一样古老的运动，是对人类力量的最直接展现。举重运动在古代盛极一时，并在21世纪成为一项现代体育运动。从表面上看，举重是一项简单的运动，把杠铃从地上提起然后举过头顶，只需要一两个动作。实际上，举重是力量、速度、技巧、专注力和把握时机能力的结合。

图 9.3.9　输入段落文本

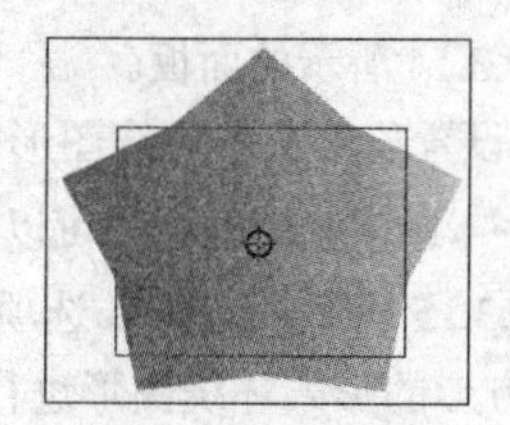

图 9.3.10　鼠标指针形状

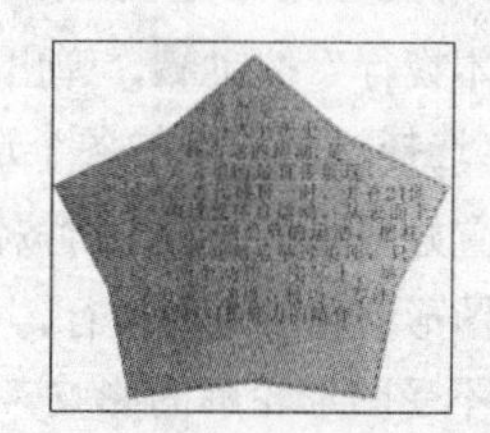

图 9.3.11　将文本填入闭合路径

9.3.3　分离文本与文本框架

对于一个已在其中输入文本的图形对象来说，如果要改变图形对象，则其中的段落文本也会做相应的变动；如果不希望文本随框架移动，则必须将文本与文本框架分离。

要分离文本与文本框架，首先使用挑选工具选择文本与文本框架，然后选择菜单栏中的 排列(A) → 拆分 命令，即可将文本与文本框架分离。

9.3.4　使文本对齐基准

使用对齐基准功能可以将位置偏移基线的字符垂直对齐文本基准线。

如果要使填入路径的文本对齐基准，可先将文本与路径分离，再使用挑选工具选择文本，然后选择菜单栏中的 文本(T) → 对齐基线(A) 命令，效果如图 9.3.12 所示。

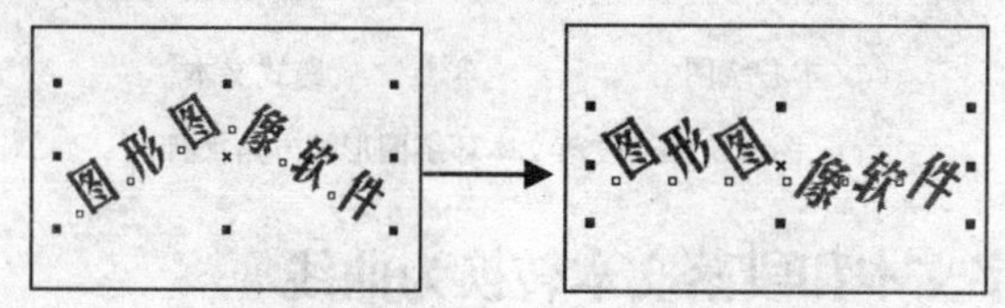

图 9.3.12　对齐基线

9.3.5　矫正文本

矫正文本功能与对齐基准功能相似，可以使文本排得更整齐。选择不规则的文本，然后选择菜单

栏中的 文本(T) → 矫正文本(S) 命令，可将该文本拉直，如图 9.3.13 所示。

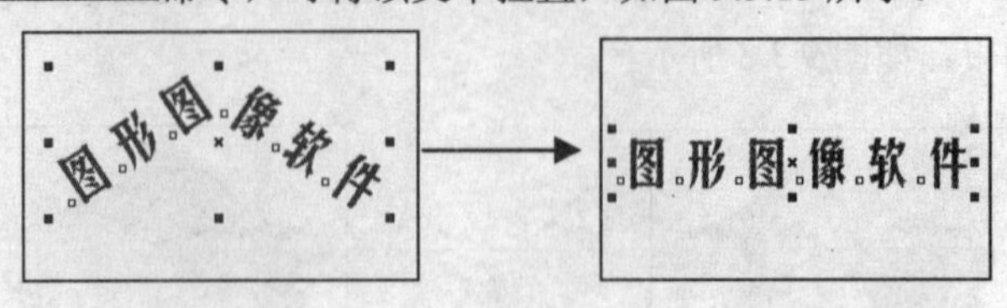

图 9.3.13 矫正文本

9.3.6 段落文本环绕图形

段落文本虽然不能用于制作“文本适合路径”的效果，但可以用来制作环绕在对象或文本周围的效果。段落文本环绕图形的方法如下：

（1）单击工具箱中的“文本工具”按钮，创建段落文本。

（2）导入一幅位图图像或创建一个图形对象。

（3）确定位图图像或图形对象为选中状态，单击其属性栏中的“段落文本换行”按钮，弹出如图 9.3.14 所示的面板。

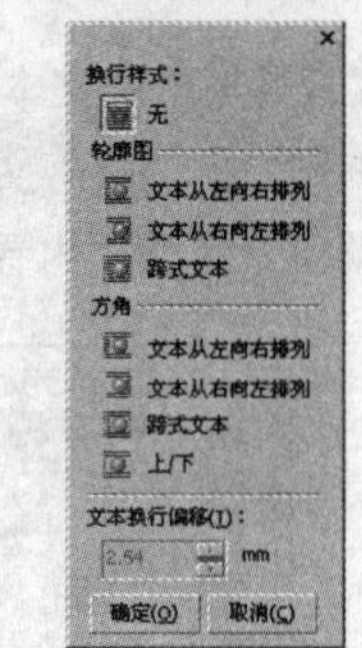

图 9.3.14 段落文本换行

（4）选择该面板中的各个选项可设置段落文本环绕图形的不同样式，设置好后单击 确定(O) 按钮，轮廓图 选项区中的样式可以使段落文本环绕图形的轮廓进行换行，如图 9.3.15 所示，而 方角 选项区中的样式，则不受图形轮廓的影响，总以方形的形式环绕图形进行换行，如图 9.3.16 所示。

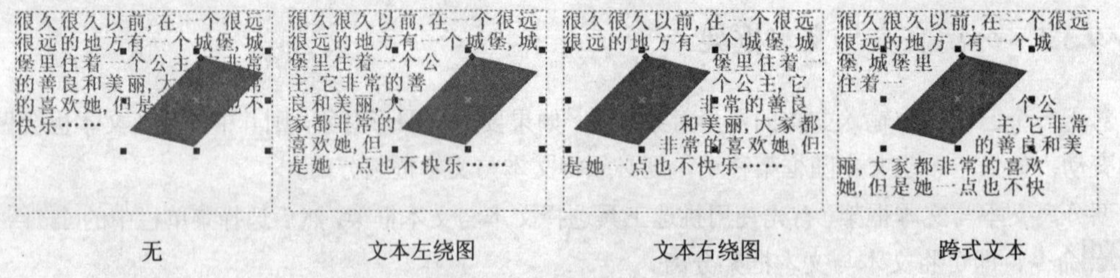

图 9.3.15 段落文本环绕图形轮廓图换行

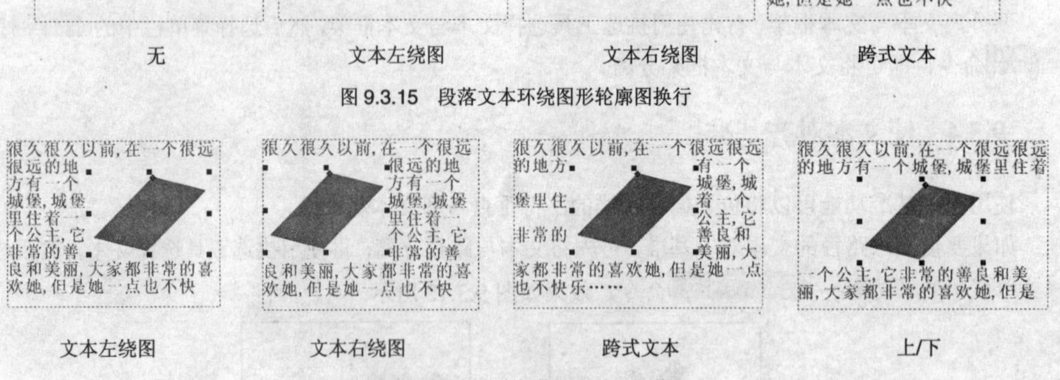

图 9.3.16 段落文本环绕图形的方角换行

9.3.7 将美术字文本和段落文本转换为曲线

在 CorelDRAW X3 中，美术字文本和段落文本都可以被转换成曲线。当转换成曲线后，用户就可以任意改变字体的形状了。

（1）将美术字文本转换为曲线。美术字文本转换为曲线的操作方法是：选择挑选工具，选中需要转换的美术字文本，然后单击鼠标右键，在弹出的快捷菜单中选择 转换为曲线(V) Ctrl+Q

命令或按“Ctrl+Q”键，即可将选定的文本转换为曲线。转换为曲线后，可选择形状工具对其进行调整了。如图 9.3.17 所示是将美术字文本转换为曲线后的编辑效果。

美术字转换成曲线后就不再具有任何文本属性，而且也不能再将其转换为美术字了。

（2）将段落文本转换为曲线。段落文本也可以转换为曲线，其操作方法是：选择挑选工具，选中需要转换的段落文本，然后单击鼠标右键，在弹出的快捷菜单中选择 转换为曲线(V) Ctrl+Q 命令或按“Ctrl+Q”键，即可将选定的文本转换为曲线。转换为曲线后，可选择形状工具对其进行调整了。如图 9.3.18 所示是将段落文本转换为曲线后的编辑效果。

图 9.3.17 将美术字文本转换为曲线后的编辑效果

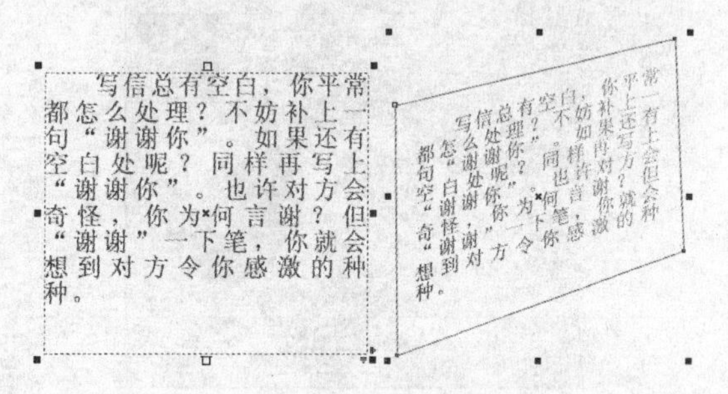

图 9.3.18 将段落文本转换为曲线后的编辑效果

为了保证文件大小合理，转换为曲线的段落文本的字符数量最好不要超过 5000 个。当文字转换为曲线以后，即使在其他的计算机上没有安装所使用的艺术字体，也可以被显示出来。

9.3.8 更改大小写

如果要更改字母的大小写，可选择菜单栏中的 文本(T) → 更改大小写(H)... 命令，将弹出 改变大小写 对话框，如图 9.3.19 所示，利用此对话框可以对英文字母的大小写进行设置。

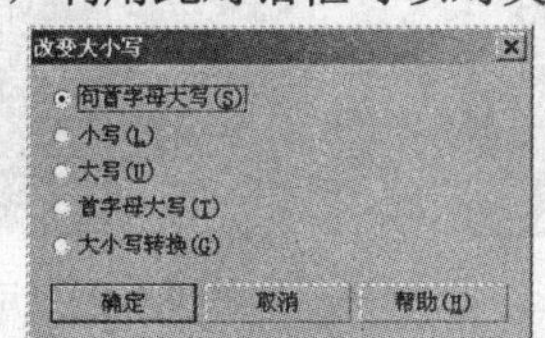

图 9.3.19 “改变大小写”对话框

选中 句首字母大写(S) 单选按钮，可将所选文本中每一个句子的第一个字母大写。

选中 小写(L) 单选按钮，可以将所选的文本全部小写。

选中 大写(U) 单选按钮，可以将选中的文本字母全部大写。

选中 首字母大写(T) 单选按钮，可将每个单词的第一个字母大写。

选中 大小写转换(C) 单选按钮，可对选中的文本进行大小写转换。

9.4 操作实例——制作报刊页

1. 操作目的

掌握字体的输入方法。

2. 操作内容

利用填充工具、矩形工具、字体工具制作一个报刊页。

3. 操作步骤

（1）选择菜单栏中的文件(F)→新建(N)命令，新建一个页面。

（2）双击工具箱中的“矩形工具”按钮，可绘制与页面同大的矩形，然后单击工具箱中的填充工具组中的“渐变填充对话框”按钮，可弹出渐变填充对话框。在此对话框中选中双色(W)单选按钮，设置从(F):颜色为蓝色，设置到(O):颜色为白色，其他参数设置如图 9.4.1 所示。

（3）单击确定按钮，即可将矩形填充为渐变色，如图 9.4.2 所示。

渐变填充
类型(T):
线性
选项
角度(A):
45.0
中心位移
边界(E):
0
颜色调和
双色(W)
自定义(C)
从(F):
到(O):
中点(M):
50
预设(R):
确定
取消
帮助(H)

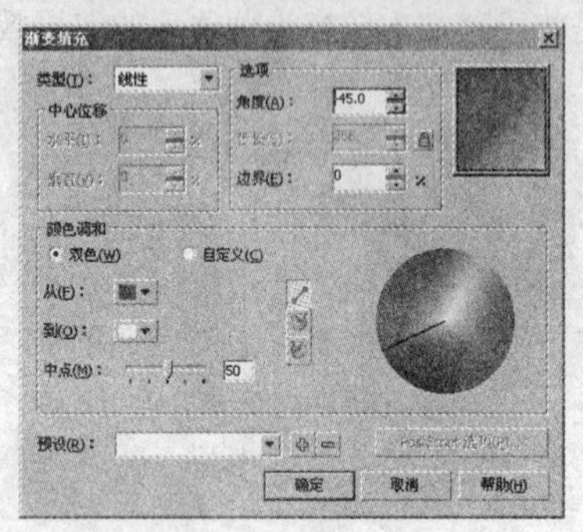

图 9.4.1 “渐变填充”对话框

图 9.4.2 填充矩形

（4）继续使用矩形工具在页面中拖动鼠标绘制矩形，并在属性栏中设置矩形的 4 个角为圆角，如图 9.4.3 所示。

（5）按“Ctrl+Q”键将圆角矩形转换为曲线，单击工具箱中的“形状工具”按钮，调整圆角矩形的形状，如图 9.4.4 所示。

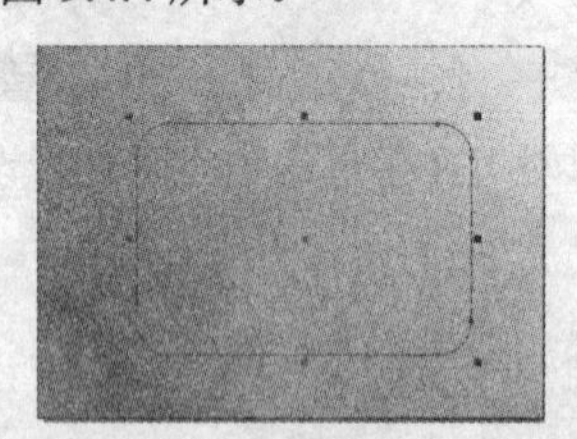

图 9.4.3 绘制圆角矩形

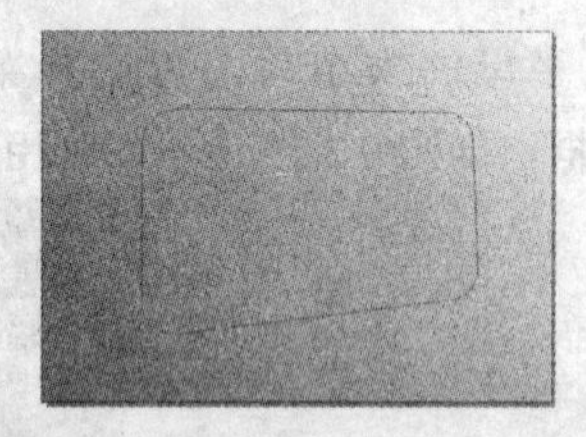

图 9.4.4 使用形状工具调整圆角矩形的形状

（6）使用挑选工具选择调整后的矩形，将其填充为深蓝色。按小键盘上的＋键，可原地复制矩形，然后在按住 Shift+Alt 键的同时拖动矩形向内缩小，再将其填充为淡黄色，如图 9.4.5 所示。

（7）单击工具箱中的“文本工具”按钮，在绘图区中拖动一个边框，添加一段段落文字，并调整文本的颜色与大小，如图 9.4.6 所示。

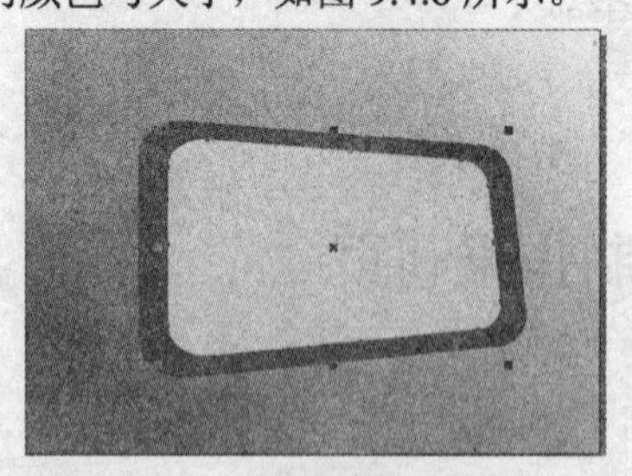

图 9.4.5 缩小复制矩形并填充

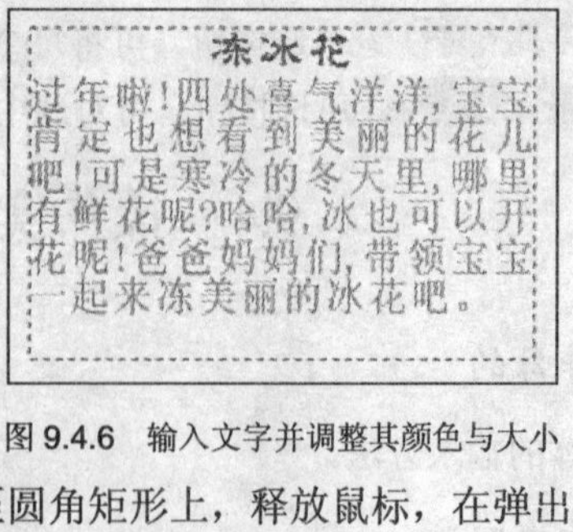

冻冰花
过年啦!四处喜气洋洋,宝宝肯定也想看到美丽的花儿吧!可是寒冷的冬天里,哪里有鲜花呢?哈哈,冰也可以开花呢!爸爸妈妈们,带领宝宝一起来冻美丽的冰花吧。

图 9.4.6 输入文字并调整其颜色与大小

（8）在段落文本上按住鼠标右键，拖动段落文本至圆角矩形上，释放鼠标，在弹出的快捷菜单中选择“内置文本”选项，即可将文字填入到圆角矩形中，如图 9.4.7 所示。

（9）使用文本工具在页面的左上角输入文本，设置其颜色、字体与字号，并对其稍加修饰，如

图 9.4.8 所示。

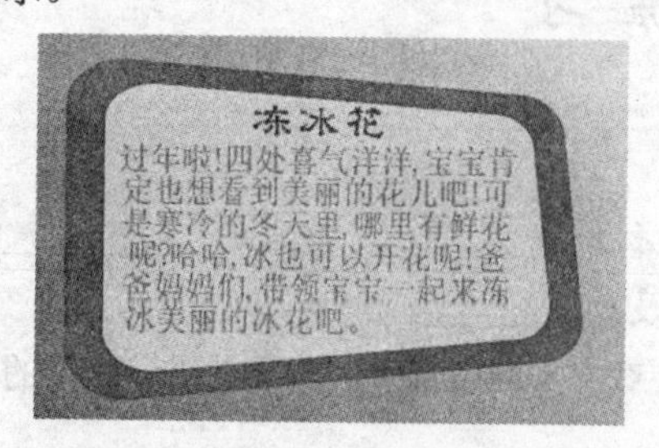

图 9.4.7　内置文本

非常宝贝乐园

图 9.4.8　输入并修饰文本

（10）单击工具箱中的“手绘工具”按钮，在页面中拖动鼠标绘制曲线，使用文本工具在页面中输入“冬日大体验”，再单击属性栏中的“垂直排列文本”按钮，即可将文本垂直排列。再使用挑选工具选择文本，然后选择菜单栏中的 文本(T) → 使文本适合路径(T) 命令，在曲线对象上单击鼠标左键，即可将文本填入路径，如图 9.4.9 所示。

（11）选择菜单栏中的 排列(A) → 拆分 在一路径上的文本(B) Ctrl+K 命令，即可将曲线与文本拆分，使用挑选工具选择曲线并将其删除，再复制文本并将其填充为白色，使用挑选工具稍向左上移动一些距离，如图 9.4.10 所示。

图 9.4.9　将文本填入路径

图 9.4.10　复制并移动文本

（12）单击工具箱中的“文本工具”按钮，在页面中输入其他相关的文字，并设置其字体、颜色与字号。此时，报刊页制作完成，效果如图 9.4.11 所示。

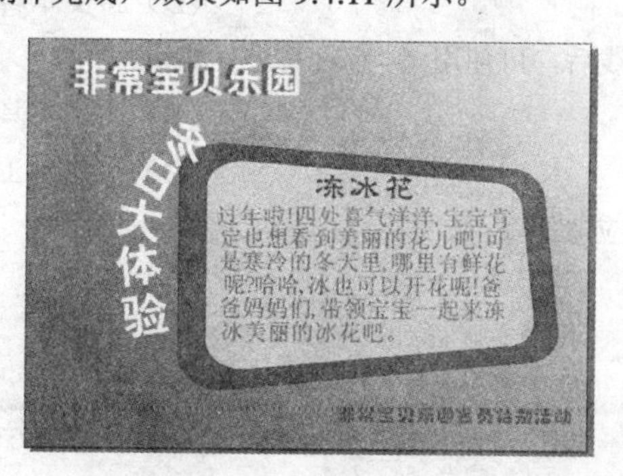

图 9.4.11　报刊页效果

本 章 小 结

本章讲解了 CorelDRAW X3 中美术字文本与段落文本的输入、文本格式的设置以及特殊文本的编辑，包括文本适合路径、文本的围绕以及将文本填入框架等。通过本章的学习，用户应该熟练运用文本适合路径功能与文本的围绕功能制作出生动的版面效果。

操 作 练 习

一、填空题

1. 在 CorelDRAW X3 中可以创建两种类型的文本，即__________文本与__________文本。

2. 文本的间距包括__________、__________以及__________。

3. CorelDRAW 具有强大的文本处理功能，允许对文本应用特殊的文字效果和复杂的文本处理，可以创建__________和__________。

4. 段落文本不同于美术文本，当使用段落文本时，可以通过段落的__________来改变文本不同的效果。

5. 美术字文本作为一种特殊的图形对象，除了可以对其进行__________、__________等方面的编辑外，还可以用__________、__________、__________、__________、__________、__________等对其进行艺术效果编辑。

二、选择题

1. 在 CorelDRAW X3 中提供了（ ）种文字的方向。

（A）1　　（B）2

（C）3　　（D）4

2. 使用形状工具选择文本对象后，按住（ ）键的同时将鼠标移至左下方的 符号上，按住鼠标左键向下或向上拖动可改变段落文本的段间距。

（A）Ctrl　　（B）Shift

（C）Alt　　（D）Alt+Ctrl

3. 在 CorelDRAW X3 中可对文字进行（ ）。

（A）文本适配路径　　（B）文本填入框架

（C）对齐文本　　（D）将文本转换为曲线

4. 将美术文字转换为曲线后，可使用（ ）对其进行编辑。

（A）形状工具　　（B）文本工具

（C）手绘工具　　（D）贝塞尔工具

5. 要编排大量的文字，应选择（ ）。

（A）段落文本　　（B）宋体

（C）美术字　　（D）隶书

三、简答题

如何将美术字文本转换为段落文本？

四、上机操作

1. 绘制一个圆形，再输入文字“陕西欣欣美容中心”，设置其字体与大小。

2. 使用挑选工具选择文字后，通过使文本适合路径功能将文字沿路径排列，并设置文字在路径上的放置位置与距离。

3. 拆分圆与文字，再输入文字“连锁机构”，将其沿圆形路径排列，并设置文字在路径上的位置即可。

第10章

应用特殊效果

学习导航

在 CorelDRAW X3 中，还可以对矢量图与位图对象进行一些重要的特殊效果处理，如图框精确剪裁效果、透镜效果以及添加透视点效果。本章主要介绍这些效果的功能与使用方法。

学习要点

- 图框精确剪裁效果
- 透镜效果
- 添加透视点

10.1 图框精确剪裁效果

使用精确剪裁命令，可以将一个矢量对象或位图图像放置到其他图形对象中。选择菜单栏中的 效果(C) → 图框精确剪裁(W) 命令，可弹出其子菜单，如图 10.1.1 所示。通过使用这些菜单，可以将图形放置在其他对象中。

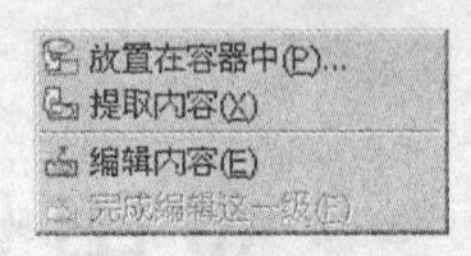

图 10.1.1 “图框精确剪裁”子菜单

10.1.1 图框精确剪裁的方法

为对象创建精确剪裁效果，可先使用挑选工具选择需要剪裁的位图或矢量图对象，然后选择菜单栏中的 效果(C) → 图框精确剪裁(W) → 放置在容器中(P)... 命令，将鼠标移至可作为容器的对象上单击即可。例如要将一幅位图置入心形对象中，其具体的操作方法如下：

（1）导入一幅位图对象，再使用基本形状工具在绘图区中绘制一个圆形对象，如图 10.1.2 所示。

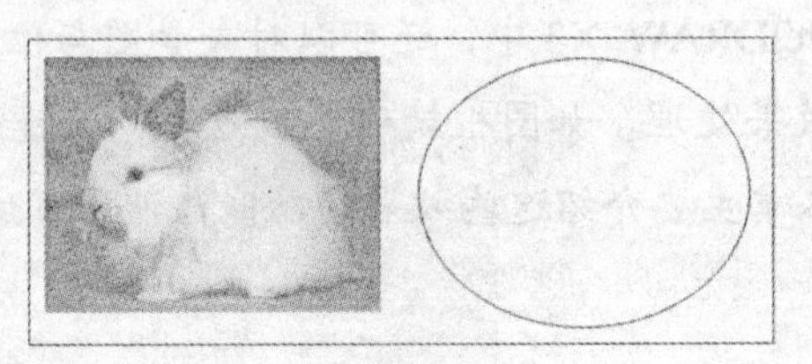

图 10.1.2 创建要精确剪裁的对象

（2）使用挑选工具选择位图对象，然后选择菜单栏中的 效果(C) → 图框精确剪裁(W) → 放置在容器中(P)... 命令，此时鼠标光标显示为➡形状，在心形对象上单击，即可将位图置入心形对象中，如图 10.1.3 所示。

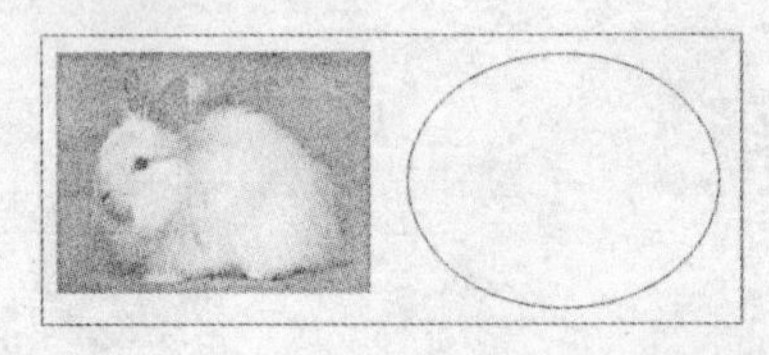 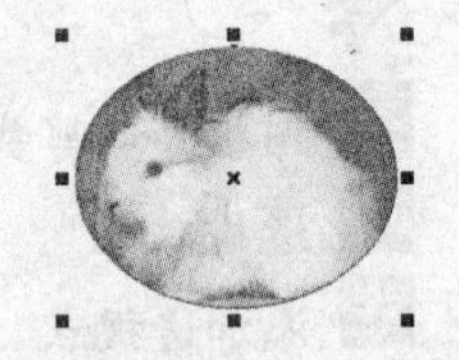

图 10.1.3 图框精确剪裁效果

从图 10.1.3 中可以看出，当放置在容器中的对象比容器大时，在容器外的内容将被剪裁，以适应容器。

提示

作为图框精确剪裁的容器对象必须是封闭的路径对象，如椭圆、多边形以及美术字。

10.1.2 提取与编辑内容

在创建图框精确剪裁对象后，可以提取对象并对剪裁的效果进行编辑，以满足需要。

1. 提取内容

将对象放置在指定的容器中后，还可以将其提取出来。其具体的操作方法是：先使用挑选工具选中容器与对象，再选择菜单栏中的 效果(C) → 图框精确剪裁(W) → 提取内容(X) 命令，即可将对象从精确剪裁的容器中提取出来，此时内置的对象和容器又分为两个对象，如图10.1.4所示。

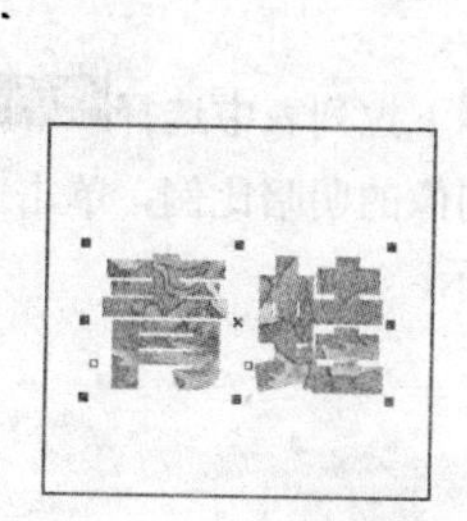

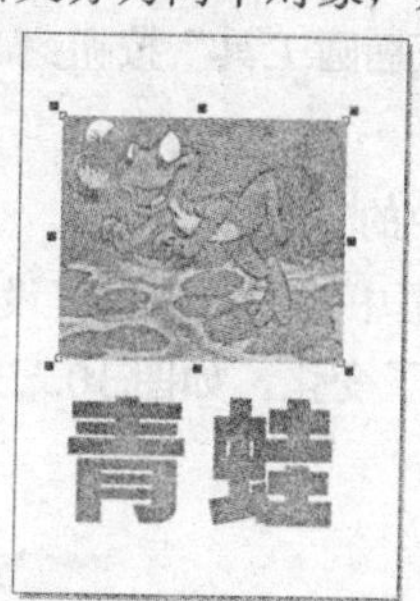

图10.1.4　提取内容

2. 编辑内容

创建精确剪裁对象后，可以将其提取出来，也可以对其进行编辑，在删除或修改内容时容器不会随之而改变。

使用 编辑内容(E) 命令可以对放置在容器中的对象进行编辑；使用 结束编辑(F) 命令可以结束对象的编辑，使对象重新放置在容器中。这两个命令通常结合在一起使用，具体的使用方法如下：

（1）使用挑选工具选中应用精确剪裁效果的图形。

（2）选择菜单栏中的 效果(C) → 图框精确剪裁(W) → 编辑内容(E) 命令，此时，放置在容器中的对象被完整地显示出来，容器将以灰色线框模式显示，如图10.1.5所示。

（3）对显示出来的对象进行编辑，即移动、放大或缩小等操作，编辑完成后，选择菜单栏中的 效果(C) → 图框精确剪裁(W) → 结束编辑(F) 命令，可结束对容器中对象的编辑，这时，将只显示包含在容器内的内容，如图10.1.6所示。

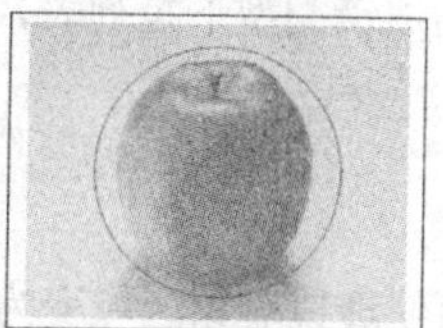

图10.1.5　应用编辑内容命令后的效果

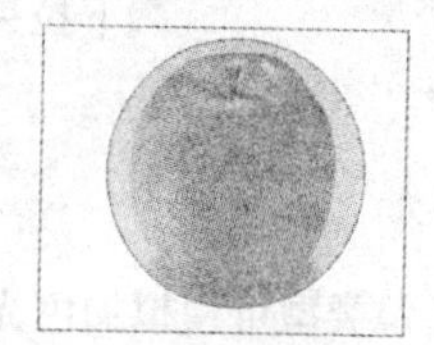

图10.1.6　结束编辑

10.2　透镜效果

透镜效果是指通过改变对象外观或改变观察透镜下对象的方式而取得的特殊效果，但不会改变对象实际属性。用户可以将透镜效果应用于任何矢量对象如矩形、椭圆、封闭路径或多边形等，也可以用于更改美术字和位图的外观。应用透镜之后，透镜效果可以被复制并应用于其他对象。对矢量对象应用透镜效果时，透镜本身会变成矢量图像。同样，如果将透镜置于位图上，透镜也会变成位图。

10.2.1　应用透镜

透镜可以应用于所绘制的任意矢量图对象上，如矩形、多边形、文本以及椭圆，也可应用于位图对象上。

要应用透镜效果，其具体的操作方法如下：

(1)打开或导入一幅位图，选择菜单栏中的效果(C)→透镜(S)命令，打开透镜泊坞窗，如图 10.2.1 所示。

(2) 单击工具箱中的“椭圆工具”按钮，在位图对象上绘制一个椭圆对象，将其作为透镜的镜头，如图 10.2.2 所示。

(3) 在透镜泊坞窗中的无透镜效果下拉列表中选择使明亮选项，即为镜头添加明亮透镜效果，在比率:输入框中输入数值，可设置图像的明暗比例，单击应用按钮，即可透过镜头看到下面的位图亮度发生了变化，如图 10.2.3 所示。

图 10.2.1　原图像及“透镜”泊坞窗

图 10.2.2　创建透镜的镜头

图 10.2.3　应用透镜效果

提示

在透镜泊坞窗中选择使明亮选项后，在比率:输入框中输入的数值范围在-100%～100%之间，输入负数时透镜下方的对象变暗；输入正数时透镜下方的对象变亮。

10.2.2　透镜类型

除了使用明亮透镜效果外，在 CorelDRAW X3 中还提供了其他类型的透镜效果，在透镜泊坞窗中单击无透镜效果下拉列表框，可弹出透镜类型下拉列表，如图 10.2.4 所示，从中可选择多种透镜类型。

1. 颜色添加

颜色添加透镜类型可模拟加色光线模式，从而使透镜对象区域变为其他颜色。

在透镜泊坞窗中的无透镜效果下拉列表中选择颜色添加选项，在比率(E):输入框中输入数值可设置颜色添加程度，值越大，效果越明显；通过单击颜色:下拉按钮，可从打开的调色板中选择一种颜色添加到透镜的颜色，单击应用按钮，颜色添加透镜效果如图 10.2.5 所示。

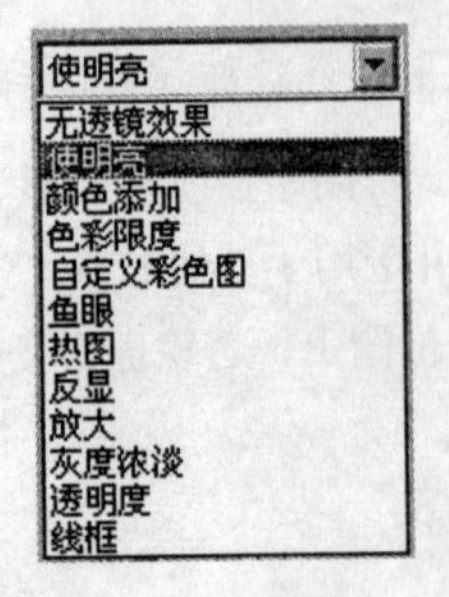

图 10.2.4　透镜类型下拉列表

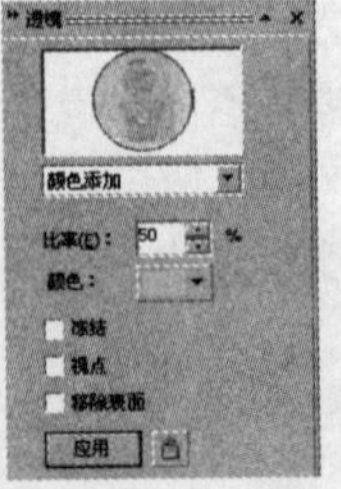

图 10.2.5　颜色添加透镜效果

2. 色彩限度

色彩限度仅允许使用黑色和透过透镜的颜色查看对象区域。

在透镜泊坞窗中的无透镜效果下拉列表中选择色彩限度选项，在比率(E):输入框中输入数值可设置透镜的深度，单击颜色:下拉按钮，选择透镜的颜色，单击应用按钮，应用色彩限度透镜效果如图 10.2.6 所示。

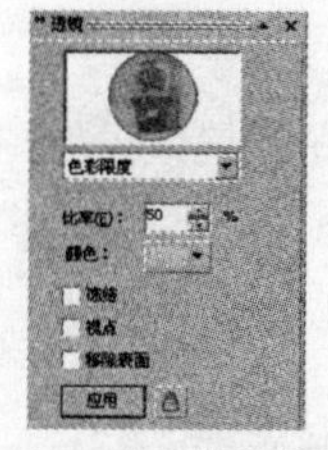

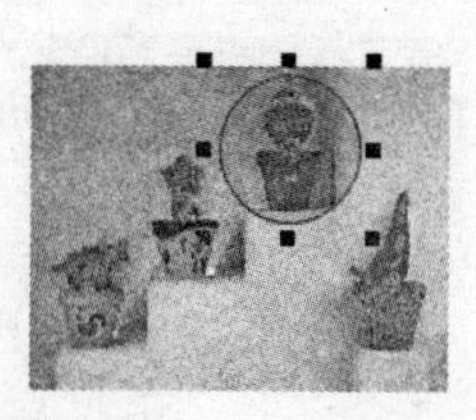

图 10.2.6　色彩限度透镜效果

3. 自定义彩色图

自定义彩色图透镜效果可以将透镜对象区域的颜色指定为两种颜色之间变化的颜色。

在透镜泊坞窗中的无透镜效果下拉列表中选择自定义彩色图选项，通过设置从:与到:的颜色可指定透镜的颜色范围，而在直接调色板下拉列表中提供了两种颜色的 3 种变化过程，即直接调色板、向前的彩虹以及反转的彩虹。选择从蓝色到绿色的变化，并设置这两种颜色的变化为直接调色板，单击应用按钮，自定义彩色图透镜效果如图 10.2.7 所示。

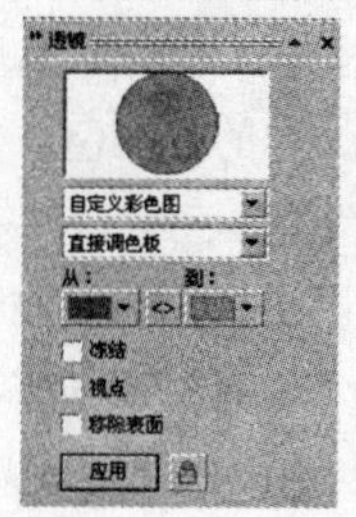

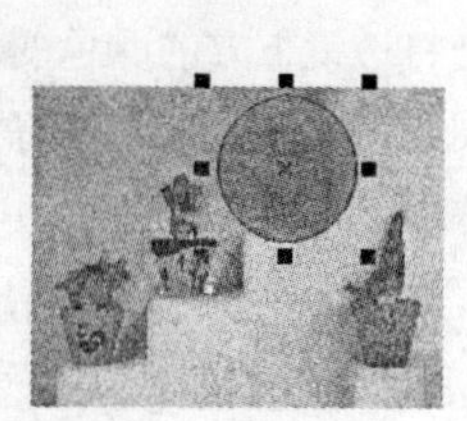

图 10.2.7　自定义彩色图透镜效果

4. 鱼眼

鱼眼透镜是模拟鱼眼效果来显示透镜对象的区域，从而使透镜后面的对象产生缩小或放大的特殊效果。

在透镜泊坞窗中的无透镜效果下拉列表中选择鱼眼选项，在比率:输入框中输入数值，可设置鱼眼的程度，即透镜后面的对象是放大或缩小，其数值范围在-1 000%～1 000%之间，正值为放大，负值为缩小。

设置好后，单击应用按钮，鱼眼透镜效果如图 10.2.8 所示。

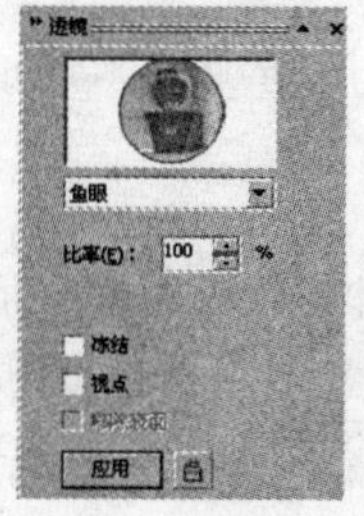

图 10.2.8　鱼眼透镜效果

5. 热图

热图透镜类型效果可使透镜对象区域模仿颜色的冷暖度（用青色、紫色、蓝色、红色、白色或橙色等）进行分级，从而创建红外线图像的效果。

在“透镜”泊坞窗中的“无透镜效果”下拉列表中选择“热图”选项，在“调色板旋转:”输入框中可设置所需的颜色，即对透镜对象颜色的冷暖度进行偏移。例如，经过调色板旋转后对象的冷色通过透镜显示出来的是暖色。

设置好参数后，单击“应用”按钮，热图透镜效果如图 10.2.9 所示。

图 10.2.9 热图透镜效果

6. 反显

反显透镜在日常生活中会经常见到，例如，对相片应用反转透镜处理，效果会很像这幅相片的底片。反显透镜的原理是将透镜下方的颜色变为它的互补色，这种互补颜色是基于 CMYK 颜色模式的，原始色和它的互补色处于调色板上的相对位置。

导入或打开一幅图像后，在图像上面使用椭圆工具绘制一个图形，并将其填充颜色（不填充颜色也可以），将填充颜色后的椭圆图形作为透镜。在“透镜”泊坞窗中的透镜类型下拉列表中选择“反显”选项，单击“应用”按钮，可使透镜下的图像显示出与其对应的 CMYK 模式颜色的补色，效果如图 10.2.10 所示。

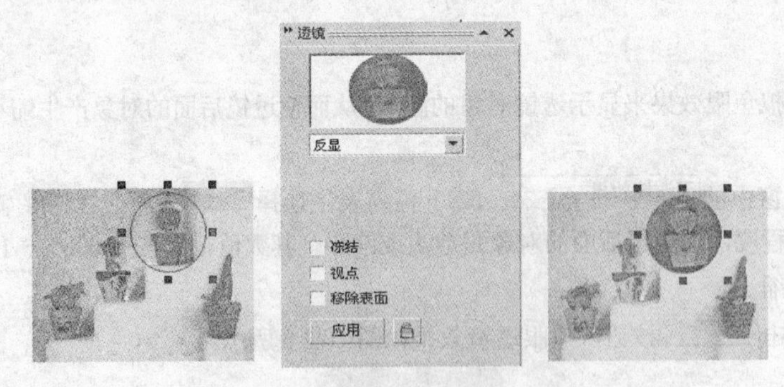

图 10.2.10 反显透镜效果

7. 放大

放大透镜效果类似于用放大镜观察物体。放大透镜下面的对象可以按设置的倍数进行放大或缩小。在“透镜”泊坞窗中的“无透镜效果”下拉列表中选择“放大”选项，在“数量(U):”输入框中输入数值可设置放大的比率，输入比 1 小的数值会缩小对象，输入比 1 大的数值则会放大对象，单击“应用”按钮，应用放大透镜效果如图 10.2.11 所示。

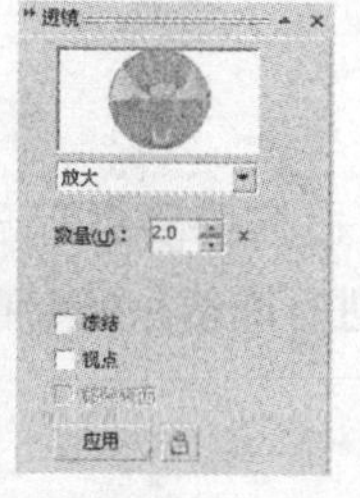

图 10.2.11　放大透镜效果

8. 灰度浓淡

灰度浓淡透镜可用指定的颜色将透镜对象区域的颜色替换为等值的灰度。

在"透镜"泊坞窗中的"无透镜效果"下拉列表中选择"灰度浓淡"选项，在"颜色:"下拉列表中可设置灰度浓淡透镜处理后对象的颜色，若要将透镜对象区域的颜色替换为等值的灰度，则可在"颜色:"下拉列表中选择黑色，单击"应用"按钮即可，效果如图 10.2.12 所示。

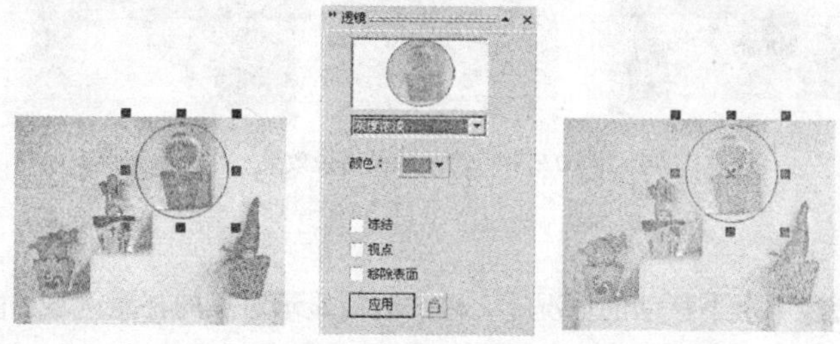

图 10.2.12　灰度浓淡透镜效果

9. 透明度

透明度透镜可为对象添加透明的透镜效果。使透镜区域的颜色像透过一层有色玻璃进行显示一样。

在"透镜"泊坞窗中的"无透镜效果"下拉列表中选择"透明度"选项，在"比率:"输入框中输入数值可设置透明的程度，值越大透明效果越明显；在"颜色:"下拉列表中可选择一种颜色作为透明度透镜的颜色。

10. 线框

线框透镜可用指定的轮廓色或填充颜色来显示透镜对象区域。使用线框透镜效果时，透镜对象下方的对象应为矢量图。

创建矢量图对象后，使用椭圆工具在其上面绘制椭圆对象，作为透镜对象，然后在"透镜"泊坞窗中的"无透镜效果"下拉列表中选择"线框"选项，选中"轮廓:"与"填充:"复选框，然后从其后面的下拉按钮中可选择需要的轮廓或填充颜色，例如轮廓色设置为白色，填充色设置为红色，单击"应用"按钮，效果如图 10.2.13 所示。

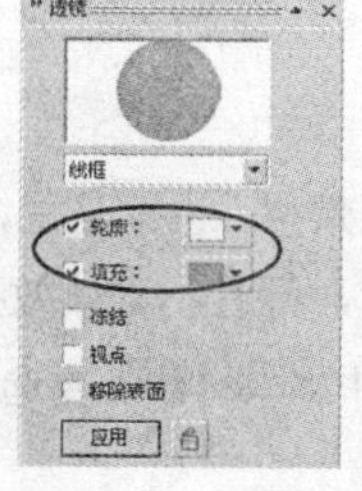

图 10.2.13　线框透镜效果

10.2.3 编辑透镜

当对添加的透镜效果不满意时，可根据需要进行一定的调整，从而达到理想的效果。在 CorelDRAW X3 中可以对某些类型的透镜进行冻结、视点或移除表面设置。

1. 冻结

冻结一般用来固定透镜中的内容，在移动透镜时不会改变通过透镜显示的内容。

创建好一种类型的透镜，在其相应的 透镜 泊坞窗中选中 冻结 复选框，单击 应用 按钮，即可冻结透镜，然后移动透镜对象，透镜对象中显示的结果将不改变，如图 10.2.14 所示。

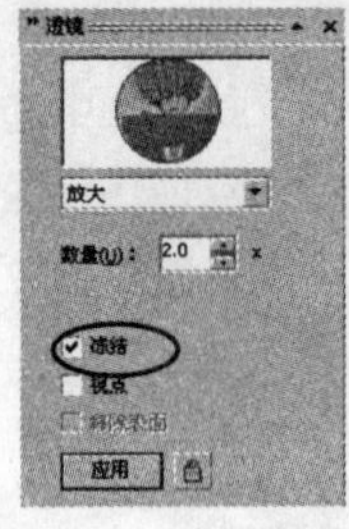

图 10.2.14 应用冻结透镜效果

2. 视点

视点设置可以在透镜本身不移动的情况下，通过透镜显示对象的任意区域。视点是通过透镜查看内容的中心点，该点由透镜区域中的 × 图标来表示，可以用鼠标来移动，因此可以将中心点定位在透镜的任意位置。

创建好一种透镜效果后，在 透镜 泊坞窗中选中 视点 复选框，此时在复选框右侧出现一个 编辑 按钮，单击此按钮可使其变为 末端 按钮，而透镜对象中心将会出现 × 图标，通过用鼠标移动该图标可更改视点的位置，或通过在 X: 与 Y: 输入框中输入数值来设置视点的坐标位置，设置完成后，单击 末端 按钮，再单击 应用 按钮，效果如图 10.2.15 所示。

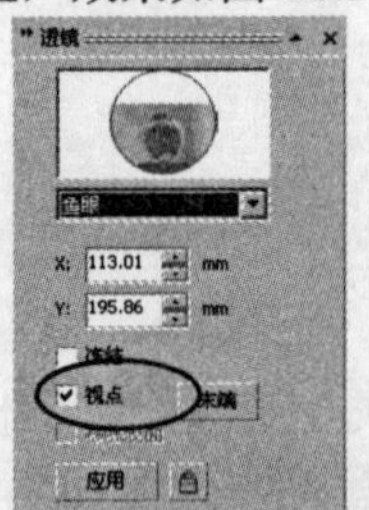

图 10.2.15 应用视点透镜效果

如果要取消视点效果，只需要在 透镜 泊坞窗中取消选中 视点 复选框，然后单击 应用 按钮即可。

3. 移除表面

设置移除表面只显示它下面对象的透镜效果，也就是说，将透镜移到其他区域，即改变透镜的作用对象，例如将透镜对象移至下面对象外后，是看不到该效果的。

创建透镜效果后，在 透镜 泊坞窗中选中 移除表面 复选框，单击 应用 按钮，效果如图 10.2.16 所示。

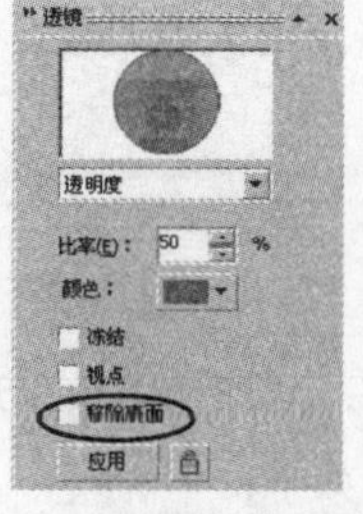

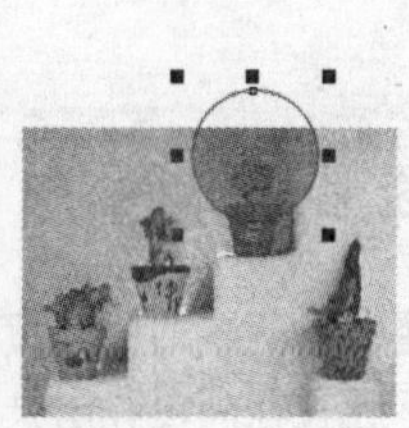

图 10.2.16　应用移除表面效果

10.3　添加透视点

在 CorelDRAW X3 中可以使对象产生具有三维空间距离和深度的视觉透视效果。透视效果是将一个对象的一边或相邻的两边缩短而产生的，因此可将透视分为单点透视和双点透视。

10.3.1　单点透视

单点透视通过改变对象一条边的长度，使对象呈现出向一个方向后退的效果。

在绘图区选择需要进行单点透视的对象后，选择菜单栏中的 效果(C) → 添加透视点(A) 命令，此时所选的对象周围出现一个虚线外框和 4 个小黑控制点，如图 10.3.1 所示。

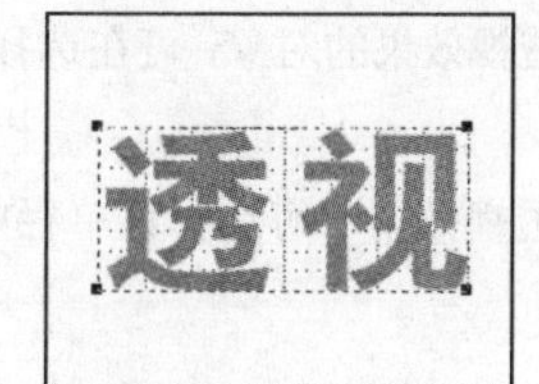

图 10.3.1　为对象添加透视点

将鼠标光标移至四角的任意一个控制点上，按住 Ctrl 键的同时拖动控制点，即可创建出单点透视效果，如图 10.3.2 所示。

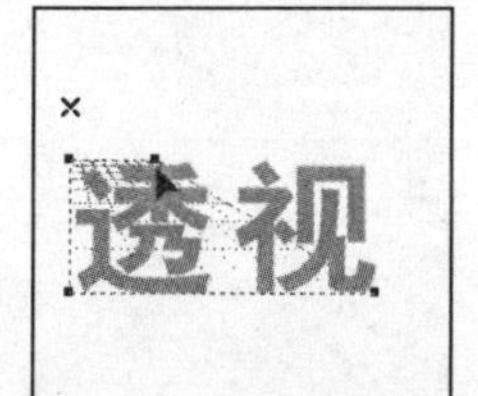

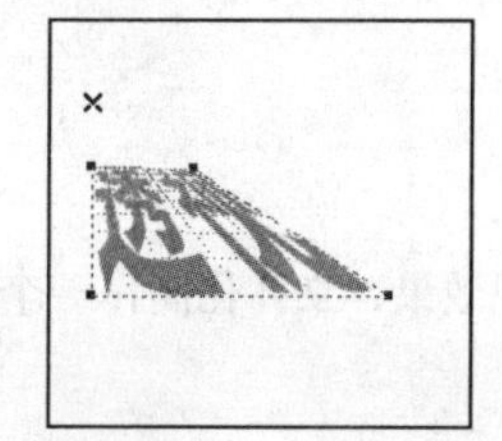

图 10.3.2　单点透视效果

如果按住 Ctrl+Shift 键的同时拖动控制点，则可将相邻的一组节点进行相向方向的移动，如图 10.3.3 所示。

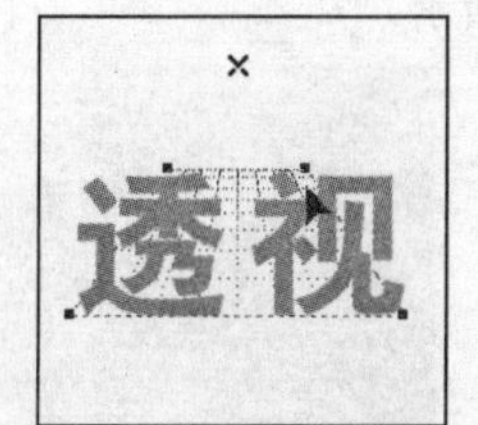

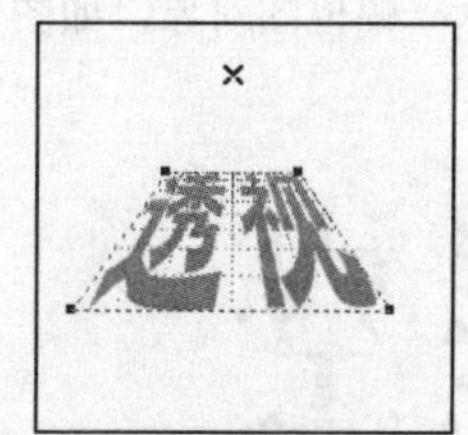

图 10.3.3　创建相邻节点的相向移动单点透视效果

在制作透视效果时，可将鼠标光标移至消失点✕上，按住鼠标左键拖动，也可制作出各种角度的透视效果。

10.3.2 双点透视

双点透视就是改变对象两条边的长度，从而使对象呈现出向两个方向后退的效果。

要添加双点透视，其具体的操作方法如下：

（1）创建需要进行双点透视的对象，并使用挑选工具将其选择。

（2）选择菜单栏中的 效果(C) → 添加透视(P) 命令，此时所选的对象周围出现一个虚线外框和 4 个黑控制点。

（3）将鼠标光标移至任意一个控制点上，按住鼠标左键沿着图形的对角线方向拖动，即可创建出双点透视效果，如图 10.3.4 所示。

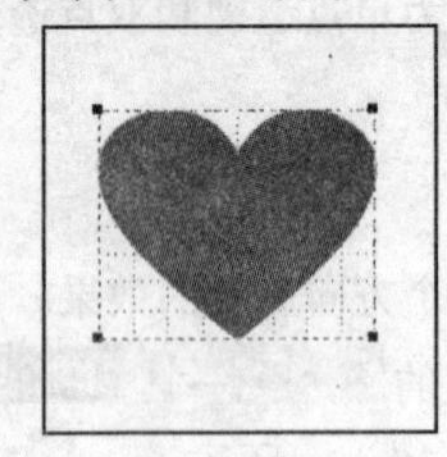

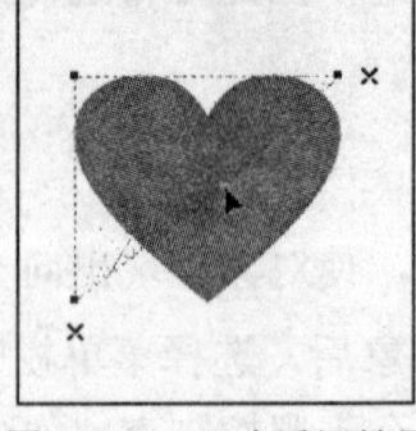

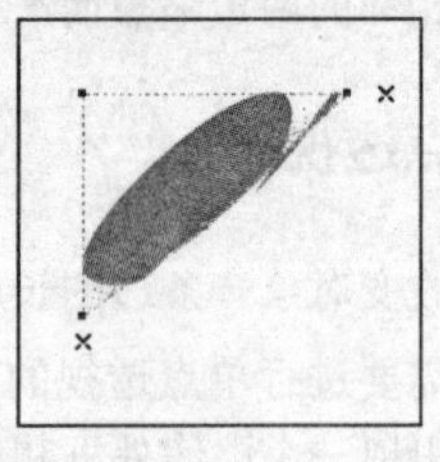

图 10.3.4　双点透视效果

如果要修改创建了透视效果的对象，可在选择对象后，使用形状工具调整控制点或消失点即可修改透视效果。

此外，如果要取消透视效果，可选择菜单栏中的 效果(C) → 清除透视点 命令，即可使对象恢复为原始状态。

10.4 操作实例——制作艺术字

1. 操作目的

掌握透视效果的使用。

2. 操作内容

利用文字工具、透视效果、立体化制作一个艺术字。

3. 操作步骤

（1）新建一个图形文件，单击工具箱中的文本工具，在绘图区中输入美术字，并在属性栏中设置字体与大小，如图 10.4.1 所示。

（2）按 Ctrl+I 键导入一幅位图对象，如图 10.4.2 所示。

图 10.4.1　输入文字

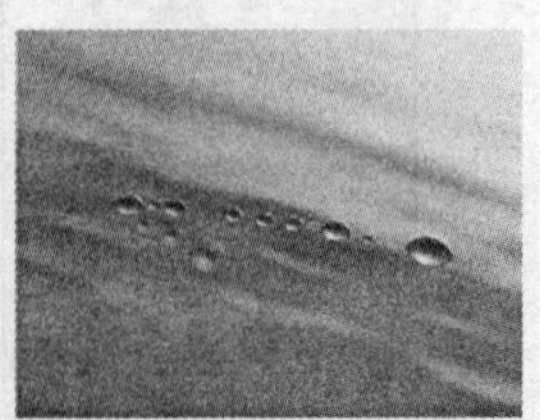

图 10.4.2　导入的位图

（3）使用挑选工具选择导入的位图对象，然后选择菜单栏中的 效果(C) → 图框精确剪裁(W) → 放置在容器中(P)... 命令，鼠标光标显示为➡形状，将鼠标光标移至文字对象上单击，即可将所选的位图对象置入文字中，效果如图 10.4.3 所示。

（4）选择菜单栏中的 效果(C) → 添加透视(P) 命令，为精确剪裁的对象添加透视点，然后用鼠标拖动控制点，编辑透视效果，如图 10.4.4 所示。

（5）单击工具箱中的“交互式立体工具”按钮，在对象上拖动鼠标创建交互式立体化效果，如图 10.4.5 所示。

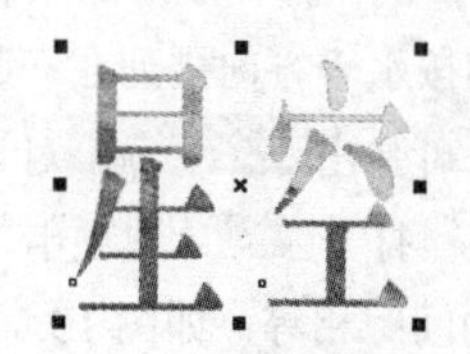

图 10.4.3　精确剪裁对象

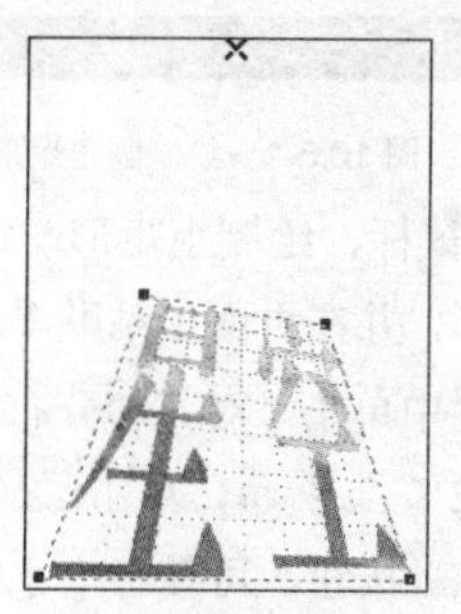

图 10.4.4　编辑透视效果

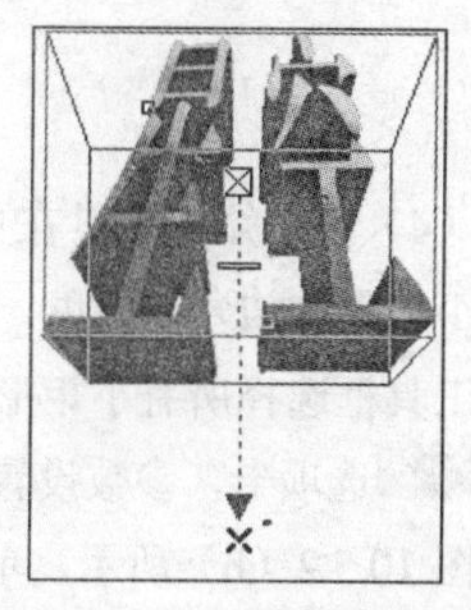

图 10.4.5　创建立体化效果

（6）在交互式工具属性栏中单击“颜色”按钮，在打开的颜色面板中设置颜色为从绿到白的渐变，如图 10.4.6 所示，得到最终的图案文字效果如图 10.4.7 所示。

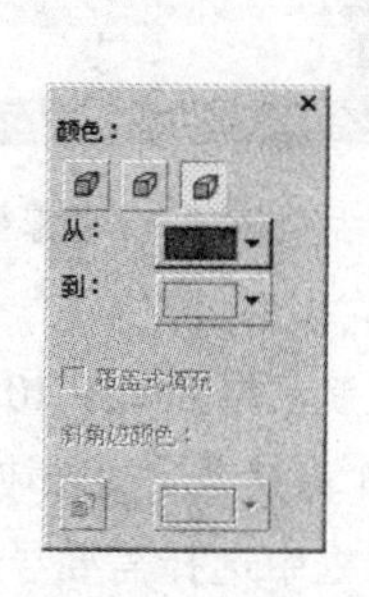

图 10.4.6　设置颜色

图 10.4.7　图案文字效果

10.5　操作实例——制作胶片

1. 操作目的

掌握透镜的使用。

2. 操作内容

利用矩形工具、透镜命令、对齐与分布命令制作胶片效果。

3. 操作步骤

（1）选择菜单栏中的 文件(F) → 新建(N) 命令，新建一个页面。

（2）在工具箱中双击矩形工具，即可绘制与页面同等大小的矩形，在调色板中单击深褐色，填充所绘制的矩形。

（3）单击工具箱中的矩形工具，在页面中拖动鼠标绘制一个矩形对象，在调色板中单击白色，

填充矩形对象为白色，并在属性栏中调整 4 个边角圆滑度都为 10，效果如图 10.5.1 所示。

图 10.5.1　绘制圆角矩形

（4）使用矩形工具在页面中拖动鼠标，绘制小矩形，将其填充为白色，并在矩形工具属性栏中设置小矩形的边角圆滑度，复制小矩形，并在页面中粘贴多个，将它们按水平方向排列在一起。使用挑选工具框选择所有小矩形，在属性栏中单击“对齐和分布”按钮，可弹出对齐与分布对话框，打开对齐选项卡，参数设置如图 10.5.2（a）所示，单击应用(A)按钮；打开分布选项卡，参数设置如图 10.5.2（b）所示，单击应用(A)按钮，可使各个小矩形对象的间距相等，如图 10.5.3 所示。

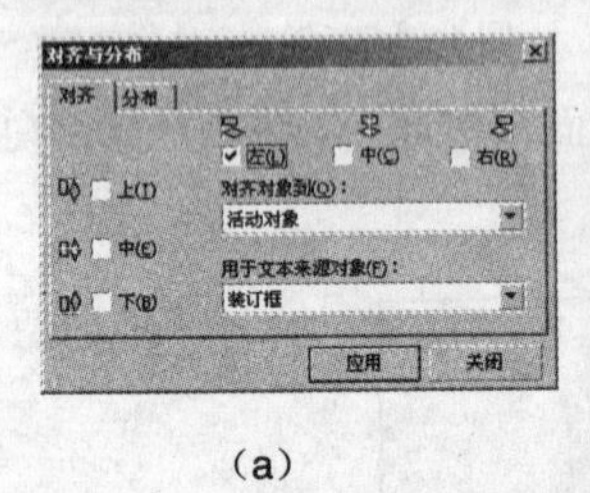

（a）

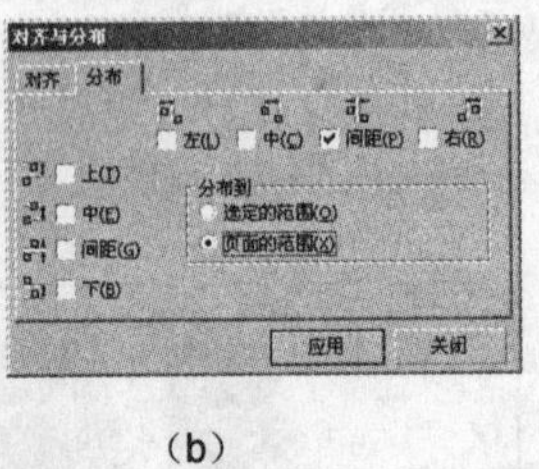

（b）

图 10.5.2　“对齐与分布”对话框

图 10.5.3　将粘贴后的多个小矩形对齐与分布后的效果

（5）选择所有小矩形，在属性栏中单击“群组”按钮，将它们群组在一起，然后按住鼠标左键向下拖动群组后的小矩形至合适位置后，按鼠标右键即可将其复制，得到如图 10.5.4 所示。

（6）使用挑选工具选择页面中心的大圆角矩形，将其复制两个并移至页面外边备用。

（7）在属性栏中单击“导入”按钮，在弹出的导入对话框中选择需要导入的位图，单击导入按钮，将其导入到绘图区中。选择菜单栏中的效果(C)→图框精确剪裁(W)→放置在容器中(P)...命令，在绘图区中单击白色圆角的大矩形对象，将所选择的位图置入大矩形对象中，效果如图 10.5.5 所示。

图 10.5.4　复制群组后的小矩形

图 10.5.5　导入位图并将其置入矩形中

（8）选择复制的一个大圆角矩形，将其移至页面中央，然后选择两个大圆角矩形，在属性栏中单击“对齐和分布”按钮，可弹出对齐与分布对话框，参数设置如图 10.5.6 所示。

（9）单击应用(A)按钮，使页面中的两个大圆角矩形完全重合在一起。

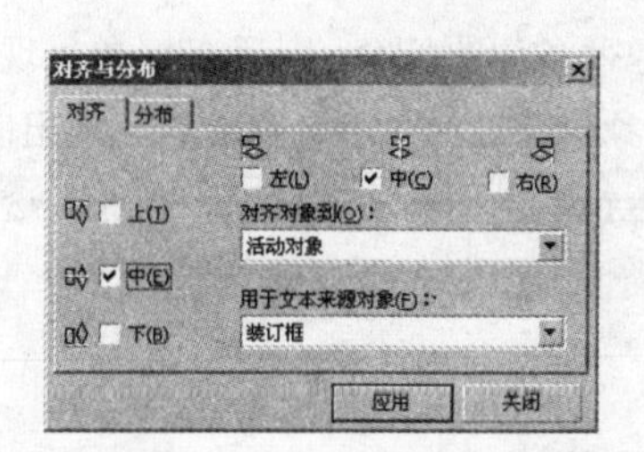

图 10.5.6 “对齐与分布”对话框

（10）选择复制的大圆角矩形作为透镜，选择菜单栏中的效果(C)→透镜(L)命令，打开透镜泊坞窗。在此泊坞窗中设置图像的透镜效果，在透镜类型下拉列表中选择反显选项，然后单击应用按钮，为图像应用反显透镜，效果如图10.5.7所示。

（11）使用挑选工具选择另一个复制的大圆角矩形，将它移至页面的中心，使其与其他两个大圆角矩形完全重合。然后选中刚移动的大圆角矩形对象，在透镜泊坞窗中的透镜类型下拉列表中选择使明亮选项，调整比率：值为60%，单击应用按钮，应用使明亮透镜效果，效果如图10.5.8所示。

图 10.5.7 应用反显透镜效果

图 10.5.8 制作的胶片效果

本章小结

本章主要讲解了如何在CorelDRAW X3中为对象应用特殊效果，如图框精确剪裁效果、透镜效果以及添加透视点效果。通过对本章的学习，可以使用户熟练掌握这些特殊效果的制作方法，从而制作出令人满意的作品。

操作练习

一、填空题

1. ＿＿＿＿＿功能可以将位图图像或矢量图放置在指定的对象中。

2. ＿＿＿＿＿透镜类型可模拟加色光线模式，从而使透镜对象区域变为其他颜色。

3. 使用＿＿＿＿＿命令，可以将一个矢量对象或位图图像放置到其他图形对象中。

4. 在透镜类型中，利用＿＿＿＿＿透镜可以使透镜后面的对象产生放大或缩小的效果。

5. 透镜效果是指通过改变对象外观或改变＿＿＿＿＿的方式所取得的特殊效果，而不改变对象实际属性。

6. 执行效果(C)→透镜(S)命令，或者按下＿＿＿＿＿快捷键，就可以打开透镜泊坞窗。

7. ＿＿＿＿＿透镜是通过按CMYK模式将透镜下对象的颜色转换为互补色，从而产生类似像片底片的特殊效果。

8. 对矢量对象应用透镜效果时，透镜本身会变成＿＿＿＿＿。

9. ＿＿＿＿＿就是改变对象两条边的长度，从而使对象呈现出向两个方向后退的效果。

10. ＿＿＿＿＿通过改变对象一条边的长度，使对象呈现出向一个方向后退的效果。

11. ＿＿＿＿＿设置可以在透镜本身不移动的情况下，通过透镜显示对象的任意区域。

12. ＿＿＿＿＿透镜效果类似于用放大镜观察物体。

二、选择题

1.（ ）透镜效果类似于用放大镜观察物体。

（A）鱼眼　　（B）热图
（C）放大　　（D）反显

2. 为对象添加透视点后，按住（ ）键的同时拖动控制点，即可创建出单点透视效果。

（A）Ctrl　　（B）Shift
（C）Alt　　（D）Alt+Ctrl

3. 使用（ ）透镜时，就像透过有色玻璃看物体一样。

（A）使明亮　　（B）色彩限度
（C）透明度　　（D）灰度浓淡

4. 做为精确裁剪的容器，可以是（ ）。

（A）创建的矢量对象　　（B）位图
（C）段落文字　　（D）未封闭的曲线

5. 完成精确裁剪对象编辑后即可查看其效果。进入容器内部和返回工作区的操作，可以使用快捷的方法来完成。当在工作区中时，按下（ ）键在容器对象上单击即可进入容器内部。

（A）Ctrl　　（B）Shift
（C）Alt　　（D）Ctrl+Shift

6.“图框精确裁剪”命令不可用于下列（ ）对象。

（A）点陈图对象　　（B）矢量图对象
（C）再制对象　　（D）仿制对象

三、简答题

1. 如何将对象放置在指定的容器中？

2. 将对象放置在指定的容器中后，还可以将其提取出来，简述如何进行操作。

3. 透视分为单点透视与双点透视，如何为对象添加双点透视？

4. 对于“精确裁剪”功能来讲，其作为精确裁剪容器和对象来说需要注意哪些内容？

四、上机操作

导入一幅位图对象，然后在对象上绘制一个基本图形，练习为对象添加各种透镜效果。

第11章

位图处理

学习导航

在CorelDRAW X3中，可以对位图进行各种编辑，也可对位图的颜色与模式进行调整，同时还可制作出位图的特殊效果。本章主要讲解这些功能的使用方法与技巧。

学习要点

- 位图与矢量图的概述
- 位图的编辑
- 位图颜色与色彩模式
- 位图的滤镜效果

11.1　位图与矢量图的概述

计算机的绘图方式有两种，即曲线绘图与点阵绘图。

用曲线绘制的图形叫矢量图（向量式图形），矢量图形又叫面向对象的图形。矢量图形是由一系列的直线和曲线组成，以数学形式被定义为由线条连接在一起的一系列点。调整这些线条很容易，而且不会降低它们的图形质量。而位图则不同，位图是计算机屏幕上由像素点结合在一起组成的图形，它有固定的分辨率，也就是说，位图在按原始大小显示或打印时效果最好。扩大位图即扩大了像素点的数目，添加的像素点是两个像素点之间相邻与相近的颜色，图形中由于添加了额外的像素而显得模糊；缩小位图是把相邻或相近的颜色合并在一起，减少了像素点的数目，因而变化不如原图丰富。例如经常用 Photoshop 制作与处理的图像就是位图，也就是说，如果放大或缩小 Photoshop 制作与处理的图像，就可以看到图像变得模糊、不清晰。

尽管 CorelDRAW 是一个基于矢量的程序，但它仍允许对位图进行各种操作，并可以用许多滤镜效果来处理这些位图，使之产生出不同的艺术效果。也可以将在 CorelDRAW 中创建的图形以位图格式输出，以便于其他程序应用。

11.2　位图的编辑

11.2.1　位图的导入

在设计过程中，位图的使用也占了一定的位置，在 CorelDRAW 中编辑和使用位图之前必须首先将其导入（CorelDRAW 支持多种位图格式的导入）。用户可以导入一幅位图，也可以同时导入多幅位图，并将它们放在同一个页面中处理，还可以在导入位图之前对对象进行裁剪。

1. 导入一幅位图

（1）选择菜单栏中的 文件(F) → 导入(I)... Ctrl+I 命令，弹出如图 11.2.1 所示的 导入 对话框。

（2）在对话框的 文件类型(T): 所有文件格式 下拉列表中选择文件类型，它支持的格式如图 11.2.2 所示。

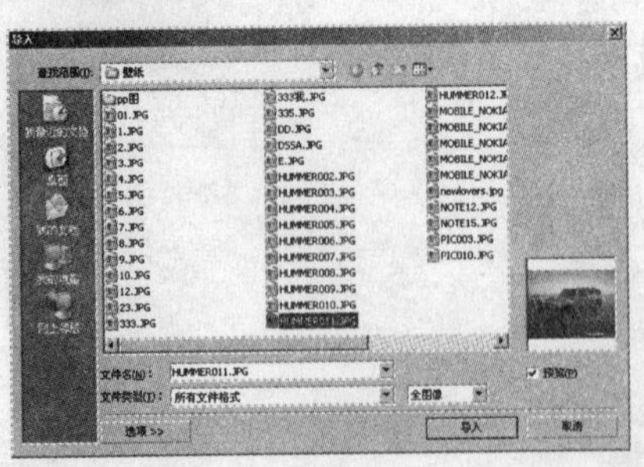

图 11.2.1　“导入”对话框

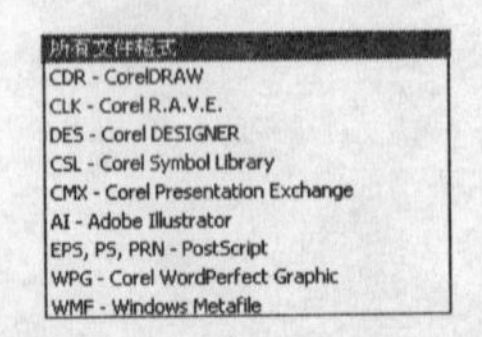

图 11.2.2　文件类型

（3）单击要导入的文件，如 01.JPG 文件，单击 导入 按钮，光标在工作区的形状将变为 火蕾.jpg，在绘图区域单击鼠标，位图就被导入了。

2. 导入多幅位图

导入多幅位图的操作步骤如下：

（1）选择菜单栏中的 文件(F) → 导入(I)... Ctrl+I 命令，弹出如图 11.2.1 所示的 导入 对话框，按住 Ctrl 键在该对话框中依次单击，可以同时选中多个文件对象，如图 11.2.3 所示。

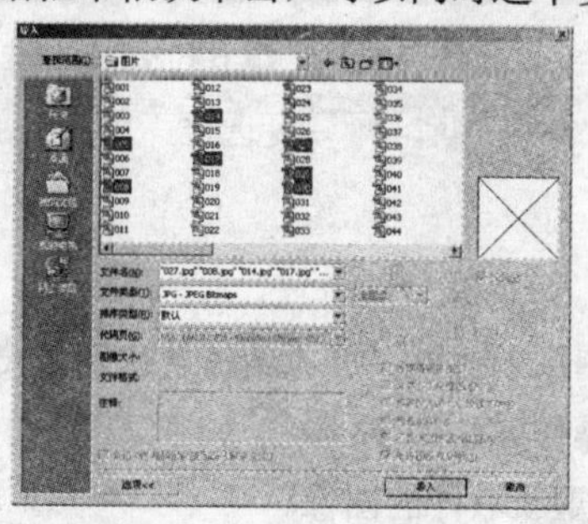

图 11.2.3 选择多个文件

（2）在对话框中单击 导入 按钮，即可将多幅位图导入到绘图区域中。

11.2.2 裁剪位图

在 CorelDRAW X3 中可以对导入的位图进行裁剪，从而可改变位图的形状。通过使用形状工具可以对位图轮廓上的节点进行移动或编辑位图轮廓的曲度。

要使用形状工具裁剪位图，其具体的操作方法如下：

（1）按 Ctrl+I 键导入一幅位图对象。

（2）使用形状工具选择导入的位图对象，将鼠标光标移至位图轮廓上，当鼠标光标显示为 形状时，如图 11.2.4 所示，双击鼠标左键，可在位图轮廓上添加节点。

（3）将鼠标光标移至位图轮廓左下角的节点上，按住鼠标左键向右上方拖动，松开鼠标，即可裁剪位图，如图 11.2.5 所示。

图 11.2.4 定位节点

图 11.2.5 裁剪位图

如果要将位图轮廓的一边设置为曲度形状，可使用形状工具选择相应的节点后，在属性栏中单击"转换直线为曲线"按钮，然后用鼠标拖动控制柄进行调整即可。

11.2.3 将位图链接到绘图

在 CorelDRAW 中将位图链接到绘图，可以显著减小文件的长度。实质上出现在绘图中的位图是位于其他路径的图像文件的缩略形式。

1. 更新链接位图

可以使用挑选工具选定对象，然后选择菜单栏中的 位图(B) → 自链接更新(U) 命令。

2. 取消链接

用挑选工具选中对象，然后选择菜单栏中的位图(B)→中断链接(K)命令。

创建链接的操作步骤如下：

（1）选择菜单栏中的文件(F)→导入(I)... Ctrl+I命令。

（2）从文件类型(T): 所有文件格式下拉列表中选择一种文件格式。

（3）再选择文件名，选中外部链接位图(E)复选框，单击导入按钮。

11.2.4 重新取样

重新取样位图可以重新改变图像的属性，即重新设置位图的尺寸大小和分辨率。

要进行重新取样，其具体的操作方法如下：

（1）使用挑选工具选择需要重新取样的图像。

（2）选择菜单栏中的位图(B)→重新取样(R)...命令，弹出重新取样对话框，如图 11.2.6 所示。

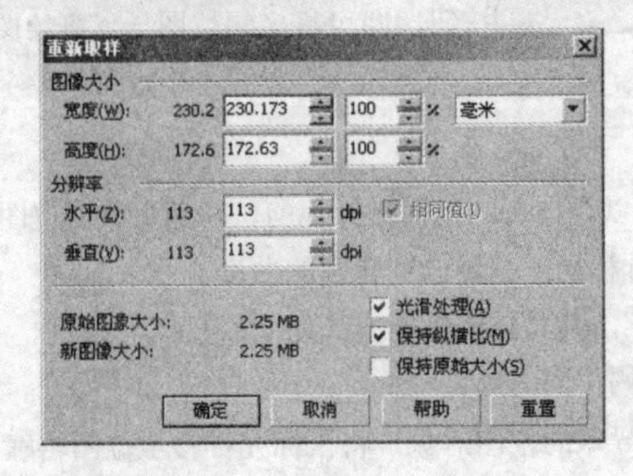

图 11.2.6 “重新取样”对话框

1）在图像大小选项区中的宽度(W):与高度(H):输入框中可设置图像的尺寸以及使用的单位。

2）在分辨率选项区中的水平(Z):与垂直(V):输入框中可设置图像水平与垂直方向的分辨率。

3）选中光滑处理(A)复选框，可以光滑图像的边缘。

4）选中保持纵横比(M)复选框，可以在变换的过程中保持原图像的大小比例；如果取消选中此复选框，可激活相同值(I)复选框，选中此复选框，可保持图像水平与垂直方向上的分辨率一致。

5）选中保持原始大小(S)复选框，可以使变换后的图像仍保持原来的尺寸大小。

（3）设置好参数后，单击确定按钮，可显示重新取样结果。

11.3 位图颜色与色彩模式

11.3.1 调整位图颜色

在 CorelDRAW X3 中，可以利用色调调整功能对位图的颜色进行特殊的处理，如色阶、色相等。位图颜色的改变会使位图的总体外观效果发生变化。

调整位图的颜色，包括调整图像的色泽、对比度、亮度与饱和度等。选择菜单栏中的效果(C)→调整(A)命令，可弹出子菜单，如图 11.3.1 所示。在调整子菜单中选择相应的命令，可调整位图图像的颜色，从而更有效地改善位图的质量。

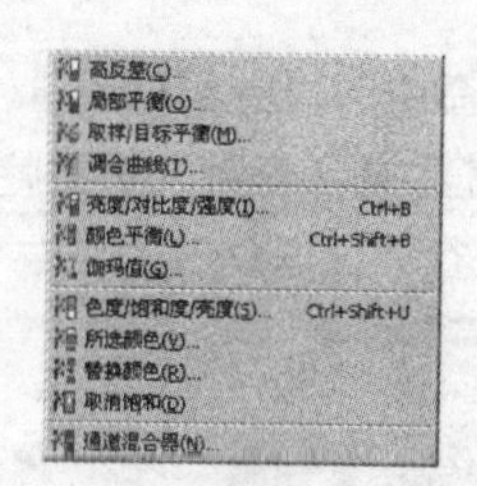

图 11.3.1 “调整”子菜单

1. 高反差

高反差命令可以通过调整图像的暗部与亮部的细节，从而使图像的颜色达到平衡的效果。

使用挑选工具选择需要调整的位图对象，然后选择菜单栏中的 效果(C) → 调整(A) → 高反差(C)... 命令，弹出 高反差 对话框，如图 11.3.2 所示。

在 通道(C) 下拉列表中可选择一种颜色类型；单击 选项(T)... 按钮，可弹出 自动调整范围 对话框，在 黑色限定(B): 与 白色限定(W): 输入框中可设置图像的边界颜色限度，如图 11.3.3 所示。

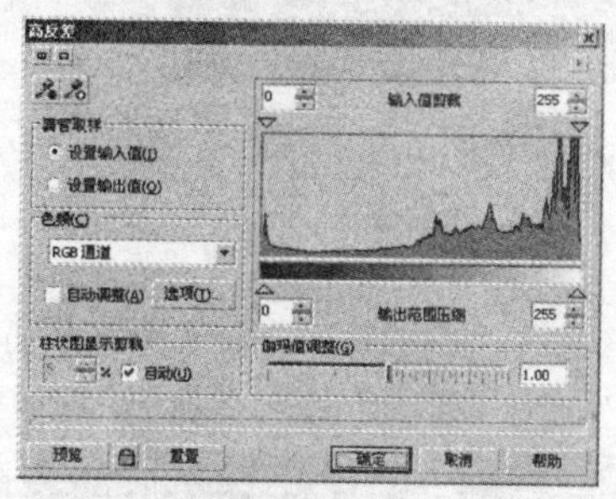

图 11.3.2 “高反差”对话框

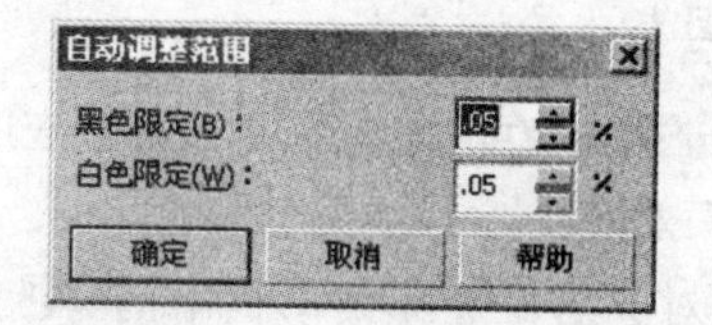

图 11.3.3 “自动调整范围”对话框

高反差 对话框中的 柱状图显示剪裁 选项区中的 自动(U) 复选框在默认情况下处于选中状态，也就是说，在默认状态下 柱状图显示剪裁 的显示方式是系统自动设置的。如果要自定义显示方式，取消选中 自动(U) 复选框，并在其左边的输入框中输入数值，此时在预览窗口中会预览到曲线的变化。

在 输入值剪裁 左边的输入框中输入数值，可使图像变暗，在右边的输入框中输入数值，可使图像变亮。

同样，在 输出范围压缩 左边与右边的输入框中输入数值，可改变图像的灰度。也可以用黑色吸管工具从所选的图像中吸取暗色，或用白色吸管工具从所选的图像中吸取亮色。

在 伽玛值调整(G) 输入框中输入数值，可设置图像的伽玛值。

单击 预览 按钮，可预览调整后的位图效果，预览满意后，单击 确定 按钮，效果如图 11.3.4 所示。

图 11.3.4 调整高反差前后效果对比

2. 局部平衡

局部平衡命令通过改变图像各颜色边缘的对比度来调整图像的暗部与亮部细节。选择菜单栏中的效果(C)→调整(A)→局部平衡(Q)...命令，弹出局部平衡对话框，如图 11.3.5 所示。

在宽度(W):和高度(H):后边的输入框中输入数值，可调整图像的宽度和高度值；单击按钮，可以解除锁定的数值框，对宽度和高度进行单独调整。

图 11.3.5 “局部平衡”对话框

设置好参数后，单击确定按钮，效果如图 11.3.6 所示。

图 11.3.6 调整局部平衡前后效果对比

3. 取样/目标平衡

取样/目标平衡命令可以将所选的目标色应用到从图像中吸取的每一个样本色，从而使样本色与目标色达到平衡效果。

选择位图对象后，选择菜单栏中的效果(C)→调整(A)→取样/目标平衡(M)...命令，弹出取样/目标平衡对话框。

在通道(C):下拉列表中可选择一种颜色类型，通过使用、与工具可在图像中吸取示例的暗部、中间与亮部样本颜色，然后单击目标下面的颜色块，可在弹出的选择颜色对话框中选择目标色的暗部、中间与亮部的颜色。

在默认状态下，自动剪裁(M)复选框处于选中状态，则表示系统自动设置剪裁方式；如果要自定义修剪的方式，可取消选中此复选框，然后在剪裁(P):输入框中设置剪裁的数值即可。

设置好参数后，单击预览按钮，可预览其效果，满意后，单击确定按钮，图像效果如图 11.3.7 所示。

图 11.3.7 调整取样/目标平衡前后效果对比

4. 调合曲线

调合曲线命令可以改变位图对象色彩的色调。

选择需要调整的位图对象后，选择菜单栏中的效果(C)→调整(A)→调合曲线(T)...命令，弹出调合曲线对话框，如图 11.3.8 所示。

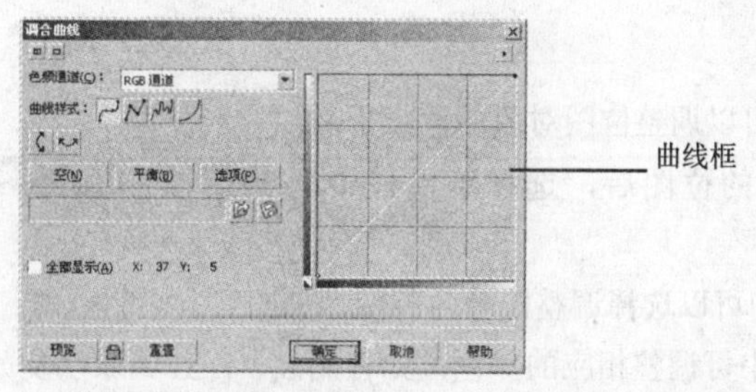

图 11.3.8 “调合曲线”对话框

在通道(C):下拉列表中选择一种颜色通道，如混合通道 RGB 与各个单色通道。

在曲线样式:选项区中提供了 4 种曲线样式可供选择，单击按钮，可在曲线框中以平滑曲线进行调节；单击按钮，可在曲线框中以两节点间保持平直且尖锐的曲线进行调节；单击按钮，可在曲线框中以手绘曲线的方式来调整；单击按钮，在曲线框中以两节点平滑曲线的方式来调整。

单击与按钮，可以将调节的色调曲线旋转 90°，如再次单击这两个按钮，可将曲线恢复为原来设置。

单击空(N)按钮，曲线将恢复到零值，即不改变图像色调。

选中☑全部显示(A)复选框，曲线框中将出现一条蓝色的直线，以显示曲线的原始位置。

设置好参数后，单击确定按钮，位图图像效果如图 11.3.9 所示。

图 11.3.9 调整曲线前后效果对比

5. 亮度/对比度/强度

亮度/对比度/强度命令可以调整位图图像的亮度、对比度以及强度。其中亮度是指图像的明亮度；对比度是指图像中的白色区域与黑色区域的反差；强度是指图像中的色彩强弱程度。

选择位图对象后，选择菜单栏中的效果(C)→调整(A)→亮度/对比度/强度(I)...命令，弹出亮度/对比度/强度对话框，通过调整亮度(B):、对比度(C):与强度(I):输入框中的数值，可设置对象的亮度、对比度与强度。

设置好参数后，单击预览按钮，可预览调整后的效果，预览满意后，单击确定按钮，图像效果如图 11.3.10 所示。

图 11.3.10 调整亮度/对比度/强度前后效果对比

6. 颜色平衡

颜色平衡命令可以调整位图对象的色彩平衡。

选择需要调整的位图后，选择菜单栏中的 效果(C) → 调整(A) → 颜色平衡(L)... 命令，弹出 颜色平衡 对话框。

在 范围 选项区中可以选择调整图像的范围，如阴影、中间色调、高光或保持亮度。

在 通道 选项区中可调整相应的颜色，如青到红、洋红到绿以及黄到蓝的颜色参数。

调整好参数后，单击 确定 按钮，图像效果如图 11.3.11 所示。

图 11.3.11　调整颜色平衡前后效果对比

7. 伽玛值

伽玛值命令可以使图像中所有的色调都向中间色调偏移。

选择需要调整的位图后，选择菜单栏中的 效果(C) → 调整(A) → 伽玛值(G)... 命令，弹出 伽玛值 对话框，通过调节 伽玛值(G): 参数，可设置中间色调的偏移，数值越大，其中间色调越浅；数值越小，中间色调越深。

调整完参数后，在 伽玛值 对话框左上角单击 按钮，可在预览窗口中对照原始图像与改变伽玛值后的图像效果，如图 11.3.12 所示。

图 11.3.12　调整伽玛值时的预览窗口

8. 色度/饱和度/亮度

色度/饱和度/光度命令可以调整图像的色相、饱和度或光度。

选择位图后，选择菜单栏中的 效果(C) → 调整(A) 命令，弹出 色度/饱和度/亮度(S)... 对话框。

在 通道 选项区中可选择一种颜色作为需要调整的颜色。当选中“主对象”单选按钮时，可整体设置图像的效果。

在 色度(H): 、饱和度(S): 和 亮度(L): 输入框中输入数值，可调整所选的颜色。

9. 所选颜色

所选颜色命令用于校正图像中的色彩平衡并调整颜色。通过增加或减少任何原色中印刷色的数

量，而不会影响其他原色。例如，可以使用所选颜色命令增加图像中的黄色成分，同时保留绿色成分中的黄色不变。

选择菜单栏中的 效果(C) → 调整(A) → 所选颜色(V)... 命令，弹出 所选颜色 对话框。

在 颜色谱 选项区中，可以选择一种合适的颜色光谱，或在 灰 选项区中选择一种色调范围。

在 调整 选项区中，可以调整各颜色的参数值以改变图像颜色。

在 彩色预览 选项区中的 原始颜色: 颜色条上可显示出原始颜色，在 新建颜色: 颜色条上可显示出新调整的颜色。

预览满意后，单击 确定 按钮，调整后的图像效果如图 11.3.13 所示。

图 11.3.13 调整所选颜色前后效果对比

10. 替换颜色

替换颜色命令可以将图像中原有的颜色替换为新的颜色。

选择位图后，选择菜单栏中的 效果(C) → 调整(A) → 替换颜色(R)... 命令，弹出 替换颜色 对话框，如图 11.3.14 所示。

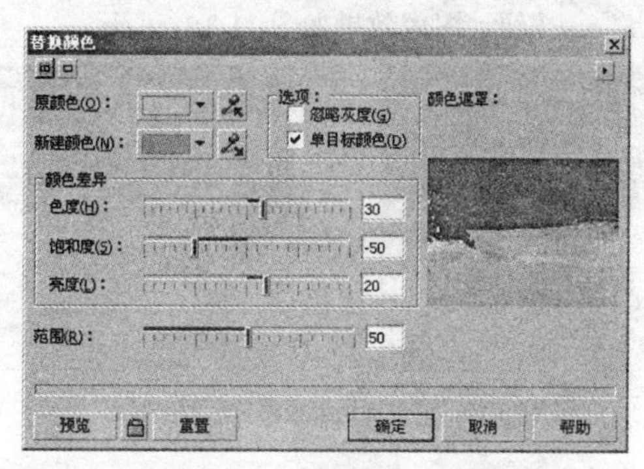

图 11.3.14 “替换颜色”对话框

在 原颜色(O): 右侧单击下拉按钮，可从打开的调色板中选择一种需要被替换的颜色，或使用按钮在图像中吸取需要被替换的颜色。

在 新建颜色(N): 右侧单击下拉按钮，可从打开的调色板中选择一种用于替换的颜色，或单击按钮，在所选的图像中吸取用来替换的颜色。

在 选项: 选项区中选中 忽略灰阶(G) 复选框，可以在替换颜色时忽略图像中的灰度像素；如果选中 单目标颜色(D) 复选框，可在替换颜色时，将当前颜色范围替换为所有颜色。

在 颜色差异 选项区中的 色度(H):、饱和度(S): 和 光度(L): 输入框中输入数值，可调整图像新颜色的色相、饱和度以及亮度。

在 范围(R): 输入框中输入数值，可设置所替换颜色的遮罩范围。

设置好参数后，单击 确定 按钮，调整后的图像效果如图 11.3.15 所示。

图 11.3.15　调整替换颜色前后效果对比

11. 取消饱和

取消饱和命令使所选的位图对象的颜色饱和度为 0 值，从而消除图像中的所有色彩，使图像呈灰色显示。

12. 通道混合器

通道混合器命令可以通过调整所选的通道数值来改变图像的色彩。

选择位图后，选择菜单栏中的 效果(C) → 调整(A) → 通道混合器(N)... 命令，弹出通道混合器对话框。

在色彩模型(M):下拉列表中选择一种色彩模式，并在输出通道(U):下拉列表中选择所需的通道。

在输入通道(I)选项区中可以调整各颜色通道的数值。如果在色彩模型(M):下拉列表中选择 RGB 模式，在输入通道(I)选项区中可调整 红 、 绿 和 蓝色 颜色通道的数值；如果在色彩模型(M):下拉列表中选择 CMYK 模式，则可在输入通道(I)选项区中调整青、品、黄和黑颜色通道的数值。

设置好参数后，单击 确定 按钮，图像效果如图 11.3.16 所示。

图 11.3.16　调整通道混合器前后效果对比

11.3.2 变换位图颜色

使用变换功能可以将图像变换为另一种效果。选择菜单栏中的 效果(C) → 变换(N) 命令，可弹出其子菜单，从中选择相应的命令可变换位图颜色。

1. 逐行

逐行命令可将图像中不清楚的颜色以扫描的形式移开。选择菜单栏中的 效果(C) → 变换(N) → 去交错(D)... 命令，弹出去交错对话框，如图 11.3.17 所示。

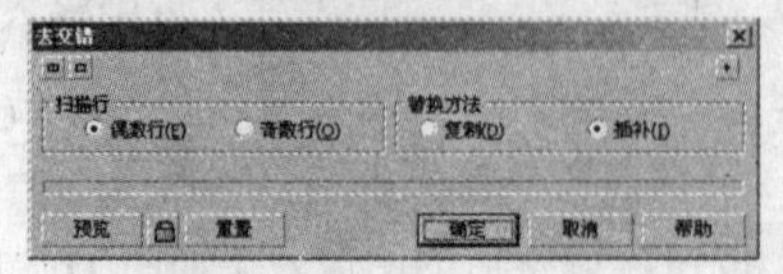

图 11.3.17　“去交错”对话框

在扫描行选项区中选中偶数行(E)或奇数行(O)单选按钮，可扫描偶数或奇数排列的颜色。

在替换方法选项区中可为移动的颜色选择复位的方式。

2. 反显

反显命令可以使所选图像的颜色反相显示，即用色盘中相对的颜色替换原来的颜色。选择菜单栏中的效果(C)→变换(N)→反显(I)命令，可反相显示图像，效果如图 11.3.18 所示。

图 11.3.18 反显图像前后效果对比

3. 极色化

极色化命令可以使位图对象中的颜色数量减少。选择菜单栏中的效果(C)→变换(N)→极色化(P)...命令，弹出极色化对话框，在层次(L):输入框中输入数值，可调整图像的极色化效果，数值越小，极色化效果越明显，数值越大，极色化效果越不明显。

设置好参数后，单击确定按钮，图像效果如图 11.3.19 所示。

图 11.3.19 应用极色化前后效果对比

11.3.3 转换位图模式

位图的色彩模式有 RGB 模式、CMYK 模式、灰度模式、双色模式及 Lab 模式等。在 CorelDRAW 中可以将位图的色彩模式进行转换。

根据需要可以选择不同的位图色彩模式，如要在显示器上查看图像时，可使用 RGB 模式；而需要输出印刷时则应使用 CMYK 模式。

在 CorelDRAW X3 中可对位图的色彩模式进行转换，其具体的操作方法如下：

（1）使用挑选工具在绘图区中选择位图对象，然后选择菜单栏中的位图(B)→模式(O)命令，弹出其子菜单，如图 11.3.20 所示。

黑白（1位）(B)...
灰度（8位）(G)
双色（8位）(D)...
调色板（8位）(P)...
RGB 颜色（24位）(R)
Lab 颜色（24位）(L)
CMYK 颜色（32位）(C)
应用 ICC 预置文件(A)...

图 11.3.20 “模式”子菜单

（2）从弹出的子菜单中可以看到“Lab 模式（24 位）”显示为灰色，表示当前所选位图的色彩模式为 Lab 模式。如果要将位图的色彩模式转换为 RGB 模式，只需要将鼠标移至 RGB 颜色（24 位）(R) 命令上单击即可将 Lab 模式转换为 RGB 模式。

11.3.4　扩充位图

在 CorelDRAW X3 中对位图进行处理时，有时会在图像的边缘或边角处出现没有处理的情况。因此，通过使用扩充位图功能可以将位图扩大，以确保所有的特殊效果处理都能应用于整个图像。

在绘图区中选择位图对象，然后选择菜单栏中的 位图(B) → 扩充位图边框(F) 命令，弹出其子菜单如图 11.3.21 所示，从中选择 自动扩充位图边框(A) 命令，可自动为位图添加默认的边缘宽度；如果选择 手动扩充位图边框(M)... 命令，将弹出 位图边框扩充 对话框，如图 11.3.22 所示。

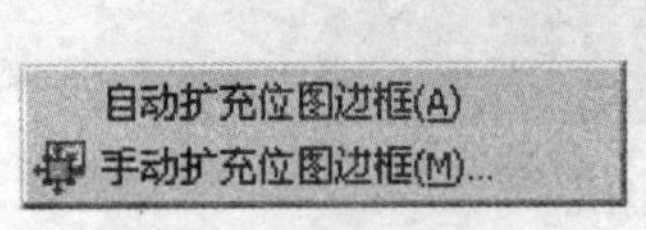

图 11.3.21　扩充位图边框子菜单

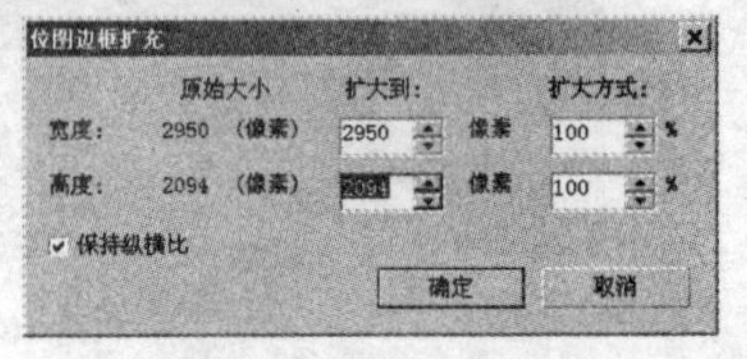

图 11.3.22　“位图边框扩充”对话框

在 扩大到: 下方的 宽度: 与 高度: 输入框中输入数值，可设置扩充的像素大小；也可在 扩大方式: 下方的输入框中输入数值，以设置宽度与高度扩充的百分比；选中 保持纵横比 复选框，可决定是否按比例扩充位图。单击 确定 按钮，即可扩充位图。

11.3.5　位图颜色遮罩

所谓位图颜色遮罩，就是将位图的某些颜色隐藏起来不予显示。这样处理位图可以得到某些特殊效果的图像，也可以隐藏某些颜色使屏幕的刷新速度加快。

如果要使用位图颜色遮罩，可先在页面中选择位图，然后选择菜单栏中的 位图(B) → 位图颜色遮罩(M) 命令，可弹出 位图颜色遮罩 泊坞窗，如图 11.3.23 所示。

在 位图颜色遮罩 泊坞窗中选中 隐藏颜色 单选按钮，单击“颜色选择”按钮，在图像中吸取要隐藏的颜色；也可以单击“编辑颜色”按钮，在弹出的 选择颜色 对话框中选择要隐藏的颜色。

在 容限: 输入框中输入数值，或直接调节滑块，可设置所选位图颜色的敏感度。

单击 应用 按钮，所选位图即可显示色彩蒙版效果，如图 11.3.24 所示。

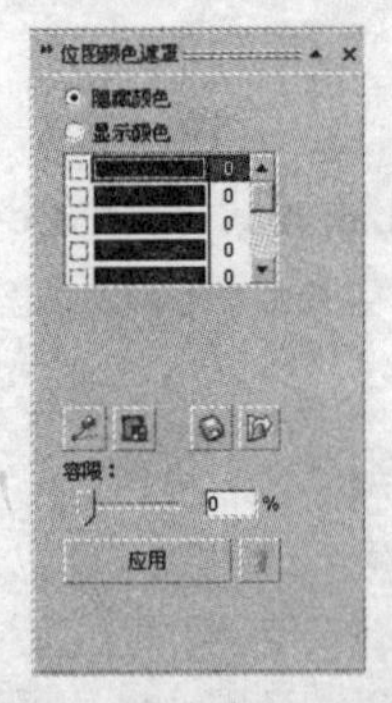

图 11.3.23　“位图颜色遮罩”泊坞窗

图 11.3.24　应用颜色遮罩的隐藏颜色

在 位图颜色遮罩 泊坞窗中选中 显示颜色 单选按钮，然后选择需要显示的颜色并设置 容限: 数值。单击 应用 按钮，图像将只显示选择的颜色，如图 11.3.25 所示。

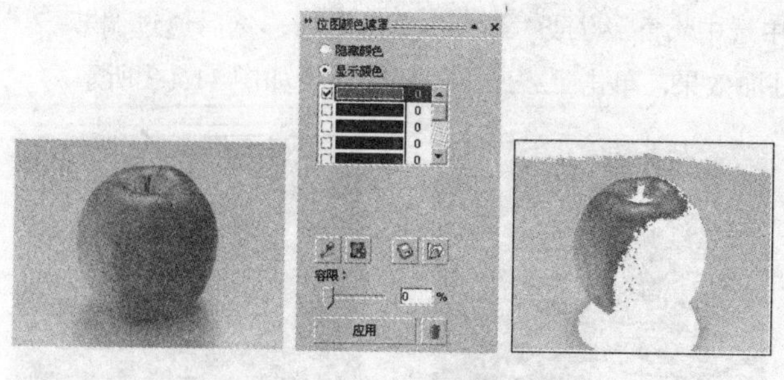

图 11.3.25 应用颜色遮罩的显示颜色

单击“保存遮罩”按钮，可将蒙版以*.INI 类型保存。

单击“打开遮罩”按钮，可打开蒙版样式文件，即将选定的蒙版样式应用到当前图像中。

单击“移除遮罩”按钮，可以删除图像中应用的任何蒙版。

选择位图后，单击其属性栏中的“位图颜色遮罩”按钮，也可打开位图颜色遮罩泊坞窗。

11.4 位图的滤镜效果

在 CorelDRAW X3 中可以对位图进行特殊效果处理，如卷页、浮雕、模糊、风、旋涡和虚光等效果。

11.4.1 三维效果

选择菜单栏中的位图(B)→三维效果(3)命令，弹出其子菜单，如图 11.4.1 所示，通过选择相应的命令可以对位图应用不同的三维效果。

1. 三维旋转

三维旋转命令可以改变位图对象水平方向或垂直方向的角度，以模拟三维空间的方式来旋转位图，从而产生立体透视的效果。

选择位图对象后，选择菜单栏中的位图(B)→三维效果(3)→三维旋转(3)...命令，弹出三维旋转对话框，在垂直(V):与水平(H):输入框中输入数值，可设置旋转角度，选中最适合(B)复选框，使图像以最合适的大小显示。

单击预览按钮，可预览设置后的效果，满意后，单击确定按钮，即可将效果应用于所选的位图中，如图 11.4.2 所示。

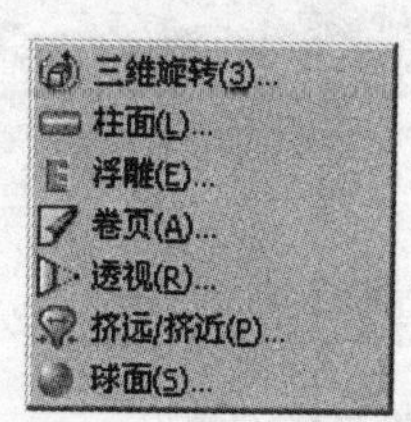

图 11.4.1 “三维效果”子菜单

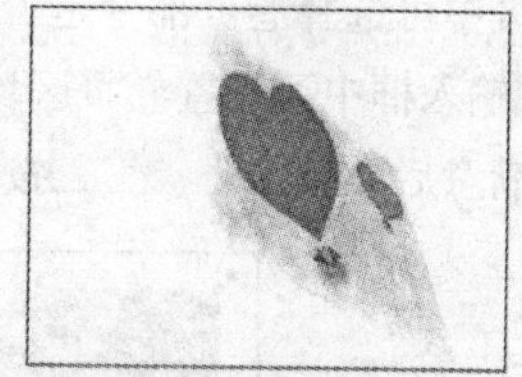

图 11.4.2 应用三维旋转前后效果对比

2. 柱面

柱面命令可以使位图对象在水平或垂直的柱面产生映射的幻觉。

选择位图对象后，选择菜单栏中的位图(B)→三维效果(3)→柱面(L)...命令，弹出柱面对话

框，在柱面模式选项区中选中 ⊙ 垂直(V) 或 ⊙ 水平(H) 单选按钮，然后通过调节百分比(P): 输入框中的数值，可设置水平或垂直的柱面效果，单击 确定 按钮，效果如图 11.4.3 所示。

图 11.4.3　应用柱面前后效果对比

3. 浮雕

选择 位图(B) → 三维效果(3) → 浮雕(E)... 命令，在弹出的浮雕对话框中设置相应的参数，可得到三维浮雕的效果，如图 11.4.4 所示。

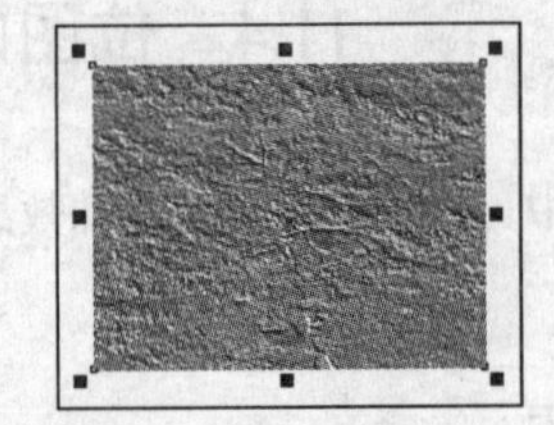

图 11.4.4　浮雕效果

4. 卷页

卷页命令可以从图像的 4 边角开始，将位图的部分区域像纸一样卷起。

选择位图后，选择菜单栏中的 位图(B) → 三维效果(3) → 卷页(A)... 命令，弹出卷页对话框，如图 11.4.5 所示。

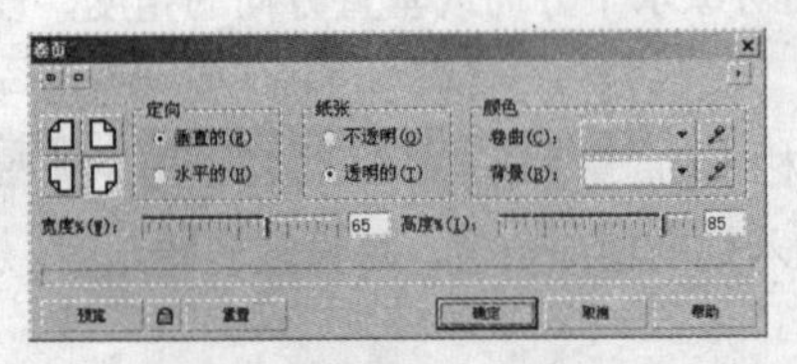

图 11.4.5　“卷页”对话框

在对话框左侧提供了 4 种卷页类型，可以选择其中一种；在定向选项区中可选择卷页的方向；在纸张选项区中可选择卷页部分是否透明；在颜色选项区中可设置卷曲(C): 与背景(B): 的颜色；在宽度%(W): 与高度%(I): 输入框中可设置卷页区域的宽度与高度。

预览满意后，单击 确定 按钮，位图对象的效果如图 11.4.6 所示。

图 11.4.6　应用卷页前后效果对比

5. 透视

透视命令可以通过调整图像4个角的控制点，使图像产生三维深度的感觉。

选择位图后，选择菜单栏中的 位图(B) → 三维效果(3) → 透视(R)... 命令，弹出 透视 对话框，在 类型 选项区中选择一种透视的模式，然后将鼠标移至对话框左侧的调整窗口中调整4个控制点，可以改变图像中透视点的位置。

预览满意后，单击 确定 按钮，效果如图11.4.7所示。

图 11.4.7 应用透视前后效果对比

6. 挤近/挤远

“挤近/挤远”效果是通过将图像“挤远”或“挤近”使之产生扭曲变形。该过滤器支持“黑白”模式外的所有颜色模型。

导入一幅位图。选择菜单栏中的 位图(B) → 三维效果(3) → 挤远/挤近(P)... 命令，弹出 挤远/挤近 对话框，设置 挤远/挤近(P): 的参数值为正值时，产生挤近的效果；参数值为负值时，产生挤远的效果。单击 确定 按钮，效果如图11.4.8所示。

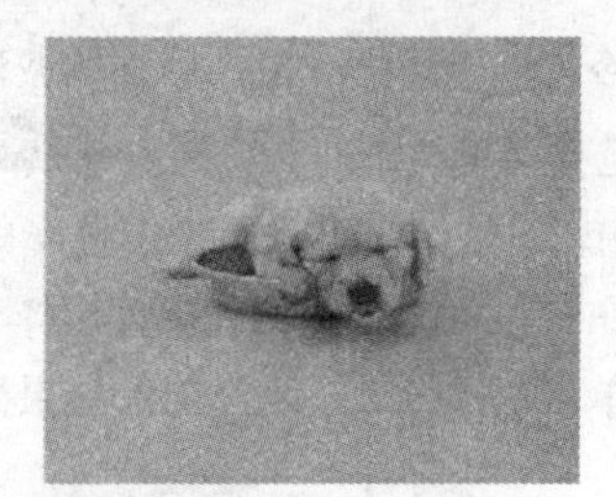

图 11.4.8 挤远/挤近的效果图

7. 球面

球面命令可产生出将位图对象粘贴在球体上而产生的一种视觉效果。

选择位图后，选择菜单栏中的 位图(B) → 三维效果(3) → 球面(S)... 命令，弹出 球面 对话框，在 优化 选项区中可选择优化方式；在 百分比(P): 输入框中输入数值，可设置球面是凹下的还是凸起的效果；单击按钮，将鼠标移至位图对象上单击，可确定球体的中心位置。

11.4.2 艺术笔触

艺术笔触命令可以使位图对象产生某种艺术画的风格，如水彩画、油画、素描以及水印画等。

选择菜单栏中的 位图(B) → 艺术笔触(A) 命令，可弹出其子菜单，从中选择相应的命令可使位图对象产生自然描绘的效果。下面将介绍最常用的几种。

1. 炭笔画

使用炭笔画命令，可以使位图产生一种类似于使用炭笔在画板上画图的效果。它可以将图像转化为黑白颜色。

2. 单色蜡笔画

使用单色蜡笔画命令可以使图像产生不同的纹理效果。

3. 蜡笔画

使用蜡笔画命令，可以使位图产生一种类似用蜡笔画出来的熔化效果。

选择位图后，选择菜单栏中的 位图(B) → 艺术笔触(A) → 蜡笔画(R)... 命令，弹出 蜡笔画 对话框，拖曳 大小(S): 和 轮廓(L): 右侧的滑块，分别设置蜡笔头的大小和轮廓线的粗细。预览满意后，单击 确定 按钮，图像效果如图 11.4.9 所示。

图 11.4.9 应用蜡笔画前后效果对比

4. 立体派

使用立体派命令可以使图像产生一种立体派油画效果。

选择位图后，选择菜单栏中的 位图(B) → 艺术笔触(A) → 立体派(U)... 命令，弹出 立体派 对话框，在 大小(S): 输入框中输入数值，可设置位图色彩的粗糙程度；在 亮度(B): 输入框中输入数值，可设置位图色彩的亮度；在 纸张色(P): 下拉列表中可选择一种合适的纸张颜色。

预览满意后，单击 确定 按钮，图像效果如图 11.4.10 所示。

图 11.4.10 应用立体派前后效果对比

5. 印象派

运用印象派命令，可以使位图产生一种类似于绘画艺术中印象派风格的效果。

选择位图后，选择菜单栏中的 位图(B) → 艺术笔触(A) → 印象派(I)... 命令，弹出 印象派 对话框，在 样式 选项区中选择一种图像印象派样式，拖曳 笔触(T):、着色(C): 和 亮度(B): 右侧的滑块，设置图像的色块大小、染色效果和图像的亮度。

预览满意后，单击 确定 按钮，图像效果如图11.4.11所示。

图 11.4.11 应用立体派前后效果对比

6. 调色刀

油画命令可以改变图像的像素分配，产生油画效果。

选择位图后，选择菜单栏中的 位图(B) → 艺术笔触(A) → 调色刀(P)... 命令，弹出 调色刀 对话框，在 刀片尺寸(B): 与 柔软边缘(S): 输入框中输入数值，可设置刀刃的锋利程度与调色板刀的坚硬程度；在 角度(A): 输入框中输入数值，可设置调色刀雕刻时的角度。

7. 素描

素描命令可以使图像产生类似于铅笔素描的效果。

选择位图对象后，选择菜单栏中的 位图(B) → 艺术笔触(A) → 素描(K)... 命令，弹出 素描 对话框，在 铅笔类型 选项区中可选择一种铅笔类型，即石墨或彩色；调节 样式(S): 输入框中的数值，可设置图像的平滑度；调节 压力(P): 输入框中的数值，可设置使用的铅笔类型；调节 轮廓(O): 输入框中的数值，可设置图像的轮廓线宽度。

预览满意后，单击 确定 按钮，图像效果如图11.4.12所示。

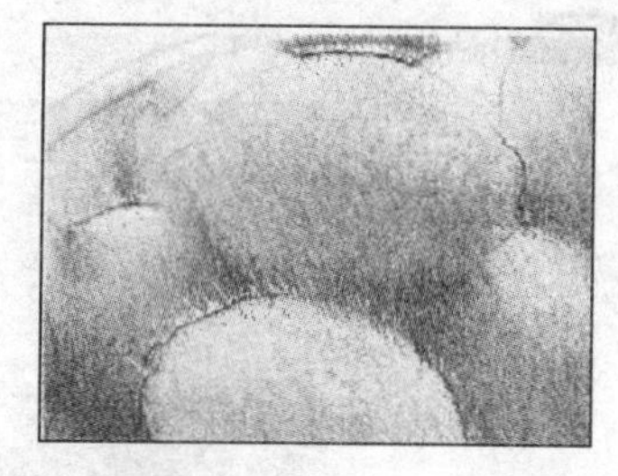

图 11.4.12 应用素描前后效果对比

11.4.3 模糊效果

模糊效果是指运用中文版 CorelDRAW X3 提供的模糊命令，创建出平滑的图像效果。中文版 CorelDRAW X3 提供了9种用于位图对象的模糊效果，下面将介绍其中最常用的几种。

1. 高斯式模糊

"高斯式模糊"效果使位图按照高斯分布变模糊，以产生朦胧的效果，该效果可以产生参差不齐的位图质量。

（1）导入一幅位图。

（2）选择菜单栏中的 位图(B) → 模糊(B) → 高斯式模糊(G)... 命令，弹出如图

11.4.13 所示的高斯式模糊对话框。

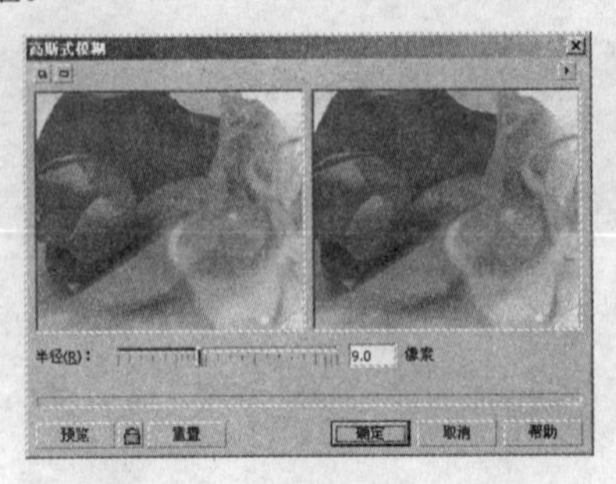

图 11.4.13 “高斯式模糊”对话框

（3）通过移动半径(R):滑块来设置高斯式模糊的强度，数值越大产生的效果越明显，如图 11.4.14 所示。

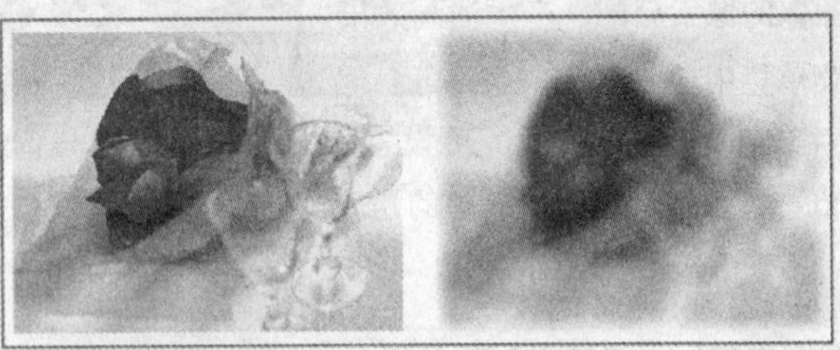

图 11.4.14 高斯式模糊对比

2. 动态模糊

动态模糊就是通过使图像模糊而产生图像运动的幻像。

（1）导入一幅位图。

（2）选择菜单栏中的位图(B)→模糊(B)→动态模糊(M)...命令，弹出如图 11.4.15 所示的动态模糊对话框。

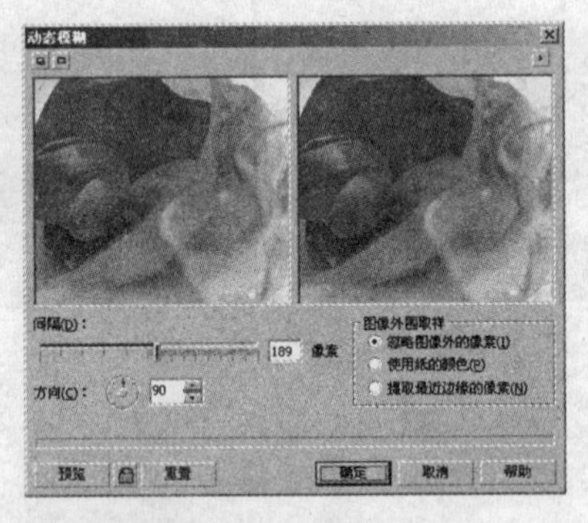

图 11.4.15 “动态模糊”对话框

（3）移动间隔(D):滑块设置模糊效果的强度。

（4）在方向(C):数值框中指出移动的方向。

（5）在图像外围取样选项区中，设置图像取样的部分。

忽略图像外的像素(I)选中该单选按钮，可以将图像外的像素模糊效果忽略；使用纸的颜色(P)选中该单选按钮，可以在模糊效果开始处使用纸的颜色；提取最近边缘的像素(N)选中该单选按钮，可以在模糊效果开始处使用图像边缘的颜色。指在模糊效果的开始处使用图像边缘的颜色。

（6）单击确定按钮，效果如图 11.4.16 所示。

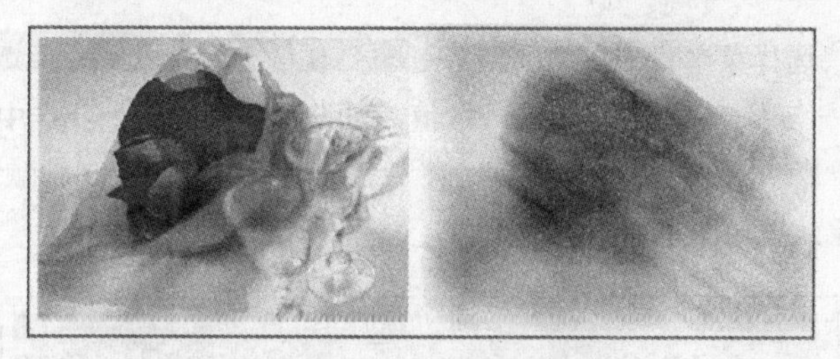

图 11.4.16 动态模糊对比

3. 放射式模糊

使用放射式模糊滤镜，可以使图像从中心点放射性柔化，产生一种圆形的模糊效果。

（1）导入一幅位图。

（2）选择菜单栏中的 位图(B) → 模糊(B) → 放射式模糊(R)... 命令，弹出如图 11.4.17 所示的 放射状模糊 对话框。

（3）在 数量(A): 中调节对象的放射模糊数量，数值越大，图像就越模糊。单击 确定 按钮，效果如图 11.4.18 所示。

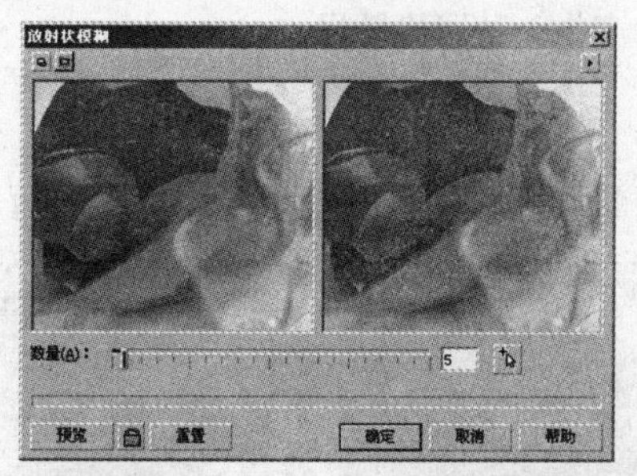

图 11.4.17 “放射状模糊”对话框

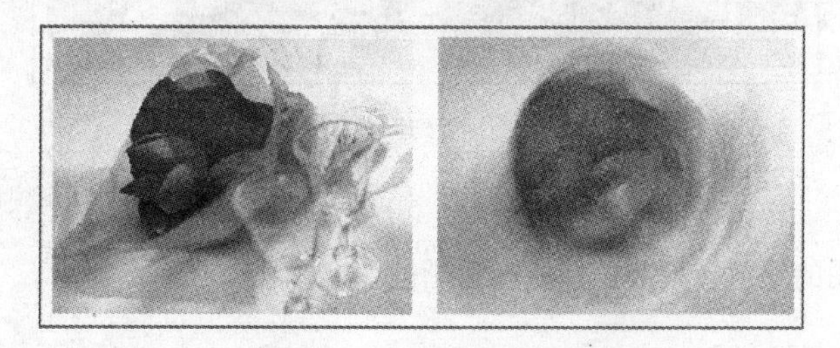

图 11.4.18 放射模糊对比

11.4.4 颜色变换

在 CorelDRAW X3 中对位图图像进行处理的重要方式之一就是对位图的颜色进行特殊处理，位图颜色的转换可以使位图的整体效果发生改变，从而形成具有特殊效果的艺术图像。

选择菜单栏中的 位图(B) → 颜色转换(L) 命令，弹出其子菜单，从中选择相应的命令即可使图像的色彩进行转换。

1. 位平面

位平面命令可将位图转换成由许多颜色组成的图像，每一个颜色都是由 3 种颜色组成的，即红、绿、蓝。

选择位图对象后，选择菜单栏中的 位图(B) → 颜色转换(L) → 位平面(B)... 命令，弹出位平面对话框，在红(R):、绿(G):与蓝(B):输入框中输入数值，可设置图像的颜色；选中 应用于所有位面(A) 复选框，可使 3 种颜色的参数同时变化，如果不选中此复选框，可单独调节 3 种颜色。设置好参数后，单击 确定 按钮，图像效果如图 11.4.19 所示。

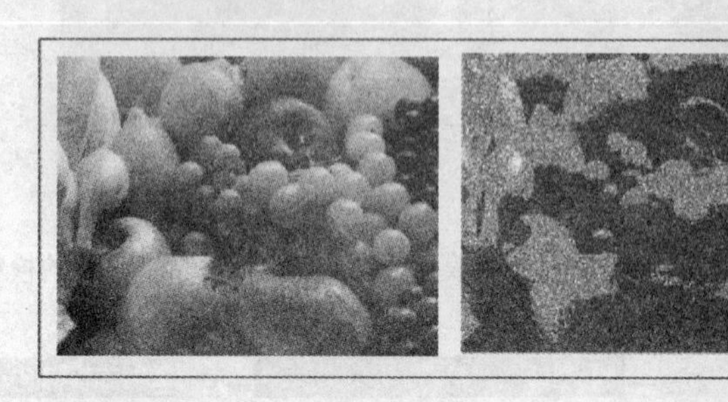

图 11.4.19　应用位平面前后效果对比

2. 半色调

半色调命令可以使位图对象产生一种网格效果。

3. 梦幻色调

梦幻色调命令可以将位图的颜色转换为很亮的电子颜色，如图 11.4.20 所示。

图 11.4.20　应用梦幻色调前后效果对比

4. 曝光

曝光命令可将位图的颜色转换成照片的底片颜色。

11.4.5　轮廓图

选择菜单栏中的 位图(B) → 轮廓图(O) 命令，弹出其子菜单，从中选择相应的命令可以检测与强调位图的轮廓。

1. 边缘检测

边缘检测命令可以在图像中添加不同的边缘效果。

2. 查找边缘

查找边缘命令可以使图像的边缘轮廓较亮显示。

选择菜单栏中的 位图(B) → 轮廓图(O) → 查找边缘(F)... 命令，弹出查找边缘命令，在边缘类型:选项区中可选择一种边缘类型，并通过调节层次(L):参数值来设置边缘亮度。预览满意后，单击 确定 按钮，图像效果如图 11.4.21 所示。

图 11.4.21 应用查找边缘前后效果对比

3. 描摹轮廓

描摹轮廓命令，可以将位图的边缘勾勒出来，达到描边的效果。

选择菜单栏中的位图(B)→轮廓图(O)→描摹轮廓(T)...命令，弹出描摹轮廓命令，拖曳层次(L):右侧的滑块，可设置描绘轮廓的程度，在边缘类型:选项区中可设置轮廓的类型。预览满意后，单击确定按钮，图像效果如图 11.4.22 所示。

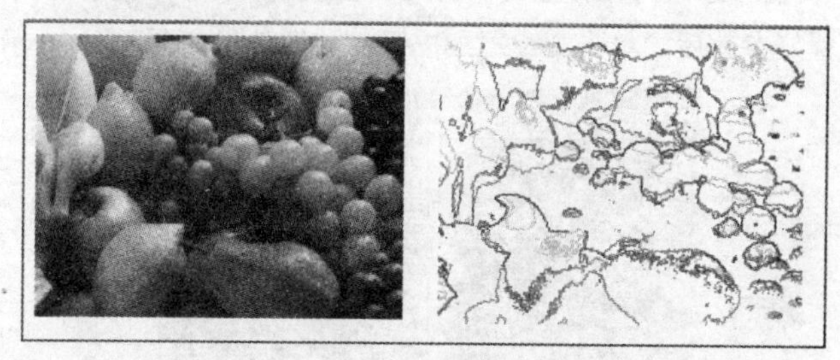

图 11.4.22 应用描摹轮廓前后效果对比

11.4.6 创造性

运用创造性命令，可以对图像应用不同的底纹和形状。创造性效果是中文版 CorelDRAW X3 中变化显著的特殊效果，共包括 4 种，即模仿工艺品、纺织物的表面效果，生成马赛克、碎块的效果、生成透过不同玻璃看到的效果，模拟雪、雾等气象效果，下面将介绍其中最常用的几种。

1. 晶体化

运用晶体化命令，可以使位图图像产生一种类似透明水晶拼接起来的画面效果。

选择需要添加晶体化的位图对象后，选择菜单栏中的位图(B)→创造性(V)→晶体化(Y)...命令，弹出晶体化对话框。拖曳大小(S):右侧的滑块，或在其数值框中输入数值，设置晶体化的大小，如图 11.4.23 所示。设置好参数后，单击确定按钮，图像效果如图 11.4.24 示。

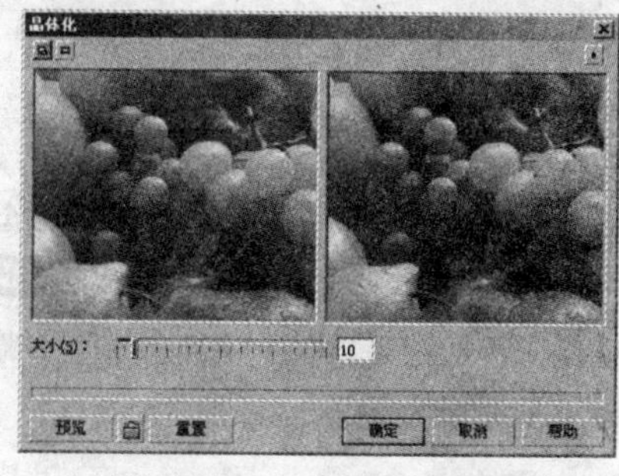

图 11.4.23 “晶体化”对话框

图 11.4.24　应用晶体化前后效果对比

2. 织物

运用织物命令，可以使位图对象产生一种类似于用不同的纺织品改变外观的效果。

选择位图对象后，选择菜单栏中的位图(B)→创造性(V)→织物(F)...命令，弹出织物对话框。在样式(S):下拉列表框中选择一种织物样式；拖曳大小(Z):右侧的滑块，设置织物的纤维大小；拖曳完成(C):右侧的滑块，设置对象被纤维覆盖的百分比；拖曳亮度(B):右侧的滑块，设置对象的亮度，如图 11.4.25 所示。设置好参数后，单击确定按钮，图像效果如图 11.4.26 示。

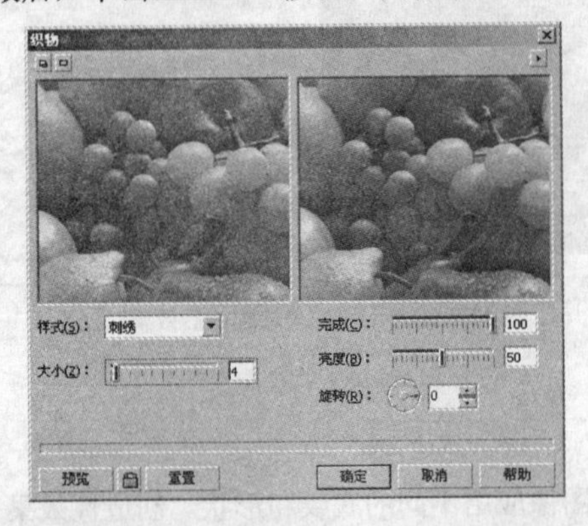

图 11.4.25　“织物”对话框

图 11.4.26　应用织物前后效果对比

3. 玻璃砖

玻璃砖命令，可以使位图图像产生一种类似透过玻璃看到的画面效果。

选择位图对象后，选择菜单栏中的位图(B)→创造性(V)→玻璃砖(G)...命令，弹出玻璃块对话框如图 11.4.27 所示。通过调节滑块或输入参数值可以调节宽度和高度，调节好块宽度(W):和块高度(H):值以后，单击确定按钮，效果如图 11.4.28 所示。

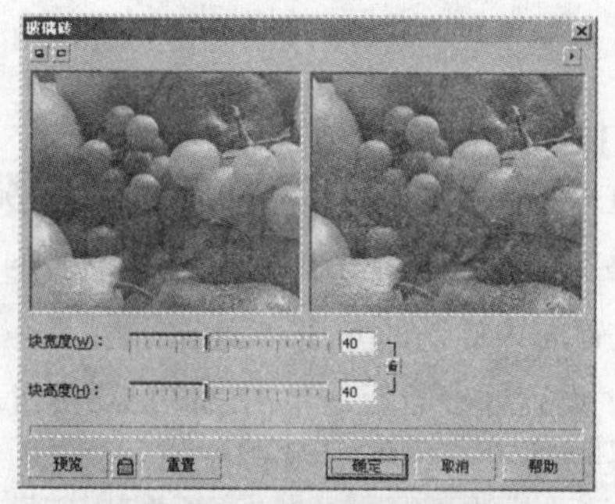

图 11.4.27 “玻璃砖”对话框

图 11.4.28 应用玻璃砖前后效果对比

4. 虚光

虚光命令可以在图像周围添加椭圆形、矩形、圆形或正方形以及不同颜色的虚光效果。

选择位图对象后，选择菜单栏中的 位图(B) → 创造性(V) → 虚光(V)... 命令，弹出 虚光 对话框，如图 11.4.29 所示。在 颜色 选项区域中设定所选虚光的颜色；在 形状 选项区域中设定所选虚光的形状；在 偏移(O): 滑块中设定虚光中心区的大小；在 褪色(A): 滑块可以设定虚光和图片的过渡。

设置好参数后，单击 确定 按钮，图像效果如图 11.4.30 示。

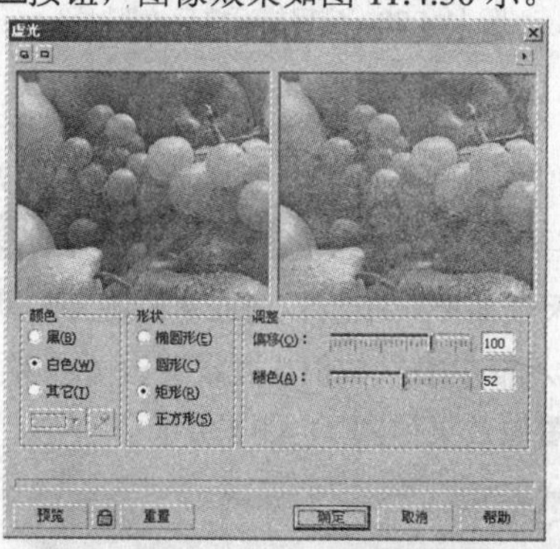

图 11.4.29 “虚光”对话框

图 11.4.30 应用虚光前后效果对比

5. 旋涡

旋涡命令可以使图像产生类似旋涡形状的效果。

选择位图对象后，选择菜单栏中的 位图(B) → 创造性(V) → 旋涡(X)... 命令，弹出旋涡对话框，在样式(S):下拉列表中可选择一种旋动类型；调节大小(Z):输入框中的数值，可设置旋动的大小程度；调节内部方向(I):数值，可设置向内旋动的角度；调节外部方向(O):输入框中的数值，可设置向外旋动的角度，如图 11.4.31 所示。设置好参数后，单击 确定 按钮，图像效果如图 11.4.32 示。

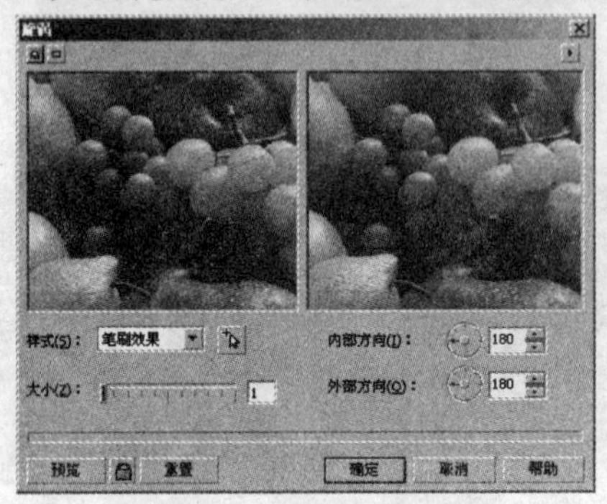

图 11.4.31 “旋涡”对话框

图 11.4.32 应用旋涡前后效果对比

6. 天气

天气命令可以使位图对象模拟各种气候特征，即显示为在不同天气下观测的效果。

选择位图对象后，选择菜单栏中的 位图(B) → 创造性(V) → 天气(W)... 命令，弹出天气对话框。

在预报选项区中可选择一种天气类型，即雪、雨或雾；在浓度(T):输入框中输入数值，可设置雪雨或雾的大小程度；在大小(Z):输入框中输入数值，可设置雪雨或雾的大小，如图 11.4.33 所示。设置好参数后，单击 确定 按钮，图像效果如图 11.4.34 所示。

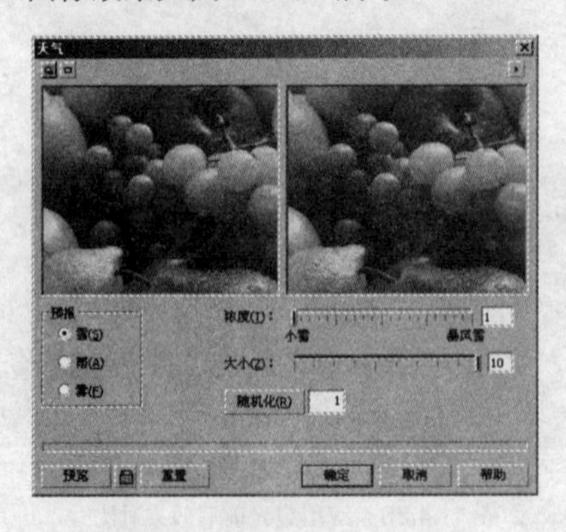

图 11.4.33 “天气”对话框

图 11.4.34 应用天气前后效果对比

11.4.7 扭曲

选择菜单栏中的 位图(B) → 扭曲(D) 命令，弹出其子菜单，从中选择相应的命令可使位图对象产生相应的扭曲效果。

1. 块状

块状命令可以使位图对象产生由若干块拼合而成的图像效果。

2. 置换

置换命令可以用所选的图形样式来变形置换的位图对象。

3. 偏移

偏移命令可以使位图对象产生水平或垂直方向偏移的效果，如图 11.4.35 所示。

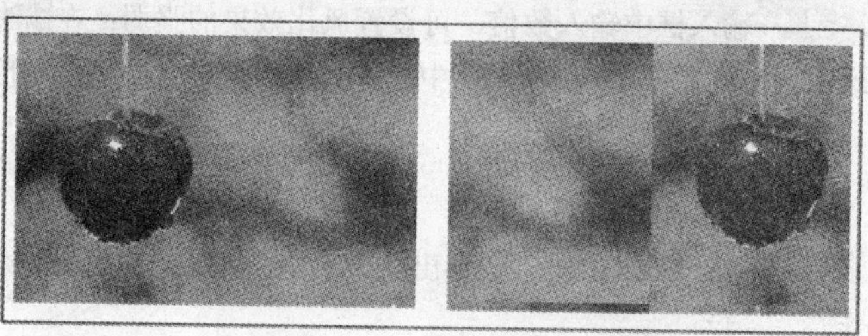

图 11.4.35 应用偏移前后效果对比

4. 像素

像素命令可以使位图对象产生出多种不同类型的高速旋转像素分解效果。

5. 龟纹

龟纹命令可以使位图对象产生波浪形的纹理效果。

6. 旋涡

旋涡命令可以使位图对象以指定中心产生旋转效果。

7. 平铺

平铺命令可以使位图对象在水平或垂直方向上产生多个图像的平铺效果。

选择位图对象后，选择菜单栏中的 位图(B) → 扭曲(D) → 平铺(T)... 命令，弹出 平铺 对话框。在 水平平铺(H): 与 垂直平铺(V): 输入框中输入数值，可设置图像在水平方向与垂直方向上的平铺数量；在

重叠(O)(%):输入框中输入数值，可设置图像水平与垂直方向平铺图像相重叠的数量，从而产生多个图像的平铺效果。预览满意后，单击确定按钮，图像效果如图 11.4.36 所示。

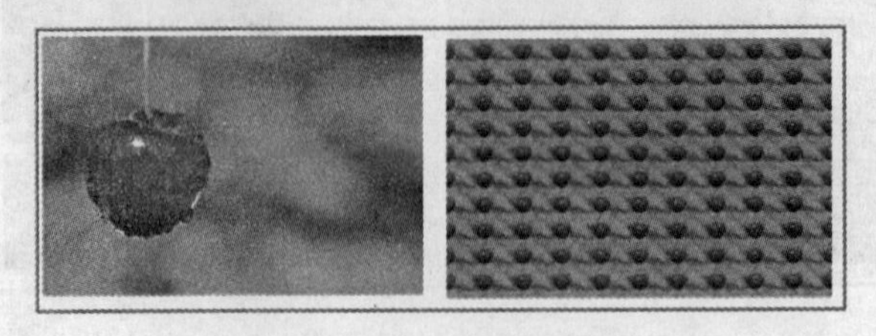

图 11.4.36　应用平铺前后效果对比

8. 湿笔画

湿笔画可以使位图对象的颜色产生向下流的效果。

选择位图对象后，选择菜单栏中的位图(B)→扭曲(D)→湿笔画(W)...命令，弹出湿笔画对话框，在润湿(W):输入框中输入数值，可设置颜色下滴的程度；调节百分比(P):数值，可设置颜色液滴的大小。

9. 涡流

涡流命令可以使位图对象产生不同类型的旋涡效果。

10. 风吹效果

使用风命令可以使图像产生不同程度的风化效果。

选择需要调整的对象，然后选择菜单栏中的位图(B)→扭曲(D)→风吹效果(N)...命令，弹出风吹效果对话框，在浓度(S):输入框中输入数值，可设置风化效果的强弱；在不透明(O):输入框中输入数值，可设置风化的透明程度；在角度(A):输入框中输入数值，可设置吹风的角度方向。

11.4.8　杂点

选择菜单栏中的位图(B)→杂点(N)命令，弹出其子菜单，从中选择相应的杂点命令可以对位图对象进行各种杂点操作。

1. 添加杂点

使用添加杂点命令可以在图像中添加杂点，为平板或比较混杂的图像制作粒状效果。

选择菜单栏中的位图(B)→杂点(N)→添加杂点(A)...命令，弹出添加杂点对话框，在杂点类型选项区中可选择杂点类型，即高斯式、尖突或均匀；在层次(L):输入框中可设置杂点的强度和颜色值范围；在密度(D):输入框中输入数值，可设置杂点的密度；在颜色模式选项区中可选择一种添加到位图对象上的杂点颜色模式。设置好参数后，单击确定按钮，图像效果如图 11.4.37 所示。

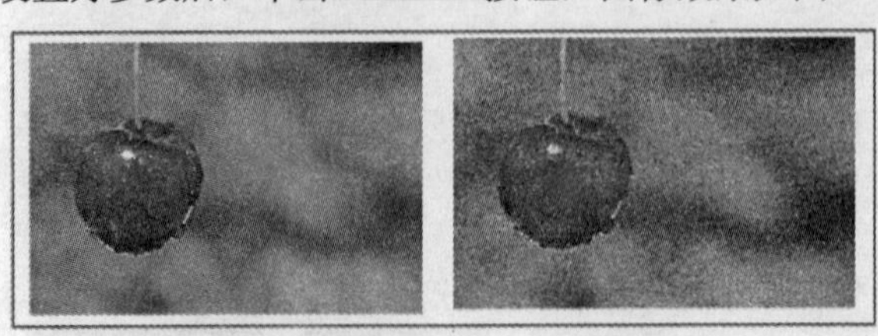

图 11.4.37　应用添加杂点前后效果对比

2. 最大值

最大值命令可根据图像的最大值颜色调整位图对象的颜色，从而去除杂点。

3. 中值

中值命令使图像的颜色均匀分布，去除位图对象中的杂点与空白颜色，从而使图像显得很平滑。

4. 最小

最小值命令可设置图像中的杂点大小和亮度，并且可以根据图像的最小值颜色来调整位图对象中的颜色，从而去除杂点。

5. 去除龟纹

去除龟纹命令可以删除位图对象中的波浪形杂点。

6. 去除杂点

去除杂点命令可自动设置位图中杂点的数量，也可通过调节阈值来设置位图对象中的杂点数量。

11.4.9 鲜明化

运用鲜明化命令，可以使图像产生鲜明化效果，以突出和强化边缘。鲜明化效果主要包括适应非鲜明化、定向柔化、高频通行、鲜明化和非鲜明化遮罩效果等，下面将介绍几种常用的鲜明化效果。

1. 适应非鲜明化

选择菜单栏中的 位图(B) → 鲜明化(S) → 适应非鲜明化(A)... 命令，弹出 适应非鲜明化 对话框，通过调节 百分比(P): 输入框中的数值，可设置图像边缘的鲜明化，使图像边框的颜色更加鲜明。

2. 非鲜明化遮罩

非鲜明化遮罩命令可以强调位图对象边缘的细节，并使非锐化平滑的区域变得明显。

11.5 制作卷页效果

1. 操作目的

（1）掌握位图裁剪的方法。

（2）掌握位图特效的应用。

2. 操作内容

利用矩形工具、填充工具、卷页命令等制作日历。

3. 操作步骤

（1）在菜单栏中选择 文件(F) → 新建(N) 命令，新建一个文件。

（2）单击工具箱中的矩形工具，在绘图页面中绘制一个矩形，并对其填充白色，如图 11.5.1 所示。

（3）在该矩形内部的上方和下方再创建两个矩形，并填充绿色，得到如图 11.5.2 所示的效果。

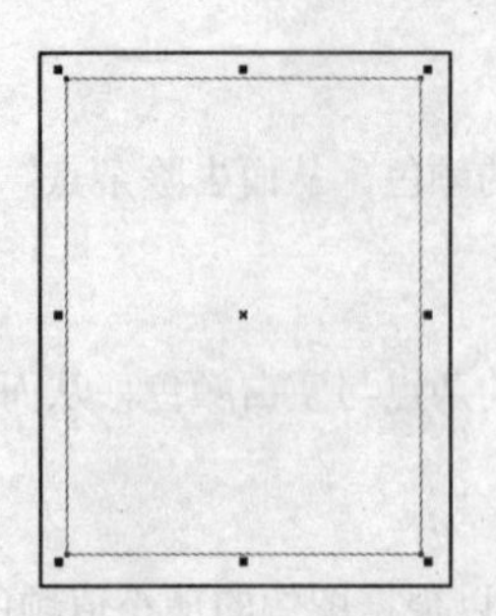
图 11.5.1　创建矩形并填充

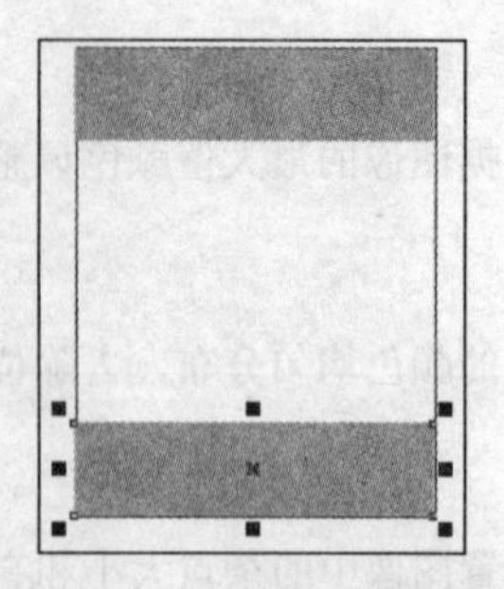
图 11.5.2　创建矩形并填充颜色

（4）单击工具箱中的文本工具，在创建的矩形上输入文字并设置其字号、字体及颜色，得到如图 11.5.3 所示的效果。

（5）将所有的对象全部选中，选择 排列(A) → 群组(G) 命令，将所选中的对象进行群组。

（6）按 Ctrl＋C 键，再按 Ctrl＋V 键对其进行复制粘贴，并更改复制的对象日期为星期三，调整两个群组对象的位置，如图 11.5.4 所示。

图 11.5.3　输入文本并进行编辑

图 11.5.4　调整群组对象的位置

（7）选中位于上方的群组对象，按 Ctrl＋C 键。

（8）单击工具箱中的“交互式调和工具”按钮，对群组的两个对象进行调和，效果如图 11.5.5 所示。

（9）按 Ctrl＋V 键将复制的对象进行粘贴。

（10）选择 位图(B) → 转换为位图(P)... 命令，将步骤（9）中粘贴的对象转换为位图图像，弹出 转换为位图 对话框，如图 11.5.6 所示。

图 11.5.5　交互式调和效果

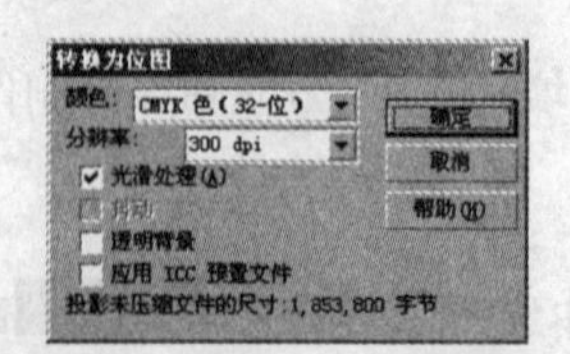

图 11.5.6　“转换为位图”对话框

（11）确定转换的位图为选中状态，选择 位图(B) → 三维效果(3) → 卷页(A)... 命令，在弹出的 卷页 对话框中设置参数如图 11.5.7 所示。

（12）单击 确定 按钮，可得到如图 11.5.8 所示的效果。

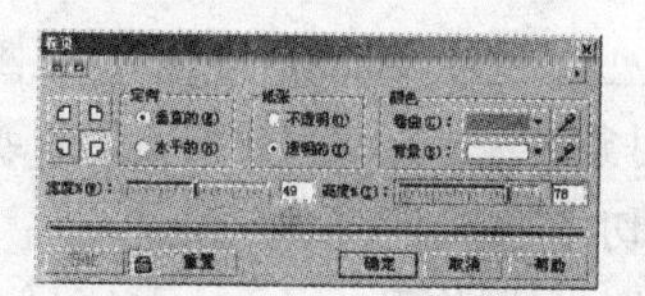

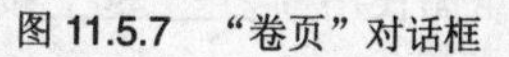

图 11.5.7 “卷页”对话框

图 11.5.8 卷页效果

（13）单击工具箱中的形状工具，对卷页后剩余的空白部分创建节点并进行拖动，如图 11.5.9 所示。

（14）选择 位图(B) → 描摹位图(T) → 快速描摹(Q) 命令描摹位图，得到如图 11.5.10 所示的效果。

图 11.5.9 调整裁切部分

图 11.5.10 裁切效果

（15）单击工具箱中的矩形工具，在如图 11.5.11 所示的位置创建矩形。

（16）单击工具箱中的“渐变填充对话框”按钮，在弹出的 渐变填充 对话框中设置其参数如图 11.5.12 所示。单击 确定 按钮，可得到如图 11.5.13 所示的最终效果。

图 11.5.11 创建矩形

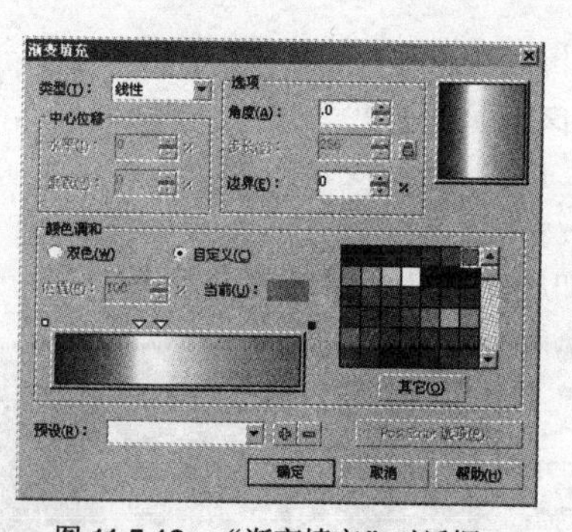

图 11.5.12 “渐变填充”对话框

图 11.5.13 最终效果

本 章 小 结

本章通过对位图的编辑、位图颜色与色彩模式以及对位图应用特殊滤镜效果等知识的讲解，使用户熟练地掌握位图的裁剪、位图色彩模式的转换以及各种滤镜的应用方法。

操作练习

一、填空题

1. __________命令可以使所选图像的颜色反相显示，即用色盘中相对的颜色替换原来的颜色。
2. 当位图对象的背景颜色为单色时，可使用__________功能进行处理，使图像的背景透明。
3. 使用__________滤镜，可以找到图像中各对象的边缘，将其转换为柔和或者尖锐的曲线。
4. 使用___________工具可以实现对位图的裁切。
5. 若要对矢量图应用位图的特效，则必须对该矢量图使用___________命令。
6. 所谓__________，就是将位图的某些颜色隐藏起来不予显示。
7. 在利用位图颜色遮罩泊坞窗处理位图时，设置的________越高，所选的颜色范围就越广。

二、选择题

1. 通过使用（ ）工具可以移动位图轮廓上的节点或编辑位图轮廓的曲度。

（A）刻刀　（B）形状

（C）交互式变形　（D）挑选

2. 使用（ ）模糊命令可以使位图对象产生一种快速运动的模糊效果。

（A）高斯式　（B）低频通行

（C）动感　（D）放射式

3. 卷页命令是（ ）子菜单中的命令之一。

（A）模糊　（B）杂点

（C）扭曲　（D）三维特效

4. 最大值命令是（ ）子菜单中的命令之一。

（A）模糊　（B）杂点

（C）扭曲　（D）三维特效

三、简答题

1. 如何将矢量图转换为位图？
2. 位图图像与矢量图形的区别是什么？

四、上机操作

导入一幅位图图像，制作如题图 11.1 所示的虚光效果。

题图 11.1　虚光效果

第12章

打印输出

将绘制好的文件打印出来，是输出文件的一种最常用的方法，CorelDRAW X3 为用户提供了强大的打印输出功能。一般情况下，可直接利用 CorelDRAW X3 的默认设置并选择正确的打印机驱动程序就可以进行打印。

- 打印设置
- 打印预览
- 打印输出
- 商业印刷

12.1 打印设置

在使用打印机打印文档之前，需要对打印机的型号以及其他打印事项进行正确的设置。不同的打印作业要求设置不同的打印介质、介质大小与打印类型等。

12.1.1 打印机属性的设置

在打印设置对话框中可以选择适当的打印机，也可观察打印机的状态、类型与端口位置。如果需要打印的图形不能按照系统默认的设置来进行打印，那么就必须通过打印机属性对话框进行设置。打印机的设置与具体的打印机有关。

12.1.2 纸张设置选项

选择文件(F)→打印设置(U)...命令，弹出打印设置对话框，如图 12.1.1 所示。在此话框中显示了有关打印机的相关信息，如打印机的名称、状态与类型等。单击属性(P)按钮，默认状态下，弹出如图 12.1.2 所示的对话框。

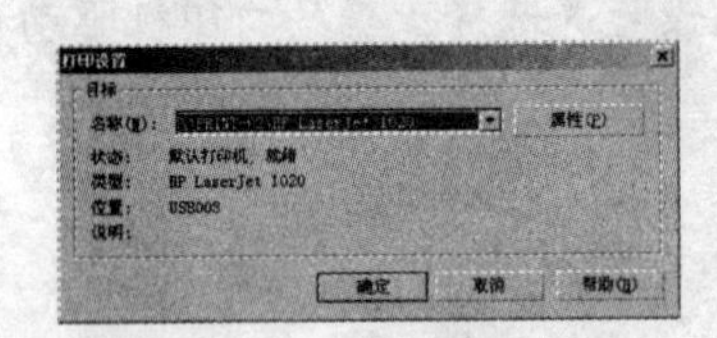

图 12.1.1 “打印设置”对话框

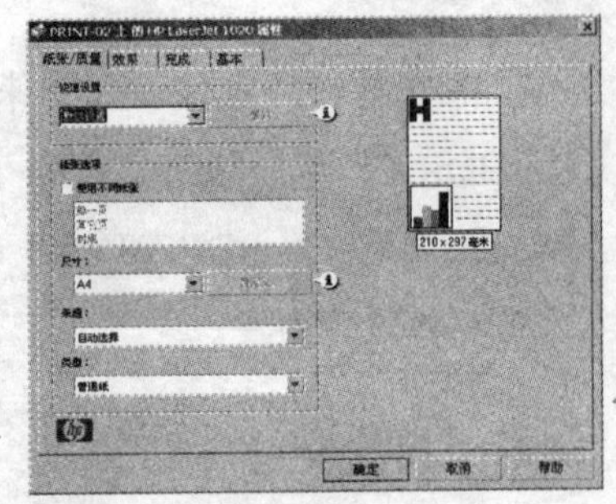

图 12.1.2 设置打印机属性对话框

在纸张选项选项区中包含着用来设置打印机纸张属性的相关选项，如纸张尺寸、纸张来源与纸张类型。

1. 纸张尺寸

纸张尺寸直接影响了打印机属性对话框中的设置，系统默认为 A4 纸，大小为 210 毫米×297 毫米。

2. 纸张来源

纸张来源下拉列表框可用来指定打印时的送纸方式，一般使用系统默认的自动送纸方式。

3. 介质类型

介质类型下拉列表框显示的是打印机支持的打印介质，如普通纸、卡片纸、信纸等。

12.2 打印预览

在进行打印之前，打印预览是十分重要的。尤其是对没有把握的打印设置，最好先进行打印预览，查看一下结果，这对于大批量打印文件也很重要。在打印之前进行打印预览可以及时修改作品，提高整体的工作效率，以避免造成纸墨浪费。

12.2.1 预览打印作品

可以使用全屏“打印预览”来查看作品被送到打印设备以后的确切外观。“打印预览”显示出图像在打印纸上的位置与大小。如果设置的话，还会显示出打印机标记，如裁剪标记和颜色校准栏等。还可以手动调整作品大小及位置，为了能更精确地预览到作品最终的外观，可以使用视觉帮助，例如边界框，它显示了待打印图像的边缘。侧面和底部的滑动条显示更大的工作区空间。

预览打印作品的具体操作如下：

（1）选择菜单栏中的文件(F)→打印预览(R)...命令，即可进入如图12.2.1所示的预览窗口。

（2）单击按钮，可将当前预览框中的对象另存为一个新的打印类型。

（3）单击按钮，可弹出打印选项对话框，在此对话框中可具体设置打印的相关事项。

（4）单击到页面下拉列表框，可弹出如图12.2.2所示的下拉列表，从中可以选择不同的缩放比例来预览打印。

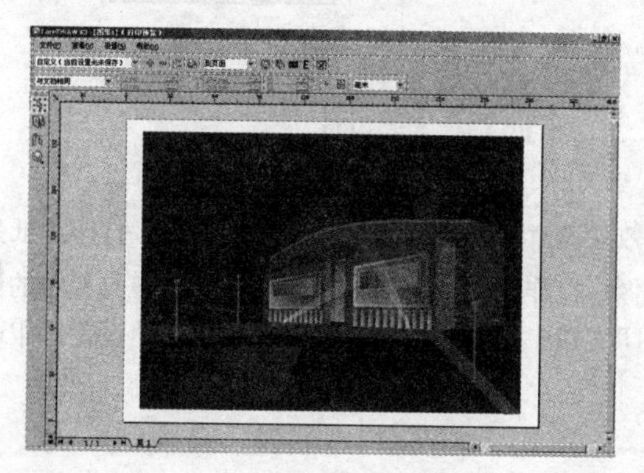

图12.2.1 打印预览窗口

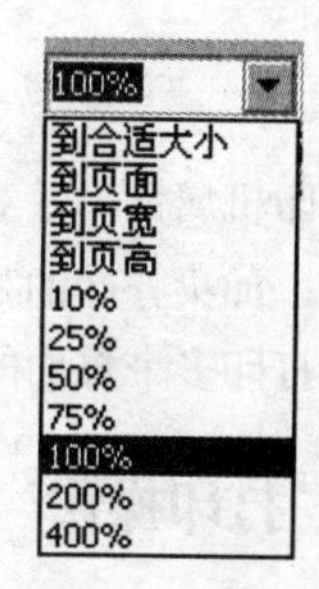

图12.2.2 缩放级别下拉列表

（5）单击该窗口左侧的“挑选工具”按钮，可将打印对象的位置进行移动。

（6）单击该窗口左侧的“版面布局”按钮，可设置和编辑版面的布局。

（7）单击该窗口左侧的“标记放置工具”按钮，可定位打印标记。

（8）单击该窗口左侧的“缩放工具”按钮，可设置不同显示比例的打印预览效果。

（9）单击该窗口上方的“满屏”按钮，可将打印对象全屏显示出来。

（10）单击该窗口上方的“启用分色”按钮，可分解打印对象的颜色。

（11）单击该窗口上方的“反色”按钮，可打印对象的底片效果。

（12）单击该窗口上方的“关闭打印预览”按钮，可关闭预览窗口。

12.2.2 调整大小和定位

在打印预览窗口中，可用下面的方法手动调整打印图像的大小：

（1）单击工具箱中的挑选工具。

（2）用挑选工具选择图形，图形上可出现8个控制点（此时选择的是整个绘图页面中的内容）。

（3）将光标移到控制点处时，鼠标光标变为双箭头形状，此时便可以调整所选图形的大小了。

（4）拖动鼠标，可移动图形在打印页面中的位置。

当页面中含有位图时，更改图像大小要小心。如果要放大图像，则位图可能会呈现出锯齿状。

12.2.3 自定义打印预览

更改预览图像的质量，可以加快打印预览的重绘速度，还可以指定预览的图像是彩色图像还是灰度图像。其具体操作如下：

（1）在打印预览窗口中，选择菜单栏中的 查看(V) → 显示图像(I) 命令，此时图像将由一个框来表示，如图 12.2.3 所示。

（2）选择 查看(V) → 颜色预览(C) 命令，弹出其子菜单，如图 12.2.4 所示。从中选择 彩色(C) 命令，图像即显示为彩图；选择 灰度(G) 命令，图像可显示为灰度图。默认的设置是 自动(模拟输出)(A)，它可根据所用打印机的不同而显示为灰度或是彩色图像。

图 12.2.3 图像显示为灰色

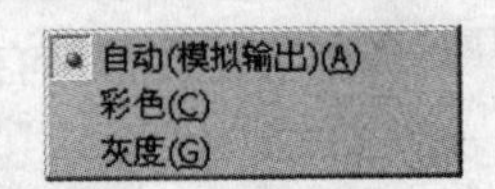

图 12.2.4 “颜色预览”子菜单

12.3 打 印 输 出

设置好打印机属性，并对打印预览效果满意后，就可以将作品打印输出。打印到纸张或胶片后，便可进行印刷。如果打印的是一般的图像，操作比较简单，只需要直接单击工具栏中的 打印 按钮即可。但如果要打印多个页面的文档或打印文档中指定的部分时，就需要更多地设置打印选项。

12.3.1 打印操作

在预览窗口中对打印的效果进行预览和设置，若对打印预览的效果满意，就可以直接进行打印操作，打印的方法如下：

（1）选择 文件(F) → 打印(P)... 命令，弹出 打印 对话框，如图 12.3.1 所示。

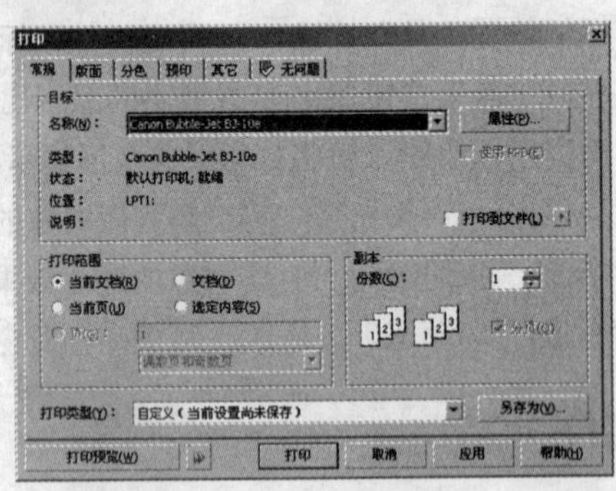

图 12.3.1 “打印”对话框

（2）选择 打印 对话框中的 常规 选项卡，在该选项卡中的 名称(N): 下拉列表中可选择打印机，在 打印范围 选项区中可设置打印的范围，在 副本 选项区中可设置打印的份数。

（3）选择 打印 对话框中的 版面 选项卡，在该选项卡中主要设置打印对象在页面中的布局。

（4）选择 打印 对话框中的 分色 选项卡，在该选项卡中可设置是否分色打印。

（5）选择 打印 对话框中的 预印 选项卡，在该选项卡中可进行页面设置及设置是否打印文件的页码、对折标记、校正条等信息。

（6）选择打印对话框中的其它选项卡，在该选项卡中可设置是否打印工作信息表以及是否应用 ICC 描述文件。

12.3.2 打印多个副本

如果需要打印多页文档或打印文档指定部分时，就要更多地设置打印选项。

根据显示原理的不同，计算机中的图形分为矢量图和位图两种形式。其中，矢量图是计算机根据矢量数据绘制而成的，它由线条和色块组成，与分辨率无关。当对矢量图进行放大操作时，不会出现失真现象。

如果要将一幅作品，例如名片、标签之类的小东西在同一张纸上打印多个，就需要设置页面格式；如果把页面格式与一种已经在一张纸上放了几个绘图页面（如折叠卡片）的拼版样式一起命名时，图像将被放在一个图文框中当做一个绘图对象使用。

要选择并使用页面格式，其具体操作如下：

（1）选择文件(F)→打印预览(R)...命令，可打开打印预览窗口，在工具箱中单击“版面布局工具”按钮，其属性栏显示如图 12.3.2 所示。

（2）在属性栏中设置拼版格式。单击编辑内容下拉列表框编辑基本设置，可从弹出的下拉列表中选择编辑基本设置选项，然后在属性栏中的交叉/向下页数输入框中输入数值，即可设置页面格式的每个拼版样式。

（3）此时，在打印预览窗口中单击“打印”按钮，可将设置页面格式后所有放置在绘图页面中的版面依次打印在一张纸上。

（4）在如图 12.3.3 所示的页面中看到，可在一张纸上打印 4 张文档。但还有很大一部分页边可以利用，因此，可以增加打印文本的数量，在属性栏的交叉/向下页数输入框中调整数值即可。

图 12.3.2 版面布局工具属性栏

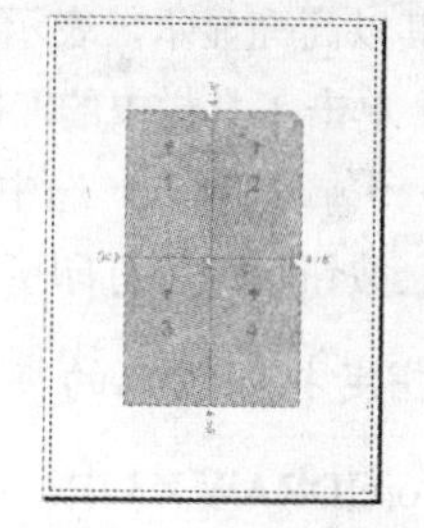

图 12.3.3 设置页面格式

12.3.3 打印大幅作品

如果要打印的作品比打印纸大，可以把它“平铺”到几张纸上，然后把各个分离的页面组合在一起，以构成完整的图像作品。其操作步骤如下：

（1）选择文件(F)→打印(P)...命令，弹出打印对话框，在此对话框中打开版面选项卡，如图 12.3.4 所示。

（2）选中☑打印平铺页面(T)复选框，在平铺重叠(V):输入框中可输入数值或页面大小的百分比，并指定平铺纸张的重叠程度。

（3）单击打印按钮，可开始打印，也可单击打印预览(W)按钮，进入打印预览窗口查看结果。在预览窗口中将鼠标光标移向页面，可观察打印作品的重叠部分及所需要使用的纸张数目。

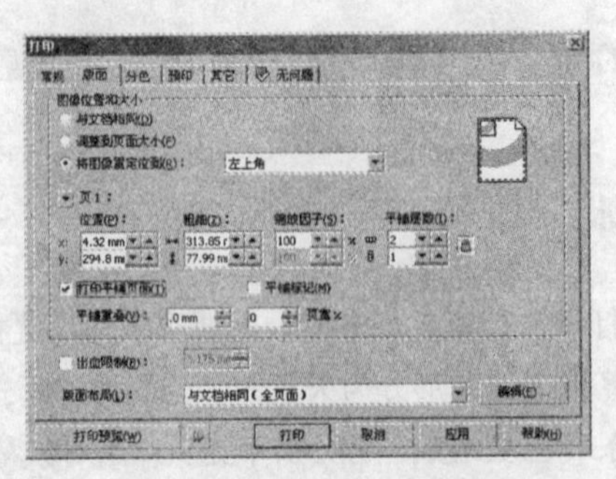

图 12.3.4 “版面”选项卡

12.3.4 指定打印内容

可以打印指定的页面、对象以及图层，通过在对象管理器中选择可打印图标即可，也可指定打印的数量以及是否将副本排序。排序对于打印多页文档是非常有用的。

1. 打印指定的图层

如果创建的图像具有多个图层，而有时候需要打印的只是单独的图层，可通过对象管理器来打印指定的图层。其具体操作如下：

（1）打开一幅包含多个图层的需要打印的对象。

（2）选择 工具(O) → 对象管理器(N) 命令，弹出 对象管理器 泊坞窗，如图 12.3.5 所示。

（3）在泊坞窗中单击“显示对象属性”按钮与“跨图层编辑”按钮，可显示出该图形对象中所包含的每一个图层。

（4）选择要打印的图层，然后在泊坞中单击打印机图标，使其以高亮显示，表示选定打印。

（5）单击工具栏中的“打印”按钮，可弹出 打印 对话框，打开 常规 选项卡，选中 选定内容(S) 单选按钮，再单击 打印 按钮，即可打印所选的图层内容。

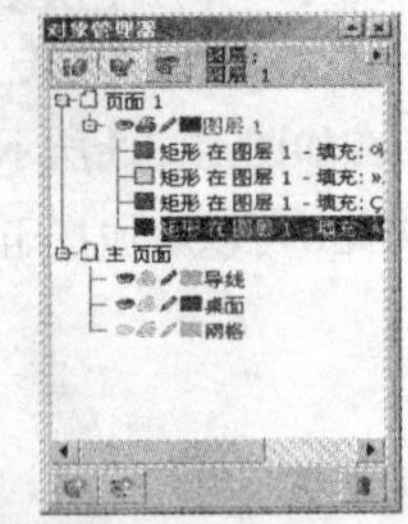

图 12.3.5 “对象管理器”泊坞窗

2. 指定打印对象的类型

在 CorelDRAW X3 中，不但可以指定打印图形中的一个图层（在对象管理器中设置），还可以指定打印对象的类型，例如可以选择只打印矢量图或文本等。其具体的方法如下：

（1）在打印预览窗口中，单击属性栏中的“打印选项”按钮，弹出 打印选项 对话框，此对话框中的设置与 打印 对话框完全相同。

（2）选择 其它 选项卡，可显示出此选项中的参数，如图 12.3.6 所示。

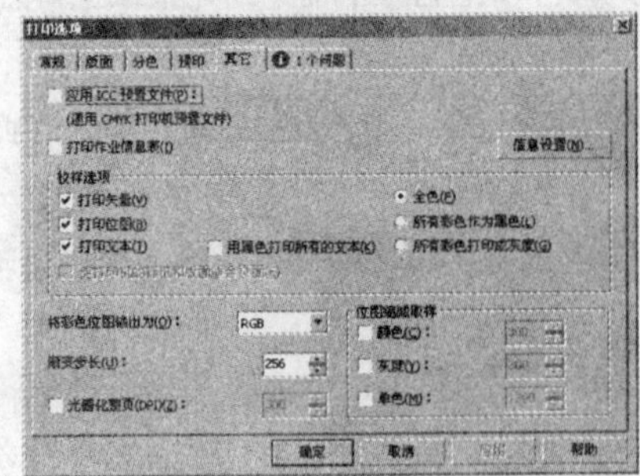

图 12.3.6 “其它”选项卡

（3）在校样选项选项区中可选择需要打印的对象，单击确定按钮即可按所选类型进行打印。

12.3.5 分色打印

分色打印主要用于专业的出版印刷，如果给输出中心或印刷机构提交了彩色作品，那么就需要创建分色片。由于印刷机每次只在一张纸上应用一种颜色的油墨，因此分色片是必不可少的。分色片是通过将图像中的各颜色分离成印刷色或专色来创建的，再用每一种颜色的分色片来制作一张胶片，又在每一张胶片上使用一种颜色的油墨，这样才能最终印刷成彩色作品。

CorelDRAW X3 可支持一种新型的印刷色，称为“六色度图版”。“六色度图版”使用 6 种不同颜色（青色、品红、黄色、黑色、橙色与绿色）的油墨来产生全色图像。如果需要使用 6 色度图版，还要咨询印刷输出中心是否支持使用 6 色度图版。

彩色作品可以分离为印刷四色分色片，即 CMYK。分离四色片的步骤如下：

（1）选择文件(F)→打印(P)...命令，弹出打印对话框，打开分色选项卡，可显示出相应的参数，如图 12.3.7 所示。

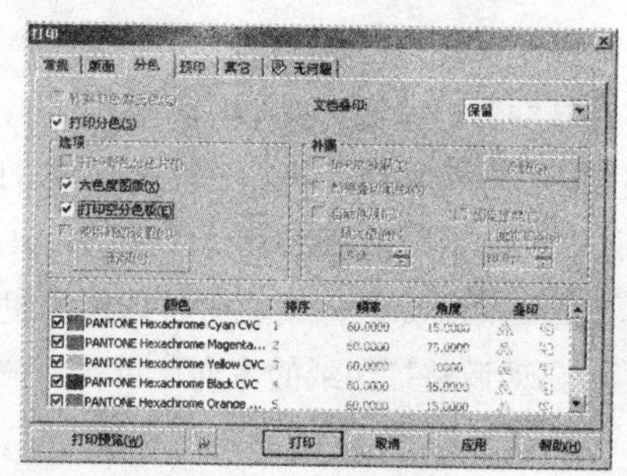

图 12.3.7 “分色”选项卡

（2）选中✓打印分色(S)复选框，单击应用按钮，此时将会把作品分为青色、洋红、黄色与黑色分色片。也可单击打印预览(W)按钮，在打印预览窗口中查看分色片。

当打印作品中包含有专色时，选中✓打印分色(S)复选框，可为每一个专色创建一个分色片。如果使用的专色大于 4 个，可以将它们转换为印刷色，以节约印刷成本。

12.3.6 设置印刷标记

在 CorelDRAW X3 中可以对打印作品设置印刷标记，这样可以将颜色校准、裁剪标记等信息输送到打印页面，以利于在印刷输出中心校准颜色和裁剪。选择文件(F)→打印(P)...命令，弹出打印对话框，打开预印选项卡，可显示相应的参数，如图 12.3.8 所示。

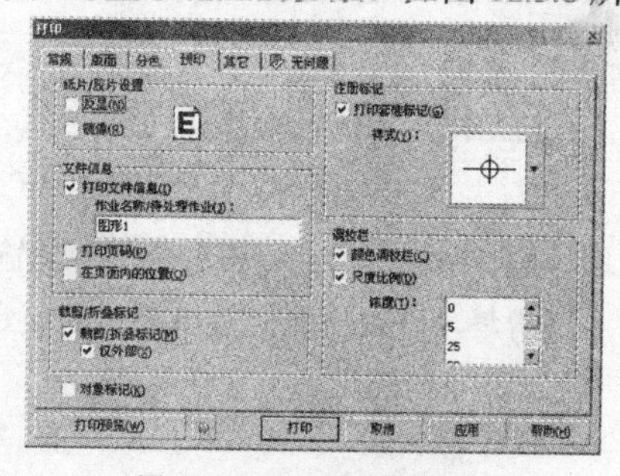

图 12.3.8 “预印”选项卡

在纸片/胶片设置选项区中，可指定以负片形式打印以及设置胶片的感光面是否向下。

在文件信息选项区中，可在打印作品底部设置打印文件名、当前日期、时间以及应用的平铺纸张数与页码。

在裁剪/折叠标记选项区中选中☑裁剪/折叠标记(M)复选框，可以将裁剪和折叠页面的标记打印出来；选中☑仅外部(X)复选框，在打印时只打印图像外部的裁剪/折叠记号。

在注册标记选项区中，可以设置在每一张工作表上打印出套准标记，这些标记可用做对齐分色片的指引标记。

在调校栏选项区中有两个选项，选中☑颜色调校栏(C)复选框，将在作品旁边打印出包含 6 种基本颜色的颜色条(红、绿、蓝、青、品红、黄)，这些颜色条用于校准打印输出的质量；选中☑尺度比例(D)复选框，可以在每个分色工作表上打印密度计刻度，它允许称为密度计的工具来检查输出内容的精确性和一致性。

单击打印预览(W)按钮，即可在绘图区看到以上的这些设置。

12.3.7 拼版

拼版样式决定了如何将打印作品的各页放置到打印页面中。例如，要将制作的三折页输出到打印机，以适合折叠需要时，就要用到拼版。只要依次执行下面的步骤，即可正确打印。

（1）打开文件（文件为自定义大小、横向，而当前打印纸为 A4，方向为竖向）。

（2）选择文件(F)→打印预览(R)...命令，如果此时打印机的进行方向是纵向的，则会出现一个提示框，单击否(N)按钮，可自动调整打印纸的方向；单击是(Y)按钮，可手动调整纸张的方向。

（3）在此，可单击是(Y)按钮，在打印预览窗口中单击“版面布局”按钮，在其属性栏中的当前版面布局下拉列表中选择三折卡片选项，即可在预览窗口中显示出三折卡片的预览效果，如图 12.3.9 所示。

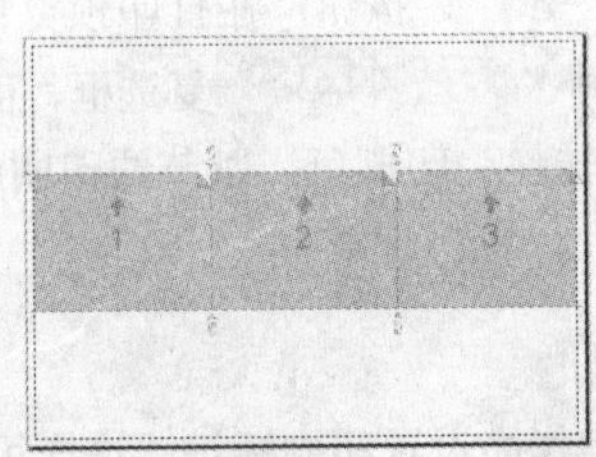

图 12.3.9 预览三折卡片的拼版效果

（4）在属性栏中单击“模板/文档预览”按钮，可以在看到模板的同时观察绘图的位置及打印方向。

12.4 商 业 印 刷

当完成一幅作品并设置好各选项后，在进行商业印刷、交付彩色输出中心时，需要把作品印刷的各项设置让商业印刷机构的人员了解清楚，以便让他们做出最后的鉴定，并估计存在的问题。

12.4.1 准备印刷作品

商业印刷机构需要用户提供.PRN，.CDR，.EPS 文件，存储到文件时应该注意这一点，同时要提

供一份最后的文件信息给商业印刷机构。

1. .PRN 文件

如果能全权控制印前的设置，可以把打印作品存储为.PRN 文件。商业打印机构直接把这种打印文件传送到输出设备上，将打印作品存储为.PRN 文件时，还要附带一张工作表，上面标出所有指定的印前设置。

2. .CDR 文件

如果没有时间或不知道如何准备打印文件，可以把打印作品存储为.CDR 文件，只要商业打印机构配有 CorelDRAW 软件，就可以使用印前设置进行印刷。

3. .EPS 文件

有些商业打印机构能够接受.EPS 文件（如同从 CorelDRAW 中导出一样），输出中心可以把这类文件导入其他应用程序，然后进行调整并最后印刷。

使用配备彩色输出中心向导，可以指导用户为彩色输出中心准备文件。如果商业印刷机构的彩色输出中心提供了输出中心预置文件，应用该向导会非常有效。预置文件是使用为输出中心预置文件的向导创建的，输出中心包括了设置打印作为形势发展所需的所有信息，以正确完成印刷作品。

选择 文件(F) → 为彩色输出中心做准备(B)... 命令，弹出 配备"彩色输出中心"向导 提示框，按照向导的提示，可以一步步地完成印刷文件的准备。

12.4.2 打印到文件

如果需要将.PRN 文件提交到商业输出中心以便在大型照排机上输出，就需要把作业打印到文件。当要打印到文件时，需要考虑以下几点：

（1）打印作业的页面（如文档制成的胶片）应当比文档的页面（即文档自身）大，这样才能容纳打印机的标记。

（2）照排机在胶片上产生图像，这时胶片通常是负片，所以在打印到文件时可以设置打印作品产生负片。

（3）如果使用 PostScript 设备打印，那么可以使用.JPEG 来压缩位图，以使打印作品更小。

打印到文件的具体操作如下：

（1）选择 文件(F) → 打印(P)... 命令，弹出 打印 对话框，如图 12.4.1 所示。

（2）选中 ☑ 打印到文件(L) 复选框，单击 打印 按钮，弹出 打印到文件 对话框，如图 12.4.2 所示。在 文件名(N): 下拉列表框中可输入文件名称，相应的扩展名为.PRN。

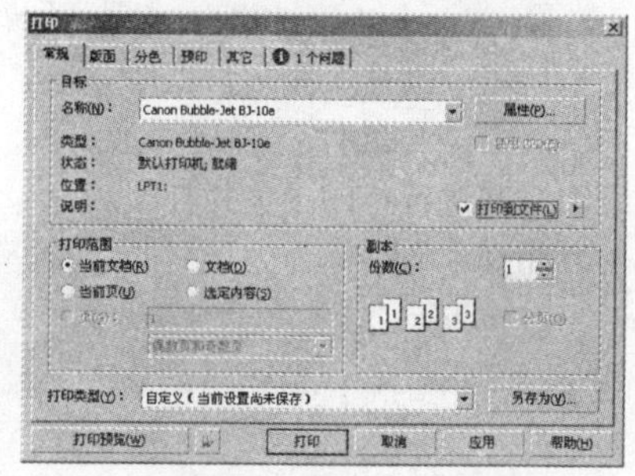

图 12.4.1 “打印”对话框

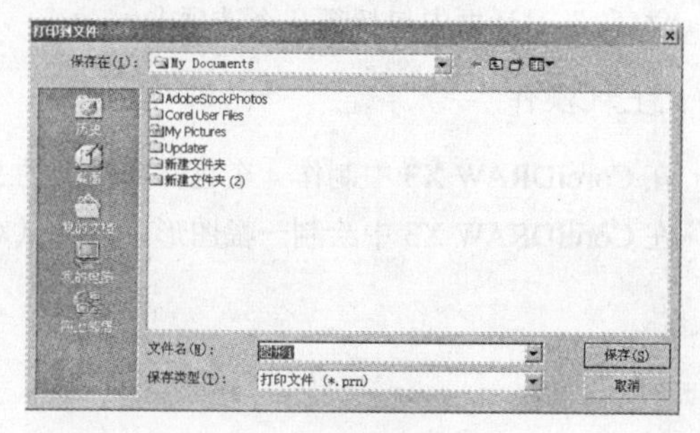

图 12.4.2 “打印到文件”对话框

在进行商业印刷的准备时，最好的方法是向商业印刷机构进行咨询，这样可以确保用户为正式输出进行了正确的参数设置。

本章小结

本章主要对文档的打印设置、预览、输出以及商业印刷进行了详细的讲解。通过本章的学习，用户应该掌握并灵活运用这些知识对文档进行相关的打印。

操作练习

一、填空题

1. 在进行打印作品之前，____________是十分重要的。
2. 在打印预览窗口中单击按钮，可将打印的对象进行____________。
3. 打印文件一般要经过________和打印两个步骤。
4. 彩色作品可以分离为印刷四色，即________、________、________、________。
5. 在打印预览窗口的工具栏中单击________按钮，可将打印预览的文档以镜像或反片效果进行打印。

二、选择题

1. 文件（ ）是导出文件的主要方式之一。

（A）打印　　（B）预览

（C）设计　　（D）创意

2. 打印命令的快捷键是（ ）。

（A）Ctrl+P　　（B）Ctrl+C

（C）Ctrl+X　　（D）Ctrl+V

3. 在打印预览窗口，单击（ ）按钮，表示启用打印图像的分色效果。

（A）　　（B）

（C）　　（D）E

三、简答题

1. 输入图像有哪几种方法？
2. 如何进行打印设置？
3. “打印”对话框中包括哪几个选项卡？

四、上机操作

1. 在 CorelDRAW X3 中制作一个包含多页面的文档，练习对其进行打印预览并打印。
2. 在 CorelDRAW X3 中绘制一幅图形，并尝试对其进行打印。

第 13 章

商品包装设计

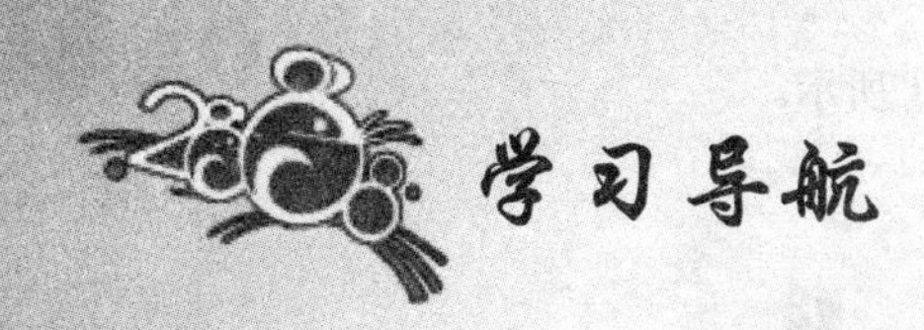

学习导航

包装设计属于商业设计的范畴，是通过对商品进行包裹的手段达到保护商品、运输商品、保存商品和销售商品的目的。除此之外，在取得经济效益的同时，包装还具有审美价值和提高人们文化素养的作用。

学习要点

- 药品包装
- CD 包装
- 牛奶包装盒

案例 1　药 品 包 装

设计背景

本例制作的是一款药品包装，它采用硬纸式盒，整个画面以白色为主色调，添加阴影增加其立体感，使用户能感受到较强的整体形象感。利用简洁的线条处理，使包装的设计符合该品牌简洁、大方的形象。

设计内容

本例将制作药品包装效果图，最终效果如图 13.1.1 所示。

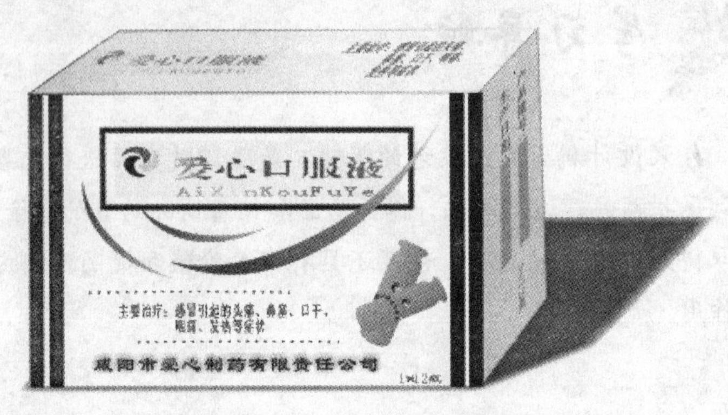

图 13.1.1　药品包装的最终效果图

设计要点

药品包装盒的制作过程大致可分为新建、图标设计、字体设计、形状设计、阴影处理。通过本实例的学习，掌握包装效果图的制作方法和技巧，并从中领悟包装设计的原理。

（1）本实例中的包装盒结构简单，运用矩形命令、造形命令、贝塞尔工具、填充、文本、透视等命令制作包装效果。

（2）阴影效果的灵活运用使其更为真实。

（3）重点掌握贝塞尔工具的绘图技巧及造形命令的使用方法。

操作步骤

（1）选择菜单栏中的文件(F)→新建(N)命令，新建一个页面，选择版面(L)→页面设置(P)...命令，在弹出的选项对话框中设置纸张的大小为 A4，摆放方式为横向，其他为默认设置，单击确定按钮。

（2）单击工具箱中的“矩形工具”按钮，在页面中绘制 120 mm×75 mm 的矩形，如图 13.1.2

所示。

（3）在绘制的矩形两边继续绘制四个小矩形，并填充为黑色，如图 13.1.3 所示。

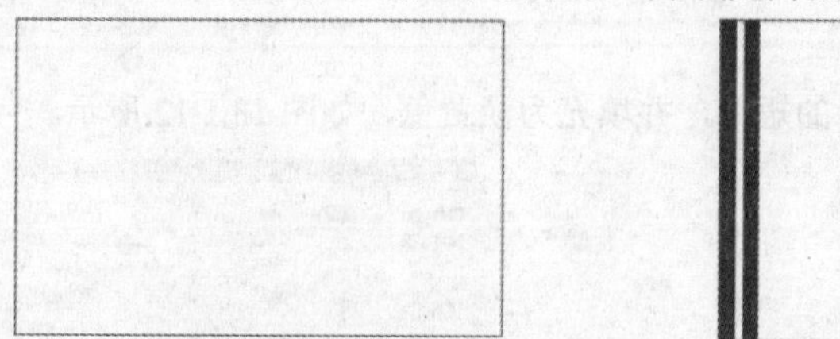

图 13.1.2　绘制矩形　　　　图 13.1.3　绘制矩形并填充

（4）单击工具箱中的“椭圆工具”按钮，在绘图区中拖动鼠标绘制一大一小两个椭圆，如图 13.1.4 所示。

（5）用挑选工具同时选中两个椭圆，选择菜单栏中的 排列(A) → 造形(P) 命令，在 造形(P) 泊坞窗中的 焊接 下拉列表中选择 后减前 选项，单击 应用 按钮，即可使用上层的命令修剪最底层的对象，如图 13.1.5 所示。

（6）将图 13.1.5 所示对象复制两个，并填充为红、黄、蓝三种颜色，旋转并调整对象的摆放位置，效果如图 13.1.6 所示。

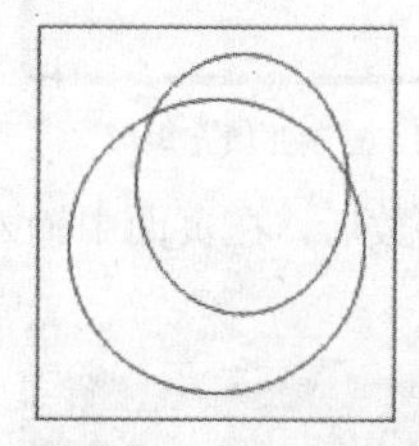

图 13.1.4　绘制椭圆

图 13.1.5　后减前效果

图 13.1.6　填充并旋转对象

（7）单击工具箱中的“贝塞尔工具”按钮，在绘图区中绘制如图 13.1.7 所示的封闭对象。

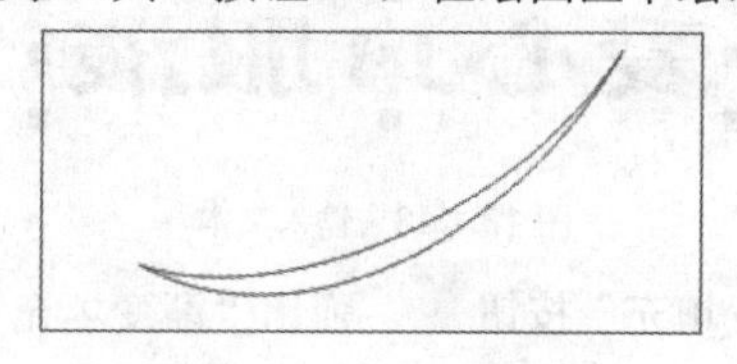

图 13.1.7　绘制封闭对象

（8）单击工具箱中的“渐变填充”按钮，弹出“渐变填充”对话框，设置青色到白色的线性渐变，如图 13.1.8 所示。

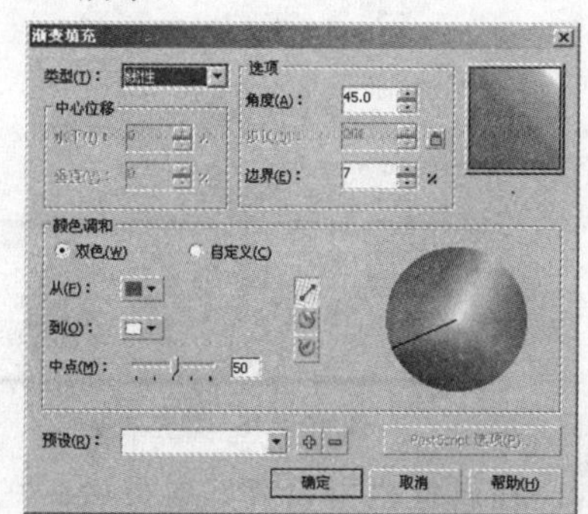

图 13.1.8　渐变填充封闭图形

（9）选择图 13.1.8 所示的对象，复制两个并调整大小、位置，如图 13.1.9 所示。

（10）单击工具箱中的“矩形工具”按钮，在大矩形中再绘制一个矩形，填充为白色，单击工具箱中的轮廓画笔，在弹出的轮廓笔对话框中设置参数，如图 13.1.10 所示，轮廓效果如图 13.1.11 所示。

（11）复制并缩小图 13.1.11 所示的矩形，并填充为淡黄色，如图 13.1.12 所示。

图 13.1.9　复制并调整对象

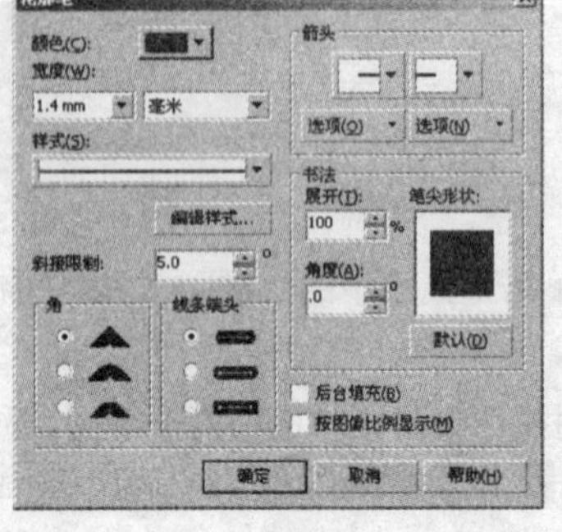

图 13.1.10　“轮廓笔”对话框

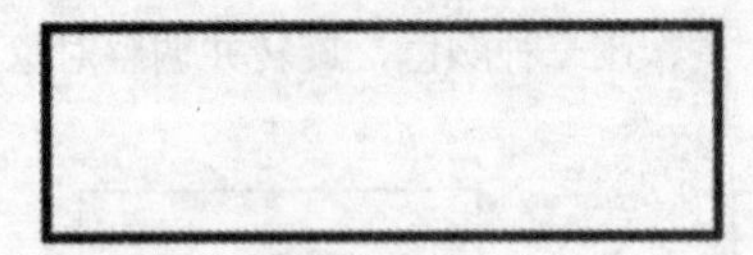

图 13.1.11　为矩形添加轮廓色

图 13.1.12　复制并填充矩形

（12）单击工具箱中的“文本工具”按钮，在属性栏中设置好参数后，在页面中输入“爱心口服液”，如图 13.1.13 所示。

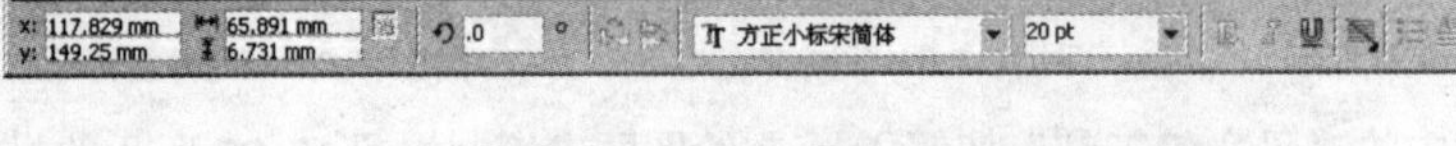

爱心口服液

图 13.1.13　输入文本

（13）单击工具箱中的“渐变填充”按钮，弹出“渐变填充”对话框，设置参数如图 13.1.14 所示，填充效果如图 13.1.15 所示。

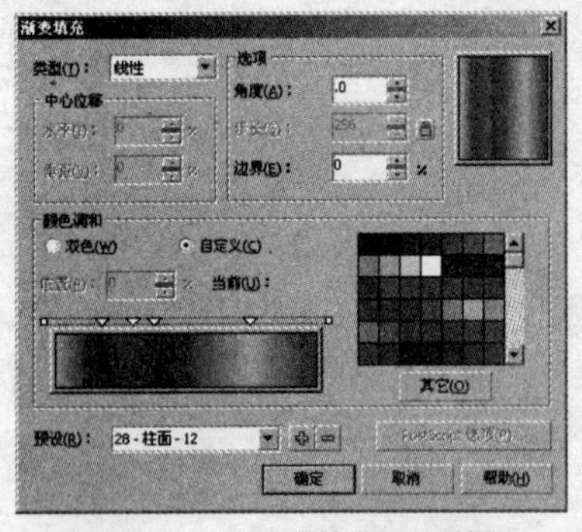

图 13.1.14　“渐变填充”对话框

图 13.1.15　填充效果

（14）单击工具箱中的“文本工具”按钮，在属性栏中设置好参数后，在页面中输入“AiXinKouFuYe”，设置字体、大小、颜色，如图 13.1.16 所示。

（15）单击工具箱中的“贝塞尔工具”按钮，在绘图页面中绘制如图 13.1.17 所示的封闭对象。

图 13.1.16　输入文本

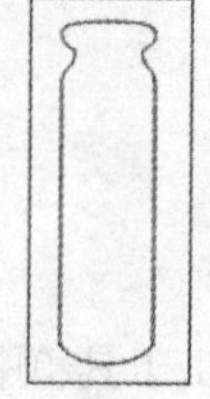
图 13.1.17　绘制封闭对象

（16）单击工具箱中的“渐变填充”按钮，弹出“渐变填充对话框，设置参数如图 13.1.18 所示，填充效果如图 13.1.19 所示。

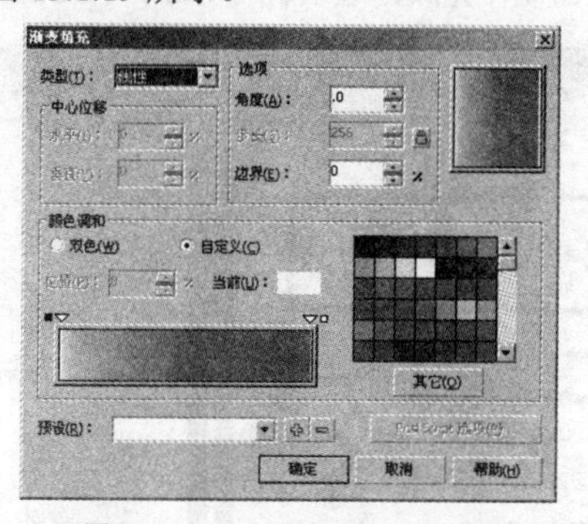

图 13.1.18　“渐变填充”对话框

图 13.1.19　填充效果

（17）单击工具箱中的“文本工具”按钮，设置文本属性，在图 13.1.19 中输入“爱心口服液”，设置字体颜色为蓝色，如图 13.1.20 所示。

（18）将所绘制的对象及文本按 Ctrl+G 键群组，复制并调整位置，效果如图 13.1.21 所示。

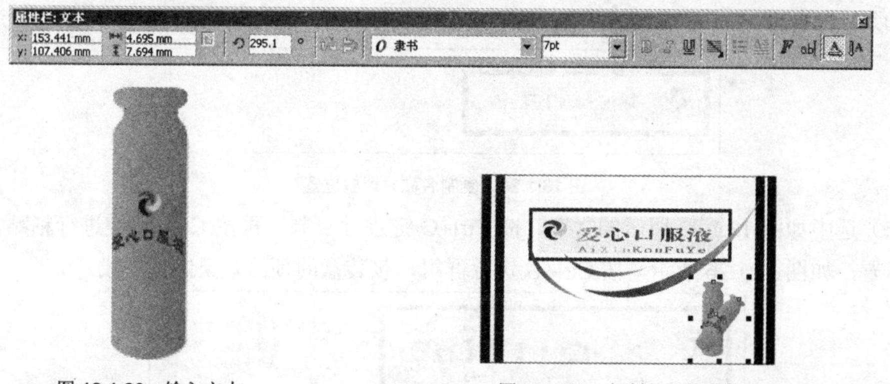

图 13.1.20　输入文本
图 13.1.21　复制并调整对象

（19）单击工具箱中的“文本工具”按钮，设置文本属性，在绘图页面中输入其他的文字，设置字体的颜色为蓝色，如图 13.1.22 所示。

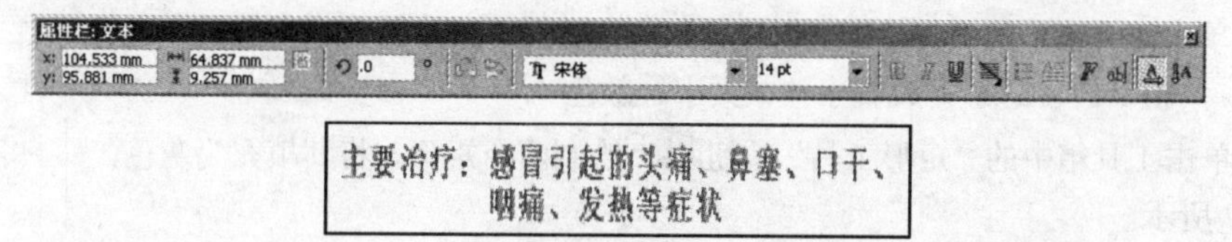

图 13.1.22　输入文本

（20）单击工具箱中的“贝塞尔工具”按钮，在绘图区中绘制直线，设置直线的样式、颜色、宽度，如图 13.1.23 所示。

主要治疗：感冒引起的头痛、鼻塞、口干、
咽痛、发热等症状

图 13.1.23　绘制直线

（21）单击工具箱中的“文本工具”按钮，设置字体为 隶书、大小为 13 pt、颜色为黑色，在绘图页面中输入其他的文字。

（22）选中输入的文字，调整到适当的位置，单击工具箱中的“交互式阴影工具”按钮，为字体添加阴影效果，如图 13.1.24 所示，包装盒正面制作完成，选中所有对象，按 Ctrl+G 键进行群组。

图 13.1.24　正面效果图

（23）绘制顶面部分。单击工具箱中的“矩形工具”绘制一个“130 mm×20 mm”的矩形。

（24）选中如图 13.1.16 所示的名称部分，按 Ctrl+C 键进行复制，再按 Ctrl+V 键进行粘贴，其缩小移动到顶面部分，如图 13.1.25 所示。

图 13.1.25　复制名称并调整位置

（25）选中如图 13.1.22 所示的文字，按 Ctrl+C 键进行复制，再按 Ctrl+V 键进行粘贴，调整其大小和位置，如图 13.1.26 所示，按 Ctrl+G 进行群组，包装盒的顶面效果制作完成。

图 13.1.26　顶部效果图

（26）绘制侧面。单击工具箱中的“矩形工具”按钮，绘制一个“20 mm×75 mm”的矩形。

（27）单击工具箱中的“文本工具”按钮，在侧面矩形中输入“生产日期:”、“产品批号:”和“1×12 瓶”，设置字体、大小、颜色。

（28）单击工具箱中的“矩形工具”按钮，绘制两个矩形，将其填充为灰色，如图 13.1.27 所示。

（29）选中如图 13.1.27 所示的图形，按 Ctrl+G 进行群组，包装盒的侧面效果制作完成。

图 13.1.27　侧面效果图

（30）选中包装盒的正面、顶面、侧面三部分到一起，组合成一个包装

盒平面图，如图 13.1.28 所示。

（31）选中顶面部分，选择菜单栏中的效果(C)→添加透视(P)命令，所选对象出现网格框，用鼠标拖动节点，将其调整为如图 13.1.29 所示的效果。

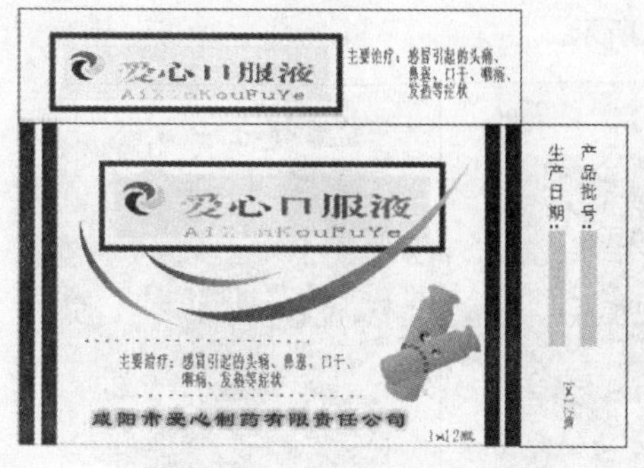

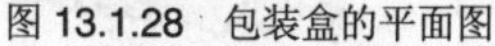
图 13.1.28　包装盒的平面图

图 13.1.29　调整顶部透视效果

（32）选中侧面部分和正面部分，用同样的方法做透视效果，得到如图 13.1.30 所示的盒子立体效果。

（33）为了增加包装盒的立体感，单击工具箱中的“矩形工具”按钮，绘制两个与侧面、顶面同样大小的矩形，并填充为灰色，颜色参数设置为（C:0，M:0，Y:0，K:20）。再单击工具箱中的“交互式透明工具”按钮，为其做出透明效果，将包装盒的边框线去掉，得到如图 13.1.31 所示的效果。

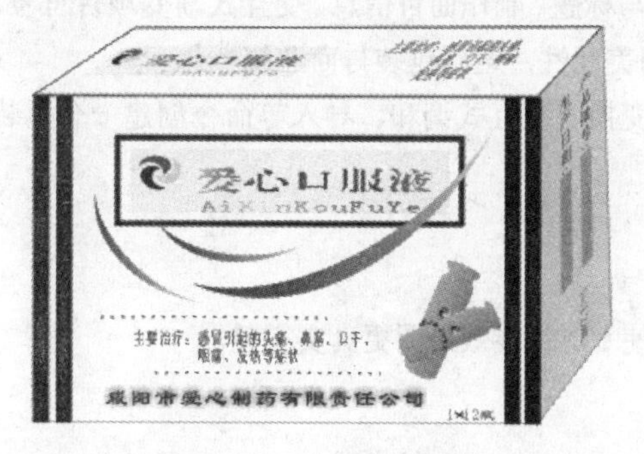

图 13.1.30　盒子的立体效果

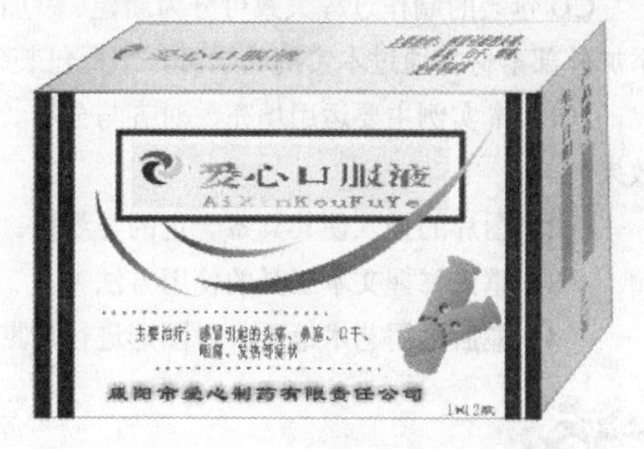

图 13.1.31　为包装盒增加立体感

（34）选中所有对象，按 Ctrl+G 进行群组，单击工具箱中的“交互式阴影工具”按钮，为其做出阴影效果，在属性栏中设置阴影属性，设置阴影不透明度为“30”，阴影羽化值为“10”，阴影颜色为“黑色”，最终效果如图 13.1.1 所示。

案例 2　CD 包 装

设计背景

随着刻录技术与刻录软件的精益求精，刻录设备的价格平民化，DIY 收录自己爱听的音乐曲目的 CD 专辑，成了一种彰显个人特色的表征。当然别忘记顺便为亲手制作的专辑，设计好看的 CD 封面。本例制作的是一款 CD 封面，整个画面以橘色为主色调，黄色为辅色调，配以适当的插图，使观赏者对包装产生视觉冲击效果。

设计内容

本例将制作 CD 包装效果图，最终效果如图 13.2.1 所示。

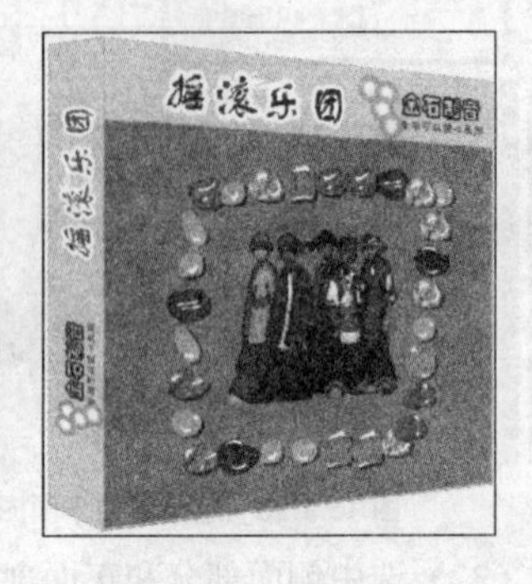

图 13.2.1 CD 包装的最终效果图

设计要点

CD 包装的制作过程大致可分为新建、添加 LOGO 与标题、制作曲目信息、交互式渐变项目符号、添加外部素材。通过本实例的学习，掌握包装效果图的美观性，达到包装与商业统一化。

（1）本实例主要运用填充、对齐与分布、文本、变换、交互式调和、导入等命令创建一个包装效果图。

（2）图片的插入使其具备一定的美观性。

（3）重点掌握文本工具的使用方法。

（4）最后运用艺术笔工具对图形进行后期处理，使 CD 包装效果图更真实完整。

操作步骤

（1）选择菜单栏中的 文件(F) → 新建(N) 命令，新建一个页面。

（2）再选择 版面(L) → 页面设置(P)... 命令，弹出 选项 对话框，在 大小 选项卡中选择“横向”单选按钮，然后设置 纸张(R): 为 自定义，设置纸张的宽度为 275 毫米、高度为 130 毫米，并输入出血值为 3 毫米，如图 13.2.2 所示。

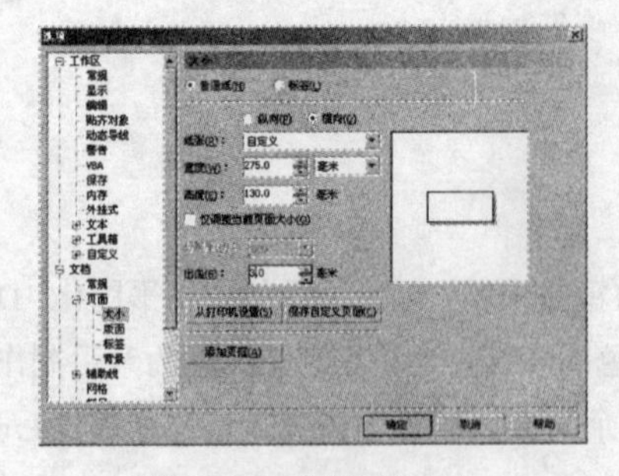

图 13.2.2 设置页面大小

（3）打开选项对话框，添加数值为 0 与 130 mm 的两条水平辅助线，与数值分别为 0，130，145，275 mm 的四条垂直辅助线，如图 13.2.3 所示，并选择视图(V)→贴齐辅助线(U)命令。其中左边为包装盒的背面、中间为侧面、右边为正面。

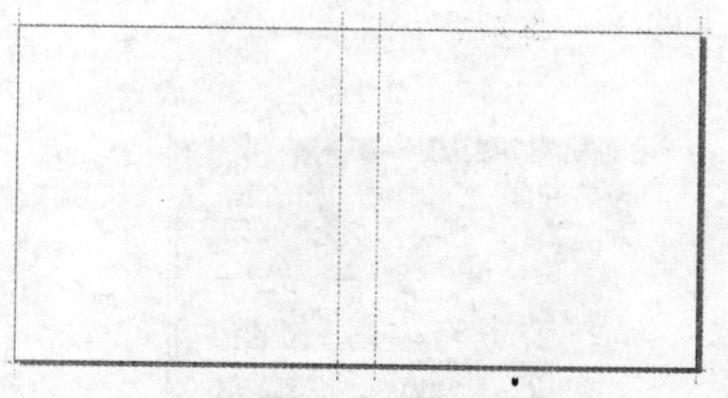

图 13.2.3　添加辅助线

（4）双击工具箱中的"矩形工具"按钮，在绘图区中绘制一个满屏尺寸的矩形。

（5）单击工具箱中的"填充对话框"按钮，弹出"均匀填充"对话框，设置参数如图 13.2.4 所示，单击确定按钮，完成矩形的填充，如图 13.2.5 所示。

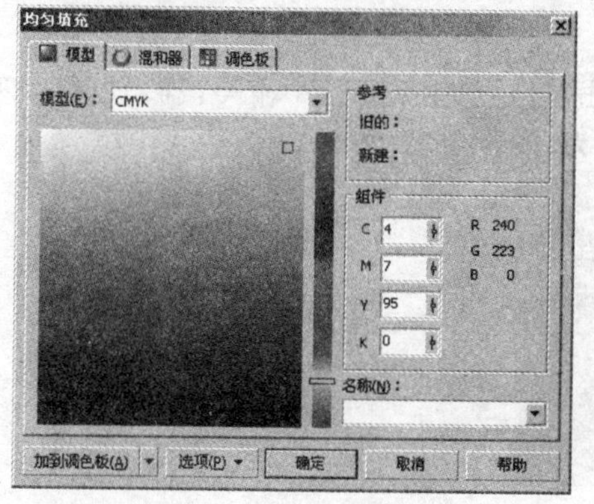

图 13.2.4　"均匀填充"对话框

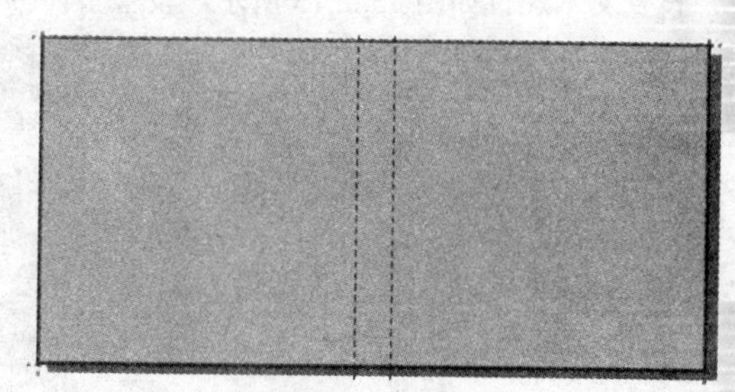

图 13.2.5　填充颜色

（6）单击工具箱中的"矩形工具"按钮，参照图 13.2.6 所示的属性栏的设置，在背面左上角绘制一个不带轮廓的矩形对象，并在右侧的 CMYK 调色板中单击橘色色块，如图 13.2.7 所示。用挑选工具选择绘制的矩形，按 Ctrl+D 快捷键再制一个橘色矩形，并移至另一侧右一角处，如图 13.2.8 所示。

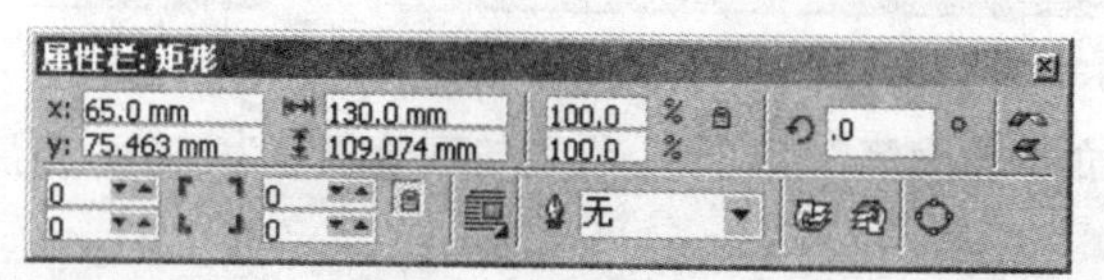

图 13.2.6　矩形属性栏

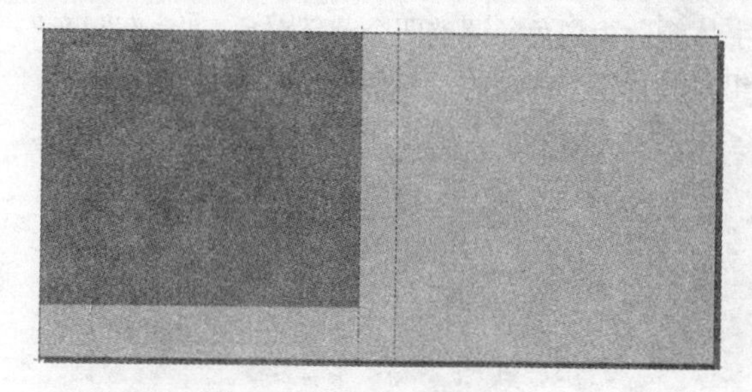

图 13.2.7　绘制的橘色矩形

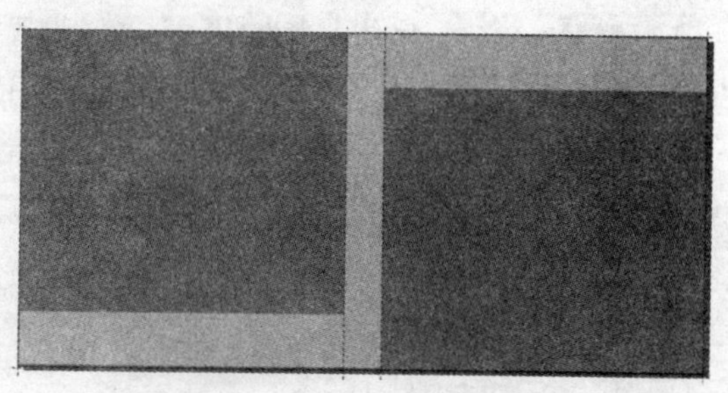

图 13.2.8　再制并移动后的橘色矩形

（7）分别绘制白色、浅黄色、月光绿、粉色四个大小不一的圆形对象，并按住 Shift 键将其全选，如图 13.2.9 所示。

（8）选择 排列(A) → 对齐和分布(A) 命令，弹出 对齐与分布 对话框，设置如图 13.2.10 所示的对齐属性，效果如图 13.2.11 所示。

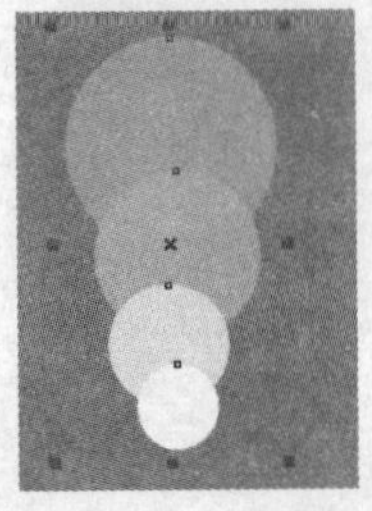
图 13.2.9　绘制并全选三个圆形

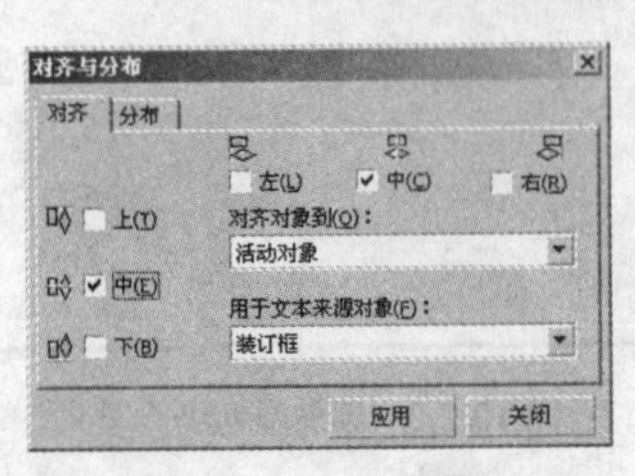

图 13.2.10　对齐与分布对话框

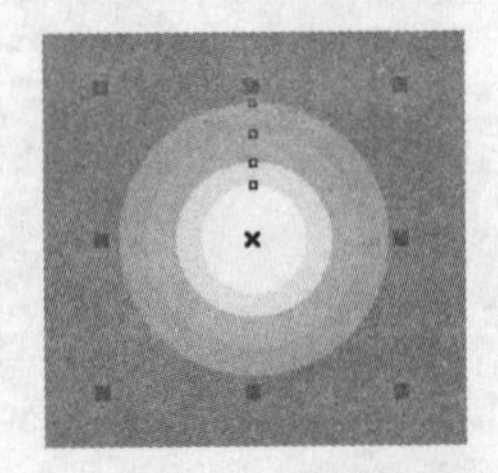
图 13.2.11　对齐后的四个圆形

（9）按下 Ctrl+G 快捷键，将对齐后的同心圆群组起来，然后按下 Ctrl+D 再制三个相同的图案，通过移动后产生如图 13.2.12 所示的组合图形，最后选择四组圆环对象再次按下 Ctrl+G 快捷键，将其再次群组。

（10）单击工具箱中的“文本工具”按钮，单击鼠标左键在绘图区中输入“金石制音”四个文字，设置文本属性如图 13..2.13 所示，设置字体颜色为白色，如图 13.2.14 所示。

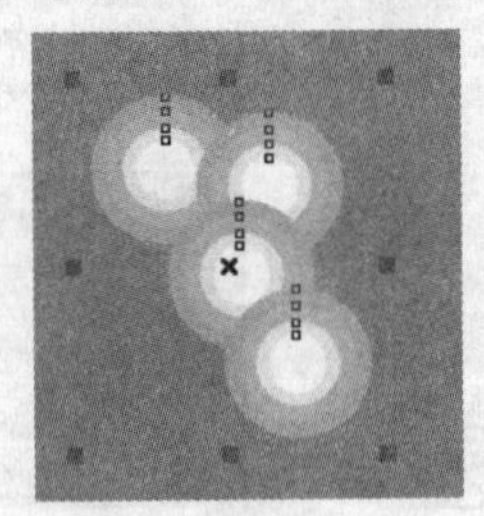
图 13.2.12　再制圆环后产生的图案

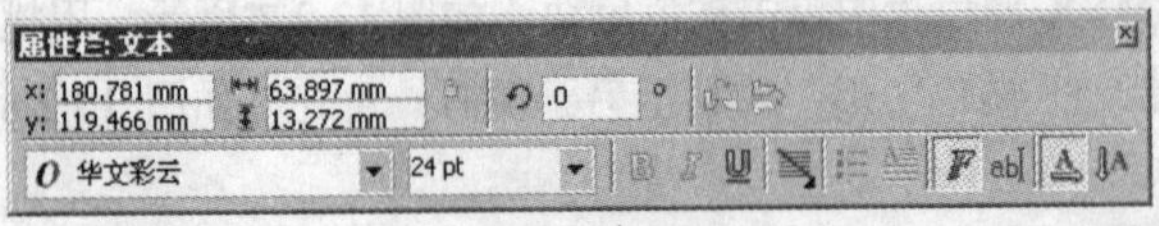

图 13.2.14　输入文本

属性栏: 文本
x: 180.781 mm　y: 119.466 mm　63.897 mm　13.272 mm　.0
华文彩云　24 pt

图 13.2.13　文本属性栏

（11）单击工具箱中的“轮廓笔”按钮，设置轮廓笔颜色为黑色，宽度为 1 点轮廓，效果如图 13.2.15 所示。

（12）单击工具箱中的“文本工具”按钮，在绘图区中输入“音樂可以使心飛翔”，设置字体为 方正隶变繁体，字体大小为 24 pt，设置字体颜色为黑色。调整四个圆环对象、“金石制音”与“音乐可以使心飞翔”的相对位置，然后将其群组，放置于 CD 盒的左下角处，如图 13.2.16 所示。

图 13.2.15　添加轮廓

图 13.2.16　调整位置并群组对象

（13）群组图 13.2.16 中的对象，再制两个，一个移至 CD 盒的右上角处，再选择另一个再制对象，选择排列(A)→变换(F)命令，弹出变换泊坞窗，设置旋转角度为 90，单击应用按钮，如图 13.2.17 所示，将其缩小并移至 CD 盒侧面的下方，如图 13.2.18 所示。

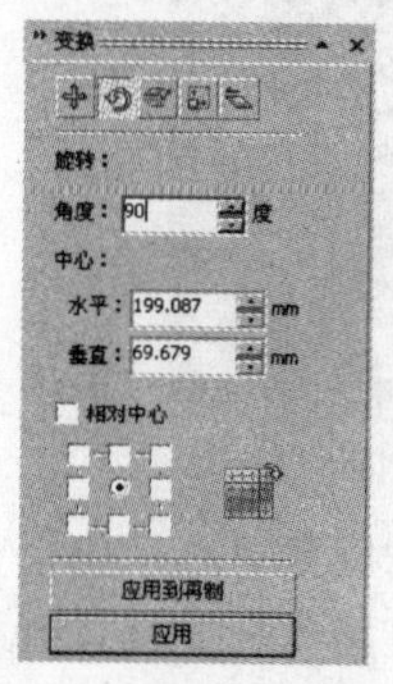

图 13.2.17　变换泊坞窗

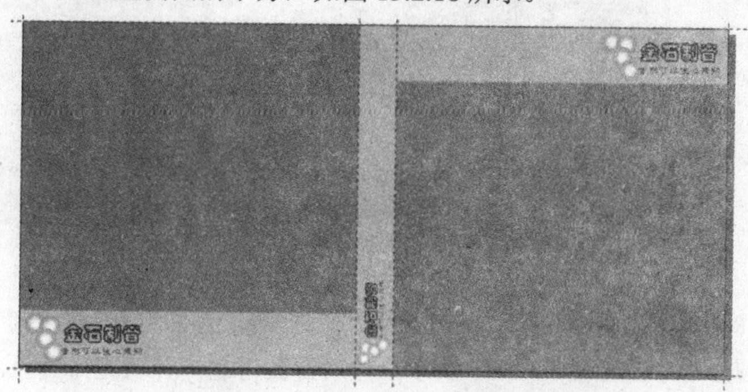

图 13.2.18　旋转并调整大小后的结果

（14）单击工具箱中的“文本工具”按钮，在绘图区中输入“摇滚乐团”，设置字体为方正舒体，字体大小为40 pt，设置字体颜色为蓝色，如图 13.2.19 所示。

图 13.2.19　输入字体

（15）单击工具箱中的“交互式轮廓图工具”按钮，设置属性如图 13.2.20 所示，为字体添加交互式轮廓图效果，添加效果如图 13.2.21 所示。

（16）将图 13.2.21 所制作的文字复制一个，然后将文字颜色改为红色，旋转并缩小后移至 CD 盒的侧面，如图 13.2.22 所示。

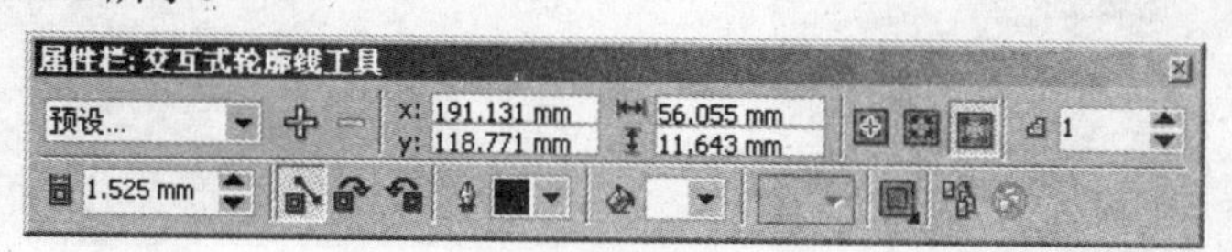

图 13.2.20　交互式轮廓工具属性栏

图 13.2.21　为字体添加交互式轮廓效果

图 13.2.22　添加侧面标题

（17）单击工具箱中的“文本工具”按钮，在绘图区中拖出一个文本框，如图 13.2.23 所示，输入如图 13.2.24 所示的曲目名称，并设置字体为为方正小标宋简体，字体大小为16 pt，设置

字体颜色为蓝色。

图 13.2.23　添加侧面标题

图 13.2.24　添加侧面标题

（18）单击工具箱中的“椭圆工具”按钮，在曲目 01 前绘制一个轮廓宽度为 1 mm、颜色为红色的圆形对象，如图 13.2.25 所示，然后将其再制，并填充为黄色，垂直移至曲 14 的前面，如图 13.2.26 所示。

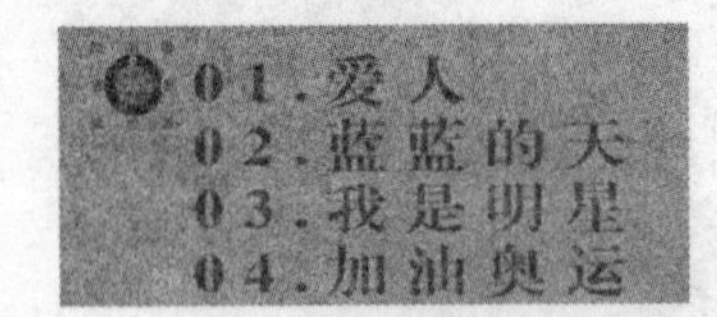

图 13.2.25　绘制椭圆对象

图 13.2.26　再制并移动椭圆对象

（19）单击工具箱中的“交互式调和工具”按钮，在红色对象上按住左键不放，并拖动至黄色圆形上，如图 13.2.27 所示，更改属性栏中的步长值为 12，效果如图 13.2.28 所示。

图 13.2.27　应用交互式调和效果

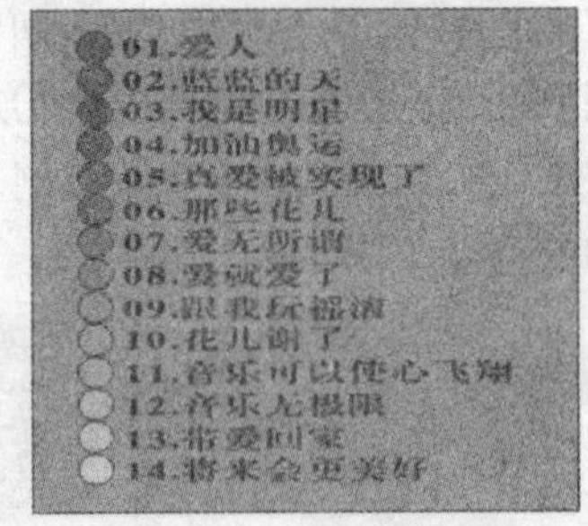

图 13.2.28　更改步长值

（20）选择 文件(F) → 导入(I)... 命令，导入一张素材图片，如图 13.2.29 所示。单击工具箱中的“交互式透明工具”按钮，设置属性如图 13.2.30 所示，为导入的图片应用交互式透明效果，效果如图 13.2.31 所示。

（21）选择 文件(F) → 导入(I)... 命令，导入一张素材图片，放于 CD 的正面，如图 13.2.32 所示。

图 13.2.29　导入图片

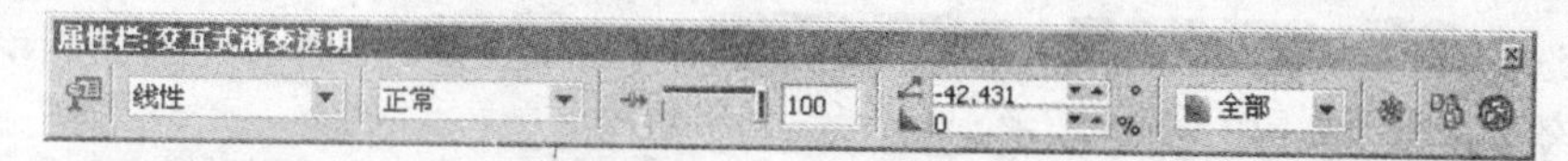

图 13.2.30 交互式透明属性栏

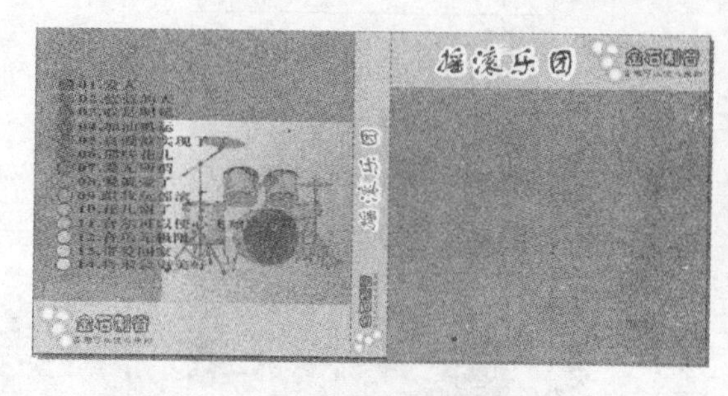

图 13.2.31 应用交互式透明效果

图 13.2.32 导入图片

（22）单击工具箱中的“艺术笔工具”按钮，设置属性如图 13.2.33 所示，为 CD 盒正面添加艺术笔触，最终效果如图 13.2.34 所示。

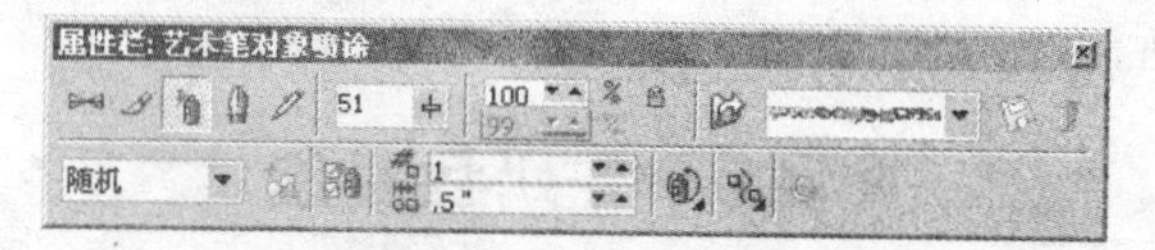

图 13.2.33 艺术笔属性栏

图 13.2.34 添加艺术笔触

（23）选择 CD 包装盒正面的内容，复制并粘贴，将粘贴的内容移出页面，如图 13.2.35 所示。

（24）单击工具箱中的“矩形工具”按钮，依照包装盒正面的尺寸绘制一个“黄色”的矩形，放置在页面的底层。

（25）单击工具箱中的“矩形工具”按钮，在正面右下角绘制一个不带轮廓的矩形对象，填充为橘色，如图 13.2.36 所示。

图 13.2.35 复制并粘贴包装盒的正面

图 13.2.36 绘制矩形

（26）选择包装盒正面的内容，选择 位图(B) → 转换为位图(_)... 命令，将所选对象转换为位图。

（27）选择位图(B)→三维效果(3)→三维旋转(3)...命令，设置参数如图 13.2.37 所示，为所选对象添加三维效果，效果如图 13.2.38 所示。

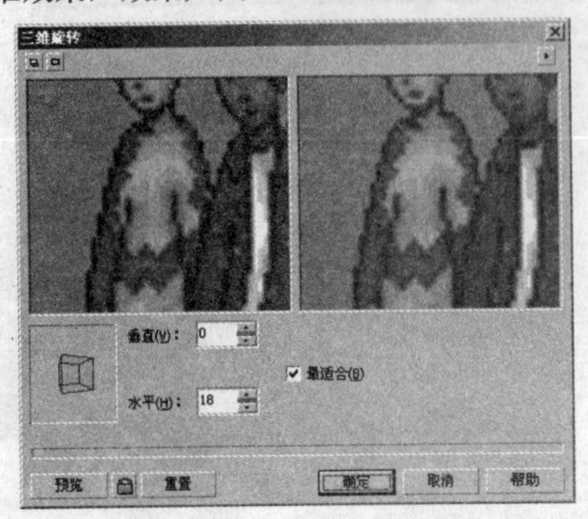

图 13.2.37 “三维旋转”对话框

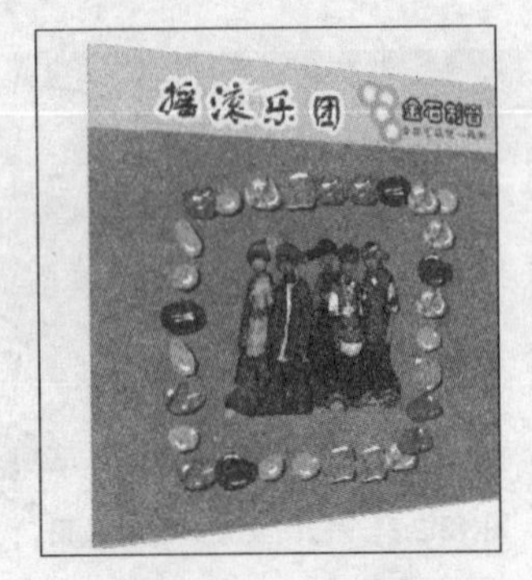

图 13.2.38 旋转效果图

（28）对照步骤（23）~（27）的制作方法，制作 CD 包装侧面的三维旋转效果，最后将侧面和正面的三维效果图拼合在一起，组成 CD 盒的立体图，如图 13.2.1 所示。

案例 3 牛奶包装盒

设计背景

本例制作的是一款牛奶包装，它采用硬纸式盒，整个画面运用颜色的渐变及文字的大小变化，使外包装简单得体。本包装采用橘色为主色调，体现包装的视觉效果，在包装盒的关键位置，以引人注目的文字、图形和色彩，体现了牛奶的品牌形象。

设计内容

本例将制作牛奶包装效果图，最终效果如图 13.3.1 所示。

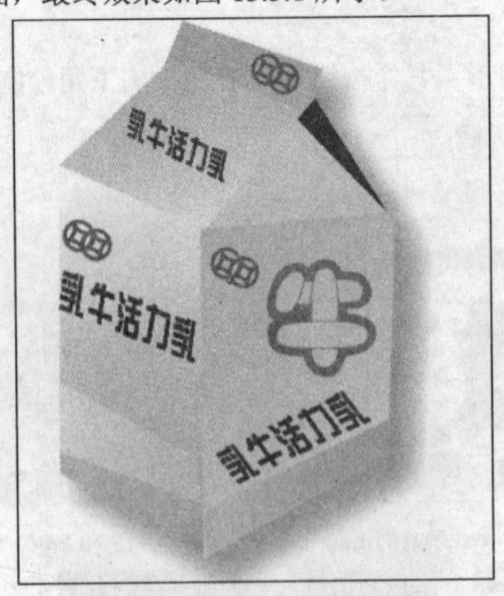

图 13.3.1 牛奶包装的最终效果图

设计要点

牛奶包装盒的制作过程大致可分为新建、正面设计、侧面设计、颜色设计、字体设计、插入条形码。通过本实例的学习，掌握包装效果图的制作方法、颜色搭配的技巧，并从中领悟包装设计的原理，掌握包装效果图的美观性，达到包装与商业统一化。

（1）本实例中的包装盒结构简单，运用贝塞尔工具、形状工具、渐变填充工具、文本工具制作包装效果，向读者全面地介绍包装盒的制作方法和技巧。

（2）色彩的搭配更能促进消费者的购买欲。

（3）重点掌握贝塞尔工具和形状工具的使用方法。

（4）最后添加阴影对图形进行后期处理，使包装效果效果图更真实完整。

操作步骤

（1）选择菜单栏中的 文件(F) → 新建(N) 命令，再选择 版面(L) → 页面设置(P)... 命令，在弹出的 选项 对话框中设置纸张的大小为 A4，摆放方式为横向，其他为默认设置，单击 确定 按钮。

（2）单击工具箱中的“矩形工具”按钮，在页面中绘制一个矩形，按“Ctrl+Q”快捷键将其转换为曲线。

（3）单击工具箱中的“形状工具”按钮，将矩形调整为如图 13.3.2 所示的形状。

（4）单击工具箱中的“贝塞尔工具”按钮，绘制如图 13.3.3 所示的封闭图形。

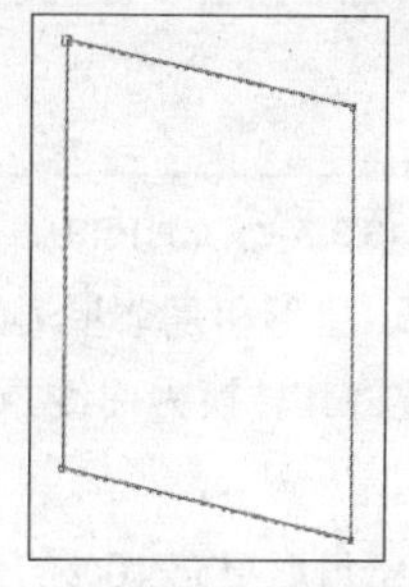

图 13.3.2 调整矩形

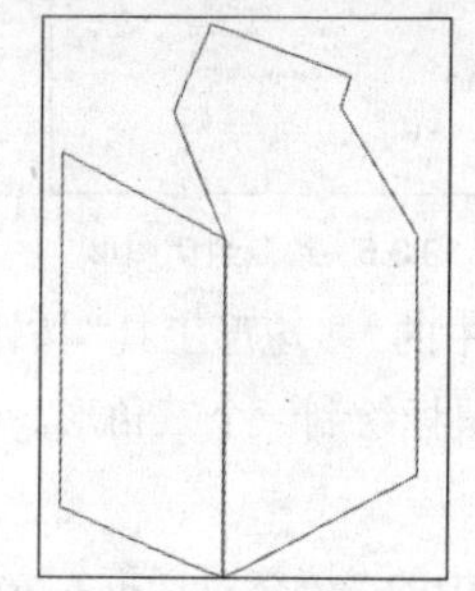

图 13.3.3 绘制封闭图形

（5）选中图 13.3.3 中的左边图形，单击工具箱中的“渐变填充对话框”按钮，弹出 渐变填充 对话框，设置白色到 C:2；M:22；Y:96；K:0 的色彩渐变，删除其轮廓线，如图 13.3.4 所示。

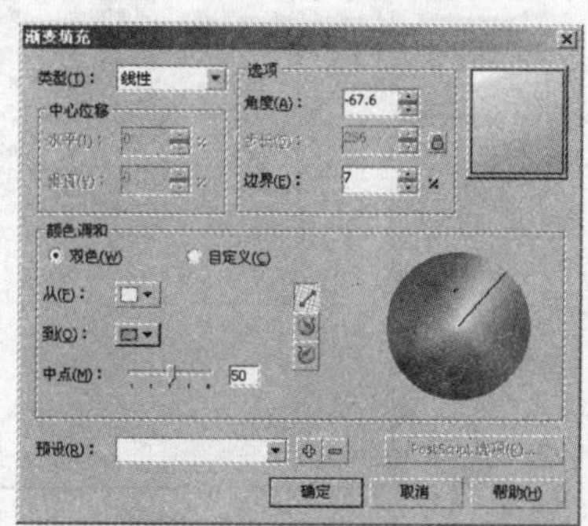

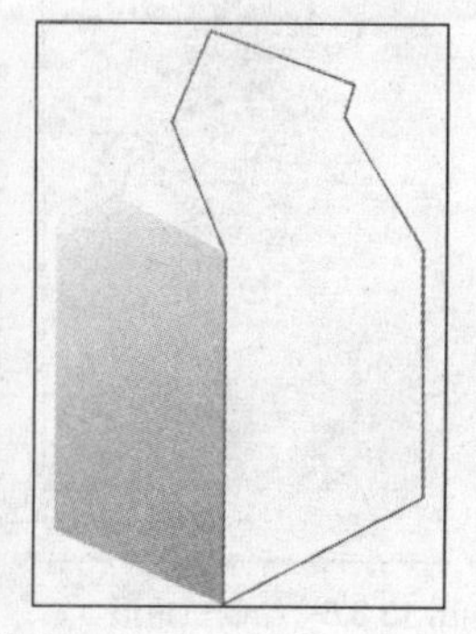

图 13.3.4 填充图形

（6）选中图 13.3.3 中的右边图形，单击工具箱中的“渐变填充对话框”按钮，弹出渐变填充对话框，设置白色到 C:2；M:22；Y:96；K:0 的色彩渐变，删除其轮廓线，如图 13.3.5 所示。

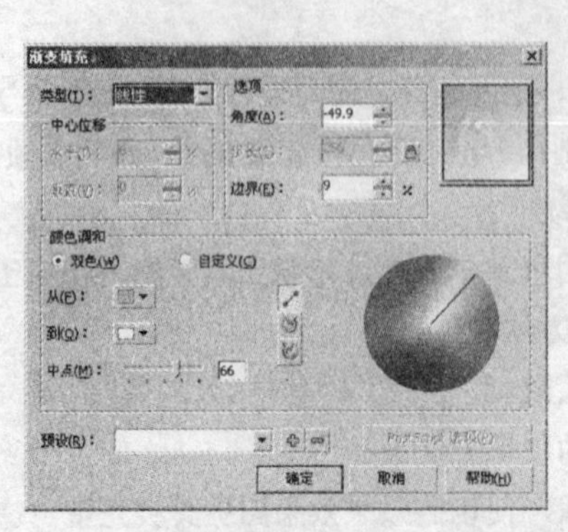

图 13.3.5　填充图形

（7）单击工具箱中的“贝塞尔工具”按钮，绘制如图 13.3.6 所示的封闭图形。为所绘制的封闭图形填充白色到 C:2；M:22；Y:96；K:0 的色彩渐变，删除其轮廓线，如图 13.3.7 所示。

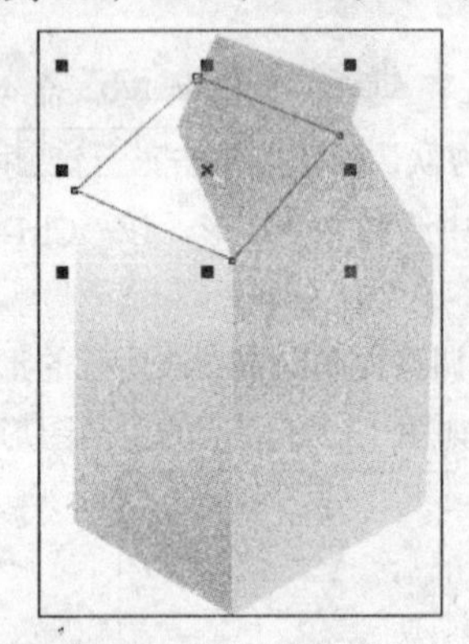

图 13.3.6　绘制封闭图形

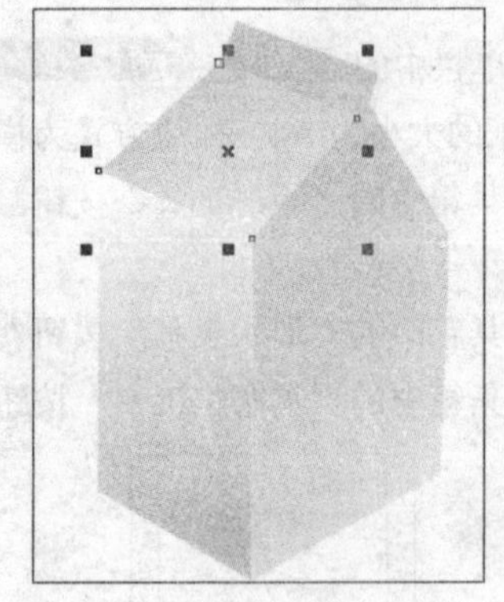

图 13.3.7　填充封闭图形

（8）单击工具箱中的“多边形工具”按钮，设置多边形、星形和复杂星形的点数或边数 3，在绘图区页面中拖动鼠标绘制一个三角形。按 Ctrl+Q 快捷键将其转换为曲线，用形状工具调整其形状，如图 13.3.8 所示。

（9）单击工具箱中的“填充对话框”按钮，为绘制的三角形填充 10%的黑色，去除其轮廓线，如图 13.3.9 所示。

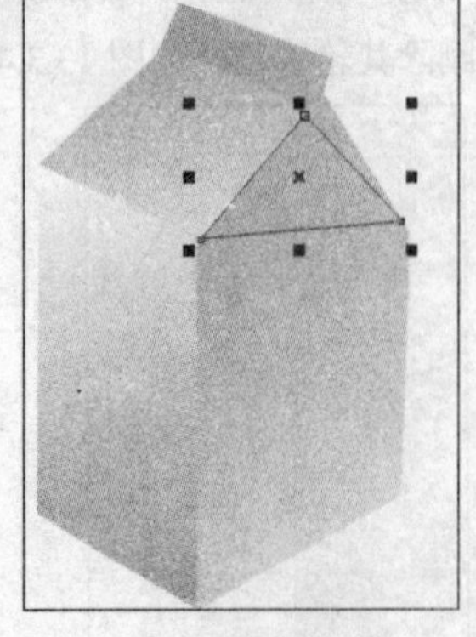

图 13.3.8　绘制三角形

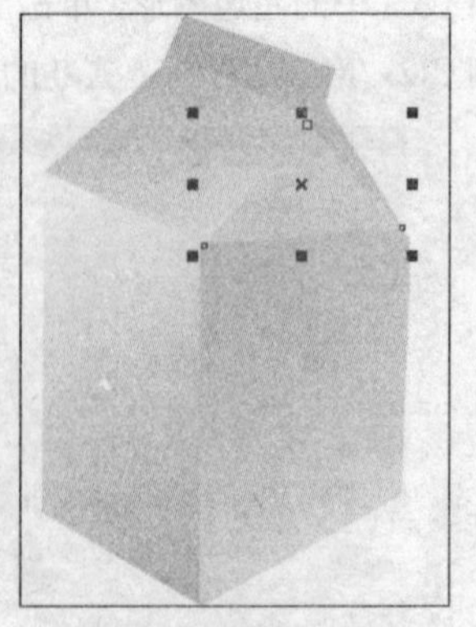

图 13.3.9　填充三角形

（10）将所绘制的三角形复制一个，调整其大小和位置，单击工具箱中的黑色色块，将其填充为黑色，效果如图 13.3.10 所示。

（11）单击工具箱中的“文本工具”按钮，在绘图页面中输入乳牛活力乳，设置字体为 方正综艺简体，字号为 48 pt，字体颜色为蓝色，如图 13.3.11 所示。

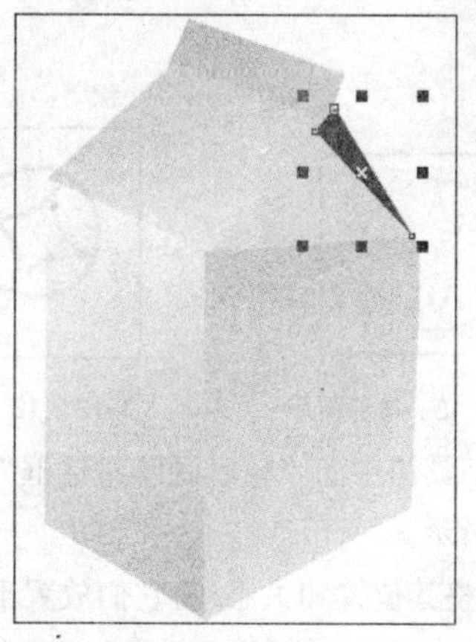

图 13.3.10　复制并填充三角形

图 13.3.11　输入文字

（12）选择输入的文字，按 Ctrl+C 和 Ctrl+V 快捷键再复制两组文字，调整文字的位置大小，将它们放置于如图 13.3.12 所示的位置。

（13）单击工具箱中的“文本工具”按钮，在绘图页面中输入“牛”，设置字体为 经典空趣体简，字号为 128 pt，字体颜色为绿色，如图 13.3.13 所示。

图 13.3.12　复制文字

图 13.3.13　输入文字

（14）单击工具箱中的“椭圆工具”按钮，按住 Ctrl 键，绘制一个大小合适的圆形。

（15）选中圆形，选择 排列(A) → 变换(F) → 旋转(R) 命令，弹出 变换 泊坞窗，调整 角度：0 度 输入框中的数值为 90，旋转中心为图形的右上角，如图 13.3.14 左图所示，调整完毕，单击 应用到再制 按钮三次。

（16）选中一个圆形，按 Ctrl+C 键将图形复制到剪贴板上。

（17）选中（15）绘制的四个圆形，按 Ctrl+G 键将其群组。

（18）按 Ctrl+V 键粘贴圆形。选中五个圆形，选择 排列(A) → 对齐和分布(A) → 对齐和分布(A)... 命令，将对象在水平和垂直方向上对齐，如图 13.3.14 右图所示。

（19）选择 排列(A) → 造形(P) → 造形(P) 命令。弹出 造形 泊坞窗，选择 修剪 选项，不选中任何复选框，单击 修剪 按钮，鼠标变成光标形状，在中间的圆形内部单击鼠标左键，将图形修剪成如图 13.3.15 所示的形状。

（20）选中修剪后的图形，复制一个图形，移动其中一个图形，将两个图形按照如图 13.3.16 所示的位置放置。

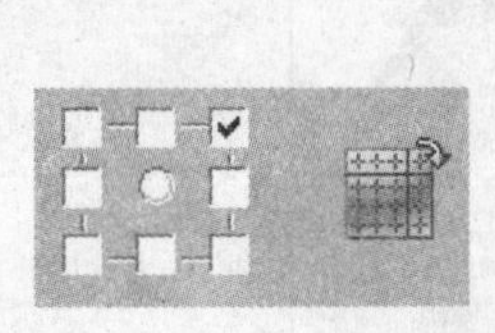
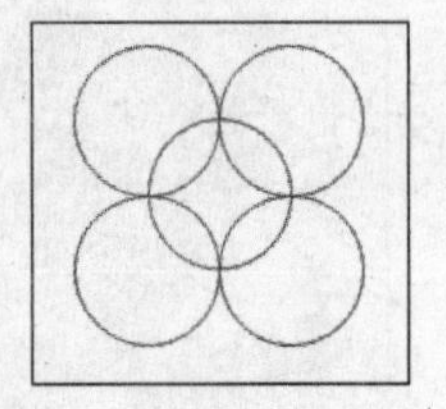

图 13.3.14　绘制圆形

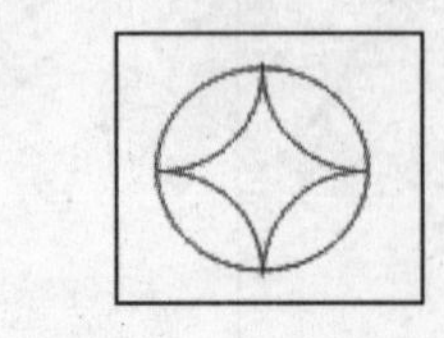

图 13.3.15　修剪图形

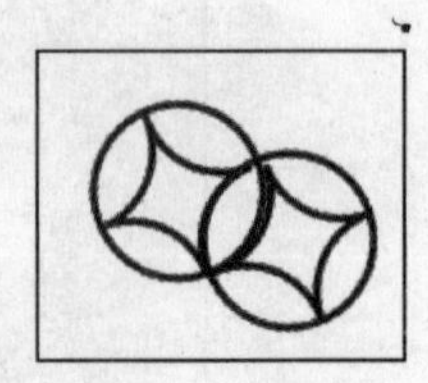

图 13.3.16　复制图形

（21）用挑选工具选择图 13.3.16 所示的图形，单击工具箱中的“轮廓画笔对话框”按钮，改变图形的线条颜色一个为红色一个为绿色，如图 13.3.17 所示。

（22）选择图形，按 Ctrl+C 和 Ctrl+V 键再复制两组，调整其位置和大小，将它们放置于如图 13.3.18 所示的位置。

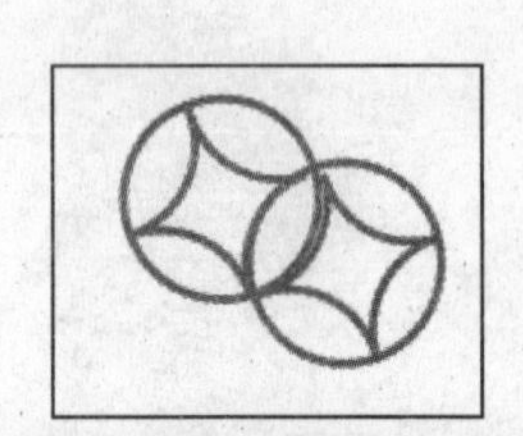

图 13.3.17　更改线条颜色

图 13.3.18　复制并调整图形位置

（23）单击工具箱中的“贝塞尔工具”按钮，绘制如图 13.3.19 所示的封闭图形。为所绘制的封闭图形填充白色到月光绿的色彩渐变，删除其轮廓线，如图 13.3.20 所示。

图 13.3.19　绘制制封闭曲线

图 13.3.20　填充封闭图形

（24）单击工具箱中的“交互式阴影效果”按钮，为所制作的包装盒添加阴影效果，如图 13.3.1 所示。

第14章 企业VI设计

学习导航

VI是企业形象符号视觉化的传达方式，它能够将企业识别的基本精神及其差异，利用视觉符号充分地表达出来，从而使消费公众识别并认知。在企业内部，VI通过标准识别来划分和产生区域、工种类别、统一视觉等要素，以加强规范化管理，增强企业的凝聚力。

学习要点

- 名片设计
- 企业户外伞设计
- 企业手提袋设计

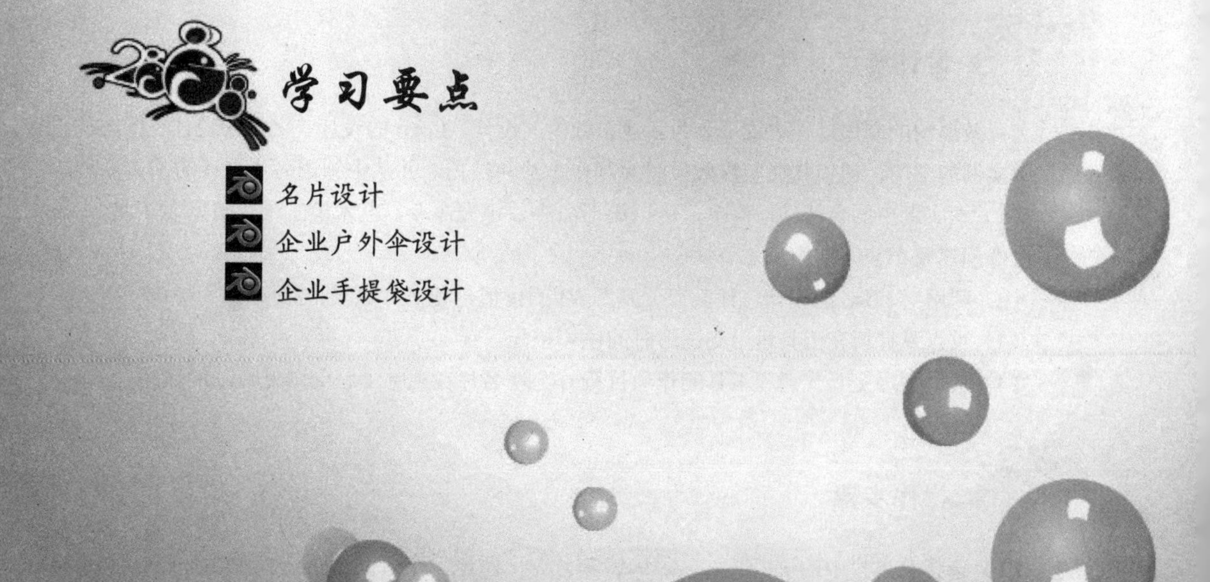

案例 1　名 片 设 计

设计背景

本实例设计了一个具有企业形象的名片，名片中必要的文字内容使用简洁设计，让人第一时间就能看清楚，公司 VI 标识显示非常明显，具有强大的吸引力，色彩使用三色分隔设计，很好地运用了对比色的设计效果，使名片的设计更加符合企业简洁、大方的形象。

设计内容

本例将制作名片效果图，最终效果如图 14.1.1 所示。

图 14.1.1　名片设计最终效果图

设计要点

名片效果图的制作过程大致可分为新建、颜色的设计、Logo 的设计、字体的设计、图案的设计。通过本实例的学习，初步掌握名片效果图的制作方法和技巧，并从中领悟名片设计的基本原理。

（1）本实例中的名片结构简单，运用矩形命令、填充命令、艺术笔工具、贝塞尔工具、文本工具等命令创建整个空间结构。

（2）利用对 Logo 的设计，使其充分发挥 VI 的价值，使名片更具企业形象。

（3）重点掌握填充工具运用到图形时的色彩搭配。

（4）最后运用交互式调和工具制作项目符号，使名片在视觉上起到画龙点睛的作用。

操作步骤

（1）选择菜单栏中的 文件(F) → 新建(N) 命令，新建一个页面，再选择 版面(L) → 页面设置(P)... 命令，在弹出的 选项 对话框中设置纸张的大小为 90 mm×55 mm，摆放方式为横向，其他为默认设置，单击 确定 按钮。

（2）选择 工具(O) → 选项(O)... 命令，在 选项 对话框中添加数值为 0 与 55 mm 的两条水平辅助线，

与数值分别为 0，30，90 mm 的三条垂直辅助线，如图 14.1.2 所示，并选择视图(V)→贴齐辅助线(U)命令。

（3）双击工具箱中的“矩形工具”按钮，在绘图区中绘制一个满屏尺寸的矩形，将其填充为褐色，并取消其轮廓，如图 14.1.3 所示。

图 14.1.2　添加辅助线

图 14.1.3　绘制并填充矩形

（4）单击工具箱中的“矩形工具”按钮，在第二、三条垂直辅助线之间绘制一个颜色为淡黄色的矩形，为作绘制名片主体的背景颜色，并取消其轮廓，如图 14.1.4 所示。

（5）单击工具箱中的“矩形工具”按钮，在绘图区中绘制一个小矩形，并将其填充为粉色，放在合适的位置，如图 14.1.5 所示。

图 14.1.4　绘制矩形并填充

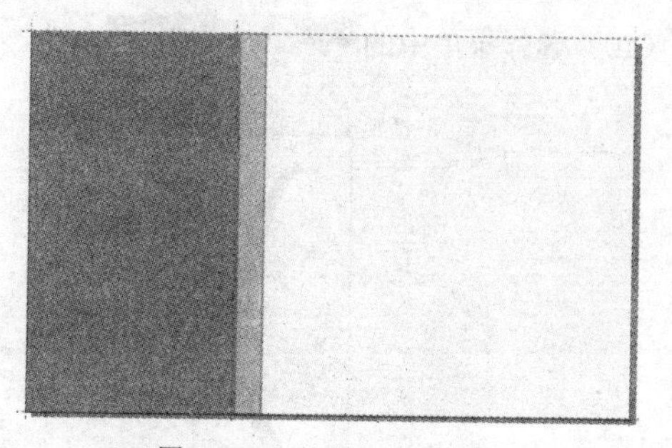

图 14.1.5　绘制小矩形并填充

（6）单击工具箱中的“螺纹工具”按钮，设置线的宽度为 2 点轮廓，线的颜色为 C:64，M:95，Y:94，K:26，在绘图区中拖动鼠标，绘制如图 14.1.6 所示的螺纹形对象。

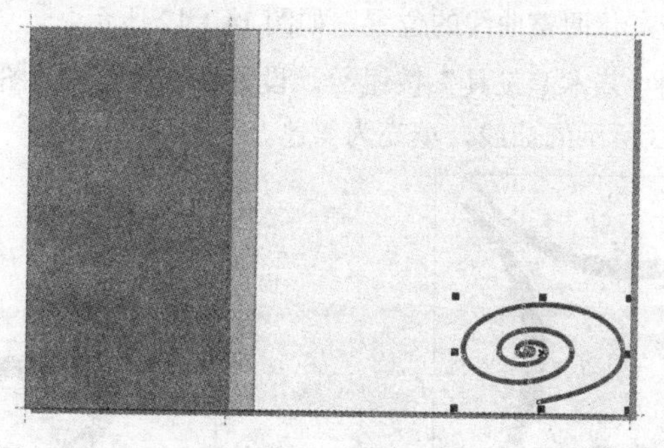

图 14.1.6　绘制螺纹

（7）单击工具箱中的“交互式透明工具”按钮，设置属性如图 14.1.7 所示，为绘制的螺纹应用交互式透明效果，如图 14.1.8 所示。

图 14.1.7　交互式透明属性栏

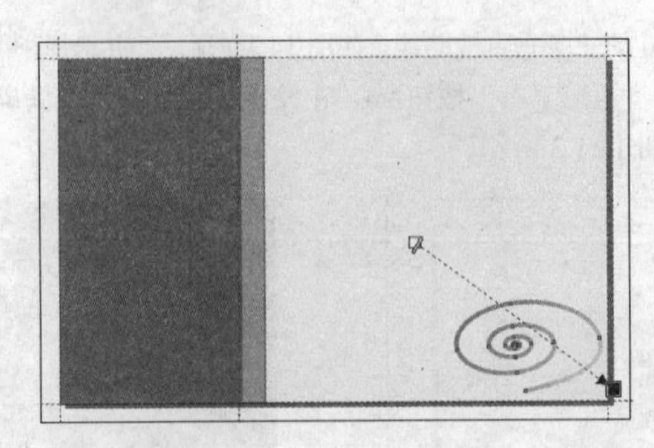

图 14.1.8　应用交互式透明效果

（8）绘制 Logo。单击工具箱中的“艺术笔工具”按钮，设置画笔的属性如图 14.1.9 所示。

图 14.1.9　艺术笔属性

（9）拖动鼠标在绘制页面中绘制一条有轻微弧度的曲线，单击颜色面板中黑色色块，为绘制的对象填充黑色，如图 14.1.10 所示。

（10）选择菜单中的编辑(E)→再制(D)命令，复制三条曲线，效果如图 14.1.11 所示。

图 14.1.10　绘制曲线

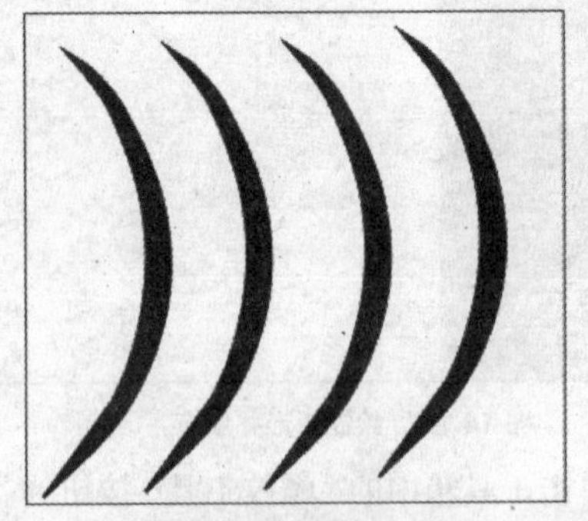

图 14.1.11　再制曲线

（11）选择曲线，旋转，并调整曲线的位置，如图 14.1.12 所示。

（12）单击工具箱中的“艺术笔工具”按钮，设置画笔的属性如图 14.1.9 所示，在绘图页面拖动鼠标，绘制如图 14.1.13 所示的曲线，填充为黑色。

图 14.1.12　旋转调整曲线位置

图 14.1.13　绘制曲线并填充为黑色

（13）选择 14.1.13 所示的图形，将其放在 14.1.12 所绘制的图形的顶部，如图 14.1.14 所示。

（14）单击工具箱中的“矩形工具”按钮，绘制两个矩形，分别将他们填充为红色和淡黄色，添加轮廓色为 8 点轮廓，颜色为灰色，效果如图 14.1.15 所示。

图 14.1.14 调整曲线位置　　图 14.1.15 绘制矩形并填充

（15）选择图 14.1.15 所绘制的矩形，按 Ctrl+G 键群组，在属性栏的旋转角度框中输入 45，这将会使方形旋转为菱形。

（16）将这个菱形放置在图 14.1.14 中，如果菱形大小不合适，就拖动控制手柄进行缩放。效果如图 14.1.16 所示。

（17）单击工具箱中的“钢笔工具”按钮，绘制如图 14.1.17 所示的图形。

（18）单击“填充对话框”按钮，为所绘制的对象填充“C:42，M:82，Y:95，K:45”的单色填充，如图 14.1.18 所示。

图 14.1.16 调整矩形

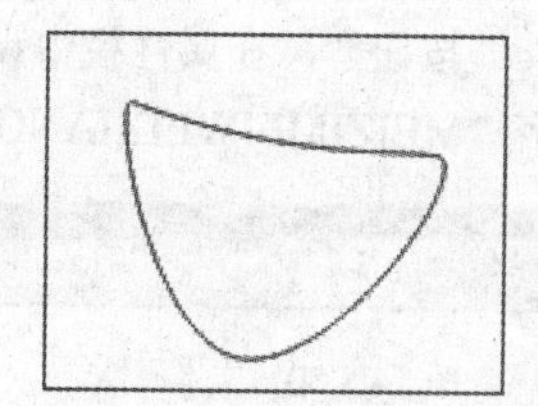

图 14.1.17 绘制图形

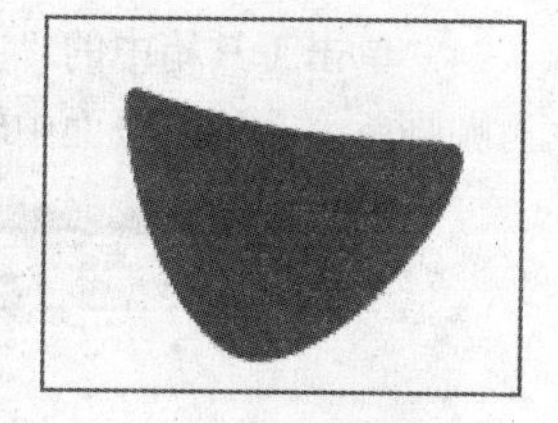

图 14.1.18 填充颜色

（19）用相同的方法绘制图 14.1.19 所示的曲线，填充相同的颜色，如图 14.1.20 所示。

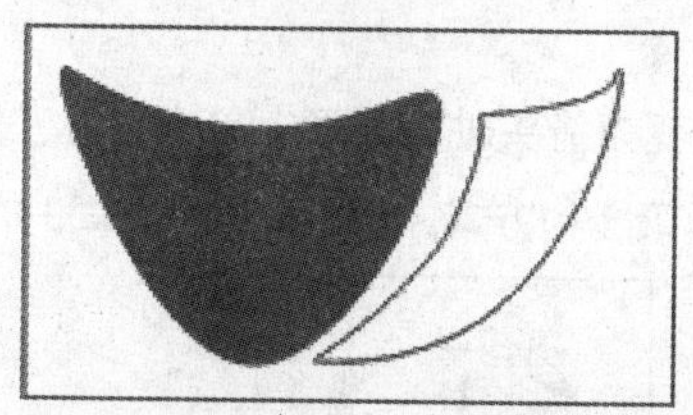

图 14.1.19 绘制图形

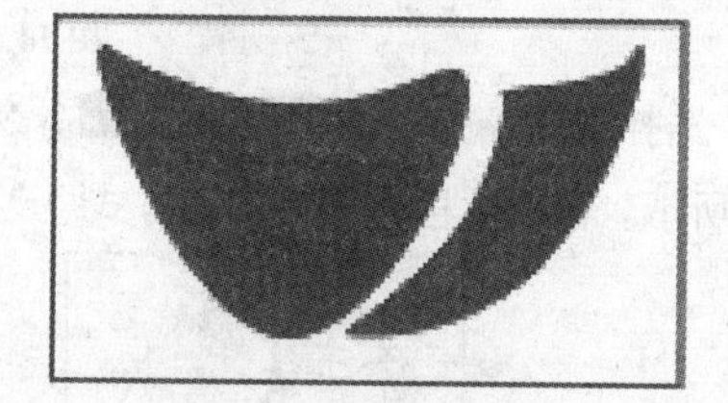

图 14.1.20 填充颜色

（20）用相同的方法绘制图 14.1.21 所示的曲线，填充相同的颜色，如图 14.1.22 所示。复制图形并将其水平翻转，效果如图 14.1.23 所示。

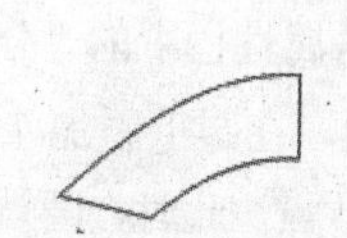

图 14.1.21 绘制图形

图 14.1.22 填充颜色

图 14.1.23 复制并翻转图形

（21）用相同的方法绘制图 14.1.24 所示的曲线，填充相同的颜色，如图 14.1.25 所示。

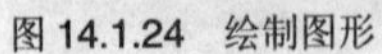

图 14.1.24　绘制图形　　　　图 14.1.25　填充颜色

（22）绘制如图 14.1.26 所示的曲线，填充相同的颜色，如图 14.1.27 所示。复制两个图形并将其缩小，如图 14.1.28 所示。

（23）按“F7”键，再按“Ctrl+Shift”组合键，绘制一圆形，如图 14.1.29 所示。

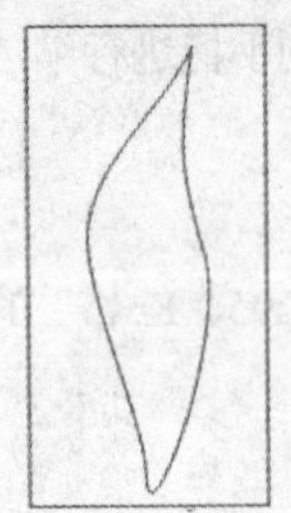

图 14.1.26　绘制图形　　图 14.1.27　填充颜色　　图 14.1.28　复制图形　　图 14.1.29　绘制圆形

（24）单击工具箱中的“文本工具”按钮，在属性栏中设置参数如图 14.1.30 所示，设置字体颜色为咖啡色，在绘图页面中输入文字“MEIZIMEIWEIXIANGCHUNKAFEI”，如图 14.1.31 所示。

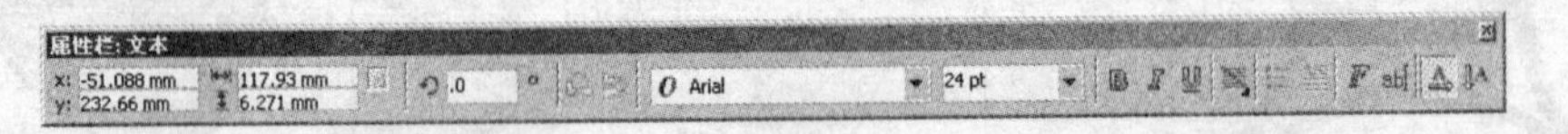

图 14.1.30　文本属性

MEIZIMEIWEIXIANGCHUNKAFEI

图 14.1.31　输入文本

（25）选择菜单 文本(T) → 使文本适合路径(T) 命令，当光标变为箭头时在圆形上单击鼠标左键，效果如图 14.1.32 所示。在属性栏的垂直放置方式中选择第 2 种方式，得到如图 14.1.33 所示的效果。

图 14.1.32　使文本适合路径　　　　图 14.1.33　改变垂直放置方式

（26）选择菜单 排列(A) → 拆分 在一路径上的文本(B)　Ctrl+K 命令，将圆和文字拆分。选中圆，按“Ctrl+Q”组合键，将圆转换曲线。此时在圆上出现了 4 个节点，选中左边的节点，单击属性栏中的“分割曲线图标”，将节点分为两个节点。再在正圆上靠近杯柄的位置双击鼠标左键，在圆上添加 1 个节点。选中添加的节点，单击属性栏中的“分割曲线图标”，将节点分为两个节点。此时，圆被分割成了两段曲线。选中上面曲线的所有节点，按“Delete”键将曲线删除，得到如图 14.1.34 所示的曲线。

（27）选中曲线，在属性栏中将轮廓的宽度设置为 2 mm，按“F12”键，在弹出的“轮廓笔”对话框中设置轮廓颜色为“C:42，M:82，Y:95，K:4”单击确定按钮，如图 14.1.35 所示。

图 14.1.34 截取圆弧

图 14.1.35 改变线条粗细

（28）选择图 14.1.35 所示的图形，将其移动到菱形的中心，用控制手柄缩放至合适大小，如图 14.1.36 所示。

（29）单击工具箱中的“贝塞尔工具”按钮，在绘图页面中绘制如图 14.1.37 所示的封闭图形。

图 14.1.36 调整图片位置

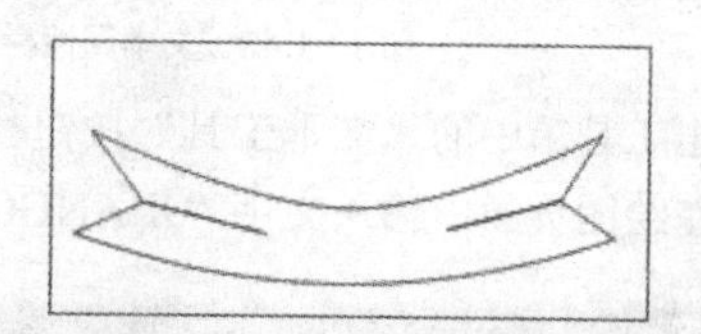

图 14.1.37 绘制封闭图形

（30）用挑选工具选择绘制的封闭图形，单击工具箱中的“轮廓笔”按钮，设置轮廓的宽度为 1/2 点轮廓，设置轮廓颜色为“C:98，M:95，Y:0，K:0”完成后单击确定按钮，效果如图 14.1.38 所示。

（31）单击“填充对话框”按钮，为所绘制的对象填充“C:4，M:5，Y:31，K:0”的单色填充，效果如图 14.1.39 所示。

（32）将所绘制的封闭图形放于咖啡杯之下，调整图形的位置与大小，效果如图 14.1.40 所示。

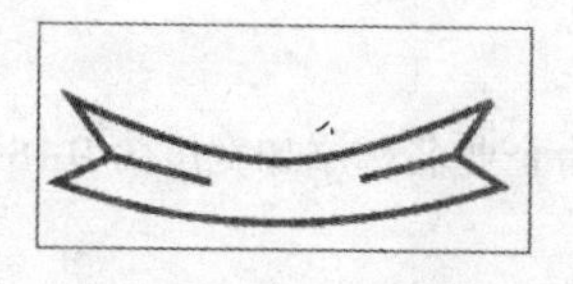

图 14.1.38 设置轮廓

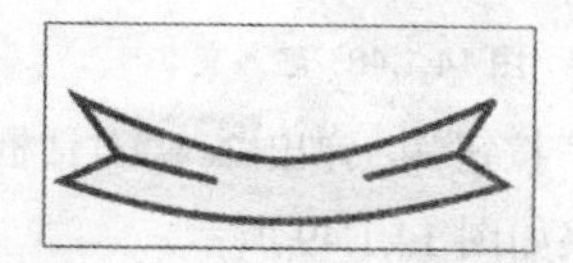

图 14.1.39 填充颜色

图 14.1.40 调整图形位置

（33）用挑选工具选择所有的图形，按“Ctrl+G”键群组，单击工具箱中的“交互式阴影工具”按钮，为其添加阴影效果，设置属性如图 14.1.41 所示，将群组后的图形放置于合适的位置，如图 14.1.42 所示。

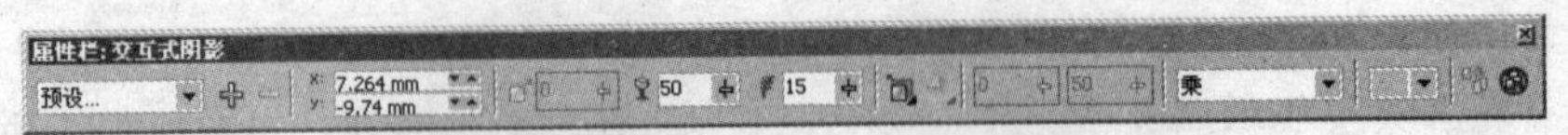

图 14.1.41　交互式阴影属性栏

图 14.1.42　添加阴影并调整位置

（34）单击工具箱中的“文本工具”按钮，在属性栏中设置参数如图 14.1.43 所示，设置字体颜色为白色，在文字下方输入“香纯咖啡”，如图 14.1.44 所示。

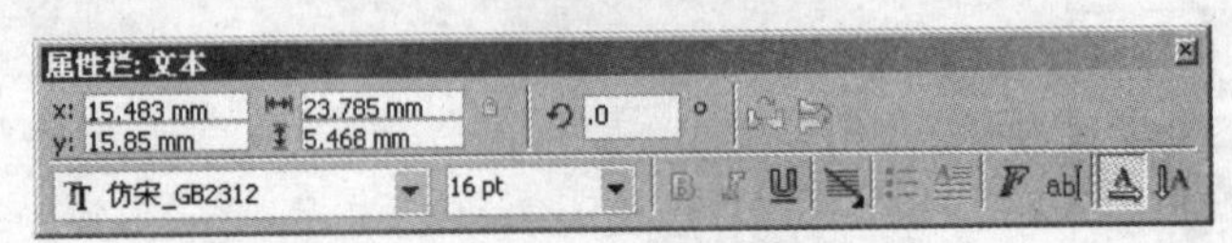

图 14.1.43　文本属性栏

图 14.1.44　输入文本

（35）单击工具箱中的“文本工具”按钮，在属性栏中设置参数如图 14.1.45 所示，设置字体颜色为白色，在绘图页面中输入文字“XIANGCHUNKAFEI”，如图 14.1.46 所示。

图 14.1.45　文本属性栏

图 14.1.46　输入文本

（36）单击工具箱中的“文本工具”按钮，在属性栏中设置参数如图 14.1.47 所示，设置字体颜色为咖啡色，在绘图页面中输入如图 14.1.48 所示的文字。

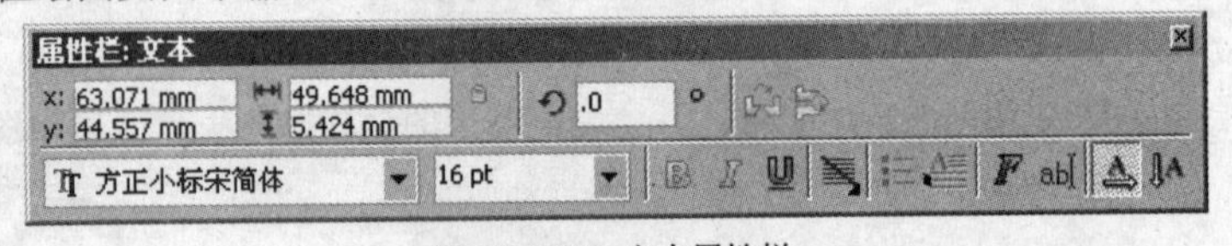

图 14.1.47　文本属性栏

深圳香纯咖啡有限公司

图 14.1.48　输入文本

（37）单击工具箱中的“轮廓工具”按钮，弹出轮廓笔对话框，为企业名称添加宽度为 0.18 mm 的桔色边框，单击确定按钮，效果如图 14.1.49 所示。

深圳香纯咖啡有限公司

图 14.1.49　为字体添加桔色边框

（38）单击工具箱中的“文本工具”按钮，设置字体颜色为蓝色，字体大小为 24 pt，字体为 黑体，然后在企业名称下方输入“武晓伟　总经理”文字内容，接着用形状工具选择“总经理”文字内容，变更字体大小为 18 pt，效果如图 14.1.50 所示。

（39）更改字体大小为 8 pt，字体为 宋体，字体颜色为黑色，在人名下方输入如图 14.1.51 所示的文本内容。

图 14.1.50　输入名片主人名称

图 14.1.51　输入其他文字

（40）单击工具箱中的“椭圆工具”按钮，在地址前绘制一个轮廓宽度为 0.176 mm、颜色为红色的圆形对象，如图 14.1.52 所示，然后将其再制，并填充为黄色，移至信箱的前面，如图 14.1.53 所示。

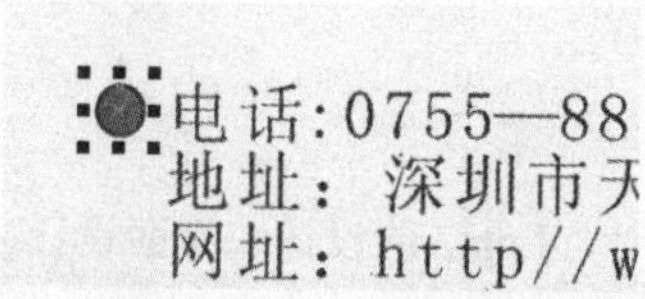

图 14.1.52　绘制椭圆对象

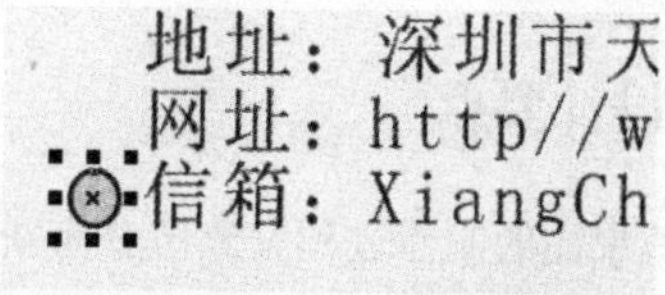

图 14.1.53　再制并移动椭圆对象

（41）单击工具箱中的“交互式调和工具”按钮，在红色对象上按住左键不放，并拖动至黄色圆形上，如图 14.1.54 所示，更改属性栏中的步长值为 2，效果如图 14.1.55 所示。

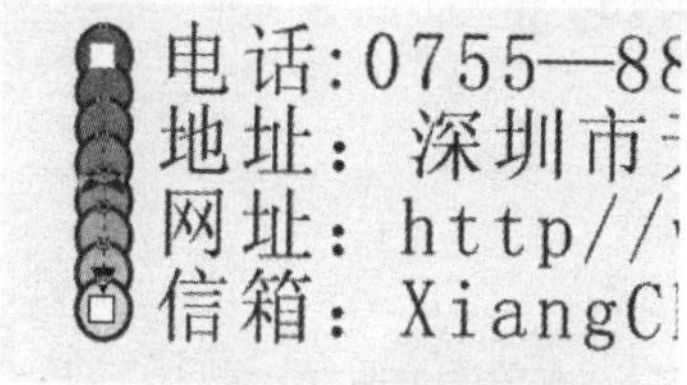

图 14.1.54　应用交互式调和效果

图 14.1.55　更改步长值

（42）用挑选工具选择所有的对象，按“Ctrl+G”快捷键将其群组，并取消其辅助线，最终效果如图 14.1.1 所示。

案例 2　企业户外伞设计

设计背景

本实例设计了一款蝴蝶户外伞，它以鲜亮的颜色搭配，给人一种视觉冲击，公司蝴蝶明朗的标志显示非常明显，让人第一时间就能看清楚，展示了该企业的勃勃生机。

设计内容

本例将制作企业户外伞效果图，最终效果如图 14.2.1 所示。

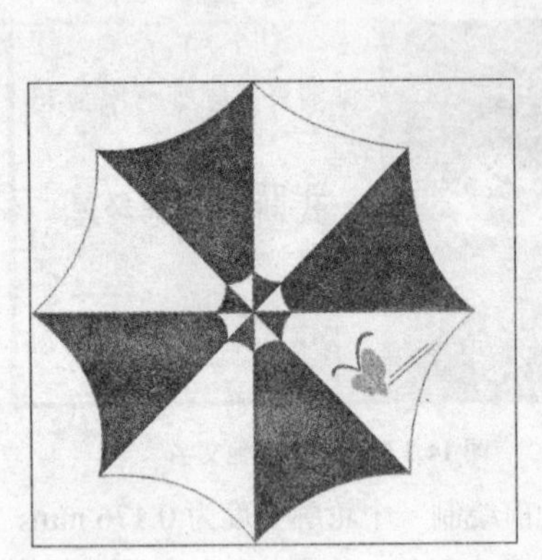

图 14.2.1　户外伞的最终效果图

设计要点

户外伞效果图的制作过程大致可分为新建、颜色的设计、Logo 的设计、平面设计、立体设计。通过本实例的学习，初步掌握户外伞效果图的制作方法和技巧，并从中领悟户外伞设计的方法和技巧。

（1）本实例中的户外伞结构简单，运用多边形工具、贝塞尔工具、填充工具等命令创建户外伞。

（2）利用对户外伞的平面、立体的设计，使其充分发挥宣传的价值，使其更具企业形象。

（3）重点掌握贝塞尔工具的运用，达到举一反三的作用。

操作步骤

（1）制作户外伞平面效果。选择菜单栏中的 文件(F) → 新建(N) 命令，新建一个 A4 页面，页面方向为横向。

（2）单击工具箱中的“多边形工具”按钮，设置属性如图 14.2.2 所示。按住“Ctrl+Shift”组合键的同时在绘图区中拖动鼠标，在绘图页面中绘制一个正八边形，如图 14.2.3 所示。

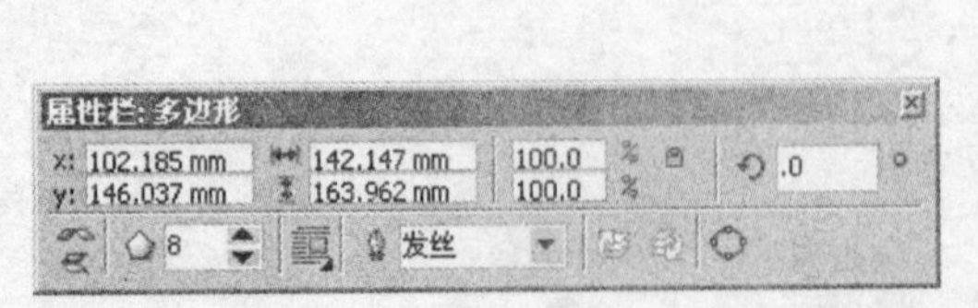

图 14.2.2　多边形属性栏

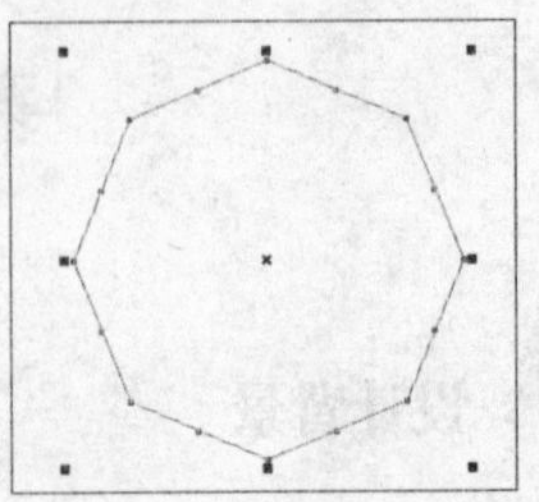

图 14.2.3　绘制的八边形

（3）单击工具箱中“刻刀工具”按钮，在其属性栏中单击“剪切时自动闭合”按钮，在

八边形的端点处单击鼠标左键，并将鼠标指向该端点的对角线方向移动，如图14.2.4所示。

（4）将鼠标指针移至八边形的对角线的端点处，单击鼠标左键，此时，将八边形分割成了两个封闭的图形，效果如图14.2.5所示。

（5）参照上述操作方法，对已分割的两个封闭图形分别使用刻刀工具，直至将八边形分割为8个独立的封闭图形，效果如图14.2.6所示。

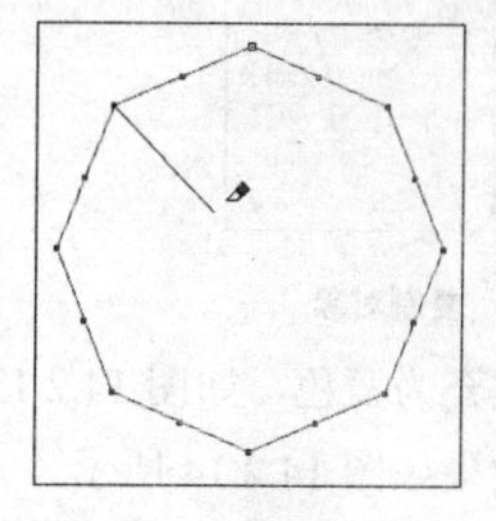

图14.2.4 使用刻刀工具

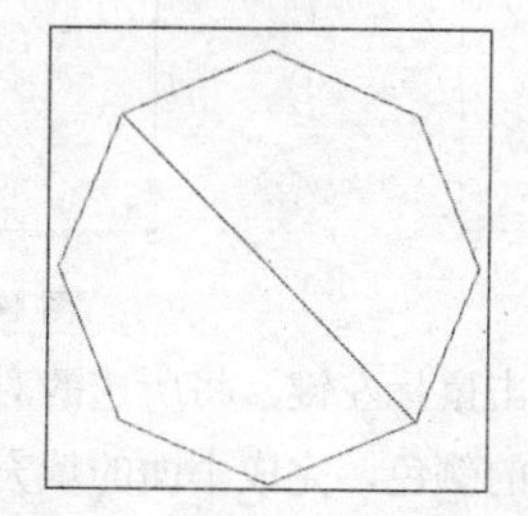

图14.2.5 用刻刀工具分割八边形

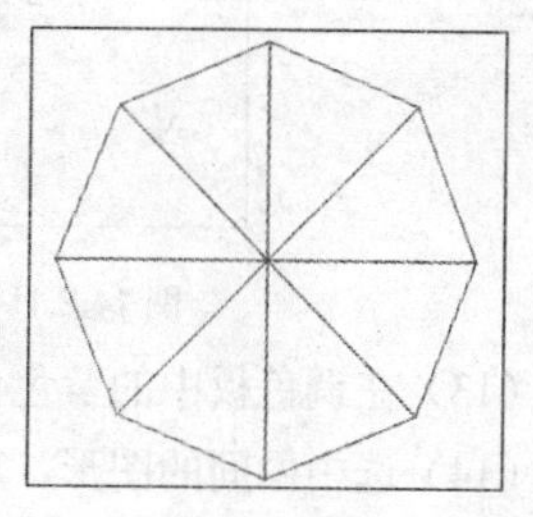

图14.2.6 将八边形分割成8个独立的个体

（6）单击工具箱中的“形状工具”按钮，单击鼠标左键选中其中的一个封闭图形外侧边的中点，效果如图14.2.7所示。

（7）单击其属性栏中的“删除节点”按钮，删除封闭图形的中间节点。

（8）在封闭图形的轮廓上单击鼠标左键，然后单击其属性栏中的“转换直线为曲线”按钮，在封闭图形的边上按住鼠标左键并拖动鼠标，效果如图14.2.8所示。

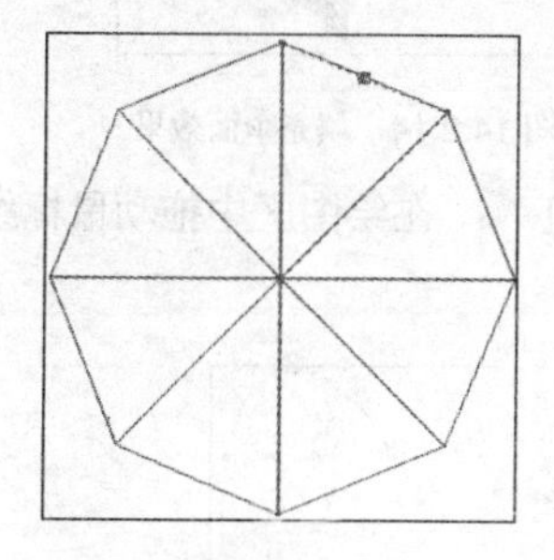

图14.2.7 单击图形外侧的中点

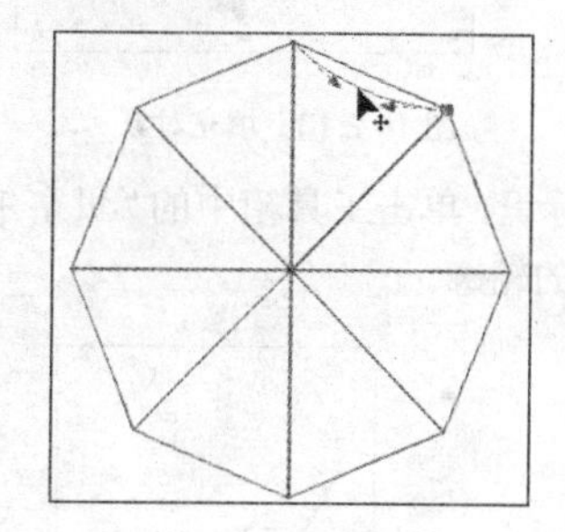

图14.2.8 调整曲线

（9）拖至合适位置后释放鼠标，完成一个伞面的制作。对照（6）~（8）的操作步骤制作其他的伞面，效果如图14.2.9所示。

（10）单击工具箱中的选择工具，框选绘图页面中的图形，如图14.2.10所示。

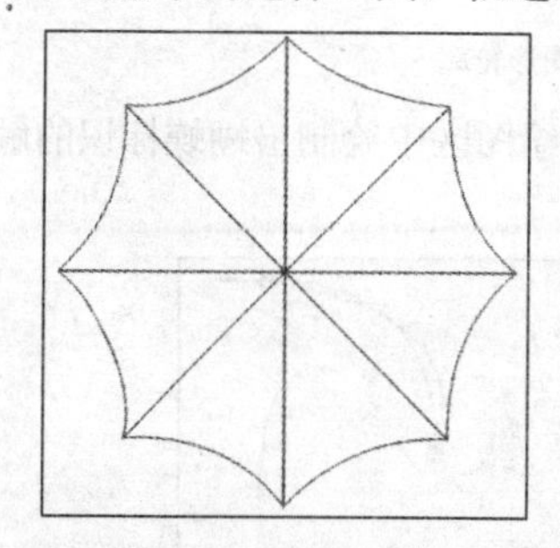

图14.2.9 调整曲线

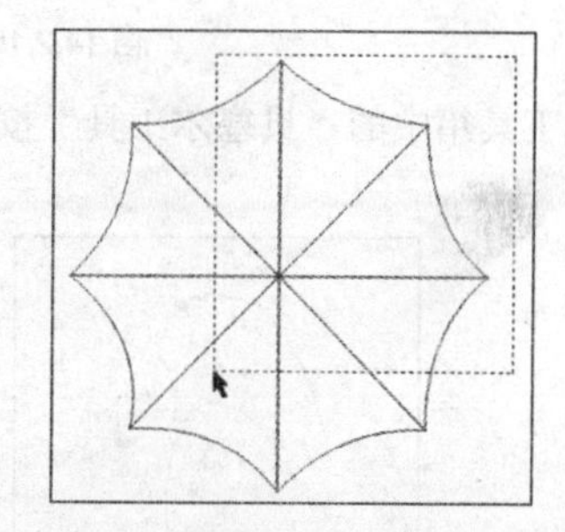

图14.2.10 框选绘图中的图形

（11）按住“Shift”键的同时，将鼠标指针移动到对象右上角的控制点上，按住鼠标左键沿斜左下方拖动该控制点，调整对象到合适的大小，释放鼠标左键的同时单击鼠标右键，复制对象。如图14.2.11所示。

（12）单击工具箱中的选择工具并按住“Shift”键，间隔性选择对象，如图 14.2.12 所示。

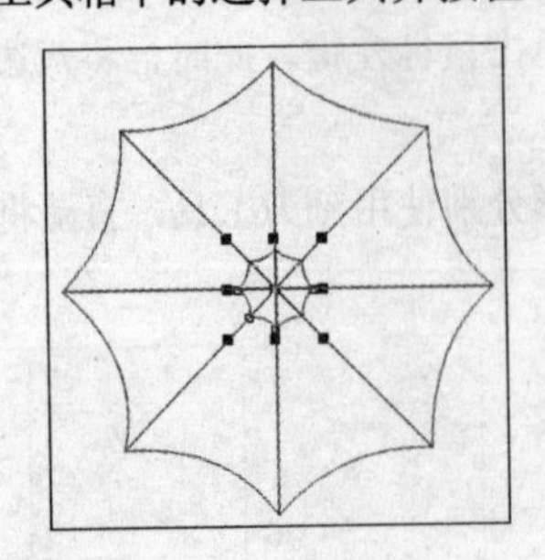
图 14.2.11　复制对象

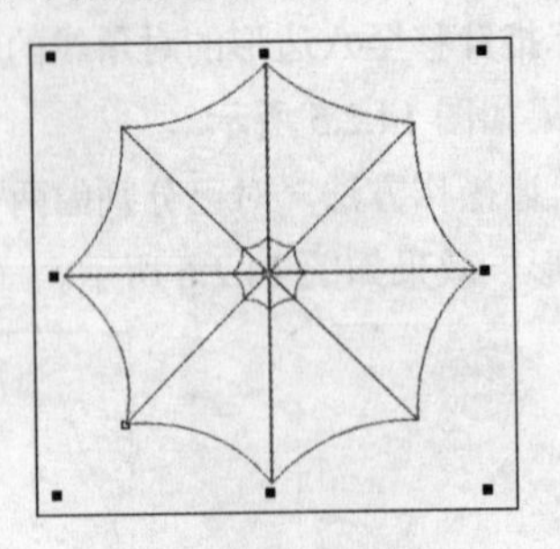
图 14.2.12　复制对象

（13）在调色板中的蓝色色块上单击鼠标左键，将所选的对象填充为蓝色，如图 14.2.13 所示。

（14）选中中间的图形，填充相反的颜色，完成伞面的填充，效果如图 14.2.14 所示。

图 14.2.13　填充对象

图 14.2.14　填充伞面效果

（15）绘制标识。单击工具箱中的“贝塞尔工具”按钮，在绘图区中拖动鼠标绘制如图 14.2.15 所示的蝴蝶标识的轮廓。

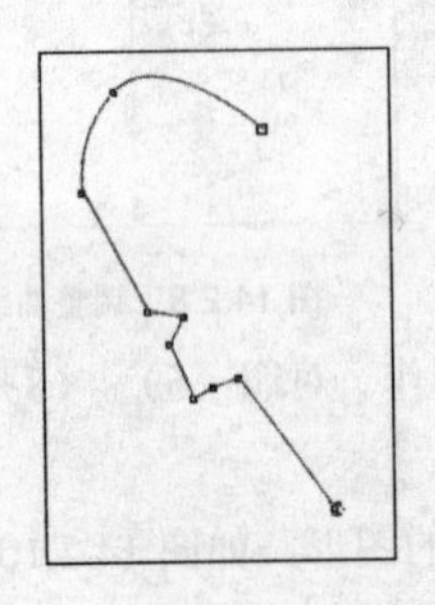
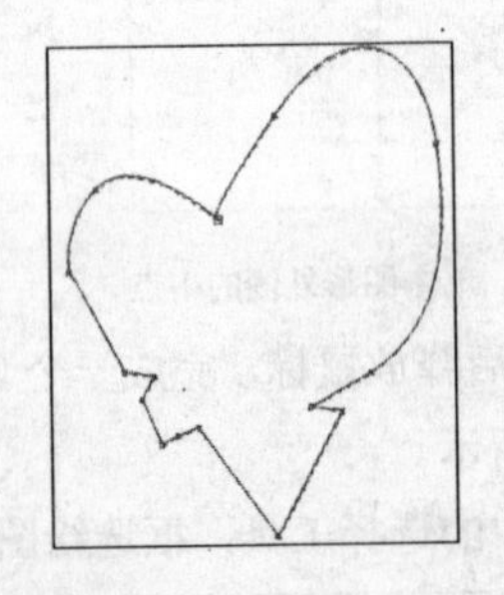
图 14.2.15　绘制标识图形轮廓

（16）单击工具箱中的“贝塞尔工具”按钮，在绘图区中绘制出蝴蝶标识的触角形状，如图 14.2.16 所示。

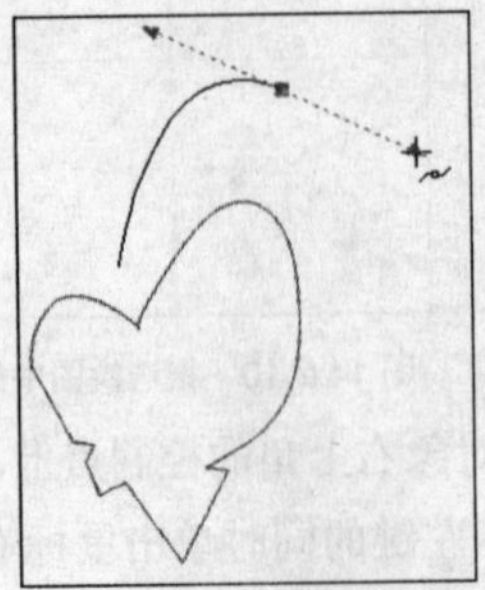
图 14.2.16　绘制蝴堞标识的触角

（17）选择工具箱中的形状工具，拖曳鼠标框选触角形状的所有节点，单击属性栏中的“使节点成为尖突”按钮，选择需要调节的节点，拖曳节点中的控制柄调节节点，效果如图 14.2.17 所示。

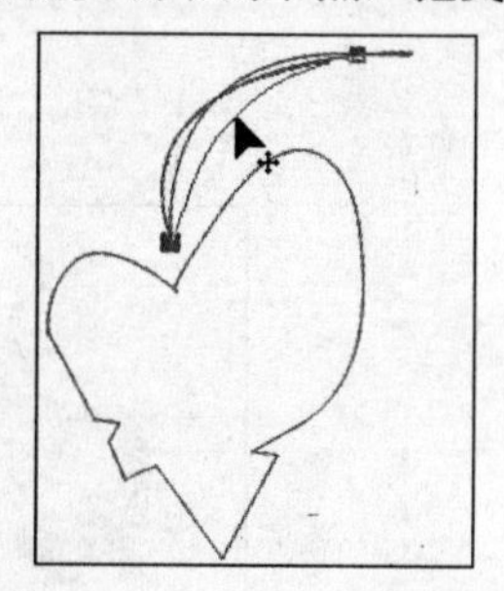

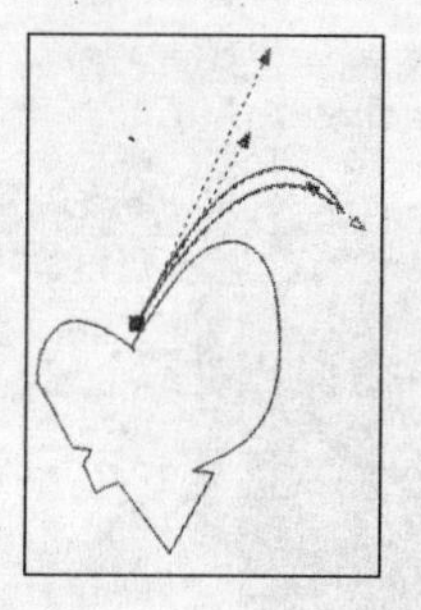

图 14.2.17 调节触角形状的节点

（18）用选择工具，选择调整好的节点，按“Ctrl”键的同时，按住鼠标左键并拖动触角对象右侧中部的控制点到另一边，释放鼠标左键的同时单击鼠标右键，将选中的对象进行镜像复制，如图 14.2.18 所示。

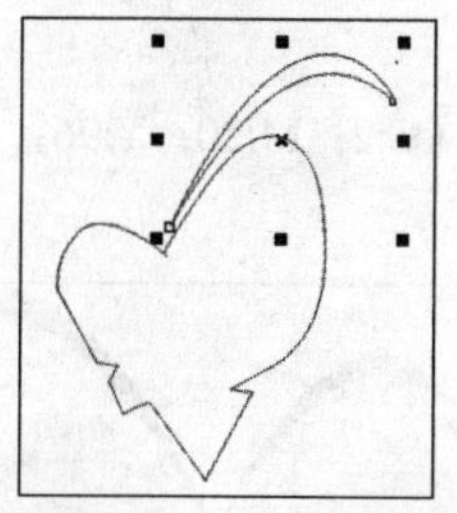

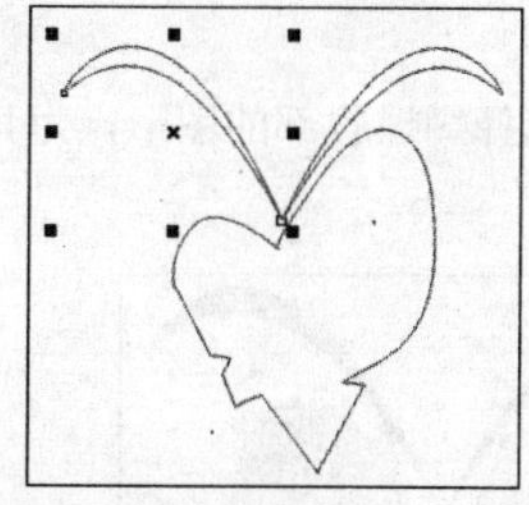

图 14.2.18 镜像复制所选对象

（19）保持镜像对象选中状态，将鼠标指针移至所选对象左上角的控制点上，按住鼠标左键向右下角拖动鼠标，调整到合适的大小后释放鼠标，效果如图 14.2.19 所示。

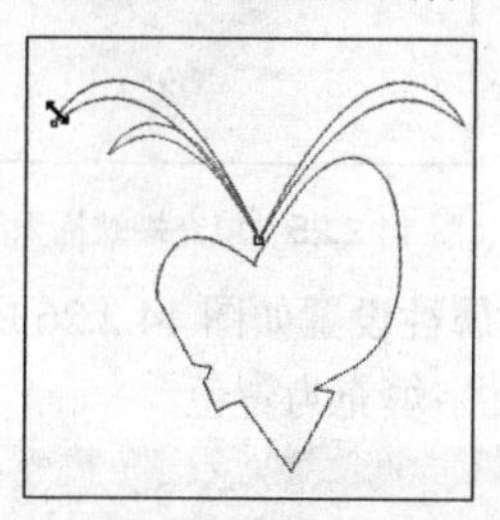

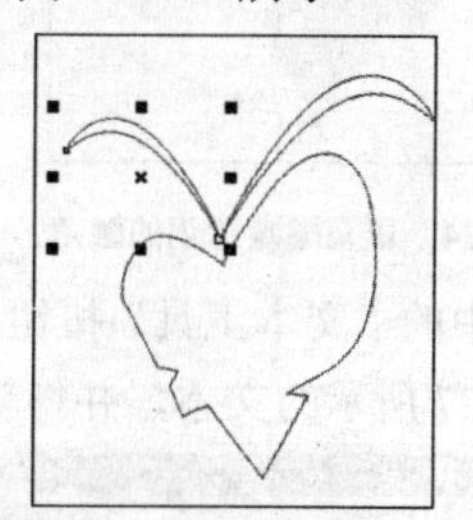

图 14.2.19 调整对象的大小

（20）单击工具箱中的“椭圆工具”按钮，在绘图区中绘制如图 14.2.20 所示的椭圆。

（21）用挑选工具选择椭圆对象，并将其放置到合适的位置，效果如图 14.2.21 所示。

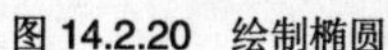

图 14.2.20 绘制椭圆　　图 14.2.21 调整椭圆

（22）用选择工具选择蝴蝶标识的轮廓，单击工具箱中的“填充对话框”按钮，弹出**均匀填充**对话框，设置参数如图 14.2.22 所示，填充效果如图 14.2.23 所示。

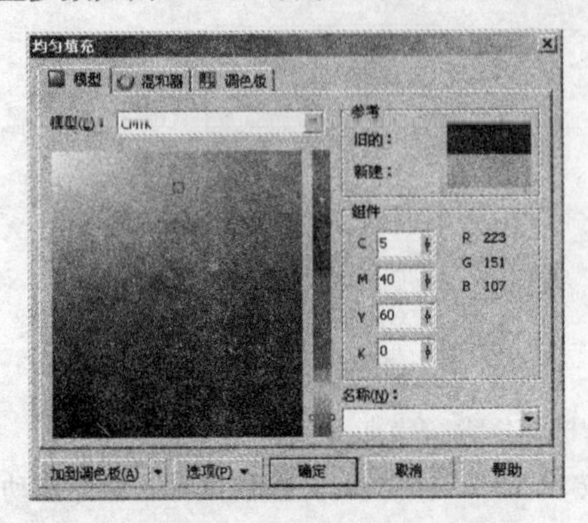

图 14.2.22 “均匀填充”对话框

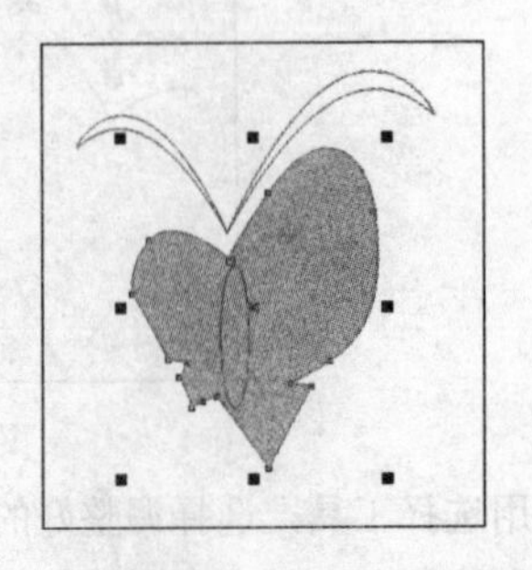

图 14.2.23 填充颜色

（23）用挑选工具选择蝴蝶标识的触角，为其填充（C:98；M:60；Y:1；K:0）的颜色，效果如图 14.2.24 所示。

（24）用挑选工具选择蝴蝶腹部的图形，为其填充（C:2；M:20；Y:96；K:0）的颜色，效果如图 14.2.25 所示。

图 14.2.24 填充蝴蝶标识的触角

图 14.2.25 填充蝴蝶标识的腹部

（25）单击工具箱中的“文本工具”按钮，其属性设置如图 14.2.26 所示，单击鼠标左键，在绘图区中输入如图 14.2.27 所示的文本，并将输入的文字填充为青色。

图 14.2.26 文本工具属性栏

图 14.2.27 输入文本并填充颜色

（26）用挑选工具选择页面中的蝴蝶标识和企业文字，按“Ctrl+G”快捷键将其群组，并将其旋转一定的角度，效果如图 14.2.28 所示。

（27）用挑选工具调整标志的大小，并移动标志至合适的位置，完成户外伞的平面制作，如图 14.2.29 所示。

图 14.2.28　旋转对象

图 14.2.29　添加标志

（28）单击工具箱中的“贝塞尔工具”按钮，在绘图区中拖动鼠标绘制封闭的曲线对象，如图 14.2.30 所示。

（29）单击工具箱中的“形状工具”按钮，框选所选曲线对象的 3 个节点，并在属性栏中单击“转换直线为曲线”按钮，然后分别单击每个节点并调整节点上的控制柄，即可改变曲线的弯曲程度，调整后的曲线效果如图 14.2.31 所示。

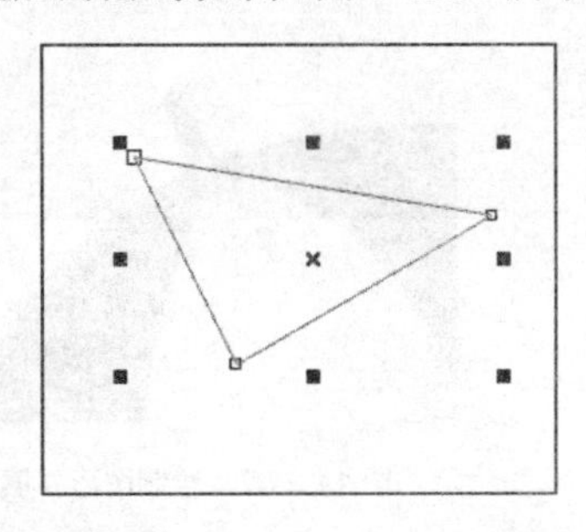

图 14.2.30　使用贝塞尔工具绘制图形

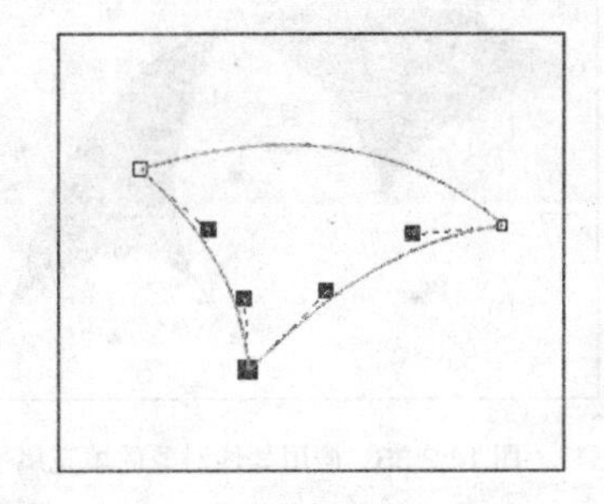

图 14.2.31　使用形状工具调整曲线

（30）在调色板中单击淡绿色色块，将调整后的曲线填充为红色。

（31）单击工具箱中的“贝塞尔工具”按钮，在绘图区中绘制封闭的曲线对象，如图 14.2.32 所示。

（32）单击工具箱中的“形状工具”按钮，框选所选对象的 3 个节点，并在属性栏中单击“转换直线为曲线”按钮，再通过调整节点上的控制柄，改变对象的形状，效果如图 14.2.33 所示。

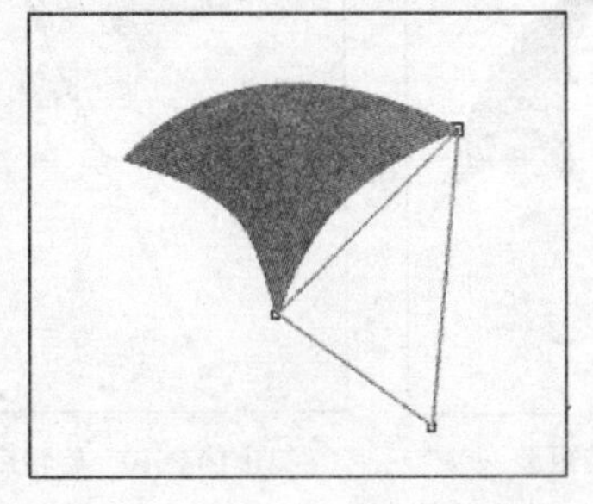

图 14.2.32　绘制封闭的对象

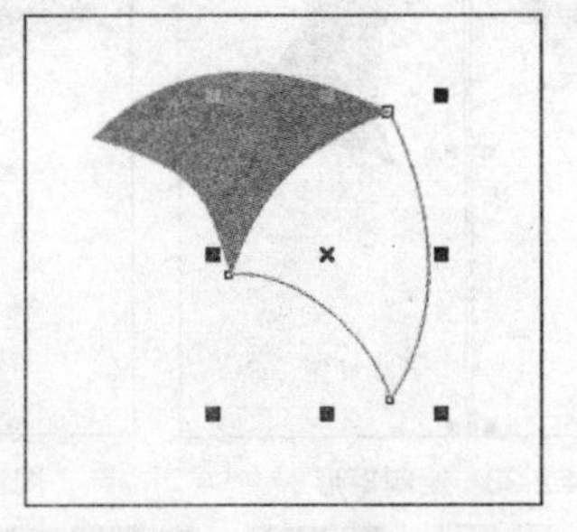

图 14.2.33　改变对象的形状

（33）在调色板中单击淡黄色，将调整后的图形填充为淡黄色，如图 14.2.34 所示。

（34）单击工具箱中的“贝塞尔工具”按钮，在绘图区中拖动鼠标绘制封闭图形。

（35）使用形状工具调整所绘图形的形状，如图 14.2.35 所示。

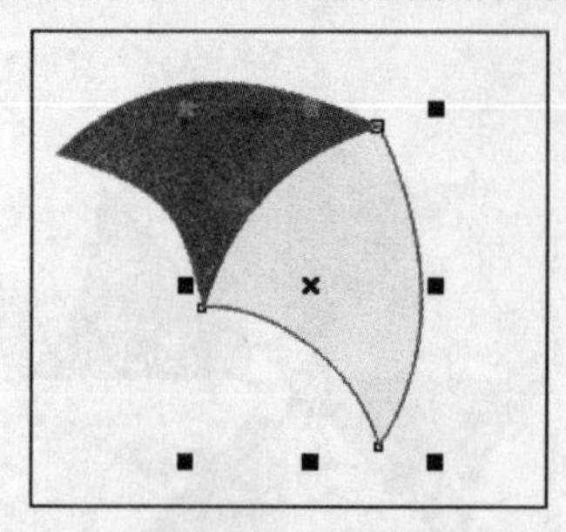
图 14.2.34　填充图形

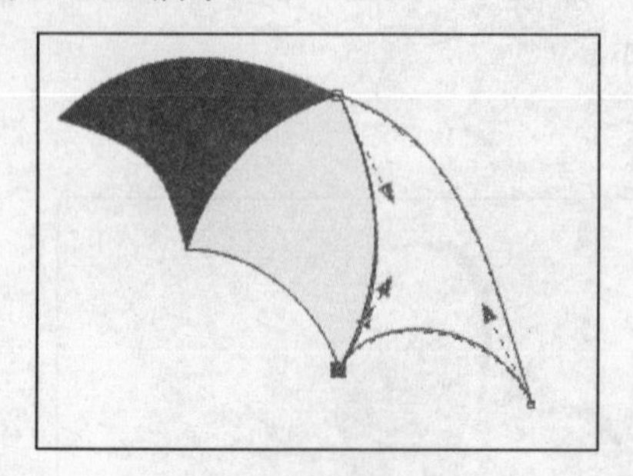
图 14.2.35　调整图形的形状

（36）选择菜单栏中的 编辑(E) → 复制属性自(M)... 命令，弹出 复制属性 对话框，选中 填充(F) 复选框，单击 确定 按钮，此时鼠标光标变为➡形状，在红色图形上单击，即可将红色图形的填充属性应用到所选的对象上，如图 14.2.36 所示。

（37）使用挑选工具选择淡绿色对象，将其复制、缩小，并填充淡红色，排放在淡绿色对象之上。

（38）使用 3 点椭圆工具在绘图区中绘制椭圆并将其填充为紫色，再使用贝塞尔工具在紫色椭圆上绘制一个封闭的对象，并填充为紫色，效果如图 14.2.37 所示。

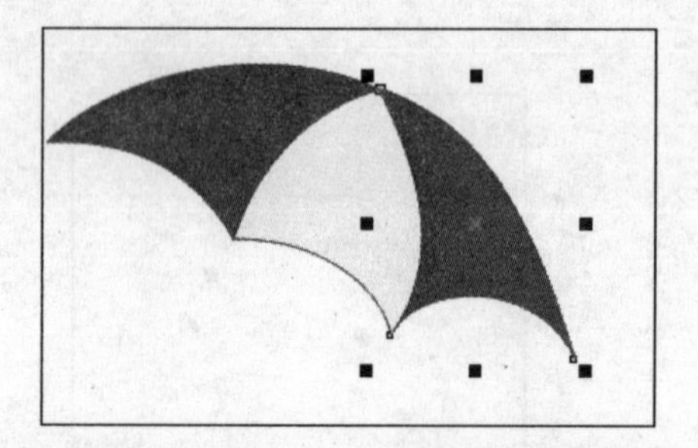
图 14.2.36　应用其他对象的填充属性

图 14.2.37　绘制图形并填充

（39）单击工具箱中的“矩形工具”按钮，在绘图区中绘制一个矩形，如图 14.2.38 所示。

（40）用挑选工具选择矩形，在矩形上单击鼠标左键两次，此时矩形的中心变成⊙形状，移动鼠标指针到矩形的 4 个角上，当鼠标指针变成↻形状时，按住鼠标左键拖动可旋转矩形，如图 14.2.39 所示，旋转到合适的位置后释放鼠标，并将其填充为 30%的黑色，效果如图 14.2.40 所示。

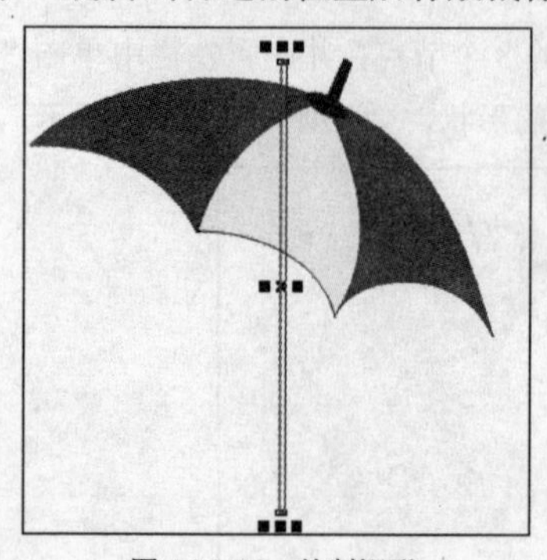
图 14.2.38　绘制矩形

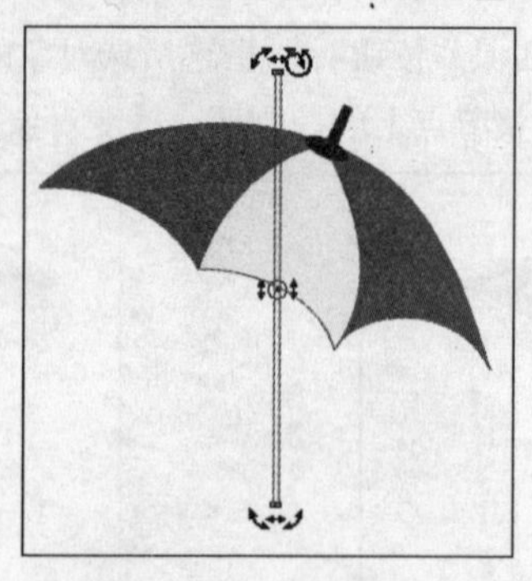
图 14.2.39　旋转矩形

图 14.2.40　旋转后的效果

（41）选择 排列(A) → 顺序(O) → 到页面后面(B) 命令，将所绘制的矩形置于页面的后面，如图 14.2.41

所示。

（42）单击工具箱中的“贝塞尔工具”按钮，在绘图区中拖动鼠标绘制如图 14.2.42 所示的封闭图形。

（43）单击工具箱中的“渐变填充对话框”按钮，为所绘制的封闭图形填充青色到白色的渐变效果，并去除其轮廓线，如图 14.2.43 所示。

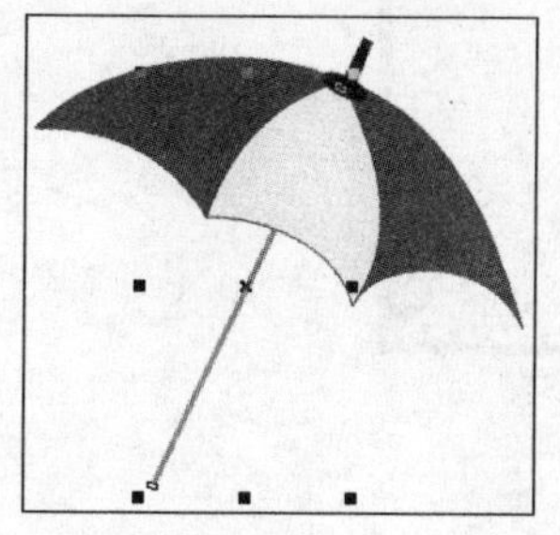

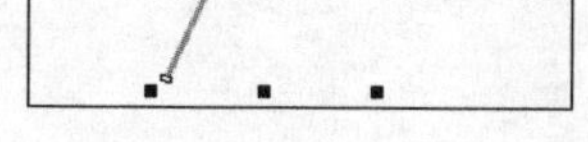

图 14.2.41　将矩形置于页面后面

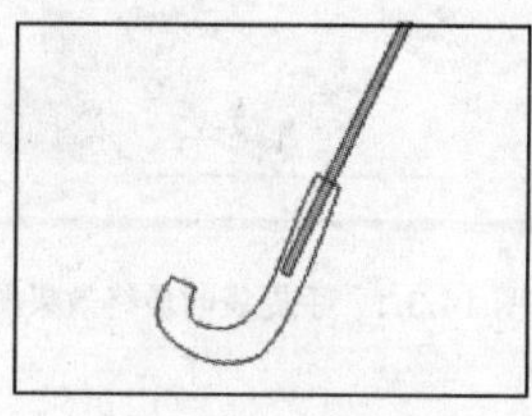

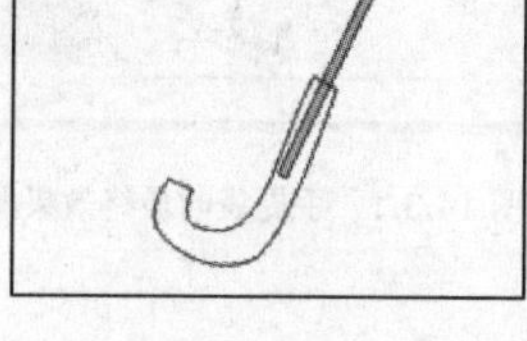

图 14.2.42　绘制封闭图形

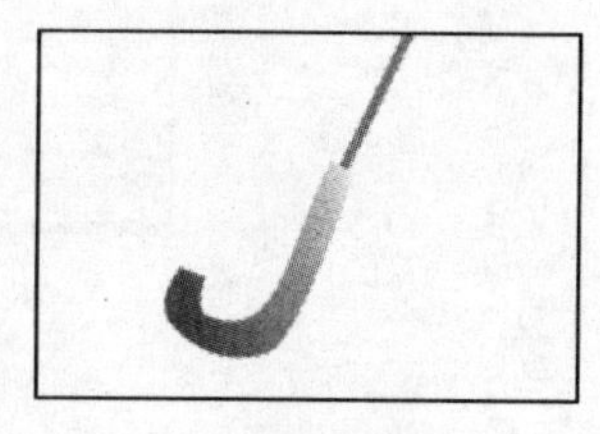

图 14.2.43　填充颜色

（44）用挑选工具将所绘制的图形全部选择，按“Ctrl+G”快捷键将所选对象群组。

（45）用挑选工具选择图 14.2.28 所绘制的标志图案，调整大小并移动至合适的位置，完成户外伞的立体效果制作，如图 14.2.44 所示。

图 14.2.44　添加标志

（46）参照上述方法制作其他颜色的伞，效果如图 14.2.1 所示。

案例3　企业手提袋设计

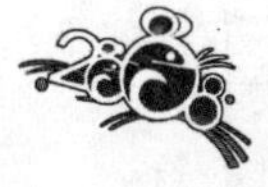

设计背景

本实例设计的是三圆纸业责任有限公司的手提袋，本例中的标识以青色为主色调，其冷静的色调显示了该企业高雅、干练、整洁的形象，它以该公司的三圆标识及公司名称为视觉中心，具备一定的美观性，使手提袋极大限度的发挥了宣传作用。

设计内容

本例将制作企业手提袋效果图，最终效果如图 14.3.1 所示。

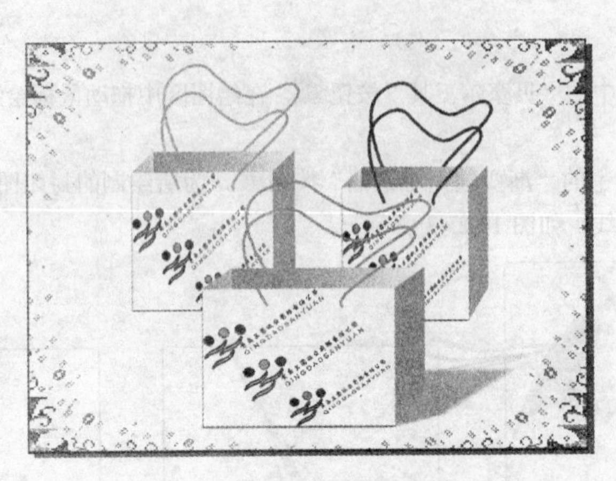

图 14.3.1　手提袋的最终效果图

设计要点

手提袋效果图的制作过程大致可分为新建、纸袋立体效果的设计、Logo 的设计。通过本实例的学习，初步掌握手提袋效果图的制作方法和技巧，从中领悟手提袋设计的方法和技巧。

（1）本实例中的手提袋结构简单，主要运用矩形工具、贝塞尔工具、添加透视、椭圆工具创建手提袋。

（2）利用对矩形工具、透视命令的灵活使用，使手提袋更为真实。

（3）重点掌握透视命令的运用，达到举一反三的作用。

操作步骤

（1）选择菜单栏中的 文件(F) → 新建(N) 命令，新建一个 A4 页面，页面方向为横向。

（2）单击工具箱中的“矩形工具”按钮，在绘图页面拖动鼠标，绘制大小为 130 mm×100 mm 和 20 mm×100 mm 的一大一小两个矩形，并将小矩形放置在大矩形的右侧，如图 14.3.2 所示。

（3）选中小矩形，选择 效果(C) → 添加透视(P) 命令，为所选矩形添加透视点，如图 14.3.3 所示。

图 14.3.2　绘制矩形

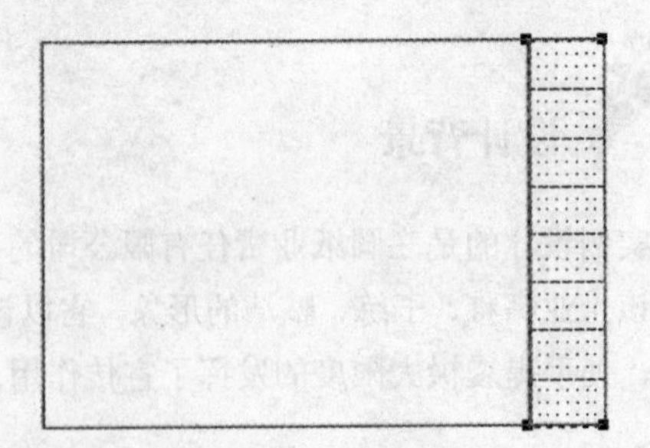

图 14.3.3　添加透视点

（4）按住节点拖动鼠标调整矩形形状，效果如图 14.3.4 所示。

（5）选择小矩形，按“Ctrl+D”快捷键再制一个矩形，放置在合适位置，效果如图 14.3.5 所示。

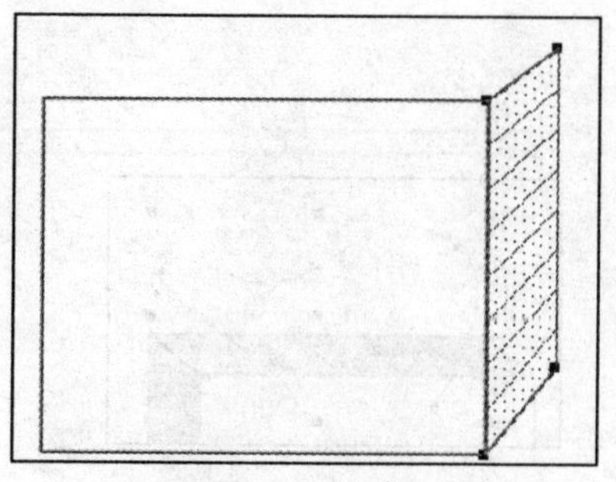

图 14.3.4 调整节点

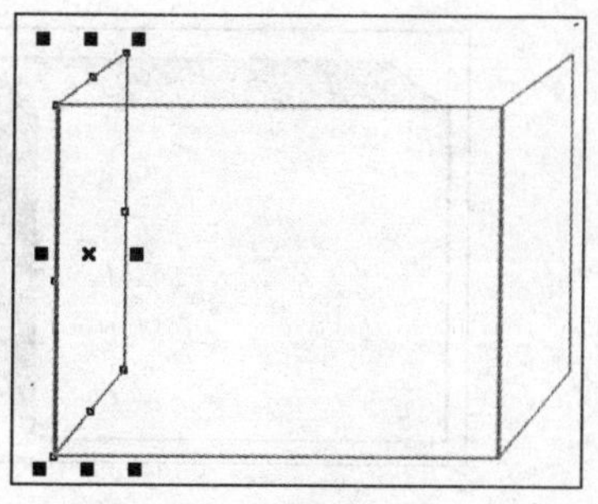

图 14.3.5 复制矩形

（6）用挑选工具选择大矩形，按“Ctrl+D”快捷键再制一个大矩形，将再制的对象放置在两个倾斜矩形的中间。

（7）选择 排列(A) → 顺序(O) → 到页面后面(B) 命令，将所复制的大矩形放置在所有对象的最后面，如图 14.3.6 所示。

（8）用挑选工具选择前面的大矩形，单击调色板的白色色块，将前面的大矩形填充为白色。

（9）选中右侧的小矩形，单击调色板中的粉蓝色色块，将右边的小矩形填充为粉蓝色，如图 14.3.7 所示。

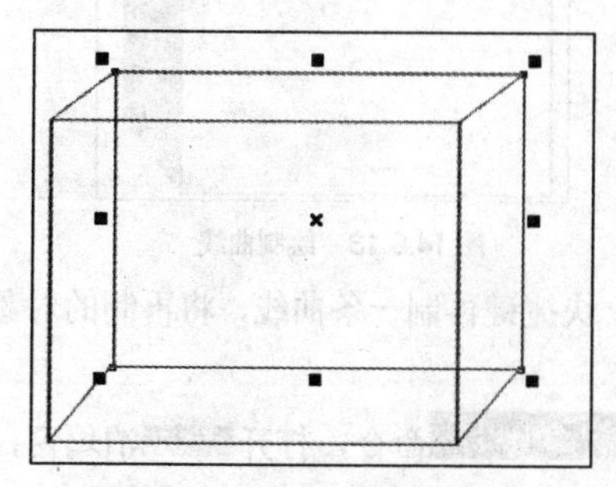

图 14.3.6 复制并调整矩形顺序

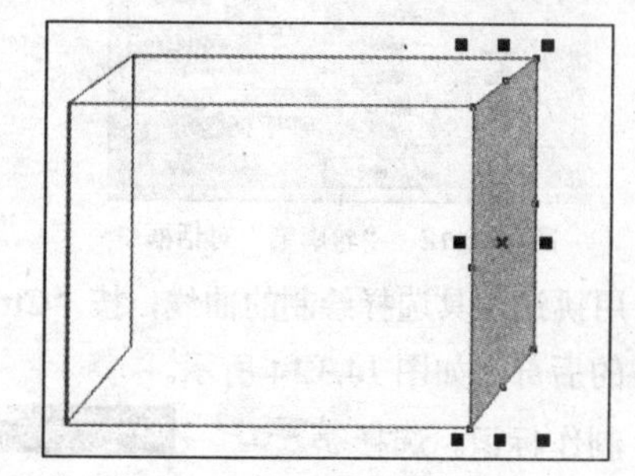

图 14.3.7 填充矩形

（10）用挑选工具选择左侧的小矩形，单击工具箱中的“渐变填充对话框”按钮，弹出渐变填充对话框，参数设置如图 14.3.8 所示，设置 70%黑到白的渐变效果，单击确定按钮效果如图 14.3.9 所示。

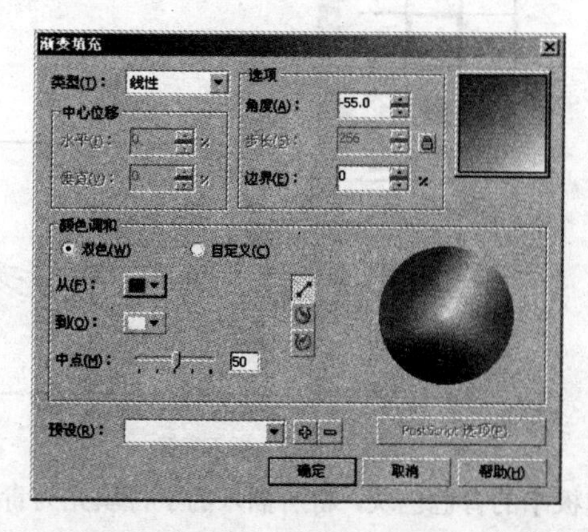

图 14.3.8 “渐变填充”对话框

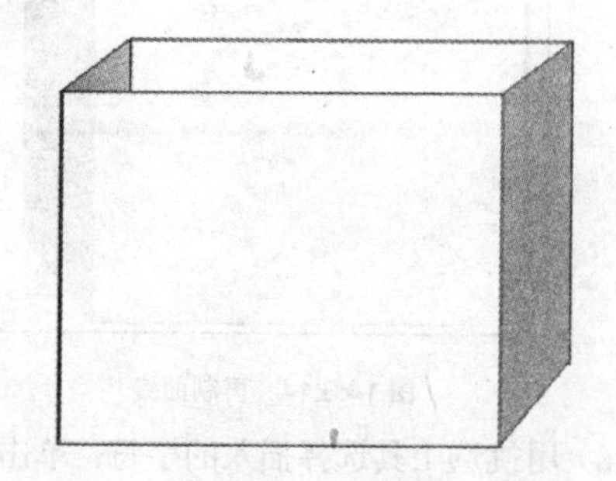

图 14.3.9 填充矩形

（11）参照步骤（10）的操作方法，填充后面的大矩形，效果如图 14.3.10 所示。

（12）单击工具箱中的“贝塞尔工具”按钮，在绘图页面中绘制如图 14.3.11 所示的曲线。

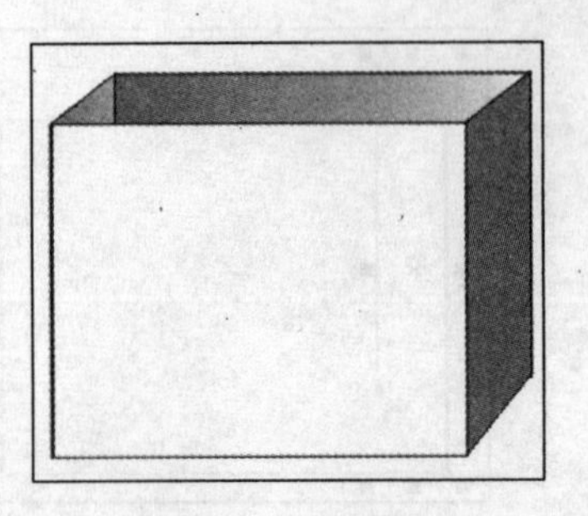

图 14.3.10　填充矩形

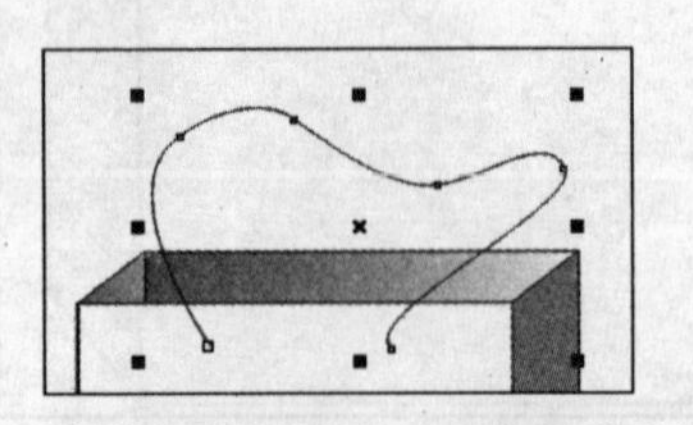

图 14.3.11　绘制曲线

（13）单击工具箱中的“轮廓工具”按钮，弹出轮廓笔对话框，设置参数如图 14.3.12 所示。设置线条的颜色为月光绿色，单击确定按钮，如图 14.3.13 所示。

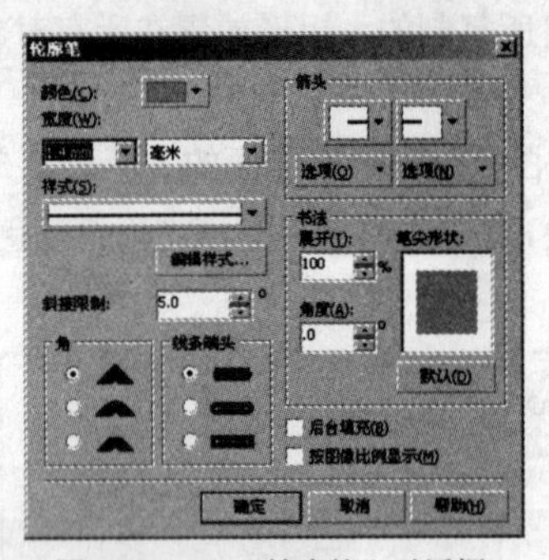

图 14.3.12　“轮廓笔”对话框

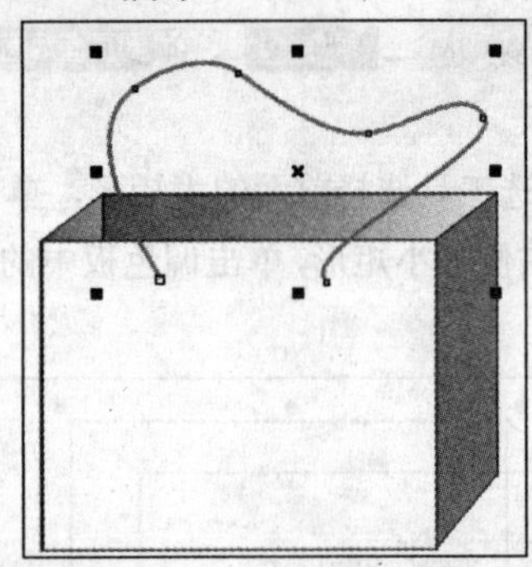

图 14.3.13　绘制曲线

（14）用挑选工具选择绘制的曲线，按“Ctrl+D”快捷键再制一条曲线，将再制的对象放置在所绘制的曲线的后部，如图 14.3.14 所示。

（15）制作标识。选择 文本(T) → 插入符号字符(H)　Ctrl+F11 命令，打开插入字符泊坞窗，从中挑选一种字符样式，单击插入(I)按钮，将所选字符插入到绘图页面中，如图 14.3.15 所示。

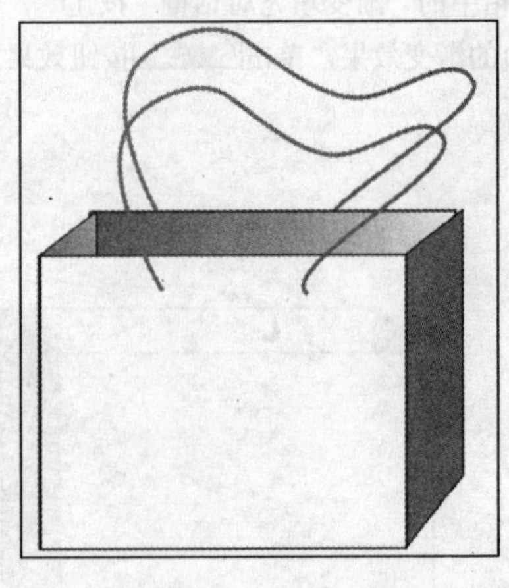

图 14.3.14　再制曲线

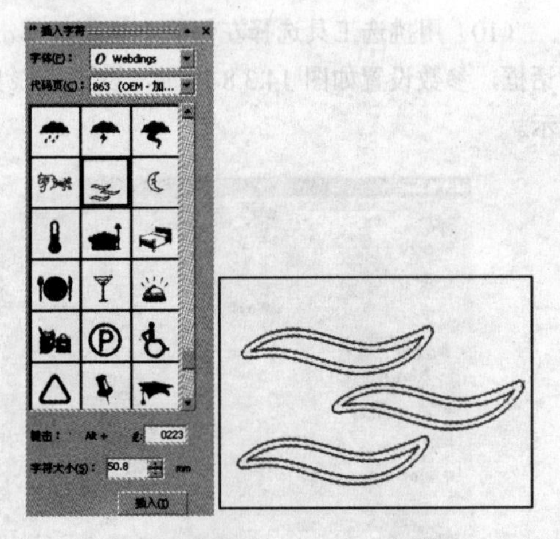

图 14.3.15　插入字符

（16）用挑选工具选择插入的字符，单击调色板中的青色色块，将所插入的字符填充为青色，如图 14.3.16 所示。

（17）单击工具箱中的“椭圆工具”按钮，在绘图页面中绘制三个颜色分别为蓝色、粉蓝色、天蓝色的椭圆对象，并移至字符对象的右上方，如图 14.3.17 所示。

图 14.3.16　填充颜色

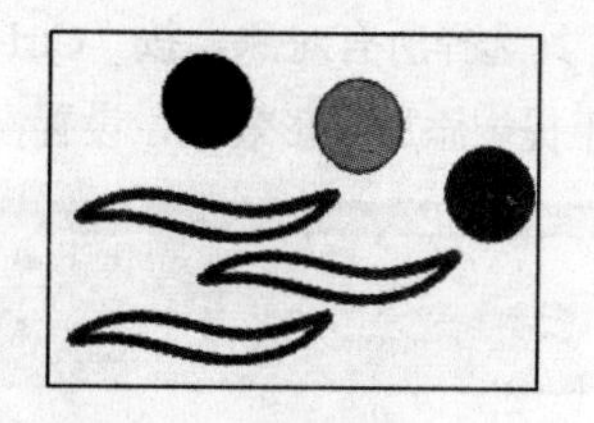

图 14.3.17　填充颜色

（18）单击工具箱中的“文本工具”按钮，其属性设置如图 14.3.18 所示，单击鼠标左键，在绘图区中输入如图 14.3.19 所示的文本，并将输入的文字填充为蓝色。

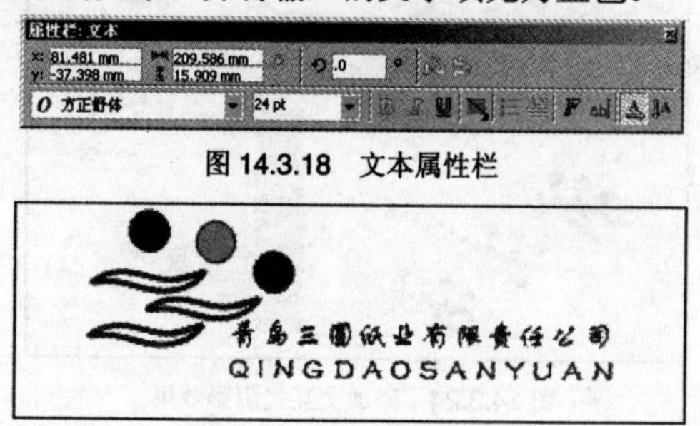

图 14.3.18　文本属性栏

图 14.3.19　输入文本

（19）用挑选工具选择绘制的标识和企业文字，按“Ctrl+G”键将其群组，并将其旋转一定的角度，效果如图 14.3.20 所示。

（20）用挑选工具选择旋转后的标识，按住鼠标左键拖动到合适的位置，释放鼠标左键的同时单击鼠标右键将其复制，效果如图 14.3.21 所示。

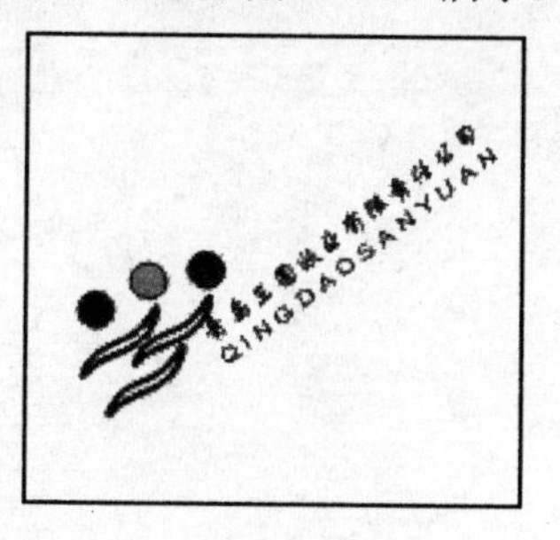

图 14.3.20　旋转对象

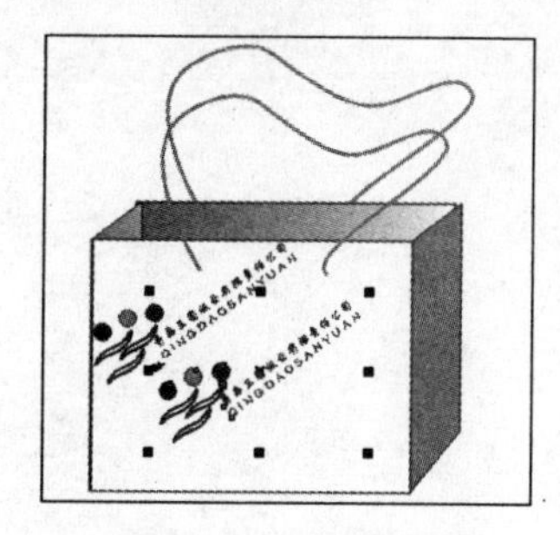

图 14.3.21　复制对象

（21）保持复制对象为选中状态，按“Ctrl+D”快捷键，按指定的间距再制对象，效果如图 14.3.22 所示。

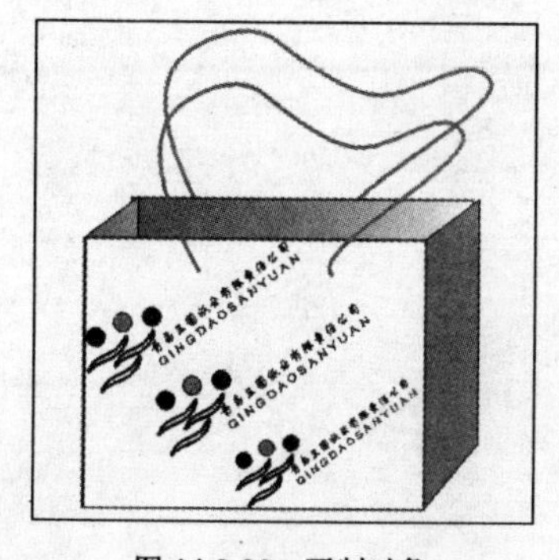

图 14.3.22　再制对象

（22）用挑选工具选择所有对象，按“Ctrl+G”键群组，单击工具箱中的“交互式阴影工具”按钮，为所绘制的手提袋添加阴影效果，设置参数如图 14.3.23 所示，阴影效果如图 14.3.24 所示。

图 14.3.23　交互式阴影属性栏

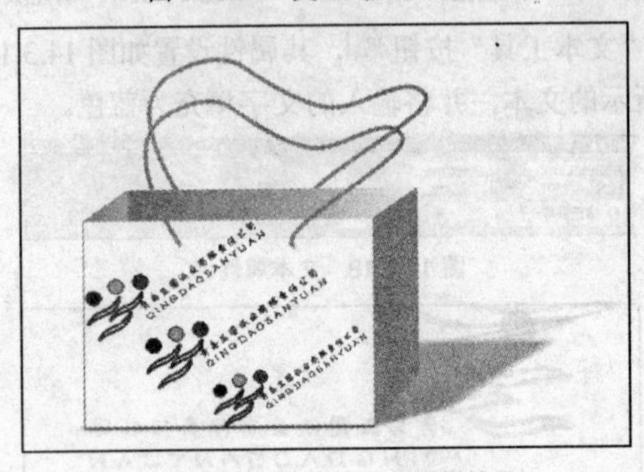

图 14.3.24　添加交互式阴影效果

（23）参照上述的方法制作更多的效果，如图 14.3.1 所示。

宣传广告设计

学习导航

宣传广告具有招揽顾客、促销商品的作用。在制作宣传广告时，主题要鲜明、色彩要明亮、内容要简单、便于记忆，同时形式与主题内容必须密切相关，宣传广告在传递企业产品和销售等方面信息的同时，也给大众以美的享受。

学习要点

- 掌上电脑宣传广告
- 房地产宣传广告
- 汽车宣传广告

案例 1　掌上电脑宣传广告

设计背景

本实例设计的是一个掌上电脑宣传页广告，本宣传页以亮丽的色彩搭配和醒目的文字来突出掌上电脑宣传页的主题，吸引消费者的目光，而明快的空间背景更衬托了掌上电脑的美感。利用风景素材的导入增加宣传页的修饰效果，使宣传页的设计更加符合美感与宣传统一化。

设计内容

本例将制作掌上电脑宣传页的广告效果图，最终效果如图 15.1.1 所示。

图 15.1.1　手机广告的最终效果图

设计要点

掌上电脑宣传页效果图的制作过程大致可分为建模、字体设计、掌上电脑设计、图案的设计。通过本实例的学习，掌握宣传页的制作方法和技巧，并从中领悟宣传设计的基本原理。

（1）本实例中的宣传页结构简单，色彩亮丽，运用文本工具、矩形工具、交互式调和工具、交互式阴影工具、轮廓工具等命令创建整个空间结构。

（2）利用背景的添加，使制作的宣传页更加美观。

（3）重点掌握宣传页中色彩的搭配。

操作步骤

（1）选择菜单栏中的 文件(F) → 新建(N) 命令，新建一个页面，选择 工具(O) → 选项(O)... 命令，

打开选项对话框，设置文件的宽度(W):为297，高度(E):为210，文本方向为横向(D)，单击确定按钮，完成页面的设置。

（2）双击工具箱中的“矩形工具”按钮，在绘图页面中绘制一个和背景一样大的矩形，单击调色板中的白色色块，将其填充为白色。

（3）按小键盘上的“+”键，复制矩形，将鼠标指针移至复制的矩形中间的控制柄上，拖动鼠标调整矩形的大小，如图15.1.2所示，单击调色板中的浅黄色色块，将复制的矩形填充为浅黄色，如图15.1.3所示。

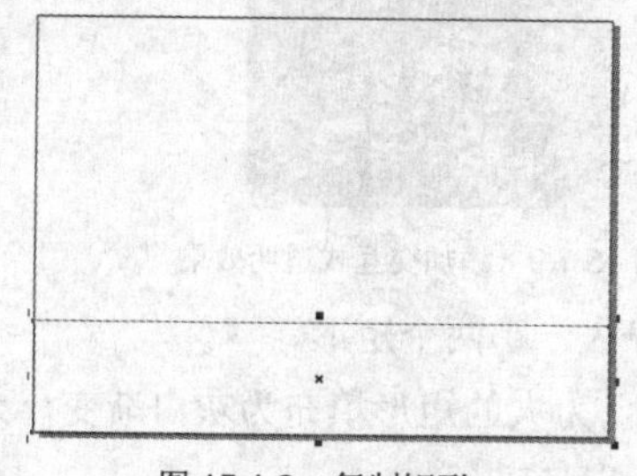

图15.1.2　复制矩形

图15.1.3　填充矩形

（4）选中图15.1.3所复制的矩形，按小键盘上的“+”键，将鼠标指针移至复制的矩形中间的控制柄上，拖动鼠标调整矩形的大小，移动到合适的位置，并更改矩形的填充颜色为冰蓝色，如图15.1.4所示。

（5）选择文件(F)→导入(I)...，导入一幅素材文件，调整其大小和位置，如图15.1.5所示。

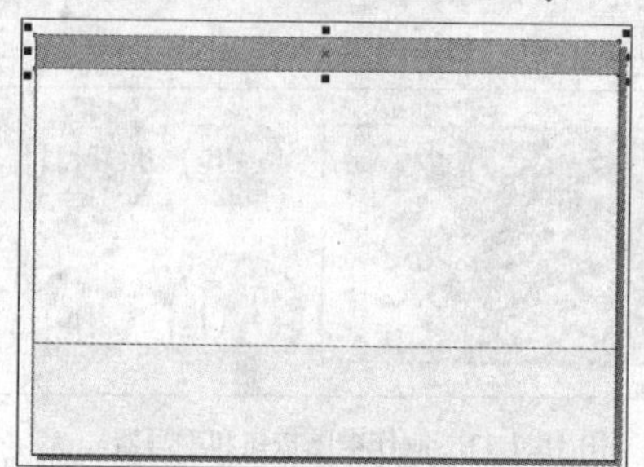

图15.1.4　复制并更改矩形的颜色

图15.1.5　导入素材文件

（6）单击工具箱中的“交互式透明工具”按钮，属性设置如图15.1.6所示，为导入的素材添加透明效果，如图15.1.7所示。

图15.1.6　交互式透明工具属性栏

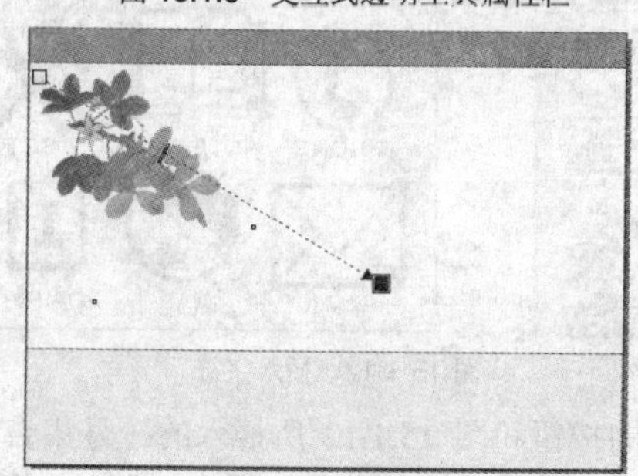

图15.1.7　交互式透明效果

（7）制作掌上电脑。单击工具箱中的“矩形工具”按钮，绘制一个 90 mm×120 mm 的矩形，设置矩形的边角圆滑度为 10，填充为黑色，如图 15.1.8 所示。

（8）单击工具箱中的“交互式透明工具”按钮，对矩形进行黑白渐变，如图 15.1.9 所示。

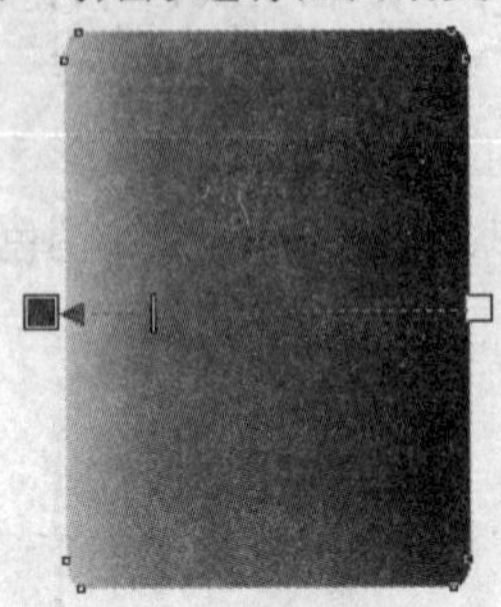

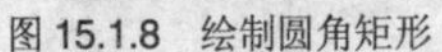

图 15.1.8　绘制圆角矩形　　图 15.1.9　添加交互式透明效果

（9）单击工具箱中的“矩形工具”按钮，绘制一大一小两个矩形。

（10）单击工具箱中的“渐变填充对话框”按钮，为大的矩形填充为灰白渐变，为第二个小矩形填充为蓝白渐变。

（11）单击工具箱中的“交互式透明工具”按钮，为小矩形填充交互式透明效果，如图 15.1.10 所示。

（12）用选择工具选择一大一小两个矩形，按“Ctrl+D”再制一个矩形。

（13）用图（7）~（12）的制作方法，制作掌上电脑的按钮和手写器，输入文字，效果如图 15.1.11 所示。

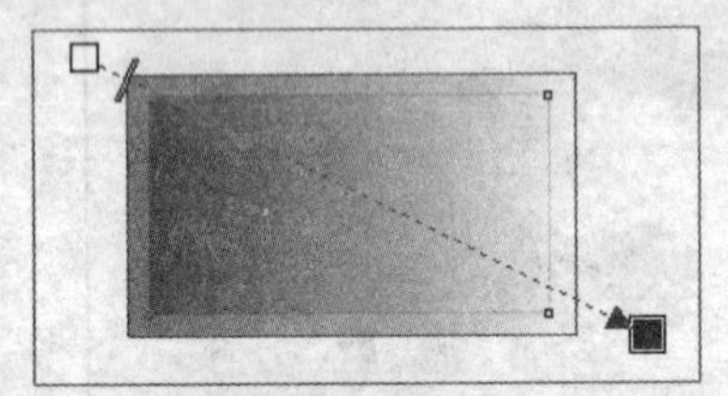

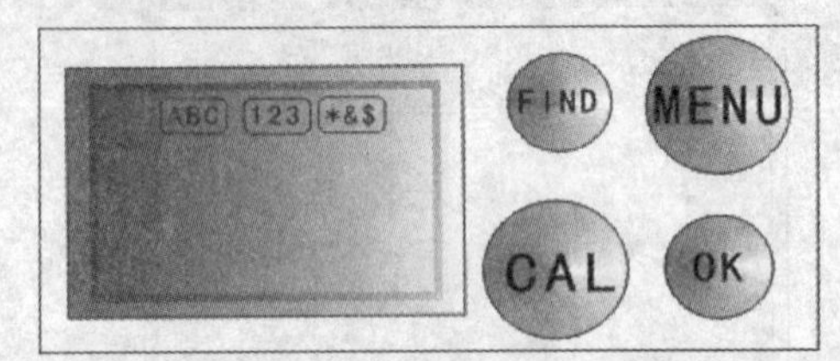

图 15.1.10　渐变填充矩形　　图 15.1.11　制作电脑按钮和手写器

（14）选择菜单中的文本(T)→插入符号字符(H)　Ctrl+F11命令，打开插入字符泊坞窗，从中选择所需的图形，单击插入(I)按钮，完成图形的插入，如图 15.1.12 所示。

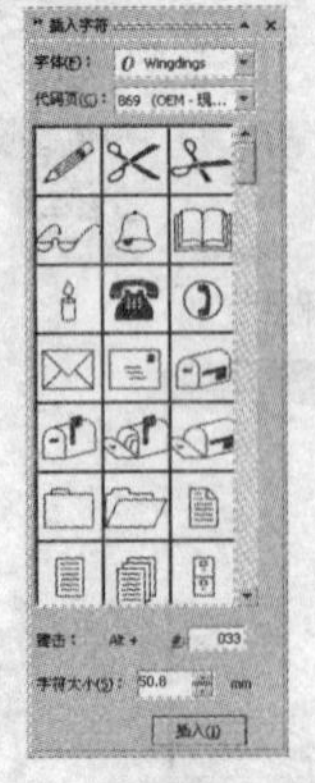

图 15.1.12　插入字符

（15）将图 15.1.11 所绘制的按钮和图 15.1.12 所插入的符号集合起来，放于合适的位置，如图 15.1.13 所示。

（16）制作电池。单击工具箱中的“矩形工具”按钮，绘制一个矩形。

（17）单击工具箱中的“手绘工具”按钮，在绘图页面中绘制一排直线，设置直线的轮廓为 8 点轮廓，将所绘制的直线放置于矩形中，效果如图 15.1.14 所示。

（18）单击工具箱中的“贝塞尔工具”按钮，在页面中绘制如图 15.1.15 所示的封闭曲线。

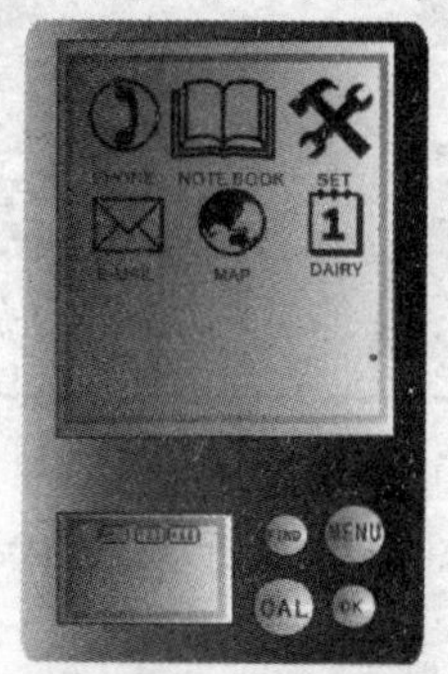

图 15.1.13　组合图形

图 15.1.14　制作电池

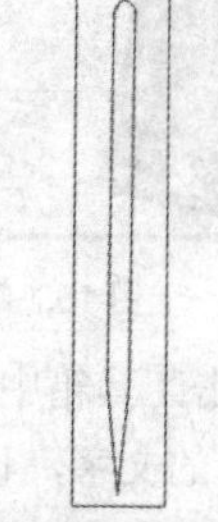

图 15.1.15　绘制封闭曲线

（19）单击工具箱中的“渐变填充对话框”按钮，弹出渐变填充对话框，为所绘制的封闭曲线填充黑色到灰色的渐变，设置参数如图 15.1.16 所示，填充效果如图 15.1.17 所示。

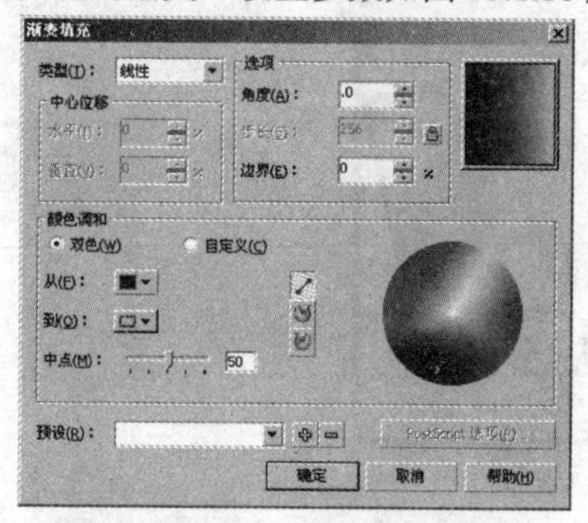

图 15.1.16　“渐变填充”对话框

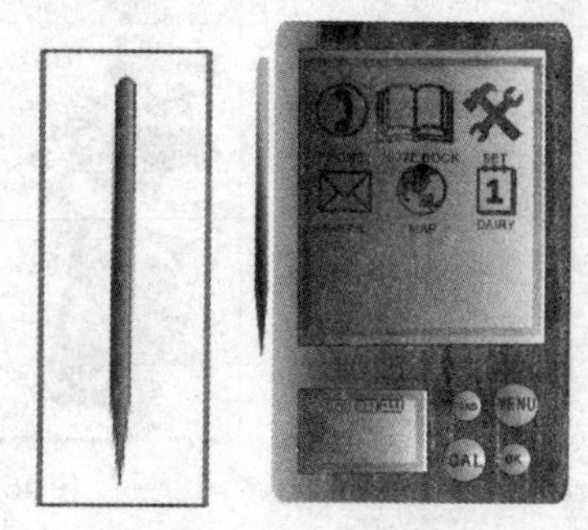

图 15.1.17　填充效果

（20）用挑选工具选择所有绘制的对象，按“Ctrl+G”快捷键群组对象，按“Ctrl+D”再制一个，调整其位置和角度，如图 15.1.18 所示。

（21）单击工具箱中的“椭圆工具”按钮，绘制一大一小两个椭圆，单击调色板中的沙黄色色块，将其填充为沙黄色，如图 15.1.19 所示。

图 15.1.18　复制并调整掌上电脑位置

图 15.1.19　绘制椭圆并填充

（22）选择 排列(A)→造形(P) 命令，打开造形泊坞窗，在其下拉列表中选择 焊接 命令，焊接椭圆，用鼠标右键单击调色板中的“无轮廓”按钮，删除焊接图形的轮廓，效果如图 15.1.20 所示。

（23）按小键盘上的“+”键复制焊接图形，并将其调整至合适的大小，单击调色板中白色色块，填充复制的图形的颜色为白色，效果如图 15.1.21 所示。

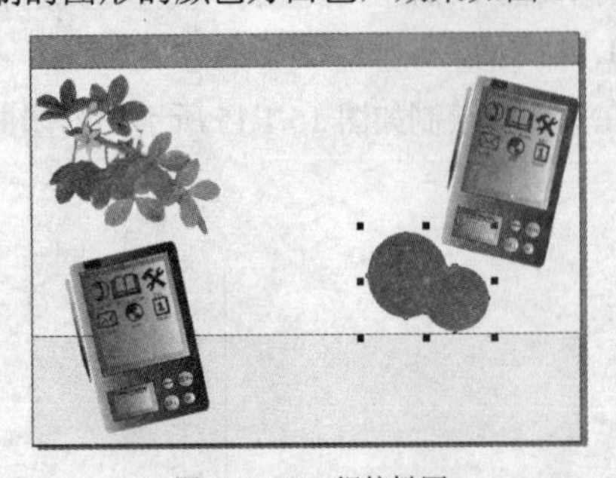

图 15.1.20　焊接椭圆

图 15.1.21　复制并填充椭圆

（24）单击工具箱中的“文本工具”按钮，设置属性如图 15.1.22 所示，在绘图页面中输入如图 15.1.23 所示的文字，设置字体颜色为蓝色。

图 15.1.22　文本属性栏

图 15.1.23　输入文本

（25）用挑选工具选择输入的文字，拖动鼠标调整文字的角度和位置，如图 15.1.24 所示。

（26）单击工具箱中的“文本工具”按钮，在绘图页面中输入文字“e”，设置其字体为 Century Gothic，字体大小为 150 pt，字体颜色为桔色，如图 15.1.25 所示。

图 15.1.24　调整文本的位置

图 15.1.25　输入文本

（27）单击工具箱中的“交互式立体化工具”按钮，为所输入的文字添加交互式立体化效果，设置属性如图 15.1.26 所示，效果如图 15.1.27 所示。

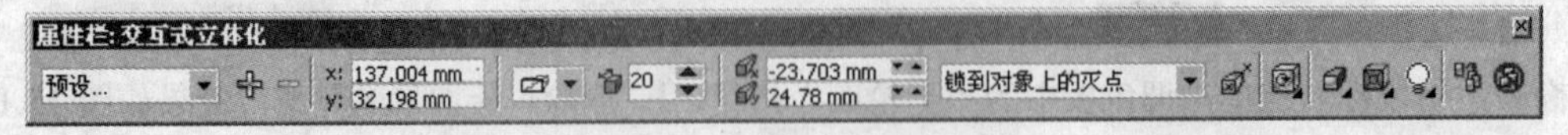

图 15.1.26　交互式立体化属性栏

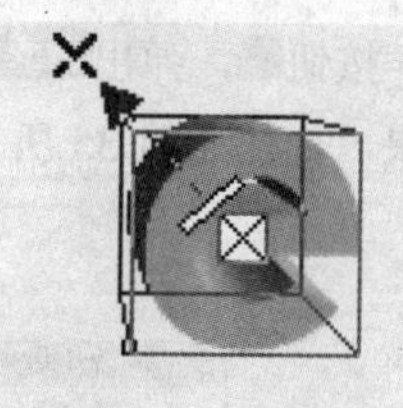

图 15.1.27　添加交互式立体化效果

（28）单击工具箱中的“文本工具”按钮，设置属性如图 15.1.28 所示，在绘图页面中输入如图 15.1.29 所示的文字。

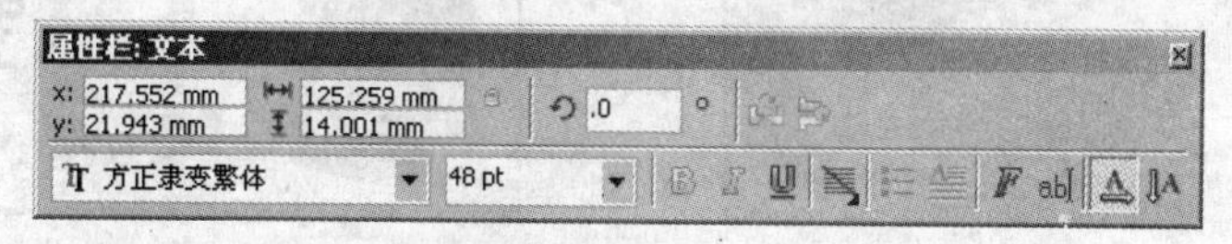

图 15.1.28　文本属性栏

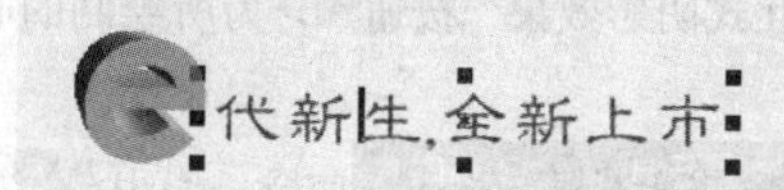

图 15.1.29　输入文本

（29）单击工具箱中的“渐变填充对话框”按钮，弹出渐变填充对话框，设置参数如图 15.1.30 所示，为输入的文字填充渐变效果，如图 15.1.31 所示。

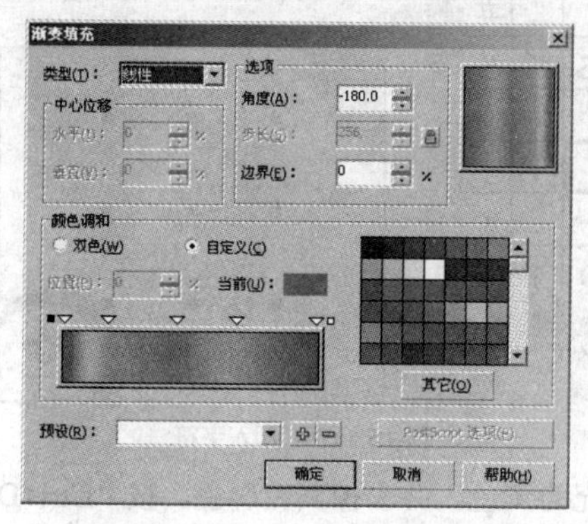

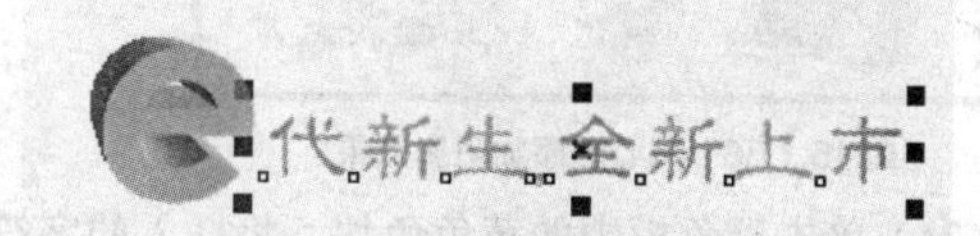

图 15.1.30　“渐变填充”对话框　　　图 15.1.31　渐变填充文字

（30）单击工具箱中的“基本形状”按钮，在其属性栏中单击按钮，从弹出的基本形状面板中选择心形的图形，如图 15.1.32 所示，在页面中拖动鼠标绘制心形，如图 15.1.33 所示。

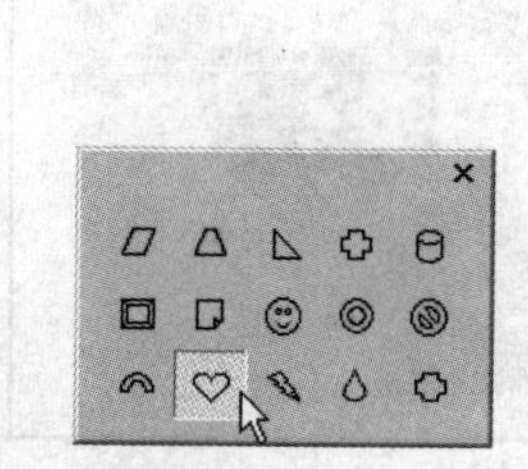

图 15.1.32　基本形状面板

图 15.1.33　绘制心形

（31）单击工具箱中的“渐变填充对话框”按钮■，弹出渐变填充对话框，设置参数如图 15.1.34 所示，为绘制的心形填充红色到白色的渐变效果，如图 15.1.35 所示。

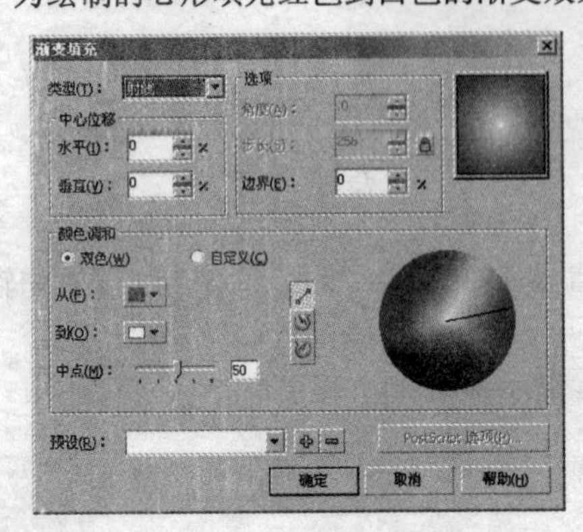

图 15.1.34　“渐变填充”对话框

图 15.1.35　渐变绘制的心形

（32）单击工具箱中的“交互式阴影效果”按钮，为所绘制的心形填充黄色的阴影效果，如图 15.1.36 所示。

（33）选择 文本(T) → 插入符号字符(H) Ctrl+F11 命令，打开插入字符泊坞窗，从中挑选一种字符样式，单击 插入(I) 按钮，将所选字符插入到绘图页面中，如图 15.1.37 所示。

图 15.1.36　为心形添加阴影效果

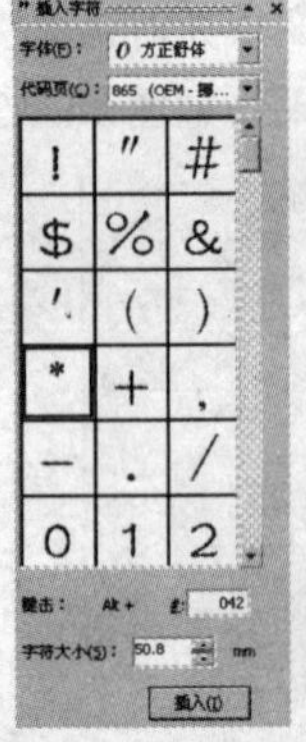

图 15.1.37　插入字符

（34）单击调色板中的黄色色块，将插入的字符填充为黄色，并去掉其轮廓色，按“Ctrl+D”再制一个对象，分别放于绘制的心形图案的两边，效果如图 15.1.38 所示。

（35）单击工具箱中的“文本工具”按钮，设置其字体为 方正舒体 ，字体大小为 100 pt ，设置字体颜色为蓝色，在心形的中间输入文字“动”，如图 15.1.39 所示。

图 15.1.38　复制并调整字符的位置

图 15.1.39　输入文字

（36）单击工具箱中的“文本工具”按钮，设置其字体属性如图15.1.40所示，在绘图页面中输入文字“不如行动”，如图15.1.41所示。

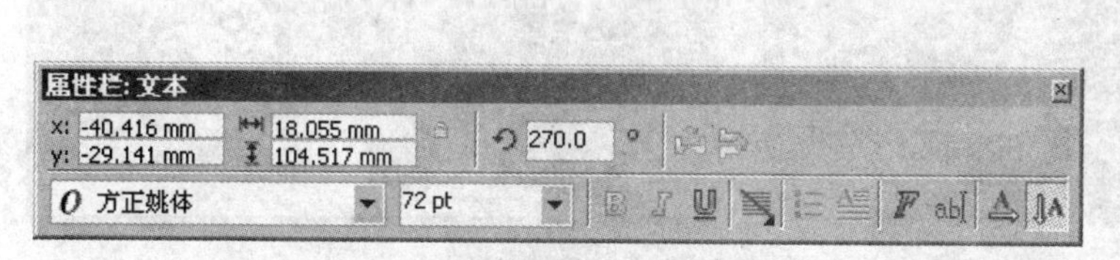

图15.1.40 文本属性栏

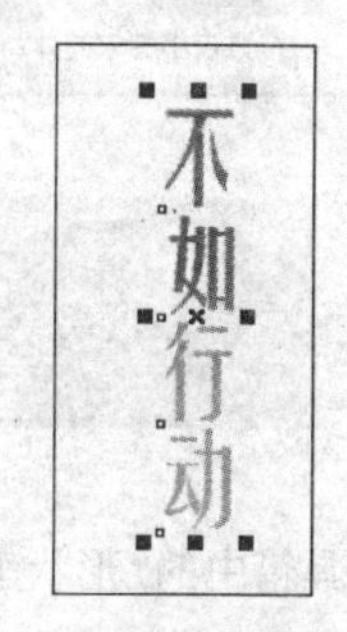

图15.1.41 输入文本

（37）单击工具箱中的“渐变填充对话框”按钮，弹出渐变填充对话框，设置参数如图15.1.42所示，为输入的文本填充渐变效果，如图15.1.43所示

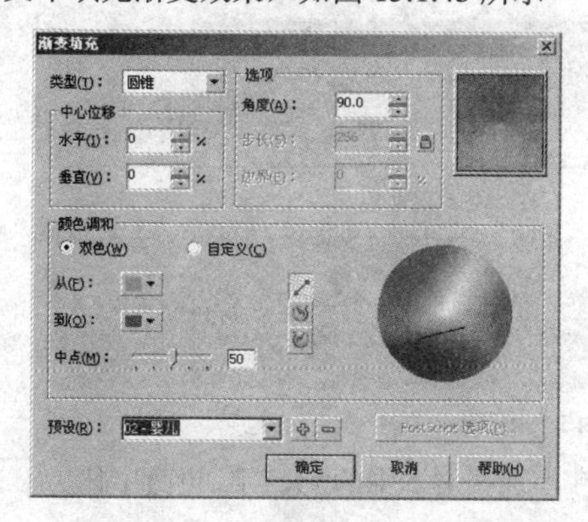

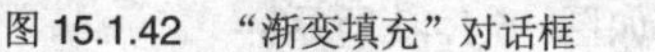

图15.1.42 “渐变填充”对话框

图15.1.43 填充字体

（38）单击工具箱中的“贝塞尔工具”按钮，在绘图页面中绘制如图15.1.44所示的曲线。

（39）用挑选工具选择输入的字体，选择文本(T)→使文本适合路径(T)命令，拖动鼠标在所绘制的路径上单击，使所输入的文本适合路径，并将所绘制的路径删除，效果如图15.1.45所示。

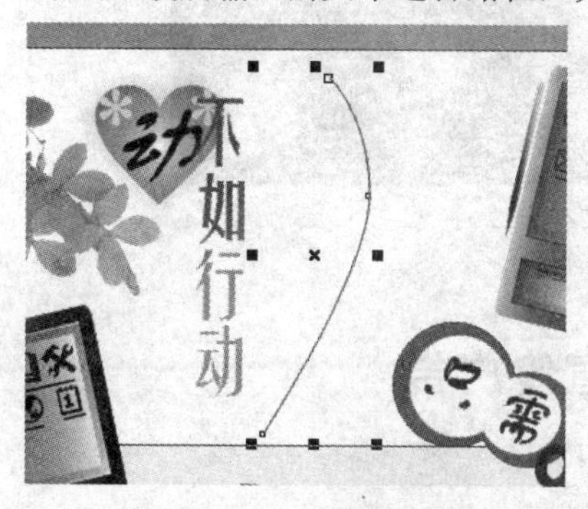

图15.1.44 绘制曲线

图15.1.45 使路径适合文本

（40）选择文件(F)→导入(I)...，导入一张素材文件，调整其大小、位置作为宣传页的背景，如图15.1.46左图所示。

（41）选择效果(C)→图框精确剪裁(W)→放置在容器中(P)...命令，在宣传页上单击，作为宣传页的背景，效果如图15.1.46右图所示。

图 15.1.46　导入图片作为背景

（42）单击工具箱中的“文本工具”按钮，设置其字体属性如图 15.1.47 所示，在绘图页面中输入文字“思博掌上电脑　火热销售中”，如图 15.1.48 所示，设置字体颜色为蓝色。

图 15.1.47　文本属性栏

图 15.1.48　输入文本

（43）单击工具箱中的“形状工具”按钮，选择文本中的“火”字，更改字体为 方正舒体，字体大小为 150 pt，设置字体颜色为红色，如图 15.1.49 所示。

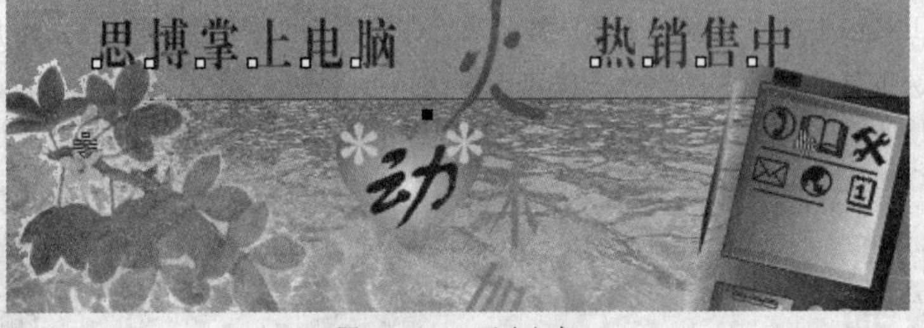

图 15.1.49　更改文本

至此，掌上电脑宣传广告最终效果如图 15.1.1 所示。

案例 2　房地产宣传广告

设计背景

本实例设计的是一个房地产宣传广告，本宣传页以亮丽的色彩搭配来突出房地产宣传的主题，给人以强烈的视觉冲击，精简的语言对楼盘项目的优点进行陈述，使消费者快速了解该楼盘，在第一时间让消费者对项目产生兴趣。

设计内容

本例将制作房地产宣传广告，效果如图 15.2.1 所示。

图 15.2.1　房地产宣传广告最终效果图

设计要点

房地产宣传广告效果图的制作过程大致可分为新建、色彩设计、字体设计、图案的设计、广告标识的设计。通过本实例的学习，掌握宣传页的制作方法和技巧，从中领悟房地产宣传设计的基本原理。

（1）本实例中的宣传页色彩亮丽，语言精简，运用文本工具、交互式阴影工具与交互式透明工具等命令创建整个空间结构。

（2）利用特效文字的添加，使制作的宣传页更加美观、直白。

（3）重点掌握房地产宣传页色彩的搭配，以抢眼的效果，达到该广告预期的效果。

（4）最后绘制路线图，以直观的方式让消费者快速了解该楼盘的地理位置。

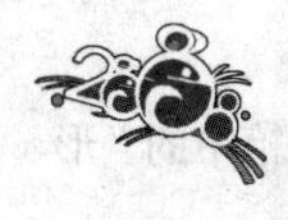

操作步骤

（1）选择菜单栏中的 文件(F) → 新建(N) 命令，新建一个 A4 页面，设置页面方向为竖向。

（2）双击工具箱中的“矩形工具”按钮，绘制与页面相同大小的矩形，再单击工具箱中的“填充对话框”按钮，可弹出 均匀填充 对话框，颜色设置如图 15.2.2 所示。

（3）单击 确定 按钮，即可填充矩形。

（4）使用挑选工具选择填充后的矩形，按小键盘上的“+”键，可原位置复制矩形，然后用鼠标将矩形上方的控制点向下拖动垂直缩小矩形，再单击调色板中的黑色，将其填充为黑色，如图 15.2.3 所示。

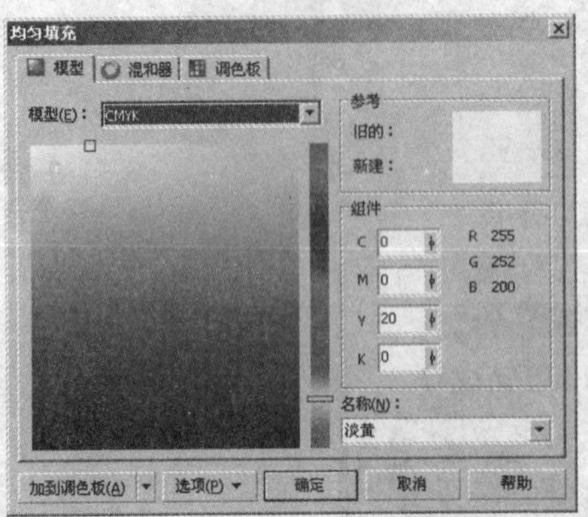

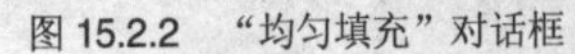
图 15.2.2 “均匀填充”对话框

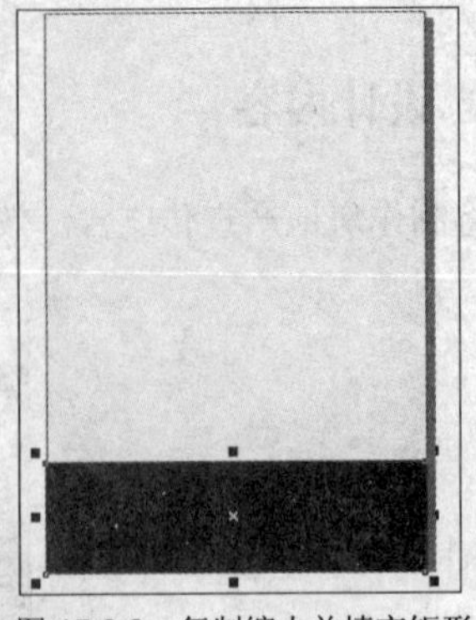

图 15.2.3 复制缩小并填充矩形

（5）按 Ctrl+Q 键将矩形转换为曲线，单击工具箱中的“形状工具”按钮，调节矩形上的节点到如图 15.2.4 所示的状态。

（6）使用挑选工具选择调整形状后的黑色图形，按小键盘上的“+”键，可原位置复制黑色图形。使用挑选工具将图形上方居中的控制点向上拖动，可改变图形的高度，在调色板中单击白色，使其成为白色图形，再将其排放在黑色图形的后面，效果如图 15.2.5 所示。

（7）使用挑选工具选择调整形状后的黑色图形，按小键盘上的“+”键，可原位置复制黑色图形。使用挑选工具将图形上方居中的控制点向上拖动，可改变图形的高度，在调色板中单击红色，使其成为红色图形，再将其排放在黑色图形的后面，效果如图 15.2.5 所示。

（8）复制黑色图形，并将其向上拖动改变高度，在调色板中单击灰色，填充图形为灰色，然后将灰色图形排放在红色图形的后面，如图 15.2.6 所示。

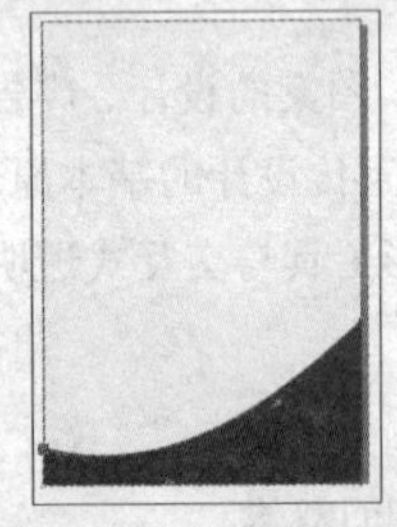

图 15.2.4 调整矩形形状

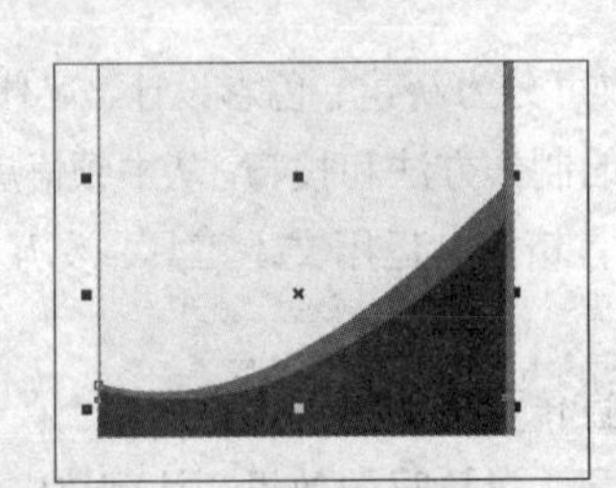

图 15.2.5 制作白色图形

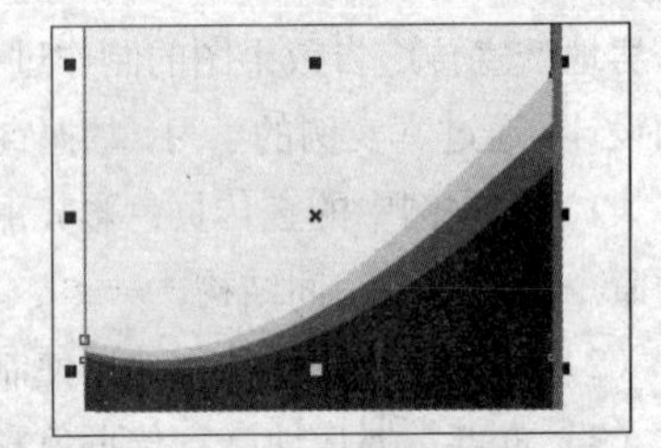

图 15.2.6 制作灰色图形

（9）绘制标识。单击工具箱中的“椭圆工具”按钮，在绘图页面中拖动鼠标绘制一个椭圆，如图 15.2.7 所示。

（10）保持椭圆为选取状态，按 Ctrl+Q 快捷键，将选中的对象转换为曲线，单击工具箱中的“形状工具”按钮，调整选中的曲线对象，如图 15.2.8 所示。

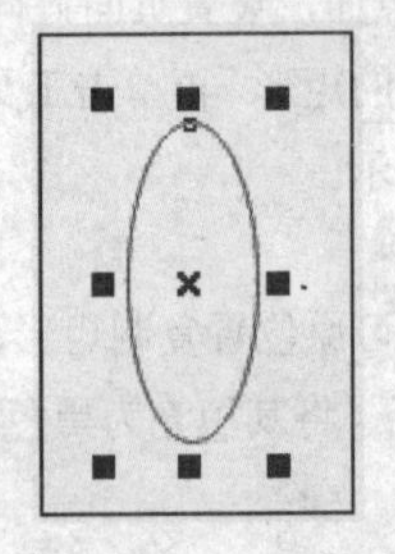

图 15.2.7 绘制椭圆

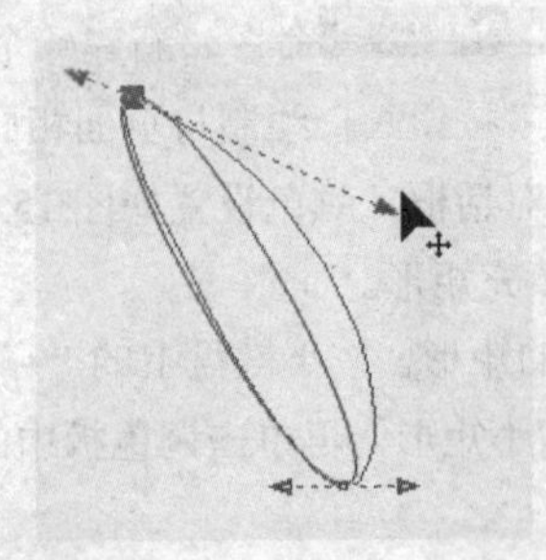

图 15.2.8 调整曲线

（11）用挑选工具选择调整后的曲线对象，单击调色板中的酒绿色色块，为所调整的曲线填充颜色，如图15.2.9所示。按小键盘上的“+”键，将所选对象复制一份，设置填充颜色为春绿色，单击鼠标左键两次，当所选的对象周围的控制点变为↖形状，将鼠标指针移至控制点上并沿右上方拖曳旋转对象，如图15.2.10所示。

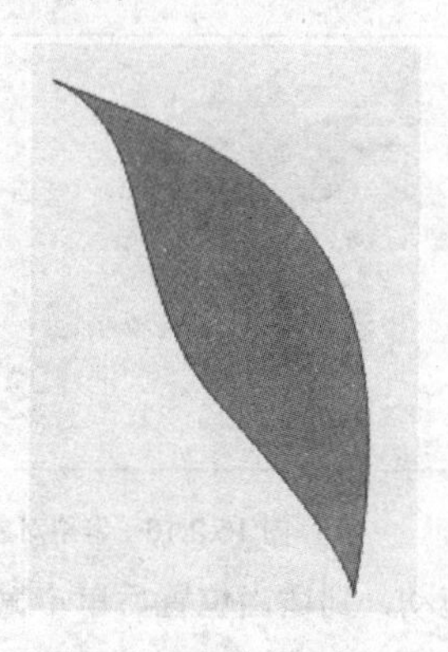

图15.2.9 填充颜色

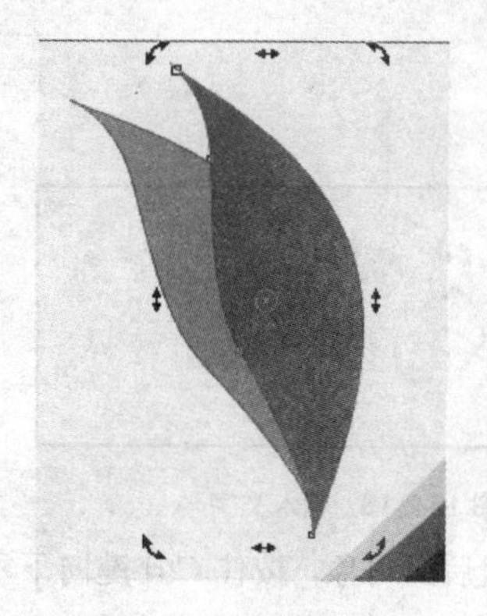

图15.2.10 旋转复制对象

（12）用挑选工具选择复制的对象，按Ctrl+PageDown组合键，将复制的对象放置在下一层，效果如图15.2.11所示。

（13）参照步骤（11）~（12）的操作再复制几个曲线对象，旋转一定的角度并放置在合适的位置，从左到右依次填充的颜色分别为粉色、橘色、月光绿，效果如图15.2.12所示。

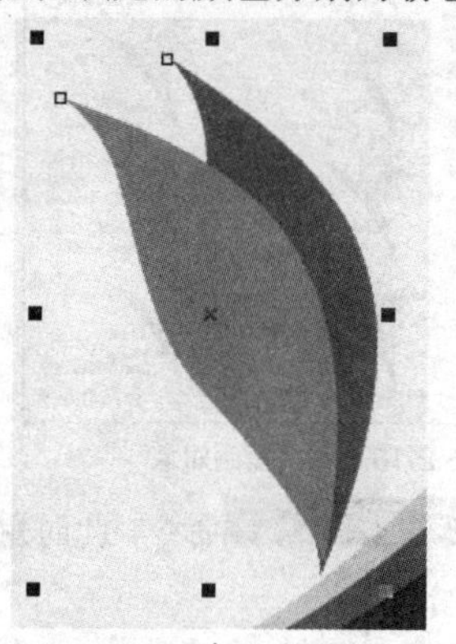

图15.2.11 调整位置

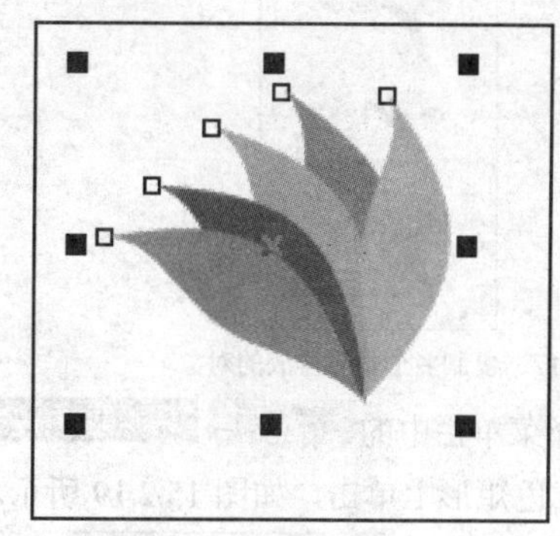

图15.2.12 复制对填充对象

（14）单击工具箱中的“贝塞尔工具”按钮，在绘图区中拖动鼠标绘制一个如图15.2.13所示的封闭图形。

（15）单击调色板中的绿色色块，将所绘制的封闭图形填充为绿色，如图15.2.14所示。

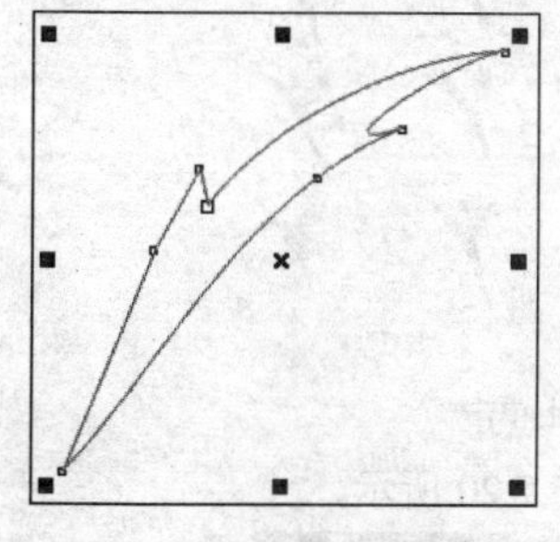

图15.2.13 绘制封闭图形

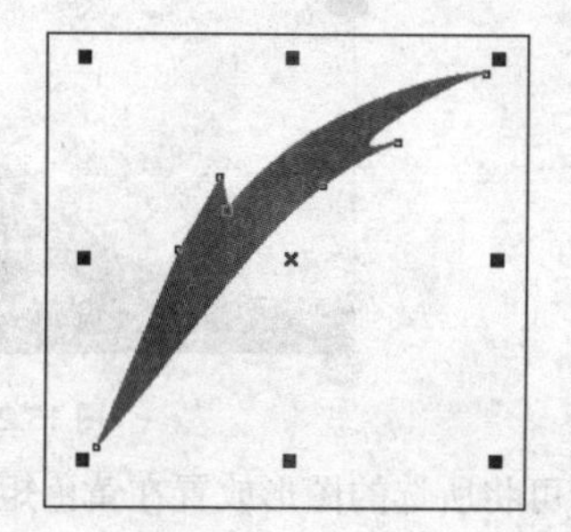

图15.2.14 填充颜色

（16）单击工具箱中的“文本工具”按钮，设置字体为 方正舒体，字体大小为 48 pt，单击调色板中的橘色色块，在绘图页面中输入如图 15.2.15 所示的文字。

（17）将所输入的文字放置在合适的位置，框选标识中的所有对象，按 Ctrl+G 快捷键群组，如图 15.2.16 所示。

宣欣花园
YiXinHuaYuan

图 15.2.15　输入文字

图 15.2.16　群组对象

（18）选择群组后的对象，按住 Ctrl 键向下垂直拖动，到适当位置后单击鼠标右键复制，然后按 Ctrl+R 键重复上一动作多次，可形成一列垂直排放的效果，如图 15.2.17 所示。

（19）使用挑选工具框选此列图形，按 Ctrl+G 快捷键将其群组，按 Ctrl 键向右水平拖动到适当位置后，单击鼠标右键复制，框选复制的标识，按 Ctrl+G 键群组，如图 15.2.18 所示。

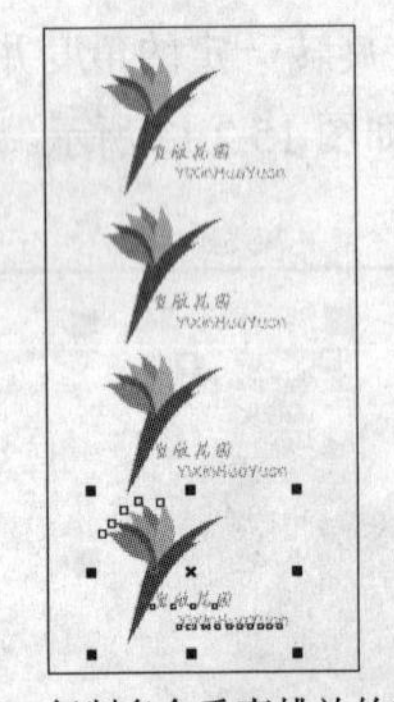

图 15.2.17　复制多个垂直排放的对象

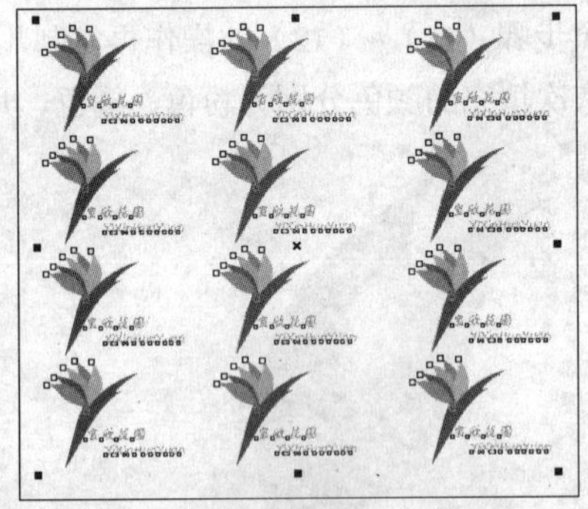

图 15.2.18　水平复制对象

（20）选择菜单栏中的 效果(C) → 精确剪裁(W) → 放置在容器中(P)... 命令，此时鼠标光标显示为➡形状，在黄色矩形上单击，如图 15.2.19 所示。

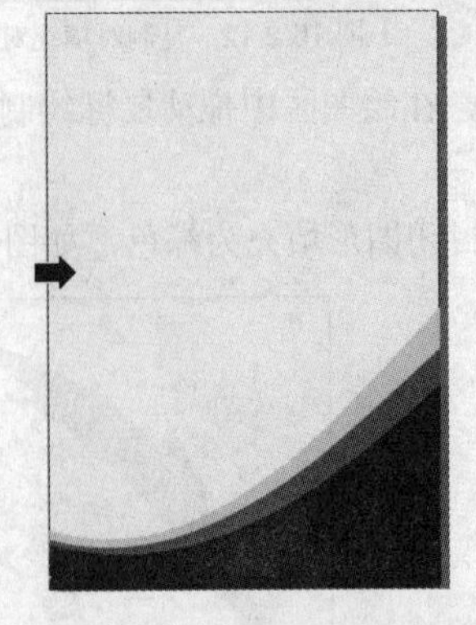

图 15.2.19　在黄色矩形上单击

（21）即可将所选的图形放置在黄色矩形中，如图 15.2.20 所示。

（22）右键单击黄色矩形，从弹出的快捷菜单中选择 编辑内容(E) 命令，可对图形进行重新编

辑，使用挑选工具在对象图形上双击鼠标，可出现旋转变形框，拖动旋转符号，可对其进行任意旋转，如图 15.2.21 所示。

（23）旋转到适当位置后，右键单击此文本，从弹出的快捷菜单中选择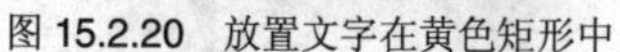命令，效果如图 15.2.22 所示。

图 15.2.20　放置文字在黄色矩形中

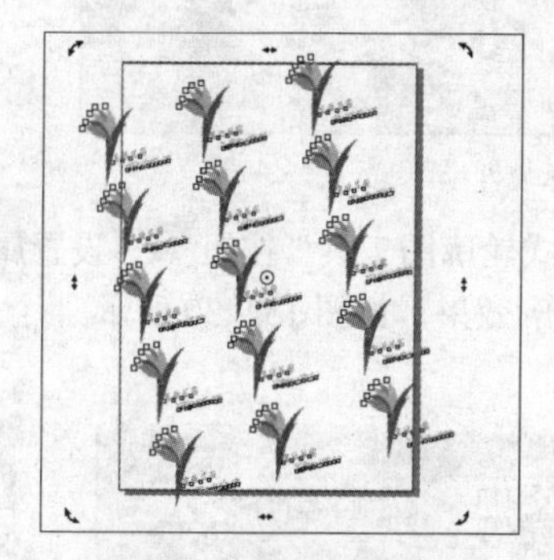

图 15.2.21　编辑图形对象

图 15.2.22　结束编辑

（24）按 Ctrl+I 快捷键导入一幅位图图像，如图 15.2.23 所示，调整位图的大小和位置，效果如图 15.2.24 所示。

图 15.2.23　导入的位图

图 15.2.24　调整位图的位置和大小

（25）用挑选工具选择位图，按 Ctrl+PageDown 组合键，将位图放置在灰色图形的下面，如图 15.2.25 所示。

（26）单击工具箱中的“交互式透明工具”按钮，在位图上拖动鼠标创建交互式透明效果，如图 15.2.26 所示。

图 15.2.25　排放图形的位置

图 15.2.26　为位图添加交互式透明效果

（27）单击工具箱中的“文本工具”按钮，设置字体属性如图 15.2.27 所示，在绘图区中输入“宜欣花园”，单击调色板中的蓝色色块，设置字体颜色为蓝色，如图 15.2.28 所示。

图 15.2.27　文本属性栏

图 15.2.28　输入文本

（28）单击工具箱中的“交互式轮廓图工具”按钮，设置属性如图 15.2.29 所示，在输入的字体上按住鼠标左键并拖动，制作轮廓效果，如图 15.2.30 所示。

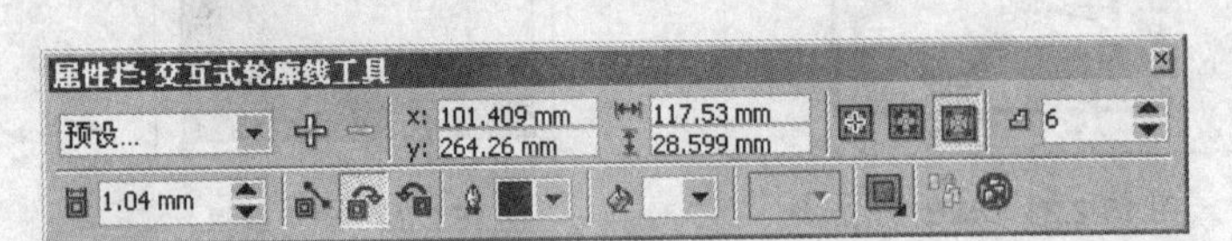

图 15.2.29　文本属性栏

图 15.2.30　应用交互式轮廓图工具

（29）单击工具箱中的“文本工具”按钮，设置字体属性如图 15.2.31 所示，在页面外输入“我的生活我做主”，然后使用挑选工具选择文字，在调色板上单击红色，填充文字为红色，右键单击调色板上的取消外框图标，可取消文字的轮廓线，如图 15.2.32 所示。

图 15.2.31　文本属性栏

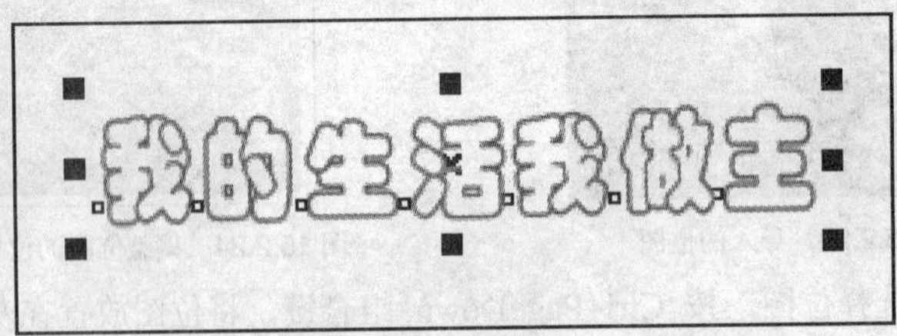

图 15.2.32　输入文字

（30）单击工具箱中的“交互式封套工具”按钮，即可为文字添加封套控制框，用鼠标拖动控制框上下居中的节点，改变文字的形状，然后使用挑选工具将文字拖至页面中的合适位置，如图 15.2.33 所示。

（31）单击工具箱中的“交互式阴影工具”按钮，在所输入的文字上面拖动鼠标，创建阴影效果，如图 15.2.34 所示。

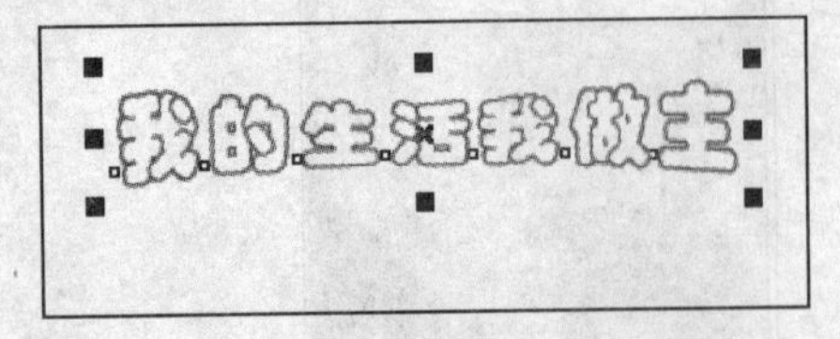

图 15.2.33　为文字添加封套效果

我的生活我做主

图 15.2.34　为文字添加阴影效果

（32）用挑选工具选择输入的文字，放置于页面中合适的位置，如图 15.2.35 所示。

（33）单击工具箱中的“文本工具”按钮，在页面中输入“TEL：88886666”，在属性栏中设

置字体为 方正小标宋简体 ，设置字体大小为 48 pt ，在调色板中单击黑色，将其填充为黑色，放置于合适的位置，如图 15.2.36 所示。

图 15.2.35 将文字放于合适的位置

图 15.2.36 输入文字

（34）复制黑色电话号码文字，并填充为白色，将白色文字稍向下方移动一些距离，如图 15.2.37 所示。

图 15.2.37 移动并填充复制的文字

（35）单击工具箱中的“矩形工具”按钮，在页面中绘制白色矩形，然后使用形状工具拖动矩形任意一个角的节点，即可将矩形改变为圆角矩形，如图 15.2.38 所示。单击工具箱中的“轮廓画笔对话框”按钮，可弹出轮廓笔对话框，参数设置如图 15.2.39 所示。

图 15.2.38 绘制制圆角矩形

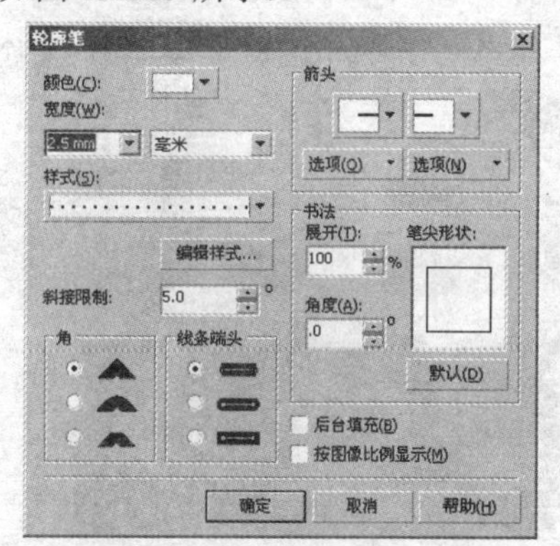

图 15.2.39 “轮廓笔”对话框

（36）单击 确定 按钮，可为圆角矩形填充轮廓线，效果如图 15.2.40 所示。

（37）按小键盘中的“+”键可原位置复制圆角矩形，在调色板中单击白色，将其填充为白色。然后单击工具箱中的“交互式透明工具”按钮，在白色圆角矩形上拖动鼠标填充交互式透明效果，如图 15.2.41 所示。

图 15.2.40　改变圆角矩形的轮廓线

图 15.2.41　为复制的对象填充透明渐变

（38）单击工具箱中的“椭圆工具”按钮，按住 Ctrl 键的同时在页面中绘制圆形，并为其填充蓝色到白色的射线渐变效果，如图 15.2.42 所示。

（39）将填充后的圆形复制一个排放在其后面，并填充为黑色，使用挑选工具拖动黑色圆形上的控制点将其向下压缩，制作出渐变圆形的阴影效果，如图 15.2.43 所示。

图 15.2.42　绘制并填充圆形

图 15.2.43　制作对象的阴影

（40）使用挑选工具框选渐变圆形与阴影图形，按 Ctrl+G 键将其群组，再使用挑选工具拖动群组后的对象，垂直向下移动并按右键复制 3 个，如图 15.2.44 所示。

（41）单击工具箱中的“文本工具”按钮，在页面中输入文字，在属性栏中设置字体为 方正小标宋简体，字体大小为 24 pt，字体颜色为黑色，效果如图 15.2.45 所示。

图 15.2.44　复制对象

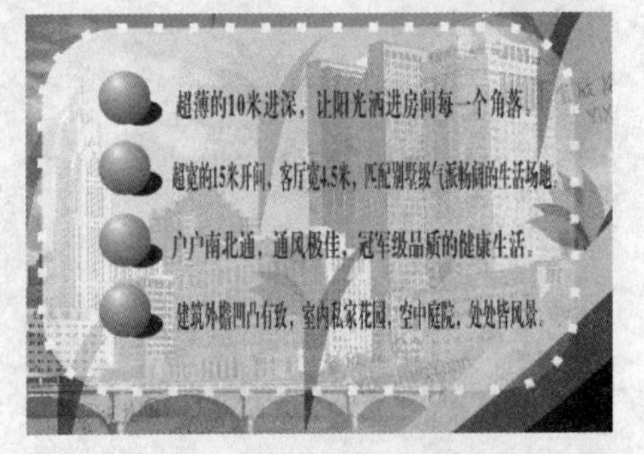

图 15.2.45　输入文本

（42）在工具箱中单击“矩形工具”按钮，拖动鼠标在绘图页面中绘制一个矩形，将其填充为粉色，如图 15.2.46 所示。

（43）单击工具箱中的“交互式变形工具”按钮，在绘制的矩形上按住鼠标左键并拖动，对其进行变形，效果如图 15.2.47 所示。

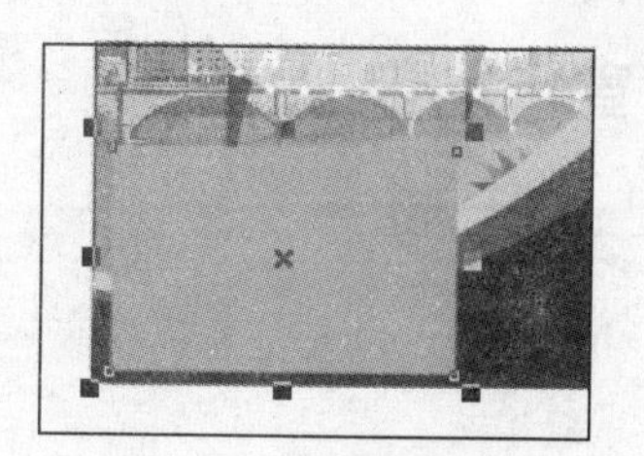

图 15.2.46　绘制形状并填充

图 15.2.47　变形后的效果

（44）单击工具箱中的“文本工具”按钮，在页面中输入“2 万首付”，设置字体为 方正舒体，字体大小为 72 pt，字体颜色为黄色，效果如图 15.2.48 所示。

（45）单击工具箱中的“形状工具”按钮，选择文字“2”，更改字体为 Arial Black，字体大小为 100 pt，字体颜色为红色，效果如图 15.2.49 所示。

图 15.2.48　输入文字

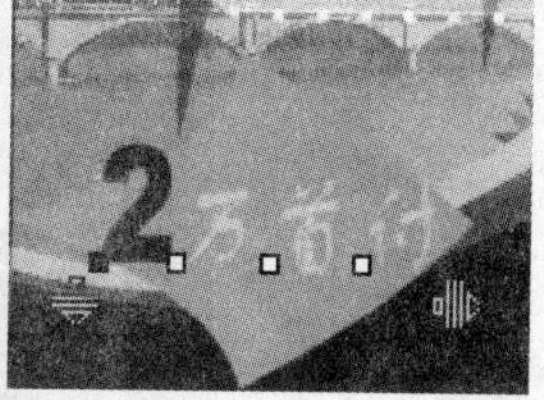

图 15.2.49　更改字体

（46）单击工具箱中的“手绘工具”按钮，按住 Ctrl 键的同时在页面中的左下角拖动鼠标绘制路线图，如图 15.2.50 所示。

（47）使用椭圆工具在路线图上绘制大小不同的多个圆形，并将其进行填充，效果如图 15.2.51 所示。

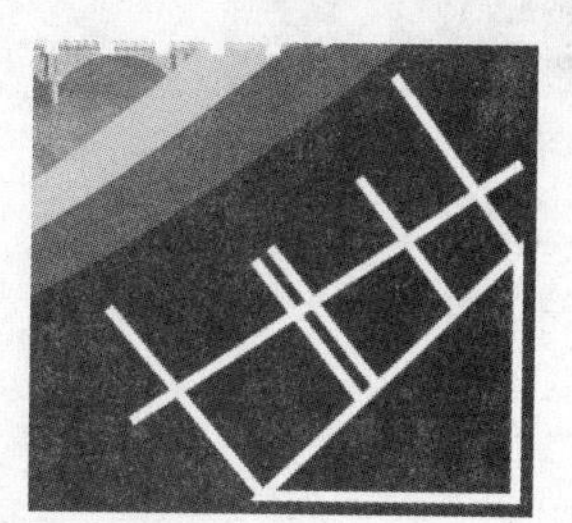

图 15.2.50　使用手绘工具绘制线条

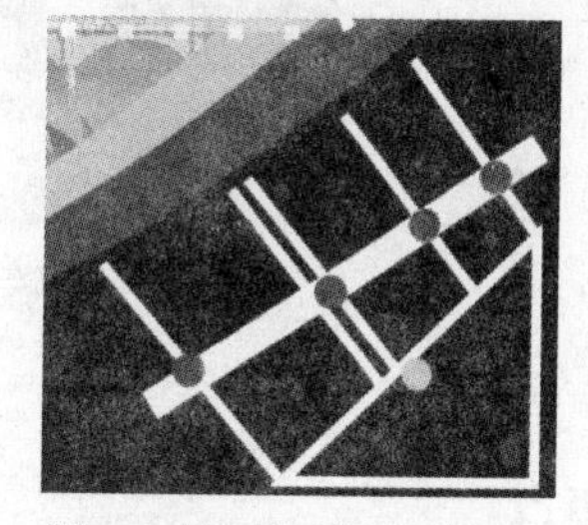

图 15.2.51　绘制并填充圆形

（48）单击工具箱中的“文本工具”按钮，在页面中输入各路线的名称，如图 15.2.52 所示。

（49）单击工具箱中的“文本工具”按钮，在页面最下方输入其他文字，设置字体为 隶书，字体大小为 24 pt，字体颜色为白色，如图 15.2.53 所示。

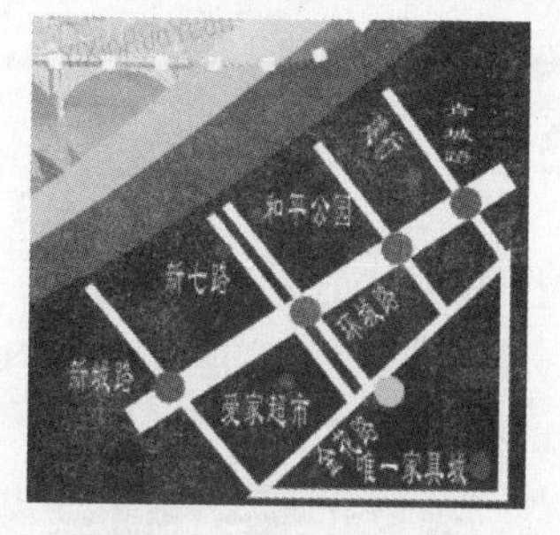

图 15.2.52　输入路线名称

售楼地址:北京绕城高速与世纪大道交汇处
北大街接待中心:时代广场
开发商:宜欣地产

图 15.2.53　输入其他的文字

至此，房地产广告全部制作完成，最终效果如图 15.2.1 所示。

案例 3　汽车宣传广告

设计背景

本实例设计一款汽车广告，它以青色到白色的渐变为背景，以红、白、黄为辅色，以汽车产品实图为视觉中心，采用了三幅产品内部结构的图片，让公众对这款汽车从内到外有一个全面的了解，在广告下面输入宣传性的文字，介绍奔驰汽车的强大功能，以吸引社会精英阶层的共鸣，达到促销目的。

设计内容

本例将制作奔驰汽车广告效果图，最终效果如图 15.3.1 所示。

图 15.3.1　汽车广告宣传页最终效果图

设计要点

汽车广告宣传页效果图的制作过程大致可分为新建、色彩的设计、字体的设计、图案的设计。通过本实例的学习，初步掌握汽车广告宣传页效果图的制作方法和技巧，并从中领悟汽车宣传页设计的基本原理。

（1）本实例中的汽车宣传页结构简单，运用导入、镜像、文本等命令创建。

（2）利用对位图的导入，增加宣传页的视觉效果，给消费者以美的享受。

（3）重点掌握将位图放置在容器中产生的特殊效果。

（4）最后输入段落文字介绍汽车的强大功能，以吸引大众的眼球。

操作步骤

（1）选择菜单栏中的 文件(F) → 新建(N) 命令，新建一个页面，选择菜单中的 工具(O) → 选项(O) 命令，打开选项对话框，设置文件的宽度(W)：为 282，高度(E)：为 200，文本方向为 横向(D)，单击 确定

按钮，完成页面的设置。

（2）按 Ctrl+I 快捷键导入一幅位图图像，如图 15.3.2 所示。

（3）将鼠标指针移至导入的对象左侧中间的控制点上，按住 Ctrl 键的同时，拖动鼠标到另一侧，将选中的对象水平镜像，效果如图 15.3.3 所示。

图 15.3.2　导入位图

图 15.3.3　镜像后的对象

（4）单击工具箱中的“形状工具”按钮，选中导入的位图对象，调整位图的显示范围，如图 15.3.4 所示。

（5）选择 位图(B) → 裁剪位图(I) 命令，裁剪位图，如图 15.3.5 所示。

图 15.3.4　调整图像的显示范围

图 15.3.5　裁剪位图

（6）单击工具箱中的“矩形工具”按钮，在导入的图像下方绘制一个矩形，按 Ctrl+Q 快捷键将其转换为曲线，并选取工具箱中的形状工具对节点进行调整，效果如图 15.3.6 所示。

（7）将调整后的矩形对象填充为红色，并取消其轮廓，如图 15.3.7 所示。

图 15.3.6　调整曲线

图 15.3.7　填充颜色

（8）单击工具箱中的“矩形工具”按钮，在导入图像的下部，创建一个大小为 56 mm×31 mm 的矩形。

（9）单击工具箱中的“轮廓工具”按钮，弹出轮廓笔对话框，设置参数如图 15.3.8 所示，为所绘制的矩形添加蓝色的轮廓线，如图 15.3.9 所示。

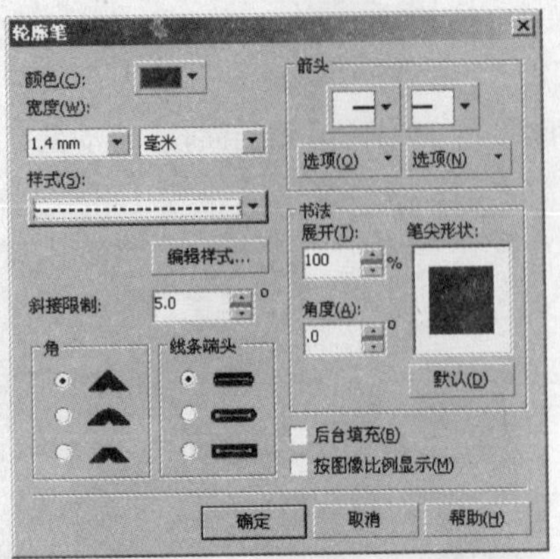

图 15.3.8 “轮廓笔”对话框

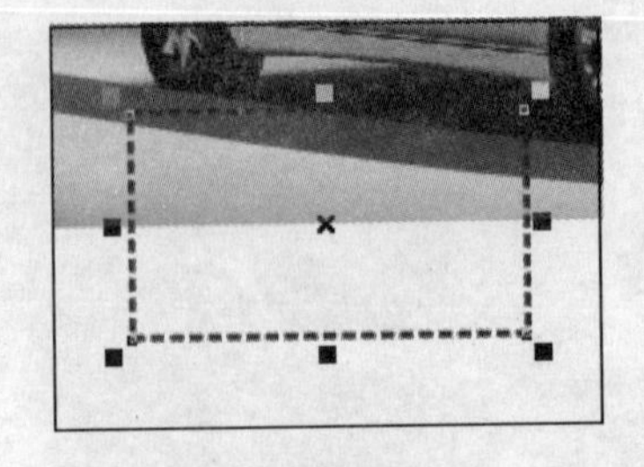

图 15.3.9 添加轮廓线

（10）按 Ctrl+Q 组合键将矩形转换成曲线，然后单击工具箱中的“形状工具”按钮，拖动矩形任意一个角的节点，即可将矩形改变为圆角矩形，如图 15.3.10 所示。

（11）按小键盘上的“+”键，将调整好的圆角矩形复制两份，并将其放置在合适的位置，如图 15.3.11 所示。

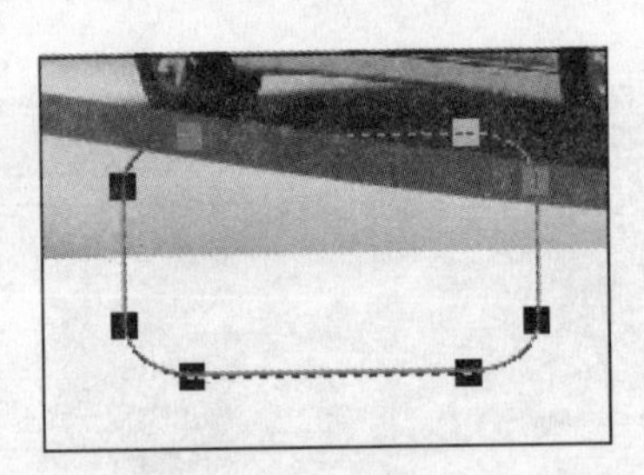

图 15.3.10 调整矩形使其成为圆角矩形

图 15.3.11 复制调整好的圆角矩形

（12）按 Ctrl+I 快捷键，导入位图，在导入对话框中按住 Ctrl 键，选中三幅素材图像，如图 15.3.12 所示，单击导入按钮，完成位图的导入，如图 15.3.13 所示。

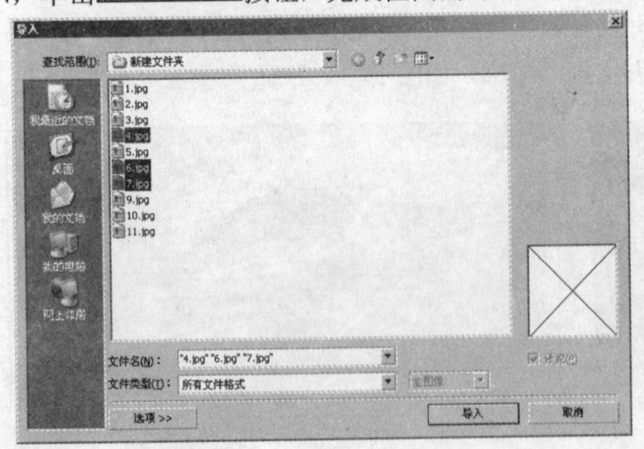

图 15.3.12 导入位图对话框

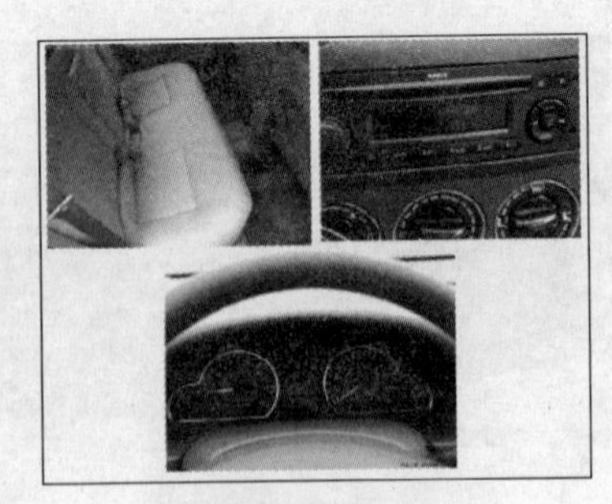

图 15.3.13 导入位图

（13）分别调整各导入图像的大小和位置，如图 15.3.14 所示。

（14）用挑选工具选择左侧的图像，选择效果(C)→图框精确剪裁(W)→放置在容器中(P)...命令，将选中的图像放置于容器中，效果如图 15.3.15 所示。

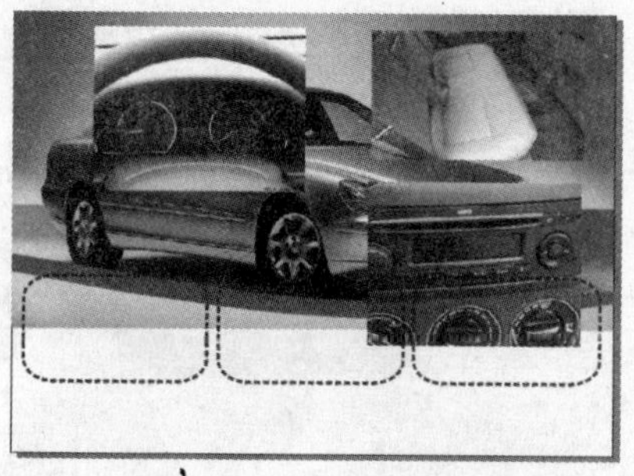

图 15.3.14　调整位图的大小

图 15.3.15　将所选对象放置于容器中

（15）参照步骤（14）的操作方法，将导入的另外两幅图像放置在另外两个圆角矩形中，效果如图 15.3.16 所示。

（16）单击工具箱中的“矩形工具”按钮，在页面的下方绘制一个矩形，并将其填充为黄色，取消其轮廓线，如图 15.3.17 所示。

图 15.3.16　将另外两幅图像放置在容器中

图 15.3.17　绘制并填充矩形

（17）单击工具箱中的“文本工具”按钮，在页面中输入如图 15.3.18 所示的文字，设置字体为方正舒体，字体大小为48 pt。

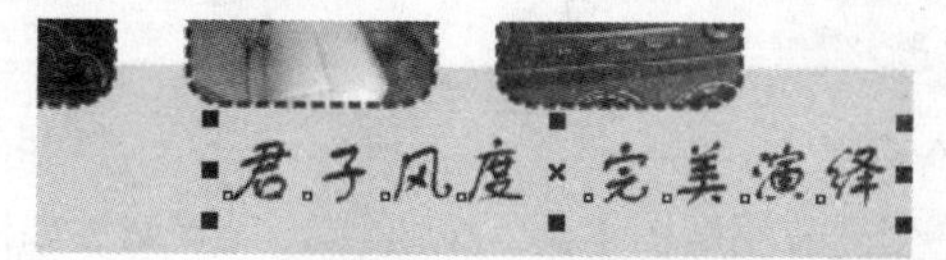

图 15.3.18　输入文本

（18）单击工具箱中的“渐变填充对话框”按钮，弹出渐变填充对话框，设置参数如图 15.3.19 所示，单击确定按钮，完成字体的填充，如图 15.3.20 所示。

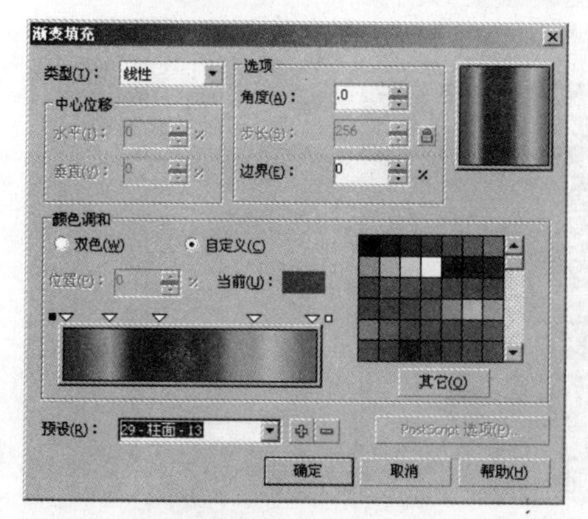

图 15.3.19　“渐变填充”对话框

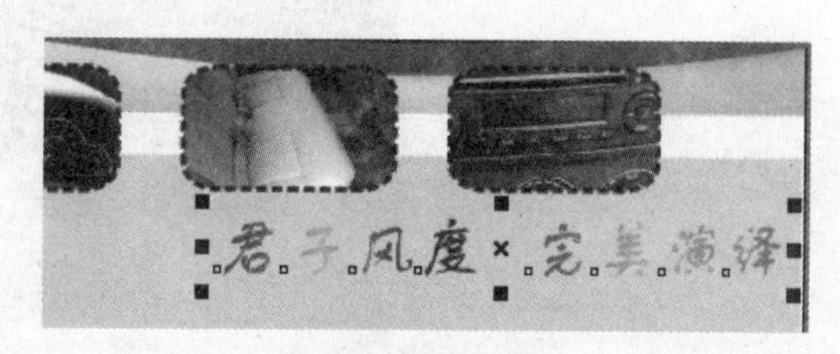

图 15.3.20　渐变文字

（19）单击工具箱中的“文本工具”按钮，在页面中输入“时尚、运动、实用”，设置字体为 华文彩云，字体大小为 36 pt，字体颜色为红色，如图 15.3.21 所示。

（20）单击工具箱中的“交互式阴影工具”按钮，在所输入的文字上面拖动鼠标，创建阴影效果，如图 15.3.22 所示。

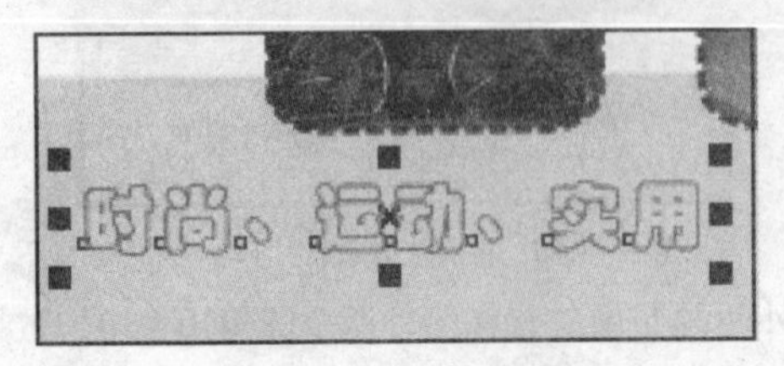

图 15.3.21　输入文本

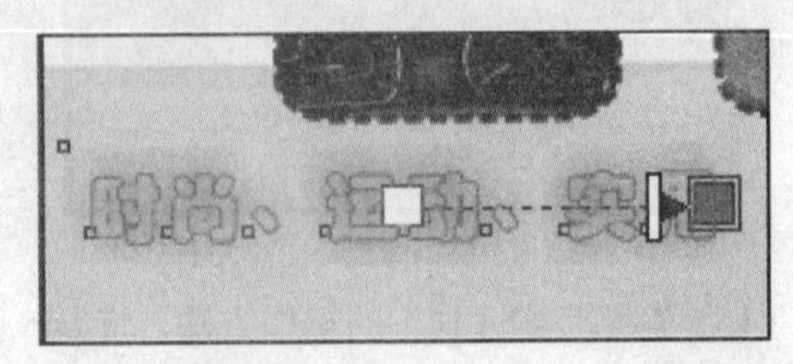

图 15.3.22　为字体添加阴影

（21）单击工具箱中的“文本工具”按钮，在页面中输入文字，设置字体为 方正小标宋简体，字体大小为 24 pt，字体颜色为蓝色，如图 15.3.23 所示。

（22）单击工具箱中的“文本工具”按钮，在页面中输入“奔驰”，设置字体为 方正舒体，字体大小为 100 pt，字体颜色为红色，如图 15.3.24 所示。

图 15.3.23　输入字体

图 15.3.24　输入字体

（23）单击工具箱中的“交互式轮廓图工具”按钮，设置属性如图 15.3.25 所示，在输入的字体上按住鼠标左键并拖动，制作轮廓效果，如图 15.3.26 所示。

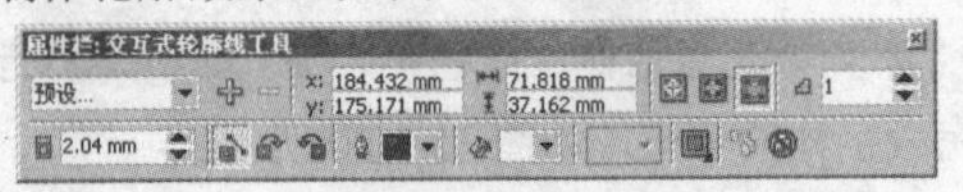

图 15.3.25　交互式轮廓属性栏

图 15.3.26　应用交互式轮廓图工具

（24）单击工具箱中的“文本工具”按钮，在页面中输入“心动的感觉”，设置文本方向为垂直，设置字体为方正小标宋简体，字体大小为72 pt，如图15.3.27所示。

（25）单击工具箱中的“贝塞尔工具”按钮，在绘图页面中绘制如图15.3.28所示的曲线。

图15.3.27　输入文本

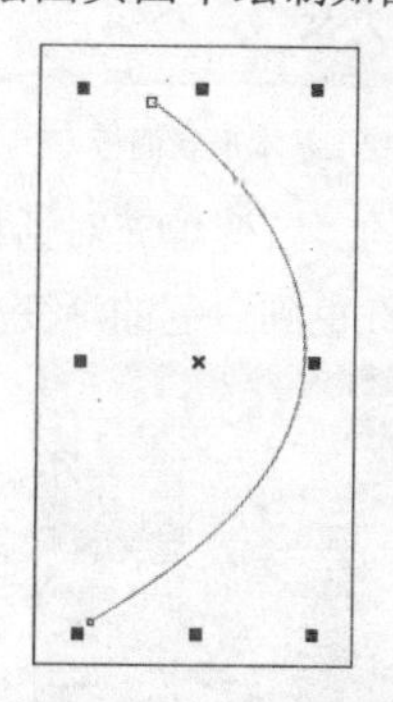

图15.3.28　绘制曲线

（26）用挑选工具选择输入的字体，选择文本(T)→使文本适合路径(T)命令，拖动鼠标在所绘制的路径上单击，使所输入的文本适合路径，并将所绘制的路径删除，效果如图15.3.29所示。

图15.3.29　使文本适合路径

（27）单击工具箱中的“渐变填充对话框”按钮，弹出渐变填充对话框，如图15.3.30所示，单击确定按钮，完成字体的填充，如图15.3.31所示。

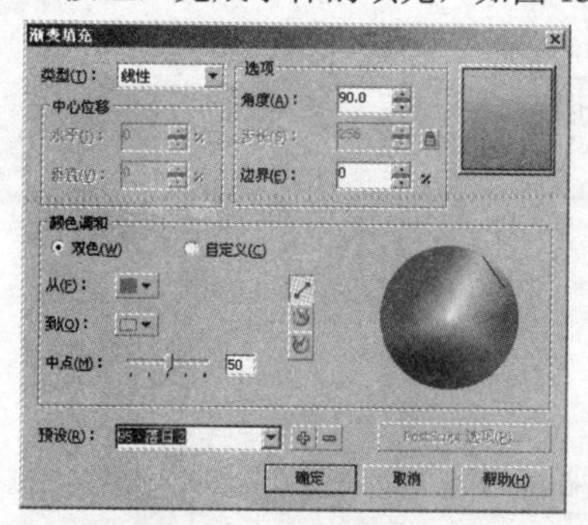

图15.3.30　“渐变填充”对话框

图15.3.31　渐变文字效果

（28）单击工具箱中的“基本形状”按钮，在其属性栏中单击按钮，从弹出的基本形状面板中选择心形的图形，如图15.3.32所示，在页面中拖动鼠标绘制心形，如图15.3.33所示。

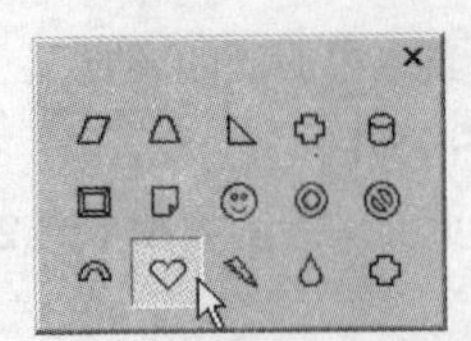

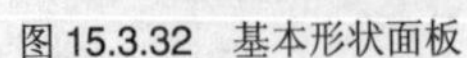

图 15.3.32 基本形状面板

图 15.3.33 绘制心形

（29）单击工具箱中的“渐变填充对话框”按钮，弹出渐变填充对话框，设置参数如图 15.1.34 所示，为绘制的心形填充红色到白色的渐变效果，,取消其轮廓线，如图 15.1.35 所示。

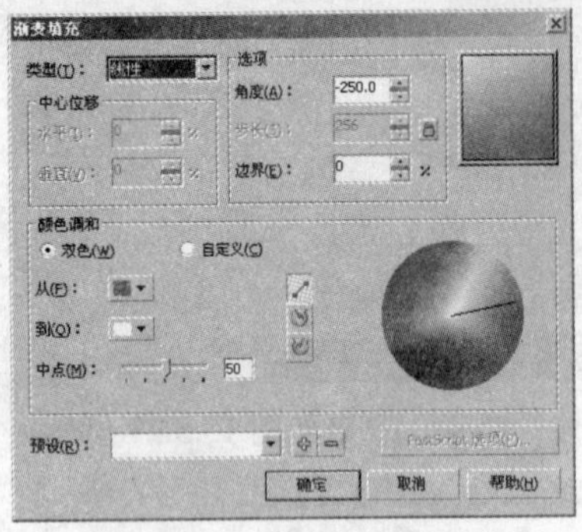

图 15.3.34 “渐变填充”对话框

图 15.3.35 渐变绘制的心形

（30）单击工具箱中的“交互式阴影效果”按钮，为所绘制的心形填充蓝色的阴影效果，如图 15.3.36 所示。

（31）按小键盘上的“+”键，复制一个心形，放于合适的位置，如图 15.3.37 所示。

图 15.3.36 为心形填充阴影效果

图 15.3.37 复制心形并放置于合适的位置

至此，汽车宣传广告制作完成，最终效果如图 15.3.1 所示。

第 16 章

POP 广告设计

学习导航

POP 广告在商业活动中是一种活跃、直观的促销产品的广告形式，是产品销售活动中重要的环节。它以多种手段将各种大众信息传播媒体的集成效果浓缩在销售场所中。

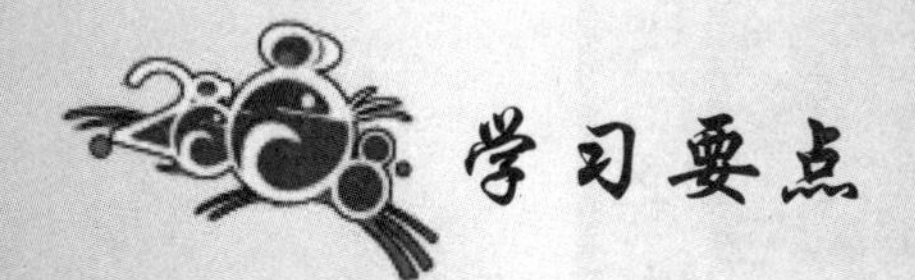

学习要点

- 展架 POP——时尚购物城
- 悬挂式 POP——劲爽啤酒
- 悬挂式 POP——手机广告

案例 1 展架 POP——时尚购物城

设计背景

本实例设计的是一个商场展架 POP，它以飘逸清秀的文字、清雅的风景背景为衬托，视觉冲击力较强，可以吸引消费者的目光，广告内容简明新颖，组合巧妙、引人注目，从而达到指引和宣传的目的。

设计内容

本例将制作时尚购物城的 POP 展架的广告效果图，最终效果如图 16.1.1 所示。

图 16.1.1 展架 POP——时尚购物城最终效果图

设计要点

时尚购物城 POP 展架效果图的制作过程大致可分为新建、背景的插入、字体设计、标识设计。通过本实例的学习，初步掌握 POP 广告设计的制作方法和技巧，并从中领悟展架设计的基本原理。

（1）本实例主要运用矩形工具、文本工具、形状工具等命令，制作 POP 展架。

（2）利用对不同背景素材的插入达到不同的视觉效果。

（3）重点掌握运用形状工具制作特效文字的方法与技巧，达到举一反三的目的。

（4）最后运用透视效果和阴影效果对图像进行后期处理，使制作的 POP 展架效果图更真实。

操作步骤

（1）选择菜单栏中的 文件(F) → 新建(N) 命令，新建一个 A3 页面，设置页面方向为竖向。

（2）单击工具箱中的“矩形工具”按钮，在绘图页面中创建一个大小为 116 mm×254 mm 的矩形。按数字小键盘上的“+”键，复制一个矩形，在属性栏中重新设置其大小为 116 mm×36 mm，并为其填充为 CMYK 值分别为 2，11，33，6 的颜色，效果如图 16.1.2 所示。

（3）按“Ctrl+I”快捷键导入一幅位图图像，如图 16.1.3 所示。

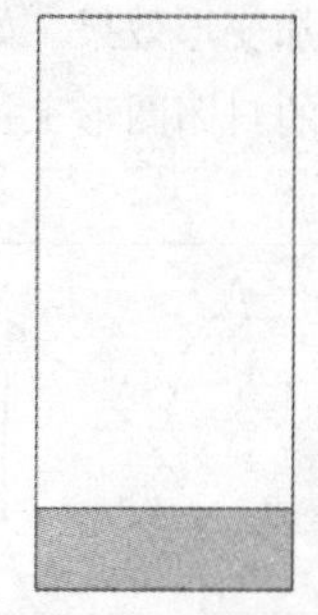

图 16.1.2　填充效果

图 16.1.3　导入位图

（4）用挑选工具选择位图对象，选择 效果(C) → 图框精确剪裁(W) → 放置在容器中(P)... 命令，将选中的图像放置于容器中，效果如图 16.1.4 所示。

（5）选择 效果(C) → 图框精确剪裁(W) → 编辑内容(E) 命令，移动放置在容器中的对象的位置，增强其产生的视觉效果，如图 16.1.5 所示。

（6）选择 效果(C) → 图框精确剪裁(W) → 结束编辑(F) 命令，效果如图 16.1.6 所示。

图 16.1.4　将选中的图象放置到容器中

图 16.1.5　编辑放置在容器中的对象

图 16.1.6　编辑好的效果

（7）绘制标识。单击工具箱中的“贝塞尔工具”按钮，绘制如图 16.1.7 所示的封闭图形。

（8）单击工具箱中的“形状工具”按钮，调节所绘制封闭图形的节点，效果如图 16.1.8 所示。

图 16.1.7　绘制封闭图形

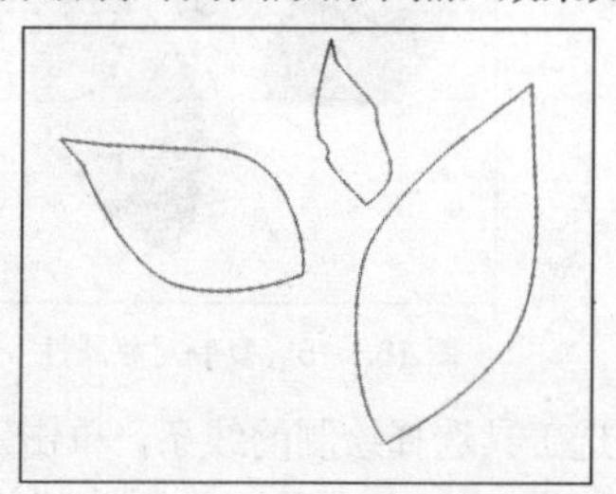

图 16.1.8　用形状工具调封闭图形

（9）用挑选工具选择右下角的封闭图形，单击工具箱中的“交互式变形工具”按钮，设置属性如图 16.1.9 所示，拖动鼠标在绘制的封闭图形上创建变形效果，如图 16.1.10 所示。

图 16.1.9　交互式变形属性栏

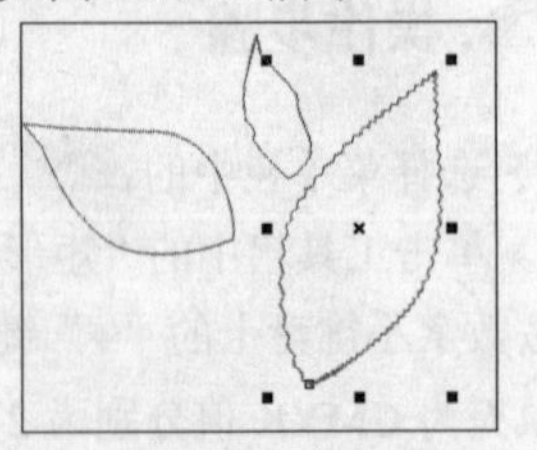
图 16.1.10　应用交互式变形效果

（10）用步骤（8）的操作方法，给绘制的另外两个封闭图形添加变形效果，如图 16.1.11 所示。

（11）单击工具箱中的“交互式填充工具”按钮，在所绘制的封闭图形上拖动鼠标，为其填充为深绿到浅绿色的射线渐变效果，如图 16.1.12 所示。

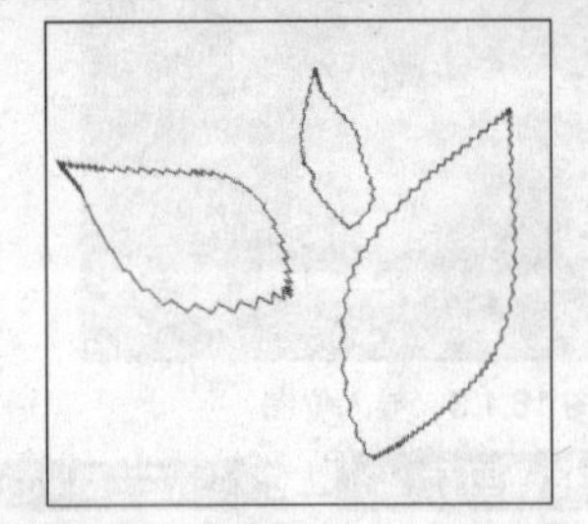
图 16.1.11　应用交互式变形效果

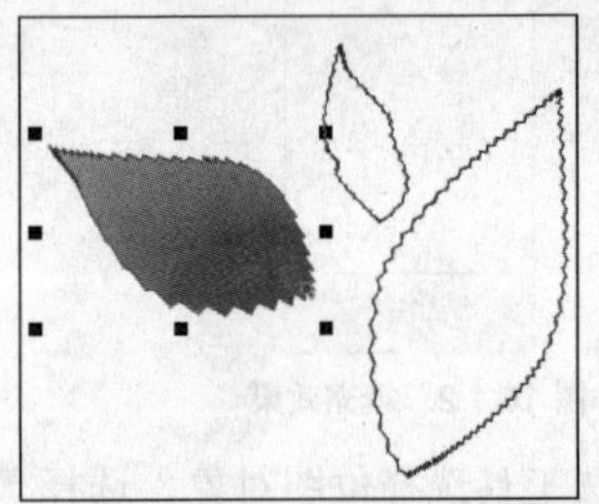
图 16.1.12　填充封闭图形

（12）用挑选工具选择右下方的封闭图形，如图 16.1.13 所示，选择 编辑(E) → 复制属性自(M)... 命令，当光标变成➡时，在刚才填充的叶子对象上单击，可将叶子的填充属性复制到所选对象上，如图 16.1.14 所示。

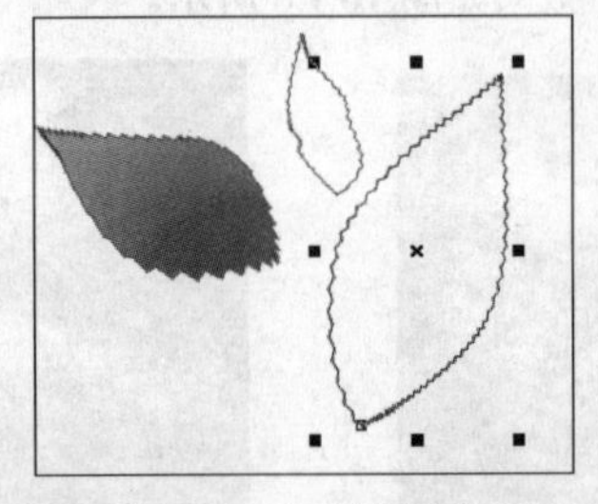
图 16.1.13　选择对象

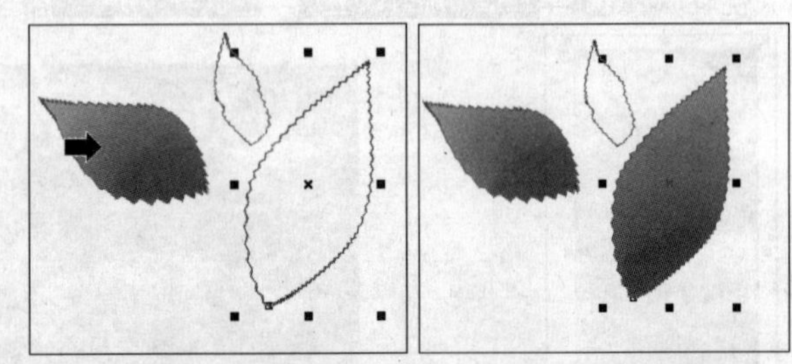
图 16.1.14　复制对象属性

（13）用步骤（11）的操作方法，给另一个叶子对象，填充颜色，效果如图 16.1.15 所示。

（14）单击工具箱中的“贝塞尔工具”按钮，绘制如图 16.1.16 所示的线条。

图 16.1.15　复制对象属性

图 16.1.16　绘制线条

（15）用挑选工具选择绘制的线条，单击工具箱中的“轮廓画笔对话框”按钮，弹出 轮廓笔 对话框，设置参数如图 16.1.17 所示，为所绘制的矩形添加绿色的轮廓线，如图 16.1.18 所示。

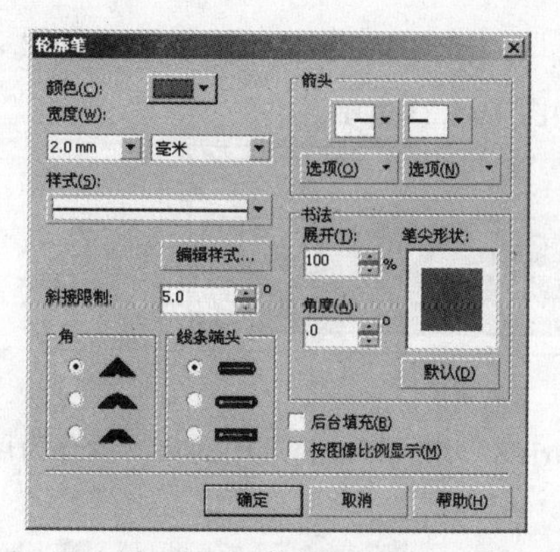

图 16.1.17　轮廓笔对话框

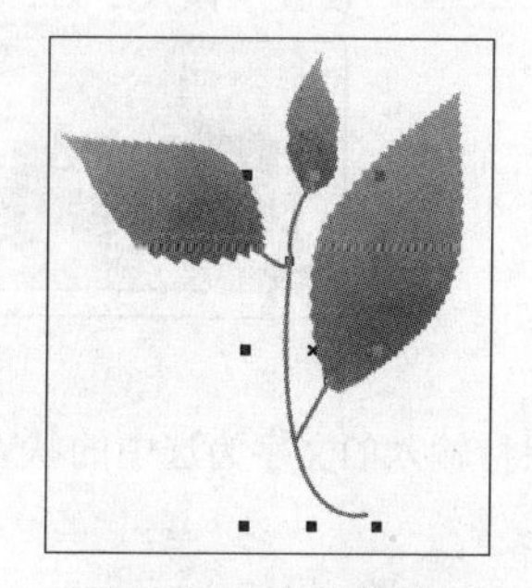

图 16.1.18　添加轮廓线

（16）单击工具箱中的“文本工具”按钮，在页面中输入“时尚购物城”，设置字体为 方正舒体，设置字体大小为 48 pt。

（17）单击工具箱中的“渐变填充对话框”按钮，弹出渐变填充对话框，如图 16.1.19 所示，单击 确定 按钮，完成字体的填充，如图 16.1.20 所示。

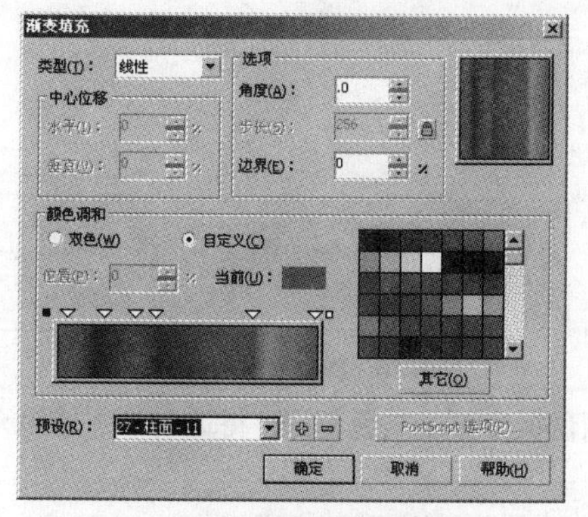

图 16.1.19　“渐变填充”对话框

图 16.1.20　渐变文字

（18）用挑选工具将所绘制的图形和输入的文字全部选择，按“Ctrl+G”快捷键，将所有对象群组，调节其大小，放置于合适的位置，效果如图 16.1.21 所示。

（19）单击工具箱中的“文本工具”按钮，在页面中输入“雅”，设置字体为 方正姚体，设置字体大小为 150 pt，在调色板中单击红色色块，设置文字的填充色为红色。

（20）保持字体为选取状态，按键盘上的“+”键，复制一个文字，并单击调色板中的白色色块，将字体填充为白色，更改字体的大小，效果如图 16.1.22 所示。

图 16.1.21　将标识放置于合适的位置

图 16.1.22　复制并更改字体的颜色

（21）单击工具箱中的“文本工具”按钮，在页面中输入“时尚一夏 SHOW”，设置字体为 经典圆叠黑，设置字体大小为 48 pt，如图 16.1.23 所示。

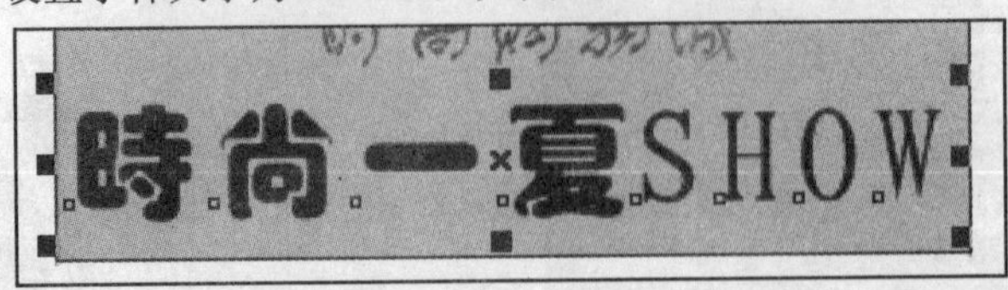

图 16.1.23 输入字体

（22）保持输入的文字为选中的状态，按“Ctrl+K”组合键，将选中的文本拆分为可单个编辑的文字。

（23）用挑选工具选中文字“时”，单击工具箱中的“渐变填充对话框”按钮，弹出渐变填充对话框，如图 16.1.24 所示，单击确定按钮，为字体设置 CMYK 值为 18，100，50，38 到红色的渐变填充，效果如图 16.1.25 所示。

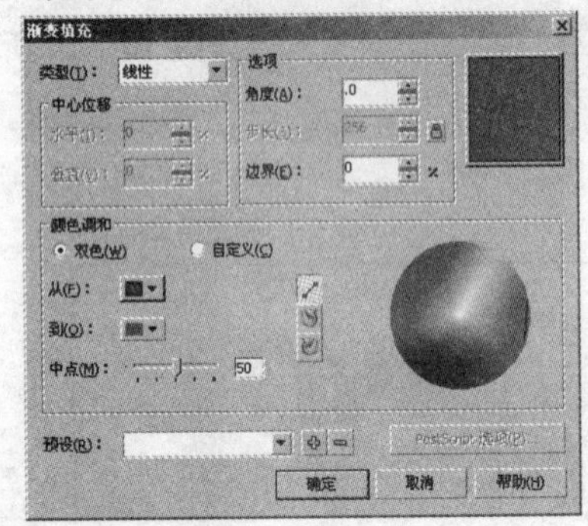

图 16.1.24 “渐变填充”对话框

图 16.1.25 渐变填充字体

（24）用选择工具选择“尚一夏 SHOW”，在调色板中单击桔色色块，将选中的字体填充为桔色，如图 16.1.26 所示。

图 16.1.26 填充字体

（25）选中文字“尚一夏 SHOW”，在属性栏中重新设置字体大小为 40 pt，选中“SHOW”，重新设置字体为 经典空趣体简，分别调整各文字所在的位置和角度，效果如图 16.1.27 所示。

（26）用挑选工具选择字母“O”，参照步骤（23）的操作，为选中的对象填充 CMYK 值分别为 9，49，0，10 和 CMYK 值为 75，13，36，0 的渐变颜色，单击确定按钮，即可为选中的对象填充渐变色，效果如图 16.1.28 所示。

图 16.1.27 调整各文字的位置

图 16.1.28 为字母“O”填充渐变色

（27）用挑选工具选择字母“W”，在调色板中的蓝色色块上单击，为选中的对象填充颜色，如图 16.1.29 所示。

图 16.1.29　为字母“W”填充颜色

（28）单击工具箱中的“文本工具”按钮，单击属性栏中的“竖排文字”按钮，在页面中输入如图 16.1.30 所示的文字，设置字体为 文鼎CS大黑，设置字体大小为 48 pt，单击调色板中的蓝色色块，设置文字颜色。

（29）按小键盘上的“+”键，将所输入的文字复制一份，并更改字体的颜色为洋红，调整字体的位置，如图 16.1.31 所示。

图 16.1.30　输入文本

图 16.1.31　复制文本并调整其位置

（30）单击工具箱中的“手绘工具”按钮，在绘图页面中的合适位置绘制一条直线。

（31）单击工具箱中的“轮廓工具”按钮，弹出轮廓笔对话框，设置参数如图 16.1.32 所示，为所绘制的直线添加桔红色的轮廓线，如图 16.1.33 所示。

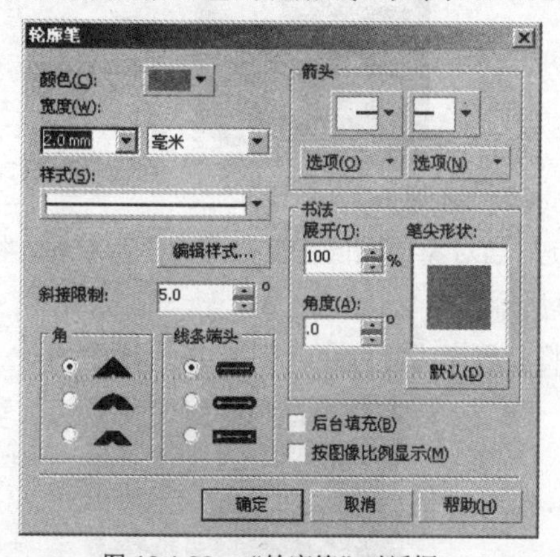

图 16.1.32　“轮廓笔”对话框

图 16.1.33　添加轮廓线

（32）参照步骤（30）绘制出其他直线，并将其填充为蓝色，如图 16.1.34 所示。

（33）单击工具箱中的“椭圆形工具”按钮，在绘图区中合适的位置绘制两个椭圆，将其填充为黄色，如图 16.1.35 所示。

图 16.1.34　绘制其他直线

图 16.1.35　绘制椭圆并填充

（34）单击工具箱中的“文本工具”按钮，单击属性栏中的“竖排文字”按钮，在页面中输入“二楼女装”，设置字体为 文鼎CS大隶书，设置字体大小为 36 pt，如图 16.1.36 所示。

（35）用挑选工具选中文字，单击工具箱中的“渐变填充对话框”按钮，弹出渐变填充对话框，为字体设置洋红色到蓝色的渐变填充，效果如图 16.1.37 所示。

图 16.1.36　输入文字

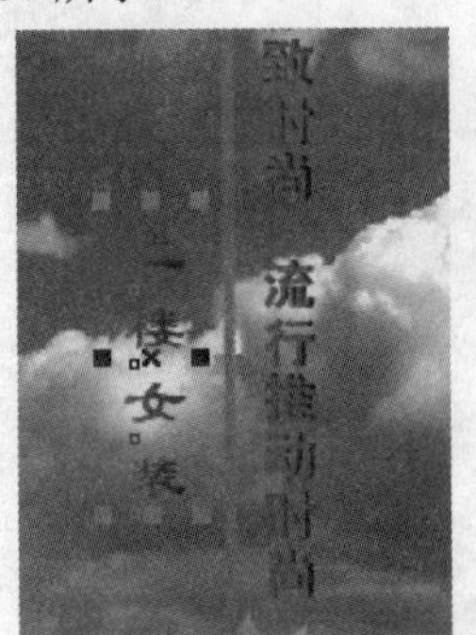

图 16.1.37　为字体填充渐变色

（36）单击工具箱中的“箭头形状”按钮，在其属性栏中单击按钮，从弹出的箭头形状面板中选择一种箭头样式，如图 16.1.38 所示，在页面中拖动鼠标绘制箭头，如图 16.1.39 所示。

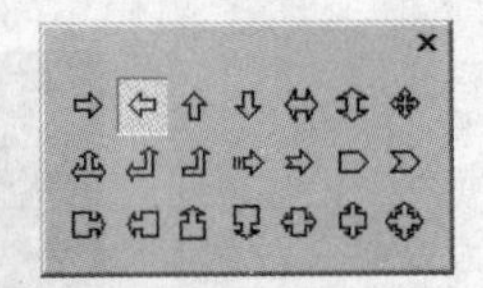

图 16.1.38　箭头形状面板

图 16.1.39　绘制箭头

（37）用挑选工具在箭头对象上单击鼠标左键，当对象周围的控制点变为↖形状时，将鼠标指针移至控制点上，拖动鼠标旋转对象，如图 16.1.40 所示。

（38）将选中的对象放置在合适的位置，并将其填充为洋红色，如图 16.1.41 所示。

图 16.1.40　旋转选中的对象

图 16.1.41　填充所选对象

（39）双击工具箱中的“矩形工具”按钮，绘制一个矩形，如图 16.1.42 所示。

（40）单击工具箱中的“渐变填充对话框”按钮，弹出渐变填充对话框，如图 16.1.43 所示，单击确定按钮，完成矩形的填充，如图 16.1.44 所示。

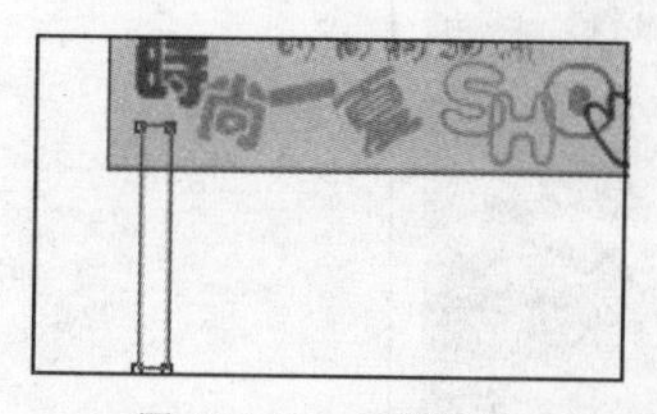

图 16.1.42　绘制矩形

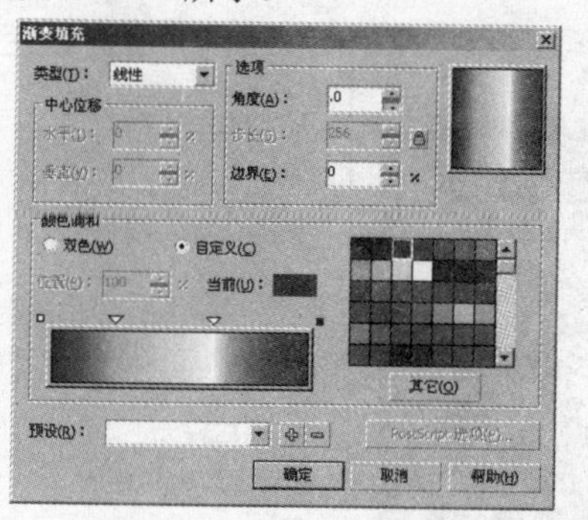

图 16.1.43　“渐变填充”对话框

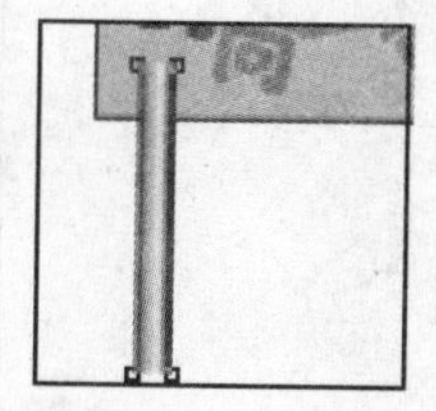

图 16.1.44　填充矩形

（41）单击工具箱中的“椭圆形工具”按钮，按住“Ctrl+Shift”键的同时拖动鼠标，在刚创建的矩形上方绘制一个圆形，如图 16.1.45 所示。

（42）单击工具箱中的“渐变填充对话框”按钮，弹出渐变填充对话框，如图 16.1.46 所示，为绘制的圆形填充 50%黑色到白色的渐变，单击确定按钮，完成圆形的填充，如图 16.1.47 所示。

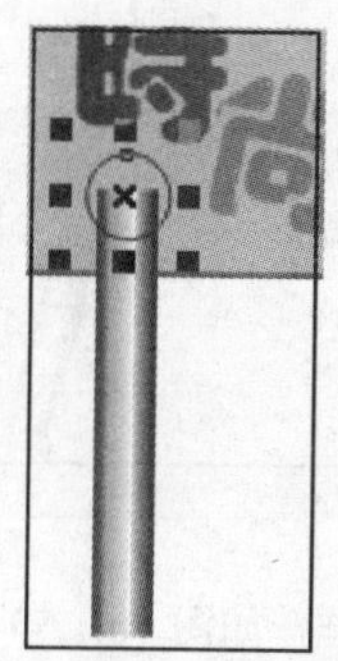

图 16.1.45　绘制圆形

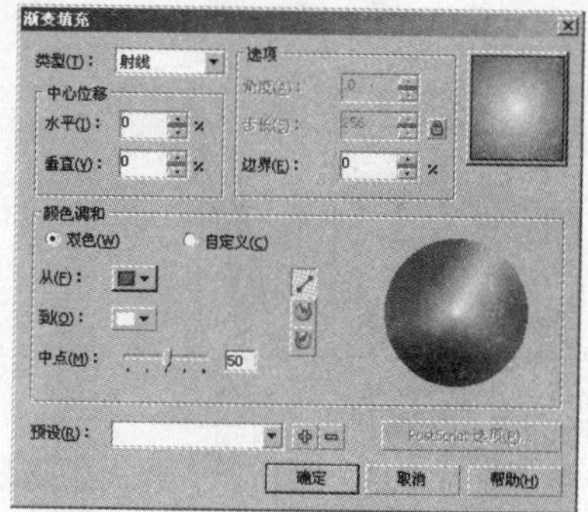

图 16.1.46　“渐变填充”对话框

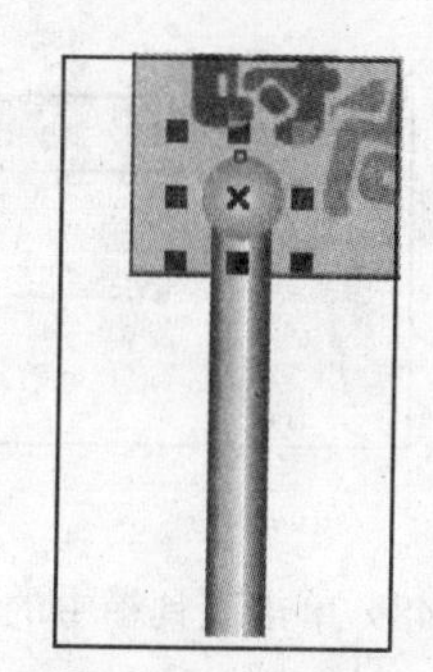

图 16.1.47　填充圆形

（43）用挑选工具选择矩形和圆形，按小键盘上的“+”键，将选中的对象复制 3 份放置于绘图页面中合适的位置，如图 16.1.48 所示。

（44）用挑选工具选择一组矩形和圆形，在对象上单击鼠标左键，当对象周围的控制点变为↖形状时，将鼠标指针移至控制点上，拖动鼠标旋转对象，如图 16.1.49 所示。

图 16.1.48　将复制的对象放置于合适的位置

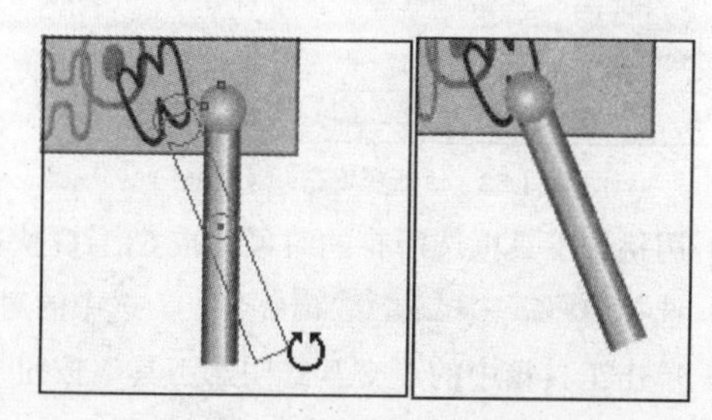

图 16.1.49　旋转选中的对象

（45）参照步骤（44）的操作方法，旋转绘图页面中的其余组矩形和圆形，如图 16.1.50 所示。

（46）用挑选工具选择绘图页面中的 4 个小矩形，按 Shift+PageDown 组合键，将选中的矩形对象放置在图层后面，效果如图 16.1.51 所示。

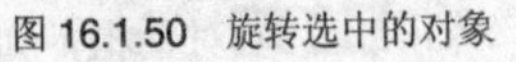

图 16.1.50　旋转选中的对象　　图 16.1.51　将矩形放置于图层后面

（47）单击工具箱中的“贝塞尔工具”按钮，在展架的下方绘制一个封闭图形，如图 16.1.52 所示。

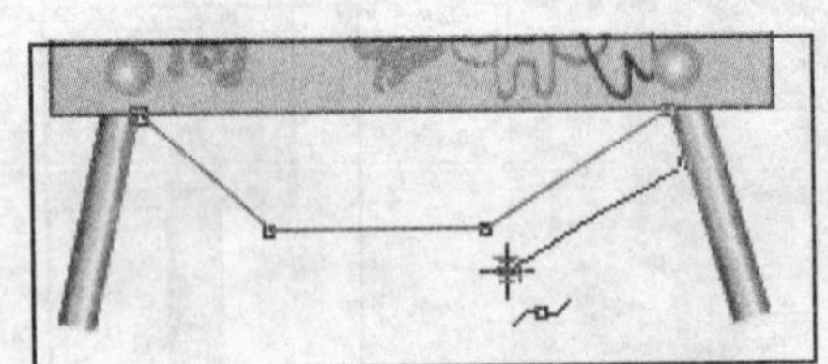

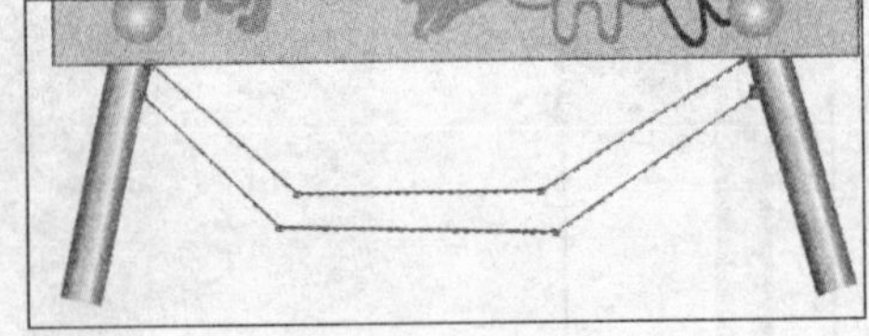

图 16.1.52　绘制封闭图形

（48）单击工具箱中的“渐变填充对话框”按钮，弹出渐变填充对话框，如图 16.1.53 所示，单击确定按钮，完成圆形的填充，效果如图 16.1.54 所示。

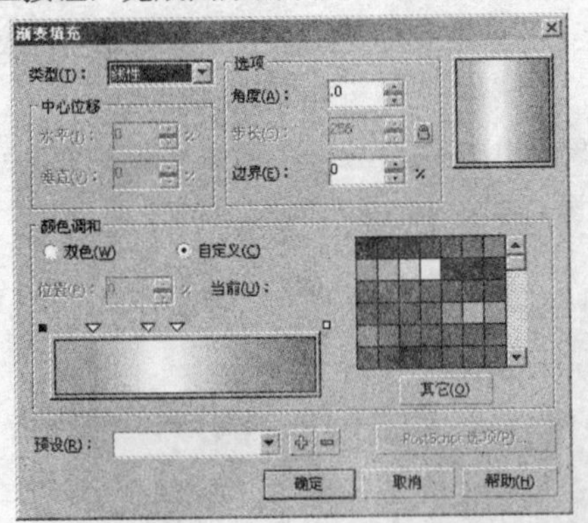

图 16.1.53　“渐变填充”对话框

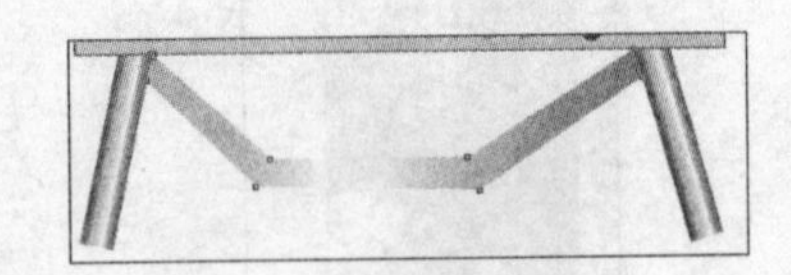

图 16.1.54　填充封闭图形

（49）用挑选工具框选所有的对象，按 Ctrl+G 快捷键将其群组。

（50）选择效果(C)→添加透视(P)命令，为选中的对象添加透视效果，如图 16.1.55 所示。

（51）单击工具箱中的“交互式阴影工具”按钮，在选中的对象上拖动鼠标，为其添加阴影效果，如图 16.1.56 所示。

图 16.1.55　添加透视效果

图 16.1.56　添加交互式阴影效果

至此，展架 POP 的最终效果如图 16.1.1 所示，用户可以根据需要，参照上述方法加入不同的背景素材，制作出不同效果的展架 POP 广告。

案例 2　悬挂式 POP——劲爽啤酒

设计背景

本实例设计的是一个悬挂式的劲爽啤酒广告，它以蓝色和白色的渐变色为主色调，给人以清爽的视觉感，同时配以“健康”“营养”“时尚”的广告宣传词，使整体效果简洁明了，以吸引消费者的目光，从而达到指引和宣传的目的。

设计内容

本例将制作劲爽啤酒悬挂式 POP 广告效果图，最终效果如图 16.2.1 所示。

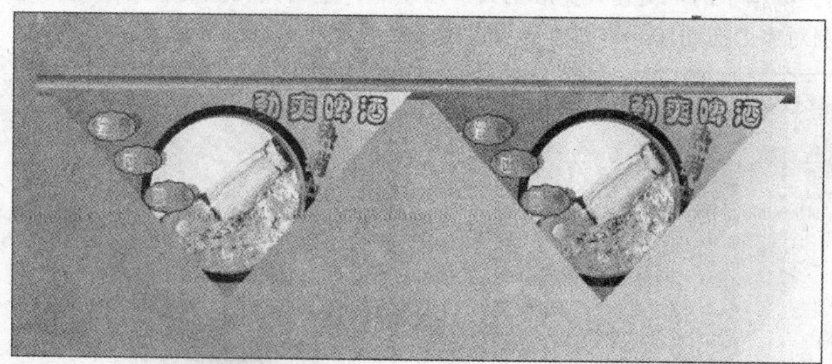

图 16.2.1　悬挂式 POP——劲爽啤酒最终效果

设计要点

劲爽啤酒悬挂式 POP 效果图的制作过程大致可分为新建、背景色彩的设计、字体设计、素材的插入。通过本实例的学习，掌握悬挂式 POP 广告设计的制作方法和技巧，并从中领悟悬挂式 POP 广告的基本原理。

（1）本实例主要运用椭圆工具、文本工具、渐变填充、交互式变形工具、轮廓工具等命令，制作悬挂式 POP。

（2）利用背景的设计给人以清爽的感觉。

（3）重点掌握灵活运用交互式变形工具制作不同图形的特殊效果。

操作步骤

（1）选择菜单栏中的 文件(F) → 新建(N) 命令，新建一个 A4 页面，设置页面方向为横向。

（2）单击工具箱中的“多边形工具”按钮，在其属性栏中的“多边形、星形和复杂星形的点数或边数”数值框中输入 3，将鼠标指针移至绘图页面中，从右下角向左上角拖曳鼠标，创建一个倒立的三角形，如图 16.2.2 所示。

（3）单击工具箱中的“渐变填充对话框”按钮，弹出 渐变填充 对话框，为三角形填充 CMYK 值分别为 66，0，6，0 到白色的线性渐变效果，单击 确定 按钮，如图 16.2.3 所示。

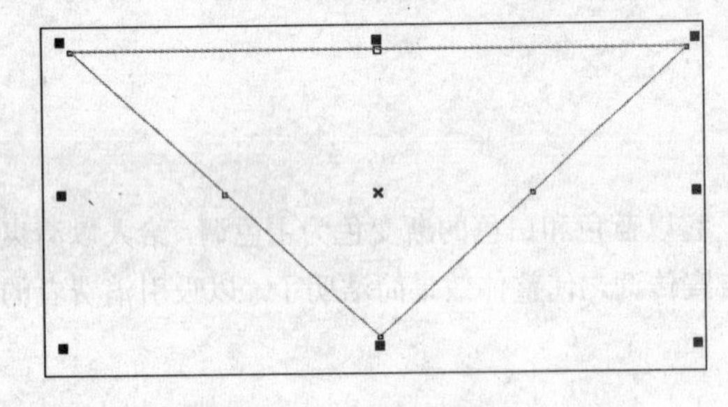

图 16.2.2　绘制倒立的三角形

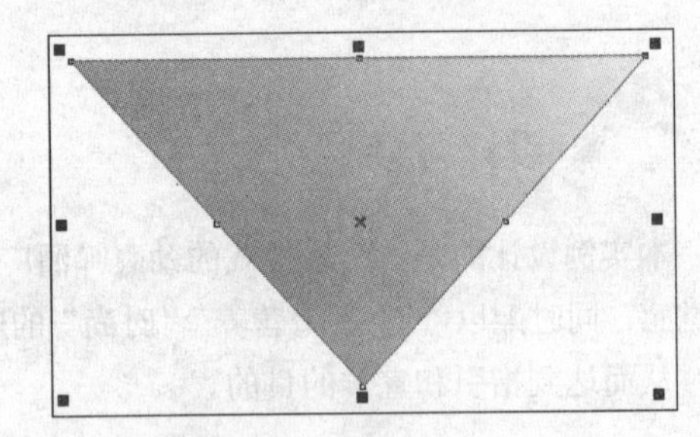

图 16.2.3　填充图形

（4）单击工具箱中的“椭圆形工具”按钮，在绘图区中绘制一个椭圆，将其填充为粉色，如图 16.2.4 所示。

（5）单击工具箱中的“交互式变形工具”按钮，单击其属性栏中的“拉链变形”按钮，在所绘制的椭圆对象上拖动鼠标，创建交互式拉链变形效果，如图 16.2.5 所示。

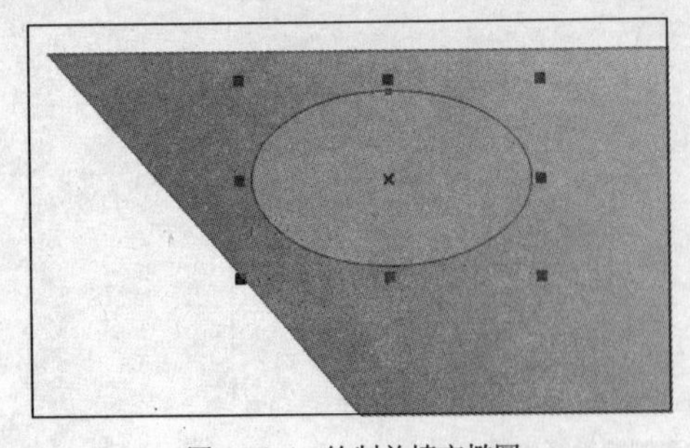

图 16.2.4　绘制并填充椭圆

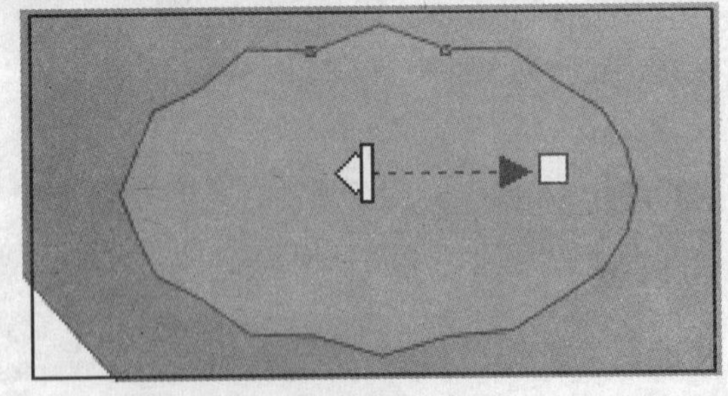

图 16.2.5　创建拉链变形

（6）单击工具箱中的“交互式阴影工具”按钮，在绘制的图形上拖动鼠标，创建交互式阴影效果，如图 16.2.6 所示。

（7）用挑选工具选择所绘制的对象，将其复制两个，分别放置于合适的位置，如图 16.2.7 所示。

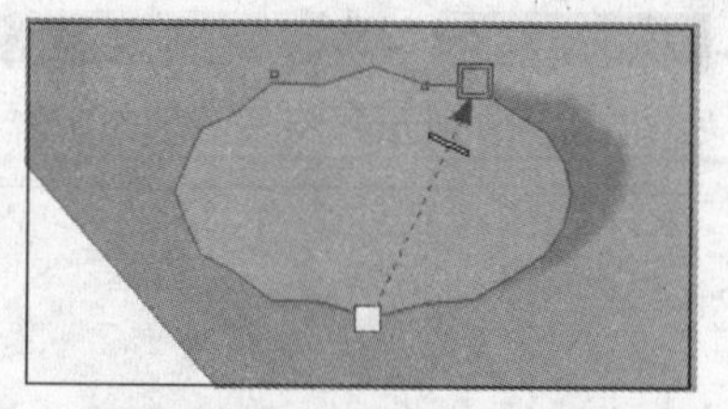

图 16.2.6　创建交互式阴影效果

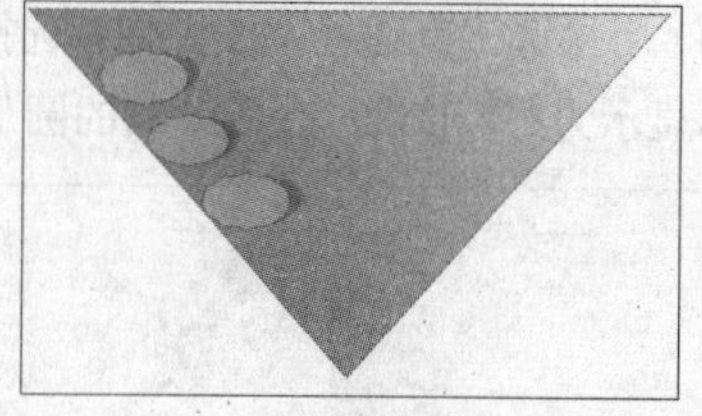

图 16.2.7　复制并调整其位置

（8）单击工具箱中的“文本工具”按钮，在页面中输入“健康”，在其属性栏中设置字体为 汉鼎简特圆，设置字体大小为 36 pt，如图 16.2.8 所示。

（9）单击工具箱中的“渐变填充对话框”按钮，弹出渐变填充对话框，设置参数如图 16.2.9 所示，为输入的文字填充渐变效果，如图 16.2.10 所示。

图 16.2.8　输入文本

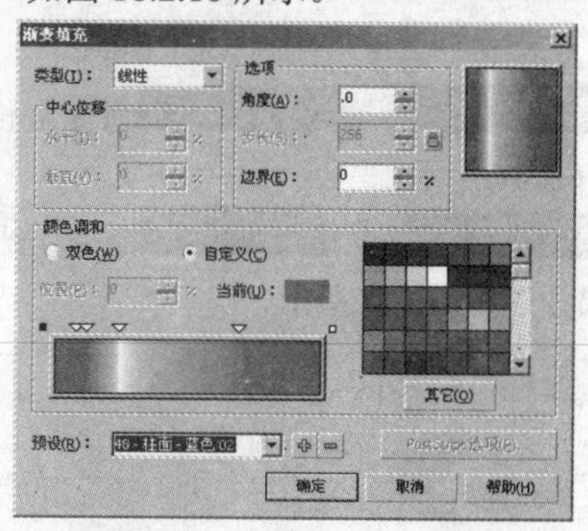

图 16.2.9　“渐变填充”对话框

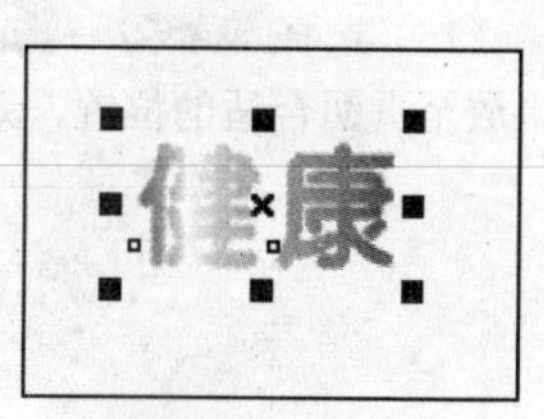

图 16.2.10　渐变文字

（10）单击工具箱中的“文本工具”按钮，在页面中输入“时尚”和“营养”，参照步骤（8）～（9）的操作，设置字体和填充颜色，如图 16.2.11 所示。用挑选工具选择输入的文字，将其放置于合适的位置，如图 16.2.12 所示。

图 16.2.11　输入文本

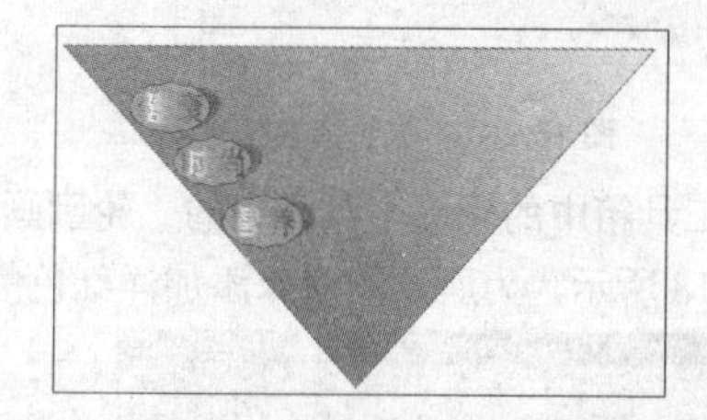

图 16.2.12　调整文字的位置

（11）选择 文件(F) → 导入(I)... 命令，导入一张素材，调整其大小和位置，如图 16.2.13 所示。

（12）单击工具箱中的“椭圆形工具”按钮，在绘图区中按住“Ctrl”键的同时绘制一个圆形，如图 16.2.14 所示。

图 16.2.13　导入位图

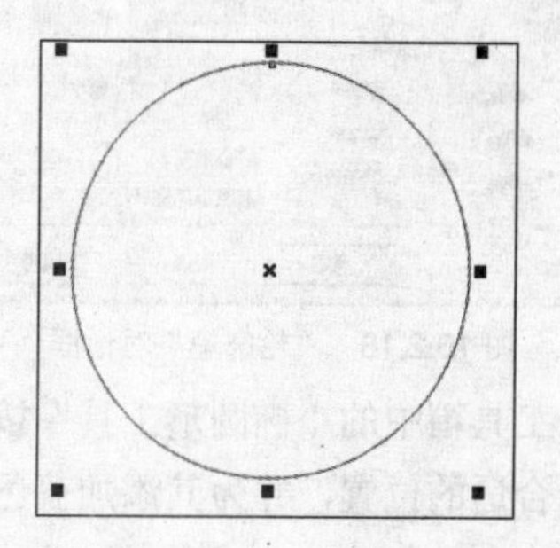

图 16.2.14　绘制圆形

（13）用挑选工具选择位图图像，选择 效果(C) → 精确剪裁(W) → 放置在容器中(P)... 命令，此时鼠标光标显示为➡形状，在所绘制的圆形上单击，如图 16.2.15 所示，将位图填充于容器中。

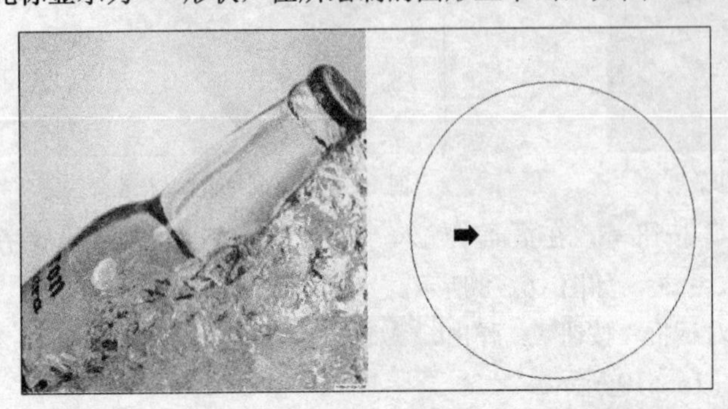
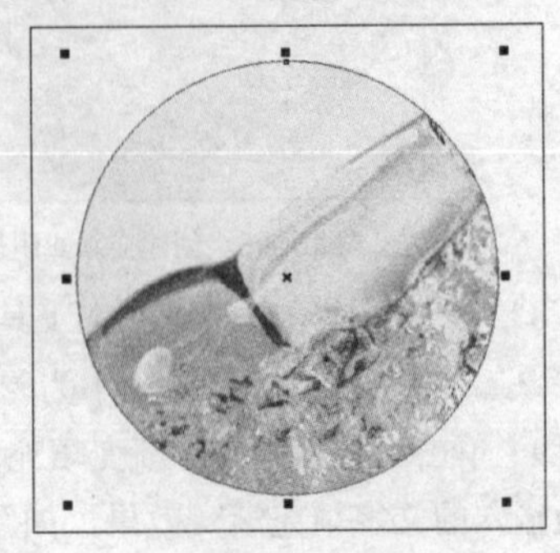

图 16.2.15 将位图填充于容器中

（14）选择 效果(C) → 图框精确剪裁(W) → 编辑内容(E) 命令，移动放置在容器中的对象的位置，增强其产生的视觉效果，如图 16.2.16 所示。

（15）选择 效果(C) → 图框精确剪裁(W) → 结束编辑(F) 命令，结束对位图的调整，并取消其轮廓线，放至页面合适的位置，效果如图 16.12.17 所示。

图 16.2.16 编辑内容

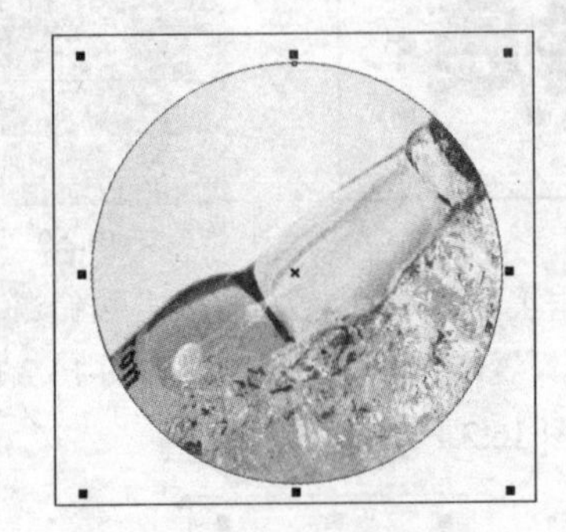

图 16.2.17 结束位图的编辑

（16）单击工具箱中的轮廓工具组中的“轮廓画笔对话框”按钮，可弹出 轮廓笔 对话框，参数设置如图 16.2.18 所示，为所选的对象添加洋红色的轮廓线，效果如图 16.2.19 所示。

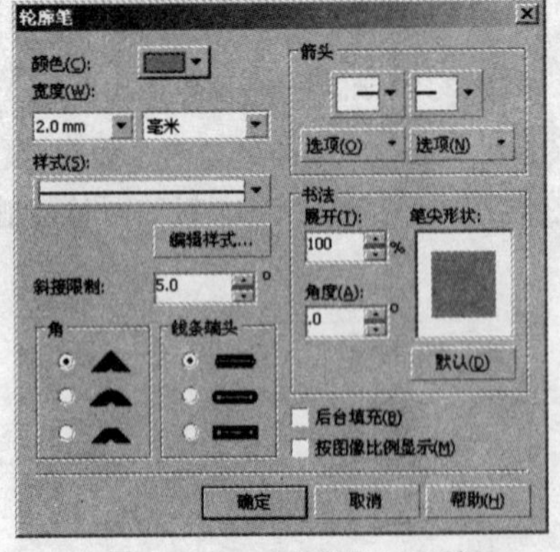

图 16.2.18 “轮廓笔”对话框

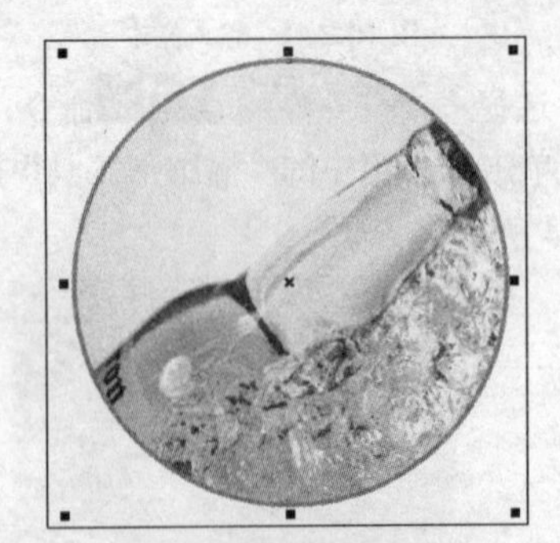

图 16.2.19 添加轮廓线

（17）单击工具箱中的“椭圆形工具”按钮，在绘图区中按住 Ctrl 键的同时绘制一个稍大点的圆形，放置于合适的位置，并为其添加蓝色的轮廓线，设置其轮廓线的宽度为 5.0 mm，效果如图 16.2.20 所示。

（18）将图16.2.20所绘制的对象用挑选工具框选，按Ctrl+G快捷键群组。

（19）保持图像的选择状态，选择效果(C)→精确剪裁(W)→放置在容器中(P)...命令，此时鼠标光标显示为➡形状，在所绘制的倒三角形上单击，如图16.2.21所示，将位图填充于容器中。

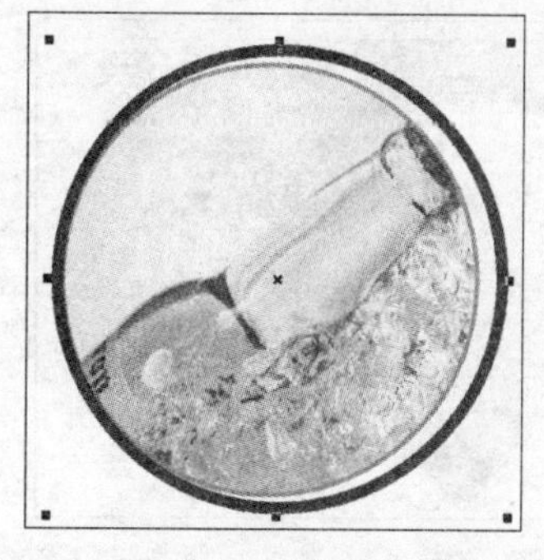

图16.2.20　绘制圆形并添加其轮廓线

图16.2.21　将图形填充于容器中

（20）单击工具箱中的“文本工具”按钮，在绘图页面中输入“劲爽啤酒”，在其属性栏中设置字体为 经典空趣体简 ，设置字体大小为 48 pt ，单击调色板中的红色色块，设置字体的颜色，如图16.2.22所示。

（21）单击工具箱中的“文本工具”按钮，单击将文本更改为垂直方向按钮，在绘图页面中输入“热销中”，在其属性栏中设置字体为 经典超圆简 ，设置字体大小为 48 pt ，如图16.2.23所示。

图16.2.22　输入字体

图16.2.23　输入字体

（22）单击工具箱中的“渐变填充对话框”按钮，弹出渐变填充对话框，为文字添加红色到黄色的颜色渐变，设置参数如图16.2.24所示，效果如图16.2.25所示。

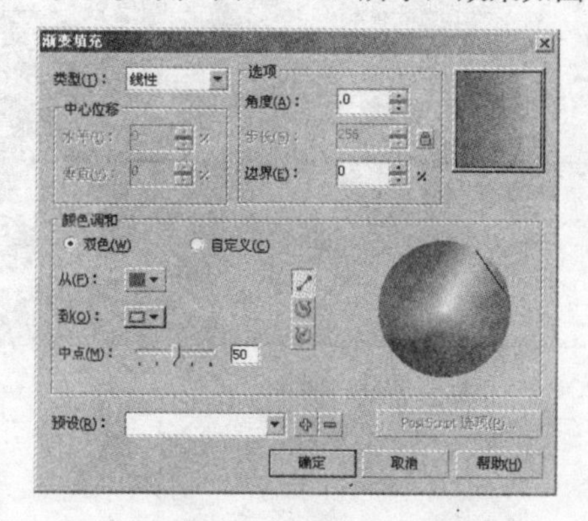

图16.2.24　“渐变填充”对话框

图16.2.25　渐变填充文字

（23）用选择工具选择输入的竖排文字，在竖排文字上单击鼠标左键两次，当其周围的控制点变

为↖形状时，将鼠标指针移至控制点上并拖曳鼠标旋转对象，如图 16.2.26 所示，并将旋转后的对象放置页面合适的位置，如图 16.2.27 所示。

图 16.2.26　旋转文字

图 16.2.27　调整文字位置

（24）将所制作的所有对象用挑选工具框选，按“Ctrl+G”快捷键群组，最终效果如图 16.2.1 所示。

案例 3　悬挂式 POP——手机广告

设计背景

本实例设计的是一个悬挂式 POP 手机广告，它以蓝色和白色的渐变色为背景，给人以明快的视觉感。同时配有色彩醒目、内容简明的广告宣传词，让消费者目光在第一时间定格到广告商品上，直接激发消费者的购买欲。

设计内容

本例将制作悬挂式 POP 手机广告效果图，最终效果如图 16.3.1 所示。

图 16.3.1　悬挂式 POP——手机广告最终效果图

设计要点

悬挂式 POP 手机广告效果图的制作过程大致可分为新建、背景色彩的设计、字体设计、素材的

插入、图形的设计。通过本实例的学习，掌握悬挂式 POP 广告设计的制作方法和技巧，并从中领悟悬挂式 POP 广告的基本原理。

（1）本实例主要运用矩形工具、椭圆形工具、文本工具、渐变填充、交互式阴影工具、星形工具、贝塞尔工具等，制作悬挂式 POP。

（2）利用醒目的文字来突出广告的主题。

（3）重点掌握交互式阴影工具的灵活运用制作不同的图形特殊效果。

（4）最后运用添加阴影效果对图像进行后期处理，使制作的悬挂式 POP 效果图更真实。

操作步骤

（1）选择菜单栏中的文件(F)→新建(N)命令，新建一个 A4 页面，设置页面方向为横向，双击工具箱中的“矩形工具”按钮，绘制一个和页面同样大小的矩形。

（2）单击工具箱中的“渐变填充对话框”按钮，弹出渐变填充对话框，设置填充类型(T)：射线，水平(I)：为 27，垂直(V)：为-21，选中自定义(C)单选按钮，设置 0%位置的颜色为 C:100，M:0，Y:0，K:0；26%位置的颜色为 C:5，M:6，Y:3，K:7；100%位置的颜色为白色，单击确定按钮，为矩形填充渐变颜色，然后删除其轮廓，效果如图 16.3.2 所示。

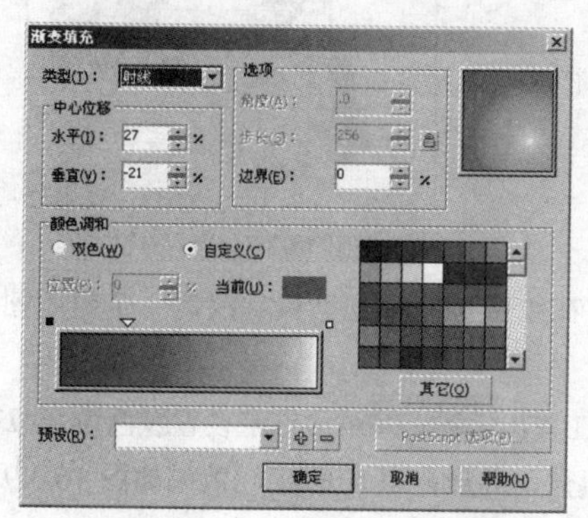

图 16.3.2 渐变填充矩形

（3）单击工具箱中的“三点椭圆形工具”按钮，在绘图页面中合适的位置绘制椭圆，单击调色板中的白色色块，为其填充白色，并删除其轮廓，效果如图 16.3.3 所示。

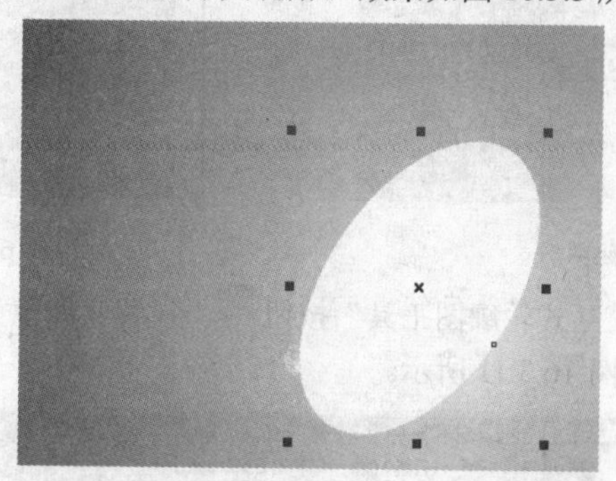

图 16.3.3 绘制椭圆并填充

（4）单击工具箱中的“交互式阴影工具”按钮，其属性设置如图 16.3.4 所示，在绘制的椭圆上拖动鼠标左键，为其添加阴影，如图 16.3.5 所示。

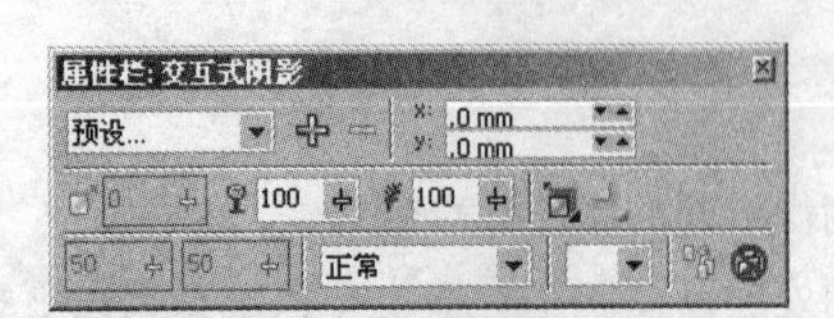

图 16.3.4　交互式阴影属性栏

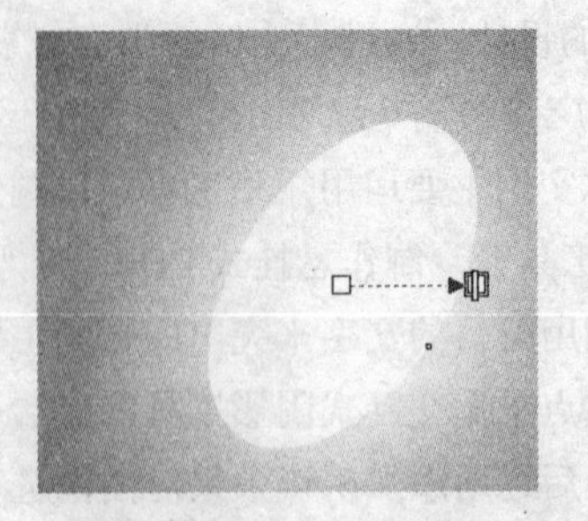

图 16.3.5　添加阴影效果

（5）选择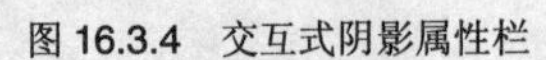命令，拆分椭圆形和阴影，选择椭圆形将其移除，效果如图 16.3.6 所示。

（6）选择文件(F)→导入(I)...命令，导入一张素材文件，调整其大小和位置，如图 16.3.7 所示。

图 16.3.6　拆分阴影并移除椭圆

图 16.3.7　导入素材

（7）单击工具箱中的“贝塞尔工具”按钮，在绘图页面中拖动鼠标绘制一个封闭图形，如图 16.3.8 所示。

（8）单击工具箱中的“填充对话框”按钮，在弹出均匀填充对话框中设置颜色为 C:77，M:0，Y:100，K:0，单击确定按钮，完成封闭图形的填充，并删除其轮廓线，效果如图 16.3.9 所示。

图 16.3.8　绘制封闭图形

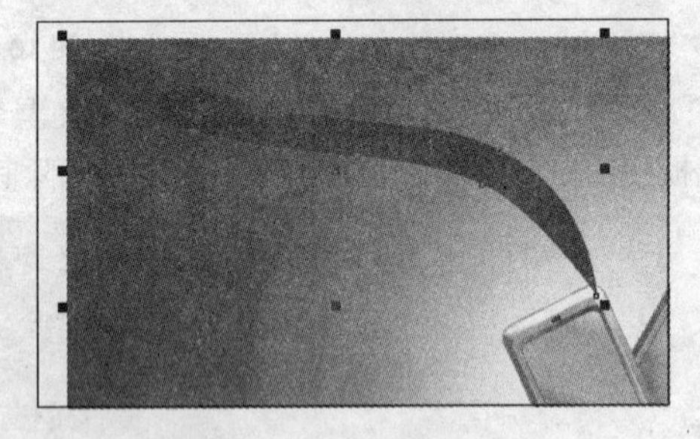

图 16.3.9　填充封闭图形

（9）单击工具箱中的“交互式轮廓图工具”按钮，设置其属性如图 16.3.10 所示，为绘制的封闭图形添加轮廓图，效果如图 16.3.11 所示。

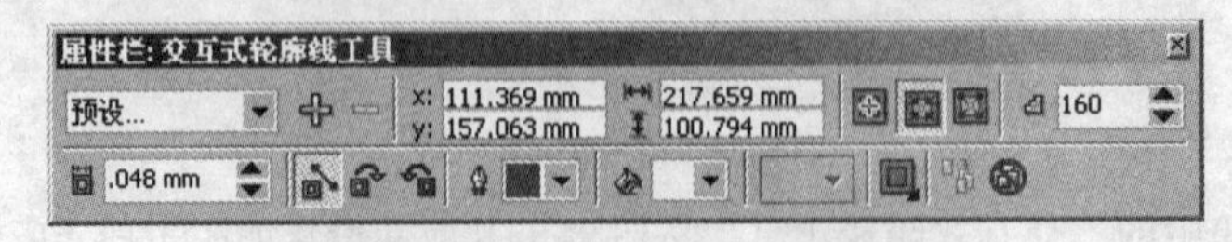

图 16.3.10　交互式轮廓图工具属性栏

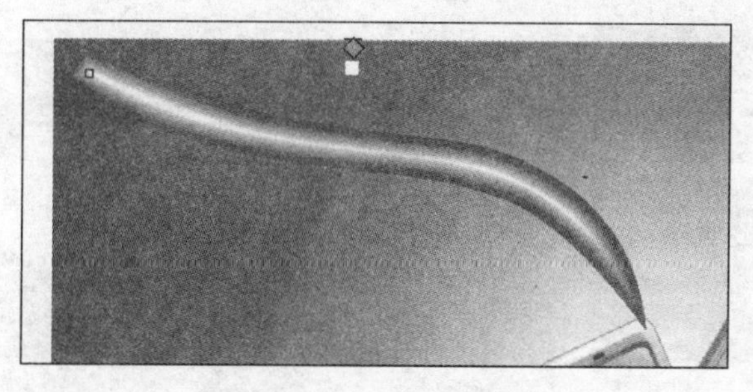

图 16.3.11 添加轮廓图效果

（10）选择轮廓图对象，按住鼠标左键并拖动鼠标至合适的位置，释放鼠标左键的同时单击鼠标右键，复制图形。单击调色板中的蓝色色块，填充复制的轮廓图颜色为蓝色，并更改轮廓图的颜色为淡蓝色，效果如图 16.3.12 所示。

（11）参照步骤（10）的操作方法，复制图形，并更改其颜色，效果如图 16.3.13 所示。

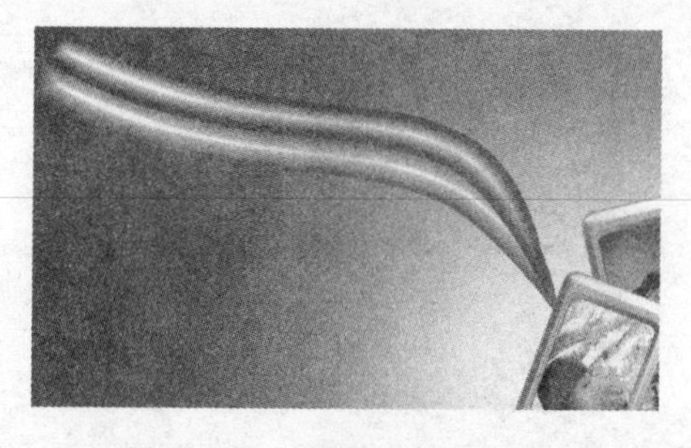

图 16.3.12 复制图形并更改颜色

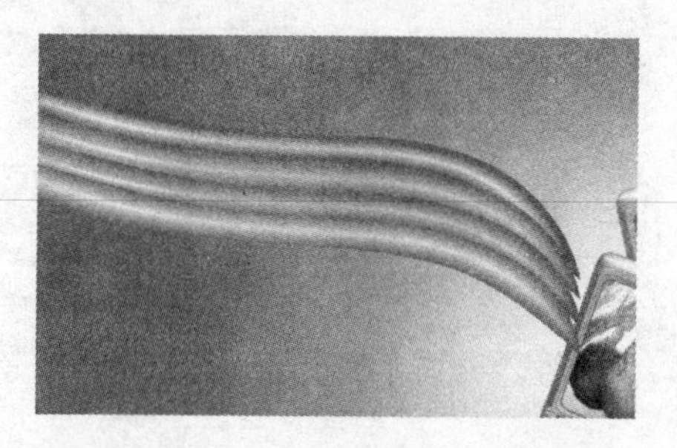

图 16.3.13 复制其他图形并更改颜色

（12）单击工具箱中的“星形工具”按钮，在其属性栏中设置“多边形、星形和复杂星形的点数或边数”为4，设置“星形和复杂星形的锐度”为80，在绘图页面中合适的位置绘制星形，单击调色板中的白色色块，为其填充颜色，删除其轮廓线，如图 16.3.14 所示。

（13）单击工具箱中的“交互式阴影工具”按钮，在其属性栏中设置预设...为Large Glow，设置阴影的不透明度为96，设置阴影羽化为8，设置透明度操作为正常，设置阴影颜色为白色，在绘制的星形上拖动鼠标左键，为其添加阴影，如图 16.3.15 所示。

图 16.3.14 绘制星形

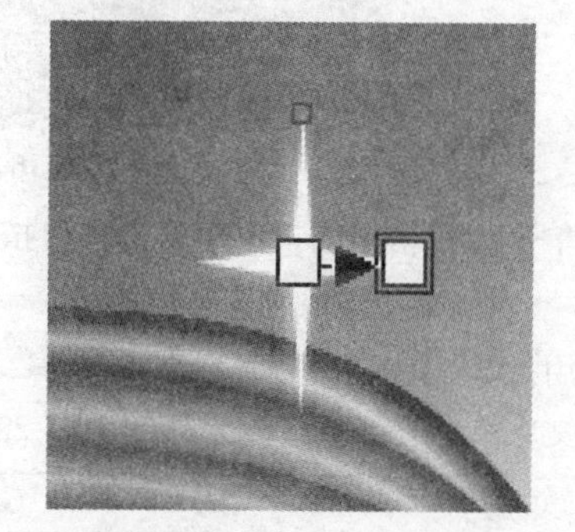

图 16.3.15 为绘制的星形添加阴影

（14）选择排列(A)→拆分 阴影群組(B)命令，拆分星形和阴影，选择星形将其移除，效果如图 16.3.16 所示。

（15）单击工具箱中的“椭圆形工具”按钮，在绘图页面中绘制圆形，单击调色板中的白色色块，为所绘制的圆形填充颜色，并删除其轮廓线，如图 16.3.17 所示。

图 16.3.16　拆分阴影并移除

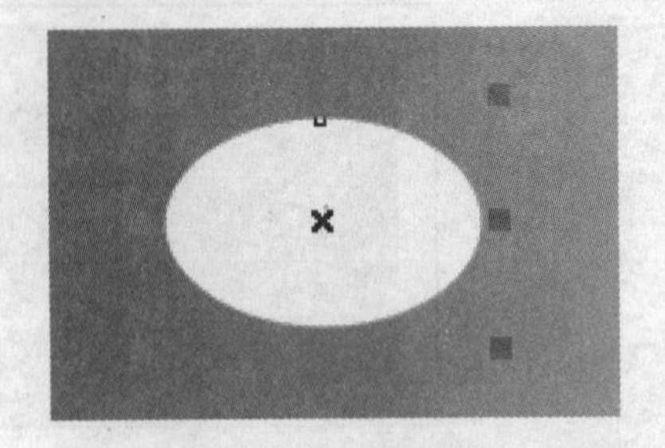

图 16.3.17　绘制的椭圆形

（16）参照步骤（13）的操作方法，制作正圆的阴影效果，如图 16.3.18 所示。

（17）用选择工具选择星形和圆形的阴影图形，按 Ctrl+G 组合键群组阴影图形对象。在群组的图形对象上按住鼠标左键，并拖动鼠标至合适位置，释放鼠标左键的同时单击鼠标右键，复制阴影群组对象，然后调整其至合适大小及位置，效果如图 16.3.19 所示。

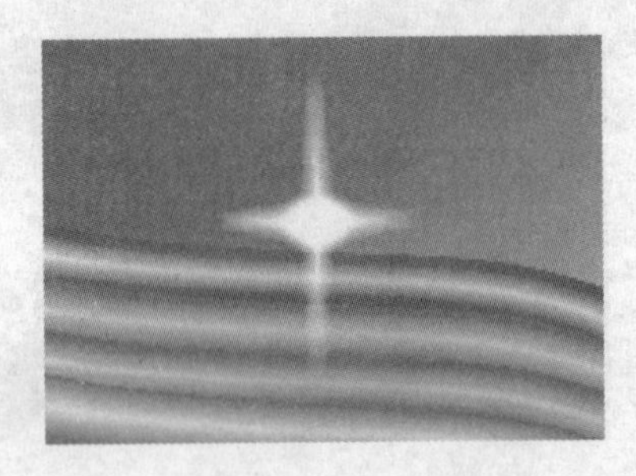

图 16.3.18　制作圆形阴影效果

图 16.3.19　制作圆形阴影效果

（18）单击工具箱中的“文本工具”按钮，在绘图页面中输入“精彩生活　随时随刻”，在其属性栏中设置字体为 华康少女文字W5(P)，设置字体大小为 60 pt，单击调色板中的蓝色色块，为输入的字体填充蓝色，如图 16.3.20 所示。

图 16.3.20　输入文本

（19）单击工具箱中的“贝塞尔工具”按钮，在绘图页面中拖动鼠标绘制一个曲线对象，如 16.3.21 所示。

（20）用挑选工具选择文字，选择 文本(T) → 使文本适合路径(T) 命令，拖动鼠标在所绘制的路径上单击，将文本绕路径排列，效果如图 16.3.22 所示。

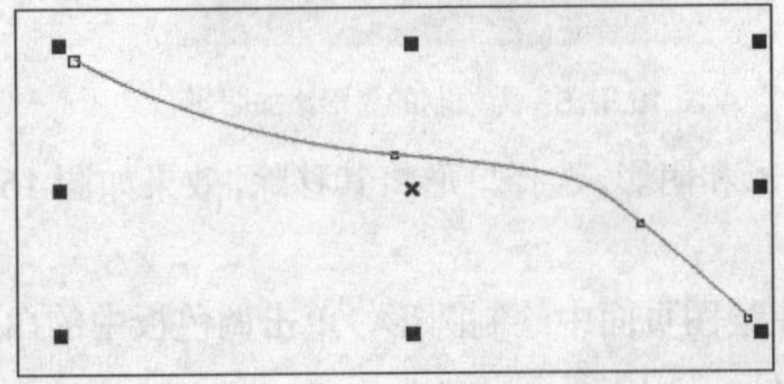

图 16.3.21　输入文本

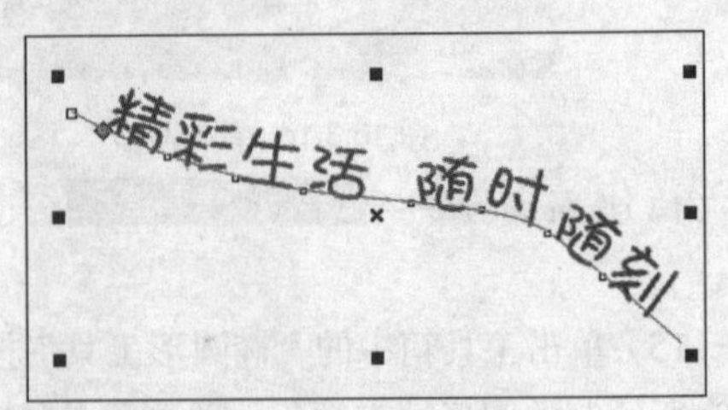

图 16.3.22　使文本绕路径排列

（21）选择排列(A)→拆分 在一路径上的文本(B) Ctrl+K命令，拆分路径和文字，然后删除曲线路径，将文字放置于合适的位置，效果如图 16.3.23 所示。

（22）单击工具箱中的“交互式阴影工具”按钮，在其属性栏中设置预设...为Medium Glow，设置阴影的不透明度为80，设置阴影羽化为8，设置透明度操作为正常，设置阴影颜色为白色，为文字添加阴影，如图 16.3.24 所示。

图 16.3.23　删除曲线路径并移动字体位置

图 16.3.24　为文字添加阴影效果

（23）单击工具箱中的“文本工具”按钮，在绘图页面中输入“三巨网手机”，在其属性栏中设置字体为经典空趣体简，设置字体大小为72 pt，单击调色板中的红色色块，为输入的字体填充红色，如图 16.3.25 所示。

（24）单击工具箱中的“交互式阴影工具”按钮，设置阴影的不透明度为50，设置阴影羽化为15，设置透明度操作为正常，设置阴影颜色为蓝色，在输入的文字上拖动鼠标左键，为文字添加阴影，如图 16.3.26 所示。

图 16.3.25　输入文本

图 16.3.26　为文字添加阴影效果

（25）单击工具箱中的“文本工具”按钮，在绘图页面中输入“庆五一降价热销中”，在其属性栏中设置字体为文鼎粗行楷简，设置字体大小为48 pt。

（26）单击工具箱中的“渐变填充对话框”按钮，弹出渐变填充对话框，设置属性如图 16.3.27 所示，单击确定按钮，完成字体的渐变填充，图 16.3.28 所示。

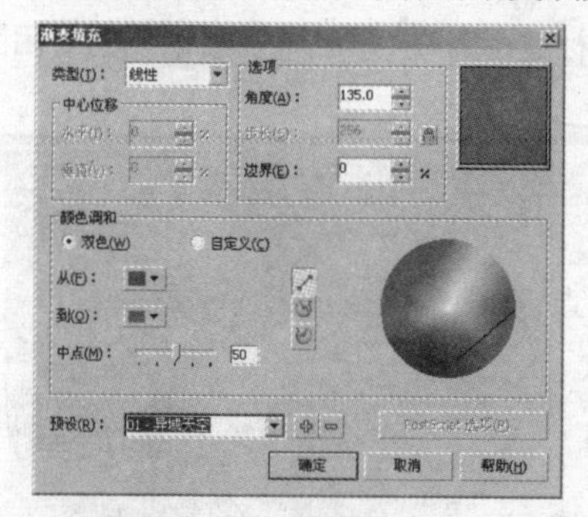

图 16.3.27　“渐变填充”对话框

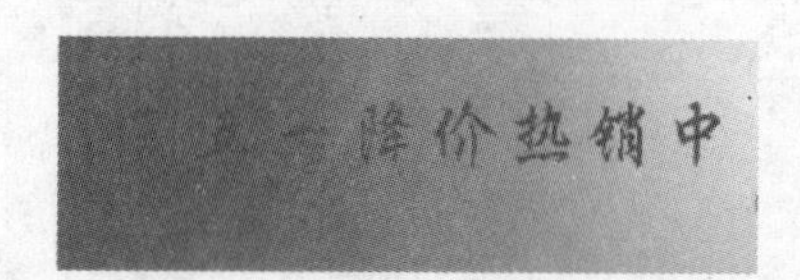

图 16.3.28　渐变填充字体

（27）单击工具箱中的“形状工具”按钮，选择所需文本中的“降价”，更改字体为

文鼎海报体繁，字体大小为 72 pt，更改字体颜色为黄色，如图 16.3.29 所示。

图 16.3.29　更改文本

（28）单击工具箱中的“矩形工具”按钮，在输入的文字上方绘制一个矩形，填充其颜色为白色，删除其轮廓线，如图 16.3.30 所示，按小键盘上的“+”键，复制一个矩形，并移动至输入的文字的下方，效果如图 16.3.31 所示。

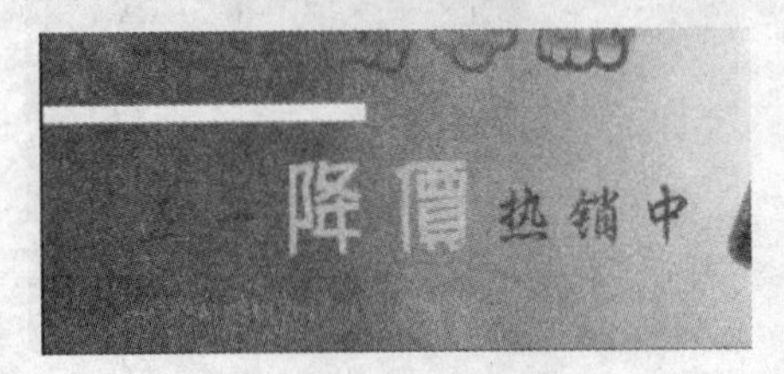

图 16.3.30　绘制矩形

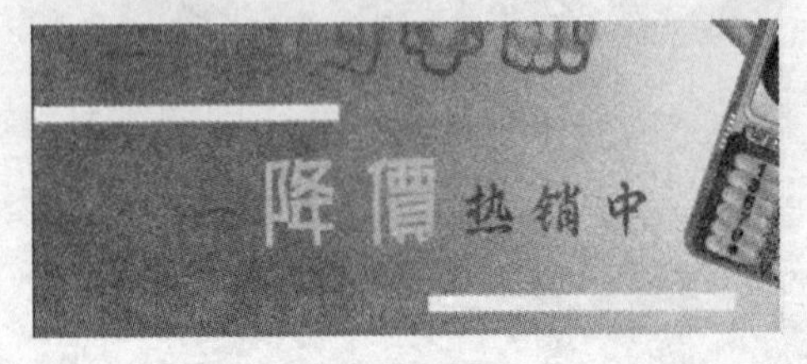

图 16.3.31　复制矩形

（29）单击工具箱中的“文本工具”按钮，在绘图页面中输入“枫叶购物广场”，在其属性栏中设置字体为 经典空趣体简，设置字体大小为 48 pt，单击调色板中的洋红色色块，为字体填充洋红色，效果如图 16.3.32 所示。

（30）单击工具箱中的“文本工具”按钮，在绘图页面中输入“FENGYEGOUWUGUANGCHANG”，在其属性栏中设置字体为 华康少女文字W5(P)，设置字体大小为 36 pt，单击调色板中的蓝色色块，为字体填充蓝色，效果如图 16.3.33 所示。

图 16.3.32　输入字体

图 16.3.33　输入文字

（31）单击工具箱中的“贝塞尔工具”按钮，在绘图页面中拖动鼠标绘制一个封闭图形，如 16.3.34 所示。

（32）按 Ctrl+A 快捷键将所有的图形全部选择，按 Ctrl+G 键将其群组，选择 效果(C)→ 精确剪裁(W)→ 放置在容器中(P)... 命令，此时鼠标光标显示为 ➡ 形状，在所绘制的封闭图形上单击鼠标左键，如图 16.2.35 所示。

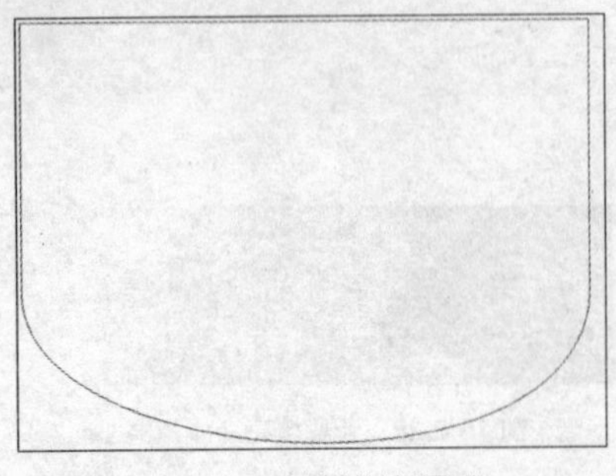

图 16.3.34　绘制封闭图形

图 16.3.35　将图形填充于容器中

（33）选择 效果(C) → 图框精确剪裁(W) → 编辑内容(E) 命令，移动放置在容器中的对象的位置，增强其产生的视觉效果，如图 16.3.36 所示。

图 16.3.36　编辑内容

（34）选择 效果(C) → 图框精确剪裁(W) → 结束编辑(F) 命令，结束对图形的调整，并取消其轮廓线，放置在页面合适的位置，如图 16.3.37 所示。

图 16.3.37　结束编辑

（35）将所制作的 POP 手机广告复制几个，放置于合适的位置，如图 16.3.38 所示。

图 16.3.38　复制对象

（36）单击工具箱中的“矩形工具”按钮，在绘图页面合适的位置绘制一个矩形，如图 16.3.39 所示。

图 16.3.39 绘制矩形

（37）单击工具箱中的“渐变填充对话框”按钮，弹出渐变填充对话框，设置填充类型(T)：线性，选中 自定义(C)单选按钮，设置 0%位置的颜色为 C:0，M:0，Y:0，K:80；51%位置的颜色为白色；100%位置的颜色为 C:0，M:0，Y:0，K:80，角度(A)：90.8，边界(E)：11 %单击确定按钮，为矩形填充渐变颜色，删除其轮廓，效果如图 16.3.40 所示。

图 16.3.40 填充矩形

（38）用挑选工具选择矩形，单击鼠标右键，选择顺序(O)→到页面后面(B) Ctrl+End命令，将矩形放置于页面的后面，效果如图 16.3.41 所示。

图 16.3.41 调整矩形的位置

（39）单击工具箱中的“交互式阴影工具”按钮，设置阴影颜色为黑色，在绘制的图形上拖动鼠标左键，添加阴影，最终效果如图 16.3.1 所示。